최무영 교수의

물리학 강의

국립중앙도서관 출판예정도서목록(CIP)

최무영 교수의 물리학 강의 / 지은이: 최무영. -- 개정판. -
- 서울 : 책갈피, 2019
    p. ;   cm

색인수록
ISBN 978-89-7966-158-3 03420 : ₩29000

물리학[物理學]

420-KDC6
530-DDC23   CIP2019002333

최무영 교수의
물리학 강의

최무영 지음

책갈피

최무영교수의
**물리학
강의**

1부 과학과 물리학

2부 물질의 구성 요소

7부 복잡계와 통합적 사고

'두 문화'를 연결하는 다리

장회익(서울대학교 물리천문학부 명예교수)

나는 어릴 때 지게를 지고 무거운 짐들을 옮겨 본 경험이 있다. 몇 번 옮기다가 너무 지쳐 중단하고 마음속으로만 이를 옮겨야 할 텐데 하고 벼르면서 차일피일 미루고 있던 사이, 가족 중 누군가가 나도 모르게 이것을 몽땅 옮겨 놓고 뒤처리까지 말끔히 해 주었을 때, 내가 느낀 고마움과 후련함을 독자들은 아마 상상하기 어려울 것이다. 최무영 교수가 이번에 저술한 이 책을 보면서 내가 느끼는 기분이 바로 그런 것이다. 나는 오래전부터 이러한 책이 꼭 있어야 한다고 생각했고, 이러한 책이 없으니 나라도 써야겠다고 생각해 몇 번 시도도 했지만 도무지 힘에 부쳐서 진전시키지 못하고 있던 차에, 최무영 교수가 마치 내 마음속에 들어갔다 나오기나 한 것처럼 정말 내가 쓰고 싶었던 그런 책을 써 주었으니, 고맙기 이를 데 없고 이제 막 무거운 짐 하나를 벗어 놓았다는 느낌이다.

이미 반세기 전의 일이지만 영국의 과학자이면서 비평가였던 C P 스노우는 '두 문화'라는 말을 유행시킨 일이 있다. 물리학자들을 그 대표로 내세우고 있는 과학 문화가 따로 있고, 문인들을 주축으로 하는 인문 문화가 따로 있다는 것이다. 그리고 이 두 문화는 너무도 이질적인 것이어서 마치 서로 다른 세계에 사는 것과 같다는 것이었다. 이것은 대체로 맞는 이야기이지만, 나는 우리나라 사회가 아직 '두 문화'에조차 이르지 못한 것이 아닌가 하는 생각을 가끔 해 본다. 인문 문화는 있는지 몰라도 스노우가 이야기한 과학 문화가 과연 우리나라에 형성되어 있는가 하는 의구심에서이다. 과학 문화를 말하기 위해서는 최소한 과학자들 사이에서라도 서로 나눌 이야기가 있어야 할 것인데, 그러한 것이 과연 있는가 하는 점 때문이다. 물론 과학자들도 자기 분야의 학문 내용을 서로 이야기하며 이를 나누는 용어들이 있다. 그러나 이것은 언어라기보다는 오히려 부호에 가까운 것이며, 같은 과학자라 하더라도 그 영역만 조금 다르면 거의 서로 알아듣지 못한다. 다시 말하면 과학자들 사이에나마 서로 통하는 공통된 언어가 없다는 것이다.

그래서 필요한 것은 우선 과학자들 사이에 소통할 수 있는 최소한도의 이야기와 언어가 있어야 한다는 것이며, 다시 이것을 바탕으로 인문학의 세계로 그리고 지성계로, 일반으로 연결될 지적 소지가 마련되어야 한다는 것이다. 이것을 위해서는 최소한 누구나 공통으로 함께 읽고 생각을 가다듬을 수 있는 책이 있어야 함은 더 말할 필요가 없다. 내가 최무영 교수의 이 책에 거는 기대는 바로 이 점이다. 앞으로 독자들의 눈을 통해 더 검증을 받아야 하겠지만, 이 책에 담긴 내용은 우리 과학 문화의 중요한 바탕이 될 것이고, 여기서 더 나아가 분절된 두 문화를 잇는 매우 훌륭한 다리 노릇을 하리라는 것이다. 과학자들이 서로 소통할 수 있는 언어를 제공할 뿐 아니라 과학과 인문학을 잇는 사고의 바탕을 마련해 주지 않을까 한다.

물리학의 정수를 그 안에 담아내면서도 이것을 쉽게, 재미있게, 그리고 간결하게 전달한다는 것은 단순히 물리학을 안다고 해서 되는 일이 아니다. 물리학의 내용에 대한 완벽한 파악은 물론이고 이것을 마음대로 반죽하여 원하는 형태로 얼마든지 변형해 내는 마술가적 소양이 필요하다. 그렇게 하기 위해서는 물리학뿐 아니라 문화 전반에 대한 해박한 지식과 이해가 필요하며, 여기에 다시 이를 말로 표현해 낼 언어적 구사력이 있어야 한다. 그렇기에 이러한 소양을 갖춘 사람을 찾아보기가 우선 쉽지 않다. 그리고 설혹 이러한 능력을 갖췄다 하더라도 학문 세계에서 별로 큰 보상이 따르지 않는 이러한 작업에 선뜻 뛰어들어 이를 하나의 책으로 완결해 나가기까지의 노력과 인내를 감당하기가 쉽지 않은 일이다. 그런데도 우리나라에서 정상급 물리학자로 손꼽히는 최무영 교수가 이 일을 해 주었고 그것도 아주 잘 해내었다는 것은 우리 학계 그리고 문화계로서는 무척 다행스러운 일이라고 할 수 있을 것이다.

자연과학에 관련된 책으로서는 예외적으로 이 책은 아주 훌륭한 우리말을 구사하고 있다. 단어 하나하나의 표현에서부터 전체 문맥의 구성에 이르기까지 이 책은 사랑방에서 서로 나누는 구수한 이야기들처럼 그저 격의 없이 훌훌 넘어가고 있다. 그러면서도 일반인들과의 소통을 시도하는 많은 다른 책들과는 달리 과학의 중요한 요지를 빠트리거나 크게 왜곡하는 일이 없다. 학문의 내용을 정확히 그리고 요지를 깊이 있게 전달하고 있으면서도 용어 하나하나에 이르기까지 순수한 우리말의 어감을 살려 그 내용이 머리로뿐 아니라 느낌 속에 잦아들게 하고 있다. 거기에다가 마치 김홍도나 신윤복의 그림에서 보는 듯한 토속의 해학과 익살마저 물씬 풍겨난다. 미술과 음악, 소설과 일화를 통해 종횡무진으로 펼쳐 내는 비유와 설명은 물리학 저작이라기보다는 오히려 통합 문화에 관한 서술이라고 하는 느낌이 들게 한다. 이제 더는 '두 문화'를 허용하지 않겠다는 결의를 그 안에서 보는 듯하다.

이 책을 누가 읽어야 하느냐 하는 점에 대해서는 여러 말이 필요 없다. 한마디로 이 책은 이 시대 지식인의 필독서다. '생각이라는 것을 조금이나마 할 수 있는 사람'이라면 그 전문 분야나 관심사와 무관하게 이 책을 꼭 한번 읽기를 권한다. 나는 물리학이 어렵다고 하는 신화를 믿지 않는 사람이며 물리학에 대한 기본 이해가 21세기의 필수 교양이라고 믿는 사람이면서도 지금까지는 늘 물리학에 대한 좋은 입문서를 소개하라면 말문이 막혀 왔다. 그러나 이제 더는 주저하지 않고 권할 만한 책이 생겼고, 이것 하나만으로도 내게는 커다란 기쁨이다.

2008년 10월 2일

개정판을 내면서

이 책이 처음 나온 지 어느새 10년 가까이 지났습니다. 서점에서 더는 책을 구할 수 없게 되었지만 그사이 물리학의 발전에 따른 새로운 내용을 담아 다시 쓰기가 힘이 들어서 책을 그만 내려놓았었습니다. (법정 스님의 말씀이 생각나기도 했지요.) 그러다가 여러 권유를 받고 설득을 당해서 이번에 결국 개정판을 내게 되었습니다.

그동안 이 책에 대해 여러 관점을 지닌 분들의 다양한 의견을 들을 수 있었습니다. 대체로 물리학 내용이 너무 어렵다는 의견이 많았습니다. 반대로 너무 기초적 서술만 있고 구체적 내용이 없다는 의견도 적지만 있었습니다. 두 가지 모두 공감합니다. 첫째 의견에서 물리학이 어렵다고 느끼는 이유가 흔히 겉으로는 수학 때문인 듯합니다. 자연현상을 기술하기에 매우 편리한 도구가 수학이라 할 수 있지요. (자연이 왜 수학적 구조를 지니는지, 곧 왜 수학을 통해 기술되는지 이유는 잘 모릅니다. 자연의 언어가 바로 수학이 아닐까 하는 생각이 들기도 하네요.) 그러나 수학이 곧 물리학은 아니므로 교양으로서 물리학을 이해하려면 수학적 표현은 어느 정도 뛰어 넘어가도 됩니다. 그런데 물리학에서 무엇보다 중요한 것은 논리적이고 비판적인 생각입니다. 깊이 생각하지 않으면 물리학을 이해할 수 없습니다. 만일 생각하기가 싫다면 어쩔 수 없지요. 물리학이 어려울 수밖에 없습니다. 둘째 의견과 관련해서는 이 책의 목적이 일반적 물리학 교과서처럼 전문 지식의 습득이 아니고 개념과 의미의 올바른 이해라는 점을 강조합니다. 특히 도구로서 물리학의 수련을 지양하였고, 이에 따라 특정한 주제에 대해 구체적 내용과 수학적 표현을 풀어내는 계산은 다루지 않았습니다.

책에 담긴 '정치적' 내용이 껄끄럽다는 의견도 들었습니다. 당연히 예상하던 평이지요. 이는 대체로 두 가지 경우로 나뉘는 듯합니다. 한 가지는 '보수적' 입장에 따른 것으로서 엄밀히 말해서 과학적 사고와 배치된다고 하겠습니다. 새삼 논의할 필요도 없지요. 다른 입장은 '저질스런' 정치에 대한 언급이 '고상한' 과학의 이해를 도리어 방해한다는 의견입니다. 백로가 까마귀 싸움에 끼어들면 고귀함이 훼손된다는 말이겠지요. 그러나 우리의 삶 자체가 정치적일 수밖에 없고, 자연과학도 우리의 삶과 무관하게 홀로 존재하는 것은 아닙니다. 자연과학에서도 실제로 가치판단의 문제는 매우 중요한데 현대사회에서는 '정치적'이라는 핵심 쟁점들도 과학적 가치판단과 직간접적으로 관련되어 있지요.

또한 될 수 있으면 토박이말 용어를 썼는데, 이에 대해서 문제점을 지적하는 의견도 많았습니다. 한자어, 그리고 영어가 좋고 토박이

말 용어는 변변치 못하다고 생각하는 보수적 — 정확히 말하면 자학적 — 입장이 있고, 토박이말 자체는 좋지만 낯설어서 내용의 이해를 방해한다는 현실적 입장이 있는 듯합니다. 토박이말을 표기하는 한글의 우수성을 무시하고 스스로 비하하는 첫째 입장은 동조하기 어렵고, 둘째 입장은 공감합니다. 사실 중·고등학교에서 한자어로 배우므로 토박이말이 낯설고 이해하기 어려울 것입니다. 제가 어렸을 때는 '넘보라살', '알갱이', '흰피톨' 따위로 배웠는데 요즈음은 '자외선', '입자', '백혈구' 등으로 배우더군요. 어처구니없게도 '심장', '신장', '폐'와 '염통', '콩팥', '허파'는 다르다고 합니다. 앞의 것들은 사람의 장기인 반면에 뒤의 것들은 짐승의 일부로서 먹을거리라고 하더군요. 한자는 원래 중국의 글자입니다. 뜻글자(표의문자)인데 우리는 뜻으로 읽지(훈독) 않고 소리로 읽으므로(음독) 우리말의 표기에 맞지 않습니다. 들어온 지 오래되었어도 우리 글자라 보기 어렵지요. 더욱이 전문 분야에서 쓰이는 한자 용어들은 상당수 일본에서 만들어진 것들이니 중국 글자라기보다 일본 글자라고 해야 할지 모르겠네요. 심지어 요즈음에는 '세계화'라서 그런지 모르겠으나 우리말을 토씨로만 이용해서 영어 낱말을 연결하는 야릇한 글을 학교와 정부 기관에서 마구 쓰고 있습니다. 한자를 쓰던 시대에 우리말을 토씨로만 쓰기도 했는데 거기서 한자만 영어로 바뀐 듯합니다. 조선 시대로 돌아가서 한글이 다시 언문이 된 것 같네요. 우리말, 우리글에 대한 사회 전체의 인식과 함께 교과서를 집필할 때 길잡이라 할 편수자료부터 먼저 바뀌어야 할 것입니다. 이러한 논점을 계속해서 제기하겠다는 의지로서 개정판에서도 토박이말은 지키기로 하였습니다. 아울러 외래어를 한글로 표기하는 외래어 표기법도 한글의 우수성을 온전히 활용하지 않아서 아쉬운 점이 있습니다. 일단 표준을 존중한다는 입장에서 개정판에서도 최대한 외래어 표기법에 따랐으나, 지나치게 불합리하고 혼동스러운 경우에는 바꾸어 표기하였습니다.

물리학에서 논리적 사고와 더불어 중요한 요소는 자유로운 상상력입니다. 따라서 철학과 문학 등 인문학과 예술에 대해서도 폭넓은 사색과 공부가 필요합니다. 그런데 이러한 본성을 잘 드러내면서 전체모습을 제대로 보여 주는 물리학 교과서는 찾아보기 어렵습니다. 이책이 물리학 교과서를 염두에 두고 쓴 것은 아니지만 물리학의 본성과 의미의 이해에 초점을 맞춘 물리학 교과서로 활용되기도 하였더군요. 이러한 점을 고려해서 개정판은 물리학을 소개하는 교과서로도 부족하지 않도록 표준의 '전문적' 내용을 꽤 추가하였습니다. 주어진 지면에 물리학의 핵심 개념과 의미를 처음부터 끝까지 놓치지 않고 최대한 담아내려 노력했지요. 특히 최근의 연구로 얻은 새로운 결과들도 소개하였습니다. 그 대신에 부득이 물리학과 직접 관련이 없는 내용은 상당 부분 삭제하였습니다. 과학과 현대사회를 다룬 마지막 두 강의를 없앴고 곳곳에 담겨 있던 인문, 사회와 정치 관련 논의도 일부 지웠습니다. 여기서 생략한 내용은 우리 삶과 관련된 과학의 의미와 통합적 사고를 강조해서 다시 정리하고 보완하여 이 책의후편으로 출간하기를 희망합니다.

일반인을 위한 기존의 과학 서적은 대부분 특정한 하나의 주제만다루었거나 피상적이고 때로는 오해하기 쉽거나 심지어 부정확한 경우도 있습니다. 물리학 그리고 자연과학에 관심이 있고 특히 정확한 의미를 이해하고 싶은 분은 일단 이 책을 읽어 볼 만하다고 생각합니다. 물리학의 기본부터 전문적인 최신의 결과까지 담고 있으므로 한 번만 읽지 말고 여러 차례 읽기를 권합니다. 수학에 익숙하지 않은 분은 전체의 조감을 염두에 두고, 전문적 내용을 담은 '더 알아보기'를 비롯하여 수학적 표현과 전문적인 부분은 대부분 뛰어넘어 읽으면 됩니다. 더 깊은 이해를 원하는 분은 수학적 표현의 설명에도 주의를 기울여서 언어로서 수학의 구실을 느끼고 물리학의 방법과 분야, 구체적 연구 내용과 의미를 생각하면 되겠지요. 사실 제가 30여 년 동안 물리학을 가르치면서 비로소 깨닫게 된 내용도 담고 있어서 실제로 물리학을 전공한 분께도 새로운 시각을 보여 줄 수 있으리라 기대합니다. 그러한 분들은 계산을 통한 문제 풀이보다 개념과 의미, 표준의 교과서에서 다루지 않는 논점들, 그리고 다양한 분야에서 소개하는 최신의 연구 결과들에 주의를 기울이면 좋을 듯합니다.

아무튼 이 책을 쓰고 또 고쳐 쓰는 과정에서 꽤 많은 시간과 노력을 들였는데 다른 보상이 별로 없는 상황에서 널리 읽히지도 않으면 아무런 의미가 없다는 생각이 들 것입니다. 아직 미흡하고 부족한 점들이 있지만 많은 분들이 과학에 대한 인식을 가지고 사회에 대해 합리적인 사고를 하는 데 이 책이 도움이 되면 좋겠습니다. 아울러 물리학을 통해 우주의 창조와 인간, 곧 신비로운 자연에 대한 이해와 삶의 의미를 새롭게 얻는 즐거움을 누리게 되기 바랍니다.

끝으로 초판의 부족한 내용을 꼼꼼하게 읽어 주시고 분에 넘치는 추천과 격려, 귀중한 평을 해 주신 홍창의, 권숙일, 장회익 선생님을 비롯한 여러 선생님들께도 깊은 존경과 고마움 표합니다. 도움을 주신 분들이 너무 많아서 일일이 적지 못해 송구스럽습니다만 특히 배움의 길을 함께해 온 박상일, 정진수, 국형태 박사님, 그리고 양자철학모임과 융합연구모임의 여러분께 많은 도움을 받았습니다. 아울러 초판을 즐겁고 진지하게 읽어 주신 모든 독자 여러분께도 고마움의 마음을 전합니다.

2018년 깊어 가는 가을
관악산 기슭에서
최무영

여는 글

현대사회에서 자연과학의 중요성은 새삼 강조할 필요가 없습니다. 자연과학은 인간 자신을 포함한 전체 우주를 대상으로 연구하면서 "신비로운" 자연현상의 이해를 추구하는 정신문화이지만, 한편으로는 이른바 "과학기술"의 바탕으로서 에너지, 컴퓨터와 통신 따위 전자기술, 병의 진단과 치료, 유전공학 따위로 대표되는 물질문명을 낳았습니다. 물론 이에 따른 부정적 측면으로서 핵무기를 비롯한 군수산업, 환경오염, 가치 의식의 혼란 등도 중요한 문제입니다. 어느 면을 생각하든지 현대인에게 과학의 이해는 필수적이라고 할 수 있습니다. 일반적으로 깊어지고 전문화된 학문은 특별한 재능이 있거나 수련을 받은 전문가만 이해할 수 있다고 생각하기 쉬운데, 학문이란 무슨 비법이 있는 것이 아니고, 특히 자연과학은 열려 있는 학문으로서 합리적 이성을 지닌 사람이면 누구나 검토하고 인정할 수 있어야 합니다.

과학 활동의 주체는 현실 사회 속의 인간이므로 심리적, 사회적 영향을 받지 않을 수 없습니다. 과학자가 속한 학문 사회에서 공통으로 신뢰받는 사고와 탐구의 전형, 곧 규범의 존재와 영향에 대해서 많은 논의가 있으며, 또한 전체 사회의 관념 체계, 곧 시대정신과 많은 영향을 주고받아 온 사실도 알려져 있습니다. 과학을 활용한 기술의 산업화가 진행된 현대사회에서 이러한 과학과 사회의 연관성은 더욱 두드러질 것입니다. 기술의 산업화가 풍요롭고 편리한 생활을 준다는 긍정적 측면과 함께 부정적 측면이 있을 뿐 아니라 긍정적 측면 자체에도 심각한 의문이 있다는 사실은 더 본원적이고 전체적인 과학적 고찰이 필요함을 말해 줍니다. 우리나라에서도 핵에너지 문제나 새만금 사업, 유전공학, 그리고 최근에 한반도 운하 계획과 광우병 쇠고기 관련 문제 등이 대표적 사례라 할 수 있는데, 현대의 사회구조나 문화 수준에서 과학의 물질적 활용에 치중하는 것은 매우 위험할 수도 있습니다.

그런데 이상하게도 우리나라에서는 과학과 그 물질적 활용, 곧 기술의 의미가 제대로 구분되지 않고 혼동되어 쓰이는 경향이 있습니다. 예를 들어 영어에서는 볼 수 없는 '과학기술'이라는 용어가 과학과 기술을 동일시하는 의미로 널리 쓰이지요. 이는 과학을 단순히 도구적으로 인식해서 풍부한 정신문화를 포기하게 될 뿐 아니라 물질주의에 빠질 위험성을 지니고 있습니다. 특히 우리 사회에는 극도의 실용주의가 만연해서 과학의 존재 이유가 실용성이라고 왜곡되어 있어 안타까운데, 이는 삶에 대한 올바른 인식과 기본 교양이 부족하기 때문이 아닐까 생각합니다. 과학과 현대사회의 발전에는 과학적 사고, 곧 합리적이고 비판적인 사고와 함께 자유로운 상상력이 중요하며, 이를 위해서는 인문학과 과학, 예술, 사회와 삶 등에 대한 폭넓은 공부가 필요합니다. 이러한 점에서 볼 때 대학에서뿐 아니라 고등학교 과정에서부터 이른바 문과, 이과를 구분하는 교육제도는 매우 바람직하지 않다고 생각합니다.

이러한 문제의식을 가지고 지난 몇 해에 걸쳐서 서울대학교에서 강의한 내용을 바탕으로 이 책을 구성하였습니다. 대체로 2002년부터 2005년 사이에 자연과학을 전공하지 않는 학생을 주된 대상으로 강의한 '물리학의 개념과 역사', 그리고 과학사 및 과학철학 협동과정에서 강의한 '자연과학기초론'의 강의록 일부이지만 필요할 때마다 시점을 현재(2008년)로 바꾸었고 초고는 올해 초부터 인터넷 신문 〈프레시안〉에 연재한 바 있습니다. 현대사회에서 살아가는 현대인을 위해서 자연과학, 특히 물리학의 의미와 성격을 소개하려는 목적으로서 자연과학의 구체적 내용은 다루지 않았으나 자세히 알고 싶어 하는 독자를 위해 수식을 포함한 세부 내용도 일부 포함하였습니다. 그러나 전체 맥락을 이해하는 데 별 관계가 없으므로, 일반 독자들은 수식에 골치를 썩이지 말고 뛰어넘어 읽기를 권합니다.

우리는 인류 역사에서 유례가 없는 시대에 살고 있습니다. 인류는 과학의 발전과 기술의 산업화, 이들과 사회와의 밀접한 상호작용을 통해 한 차원 높은 세계로 올라갈 수도 있고, 아니면 파멸의 길로 갈 수도 있습니다. 이러한 상황에서 현대인은 막중한 시대적 사명을 지니고 있으며, 여기서 과학에 대한 인식은 매우 중요합니다. 특히 과학의 올바른 활용을 위해서 과학은 사회 전체의 공유물이 되어야 하며, 사회의 모든 구성원이 과학에 대한 깊은 관심과 이해를 가져야 합니다. 이는 단순히 과학 지식이 아니라 편협한 실증주의를 넘어서서 진정한 합리주의로서의 과학적 사고를 뜻하는 것이며 최근 우리 사회를 볼 때 더욱 절실하게 느껴집니다.

"하늘 아래 완전히 새로운 것은 없다"는 말이 있듯이 지식은 일반적으로 앞선 세대의 성과를 다음 세대로 전해 주는 과정에서 조금씩 넓고 깊어지게 됩니다. 이 책도 제가 지금까지 전해 받은 내용을 정리한 것으로서 당연히 여러분께 도움을 받아서 나오게 되었습니다. 먼저 중학교, 고등학교 그리고 대학에서 저를 가르쳐 주신 여러 스승님들, 특히 서울대학교에서 앞서 같은 강의를 맡으셨던 이구철, 장회익 선생님께 많은 도움과 영향을 받았습니다. 이구철 선생님께서는 엔트로피를 처음으로 가르쳐 주셨고 저를 볼츠만 가계로 연결해 주셨습니다. 장회익 선생님께서는 과학과 삶의 진정한 의미를 성찰할 수 있도록 해 주셨으며, 실제로 이 책의 많은 부분은 장회익 선생님께 배운 내용을 그대로 담고 있음을 밝힙니다. 아울러 제 강의를 열심히 듣고 활발한 토론으로 도움을 준 학생들에게도 고마움을 표합니다. 다음 세대로 전하는 과정에서 지식이 넓고 깊어짐을 지적했는데, 실제로 진정한 배움은 가르치면서 얻게 되지요. 주로 고등과학원과 아시아태평양이론물리센터를 방문하여 연구하는 동안에 이 책을 쓰고 다듬을 수 있었으며, 두 기관의 모든 분들께 감사드립니다. 누구보다도 오늘의 저를 있게 해 주신 부모님, 그리고 언니누나, 언제나 지켜 주는 아내, 한나와 기리를 비롯한 가족, 친지에게도 감사를 드립니다. 아울러 중학교, 고등학교, 대학교 시절부터 시야를 넓혀 주고 삶의 즐거움도 선사해 준 여러 동무들 또한 빼놓을 수 없네요. 끝으로 〈프레시안〉에 연재하도록 도와주신 관계자 분들과 진지하게 읽어 주신 독자들, 그리고 까다로운 출판에 수고해 주신 책갈피 여러분께도 감사드립니다.

2008년 초여름에
최무영

1부

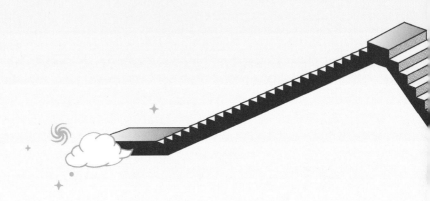

1강
과학이란 무엇인가

문화와 연결 짓는 인문학과 달리 자연과학에서는 흔히 문명이 연상됩니다. 실제로 자연과학은 기술의 바탕이 되어서 전자기술이나 유전공학 등 물질문명을 낳았습니다. 그러나 자연과학은 '신비로운' 자연현상을 이해하려는 시도로서 본질적으로 정신문화의 성격을 지녔다고 할 수 있습니다. 특히 우리 자신도 자연의 일부라는 점에서 우리가 경험하는 모든 '현상'은 넓은 의미에서 모두 자연현상이라고 할 수 있지요. 따라서 이러한 자연현상을 탐구하는 자연과학은 극대의 세계에서 극소의 세계, 곧 우주 전체에서 기본입자에 이르기까지 모든 현상을 대상으로 합니다.

이해를 돕기 위해서, 크기에 따라 전형적으로 보이는 현상을 살펴봅시다. 우리가 일상에서 가장 익숙한 현상들의 크기가 대체로 1 미터(m) 정도입니다. 예컨대 사람의 키도 1 미터 정도이니 이 크기에서

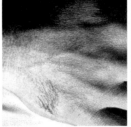

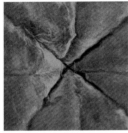

위쪽 왼편부터
그림 1-1: 가로, 세로 각각 1 미터.
그림 1-2: 10 센티미터.
그림 1-3: 1 센티미터.
아래쪽
그림 1-4: 1 밀리미터.

나타나는 현상부터 시작하기로 하지요. 그러면 1 제곱미터(m^2)의 넓이를 살펴봅시다. 어떤 아저씨가 낮잠을 자고 있네요(그림 1-1). 여기서 가로, 세로 각 변은 10^0 미터, 곧 1 미터입니다. 이것을 10 배로 확대해 보면 가로, 세로가 각각 10^{-1} 미터, 곧 10 센티미터(cm)가 됩니다. 가로, 세로 10 센티미터를 곱한 100 제곱센티미터(cm^2)의 넓이를 들여다보니 손이 보이네요(그림 1-2). 사람을 비롯해 비교적 큰 편인 젖먹이동물(포유류)에게는 10 센티미터란 손처럼 크기의 일부이지만, 크기가 10 센티미터쯤 되는 생물들이 더 많습니다. 이것을 다시 10 배 확대해 보면 손등의 일부가 보이겠지요(그림 1-3). 그런데 그다지 아름답지 않네요. 이건 아까 그 아저씨의 손이라 그렇고, 학생 여러분의 손은 매끈해 보일 겁니다. 앞에서 한 방식대로 이것을 다시 한 번 확대해 봅시다. 가로, 세로 1 밀리미터(mm) 크기의 넓이를 확

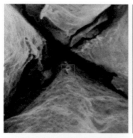
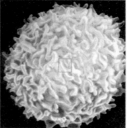
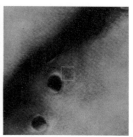

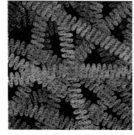

위쪽 왼편부터
그림 1-5: 100 마이크로미터.
그림 1-6: 10 마이크로미터.
그림 1-7: 1 마이크로미터.
아래쪽
그림 1-8: 0.1 마이크로미터.

대해 보면 그림 1-4처럼 보여요. 이거야말로 정말 아름답지 않군요. 젊은 사람의 아름다운 손이라도 확대해 보면 이렇게 보입니다. 10배 더 확대해 볼게요. 그러면 이렇게 엄청난 골짜기가 보이고, 이때 가로, 세로는 각각 10^{-4} 미터, 곧 100 마이크로미터(μm)인데 이 정도면 미생물들의 크기가 되지요(그림 1-5). 이것을 또 10배로 확대해 보면 림프구라고 하는 세포가 보이는데(그림 1-6), 이것은 병원체와 같은 적이 침입할 때 우리 몸을 보호하는 구실을 합니다. 이것을 또다시 확대해 보면 1 마이크로미터 크기의 세포핵이 보이고(그림 1-7), 또 확대해서 0.1 마이크로미터 크기를 보면 디옥시리보핵산, 곧 디엔에이DNA의 끈이 보이고(그림 1-8), 다시 확대하면 디엔에이의 이중나선 구조가 보입니다(그림 1-9). 또 확대해서 10^{-9} 미터, 이른바 1 나노미터(nm) 크기를 보면 디엔에이 분자 결합이 보이지요(그림 1-10). 다

 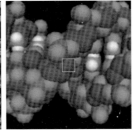 

그림 1-9: 10 나노미터.　　　그림 1-10: 1 나노미터.　　　그림 1-11: 0.1 나노미터.

시 확대해 보면 탄소 원자가 보이는데, 탄소 원자는 일반적으로 가운데 원자핵이 있고 그 주위에 전자들이 적절하게 분포하고 있습니다(그림 1-11). 이는 사람이 직접 본 것은 아니고 추론해 얻은 것이지요.

이제 반대로 점점 커다란 세계로 가 볼까요? 사람보다 훨씬 큰 우리의 아름다운 지구에서 시작하기로 하지요. 그림 1-12에서 보듯이 지구는 대체로 공 모양에 가깝고 반지름이 6000 킬로미터(km)가량 됩니다. 표면이 육지와 바다로 이뤄지고 바람과 눈, 비 따위의 기상 현상을 보이며 우리를 비롯한 다양한 생명체를 품고 있는 하나뿐인 우리의 소중한 떠돌이별(행성)입니다. 지구는 형제인 다른 떠돌이별들과 함께 해(태양)라는 붙박이별(항성)을 중심으로 태양계를 이루고 있습니다. 지구에서 해까지 거리는 1.5×10^{11} 미터, 곧 1억 5000만 킬로미터쯤 되며, 태양계의 크기는 떠돌이별만 고려했을 때 60억 킬로미터 정도지요. 6부 "우주의 구조와 진화"를 강의할 때 다루겠지만 우리 태양계는 엄청나게 많은 다른 (붙박이)별들과 함께 미리내(은하수)라는 은하에 속해 있습니다. 소용돌이 모습인 납작한 원반에 중심부가 볼록한 모양인데 그 지름은 10^{20} 미터에 이릅니다. 원반의 위쪽에서 본 모습이 그림 1-13입니다. 이러한 은하들이 엄청나게 많이

그림 1-12: 아름다운 푸른 떠돌이별, 지구.　　그림 1-13: 우리 은하 미리내.

모여서 전체 우주를 이루는데 현재 관측 가능한 우주의 크기는 무려 10^{26} 미터나 됩니다.

　결국 자연과학은 기본입자라는 극소의 세계부터 전체 우주라는 극대의 세계까지 모든 현상을 대상으로 합니다. 4강에서 자세히 논의하겠지만 시간으로 따져 보면 찰나, 곧 1000조 분의 1 초보다도 짧은 순간부터 영원무궁, 곧 우주의 나이에 해당하는 138억 년까지 모든 현상을 다룹니다.

　자연과학의 대상으로서 자연을 편의상 물질, 우주, 생명으로 나눠 보겠습니다. 일반적으로 모든 현상에는 그 현상을 일으키는 실체가 존재한다고 상정하는데 이 실체를 자연과학에서는 물질이라 부릅니다. 그리고 이러한 생각을 흔히 '유물론'이라고 부르지요. 우주란 이러한 물질이 존재해서 다양한 자연현상이 일어나는 무대를 말하는데 엄밀한 의미에서 물질과 우주는 분리할 수 없고 합해서 물질세계를 이룹니다. 이러한 물질세계를 다루는 물리학, 화학, 천문학 따위를 물리과학이라 부르지요. 여기서 생명현상은 워낙 특별하므로 따로 떼어 내 생각하는데, 이를 다루는 생명과학에는 생물학과 응용학문으로서 의학이 있습니다. 그러나 생명체도 물질로 구성되어 있다는 점에서 생명도 물질세계의 일부라 할 수 있지요. 그리고 지질학, 대기과학, 해양학 등이 포함된 지구과학은 기본과학이 아니고 물리학, 화학, 생물학 등을 응용한 종합과학이라고 할 수 있습니다. 다음 강의에서 언급하겠지만 이러한 자연과학 중에서 물리학은 독특한 성격을 지니고 있지요. 한편 수학은 자연현상을 탐구하는 것이 아니라 사고의 틀 자체를 연구합니다. 과학에서는 언어의 구실을 한다고 할 수 있지요. 특히 물리학은 수학을 널리 사용해서 — 이 때문에 어렵다고 느끼는 학생도 많은 듯 — 자연현상을 매우 성공적으로 기술합니다. 왜 그럴까요? 수학적 기술이 성공적인 이유는 사실 알 수 없습니다. 아마도 자연의 언어 자체가 수학이 아닐까 생각하게 됩니다.

과학이 우리에게 주는 의미

이러한 과학은 그것을 전공하는 과학자들이 공부하면 될 텐데 과학을 전공하지 않는 우리가 왜 과학을 공부해야 할까요? 그 해답을 얻으려면 과학이 현대사회를 살아가는 우리에게 무슨 의미를 주는지 생각해 봐야 합니다.

과학의 첫 번째 의미는 과학적 사고방식입니다. 과학적 사고란 비판적이고 합리적인 사고를 말하며, 과학적 사고방식은 과학 정신이라 할 수도 있습니다. 과학의 위력이라고 하면 과학적 지식이나 그것을 특별히 기술로 응용한 것이라고 생각하기 쉽습니다. 요즘에는 그 위력과 힘을 협소하게 물질문명, 더 좁게는 무기 같은 것으로 생각합니다. 여러 해가 지났지만 미국이 이라크를 침공해서 순식간에 점령했지요. 이때 두 나라의 실질적 차이는 어느 쪽이 군사력이 강하냐 하는 것이었고, 이를 결정하는 무기들은 기술의 응용에서 나옵니다. 그런 것을 보면서 우리는 자연과학의 위력은 과학을 기술에 얼마나 잘 응용하는지에 달려 있다고 생각하기 쉽습니다. 그러나 실제 자연과학의 위력이란 기술의 응용에 있는 것이 아니라 과학적 사고에 있다고 할 수 있습니다.

예를 들어 동양과 서양의 역사적 전개 과정을 보면 둘 사이에 어떤 차이가 있다고 생각하나요? 흔히 듣는 이야기로, "동양은 정신적이고, 서양은 물질적이다"라는 의견이 있습니다. 혹시 그렇게 생각해 본 적 있나요? 그렇지만 동양이 물질문명에 더 강하고, 서양은 그 반대라고 생각할 수도 있습니다. 물질문명은 기술과 직결되는 문제인데, 기술이 어디에서 더 발달했었는지 생각해 봅시다. 역사적으로 중요한 물질문명으로 세계 3대 발명이라는 나침반, 종이, 화약, 그리고 인쇄술은 모두 중국 등 동양에서 먼저 발명되었습니다. 실제로 중세까지는 물질문명이나 기술에서 동양이 서양보다 앞서 있었다고 할 수 있어요. 특히 중국의 물질문명이 서양보다 훨씬 앞서 있었다고 생각합니다. 많이 들어 봤을 마르코 폴로의 《동방견문록》은 그가 중국에 가서 보고 듣고 배운 것을 기록한 책인데, 이 책을 본 당시 서양인들은 그 내용이 모두 허풍이라고 했답니다. 그가 원래 좀 허풍이 심한 사람이라는 말도 있지만 한편으로는 중국의 물질문명이 얼마나 앞서 있었는지 짐작할 수 있지요. 역사적으로 동양의 기술 문명이 서양보다 앞서 있었는데 그렇다면 왜 근·현대에 들어오면서 상황이 바뀌었을까요? 20세기에 들어와서는 분명히 역전되었지요. 왜 그럴까요?

서양의 기술 문명이 앞서기 시작한 것은 대체로 산업혁명 때부터일 겁니다. 대규모로 과학을 적용하면서 기술이 발전했는데, 그 출발이 바로 산업혁명입니다. 현대 기술은 과학을 대규모로 응용하기 시작하면서 발달한 반면에 그 이전에는 기술과 과학은 완전히 독자적이었습니다. 그런데 동양은 기술적으로 발달해 있었지만 과학적 사고는 미흡했다고 할 수 있고, 이러한 과학적 사고에서 동양과 서양 사이에 전통적 차이가 있었다는 지적이 설득력 있는 주장이라고 생각합니다. 이러한 점에서 과학의 진정한 위력은 과학적 사고에 있다고할 수 있습니다.

과학이 우리에게 주는 두 번째 의미는 과학을 통해서 삶의 새로운의미를 추구할 수 있다는 점입니다. 자연과학이란 자연현상, 곧 우리자신을 포함한 우주 전체를 탐구하는 학문입니다. 다시 말해 자연과학은 우리 자신을 포함한 우주 전체를 근원적으로 이해하려는 시도로서, 자연과학을 탐구하다 보면 인간과 우주를 더 잘 이해할 수 있게 되므로 세계관 자체가 바뀌게 됩니다. 새로운 과학적 세계관으로생각할 수 있게 되며, 이것이 '과학이 우리 삶에 주는 새로운 의미'입니다. 이에 대해서는 나중에 기회가 되면 더 이야기하겠습니다.

세 번째로 과학의 현실적 의미를 들 수 있겠네요. 우리는 현대사회의 구성원으로 살고 있습니다. 디포 소설에 나오는 로빈슨 크루소처럼 혼자 사는 것이 아닙니다. 이런 현대사회에서 자연과학은 아주 중

대한 영향을 끼치고 있습니다. 좋든 나쁘든 말이지요. 자연과학은 현대사회를 사는 우리가 갖춰야 할 가장 기본적 소양입니다.

현대사회에서 과학 문명이 특별히 중요한 이유는 과학 지식의 이용과 관련해서 생각할 수 있습니다. 우리가 과학 지식을 올바른 방향으로 이용한다면 과학은 우리에게 풍요로운 삶을 줄 겁니다. 그러나 우리가 과학을 잘못 이용한다면 그야말로 엄청난 재앙이 될 수도 있습니다. 핵폭탄 같은 것은 본말이 전도된 과학 문명의 대표적 예라고 할 수 있는데 인류 전체를 파멸시킬 수도 있지요.

현대사회의 구성원들에게 자연과학이 얼마나 중요한지는 새삼 강조할 필요가 없습니다. 과학은 인류의 삶이 풍요롭고 바람직한 길로 갈지, 파멸의 길로 갈지 결정짓는 데 핵심적 영향을 줍니다. 자연과학을 전공하는 사람이든 그렇지 않은 사람이든 간에 이 점을 이해하는 것은 아주 중요합니다. 과학과 관련된 사회적 문제에서도 현대사회를 함께 살아가는 모든 사람에게 공동의 책임이 있습니다. 과학을 올바르게 활용하기 위해서는 모든 사회 구성원의 관심과 이해가 필요하지요. 더구나 현실에서 과학이 올바른 방향으로 갈지 그러지 않을지는 대부분의 경우에 그 선택권이 자연과학자들에게 있지 않고 사회와 국가의 권력자에게 있습니다. 극단적 경우에는, 미국을 비롯한 강대국의 통수권자가 마음만 먹으면 세계를 파멸시킬 수 있는 것처럼 말입니다. 그러니 자연과학을 전공하지 않은 사람들이 이를 잘 이해하고 제대로 이용하도록 하는 것이 매우 중요하지요.

마지막으로 과학의 의미는 문화의 중요한 근간이라는 점입니다. 여러분은 문화유산이라고 하면 무엇이 생각나나요? 몇 해 전에 《나의

그림 1-14: 수원 화성(왼쪽)과 합천 해인사에 보관되어 있는 팔만대장경(오른쪽).

문화유산답사기》라는 책이 꽤 많이 읽혔지요. 문화유산이라고 하면 흔히 이런 책에서 다루는 예술품들을 생각하고 과학을 문화유산이라고 생각하지는 않는 듯합니다. 그런데 사실은 과학이야말로 인류의 가장 소중한 문화유산이라고 할 수 있습니다. 우리나라의 대표적 문화유산으로는 유네스코UNESCO가 세계 문화유산으로 지정한 서울의 종묘 등을 생각할 수 있겠네요. 유네스코가 지정한 문화유산이 또 무엇이 있죠? 수원 화성과 팔만대장경, 석굴암도 지정되어 있습니다. 이런 문화유산의 공통점은 인간의 활동을 통해 얻어진 산물이라는 점입니다.

　인간은 과학 활동의 탐구 대상입니다. 과학 활동은 자연을 이해하고 해석하려는 것인데, 인간도 자연에 포함되니 당연히 과학 활동의 대상이지요. 그런데 그와 동시에, 인간은 과학 활동의 주체이기도 합니다. 자연과학은 그런 점에서 매우 특별하다고 할 수 있습니다. 인간이 과학 활동의 주체라는 면에서 보면 과학도 다른 인간 활동과 마찬가지로 문화유산이라 할 수 있습니다. 유네스코에 등재된 문화유산 중에 종묘와 함께 종묘제례악이 있지요. 문화재라면 눈에 보이는 것만 생각하기 쉬우나 무형문화재도 있지요. 인간이 만든 창작물인 과학도 음악처럼 눈에 보이지 않는 소중한 문화유산이라고 할 수 있습니다.

이와 관련해서 자연과학은 사실 공학보다 인문학에 더 가까운 편입니다. 현대사회에서는 현실적으로 과학이 공학, 기술과 깊은 관련이 있지만 본질적으로는 문학, 철학, 예술 등 인문학과 가깝다고 할 수 있습니다. 그래서 대학의 단과대학 편재에 문리과대학이 있지요. 실제로 널리 알려진 외국 대학의 경우 대부분 문리과대학이 대학의 중심을 이루고 있습니다. 그런데 서울대학교에서는 문리과대학을 1975년에 인문대학, 사회과학대학, 자연과학대학으로 나눴지요. 우리나라 대학 중에는 심지어 자연과학대학과 공과대학을 묶어서 이공대학을 만든 곳도 꽤 있는 듯합니다. 그러나 이는 학문의 본질에 비춰 볼 때 타당하지 않아 보입니다.

덧붙여 지적하고 싶은 것은 우리나라 인문, 사회 계열 학생들이 과학을 거의 배우지 않는다는 사실입니다. 고등학교 때 형식적으로 조금 배우고 마는데, 이것은 참으로 유감스러운 일이지요. 특히 우리나라는 아직도 고등학교에서 문과와 이과를 나눠 교육하는데, 유럽이나 미국의 고등학교에서 이렇게 나누는 곳을 본 적이 없어요. (이러한 제도는 아마도 식민지 시대, 일제강점기에 시작된 것 같은데 현재 일본은 어떤지 잘 모르겠네요.) 다행히 앞으로는 고등학교에서 문과, 이과의 구분이 없이 과학과 사회 교과목을 가르치려는 방향으로 나아간다고 합니다. 하지만 과학을 마치 '재미난' 이야기를 듣거나 영화를 보듯이 매우 피상적으로 다루고, 학생은 그 내용을 단순히 외우기만 하게 되는 듯해서 우려가 됩니다. 이러한 식의 교육은 자칫하면 과학적 사고를 기르는 데에 도움을 주기는커녕 도리어 저해할 수 있습니다. 마찬가지로 대학에서도 문과와 이과를 나눠 학생을 선발하고 교육하는 것은 바람직하지 않지요. 문리과대학으로 편재한 교육이 아쉽습니다.

이과와 문과 양쪽에 걸쳐 소양이 있던 스노우는 《두 문화》에서 이런 점들을 다뤘습니다. 현재 인류에게는 이과와 문과를 나누듯 두 가지 문화가 있으며, 그 두 문화는 더 이질적이 되어 가고, 그 사이에 담이 점점 높아져서 서로 소통이 안 된다고 지적했지요. 문과와 이과의 대표적 전공자로서 인문학자와 물리학자 사이에 몰이해와 심지어 적대감까지도 존재함을 여러 사례를 들어서 기술했습니다. 여기서는 '두 문화'라고 했지만 한국에서는 '문화와 문명', 다시 말해서 문과는 '문화'이지만 이과는 아예 문화가 아니라 '문명'이라고 표현할지도 모르겠습니다.

한국 사회는 겉으로는 과학을 강조하는 것처럼 보이지만 실상은 그렇지 못하고 오히려 비과학적인데, 그 원인이 고등학교 때 문과와 이과를 나누는 것에서 출발한다고 볼 수도 있을 듯합니다. 좀 거리가 있는 이야기인지 모르겠지만, 우리나라에서 정치하는 사람들이나 고위 공직자들, 관료들을 보면 대부분 문과 출신입니다. 예컨대 국회의원 중에서 문과와 이과 출신 비율이 어떻게 될까요? 여러 해 전이지만 한 국회의원에게 들은 바로는 당시 국회에서 이과 출신이 7명뿐이라고 하더군요. (이과 출신임을 자처한 그 국회의원도 자연과학적 소양은 전혀 없었습니다. 이른바 무늬만 이과였지요.) 지금은 그때보다는 많으리라 생각하지만 10퍼센트라도 되는지 모르겠네요. 장관

중에는 이과 출신이 몇 명일까요? 우리가 보기에 부처별로 문과 출신이 적합한 곳도 있을 것이고, 이과 출신이 적합한 곳도 있겠지요. 문과든 이과든 상관없는 부처도 있을 겁니다. 예컨대 외교부, 법무부 같은 곳은 문과가 적합하겠지요. 한편 농림부, 정보통신부, 산업자원부, 건설교통부 등은 이과가 알맞을 것 같습니다. 과학기술부는 물론이고요. 그리고 문과, 이과가 상관없을 법한 곳도 있습니다. 노동부나 교육부, 문화관광부 같은 곳이지요. (부처의 이름이 수시로 바뀌네요. 마치 소꿉장난을 보는 것 같습니다. 현재의 부처 이름을 따라서 고쳐 쓸까 하다가 어차피 또 바뀔 것 같아서 군이 고치지 않았습니다.) 사실 따지고 보면 문과 출신보다 이과 출신이 맡는 것이 적절해 보이는 부처가 더 많습니다.

그런데 현실을 보면 도리어 반대입니다. 문과를 전공한 분이 종종 이과가 적합해 보이는 부처의 장관을 맡았지요. 물론 장관직 수행에서 반드시 문과, 이과 전공을 구분해야 하는 것은 아니지만, 반대로 이과 출신이 외교부나 법무부 장관을 맡은 경우는 본 적이 없어요. 여기서 지적하려는 것은 정부 행정 부처를 담당하는 사람 중에 이과 전공자가 너무 적다는 사실입니다. 중국의 경우는 장쩌민, 후진타오를 비롯해서 시진핑에 이르기까지 그동안 핵심 권력자들이 대부분 이과 출신입니다. 그러니 중국은 권력 사회가 모두 이과 세상인 셈이지요. 유럽의 경우를 보더라도 정책 결정 자리에 대체로 문과와 이과 전공자들이 균형 있게 배치되어 있어요.

그러면 왜 한국은 다를까요? 우리나라는 겉으로 과학의 중요성을 강조하지만 정책을 보면 비과학적인 경우가 많습니다. 농담 삼아 하는 말로 1 더하기 1은 2가 아니라 3이라고 우긴다는 말입니다. 그런 일이 거의 날마다 신문과 방송에서 보도될 정도로 많으니까 참 안타깝습니다. 이것은 과학적 사고의 빈곤에서 유래한다고 생각합니다. 그렇다고 이과 전공자가 정계에 많이 진출하면 정치가 잘될까요? 글쎄요, 도리어 더 엉망이 될지도 모르겠네요. 그 이유는 우리나라 교육 때문입니다. 조금 비약일 수 있지만, 고등학교 때부터 문과, 이과를 나눠서 문과 학생에게는 과학을 공부할 기회를 거의 주지 않고 이과 학생에게는 인문학, 사회과학에 대한 소양을 기르기 어렵게 하지요. 이것이 문제의 발단이 아닐까 생각합니다.

이는 대학에서도 교양교육의 부재나 부족으로 이어집니다. 교양과목은 적당히 때우는 거란 생각이 널리 퍼져 있는 듯합니다. 그런데 교양이라는 것이 뭘까요? 여러분은 교양이 왜 필요하고, 교양과목을 왜 배운다고 생각하나요? 누군가 이렇게 표현했습니다. "교양은 없어도 아무 상관 없는 것이다. 있으면 조금 더 좋은 것이다." 교양은 살아가는 데 전혀 필요하지 않고, 말하자면 가방에 붙어 있는 구찌 상표 같다는 겁니다. 구찌 상표는 실제로 가방의 기능하고는 아무런 상관이 없습니다. 그런데 그것이 붙어 있으면 보라는 듯이 자랑을 합니다. 이런 상표처럼 교양도 필요는 없지만 있으면 자랑할 수 있다는 겁니다. 글쎄요, 구찌 상표 가방은 이른바 짝퉁이 많지요. 교양도 짝퉁이 많다는 생각이 드네요.

그런데 교양이 이런 사치품이라는 말에는 동의할 수 없습니다. (우리나라에서는 흔히 명품이라고 말하지만 이는 적절하지 않습니다. 사치품이 정확한 용어입니다. 명품이란 많은 정성과 노력을 기울여 만든 걸작을 뜻하는 것으로 자동화 시설에서 대량생산하는 상품에는 어울리지 않는 표현이지요.) 물론 교양이 없어도 '생물학적' 삶을 살아가는 데는 아무런 지장이 없습니다. 그러나 인간과 사회, 그리고 자연에 대한 적절한 수준의 이해가 없이는 현대인과 현대사회를 이해할 수 없고 주체적 삶을 만들어 갈 수 없습니다. 따라서 교양이란 단순한 치장이 아니라 현대사회를 살아가는 데 매우 중요한 소양이고 능력입니다. 특히 우리가 어디로 가는지에 대한 인식과 더불어 미래를 건설하는 데 매우 중요합니다.

과학의 아름다움

다시 문화유산에 대해 생각해 봅시다. 여러분은 유명한 문화유산을 떠올리면 어떤 생각이 드나요? 《나의 문화유산답사기》 같은 책을 보고, 그 책에 나온 곳을 직접 가서 본다고 합시다. 유명한 문화유산에 어떤 것들이 있나요? 앞서 종묘나 수원 화성을 언급했고 석굴암도 있지요. 내가 좋아하는 백제 금동향로, 마애삼존불도 있습니다. 그런 것을 보면 어떤 기분이 들어요? 예를 들어 상감청자 같은 것을 보면 어떤 생각이 드나요?

학생: 어떻게 만들었는지 신기하다는 생각이 듭니다.

그럼 무형문화재에 대해 생각해 볼까요? 우리나라나 서양의 고전음악, 예컨대 베토벤의 음악이나 우리 전통음악을 들으면 어떤가요? 지루하다는 생각이 드나요? 또는 반 고흐나 피카소의 그림을 보면 어때요? 아무 느낌 안 들어요? 우리 학생들은 대체로 음악과 미술

그림 1-15: 백제금
동용봉봉래산향로
(왼쪽)와 서산 마애
삼존불(오른쪽).

같은 분야에 소양이 부족한 것 같습니다. 이는 학생들 책임이라기보
다 교육의 문제가 아닐까 해요. 특히 중·고등학교 교육이 오직 대학
입시만을 위해서 갈수록 파행적으로 되어 가는 듯해서 안타깝습니
다. 음악이나 미술처럼 대학 입시와 관련이 없는 과목은 제대로 가르
치지도 않는 것 같더군요. 내가 중·고등학교를 다닐 때는 적어도 지
금 학생들보다는 더 나은 교육을 받았다고 생각합니다.

아무튼 문화유산에 대한 느낌에 어떤 답이 있는 것은 아니지만,
어떤 '아름다움'을 느끼는 사람들이 있을 겁니다. 현악사중주나 가야
금 연주를 듣는다든지, 석가탑이나 무량수전의 배흘림기둥을 보면서
아름답다고 생각하는 사람들이 있겠지요. 이러한 문화유산의 아름
다움에 관련해서 강조하고 싶은 것은 앞서 말했듯이 과학이 문화유
산의 근간이고, 특히 과학도 아름다움을 추구한다는 사실입니다.

과학이라 하면 아름다움과는 거리가 먼 것으로 여기지만, 사실 과
학도 상당히 아름다움을 추구하는 학문입니다. 과학의 아름다움이

란 여러 의미로 나타나지요. 아름다움의 표상 중 하나로 대칭성을 들 수 있습니다. 자연과학에서 현상의 실체로서 상정한 모든 물질은 그것을 이루는 구성원, 그리고 그들 사이에 상호작용으로 정해지지요. 물질을 구성하는 기본적 알갱이(입자)를 기본입자라고 부릅니다. 이에 따라 물질은 흔히 분자로 이뤄져 있고, 분자는 다시 원자, 그리고 원자는 양성자, 중성자, 전자 등의 기본입자들로 이뤄졌다고 생각하면 편리합니다. 이러한 기본입자들 사이의 상호작용을 '기본 상호작용'이라 부르는데, 이런 것들은 대칭성으로 특징지을 수 있습니다. 마치 주기율표처럼 말입니다. 여러분 주기율표 기억하지요? 그걸 외우느라 지긋지긋했는데, 수소, 헬륨, 리튬, 베릴륨, 붕소 등 순서를 수-헤-리-베-붕-탄-질-산- …, 이런 식으로 외운 기억이 나네요. 주기율표는 원소를 성질의 대칭성에 따라 배열한 겁니다. 그렇게 성질에 맞도록 배열하다 보면 비어 있는 자리가 있고, "아, 여기에 들어갈 어떤 원소가 있겠구나" 하고 생각해서 찾아낸 원소들도 있습니다. 주기율표에서 기술하는 원소처럼 기본적 입자, 즉 양성자와 중성자, 전자 같은 것들도 대칭성을 가지고 있습니다.

물질을 이루는 기본입자들은 렙톤과 하드론 두 가지로 분류합니다. 원래 렙톤은 가벼운 알갱이, 하드론은 두터운 알갱이라는 뜻이지만, 렙톤이라고 반드시 가벼운 건 아니지요. 렙톤은 여섯 종류가 있으며 대표적인 것으로 전자와 중성미자가 있습니다. 하드론에 속하는 것으로는 양성자, 중성자, 그리고 중간자를 비롯하여 다양한 야릇한 입자들이 있습니다.

렙톤은 여섯 가지밖에 없지만 하드론 중에 야릇한 입자들은 종류가 매우 많습니다. 몇 가지나 될까요? 그 수는 시간의 함수입니다. 자꾸자꾸 새로운 것이 발견된다는 뜻이지요. 그래서 기본입자는 현재 200가지가 훨씬 넘습니다. 야릇한 녀석들이 워낙 많아서 그렇지요. 그런데 '기본적'이라고 말하기에는 종류가 너무 많아 보이네요. 그래서 "우리가 기본입자라고 여겼던 알갱이들이 사실은 기본적인 것이 아니라 더 기본적인 구성원들로 이뤄져 있다"고 생각하게 되었습니다. 구체적으로 200가지가 넘는 하드론들은 더 간단한 기본 알갱이들로 이뤄져 있다고 생각하고, 그것을 쿼크라고 이름 붙였습니다. 쿼크는 여섯 가지가 있는데, 그 이름들을 재미있게 붙였습니다. 이에 대해서는 뒤에 다시 얘기하기로 하지요.

다음으로, 주어진 입자에 대해 그 반대 입자가 있다고 생각합니다. 예컨대 음(−)전기를 띤 전자와 질량 등의 성질은 똑같은데 양(+)전기를 띠고 있는 입자가 있는데 이를 양전자라고 부릅니다. 마찬가지로 음전기를 지닌 반대양성자(음양성자)는 양전기를 지닌 양성자와 다른 모든 성질이 똑같지요. 그런 것들을 반대입자라고 부르는데, 입자와 반대입자 사이에는 놀라운 대칭성이 존재합니다.

이러한 기본입자들은 서로 작용하는데, 그들의 기본 상호작용은 모두 네 가지가 있습니다. 우주의 모든 상호작용(또는 힘)은 결국 이 네 가지 중에 하나지요. 첫째가 중력이고, 둘째로는 전기력과 자기력을 합해 전자기력입니다. 그다음은 약력(또는 약상호작용)인데, 이것은 우리 일상생활과는 관계가 없고 원자핵 속에서 존재합니다. 마지막으로 핵력이라고도 부르는 강력, 곧 강상호작용이 있는데, 이것은 말 그대로 매우 강합니다. 핵폭탄의 파괴력이 왜 그렇게 엄청난가 하

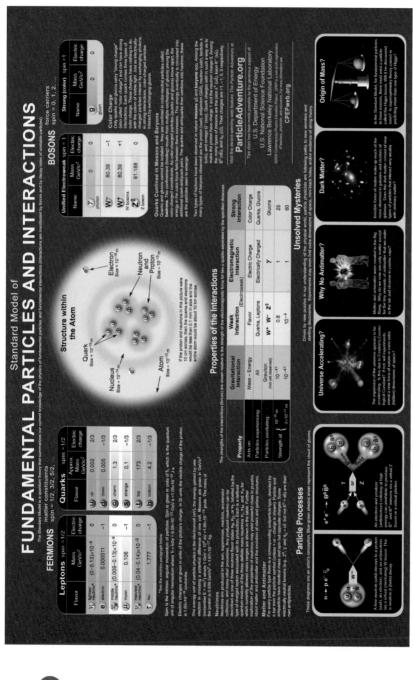

그림 1-16: 기본입자와 상호작용의 표준모형. CPEPweb.org

면 바로 이 강상호작용과 관계가 있기 때문이지요.

입자들끼리 이러한 상호작용을 어떻게 할까요? 상호작용을 매개해 주는 알갱이들이 또 있는데, 그것들을 게이지입자라고 부릅니다. 전자기력을 전달해 주는 알갱이는 빛알이라고 부르지요. 그리고 중력을 전달해 주는 알갱이는 중력알이라고 부릅니다. 지구와 태양이 서로 중력알을 계속 주고받기 때문에 그들 사이에 중력이 작용한다고 생각하자는 거지요. 그리고 더블유(W)와 지(Z)라는 알갱이들이 약력을 전달해 주는 게이지입자이며, 강상호작용은 붙임알이라고 하는 게이지입자들이 전달합니다.

이 모든 것들이 지닌 대칭을 정리한 것이 이른바 표준모형인 그림 1-16입니다. 나중에 6강에서 더 자세히 강의하겠지만 렙톤과 쿼크, 게이지입자들과 함께 중력, 전자기력, 약력, 핵력의 네 가지 상호작용을 보여 줍니다. 하드론인 중성자와 양성자는 각각 세 개의 쿼크로 이뤄져 있지요. 쿼크가 세 개씩 모여 양성자와 중성자가 되고, 그것들이 모여서 원자핵이 되고, 원자핵 주위에 렙톤인 전자가 분포해서 전체가 하나의 원자가 됩니다. 원자들이 모여서 하나의 분자를 이루는 거지요. 그리고 수많은 원자, 분자가 모여서 비로소 우리가 경험하는 물질을 이룹니다. 이러한 물질의 구성이 멋진 대칭성을 보이고 있어서, 우리가 상감청자를 보고 아름답다고 하듯이, 물리학자들은 이런 것을 보고 "아! 아름답다"고 하지요.

물리법칙이란 보편지식을 하나로 묶어 놓은 것인데, 물질의 구성뿐 아니라 물리법칙에도 대칭성이 있습니다. 예를 들어, 나란히옮김 대칭, 방향 대칭, 시간옮김 대칭 같은 것들이 있지요. 뉴턴의 운동법칙

잘 알지요? (물리학에서 운동이란 건강을 위한 몸의 운동exercise이나 새마을 운동 같은 사회·정치적 운동movement이 아니라 움직임motion을 뜻합니다. 뜻이 분명하게 움직임의 법칙이라고 부르는 편이 나을 듯하네요.) 보통 $F = ma$ 라고 쓰지만 $a = \dfrac{F}{m}$ 로 나타내면 더 명확합니다. 질량 m인 물체에 힘 F가 주어지면 그 물체는 가속도 a를 가지게 되는데, 이때 가속도는 힘에 비례하고 질량에 반비례한다는 내용입니다. 힘이 두 배, 세 배가 되면 가속도도 두 배, 세 배가 되고 질량이 두 배가 되면 가속도는 반으로 준다는 거지요.

이러한 운동의 법칙이 여기에서 성립한다면 공간을 이동해 다른 곳에 가도 성립하겠지요? 한국에서 성립하면 아프리카에서도 성립하고, 북극성에 가도 성립할 겁니다. 물론 안드로메다은하에서도 성립하겠지요. 이것이 바로 나란히옮김 대칭으로, 장소를 옮겨도 물리법칙에는 변화가 없다는 겁니다. 방향 대칭이란 한 방향으로 힘을 주면 그 방향으로 가속도가 생기고, 다른 방향으로 힘을 주면 마찬가지로 그 방향으로 가속도가 생긴다는 겁니다. 그러니까 방향을 바꿔도 변하지 않는다는 거지요. 시간옮김 대칭은 운동의 법칙이 오늘 성립하면 내일도 성립함을 말합니다. 100년 후에도 성립할 테고, 1만 년 전에도 성립했다는 것이지요.

다음으로 전하켤레 변환이라는 것이 있습니다. 이것은 양전기와 음전기를 서로 바꾼다는 말인데, 입자와 반대입자 사이의 대칭을 뜻합니다. 한편 홀짝성이란 거울 비추기, 곧 오른손-왼손 대칭을 기술하지요. 《이상한 나라의 앨리스》라는 이야기를 읽어 봤나요? 지은이는 캐럴인데, 본명은 도지슨이며 사실 수학을 공부한 분입니다. 이동화의 후편이 있는데 혹시 아는지요? 《거울 나라의 앨리스》라는 작품인데 — 정확히는 《거울을 통해서, 거기서 앨리스가 찾은 것》이라 해야 할 듯 — 거울 속의 나라에서 겪는 모험을 그렸지요. 거울 속에서는 왼쪽과 오른쪽이 뒤바뀌어 있는데, 그 사이의 대칭이 있으면 홀짝성이 짝$_{even}$, 대칭이 반대라서 부호가 바뀌게 되면 홀짝성이 홀$_{odd}$이라고 부릅니다.

그림 1–17: 캐럴(1832~1898).

　시간되짚기라는 것은 시간을 되짚어 가는 것, 즉 거꾸로 돌리는 것을 말합니다. 다시 말해서 과거와 미래를 바꾸는 거지요. 과거와 미래 사이에 대칭이 있다고 하면 믿어지나요? 우리 경험으로는 분명히 대칭이 없어요. 우리는 계속 늙기만 하지 다시 젊어지지는 못합니다. 또한 과거는 기억하지만 미래를 기억 — 다시 말해서 예측 — 하는 사람은 없잖아요? 물론 서울 미아리 고개 근처에 있는 무슨 동양철학관, 곧 점치는 집에 가면 미래를 '기억'하는 사람도 있긴 하지만, 제대로 기억하는 것인지는 알 수 없지요. 아무튼 보통 사람들은 미래를 기억하지 못합니다. 그런데 왜 미래와 과거가 다르냐 하는 겁니다. 우리가 공을 던지면 포물선을 그리며 날아가지요. 그런데 이를 동영상으로 찍어서 거꾸로 재생하면 어떻게 되겠어요? 실제와 반대로 날아가는 것으로 보이겠지요. 그렇지만 아무도 그것을 보면서 이상하게 느끼지는 않을 겁니다. 당구

잘 치는 학생 있나요? 당구공이 굴러가는 것을 동영상으로 찍어 거꾸로 재생해도 전혀 이상하지 않습니다. 물론 큐로 공을 치는 순간을 빼면 말이지요. 이러한 현상은 시간되짚기 대칭 때문입니다. 8강에서 소개하겠지만 위치를 시간에 대해 한 번 미분한 것이 속도이고, 두 번 미분하면 가속도가 되지요. 시간되짚기를 하면 시간에 음의 부호가 생기므로 시간에 대해 한 번 미분하면 음의 부호가 붙어서 속도의 방향이 반대가 됩니다. 그러나 한 번 더 미분하면 음의 부호가 없어집니다. 따라서 시간을 거꾸로 돌려도 가속도는 그대로이고, 결국 운동의 법칙은 시간되짚기에 대해 대칭이 있습니다. 그런데 우리가 경험하는 현실에서는 과거와 미래가 분명히 다르지요. 이러한 시간비대칭은 아주 흥미로운 문제입니다. 엔트로피라든가 열역학 둘째 법칙 같은 것과 관련이 있는데 나중에 자세히 논의하기로 하겠습니다.

자연과학은 인간이 자연을 해석하는 것인데, 특히 물리학에서는 자연을 해석할 때 대칭성이 매우 중요한 구실을 한다고 생각합니다. 이에 따라 해석의 체계에서 '아름다움'도 추구합니다. '에너지 보존'이라는 표현 많이 들어 봤지요? 보존은 대칭과 깊은 관련이 있습니다. 에너지가 보존된다는 것은 사실 시간옮김 대칭이 있다는 의미입니다. 이와 비슷하게 운동량 보존이란 나란히옮김 대칭을 가리키지요. 이에 대해서는 7강에서 다시 논의하겠습니다.

이제 문화유산과 자연과학을 비교해 봅시다. 그림 1-18에서 보인 바흐의 〈푸가〉 악보에는 재미있는 대칭성이 있는데, 자리옮김 대칭 또는 시간옮김 대칭이 있습니다. 그리고 시간되짚기 대칭이 있는 음

그림 1-18:
바흐, 〈푸가〉, BWV 1080.

악도 있습니다. 장난스러운 시도인데 누가 작곡했을까요? 장난꾸러기 같은 느낌을 주는 음악가 하면 생각나는 사람인데 짐작하겠지만 바흐나 베토벤은 아닐 테고, 바로 모차르트입니다. 그런데 잘 알려져 있지 않지만 모차르트는 상당히 혁명적인 삶을 살았습니다.

　미술에서는 어떨까요? 그림 1-19에서 왼쪽에 있는 그림은 프란체스카라는 미술가의 〈채찍질〉이라는 작품입니다. 어때요? 아름다움이 느껴져요? 이 그림에서 대칭성이 중요한 구실을 합니다. 아래 도표에 그림에 담긴 대칭성을 분석해 놓았지요. 아름다운 그림에는 흔히 대칭성이 숨어 있습니다. 오른쪽 사진에는 도자기가 있네요. 그리스 시대의 것인 듯합니다. 두 사람의 마라톤 선수가 있고, 그들 사이에는 자리옮김 대칭이 있는데 흥미롭게도 그 대칭성이 살짝 깨져 있습니다. 두 사람이 똑같이 행동하는 것처럼 보이지만 자세히 보면 발을 들고 있는 각이 조금 다르지요. 여기서 대칭성이 깨져 있는 것은 운동량 보존이 성립하지 않음을 뜻합니다. 운동량이 보존되지 않음

그림 1-19: 프란체스카의 〈채찍질〉과 대칭을 분석한 그림(왼쪽), 그리스 시대 마라톤 선수들을 그린 도자기(오른쪽).

은 속도가 일정하지 않고 가속도가 있다는 말이지요. 그래서 역동적으로 보입니다. 설명을 듣고 보면 마라톤 선수가 마치 움직이는 것처럼 보이지 않나요? 그러니까 도자기를 만든 예술가는 자연과학에 조예가 깊었나 봅니다. (과연 그럴까요?)

과학적 사고

이제 과학적 사고에 대해 논의해 보겠습니다. 이미 앞에서 과학적 사고가 가장 핵심적인 것이고 자연과학의 위력은 과학적 사고에서 나온다고 지적했지요. 과학적 사고는 자연과학의 가장 중요한 전갈이자 우리가 가져야 할 소양입니다. 그러면 과학적 사고란 무엇인지 생각해 봅시다. 과학적 사고를 잘 보여 주는 전형이 갈릴레이의 유명

한 낙하 실험입니다. 갈릴레이가 피사
의 사탑에 올라가서 낙하 실험을 했다
고 하는데 이는 근거 없는 얘기로 사
실이 아니라고 합니다. 이는 상징적인
이야기 — 이런 걸 두고 전설이라고 하
나요? — 이고 갈릴레이의 사고는 수
많은 시도와 추론을 통해서 얻어 낸
결론이라고 합니다. 이와 관련해 갈릴
레이의 업적이 매우 중요하기 때문에
아인슈타인은 갈릴레이를 '근대과학의
아버지'라고 불렀습니다. 아주 명예로

그림 1-20: 갈릴레이(1564~1642).

운 호칭이지요. (나도 나중에 비슷한 호칭을 들을 수 있으면 얼마나
좋을까요. 그런데 전혀 가망이 없네요.) 갈릴레이의 획기적 업적이
무엇이지요? 무거운 물체와 가벼운 물체를 동시에 떨어뜨리면 무거
운 것이 먼저 떨어진다는 생각이 당시의 믿음이었습니다. 여기에 대
해 갈릴레이는 무거운 물체와 가벼운 물체가 동시에 떨어진다고 생
각을 바꿨는데 그것이 바로 과학적 사고의 전형입니다.

　과학적 사고의 첫째 요소는 기존 지식에 대해서 '의식적으로 반성'
하는 겁니다. 무거운 것이 가벼운 것보다 먼저 떨어진다는 진술이 기
존 지식인데, 갈릴레이가 이를 다시 성찰한 것이지요. 특정지식과 달
리 보편지식에 대해 의식적으로 반성하는 것은 쉬운 일이 아닙니다.
보편지식은 사회에 널리 받아들여져 있고 사물의 보편적 양상으로
서 우리 사고의 바탕에 깔려 있습니다. 대체로 수정하려는 노력을 하

지 않으므로 사회 문화 속에 깊이 잠재해 있기도 하지요. 중세에는 사람들이 무거운 것이 가벼운 것보다 먼저 떨어진다고 믿고 있었고 그것이 바로 사물의 보편적 양상이라고 생각했습니다. 누구나 다 그렇게 생각했고 사회 문화에 깔려 있었지요. 이는 일반적으로 보편지식이 전통적 권위로 뒷받침되는 일종의 권위를 갖고 있기 때문입니다. 아리스토텔레스는 무거운 것이 가벼운 것보다 먼저 떨어진다고 말했는데, 중세에는 아리스토텔레스의 영향을 받은 스콜라철학이 막강한 권위가 있었지요. 예컨대 나는 권위가 없으니까 어떤 주장을 펴도 여러분에게 별로 먹혀들지 않겠지만, 노벨상 수상자 — 사실 그리 대단하지 않은 사람도 있지만 — 가 한마디 하면 믿지 않기가 어렵지요.

보편지식은 그렇게 권위가 있을 뿐 아니라, 당연한 사실로 보이기도 합니다. 기존 지식이 경험적으로 당연해 보이기 때문에 그것에 대해 반성하는 것이 더욱 어렵지요. 무거운 추와 가벼운 종이 한 장을 같이 떨어뜨리면 실제로 어느 것이 먼저 떨어지나요? 무거운 추가 먼저 떨어집니다. 명백한 사실이지요. 이런 경험 때문에 사람들은 당연히 무거운 것이 먼저 떨어진다고 믿고 있었습니다. 경험적으로 당연해 보이며 권위를 지닌 기존 지식에 대해 의식적으로 반성한다는 것은 결코 쉬운 일이 아닙니다. 생각해 보면 참 놀라운 거지요. 이것이 과학적 사고의 가장 중요한 출발이라고 할 수 있습니다.

과학적 사고의 둘째 요소는 '지식의 정량화'입니다. 아리스토텔레스에 따르면 무거운 것이 가벼운 것보다 먼저 떨어진다는데, 그렇다면 얼마나 더 빨리 떨어질까요? 막연하게 '더 빨리'가 아니라 (이른바 정성적으로 기술하지 말고) 두 배인지 세 배인지 정량적으로 생각하자는 겁니다. 그렇게 생각하는 것이 왜 중요하냐면, 무거운 것과 가벼운 것 중에 무거운 것이 먼저 떨어진다면 그 둘을 함께 붙였을 때는 어떻게 될까요? 가벼운 것과 무거운 것을 같이 붙이면 더 무거워지므로 더 빨리 떨어져야 합니다. 그러나 무거운 것과 가벼운 것을 붙여서 떨어뜨리면 무거운 것은 빨리 떨어지고 가벼운 것은 천천히 떨어지니까 무거운 것만 떨어질 때보다는 도리어 천천히 떨어질 듯합니다. 그러면 좀 이상하지요. 무거울수록 빨리 떨어진다는 말이 의심스러워집니다. 얼마나 더 빨리 떨어지는지 정량적으로 생각하면, 아리스토텔레스의 말에 문제가 있다는 것을 깨닫게 되겠지요. 사실 갈릴레이가 실제로 물건을 떨어뜨려 보고 이런 결론을 얻은 것이 아니라 이런 정량적 고찰을 통해서였다고 합니다. 다시 말해서 과학적 사고를 한 것이지요.

지식의 정량화를 위해서는 객관성과 더불어 측정이라는 개념이 필요합니다. 몇 배 더 빨리 떨어지는지 말하려면 실제로 재어 볼 수 있어야 합니다. 그러니까 측정 개념이 필요하지요. 이와 관련해서 '지식의 실증적 검토'가 과학적 사고의 셋째 요소입니다. 정말로 빨리 떨어지는지 실제로 해 봐야 하는 겁니다. 어떤 지식을 통해서 예측하면 그 예측을 실제를 통해서 확인해 봐야겠지요. 이른바 '검증'을 해야 하며, 이런 확인 과정을 실험이라고 부릅니다. 머릿속으로 생각만 할 것이 아니라 실험을 통해서 확인하라는 거지요.

동양이 서양에 비해 과학적 사고가 부족했다는 말도 이런 것과 통해 있습니다. 동양이 '의식적 반성'도 부족했지만 이는 그리 큰 문제는 아니었지요. 그러나 정밀한 실증적 검토가 부족했다고 생각합니다. 사실 동양에서도 실증적 검토를 중시하는 관점이 전혀 없었던 것은 아닙니다. 혹시 '격물치지格物致知'라는 말 들어 본 적 있어요? 이것은 실증적 검토의 관점을 강조한 말인데, 문제는 동양에서는 관측은 생각했으나 실험은 별로 생각하지 않았다는 데 있습니다. 일반적으로 예측의 확인은 그 예측이 적용되는 상황에서만 가능하지요. 따라서 적절한 상황을 인위적으로 조정해야 하며, 인위적으로 조정할 수 없는 경우에는 상황을 잘 선택해야 합니다. 이러한 점에서 실험은 관측과는 차이가 있지요.

낙하 실험에서 떨어지는 빠르기의 차이는 공기 저항 때문이지요. 무거운 물체가 더 빨리 떨어지는 것은 그 무게 때문이 아니라 공기 저항을 덜 받기 때문이며, 이는 종이를 구겨서 떨어뜨려 보면 알 수 있습니다. 종이를 구겨도 더 무거워지지는 않습니다. 그런데, 구겨서 떨어뜨리면 더 빨리 떨어지지요. 이것은 물체의 떨어지는 빠르기가 무게에 따라 정해지는 것이 아님을 보여 줍니다. 무거운 것이나 가벼운 것이나 똑같이 떨어지는 것이 새로운 지식의 결론이므로 이 예측을 확인해 보기 위해서는 '공기 저항이 없을 때'라는 상황 조성이 필요합니다. 공기 저항을 무시할 수 있는 상황을 만들어 보니 '예측'이 실제로 '확인'되었습니다.

그리고 중요한 또 다른 요소는 '지식의 반증가능성'입니다. 어떤 지식의 예측을 실험을 통해 확인했다면 그 지식을 '참'이라고 결론 내려도 될까요? 예측을 확인해 보는 것은 중요하지만 그 결과를 보고 바로 참이라고 믿는 것은 성급한 일입니다. 처음 실험에서는 결과가 예측과 맞아 떨어지지만 다시 한 번 실험해 보면 아닐 수도 있거든요. 널리 알려진 예로 이런 이야기가 있습니다. 주인이 칠면조에게 밥을 줄 때마다 종을 울렸는데, 칠면조는 '종을 울릴 때마다 밥을 주는 건가?' 하고 생각하면서도 의심을 했습니다. 그런데 1년 내내 주인이 밥을 줄 때마다 종을 울리니까 안심했지요. 그러던 어느 크리스마스 전날 밤에 종이 울려서 '밥을 주겠구나' 하고 생각했는데 불쌍하게도 그게 아니었지요. 이는 아무리 여러 번 확인해 봤자 확인할 수 있는 횟수는 결국 유한할 수밖에 없고, 그러면 '확증'을 할 수 없음을 보여 줍니다. 해가 동쪽에서 떠서 서쪽으로 지는데, 어제도 그랬고 오늘도 그렇지만 그래도 "해는 언제나 동쪽에서 뜬다"는 확증은 잘못일 수 있습니다. 내일은 서쪽에서 뜰지도 모르니까요. 이런 지식은 무한히 확인할 수 없기 때문에 확증할 수는 없습니다. 1만 번 확인해 봤는데, 9999번 맞지만 한 번이라도 틀리면 그 지식은 참이 아니라 거짓입니다. 버려야 하지요. 그래서 확증은 할 수 없지만 반증은 단 한 번에 할 수 있습니다.

이같이 반증가능성을 지녀야 의미 있는 과학 지식이라고 할 수 있습니다. 반증가능성이라는 것은 반증할 수 있는 기회를 항상 열어 두고 있어야 한다는 말이지요. 반복해서 확인해 봤는데도 한 번도 반증이 안 되었다면 그만큼 믿을 만한 지식이라고 생각할 수 있습니다. 예를 들어 해가 동쪽에서 떠서 서쪽으로 지는 것을 확증할 수는 없지만 우리가 알고 있는 한, 수만 번, 아니 수조 번도 넘을 만큼 무수히 많은 날을 항상 그래 왔으니까 확증하지는 못해도 참일 가능성은 대단히 높은 지식이라고 할 수 있지요. 확증할 수는 없지만 반증의 기회가 아주 많았는데도 반증이 안 되었다는 것은 그만큼 상대적으로 신뢰도가 높다고 말할 수 있습니다. 이러한 '반증주의'는 포퍼의 저서를 통해 널리 알려졌지요. 실증주의, 특히 논리경험주의와 관련이 있는데 모든 사람이 이에 동의하는 것은 아닙니다. 나중에 기회가 되면 얘기하지요.

과학적 사고의 마지막 요소는, 단편적 지식들을 '하나의 합리적 체계'로 설명하려고 시도한다는 겁니다. 특정지식은 개별 과학적 사실들을 말하는데, 이들을 묶어서 보편지식 체계를 만들려고 하지요. 보편지식을 간단하게 이론이라고 합니다. 사과가 땅으로 떨어지는 현상이나 계절이 돌아오고, 밀물과 썰물이 생기는 것은 하나하나가 과학적 사실이고 특정지식이지요. 그런 것들을 얼핏 보면 서로 관계가 없어 보이지만 하나의 보편적 체계로 묶을 수가 있습니다. 그게 뭘까요? 뉴턴의 '중력의 법칙'입니다. (이른바 만유인력이라는 용어보다는 중력이라는 용어가 적절합니다.) 과학에서는 이렇게 아무 관련이 없어 보이는 여러 지식들을 묶어서 하나의 체계로 만들려고 노력합니다. 이러한 경향이 물리학에서 가장 두드러지며, 이 때문에 물리학은 다른 자연과학과 구분되지요. 물리학은 바로 보편지식 체계를 추구하는 학문이고, 다른 자연과학은 대부분 특정지식을 추구하는 학문입니다. 생물학이나 천문학, 지구과학 등 특정지식을 추구하는 자연과학은 현상과학이라고 불리는 반면, 보편지식을 추구하는 물리학은 이론과학이라고 합니다. (보통 이론과 실험을 서로 대조적 개념으로 쓰는 경우가 많지만 여기서 이론이란 실험과 대비되는 용어가 아니고 보편지식을 가리킵니다.) 대체로 20세기 후반에 생겨나서 요즘 많이 연구되고 있는 천체물리학, 화학물리학, 지구물리학, 생물물리학 같은 것들은 각 과학 분야의 특정지식들을 보편적 체계로 이해해 보려는 시도라 할 수 있습니다.

2강

과학적 지식

지난 강의에서 우리는 과학적 사고에 대해 배웠습니다. 과학적 사고가 어떤 성격을 가지고 그 의미가 무엇인지 배웠는데, 이번 강의에서는 과학적 지식에 대해 생각해 봅시다. 지난 강의 마지막에 과학적 지식의 성격은 여러 가지 다양한 단편 지식들을 하나의 체계로 이해하려고 시도하는 것이라고 했습니다. 이른바 특정지식들을 묶어서 하나의 보편지식, 곧 이론 체계를 만들어 내려는 것이지요.

특정지식과 보편지식

과학적 지식은 성격상 특정지식과 보편지식으로 나눌 수 있습니다. 특정지식이란 일반적으로 과학적 사실을 말합니다. 예를 들어, "해가 동쪽에서 떠서 서쪽으로 진다"는 명제는 과학적 사실이고 바로 특정지식입니다. 이러한 과학적 사실은 감각기관을 통해서 얻지요. 눈으로 본다든가, 귀로 듣는다든가, 만져 본다든가, 맛을 본다든가 하는 동작은 모두 감각기관을 통해 정보를 얻는 과정입니다. 맨눈으로 직접 볼 수 없는 경우에는 다른 기구의 도움을 받기도 합니다. 아주 작은 경우에는 현미경으로 보기도 하고, 멀리 떨어져 있는 천체를 볼 때는 망원경을 이용하기도 하지요. 그렇지만 결국 감각기관을 통해서 정보를 얻습니다.

반면에 보편지식은 이론이라고 부릅니다. 이것은 여러 가지 과학적 사실, 곧 단편적 특정지식을 묶어서 하나의 체계로 이해하려고 하는 겁니다. 예를 들면, 중력의 법칙 같은 것이 전형적 보편지식이겠네요. 지구가 해 주위를 돈다든가, 달이 지구 주위를 돈다든가, 밀물과 썰물이 생긴다든가, 공을 던지면 포물선으로 날아간다든가 하는 특정지식들을 하나로 묶어서 중력의 법칙이라고 하면 보편지식이 됩니다.

과학적 사실의 성격을 조금 더 자세히 생각해 봅시다. 과학적 사실은 이론과 깊은 관련이 있습니다. 이론은 과학적 사실을 바탕으로 구성됩니다. 한편 과학 이론이 주어져 있으면 그 과학 이론이 허용하는 사례를 생각할 수 있어요. 또한 과학적 사실은 과학 이론으로 확인할 수 있어야 합니다. 확인할 수 없다면 과학적 사실이라고 볼 수 없는 거지요. 확인은 측정을 통해서 이뤄지는데, 직접 측정할 수도 있고 그렇지 않은 경우도 있습니다. 지구에서 달까지 거리가 얼마나 될까요? 38만 킬로미터 정도입니다. 지구에서 해까지의 거리는 1억 5000만 킬로미터가량 되지요. 그런데 이런 것들을 어떻게 알 수 있을까요? 누가 재어 봤나요? 확인을 해야 과학적 사실이라고 말할 수 있는데 해까지 거리가 1억 5000만 킬로미터라는 것을 어떻게 과학적 사실로 받아들일 수 있느냐는 거지요.

학생: 빛을 보내서 간접적으로 측정하면 되지 않을까요?

좋아요. 그러면, 우주의 나이가 얼마일까요? 우주의 나이는 현재 138억 년으로 생각합니다. 이러한 우주의 나이는 어떻게 측정해서 과학적 사실로 받아들일 수 있을까요? 직접 측정할 수 없어도 알려져 있는 다른 과학적 사실들로 추론할 수 있으면 그것도 받아들일 수 있습니다. 지구에서 달까지 거리가 38만 킬로미터라고 하는 것은 빛이 달에 갔다가 돌아오는 시간을 측정하면 이를 통해 추론할 수 있습니다. 빛의 빠르기는 이미 알고 있는 과학적 사실이기 때문에 이에 따라 달까지의 거리도 과학적 사실로 받아들일 수 있습니다. 우주의 나이도 마찬가지지요.

특정지식이 과학 이론에서 영향을 받는 사실을 지적했는데, 그 반대도 가능합니다. 과학 이론을 확인하고 실증적으로 검토하는 과정에 특정지식을 이용하는 거지요. 어떠한 과학 이론을 우리가 받아들일지 말지 판단하는 데 과학적 사실을 이용할 수 있습니다. 이미 알려져 있고 믿을 수 있는 과학적 사실, 곧 신뢰할 수 있는 특정지식이 있다고 합시다. 거기에다가 이론, 곧 보편지식을 더하면 새로운 과학적 사실에 대한 지식을 얻을 수 있습니다.

중세 서양에서 브라헤라는 사람이 평생을 걸려서 밤하늘의 천체를 관측했습니다. 특히 떠돌이별을 많이 관측해서 엄청나게 많은 관측 자료를 만들었다고 하지요. 그 자료는 모두 과학적 사실, 곧 특정지식이라고 할 수 있습니다. 브라헤의 제자로 널리 알려진 케플러가

이 방대한 관측 자료를 검토해서 '케플러의 세 가지 법칙'을 얻었습니다. 케플러의 세 가지 법칙이 뭘까요? 첫째 법칙은, "모든 떠돌이별은 해를 한 초점으로 하는 타원 자리길(궤도)을 따라 돈다"는 겁니다. 둘째는 "떠돌이별의 움직임에서 넓이 빠르기는 일정하다"인데, 다시 말해서 떠돌이별이 해에 가까이 있을 때에는 빨리 움직이고 멀리 떨어져 있을 때는 천천히 움직인다는 거지요. 셋째 법칙은 떠돌이별이 자리길을 한 바퀴 도는 데 걸리는 시간, 곧 "떠돌이별 주기 — 이는 그 떠돌이별의 '1년'이지요 — 의 제곱은 타원의 긴반지름의 세제곱에 비례한다"입니다. 따라서 수성의 주기가 가장 짧습니다. 수성의 '1년'은 얼마나 되나요? 수성이 태양을 한 바퀴 도는 데 걸리는 시간은 88일입니다. 지구의 1년은 물론 365일이고, 화성의 1년은 대략 지구의 2년 정도입니다. 그리고 더 멀리 가서 해왕성의 1년은 지구로 따지면 수백 년이 될 겁니다. 그곳에 인간 같은 생물이 있다면 자기 생일을 평생 한 번도 맞지 못하겠네요.

그림 2-1: 왼쪽부터 브라헤(1546~1601)와 케플러(1571~1630).

아무튼 케플러의 세 가지 법칙은 순전히 브라헤의 관측 자료를 분석해서 얻어 낸 겁니다. 참 놀랍지요. 엄청난 양의 자료를 끈기 있게 분석해서 규칙성을 찾아냈으니까요. 나 같은 사람은 생각조차 할 수 없지요. 한발 더 나아가서, 뉴턴은 운동의 법칙, 그리고 중력의 법칙을 만들었습니다. 이러한 뉴턴의 이론 체계를 고전역학이라 부르지요. 케플러는 순전히 자료를 분석해서 세 가지 법칙을 얻었습니다. 귀납적 추론이라고 할 수 있지요. 뉴턴은 거꾸로 보편지식 체계를 만든 다음에 그런 체계에서 이러한 과학적 사실들을 어떻게 얻어 낼 수 있는지 생각했습니다. 연역적 방법이지요. 그런데 고전역학이라는 이론 체계는 떠돌이별들의 움직임을 설명하는 데서, 다시 말하면 케플러의 법칙들을 설명하는 데서 지극히 혁명적입니다. 고전역학이라는 보편지식 체계에서는 불과 몇 줄의 추론을 통해 케플러의 법칙을 얻어 낼 수 있는데, 거짓말처럼 놀라워서 이것을 고전역학의 꽃이라고 부르지요.

이론 구조

지금까지 특정지식에 대해 배웠으니, 이제 보편지식에 대해 얘기해 볼까요? 보편지식, 곧 이론은 대체로 두 가지 요소로 이뤄져 있습니다. 개념과 진술이지요. 그런데 이러한 용어들은 일상에서 쓰는 개념을 차용해서 쓰는 것이지만, 물리학에서 쓰일 때는 그 의미가 다를 수 있으니 조심할 필요가 있어요. 예를 들어 물리학에서 많이 사용하는 '힘'이라든가 '일'이라든가 하는 것들이 그렇습니다. 역사적으로 이론 체계는 여러 과정을 거치며 변하는데, 흥미롭게도 개념은 이론과 함께 변천을 겪습니다.

진술은 이론에서 개념들 사이의 관계를 규정지어 주는 요소를 말합니다. 뉴턴의 운동법칙을 예로 들어 보지요. 힘 F, 질량 m, 그리고 가속도 a라는 개념들 사이에 $F = ma$라는 관계가 성립합니다. 곧, 어떤 물체가 힘을 받으면 가속도가 생기는데, 이때 힘은 질량과 가속도의 곱과 같다는 운동의 법칙이 바로 진술에 해당하지요. 이같이 이론에는 여러 가지 개념들이 있고 그 사이의 관계가 진술로 규정되어 있습니다. 여기서 일상의 말로 나타낸 진술과 식으로 쓴 것을 비교해 보면 수학이 얼마나 편리한 언어인지 알 수 있습니다.

일반적으로 진술은 두 가지로 나눌 수 있습니다. 하나는 기본적 진술로서 기본원리라고 부릅니다. 그리고 이것에서 이끌어 얻어지는 진술이 있지요. 보통 기본원리는 가설의 형태를 띠지요. 여기서 중요한 점은 개념과 기본원리는 임의 요소라는 사실입니다. 임의성이 있다는 뜻이지요. 다시 뉴턴의 운동법칙을 예로 들어 설명하지요. 힘과 질량, 가속도 세 가지를 모두 개념이라고 정의하면 이들 사이의 관계가 진술이 됩니다. 그러나 가속도와 힘을 개념으로 받아들이고 질량은 미리 정의하지 않았다면 힘과 가속도, 질량 사이의 관계는 진술이 아니라 질량 자체의 정의식이라고 간주할 수 있습니다. 다시 말해서 두 개의 개념에서 출발할 수도 있고, 세 개의 개념에서 출발할 수도 있는 거지요. 개념을 어떻게 정할 것인지는 임의성이 있습니다.

기본원리도 마찬가지지요. 기하학과 비교해 볼까요? 하나의 직선이 있고, 직선 밖의 한 점을 지나면서 그 직선에 평행인 선은 몇 개가 있을까요? 한 개가 있다고 알고 있을 겁니다. 직선, 평행선 등의 의미들은 기본 개념으로 주어져 있는데, 직선 밖의 한 점을 지나면서 그 직선에 평행인 직선이 한 개뿐이라는 명제는 사실 증명할 수 없습니다. 이끌어지는 진술이 아니지요. 그냥 받아들이고 출발해야 합니다. 이러한 것을 수학에서는 '공리'라고 부릅니다. 수학에서 공리는 자연과학의 이론 구조에서는 가설, 즉 기본원리에 해당합니다.

이같이 기본원리는 가설 체계이고, 개념은 임의 요소이므로 절대적으로 정할 수 있는 것이 아닙니다. 다시 말해서 우리 마음대로 바꿀 수 있어요. 예를 들어 여러분이 어떤 영어 낱말의 뜻을 몰라서 사전을 찾아본다고 합시다. 영어를 처음 배울 때인데 'teacher'라는 낱말을 영영사전에서 찾아봤더니 모르는 영어로 설명되어 있더란 말이에요. 그래서 또 그 낱말들을 찾아봤더니 역시 모르는 낱말들로 설명되어 있어요. 그러다 보면 끝이 없겠지요. 아무것도 알 수 없을 거예요. 결국 가장 기본적인 낱말 몇 개는 알아야 사전을 사용할 수 있지요. 마찬가지로 기본적인 몇 가지는 전제해야 그다음 이야기를 진행할 수 있습니다. 이러한 것은 바로 임의 요소에 해당합니다. 그런데 사전을 사용할 때 몇 가지의 기본 낱말을 알아야 하지만 그 기본적인 몇 가지가 미리 정해져 있는 것은 아닙니다. 임의 요소라는 것은 어디서 출발할 것인지 선택할 수 있다는 뜻입니다. 물론 임의성이 있다고 해서 아무렇게나 택하는 것은 아니고 적절하게 택해야 편리하겠지요.

임의성이라는 성격에 나타나 있듯이 이론이라는 것은 인간의 창작물입니다. 하느님이 아니라 인간이 창조한 것이지요. 중요한 점은 상상력을 통해 창조되었다는 겁니다. 다시 말해서 개념과 기본원리 또는 가설 등은 상상력에서 출발했다고 할 수 있습니다. 이렇게 상상력으로 창조되었다는 점에서는 예술과 다를 것이 없습니다. 그러나 과학 이론은 물론 상상력만으로 다 이뤄지는 것은 아니지요. 진술을 이끌어 내고 자연과학의 구조를 정립하려면 당연히 논리 체계가 더해져야 합니다. 논리적 정합성이 유지되어야 함이 중요하지요.

널리 알려진 뉴턴의 중력법칙으로 예를 들어서 생각해 봅시다. 질량이 각각 주어진 두 물체 사이에는 서로 끌어당기는 힘이 작용하는데, 주고받는 힘 F는 두 물체의 질량의 곱 $m_1 m_2$에 비례하고 물체 사이의 거리 r의 제곱에 반비례한다는 내용이지요. 그러니 거리가 두 배가 되면 힘은 4분의 1로 줄어듭니다. 이 관계를 등식으로 표현하려면 단위를 맞추기 위해서 적절한 비례상수 G를 넣어서

$$F = -G\frac{m_1 m_2}{r^2}$$

라고 쓸 수 있습니다. 여기서 G는 중력상수라고 부르며, 음(−)의 부호는 힘이 서로 (밀지 않고) 끌어당기는 방향임을 뜻합니다. 그런데 이러한 뉴턴의 중력법칙은 어디에 존재할까요? 지구와 태양 사이에 있나요? 아니면 우리와 지구 사이에 있나요? 다시 말해서 자연에 내재해 있는 건가요? 자연과학의 법칙이 보통 자연에 내재해 있다고 생각하기 쉬운데, 엄밀히 말해서 이론 체계는 자연에 내재해 있다고 말할 수 없습니다. 그렇다면 어디에 존재하는 걸까요? 바로 우리 머리에, 곧 생각에 존재합니다. 물론 크게 보면 우리의 생각도 자연의 일부라고 할 수 있겠지만요.

앞서 지적했듯이 이론 체계는 눈에 보이는 창조물은 아니지만 정신적 창조물입니다. 이러한 성격을 강조하는 뜻으로 '모형'이라는 표현을 씁니다. 다시 강조하면 이론 체계는 기본적으로 우리가 만든 모형이고 자연에 실재하지는 않습니다. 자연과학이 이같이 인위적 창조물이고 상상력의 산물이라면 도대체 무슨 의미가 있느냐고 생각할 수 있습니다. 몇 가지 개념들이 있고, 그들 사이의 관계를 규정하는 몇 가지 기본원리들에서 출발해서 전개해 나가는 창조물로서 이론은 어떤 의미가 있을까요? 어떻게 정당성이 있을까요? 출발은 임의적인데 그것에 어떻게 정당성을 부여할 수 있을까요? 정당성이 없다면 자연과학은 아무 의미가 없는 거지요.

학생: 실험으로 검증이 되잖아요.

좋은 지적이네요. 임의 요소 몇 가지를 전제해서 이론을 구성했다고 합시다. 개념들과 몇 가지 기본원리들을 생각하고 그런 가설에서 진술을 이끌어 냈습니다. 이것들을 묶어서 이론을 하나 만들었다면, 그 이론에 정당성이 있느냐 없느냐 하는 것은 그 이론이 말해 주는 결과가 현실성이 있느냐 없느냐에 따라 결정됩니다. 그리고 현실성은 측정을 통해 판정할 수 있습니다. 측정의 중요한 요소는 관측인데 이는 결국 우리의 감각기관을 통해 이뤄집니다. 직접 보든 망원경으로 보든 결국은 우리의 감각기관과 연결하는 거지요.

정리하면 이론이란 개념과 진술로 이뤄져 있는데, 개념과 기본진술(가설)은 임의 요소지만 그로부터 이끌어지는 진술은 논리적 정합성이 있어야 합니다. 그리고 우리의 감각 경험과의 연결도 중요합니다. 이론은 우리의 머리에만 있는 것이고 아무런 실재성이 없는데,

감각 경험을 통해서 현실 세계와 접하게 됩니다. 이론과 감각 경험은 관측, 다시 말해 측정을 통해서 연결됩니다. 측정(관측)이 유일하게 이론에 의미를 부여할 수 있는 과정이며 이것이 없다면 이론은 아무 의미가 없습니다.

이론을 만들어 나갈 때 적절한 개념과 가설에서 출발할 텐데, 이것은 임의 요소니까 어떤 개념을 선택할지, 기본원리를 어떻게 출발할지에 따라서 여러 가지 다른 이론이 있을 수 있습니다. 선택한 개념이나 기본원리가 과연 정당한지 검토하지만, 일반적으로 감각기관과 관측을 통해 연결할 때 현실성이 있는 이론이 단 하나뿐일 이유는 없습니다. 서로 다른 여러 가지 이론들이 감각 경험과 연결되어서 똑같은 현실성을 보일 수도 있습니다. 예를 들어, 지구중심설이냐 태양중심설이냐 하는 문제에서 여러분은 지구중심설은 틀렸고 태양중심설이 옳다고 생각할지 모르겠네요. 그러나 사실 두 가지 모두 훌륭한 이론 체계라 할 수 있습니다. 기본원리는 다르지만 관측을 통해 감각 경험과 연결하면 두 가지 모두 현실성이 있습니다. 행성의 움직임에 대해서 여러분은 태양중심설이 친숙하겠지만 지구중심설로도 잘 설명할 수 있습니다.

좋은 이론

일반적으로 어떤 현상을 설명하려고 할 때 여러 가지 이론이 있을 수 있습니다. 그러면 그중에서 어떤 이론을 선택해야 할까요? 취사선택의 기준은 무엇일까요? 위의 예에서 우리는 왜 지구중심설을 버리고 태양중심설을 택했을까요? 둘 다 현실성에서는 문제가 없는데 말이지요.

우리나라의 국보 1호는 숭례문입니다. 흥인지문은 보물 1호고요. 생각난 김에 왜 흥인문이 아니라 갈 지之 자를 넣었는지, 그리고 현판이 흥인지문은 가로로 되어 있는데 숭례문은 왜 세로로 되어 있는지 아는 사람 있어요? 흥인지문의 지는 동쪽의 땅기운을 북돋우기 위해서 넣었고 관악산의 불기운을 누르기 위해 숭례문의 현판을 세로로 만들었다고 합니다. 아무튼 일반적으로 국보가 보물보다 급이 높다고 하는데, 그렇다면 숭례문이 흥인지문보다 더 우수한가요? (숭례문은 불타 버린 어처구니없는 사건 후에 복원된 것이라서 '국보 1호'로서 의미가 있는지 모르겠습니다만.) 예술품을 보면 어떤 것은 아주 좋고, 어떤 것은 상대적으로 좀 떨어진다는 등의 평을 합니다. 물론 이러한 평의 기준이 무엇인지에 따라 논란이 있을 수 있겠지요.

이론에서도 '좋은 이론'이라는 표현을 씁니다. 이론도 다 같지는 않아서 어느 것이 더 좋은지 말하는 데 몇 가지 기준을 생각할 수 있

그림 2-2: 국보 1호인 숭례문(왼쪽)과 보물 1호인 흥인지문(오른쪽).

습니다. 예술품에서 "이 작품이 저 작품보다 좋다"는 평은 어떤 뜻인가요? 고등학교에서 미술 시간에 학생들 모두 같은 풍경을 그렸는데 미술 선생님께서 어떤 학생의 그림은 좋고 어떤 학생의 그림은 그에 비해 좋지 않다고 하셨다면 그 기준이 뭘까요? 더 아름답다고 느끼는 작품을 좋게 평하셨겠지요.

좋은 이론도 마찬가지입니다. 어느 것이 더 아름다운가 하는 문제라고 할 수 있어요. 그러면 그 기준이 무엇일까요? 정확성이라든가 보편성이라든가 다산성이라든가 하는 요소들을 생각할 수 있는데 핵심적인 것 두 가지만 설명하지요. 먼저 이론에서 임의 요소가 있는데 너무 많지 않아야 합니다. 임의 요소가 너무 많으면 이론의 의미가 없어지지요. 몇 가지의 임의 요소로만 출발하되 경험과 연결할 때 최대한 넓은 관측 결과를 설명할 수 있어야 합니다. 이것이 좋은 이론의 중요한 첫째 조건입니다. 관측을 통해서 감각 경험과 연결하는 것이 이른바 실증적 검증 과정인데, 이때 가능한 한 넓은 관측 범위를 설명할 수 있어야 한다, 그러니까 보편성이 클수록 좋다는 거지요.

다른 한 가지 조건은 관측 결과를 명확히 예측할 수 있어야 합니다. 다시 말해서 좋은 이론이 되려면 일어난 일에 대해 잘 설명하고 아직 일어나지 않은 일을 예측할 수 있어야 한다는 겁니다. 이것의 핵심은 앞에서 이야기한 반증가능성이지요. 결과를 명확히 예측했는데 실제로 관측하니 예측과 다르다면 반증이 되는 겁니다. 그런데 만약에 어떤 이론이 관측 결과를 명확히 예측하지 않고 "이럴 수도 있고 저럴 수도 있다"고 한다면 반증할 수 없을 겁니다. 그런 것은 반증가능성이 없으므로 좋은 이론이 될 수 없습니다.

여러분이 앞날을 기억(예측)하는 능력이 있다는 사람들에게 가서 미래에 어떤 일이 생기겠느냐고 물어본다고 합시다. 그런 사람들은 대체로 명확하게 말하지 않지요. 알 수 없는 말을 한참 하고 이럴 수도 저럴 수도 있다고 적당히 두루뭉수리 이야기하는데 그렇게 말하면 반증할 수 없지요. 나중에 이러니까 맞았다고 하는데 다르게 했어도 맞았다고 할 수 있습니다. 이는 명확하게 예측하지 않기 때문이고, 따라서 반증가능성이 없도록 만드는 거지요. 이런 것은 과학 이론이라 할 수 없어요.

이른바 '유사과학', 더 확실하게는 '사이비과학'이라고 부르는 것들은 결국 이 두 가지 조건 중에 적어도 한 가지는 가지고 있지 못합니다. 실증적 검증이 되지 않거나 명확한 예측을 하지 못하거나 하지요. 사이비과학이냐 아니냐는 이를 잘 생각해 보면 어렵지 않게 판단할 수 있을 겁니다. 요새는 재미있게도 말로는 과학의 시대라서 여기저기마다 뒤에 과학을 붙이지요. 무슨 무슨 과학이라고요. 하기야 침대도 과학이라고 했으니까요. 대표적 예를 들기는 곤란하지만 여러 해 전에 '신과학'이라는 다소 모호한 것이 있었고, 최근에는 특히 황당해서 희극적으로 들리는 '창조과학'이라는 것도 횡행하고 있는데 그런 것이 사이비과학의 범주에 들어가는지 아닌지는 이 두 가지만 냉정하게 판단해 보면 알 수 있습니다.

좋은 이론이 되려면 넓은 범위의 관측 결과를 설명할 수 있어야 합니다. 다시 말해 보편성이 있어야 하는데, 따라서 과학의 발전이란 더 보편적인 이론 체계를 구성하는 과정이라 할 수 있겠네요. 고전역학의 역사를 살펴보면, 갈릴레이의 낙하의 법칙이라든가 관성의 문제 등에서 태동해서 이런 것들을 더 보편적인 이론 체계로 확장한 것이 뉴턴의 고전역학 체계라고 할 수 있습니다. 그런데 이를 더 보편적인 이론 체계로 확장한 것이 있습니다. 여러분도 많이 들어 봤을 아인슈타인의 상대성이론입니다. 그러니까 갈릴레이에서 뉴턴으로, 그리고 아인슈타인으로 가는 것이 바로 더 보편적인 이론 체계를 찾아가는 과정이라고 할 수 있지요.

과학 이론은 기본적으로 상상력과 논리가 중요한 요소라고 할 수 있어요. 일반적으로 상상력에서 출발해 논리적 정합성을 유지하면서 이론을 구성해 갑니다. 그래서 아인슈타인이 "상상력이 지식보다 더 중요하다"고 말했지요. 상상력이 논리 체계를 포함한 지식보다도 중요함을 강조한 것인데, 나중에 더 논의하기로 하지요.

보편이론 체계의 예: 대칭성 깨짐

더 보편적인 이론 체계를 만들어 가려는 시도의 예로 대칭성을 배웠습니다. 물리학은 아름다움을 추구하는데 더 보편적인 이론 체계라는 것도 아름다움의 범주로 생각할 수 있지요. 특히 자연현상을 해석할 때 대칭이 중요한 구실을 한다고 얘기했습니다. 자연현상은 기본적으로 물질이라는 실체가 일으킨다고 상정했지요. 물질은 그것을 구성하는 구성원들이 있고 그들의 상호작용으로 여러 가지 자연현상을 일으킨다고 전제합니다. 다양한 물질을 구성하는 가장 기본적인 구성원들 — 양성자, 중성자, 전자 등 — 을 기본입자라고 하는

데 그런 기본입자에도 놀라운 대칭성이 있고, 그들 사이의 상호작용에도 놀라운 대칭성이 있다고 지적했지요.

그런데 흥미롭게도 많은 경우에 대칭이 저절로 깨질 수 있습니다. 물질에서 대칭성이 깨지는 것을 '정돈되었다'라든지 '질서가 생겼다'고 표현합니다. 여기서 대칭성 깨짐의 해석을 예로 들어서 보편적 이론 체계를 어떻게 찾아가는지를 설명해 보지요. 대표적 대칭성 깨짐으로 물이 어는 현상을 들 수 있습니다. 얼음이 온도가 높아지면 물이 되고 다시 온도가 낮아지면 얼음이 되는데, 얼음은 물이나 마찬가지로 산소 원자 하나가 수소 원자 두 개를 잡고 있는 물 분자로 이뤄져 있습니다. 산소 원자를 O, 수소 원자를 H라 나타내고, 물 분자는 H_2O로 표시하지요. 여러분 한 명 한 명을 물 분자라고 생각합시다. 이 강의실에 열기가 가득하다면, 곧 온도가 높으면 어떻게 되겠어요? 가만히 앉아 있지 못하고 모두 일어나서 왔다 갔다 하겠지요. 그런 상태가 물입니다. 물론 온도가 더 높아지면 마구 뛰어 돌아다니고 난리가 날 겁니다. 이는 수증기에 해당합니다. 아무튼 여러분이 일어나서 돌아다니면 강의실 어느 곳이나 똑같은 상태라 할 수 있습니다. 그런데 열기가 식어서, 곧 온도가 낮아지고 꽁꽁 얼어붙어서 여러분이 자리에 질서 정연하게 줄 맞춰 앉아 있다면 정돈된 상태인 겁니다. 이렇게 정돈된 상태가 얼음에 해당하지요.

물은 질서가 없는 것이고, 정돈되어 질서가 생긴 상태가 얼음인데 이를 두고 '대칭성이 깨졌다'고 합니다. 여러분이 강의실에서 마구 돌아다니면 강의실의 어느 지점을 봐도 차이가 없지요. 그러나 줄을 맞춰 앉아 있으면 앉아 있는 자리와 자리 사이에는 아무도 없으니까 그 지점(자리와 자리 사이)은 여러분이 앉아 있는 지점과 다릅니다. 그러니까 모든 지점이 똑같지는 않다는 겁니다. 이른바 나란히옮김 대칭이 깨져 있는 거지요. 그뿐 아니라 모든 방향이 똑같지는 않습니다. 바로 앞 사람이 앉아 있는 방향과 대각선 방향은 다르고, 따라서 방향도 대칭이 깨져 있지요. 그래서 얼음이 되면 대칭이 깨졌다고 말합니다. 대칭이 있으면 뭔가 질서 정연할 것 같고 대칭이 깨지면 질서가 없을 것 같지만 사실은 그 반대입니다. 대칭이 있으면 질서가 없는 경우이고, 대칭이 깨지면 정돈되어 질서가 생깁니다. 혼동해서 거꾸로 생각하기 쉽지요.

아무튼 물이 얼음이 되는 것처럼 이른바 상이 바뀌는 현상을 '상전이'라고 부르는데, 이는 일반적으로 물질의 구성원들이 정돈되어 질서가 생기는 현상이며, 수학적으로 대칭의 깨짐에 해당합니다. 이러한 현상은 액체가 고체로 되는 어느 현상뿐 아니라 자연에 매우 다양하게 나타납니다. 널리 알려진 예로 자석을 들 수 있지요. 영구자석은 강자성을 보이는데 이를 불에 넣으면 강자성을 잃어버리고 보통의 쇠붙이로 바뀝니다. 온도가 낮을 때는 자석이었다가 온도가 높아지면 보통의 쇠붙이가 되지요. 말하자면 철 원자(정확하게 말하면 원자의 스핀)들이 질서 있게 정돈되어 있는 것이 자석 상태이고, 그렇지 않은 것이 보통의 쇠붙이 상태입니다. 보통의 쇠붙이가 온도가 매우 낮을 때 초전도 상태가 되는 현상이라든지, 우주의 진화 과정에서 은하가 생겨난 것도 마찬가지입니다. 다른 예로 우리의 두뇌에 정보를 저장해서 기억하거나 못하거나 하는 현상이나 디엔에이에서도 상전이, 곧 대칭성 깨짐을 볼 수 있습니다. 디엔에이는 보통 상

태에서 이중나선 구조인데, 때로는 마치 지퍼가 물려 있다가 풀어지
듯이 풀어질 수 있습니다. 우리가 정보를 꺼내 단백질을 합성하려면
디엔에이가 풀려야 하는데 이것을 녹는다고 표현하지요. 이런 디엔에
이 녹음도 대칭이 깨지는 현상입니다. 그뿐 아니라 어떤 사항에 대해
서 구성원들이 찬성과 반대 의견을 결정할 때에 어느 하나를 결정한
경우도 대칭이 깨진다고 할 수 있습니다. 이런 것들 외에도 예를 얼
마든지 더 들 수 있습니다.

　다양한 현상들 하나하나를 보면 서로 아무런 관계가 없는 과학적
사실들, 곧 특정지식이지만 이런 것들을 다 묶어서 하나의 보편지식
체계를 만드는데, 그것을 대칭성이 깨진다는 의미에서 상전이라는 현
상으로 기술할 수 있습니다. 이른바 더 보편적인 이론 체계로 만들어
가는 과정이 바로 이런 것들을 추구하는 과정입니다. 여기에 대칭,
엔트로피와 정보, 협동성 같은 여러 개념이 결부되어 있지요.

　직접적 예로 시각인지를 한번 봅시다. 그림 2-3은 무엇으로 보이나
요? 계단으로 보이나요? 대부분 그럴 겁니다. 그러면 발상의 전환을 한
번 해 봅시다. 혹시 이것이 계단이 아니라 천장으로 보이는 사람 있나요?
이것이 계단으로 보이는 이유는 그림의 오른쪽이 우리에게 가까운 쪽
이고 왼쪽은 먼 쪽이라고 생각해서인데, 그것을 반대로 생각해 보면 어
떨까요? 곧 왼쪽이 우리에게 가까운

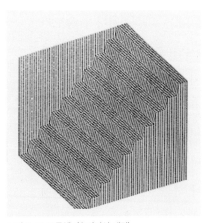

그림 2-3: 프루엣, 〈슈뢰더의 계단〉.

쪽이고 오른쪽이 먼 쪽이라면 이것은
천장으로 보입니다. 혹시 그렇게 보이
는 사람이 있나요? (일단 이것을 천장
으로 보면 그 후로는 계속 천장으로
보입니다.) 이같이 계단과 천장 중 하
나를 선택해서 보므로 그 사이의 대
칭이 깨집니다. 시각으로 인지하는 과
정에서 대칭을 깨게 되지요.

그림 2-4: 힐, 〈아가씨와 할머니〉.

　다음으로 그림 2-4는 무엇으로 보
이나요? 자세히 보는 것과 얼핏 보는 것이 다를 수 있지만, 나이 든
할머니로 보일 수 있습니다. 매부리코에 입이 좀 심술궂게 생기고 턱
이 긴데 연세가 많아서인지 눈이 좀 찌푸려져 있습니다. 나쁘게 말하
면 마귀할멈 같네요. 그런데 발상의 전환을 하면 아가씨의 옆 뒤 모
습으로 보이기도 합니다. 얼굴은 볼 수 없지만 긴 속눈썹과 코가 살
짝 보이고 턱이 있고 목걸이도 보입니다. 여러분에게는 어떻게 보이나
요? 아가씨로 보이나요, 할머니로 보이나요? 아주 유명한 그림인데,
사실 두 가지가 그리 다르지 않다고 할 수 있지요. 아가씨가 늙으면
이렇게 할머니로 바뀌게 됩니다.

　그림 2-5는 유명한 반 고흐의 〈오베르의 교회〉입니다. 예배당을 그
린 이 그림에서 어떤 느낌이 들어요? 과연 반 고흐답다는 느낌이 들
어요? 자기 귀를 자르는 등 지나친 행동을 하다가 불우한 삶을 마쳤
지요. 그렇지만 화가가 그림 그리는 데는 귀가 없어도 큰 문제는 없
습니다. 그런데 자기 눈을 찔러 버린 화가도 있습니다. 누군지 모르나

그림 2-5: 반 고흐, 〈오베르의 교회〉.

요? 최북이라고, 우리나라 조선 시대의 화가입니다. 저와 성姓이 같네요. 이 분의 호가 재미있는데, '칠칠七七'입니다. 이름 '북'이 북녘 북北 자인데 오른쪽에 있는 비수 비匕가 일곱 칠과 비슷하지요. 왼쪽에 있는 것도 뒤집어 보면 비슷해요. 그래서 칠칠이라고 했다는데, 자기 눈을 찔러서 애꾸가 되었습니다. 당시 지배 계층이던 양반들이 자신의 그림을 이해하지 못하는 것에 대한 저항의 의미였다고 알려져 있습니다. 예술적 순수함의 극단이라는 점에서 비슷한데 반 고흐는 잘 알면서 우리나라의 최북은 아무도 모른다니, 좀 안타깝네요.

아무튼 반 고흐의 이 예배당 그림을 보면 역동적인 느낌이 들지 않나요? 뭔가 움직이는 듯한 느낌으로서 나쁘게 말하면 유령의 집 같다고 말할 수도 있겠네요. 어쨌든 역동적 느낌이 드는 이유는 바로 앞에서 말한 "아가씨냐, 할머니냐" 또는 "계단이냐, 천장이냐" 하는 문제가 이 그림 곳곳에 숨어 있기 때문입니다. 두 가지 사이에 대칭성이 있을 때 우리는 하나를 선택해서 보는데, 때로는 하나로 고정되는 것이 아니라 두 가지를 왔다 갔다 합니다. 두 가지가 왔다 갔다 하니까 당연히 역동적으로 보이지요. 그래서 두 가지 상태를 오가는 리듬이 있다고 말합니다.

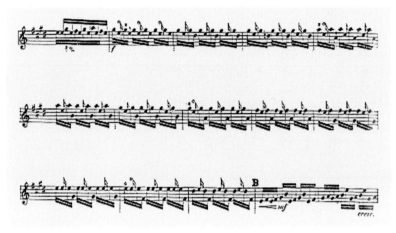

그림 2-6: 바흐, 〈바이올린을 위한 파르티타 3번〉.

이번에는 듣기, 청각 인식에서 대칭성이 깨지는 경우를 생각해 봅시다. 그림 2-6은 바흐의 〈바이올린을 위한 파르티타 3번〉 악보인데, 이 음악은 희한하게 들릴 수 있어요. 두 번째, 여섯 번째, 열 번째 마디마다 높은 쪽 음이 있고 낮은 쪽 음이 있는데, 1, 5, 9번 음과 2, 6, 10번 음 중에서 어느 쪽 하나를 선택해서 들을 수 있습니다. 청각 인식에서 대칭성이 깨지는 예라고 할 수 있지요. 마찬가지 보기로 이런 일화도 있습니다. 어떤 두 연인이 있어요. 이른바 멋진 여학생과 남학생의 교정 짝(캠퍼스 커플)이라고 할까요. 겨울에 눈이 많이 오니까 여학생이 스키를 타고 싶어서 스키장에 가자고 자꾸 '스키'라는 말을 반복했지요. 그러자 남학생이 잘못 알아듣고 이상한 짓을 하려고 했답니다. 여러분 '스키'라는 말을 여러 번 반복해 보세요. "스키스키스키스키스키스키", 반복하면 어떻게 들려요? '스키'라고 들을 수도 있지만, 거꾸로 '키스'라고 들을 수도 있습니다. 말하는 사람은 똑같이

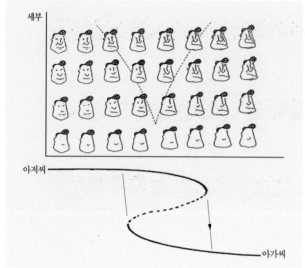

그림 2-7: 아저씨와 아가씨.

말하고 있지만 어떻게 선택해서 듣는지에 따라 달라질 수 있는 겁니다. 청각 인식에서 대칭성을 깨는 현상이라고 말할 수 있겠지요.

그림 2-7을 볼까요. 왼쪽 맨 위를 보면 그저 그런 아저씨의 얼굴이지요. 그런데 오른쪽으로 시선을 옮기다 보면 아저씨의 얼굴이 좀 이상하게 변하더니 갑자기 아가씨의 옆모습이 됩니다. 대체로 쭉 가다 보면 아저씨의 얼굴이 오른쪽 점선 부근에서 아가씨로 바뀌지요. 그런데 거꾸로 오른쪽부터 보세요. 아가씨인데, 왼쪽으로 옮겨 가 보면 왼쪽 점선쯤에서 아저씨로 바뀌지요. 어느 쪽으로 가느냐에 따라서 바뀌는 위치가 달라요. 아가씨나 아저씨를 선택하니까 대칭이 깨지는데 그 지점은 어디서 출발해서 가는지에 따라 달라집니다. 좀 어려운 개념이지만 이러한 현상을 '겪음'이라고 부릅니다. 그런데 아래쪽으로 내려가 보면 그림이 자세히 그려지지 않았네요. 엉성하게 세부

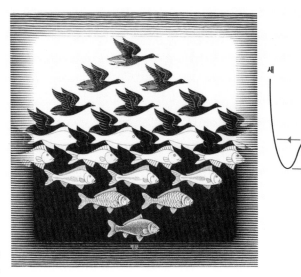

그림 2-8:
에셔, 〈하늘과 물〉.

를 덜 그리면 아저씨에서 아가씨로 바뀌는 지점 사이의 부분이 작아
져 버려요. 그리고 아예 세부를 안 그리면 아저씨와 아가씨의 차이가
없어집니다. 대칭이 남아 있는 거예요. 대칭이 깨지지 않았으니 질서
가 없습니다. 자세히 그린 것은 질서가 있고 대칭이 깨진 거지요. 아
저씨 아니면 아가씨로 선택이 되어 있으니까요. 이것은 물이 얼음이
되는 현상과 비슷한 틀에서 해석할 수 있습니다. 하나의 보편적 이론
체계에 담아낼 수 있지요. 물이 어는 현상이나 위와 같이 시각인지
의 변화, 우리가 기억을 하느냐 못하느냐 따위는 얼른 보면 아무 관
계도 없어 보이는 현상들이지만 하나의 보편적 이론 체계로 묶어서
해석할 수 있다는 것입니다.

　그림 2-8은 네덜란드 태생의 판화가 에서의 〈하늘과 물〉입니다. 아
래쪽을 보면 물고기들이 있지요. 그런데 위로 쭉 가다 보면 어디선가

물고기가 없어지면서 새로 바뀌네요. 거꾸로 위에서 출발해서 아래로 내려오면 새였다가 물고기로 바뀌는데, 아저씨-아가씨 그림과 마찬가지로, 어느 쪽에서 출발하는지에 따라 물고기에서 새로, 새에서 물고기로 바뀌는 지점이 다릅니다. 에셔는 이런 것들을 참으로 놀랍게 표현했어요. 이러한 대칭성 깨짐의 예에서 보편지식의 성격이 어느 정도 느껴지는지요?

과학 활동의 성격

그러면 이제 주제를 바꿔서 '과학 활동'에 대해 생각해 봅시다. 과학 활동의 주체는 당연히 인간입니다. 이는 의심의 여지없이 명백하지요. 그런데 인간은 로빈슨 크루소처럼 혼자 사는 것이 아니라 현실 사회에서 다른 사람들과 함께 삽니다. 따라서 과학 활동은 현실 사회 속에서 일어나고, 과학 활동을 하는 사람은 그가 속한 사회의 영향을 받지 않을 수 없지요. 당연히 사회적·심리적 영향을 받게 됩니다.

일반적으로 과학 활동을 전문적으로 하는 과학자가 속해 있는 사회를 두 가지로 구분할 수 있겠네요. 먼저 과학자들의 집단이 있습니다. 물리학자를 예로 들면 '한국물리학회'와 같은 학회가 이에 해당하지요. 과학자들은 이런 '학문 사회' — 일반적 사회와는 좀 다른 의미지만 — 의 지배적 관념에서 영향을 받습니다. 이를 처음으로 지적한 사람이 쿤인데, 이런 과학자 사회의 지배적 관념 체계를 규범, 영어로는 패러다임이라고 합니다. 그 후에 패러다임이라는 말 자체가 유행어처럼 되었지요. 보통 패러다임은 '과학자 사회에서 공통으로 인정하고 신뢰하는 탐구의 전형'이라고 표현하지만 사실 어려운 말입니다. 쿤은 《과학혁명의 구조》라는 책에서 패러다임이라는 용어를 썼는데 그 책에도 패러다임이 여러 가지 의미로 쓰였지요. 그것이 혼동을 가져오고 논란을 불러일으켰는데, 지금도 경우에 따라 다른 뜻으로 쓰입니다.

그림 2-9: 쿤(1922~1996).

　그런데 과학자는 학문 사회에 속해 있을 뿐 아니라 당연히 전체 사회에도 속해 있습니다. 다시 말해서 물리학자들이 물리학회에만 속한 것은 아니지요. 따라서 전체 사회의 관념 체계에서 영향을 받지 않을 수 없습니다. 이러한 전체 사회의 관념 체계를 '시대정신'이라고 부를 수 있겠지요. 물론 시대정신에서 영향을 일방적으로 받기만 하는 것은 아니고 주기도 합니다. 다시 말해서 과학자 사회의 과학 활동이 시대정신을 바꾸기도 하고, 시대정신이 과학 활동에 영향을 주기도 합니다. 서로 주고받는 거지요.

　쿤은 과학 활동의 이해에 중요한 기여를 했습니다. 그의 견해를 간단히 소개하지요. 쿤은 과학 활동을 두 가지 유형으로 나눴습니다. 정상과학과 과학혁명이지요. 정상과학은 패러다임이 주어져 있을 때 그 안에서 활동하는 겁니다. 여기서 패러다임의 구실은 '본보기'라고 할 수 있겠습니다. 반면에, 과학혁명은 패러다임 자체를 바꾸지요. 새로운 규범 또는 본보기를 만들어 내는 겁니다. 보통의 경우 자연과학을 주어진 규범에 따라 탐구하는데 그 규범 내에서는 설명할 수 없는 현상을 봤다고 합시다. 그런 것을 변칙이라고 부릅니다. 예컨대 관측을 통해서 실제 경험과 연결해서 기존의 패러다임, 기존의 이론으로는 설명할 수 없는 현상을 얻었다고 합시다. 이러한 경우에 대체로 사람들은 곧바로 "기존의 것이 틀렸으니 바꾸자"고 하지는 않습니다. 일단 보수적으로 생각해서 기존의 것을 바로 버리지 않고 "이것은 뭔가 비정상적이다" 하고 치부해 버립니다. 그런데 그런 것들이 쌓이다 보면 ― 변칙 또는 비정상성이 계속 축적되다 보면 ― 더는 '예외적이고 잘못된 것'으로 치부할 수 없게 됩니다. 기존의 패러다임이 뭔가 잘못된 것이 아닌가 하고 생각하게 되지요. 그러면 패러다임을 바꿔야 할 필요성이 제기되고 그렇게 해서 과학혁명이 일어납니다. 이때 전환기, 곧 혁명기를 생각하면 과학의 발전은 연속적이라고 볼 수 없습니다. 정상과학의 시기를 지나서 과학혁명이 일어나고, 다시 정상과학이 유지되는 등 단속적으로 이뤄집니다.

과학혁명을 통해 패러다임이 바뀌는 경우에 전환기에는 두 가지 패러다임이 공존할 수 있습니다. 앞서 그림 2-4를 보면 두 가지(할머니, 아가씨) 관점이 모두 가능합니다. 이는 두 가지 패러다임이 공존할 수 있음을 하나의 비유로 보여 줍니다. 할머니로 보는 관점이 옳고 아가씨로 보는 관점은 틀리다거나 아니면 그 반대라든가 하는 것이 아니지요. 두 가지 해석이 모두 가능합니다. 전환기에 공존할 수 있는 두 가지 패러다임은 모두 여러 현상을 그런대로 잘 설명할 수 있는 것이 보통입니다. 그러다가 어느 한 패러다임에서 변칙성이 많이 쌓이게 되면 그 패러다임은 타당하지 않다고 여겨서 버리고 다른 패러다임으로 바꾸게 되지요. 이것이 과학혁명이 일어나는 과정인데, 역사적으로 뉴턴의 고전역학이 아인슈타인의 상대성이론이라든가 양자역학으로 교체되는 과정이 바로 전형적인 과학혁명이라고 할 수 있습니다.

3강
과학의 발전과 시대정신

지난 강의에서 과학 활동이 시대정신과 영향을 주고받으며 이뤄진다고 지적했습니다. 이번에는 고전물리학부터 현대물리학에 걸쳐 과학의 발전 과정을 살펴보고 시대정신과의 관계를 생각해 보겠습니다. 여러 물리학 이론에 대해서는 나중에 자세히 다루지요.

고전물리: 움직임과 빛

고전물리학이란 간단히 말하면 뉴턴의 고전역학과 맥스웰의 전자기이론을 말합니다. 그러니까 고전물리학의 두 축 중 하나는 역학, 곧 움직임의 기술이고 다른 하나는 전자기 현상과 빛의 이론이지요.

움직임의 기술은 17세기에 뉴턴이 운동법칙을 제안하면서 확립되었습니다. 식으로 나타내면 $a = \dfrac{F}{m}$ 인데 여기서 힘이라는 원인의 결과로서 움직임이 변한다는 인과관계가 명확하지요. 이는 17~18세기 유럽 사회의 이성주의 또는 합리론과 같은 맥락에서 생각할 수 있을 듯합니다. 운동의 법칙을 에너지의 관점에서는 역학적 에너지 보존으로 표현할 수 있는데, 에너지 보존법칙을 확장하면서 에너지는 다양하게 형태를 바꾸는 신비로운 존재로 인식됩니다. 18~19세기에 자유로운 상상력과 감성을 강조한 낭만주의와 나란히 간다고 여겨지네요.

맥스웰의 전자기이론은 19세기 중·후반에 완성되었습니다. 고전역학에 전자기이론이 더해져서 고전물리학이 완성되었으니 움직임과 전기·자기 현상, 빛의 정체가 완전히 밝혀진 셈이네요. 따라서 자연을 완벽하게 해석했다고 믿었을 만합니다. 당시 물리학자들은 "우리는 더는 할 일이 없다. 물리가 다 끝났다"고 생각했겠고, "이제 우리는 무얼 하면서 살아야 하나?" 하는 걱정도 하지 않았을까요? 그때 유럽은 국가주의 시대였던가요? 18세기 말 옛 체제, 이른바 '앙시앵레짐'을 타도한 프랑스 혁명으로 대표되는 시민 혁명, 부르주아 혁명이 있었고, 그 반동을 넘어선 자유주의와 민족주의, 그리고 나아가 제국주의로 이어지는 국가주의의 황금기였다고 할 수 있을 듯합니다. 이것은 그 당시 이른바 결정론적 사고와 상당한 영향을 주고받았다고 생각됩니다.

원인이 있으면 결과가 정해집니다. 내가 공을 던지면 어디에 떨어질지 결정되어 있습니다. 처음에 어떤 속도로 어느 지점에서 던질 것인지만 정하면 어디에 떨어질지 완전히 결정되어 있다는 거지요. 공을 던지는 행위와 마찬가지로 세상의 모든 일이 원인이 주어지면 결과가 결정되어 있다는 결정론은 자연과학, 곧 물리학에서 출발했지만 궁극적으로 역사나 사회, 인간의 행동 자체에도 적용된다고 생각하게 되었습니다. 자연현상만 결정론적으로 이해한 것이 아니라 다른 분야의 다양한 현상을 해석하는 데에도 결정론이 영향을 끼친 거지요.

이러한 관점에 입각한 경우로 널리 알려진 보기가 맑스(마르크스)라고 할 수 있습니다. 흥미롭게도 19세기 후반에 국가주의가 극성을 부리게 되면서 반대편으로는 사회주의가 대두하게 되었지요. 그런데 이를 연 맑스주의 철학을 보면 놀라울 만큼 자연과학을 따르고 있습니다. 철저하게 자연과학적 사고에서 출발한 거지요. 다음으로, 인간의 행동을 연구한 선구적인 사람으로 프로이트를 들 수 있습니다. 유명한 저서로 《꿈의 해석》이 있지요. 프로이트는 인간의 무의식 세계를 연구했는데, 우리 의식과 관계없고 이해할 수 없는 범주라고 생각한 것까지도 자연과학적 전제, 결정론의 관점에서 이해할 수 있다고 생각했습니다. 현대사회에서 인류에 가장 많은 영향을 끼친 사람을 꼽으라면 거의 언제나 들어가는 사람이 맑스와 프로이트, 그리고 아인슈타인입니다. 〈타임〉 잡지에서 20세기 100년 동안 가장 중요한 사람을 뽑는데 아인슈타인이 선정되었지요. 정치가가 아닌 물리학자가 뽑혔다는 것이 인상적입니다. 아인슈타인은 말할 것도 없거니와 맑스와 프로이트도 자연과학의 영향을 받았다고 할 수 있습니다.

그런데 맑스나 프로이트의 이론을 과학 이론이라고 부를 수 있을까요? 물론 자연을 인문, 사회와 구분해 한정하면 이들은 자연을 해석한 것이 아니므로 자연과학이 아니겠지요. 그러나 우리가 지금까

그림 3-1: 왼쪽부터
맑스(1818~1883)와
프로이트(1856~1939).

지 논의한 과학적 사고라든가 과학적 구조라든가 하는 것들은 자연
과학에만 국한되는 것은 아닙니다. 자연과학이 과학의 전형으로 대
표적이기는 하지만 자연과학의 정의에서 '자연'을 '사회'로 바꾸면 사
회과학이 되고, 따라서 사회현상을 탐구하는 학문도 '과학'이라고 지
칭하지요. 그러면 우리가 논의한 과학의 여러 가지 성격에 비춰 볼
때, 맑스나 프로이트의 이론을 과학이라고 할 수 있을까요? 맑스주의
관점에서는 역사도 과학으로 간주해서 '역사과학'이라는 표현을 씁
니다만 이러한 이론 체계들을 과학이라고 말할 수 있을까요? 포퍼는
이에 대해 부정적이었고 이런 것들을 유사과학의 범주에 넣었지만,
판단 기준에 따라 다른 견해가 있을 수 있습니다.

현대물리: 상대성이론과 양자역학

이제 20세기로 가 볼까요? 20세기에 들어서면서 고전물리학은 붕괴했다고 합니다. 나중에 정확하게 얘기하겠지만 붕괴했다는 말의 의미를 오해하지 말기 바랍니다. 고전물리학이 붕괴한 이유는 자체 모순 때문이라 할 수 있습니다. 고전물리학이 붕괴하면서 새로운 물리학, 이른바 현대물리학이 등장했어요. 고전물리학만 무너진 것이 아니라 근대 질서가 함께 무너지고 두 차례 세계대전을 거쳐서 결국 현대 질서로 넘어가게 되었다고 할 수 있습니다.

고전물리학이 붕괴하면서 새로운 과학 이론 체계가 생겨났는데 그 첫 번째가 상대성이론입니다. 지난 2005년이 무슨 해인지 알아요? 국제연합UN이 정한 '물리의 해'입니다. 왜 하필이면 물리의 해일까요? 이는 아인슈타인 100주년 기념으로 정해졌습니다. 그런데 탄생 100주년이 아니고, 논문 발표 100주년 기념이지요. 1905년에 아인슈타인이 기념비적인 논문 세 편을 발표했습니다. 유명한 상대성이론뿐 아니라 쇠붙이에 빛을 쬐어서 전자를 내는 빛전자 효과, 물 같은 흐름체 속에서 꽃가루 같은 알갱이가 보여 주는 브라운 운동에 대한 연구 결과인데 이는 양자역학과 통계역학을 포함해서 현대물리학의 지평을 연 매우 중요한 논문들입니다. 사실 아인슈타인은 상대성이론이 아니라 빛전자 효과 논문으로 노벨상을 받았어요. 어쨌거나 이러한 세 편의 논문을 모두 한 해에 발표했다니 놀라운 일이지요.

상대성이론은 우리가 시간이나 공간이라는 근본 개념을 인식하는 데 오류가 있었음을 보여 줬습니다. 전통적 사고에는 시간과 공간에 절대성을 부여했습니다. 이에 따라 절대시간, 절대공간 따위의 개념이 뉴턴의 고전역학 체계에 전제되어 있지요. 이에 반해서 상대성이론에서는 시간과 공간이 절대적인 것이 아니라 서로 연관되어서 상대성이 있습니다. 핵무기와 핵 발전을 비롯한 핵에너지는 바로 상대성이론을 통해 알게 되었지요. 핵폭탄 등을 둘러싼 문제들이나 우리가 쓰는 전기의 30퍼센트 정도가 핵 발전으로 생산한 것임을 생각하면 상대성이론은 우리 일상생활에도 많은 영향을 끼치고 있습니다. 더 중요한 것은 상대성이론이 현대의 사상, 철학과 예술에도 지대한 영향을 미쳤다는 것이지요. 이에 따라 20세기의 가장 중요한 인물로 아인슈타인이 선정되었습니다.

여러분이 21세기에 살고 있고, 현대 사상과 삶을 진지하게 성찰하려고 한다면 상대성이론을 비롯한 현대 과학을 이해하는 것이 필요하다고 생각합니다. 특히 인문, 사회 계열 학생들에게 권하고 싶네요. 흔히 스스로 교양 있다고 뽐내는 사람들을 보면 철학이나 문학, 예술 등에 조예가 깊어 보입니다. 이를테면 셰익스피어와 괴테, 플라톤과 칸트, 바흐와 베토벤에 대해 얘기합니다. 그리고 때로는 프로이트에 대한 얘기도 하지요. 대체로 맑스는 별로 좋아하지 않습니다. 그런데 이상하게도 자연과학에 대해서는 모르는 것이 당연하다고 생각합니다. 심지어 아는 것이 창피한 듯, 모른다고 당당하게 말하거든요. 이상한 현상이지요. 인류의 삶에 끼친 영향을 생각하면 뉴턴과 맥스웰, 볼츠만이 셰익스피어, 칸트, 베토벤보다 더 중요할 수 있습니다. 마찬가지로 도스토옙스키나 헤밍웨이, 피카소를 얘기한다면 아인슈타인이나 슈뢰딩거도 얘기해야 할 텐데 '고상한' 사람들을 보면 이에 대해 알기는커녕 아는 것 자체가 잘못된 것처럼 인식하는 경향이 있습니다. 이는 앞서 소개한 스노우의 지적과 같습니다. 그런데 우리나라에서는 더 나아가 '고상함'을 뽐내는 절차에서 인문학조차 없어졌고 사치와 천박함만 남은 것 같아요. 우리 사회에서 교육이 얼마나 잘못되어 있는지 보여 주는 듯합니다.

물론 여러 이유로 자연과학이 다른 분야보다 일반인들이 접하기 어려운 면이 있는 것은 사실입니다. 그러나 외국의 경우에 적어도 교육을 제대로 받은 사람들은 과학에 대한 이해가 놀라울 만큼 깊습니다. 예를 들면 미국이 일반교양 수준에서는 다른 나라보다 결코 낫다고 볼 수 없지만, 〈뉴욕 타임스〉 신문의 과학 지면에 나오는 과학 관련 기사를 보면 제가 봐도 놀랄 만큼 수준이 높습니다. 상당히 전문적인 내용이 일간지 과학 기사로 나와요. 우리나라는 꿈도 꾸기 어렵지요. 우리나라 신문사를 보면 대부분 '과학부'가 따로 없는데, 전에는 '생활과학부'라고 하다가 요새는 'IT', '정보부'라고 해서 같이 끼워 놓더군요. 발행 부수를 자랑하는 신문사들을 아무리 봐도 과학을 제대로 전공한 전문 기자가 있는지 모르겠습니다. 이에 따라 우리나라 신문에서 과학 관련 기사가 나온 것을 보면 대부분 과장과 왜곡, 때로는 허위로 차 있습니다. 여러 해 전에 떠들썩했던 줄기세포 보도에서 적나라하게 드러났지요. 이러한 것으로 미뤄 볼 때 다른 기사들도 얼마나 엉터리일지 짐작이 갑니다. 아무튼 외국과 비교하면 우리나라 사회에서는 과학을 매우 잘못 인식하고 있는 듯해서 걱정스럽습니다.

다른 얘기가 좀 길어졌네요. 현대 과학의 주된 토대가 상대성이론과 양자역학인데, 이 두 가지 이론 체계에 대한 이해가 필요하다고 생각합니다. 물론 세부 내용을 이해해야 한다는 것은 아니지만 그것이 전하는 정신이 무엇인지, 현대를 살아가는 우리에게 어떤 의미를 주는지는 중요한 문제입니다.

고전적인 생각, 고전물리학에 비해서 양자역학이나 상대성이론이 혁명적이라고 할 수 있는 것은 기본 전제 자체를 바꿨기 때문입니다. 이론 구조에 대해 배운 기억이 나나요? 개념이 있고 진술이 있지요. 개념은 이론의 출발점인데 상대성이론은 시간, 공간 등 개념 자체의 의미를 바꿔 버렸습니다. 한편 양자역학의 경우는 어떨까요? 이론이 있고 현실 세계가 있고 그 사이를 연결하는 것이 측정이라고 단순히 말했는데, 사실은 측정이 현실 세계와 무관한 것이 아니라 필연적으로 영향을 끼친다는 것이 양자역학의 핵심 내용 중 하나입니다. 이것은 본질적으로 피할 수 없는 것으로, 인간의 능력이 모자라서 그런 것이 아니라 자연의 본성 때문입니다. 이것이 양자역학의 기본 사고지요. 결국 대상은 우리의 인식과 무관하게 존재할 수 없다는 겁니다. 비유하자면 분필이 어떤 상태에 있는지는 내가 분필을 유심히 관찰하느냐 그러지 않느냐에 따라 다르다는 겁니다. 아인슈타인은 자신이 양자역학의 정립에 기여했지만 이러한 관점을 받아들이지 않으려 했지요. 아무튼 양자역학과 상대성이론 두 가지가 현대물리학의 핵심 토대라고 할 수 있습니다. 그리고 일반인들은 잘 인식하지 못하고 있지만 이 두 가지는 현대인의 삶에 엄청나게 많은 영향을 끼쳤습니다. 현대사회에서 과학을 응용해서 얻은 이른바 첨단 기술 — 우스운 용어지만 — 의 핵심은 대부분 이 두 가지 중 하나와 관련이 있습니다. 여러분이 즐겨 쓰는 휴대전화, 컴퓨터 따위의 전자 기술도 양자역학에서 출발했고, 떠들썩했던 배아복제, 유전자 변형 식품 따위의 유전공학 기술도 결국 양자역학에 기인한 겁니다. 그런가 하면 우리가 사용하는 에너지의 상당 부분을 차지하는 핵 발전, 그리고 이북에서 성공했다고 주장해서 크게 논란거리가 된 핵폭탄은 모두 핵분열 또는 핵융합 반응을 이용한 것인데 상대성이론에서 출발한 것이지요.

통계역학: 정보와 엔트로피

그다음으로 20세기 중반에 들어와서 여러 가지 발전이 있었는데, 빼놓을 수 없는 것이 통계역학의 확립입니다. 통계역학의 핵심은 엔트로피 또는 정보로서, 통계역학은 결국 정보에 대한 이론이라 할 수 있습니다. 그런 점에서 상대론과 우주론 분야에서 뛰어난 업적을 지닌 물리학자 휠러의 언급은 흥미롭네요. 물리를 잘 모를 때는 "모든 것이 알갱이"라고 생각했는데, 물리를 좀 알게 되자 알갱이가 아니라 "모든 것이 마당"이라고 생각하게 되었습니다. 마당의 예로 널리 알려진 것이 중력마당, 전자기마당 따위입니다. 한자어로는 중력장, 전자기장 등으로 말하지요. 그런데 물리를 잘 알게 되고 세상도 좀 알게 되니까 마당도 아니고 "모든 것은 정보"라는 것을 뒤늦게 깨우쳤다고 합니다. 일반적으로 어떤 대상은 알갱이 또는 마당으로 구성되어 있고 그것에 대한 지식을 우리가 얼마나 얻는지를 정보라고 생각합니다. 그러나 정보를 본질적인 것으로 봐서 대상의 구성 자체라고 할 수 있고, 휠러는 이를 지적한 것이지요.

자연과학의 목적은 자연현상을 이해하는 것이지요. 일반적으로 어

떤 자연현상을 일으키는 실체로서 대상
이 있고 그 자체의 성격이 있습니다. 예전
에는 이런 대상 자체의 성격만 알면 자연
현상을 완전히 이해했다고 생각했습니다.
'대상 자체를 아는 것'이라고 생각했는데
그것이 잘못되었다는 겁니다. 다시 말해
서 정보의 문제가 부차적인 것이 아니라
핵심이라는 지적이지요. 전통적으로는 자
연현상의 본질로서 어떤 대상이 있고 측

그림 3-2: 휠러(1911~2008).

정을 통해 그에 대한 정보를 얻습니다. 따라서 정보가 어떻게 우리에
게 흐를 수 있는지, 대상에서 어떻게 우리에게 전해질 수 있는지가
주관심사였습니다. 최근에는 이를 넘어서 대상 자체의 핵심이 정보
라는 의견이 퍼지고 있습니다. 또한 일상에서도 정보는 아주 널리 쓰
이는 용어가 되었습니다. 정보통신이라는 말에서 알 수 있듯이 통신
이란 정보의 전달이고 컴퓨터는 저장과 회수, 연산 등 정보를 처리하
는 장치이지요. 특히 인공지능의 가능성과 관련해서 21세기의 현대
사회를 '지능정보사회'라 부르기도 합니다.

혼돈과 질서

20세기 후반으로 와서는, 이른바 혼돈이라는 현상이 알려졌습니
다. 흔히 원어 그대로 카오스라고도 부르지요. 많이 들어 봤지요? 통
계역학, 엔트로피와 정보, 혼돈 모두 뒤에서 자세하게 공부하겠지만,

혼돈이라는 현상의 핵심만 지적할까요. 우리가 주사위를 던질 때, 1에서 6까지의 숫자 중 하나가 나오겠지요. 주사위 움직임은 고전역학으로 기술됩니다. 주사위의 초기조건, 곧 위치와 속도를 적당히 주어서 던지면 바닥에 떨어져서 어떤 숫자가 나오는데 뉴턴의 운동법칙의 지배를 받으니까 결정론적입니다. 다시 말해 초기조건이 주어지면 결과가 결정되어 있는 거지요. 그런데 한 번 던져서 6이 나왔는데 똑같이 던지면 또 6이 나와야 할 것 같은데 일반적으로는 6이 나오지 않아요. 그 이유가 뭘까요?

학생: 처음과 다르게 회전해서 그런 것 아닐까요?

그렇지만 돌림(회전)도 고전역학으로 기술되는 것은 마찬가지입니다. $F = ma$라는 뉴턴의 운동법칙의 지배를 받습니다. 처음에 어떻게 돌도록 던졌는지에 따라 결과가 정해지는데 두 번째에도 처음과 똑같이 돌도록 던졌습니다. 그런데 왜 주사위 숫자가 다르게 나올까요?

학생: 똑같이 하면 6이 나오던데요?

정말로 그렇게 나왔다면 대단하네요. 그러면 여기 있을 것이 아니라 태백에 강원랜드인가 하는 곳에 가면 돈을 많이 벌 수 있을 겁니다. 아니면 남산에 요즘도 있나요? 이른바 야바위라고 돈을 걸고 주사위 숫자를 알아맞히는 좌판 말입니다.

결정론의 중요한 예로 천체의 움직임이 있습니다. 예를 들어 일식이 몇 년, 몇 월, 몇 일, 몇 시, 몇 분, 몇 초에 일어날 것이라고 거의 1초의 오차도 없이 예측할 수 있습니다. 살별(혜성)도 마찬가지로 언제 하늘의 어느 지점에서 나타난다고 매우 정밀하게 예측합니다. 그것이 가능한 이유는 결정론적으로 움직이기 때문입니다. 다시 말해서 그런 것들의 움직임은 뉴턴의 운동법칙, 일반적으로 말하면 고전역학이 지배하기 때문에 완벽하게 예측할 수 있지요. 지구도 스스로 도는데 이러한 자전을 포함해 지구의 움직임을 정확히 예측합니다. 자전 때문에 낮과 밤, 하루가 생기는데, 해가 몇 시, 몇 분, 몇 초에 뜰지 정확히 알 수 있습니다. 지구가 돌지만 역시 결정론적으로 움직이기 때문이지요. 아무튼 우리는 몇백 년 후에 살별이 어떻게 나타날지 일식이 몇천 년 전 언제 있었는지 알 수 있습니다.

그런데 100년 후는 고사하고 1년 후의 날씨를 예측할 수 있는 사람이 있나요? 1년도 말고 1주일 후의 날씨라도 정확히 맞힐 수 있나요? 몇 해 전 겨울에 눈이 조금 온다고 했다가 엄청나게 많이 왔고, 여름에 비가 조금 내린다고 했다가 많이 내려서 난리가 난 적이 있지요. 불과 하루 전에 예보한 것이 완전히 틀렸습니다. 왜 어떤 현상은 몇천 년 후까지 정확히 예측하면서 어떤 것은 불과 하루 앞을 내다보지 못할까요? 날씨의 예측은 대기의 순환을 예측하는 것인데 이것도 똑같이 뉴턴의 운동법칙의 지배를 받습니다. 결국 일기예보는 살별이나 일식의 예측과 근본적으로 똑같은 이론 체계의 영향을 받는 거지요. 똑같이 고전역학인데 왜 어떤 것은 몇만 년 후를 예측하면서 어떤 것은 하루 앞도 예측하지 못할까요?

학생: 관계된 것들이 많아서 그런 거 아닌가요?

날씨의 경우는 관계된 변수가 많겠지요. 그러나 주사위의 움직임에도 관계된 것들이 많을까요?

지금까지 얘기한 것을 잘 고려해 봅시다. 주사위 움직임을 예측하지 못하는 이유는 이렇습니다. 초기조건을 완전히 똑같이 준다면 결과는 당연히 같아야 합니다. 그런데 우리가 아무리 주사위를 똑같이 던지려고 애써도 조금은 다르기 마련입니다. 예를 들어 처음에 빠르기를 1로 던졌는데 두 번째 던질 때 아무리 똑같이 1의 빠르기로 던지려 해도 미세한 차이, 예컨대 0.00001쯤은 다르게 되지요. 내가 분필을 던져서 어떤 학생이 맞았다면 또다시 던져도 그 학생을 맞힐 수 있습니다. 그 이유는 두 번째 던질 때 초기조건이 처음 던질 때 초기조건과 완전히 똑같지는 않겠지만 조금만 다르기 때문에 떨어지는 지점도 조금밖에 다르지 않을 겁니다. 요새 이북에서 대륙간탄도유도탄ICBM을 거의 완성했다고 해서 큰 논란을 불러일으켰지요. 일반적으로 유도탄(미사일)을 쏴서 어느 지점을 맞히려 할 때, 초기조건을 아무리 정밀하게 정하더라도 소수 몇 번째 자리 이하는 조절할 수 없습니다. 컴퓨터에도 입력할 수 있는 유효 숫자의 한계가 있지요. 그렇지만 유도탄이 날아가서 떨어져야 할 곳이 어떤 패권 국가의 국방부 건물이고, 그 중심을 맞혀야 한다고 합시다. 그런데 초기조건에 조금 차이가 생겨서 중심에서 5미터 떨어진 지점을 맞힌다고 해도 크게 상관이 없을 겁니다. 이러한 점에서 보면 유도탄은 어느 지점에 떨어질지 예측할 수 있는 셈입니다. 그런데 주사위 같은 것은 초기조건이 조금만 달라져도 결과는 완전히 달라집니다. 처음 속도가 정확히 1이었으면 숫자 6이 나올 텐데 1.000001이 되니까 숫자 2가 나오는 거지요. 이런 현상이 바로 혼돈입니다. 핵심을 한마디로 표현하면 혼돈이란 초기조건에 극히 민감함을 가리킵니다. 초기조건이 아주 조금만 바뀌어도 결과가 완전히 달라지는 것을 말하지요.

나비효과라는 말이 있지요. 날씨가 맑으리라 예상했는데 갑자기 눈이 내렸습니다. 이상해서 그 이유를 따져 봤더니 아마존의 밀림에서 나비가 한 마리 날았기 때문이었지요. 그 나비가 날지 않았으면 우리나라에 이렇게 눈이 내리지 않았을 텐데 나비 한 마리가 날갯짓을 하며 퍼덕이는 바람에 미세한 차이가 생겼고, 그 때문에 우리나라에 엄청난 눈이 내렸다는 거지요. 이를 나비효과라 부릅니다. 초기 조건에 극히 민감하게 의존하는 혼돈 현상을 과장해서 표현한 것이지만 날씨 예측이 어려운 이유가 바로 이 때문입니다.

〈쥬라기 공원〉이란 영화 봤나요? 나온 지 여러 해 지났으나, 아무튼 재미있게 만들었지요. 그러나 크라이튼이 지은 원작 소설과 비교하면 좀 못하다는 느낌이 듭니다. 끝부분에 티라노사우루스와 벨로시랩터 등 육식 공룡이 난리를 치고 공원이 엉망이 되었지요. 처음에 쥬라기 공원을 만들 때 디엔에이 유전자 정보를 찾아서 공룡들을 복원했는데, 종류마다 알맞은 수만큼 만들고 적절한 보호 장치를 구성해서 조절했습니다. 그런데 원래 의도대로 되지 않았어요. 예컨대 덩치는 크지만 순한 브라키오사우루스나 트리케라톱스 같은 초식 공룡과 달리 사나운 육식 공룡은 워낙 위험하니까 많이 만들지 않고 철저히 제어하려 했는데 결과적으로는 실패했습니다. 왜 그렇게 되었냐면 제어하기 위해 컴퓨터에 초기조건을 입력했는데 불가피하게 약간의 오차가 있었습니다. 말하자면 1.30001을 넣어야 하는데 1.300011을 넣었던 거지요. 그 차이가 아주 작으니까 결과도 조금 달라지면 괜찮았을 텐데 나비효과 때문에 결과에 엄청난 차이가 생겼습니다. 그래서 전혀 예측하지 못한 결과를 얻었으니 견딜 재간이 없었지요. 이것이 바로 전형적 혼돈이고, 영화보다는 원작 소설에 잘 담겨 있습니다. 그러니 〈쥬라기 공원〉 같은 작품을 제대로 이해하고 즐기려면 이러한 혼돈 현상에 대해서도 알아야 하겠네요.

다시 강조하지만 핵심은 '예측불가능성'이라 할 수 있습니다. 모든 것이 결정론적으로 움직이니까 우리가 모든 것을 다 알 수 있고 예측할 수 있다고 생각했는데 사실은 그렇지 않다는 겁니다. 20세기 후반에 들어와서야 이러한 예측불가능성에 대해 인식하게 되었고, 이는 종래 결정론을 그대로 받아들일 수 없음을 알게 해 주었지요.

보통 혼돈과 질서를 대비해서 서로 대조되는 개념으로 생각합니다. 그러나 흥미롭게도 자연의 해석에서 질서와 혼돈은 대비되는 개념이 아니라 이중적 개념입니다. 상호 보완적이라는 말이 더 정확한 표현이겠네요. 혼돈이 완전히 무질서해 보이지만 사실은 놀라운 질서를 가지고 있습니다. 그 정확한 의미는 뒤에서 얘기하지요. 그리고 우리가 생각하기에 너무 간단해서 질서 정연할 것 같은 대상도 혼돈을 보여 주는 것이 있습니다. 따라서 질서와 혼돈은 동전의 양면 같은 것이고, 서로 배타적인 것은 아닙니다.

이러한 질서와 혼돈의 성격은 맑스주의의 기초라고 할 수 있는 헤겔의 변증법과 비슷합니다. 예를 들어, 라면을 끓여 먹는 것을 생각해 봅시다. 라면 끓일 때 어떻게 하나요? 처음에 냄비에 물을 붓고 끓이지요. 그러면 물이 따뜻해지는데, 찬 물과 따뜻한 물에 어떤 차이가 있는 건가요? 물 분자들의 처지에서 보면 찬 물과 더운 물은 어떻게 다른 걸까요? 앞에서 이미 얘기한 대로 분자들의 움직임이 다릅니다. 분자들이 거의 꼼짝 않고 가만히 있으면 얼음인데, 조금씩 이리저리 움직이지만 대체로 얌전히 있는 상태는 찬 물이고, 더 활발하게 움직인다면 더운 물이라고 할 수 있습니다. 그런 분자들의 움직임은 규칙적이지 않습니다. 이른바 열운동인데 사실상 마구잡이로 무질서하게 움직이므로 열요동이라 부르지요. 이럴 때 열은 어떻게 전해질까요? 냄비를 올려놓고 불을 켰을 때 처음에는 냄비의 아랫부분만 뜨겁지만 점차 윗부분까지 열이 전해집니다. 이렇게 에너지가 전해지는 방식을 전도라고 합니다. 처음에 아랫부분이 뜨거워져서 그 부분 물 분자의 에너지가 높아졌다고 합시다. 마구 난리 칠 것 아니겠어요? 그러면 옆에 있는 분자들과 부딪히니까 에너지가 전해집니다. 이렇게 에너지가 전해지는 현상이 열의 전도이지요. 이러한 전도 때문에 물이 윗부분까지 따뜻해지게 됩니다. 물론 이렇게 따뜻해지고 있는 중에 라면을 넣으면 안 되고, 더 기다려야 하지요. 더 기다리면 어떤 일이 생기나요?

물이 더 뜨거워지면 엇흐름(대류)이 일어납니다. 아래에 있는 물이 뜨거워지면 위로 올라가고 위에 있는 덜 뜨거운 물은 아래로 내려갑니다. 물이 뜨거워지면 미세하게나마 부피가 늘어나고 밀도가 작아지기 때문이지요. 다시 말하면 조금 가벼워져서 뜰힘(부력)을 많이 받으니까 위로 올라가고 찬 물은 밀도가 크니까 아래로 내려가서 물이 순환하게 됩니다. 물이 엇흐르면 규칙적인 두루마리 무늬를 만들면서 아주 놀라운 질서를 만들어 냅니다. 적당히 따뜻할 때에는 무질서하던 물 분자들을 더 뜨겁게 해 주면 규칙적 질서를 만들어 내지요. 그런데 아직 라면을 넣으면 안 됩니다. 더 기다려야 해요. 아무리 배가 고파도 참을성이 있어야지요. 더 기다리면 어떤 일이 생기나요? 물이 펄펄 끓게 됩니다. 펄펄 끓는다는 것이 무슨 뜻일까요? 우리 토박이말로 막흐름이라고 부릅니다. 마구 난잡하게 흐른다고 해서 한자어로는 난류라고 부르지요. 이같이 펄펄 끓으면 공기 방울이 올라오고 물이 마구 흐르는데 이것이 바로 혼돈 현상입니다. 이때 라면을 넣으면 되지요. 이러한 과정을 살펴보면 처음에는 무질서했는데, 질서가 생겼다가 다시 혼돈으로 가는 것을 볼 수 있습니다. 이런 현상들이 서로 모순되지 않음을 보여 주네요.

보통 질서는 좋은 것이고 혼돈은 좋지 않은 것이라는 느낌을 받습니다. 왜 그럴까요?

학생: 질서는 바람직한 방향으로 가는 것이고 혼돈은 엉망인 상태로 가는 듯한 느낌이 들어요.

그렇지요. 그런데 우리 몸에도 혼돈을 보여 주는 예가 있습니다. 심전도라는 것 들어 봤나요? 나이 들면 몸이 여기저기 고장 나므로 염통에서 심전도를 조사합니다. 염통의 박동을 나타내는 전기신호를 통해서 염통이 제대로 움직이는지 살펴보는 겁니다. 염통은 규칙적으로 박동한다고 생각하는데, 가슴에 손을 대고 느껴보세요. 규칙적인가요? 그런데 놀랍게도 사람들은 대부분 염통의 박동이 규칙적이지 않고 약간의 혼돈이 있습니다. 규칙적인 사람도 일부 있지만, 대다수는 박동의 주기가 완전히 같지는 않고 미세하지만 조금씩 변합니다. 그러면 규칙적인 사람과 그렇지 않은 사람 중 어느 경우가 더 좋을까요? 질서와 혼돈 중에 질서가 더 좋은 것 같다고 했는데, 그렇다면 규칙적인 박동이 더 좋을까요? 그런데 실제로 건강한 염통의 박동을 조사해 보면 많은 경우에 약간의 혼돈을 보인다고 합니다. 이에 반해서 심근경색 등의 치명적 증상이 나타나기 조금 전에 염통의 박동이 더 규칙적인 경우가 있다고 알려져 있습니다. 이는 혼돈이 질서보다 오히려 좋다고 시사하는 듯합니다. 왜 그럴까요?

이는 아주 중요한 문제라고 생각합니다. 사회도 질서 정연한 사회가 있고 혼돈스러운 사회가 있습니다. 어떤 사회가 질서 정연한가요? 나치 정권이 지배하던 독일이나 군국주의 시대 일본, 스탈린 시대의 소련(러시아)처럼 독재 사회나 전제군주 사회는 질서 정연합니다. 우리나라도 군사독재 시대가 있었고, 특히 유신이라는 이상한 체제도 있었습니다. 아주 질서 정연한 사회였지요. 그런 사회가 과연 좋은 사회일까요? 그런 사회는 쉽사리 무너질 수 있습니다. 유신이 10·26 사건으로 끝장났듯이 말입니다. 다시 강조하지만 질서는 좋은 것이고 혼돈은 좋지 않은 것이라는 생각은 타당하지 않습니다. 왜 사회나 우리 몸에 혼돈이 존재하는가 하는 것은 상당히 중요한 문제입니다. 이러한 혼돈이 왜 바람직하고 필요한 것인지 잘 생각해 보기 바랍니다.

협동현상과 떠오름

다음으로, 혼돈과 함께 중요하게 인식된 문제로는 협동현상을 들 수 있습니다. 일반적으로 우리가 감각기관으로 경험할 수 있는 대상들은 많은 수의 구성원들로 이뤄져 있습니다. 우리는 원자나 분자 하나하나를 볼 수는 없습니다. 만지거나 보거나 하는 것들은 많은 수의 원자와 분자로 이뤄진 물질이지요. 그런데 구성원이 많으면 그 사이의 상호작용 때문에 구성원 전체, 흔히 '계'라 지칭하는 대상에 집단성질이 생깁니다. 여러 구성원들이 서로 협동해서 생겨난다는 뜻에서 협동현상이라 부르며, 구성원 하나하나와는 관계없는 집단성질이 생겨나므로 이를 '떠오름'이라고 부르지요. 요즈음 창발創發이라는 한자어도 쓰더군요.

이러한 협동현상의 대표적 보기가 물과 얼음입니다. 온도를 낮추면 물이 얼어서 얼음이 되는데, 얼음도 물과 마찬가지로 물 분자, 곧 H_2O 분자들로 이뤄져 있어요. 물을 구성하는 H_2O 분자와 얼음을 구성하는 H_2O 분자는 완전히 똑같습니다. 그 분자들의 상호작용 때문에 어떤 때에는 물이 되고 어떤 때에는 얼음이 되는데, 그 둘은 성질이 완전히 다르지요. 예컨대, 액체인 물에는 빠져 죽을 수도 있지만 고체인 얼음에는 빠질 수 없겠지요. 이렇게 매우 다른 것은 분자 하나하나의 성질과 관계없이 분자가 많이 모였을 때 그들 사이의 상호작용으로 집단성질이 떠오르기 때문입니다. 예를 들어 H_2O 분자가 한 개나 두 개, 다섯 개 정도 있다고 하면 그것이 물이냐 얼음이냐 하는 것은 의미가 없어요. 그냥 H_2O 분자들이지 물이나 얼음이라고 구분할 수 없지요. 물이나 얼음이라고 말하려면 많은 수의 H_2O 분자가 있어서 서로 협동을 통해 집단성질이 떠올라야 합니다.

그러면 협동현상의 가장 궁극적인 떠오름이 뭘까요? 나는 생명이라고 생각합니다. 생명현상을 보이는 기본단위가 무엇인지는 어려운 문제지만 간단히 세포를 생각해 보지요. 세포는 여러 분자로 이뤄져 있습니다. 물과 흰자질(단백질)을 비롯해서 지질, 탄수화물, 무기물 등 여러 가지로 구성되어 있는데, 명백하게도 이러한 분자 하나하나에는 생명이란 없습니다. 그저 분자일 뿐인데 그런 분자들이 많이 모여 세포라는 집단을 만들면 그들의 상호작용, 곧 협동현상을 통해서 놀라운 생명현상이 떠오릅니다. 참으로 놀랍고 신비로운 일로서, 떠오름 현상의 궁극적 예라고 할 수 있습니다.

떠오름 현상은 우리에게 과학에서 환원론 또는 환원주의에 대한 반성을 요청합니다. 전체를 이해하려면 전체를 하나하나 쪼개서 각 부분을 이해하면 된다고 생각했는데 그렇지 않다는 겁니다. 떠오름 현상은 구성원 하나하나와 아무런 상관이 없어요. 구성원 하나하나를 아무리 연구해 봤자 그 구성원이 많이 모였을 때 전체의 집단성질을 알 수는 없습니다. 이것은 환원론 관점이 잘못되었음을 보여 줍니다.

예를 들어 볼까요. 모든 문학 작품은 글로 쓰여 있고, 이는 모음과 자음으로 이뤄져 있습니다. 한글은 24개, 영어는 26개의 모음과 자음으로 이뤄져 있는데, 어느 쪽이든 모든 글자는 결국 0과 1로 표현할 수 있습니다. 다시 말해서 0과 1의 조합을 가지면 모든 것을 표현할 수 있어 실제로 컴퓨터는 이러한 이진법을 쓰고 있지요. 도서관에 가 보면 책이 많이 있습니다. 그런데 그 많은 책이 담고 있는 엄청난 양의 정보는 모두 0과 1로 나타낼 수 있습니다. 이에 따라 0과 1만 알면 모든 것을 알 수 있다고 주장하는 것이 환원주의입니다. 그렇지만 0과 1을 아무리 연구한다고 해도 그것을 통해 셰익스피어의 작품을 바로 이해할 수 있을까요? 아무래도 그럴 수 없을 듯합니다.

그림 3-3: 앤더슨(1923~).

이것이 바로 떠오름 현상이며, 이를 표현한 말로 "더 많으면 다르다"가 유명하지요. 노벨상을 받은 앤더슨이란 물리학자가 한 말인데, 다음과 같은 재미있는 일화가 있어요. 갑이 "부자는 우리와 다르다"고 말하자, 을이 "그들은 단지 돈이 더 많을 뿐이야" 하고 말했지요. 그러자 갑이 다시 말하기를 "더 많으니까 다르지" 했는데, 이는 (구성원 또는 돈이) 많으면 단순히 양만 다른 것이 아니라 질도 달라진다는 말입니다. 곧 정량적 차이가 정성적 차이를 가져온다는 뜻으로 존재의 양상을 나타내는 "전체는 부분의 합"이라는 단순한 환원이, 속성이나 인식의 측면에서는 성립하지 않음을 지적한 겁니다.

복잡계 현상

이제 우리가 살고 있는 21세기로 넘어가 볼까요? 21세기 자연과학, 특히 이론물리학에서 가장 중요한 과제 중 하나로 복잡계 현상을 들 수 있습니다. 이론과학은 보편지식을 추구하기 때문에 너무 복잡하면 보편지식의 적용이 불가능하다는 한계가 있습니다. 다시 말해 비교적 쉽고 간단한 현상만 이론 체계를 구축해서 이해할 수 있지요. 그래서 이론물리학자들은 어려운 것은 이해할 능력이 없어서 거의 빤한 것만 다루면서 그럴듯하게 보이려 한다는 우스갯소리도 있습니다. (일면 타당하다는 생각도 드네요.)

자연에도 복잡해서 전통적으로 물리학이 다루지 못했던 현상들이 많습니다. 더욱이 생명현상이나 인간의 사회현상 같은 것은 훨씬 더 복잡하기 때문에 그동안 이론과학의 대상이 될 수 없다고 여겨 왔지요. 간단한 현상과 복잡한 현상, 어느 쪽이 자연의 더 본원적 모습인지 깊이 생각해 볼 문제입니다. 아무튼 20세기 후반부터 혼돈이나 협동현상, 떠오름 같은 개념이 정립되면서 많은 구성원으로 이뤄진 다양한 계에서 상호작용 때문에 일어나는 현상을 활발하게 연구하게 되었습니다. 이에 따라 복잡해서 이론과학으로 다룰수 없었던 현상까지 이해할 수 있지 않을까 하는 희망을 품게 되었지요.

20세기까지 지배적인 자연과학적 사고의 핵심은 결정론과 환원론이었지요. 복잡계 현상을 이해하려면 이에 대한 수정이 있어야 할 겁니다. 그러니까 21세기에는 새로운 '패러다임'을 가지고 출발해서 자연현상을 해석하자는 거지요. 이른바 결정론을 보완해서 예측불가능성을 기본 요소로 고려해야 합니다. 마찬가지로 환원론에 대비해서 전체론(전일론)적 관점에서 자연을 해석해야 한다는 것인데, 말하자면 나무를 보는 것으로 끝내지 말고 숲을 보자는 겁니다. (환원론은 환원주의라고 쓸 수 있지만 전체론은 전체주의라고 하면 다른 뜻이 되어 버립니다. 이를 고려해서 앞으로는 총체론으로 쓰려 합니다.)

흔히 20세기에 사고의 틀을 지배한 시대정신을 '근대주의'라고 합니다. (현대주의보다는 근대주의가 더 적절한 용어인 듯합니다.) 대

그림 3-4: 소칼(1955~).

체로 상대성이론과 양자역학으로 대표되는 현대물리학 — 근대주의에 맞추어 근대물리학이라 부르는 편이 나을 듯 — 에 대응한다고 생각할 수 있겠지요. 그런데 20세기 후반에 들어와서 '탈근대주의'라는 말이 생겼습니다. 들어봤지요? (영어를 그대로 번역하면 '근대이후주의'가 되겠네요.) 이는 혼돈과 떠오름, 그리고 복잡계 현상 등의 관점에서 해석과 관련지을 수 있다고 생각되기도 합니다. 그렇지만 사실 탈근대주의는 아직 실체가 모호해 보입니다. 뭔지 잘 모르겠는데, 아마도 정확히 규정할 수 있으면 탈근대주의가 아니라고 역설적으로 말할 수 있을 듯하네요.

이와 관련해서 물리학자 소칼의 인문학자에 대한 조롱 섞인 비판이 촉발한 이른바 '지적 사기' 논쟁은 유명합니다. 양자중력이라는 난해하고 아직 불확실한 물리학의 개념을 아무렇게 따다가 철학적으로 적당히 포장한 풍자의 글을 — 제목인 "경계를 넘어서서: 양자중력을 변화시킬 수 있는 해석학을 향해Transgressing the boundaries: toward a transformative hermeneutics of quantum gravity"부터 도대체 무슨 말인지 모르겠네요 — 인문학 학술지에 발표하고 곧이어 그 실상을 폭로하는 글을 다른 학술지에 발표해서 논쟁이 시작되었지요. 여기에 가담한 인문학자 중 한 사람인 라투르의 《우리는 결코 근대적이었던 적이 없다》

라는 저서도 흥미롭습니다. 자연과 사회, 과학과 문화 따위의 구분과
관련된 근대성의 문제를 지적하고 근대주의와 탈근대주의 논점에 대
해 비판적으로 고찰한 저서지요.

4강
물리학의 분야

자연현상을 해석하고 이해하려는 것이 자연과학의 목적입니다. 그 기본 전제로 유물론, 곧 물질이 자연현상들의 실체라고 상정했지요. 현대 과학에서는 물질은 일반적으로 그것을 이루는 구성원들이 있고, 그들 사이의 상호작용이 있어서 이것 때문에 모든 현상이 일어난다고 가정합니다. 이러한 생각은 물론 유물론의 범주에 속하지만 강조해서 물리주의라고 부릅니다. 따라서 자연과학은 물질세계를 다루는 학문이고, 특히 이를 주되게 다루는 분야가 물리학이라고 할 수 있습니다.

물리학이란 무엇인가

자연과학을 여러 종류로 나눴는데 그중 물리학은 성격이 특별합니다. 일반적으로 물리학이란 '물질의 성질과 구조, 현상과 그 사이의 관계를 다루는 학문'이라고 하지요. 그런데 앞서 지적했듯이, 자연과학의 관점에서는 생명을 포함해 우리가 경험하는 그야말로 모든 것이 다 물질에서 비롯한 현상입니다. 따라서 물질을 다루는 물리학의 대상은 사실상 모든 자연현상으로서, 물질을 구성하는 궁극적 기본입자부터 우리 자신을 포함한 우주 전체까지 포괄하지요. 물리학은 이렇듯 넓고 다양한 범위에 걸쳐 물질 현상을 탐구하고 이를 통해 자연을 해석합니다. 그러면 물리학과 다른 자연과학이 같은 자연현상을 탐구할 때 어떤 차이가 있을까요? 예를 들어 물리학이 생명현상을 탐구하는 경우 생물학과 어떻게 다를까요? 물리학의 정체성은 지식 추구의 대상이 아니라 성격에서 찾을 수 있습니다. 곧 물리학의 차별성은 앞에서 논의한 대로 보편지식 체계의 추구에 있지요. 물리학은 이론과학이란 면에서 거의 유일하고, 물질세계 전체를 탐구한다는 점에서 자연과학 중에서 가장 기본이 되는 학문이라 할 수 있으며 그동안 모든 자연과학의 모범이 되어 왔습니다.

물리학의 분야

우리가 경험하는 모든 현상은 물질이 일으키는 것이라고 했습니다. 책상, 분필, 공기, 우리 몸 따위의 모든 것이 물질이지요. 이러한 물질은 일반적으로 구성원과 그들 사이의 작용으로 이뤄진다고 생각합니다. 특히 우리가 감각기관으로 경험하는 물질은 매우 많은 수의 구성원, 곧 분자들로 이뤄져 있다고 이해합니다. 그리고 분자는 원자들로, 원자는 원자핵과 전자들, 그리고 원자핵은 기본입자라고 부르는 양성자, 중성자 따위로 이뤄져 있다고 생각하지요. 따라서 물질을 이루는 여러 단계를 생각할 수 있는데, 그중 어느 단계의 현상을 다루는지에 따라 물리학을 분류합니다. 다루려 하는 현상을 일으키는 대상 물질을 일반적으로 '계$_{system}$'라고 부르지요.

가장 기본적인 단계라 할 양성자, 중성자, 전자 따위의 기본입자와 그들 사이의 상호작용, 곧 렙톤, 하드론, 쿼크, 게이지입자 따위를 다루는 분야를 입자물리학이라고 합니다. 기본입자들의 성질은 초기우주를 설명하는 데 바탕이 되기도 하므로 입자물리학은 우주의 구조와 진화를 다루는 우주론과도 관련이 있지요. 기본입자 현상을 실험적으로 관측하기 위해서는 매우 높은 에너지로 입자를 가속해서 충돌시켜야 하므로 입자물리학을 흔히 고에너지물리학이라고도 부릅니다.

기본입자들이 모여 원자핵을 형성하지요. 원자핵의 구조라든지 원자핵을 구성하고 있는 양성자와 중성자들의 상호작용을 다루는 분야를 핵물리학이라고 부릅니다. 전통적으로는 방사성 물질과 동위원소의 생성 및 분석을 많이 다루며 최근에는 양성자나 중성자를 구성하는 쿼크와 붙임알들의 상호작용, 그리고 중성자별이나 손님별 같은 천체에서 일어나는 현상도 포함합니다.

그다음에 원자핵과 전자가 함께 원자를 만들고 원자가 몇 개 모여서 분자를 형성하는데, 이러한 원자나 분자를 다루는 분야가 원자분자물리학이지요. 원자물리학에서는 양자제어, 원자 식히기 및 덫치기$_{trapping}$, 원자 충돌 및 집단거동, 기본상수의 정밀 측정 등을 다루며 분자물리학은 뭇원자 구조의 상호작용 등을 주로 연구합니다. 최근에는 양자역학의 검증과 생명현상 연구와도 밀접하게 관련되어 있지요.

　이러한 원자나 분자가 엄청나게 많이 모여야 비로소 우리가 시각
이나 촉각 등 감각기관으로 경험하는 물질이 됩니다. 이러한 물질은
서로 강하게 상호작용하는 많은 수의 구성원으로 이루어진 뭇알갱
이계로서 응집물질이라고 부르고, 이를 다루는 분야를 응집물질물리
학이라고 합니다. 이 경우에 구성원 사이의 이른바 협동현상에 의해
전체의 집단성질이 떠오르게 되는데 비근한 예로는 원자나 분자 사
이의 전기력에 의해 상전이가 일어나고 그 결과로 고체가 되는 현상
을 들 수 있지요. 특이한 응집 상태로는 낮은 온도에서 일부 원자계
의 경우에 나타나는 초흐름과 보오스-아인슈타인 서림, 초전도 상
태, 그리고 강자성이나 반강자성 상태 등이 포함됩니다. 이러한 다양
한 응집물질의 구조, 기계적 성질, 전자기적 성질 등을 다루는 응집
물질물리학은 현대물리학 중에서 가장 넓은 분야를 차지하며, 응용
분야도 널리 연구되고 있어서 전자기술이나 재료과학 등과 밀접하게
관련되어 있지요.

　한편 온도를 매우 높이면 원자나 분자에서 전자가 일부 떨어져 나
가고 전기를 띤 이온들로 이뤄진 물질이 됩니다. 이러한 플라스마 상
태의 물질을 다루는 분야가 플라스마물리학인데 응집물질 중 액체
나 기체 등 흐름체를 다루는 유체물리학과 함께 분류하기도 합니다.
또 빛에 대해 연구하는 분야가 광학입니다. 일반적으로 빛과 관련된
물질현상은 원자나 분자가 빛을 흡수하거나 방출하는 과정을 통해
생겨나므로 광학은 원자분자물리학과 밀접한 관련이 있지요. 그리고
앞서 지적했듯이 다른 자연과학 분야와 융합되어 있는 천체물리학,

화학물리학, 생물물리학, 의학물리학, 지구물리학 따위가 있습니다. 화학은 주로 분자 수준의 현상을 다룹니다. 따라서 화학물리학은 분자물리학과 밀접한 관련이 있습니다. 생명체는 기본적으로 많은 수의 흰자질(단백질) 같은 분자들로 이뤄져 있으므로 생물물리학은 당연히 응집물질물리학에 속한다고 할 수 있겠지요. 실험적으로는 분자물리학에서 고안된 방법들이 중요하게 이용이 되기도 합니다. 천체물리학은 물론 우주를 다루는데 그 안에는 기본입자, 원자핵, 원자와 분자, 그리고 별이나 은하 등 응집물질도 있습니다. 따라서 천체물리학은 입자물리학부터 응집물질물리학까지 전체의 종합이라고 생각할 수 있습니다. 지구물리학은 많은 경우에 분자 및 응집물질물리학에 가깝습니다.

이것은 연구 대상, 곧 물질을 이루는 어느 단계를 다루는가에 따른 물리학의 분야를 설명한 것인데, 물리학의 연구 방법, 곧 보편적 이론 체계에 따라서 몇 가지로 나누기도 합니다. 물리학의 방법으로서 이론 체계를 일반적으로 역학이라고 합니다. 이는 크게 두 가지로 나눌 수 있는데 동역학과 통계역학이지요.

동역학은 3부에서 자세히 다루는데 그중에서 가장 대표적이고 널리 알려진 것이 뉴턴의 고전역학입니다. 뉴턴 이후에도 라그랑주나 해밀턴 등이 완성도를 높였지만 기본 틀은 17세기에 뉴턴이 만들었지요. 그다음에 20세기에 와서 슈뢰딩거와 하이젠베르크 등이 만든 양자역학이 있습니다. 이러한 동역학에서 시간과 공간을 어떻게 전제하는지는 중요한 문제입니다. 전통적으로 뉴턴 시대의 시간과 공간 개념에 따라 고전역학이 만들어졌고 양자역학도 마찬가지로 시작되

그림 4-1: 왼쪽부터
뉴턴(1642~1727)과
라그랑주(1736~1813).

었지요. 그러나 아인슈타인이 만든 상대성이론의 시공간 개념에 따라 고전역학과 양자역학을 만들 수도 있습니다. 이에 따라 상대론적 (고전)역학, 상대론적 양자역학이 만들어져서 비상대론적 고전역학이나 양자역학과 대비됩니다.

정리하면 물리학의 보편이론 체계는 크게 동역학과 통계역학의 두 가지로 나눌 수 있습니다. 동역학에는 고전역학과 양자역학 두 가지 방법이 있고, 각각 상대성이론에 입각했는지 아닌지로 나눌 수 있습니다. 한편 통계역학은 동역학에서부터 구축되고 고전역학에 기초를 둔 고전통계역학과 양자역학에 기초를 둔 양자통계역학이 있는데 엄밀하게는 양자역학에 기초를 둬야 일관성 있는 이론 체계를 얻을 수 있습니다. 통계역학을 써서 다양한 현상을 기술하는 분야를 흔히 통계물리학이라고 부릅니다. 최근에는 복잡계가 통계물리학의 중요한 주제이지요. (복잡계에 대해서는 7부에서 논의하기로 합니다.)

이들과 조금 다른 개념의 방법으로 마당이론이 있습니다. 고전역학과 양자역학을 포함한 동역학에서는 일반적으로 대상을 알갱이라고 가정합니다. 이를 강조하기 위해 알갱이(입자)동역학이라 부르기도 합니다. 예컨대 힘이 주어졌을 때 알갱이가 어떻게 움직이는지 다루지요. 이와 달리 대상을 알갱이 대신에 무엇인가의 진동, 곧 파동으로 표상하고 이론을 전개할 수도 있습니다. 예컨대 줄의 움직임을 기술하려면 줄을 띄엄띄엄한 알갱이의 집합으로 생각하는 것보다 아예 연속체로 보는 것이 편리합니다. 마찬가지로 막이나 탄성체 등 물질을 연속체로서 기술하는 방법을 연속체역학이라고 하는데 파동 현상을 다루는데 편리하며, 음파, 곧 소리를 다루는 음향이론을 포함합니다. 나아가 대상을 연속적인 파동의 무더기로 표상하면 이를 적절한 마당으로 나타내서 그 동역학을 다루게 되는데 이러한 방법을 마당 이론이라 부르지요. (마당이란 일반적으로 시공간의 각 지점에 값이 주어진 물리량을 가리킵니다.) 알갱이동역학에서 고전역학과 양자역학 구분과 마찬가지로 고전마당이론, 양자마당이론으로 구분합니다. 흥미롭게도 마당이론은 통계역학과 비슷한 면이 있어서 관련을 지을 수 있습니다. 또한 물리학 이론 체계의 수학적 성질과 수학적 도구를 다루는 분야가 수리물리학이며, 주로 컴퓨터를 써서 많은 양의 수치 계산을 하는 분야를 계산물리학이라고 부르기도 하지요.

연구 대상 물질의 구성 단계에 따른 물리학의 각 분야마다 적절한 연구 방법을 주로 쓰게 됩니다. 입자물리는 주로 상대론적 양자역학 및 양자마당이론을, 핵물리는 양자마당이론과 더불어 양자통계역학을 사용하지요. 원자분자물리와 광학은 양자역학과 양자 또는 고전마당이론, 응집물질물리는 통계역학을 주로 써서 대상을 다룹니다. 플라스마 및 유체물리는 연속체역학과 통계역학이 적절한 방법이 되겠네요.

물리학의 범위

물리학에서 다루는 대상을 여러 가지 눈금으로 살펴봅시다. 먼저 길이(또는 거리)의 눈금으로 볼까요. 그림 4-2에서 가장 짧은 것을 10^{-20}부터 생각해서 10^{-10}, 10^0이 되고, 큰 쪽은 10^{10}, 10^{20}, 10^{30}까지 생각해 보지요. 이른바 로그 눈금으로 나타냈고 단위는 미터라고 합시다. 원자부터 시작하지요. 원자의 크기는 10^{-10}미터 정도로 보통 옹스트롬(Å)이라고 부릅니다. 10^{-9}을 나노라고 부르니까 원자는 대략 0.1나노미터 크기입니다. 그리고 10^{-15}미터 정도에 원자핵이 있습니다. 우리가 보통 다루는 한계가 10^{-17}미터 정도인데, 원리적으로는 10^{-35}미터가량의 이른바 플랑크 길이가 이해의 한계로서 이보다 더 짧은 길이의 세계는 알 수 없습니다.

10^{-6}미터, 곧 1마이크로미터쯤에서 비로소 생명이 시작합니다. 여기에 박테리아가 있지요. 인간을 비롯한 많은 생명체가 10^0=1미터 정도 크기에 있습니다. 우리의 일상 크기라 할 수 있겠네요. 10^7미터 정도

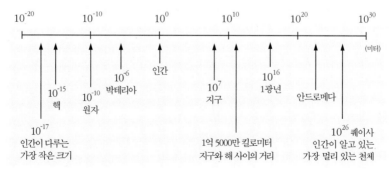

그림 4-2: 길이의 세계.

에 지구의 크기가 있고, 10^{11} 미터 부근에 지구와 해 사이의 거리가 있습니다. 그리고 10^{16} 미터 정도가 1 광년입니다. 1 초에 30만 킬로미터를 가는 빛이 1 년 동안 가는 거리지요. 그러면 안드로메다은하는 어디쯤 있을까요? 지구에서 대략 230만 광년 떨어져 있지요. 그러니까 우리는 밤하늘에서 230만 년 전의 안드로메다를 보는 겁니다. 지금은 없을지도 모르겠네요. 그다음에 10^{26} 미터쯤 떨어져서 이른바 퀘이사라고 부르는 것이 있습니다. 인류가 알고 있는 가장 멀리 있는 천체입니다. 이것이 인간이 관측하는 현재 우주의 크기라 할 수 있지요. 결국 물리학에서 다루는 길이는 10^{-35} 미터에서부터 10^{26} 미터까지라 할 수 있습니다. 작은 왼쪽 부분을 주로 다루는 분야가 입자물리고, 다음에 핵물리, 원자분자물리, 일상 세계를 중심적으로 다루는 응집물질물리가 있지요. 더 큰 오른쪽으로 가면 주로 천체물리가 됩니다.

시간의 눈금으로 생각해 볼까요? 그림 4-3에 10^{-40} 부터 10^{20} 까지 표시해 놓았습니다. 단위는 초(s)입니다. 현재 원리적으로 이해가 가능하다고 생각하는 가장 짧은 시간은 이른바 플랑크 시간으로 10^{-43} 초입니다. 반면에 10^{-15} 초, 곧 1 펨토초(fs) 정도가 현재 인간이 실험실에

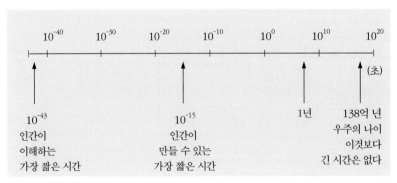

그림 4-3: 시간의 세계.

서 조작할 수 있는 가장 짧은 시간입니다. (요새는 더 나아가 0.1 펨토초까지 조작할 수 있는 듯합니다.)

지수를 나타내는 접두사를 잠깐 정리해 볼까요. 10^3이 킬로kilo, 10^6이 메가mega, 10^9이 기가Giga, 10^{12}이 테라Tera입니다. 일상에서 쓰는 말로 천, 백만, 십억, 조에 해당합니다. 그다음으로 페타peta, 엑사exa, 제타zetta, 요타yotta까지 있지만 많이 쓰지는 않습니다. 작은 쪽으로 가면 10^{-3}이 밀리milli, 10^{-6}이 마이크로micro, 10^{-9}은 나노nano, 10^{-12}이 피코pico, 10^{-15}이 펨토femto, 그리고 10^{-18}이 아토atto입니다. 단위에 붙여서 쓸 때에는 머리글자만 쓰지요. 예를 들어 그램, 볼트, 미터, 초에 붙여서 킬로그램(kg), 기가볼트(GV), 밀리미터(mm), 피코초(ps)처럼 씁니다. 다만 마이크로는 밀리와 혼동을 피하기 위해서 그리스 문자 뮤(μ)를 쓰지요. 아무튼 서양에서는 지수가 3, 곧 $10^3=1000$ 배씩 올라갑니다. 말이 나온 김에 동양에서는 어떻게 부르는지 볼까요. 만(10^4), 억(10^8), 조(10^{12}), 경(10^{16}), 해(10^{20}) 등으로 지수가 4씩 올라갑니다. 그래서 큰 수를 쓸 때 네 자리마다 쉼표를 찍어야 하는데 서양을 따라 세 자리마다 찍으니 읽기에 불편하지요. 서양보다 큰 수의 개념이 더 발달해서 극(10^{48})까지 있고, 불교에서는 이보다도 큰 수로 불가사의(10^{60}), 무량대수(10^{64})까지 있습니다.

시간 눈금에서 1년은 대략 3000만 초이고, 더 오른쪽으로 가면 10^{20}보다 조금 짧은 데에 우주의 나이가 있습니다. 대략 138억 년인데 현재 우리 우주에서 이것보다 긴 시간은 있을 수 없지요. 그러니 물리학에서는 10^{-43}초의 '찰나'에서 10^{20}초의 '영원무궁'까지 다루고 있습니다. 길이의 눈금에서와 비슷하게 짧은 시간 쪽은 입자물리가 다루고 핵물리를 거쳐서 10^{-15} 초쯤부터는 원자분자물리에 해당합니다. 10^{-9} 초쯤에서는 응집물질물리, 그리고 긴 시간 쪽으로 가면 물론 천체물리의 영역이 되지요.

이번에는 에너지로 따져 볼까요? 10^{-5}부터 10^0, 10^5, 10^{10}, 이런 식으로 나가고, 단위는 전자볼트(eV)를 쓰겠습니다. 처음 보는 학생들도 있을 겁니다. 전자볼트라는 단위는 전자 하나를 1 볼트의 전압으로 가속시켜 줄 때 가지게 되는 에너지를 말합니다. 전기량의 단위는 쿨롱(C)이지요. 전자가 지닌 전기량을 기본전하라 하는데 1.602176634 $\times 10^{-19}$ 쿨롱 정도이므로 전자볼트는 널리 쓰이는 주울(J)이라는 단위와 대략 $1\,eV \approx 1.6 \times 10^{-19}\,J$의 관계가 있습니다.

작은 에너지부터 1 전자볼트 정도의 에너지까지가 응집물질물리에서 다루는 범위이고 그로부터 10^4 전자볼트쯤까지가 원자물리에 해당합니다. 핵물리에서는 10^6 전자볼트, 곧 메가전자볼트(MeV) 부근을 다루고 입자물리는 그로부터 테라전자볼트(TeV)라는 높은 에너지까지도 다룹니다. 기본입자들이 보통 가질 수 있는 에너지 크기가 이 정도지요. 재밌게도 입자물리는 길이가 짧은 (작은) 세계, 시간도 짧은 세계를 다루지만 에너지로는 제일 높은 걸 다룹니다. 물론 응집물질은 엄청나게 많은 수가 모여 있는 거니까 전체 에너지는 엄청나게 크지만, 여기서는 구성원 하나하나의 에너지를 말하는 것이기 때문에 가장 큰 것은 입자물리입니다. 이에 따라 입자물리를 앞서 언급했듯이 고에너지물리라고도 부르지요. 현재 입자물리의 표준 방법이라 할 양자마당이론에서 원리적으로 기술할 수 있는 에너지 한계는 이른바 플랑크 에너지로서 10^{16} TeV 정도입니다.

마지막으로 밀도의 범위를 생각해 보지요. 가장 작게는 10^{-25}부터 크게는 10^{15}까지 고려할 수 있습니다. 단위는 kg/m³로서 1 세제곱미터(m³) 부피만큼의 질량이 몇 킬로그램인지를 나타냅니다. (일상에서는 1 세제곱센티미터(cm³) 부피만큼의 질량이 몇 그램인지를 나타내는 g/cm³를 많이 씁니다.)

가장 작은 10^{-22}은 바로 우주에 해당합니다. 우주의 평균밀도가 10^{-22} kg/m³이지요. 우주 1 세제곱센티미터 공간에는 대략 양성자 하나가 있을 따름입니다. 우주는 정말 비어 있네요. 물을 비롯한 보통의 응집물질은 10^3 부근에 있습니다. 10^9이라면 엄청난 거지요. 곧 1 세제곱미터의 부피가 10^9 킬로그램에 해당하니까 손톱만큼의 양이 1 톤 정도로 무거워서 들 수 없습니다. 이는 하양잔별에 해당합니다. 한자어로는 백색왜성이라고 부르지요. 밀도가 더 커서 10^{16}이나 그 이상에 있는 것이 이른바 중성자별이라 부르는 천체지요. 엄청나게 밀도가 큽니다. 손톱만큼의 양이 1000만 톤이 되기도 합니다. 상상하지 못할 만큼 엄청나지요. 그런가 하면, 10^{18} 이상에는 이른바 검정구멍(블랙홀)이 있습니다.

결론적으로 물리학은 범위가 실로 넓습니다. 여러 가지 눈금에서 가장 작은 것인 이른바 극소부터, 가장 큰 것인 극대까지 모두 다룹니다. 다시 말해서 우리가 생각할 수 있는 모든 것을 탐구한다고 할 수 있습니다. 물리학자들은 이를 다소 자랑스러워하며 자부심을 느끼는 듯합니다. 이 때문에 '자만하다' 또는 '잘난 척한다' 따위의 평을 듣기도 하지요.

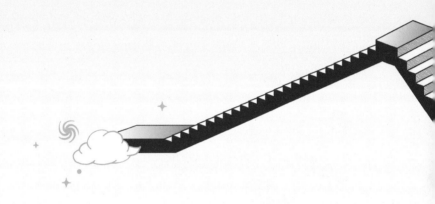

5강

물질과 원자

지난 시간까지 서론으로서 1부를 마쳤고, 이번 시간부터 본론으로 들어가서 물질에 대한 얘기로 시작하지요. 자연현상을 해석하고 이해하려는 것이 자연과학의 목적입니다. 그 기본 전제로 물질이 자연현상들의 실체라고 상정했지요.

물질 개념의 변천

먼저 물질에 대해 간단히 정리해 볼까요. 물질의 개념은 고대에서부터 현대에 이르기까지 계속 변해 왔는데 이를 살펴보면 흥미롭습니다. 고대에서는 이른바 아리스토텔레스로 대변되는 형이상학적 관점에서 물질을 생각했는데, 근대에 와서는 고전역학이 확립되면서 뉴턴, 그리고 조금 다른 관점이지만 데카르트에 의해서 물질의 개념이 변했고, 현대에는 보통 현대물리학이라고 부르는 상대성이론이라든가 양자역학, 그리고 우주론에 의해서 물질의 개념이 다시 바뀌었다고 할 수 있습니다. (고전역학, 상대성이론, 양자역학은 3부에서, 그리고 우주론은 6부에서 논의할 것입니다.)

아리스토텔레스의 형이상학에서는 질료와 형상 ─ 가능태로서의 질료를 통해 만들어진 현실태로서 형상 ─ 이라는 유명한 개념이 있습니다. 물질이 구체적 형태를 가지게 되어 물체를 형성한다고 생각하면 물질이란 질료로서 현실태보다는 가능태로서의 성격이 강하다고 할 수 있겠습니다. 근대에 와서는 고전역학의 확립과 함께 데카르트는 물질의 속성을 연장이라고 생각했습니다. 따라서 모양이라든가 부피, 그리고 꿰뚫을 수 없고 관성 등의 성질을 갖고 있는 대상을 물질이라 했지요. 이러한 물질은 근본적으로 알갱이corpuscle들로 이루어졌다고 생각하였어요. 알갱이들이 어떻게 모였느냐에 따라 물체의 모양을 만들고 부피도 결정한다는 것이지요. 이러한 구성 알갱이들이 얼마나 많은지가 질량, 곧 물질의 양이 되며 이는 고전역학에서 관성의 크기에 해당합니다.

그런데 현대에 와서는 이러한 물질 개념이 다시 상당히 달라집니다. 널리 알려져 있듯이 상대성이론에 따르면 물질은 본질적으로 에너지의 한 가지 형태이지요. 그리고 물질이 시공간이 굽은 곡률을 결정하고, 거꾸로 시공간의 곡률은 물질의 움직임을 결정합니다. 시공간은 다분히 마당과 연관되어 있고 마당은 에너지와 연결되어 있으니 이들은 서로 얽혀 있다고 할 수 있겠습니다. 한편 양자역학에서는 측정과 불확정성 문제로 물질 개념이 또 다른 변화를 겪었고, 특히

9강에서 언급할 양자마당이론에서 가상입자 개념이 도입되면서 물질과 마당, 에너지 사이의 관계가 더욱 밀접해졌어요. 따라서 물질과 에너지를 굳이 구분하는 것이 적절하지 않다고 할 수 있습니다. 이에 더해서 22강에서 공부할 현대 우주론에서는 우주에 존재하는 물질과 에너지의 대부분은 아직 정체를 알지 못한다고 생각합니다. 우리에게 친숙한 보통 물질, 곧 양성자와 중성자 따위의 바리온은 우주 전체 물질/에너지의 5퍼센트 미만이라고 생각이 되고 있고, 정체를 알지 못하는 어둠물질이 27퍼센트가량, 그리고 나머지 68퍼센트가량은 그야말로 무엇인지 전혀 알지 못하는데 이를 어둠에너지라고 부르지요. 결론적으로 우리에게 친숙한 전통적 개념의 물질은 우주에서 채 5퍼센트도 되지 않으며, 일반적으로 물질보다는 에너지가 더 본질적이라 할 수 있습니다.

원자론

물질을 구성하는 가장 기본적 요소가 존재한다는 이른바 원자 사상은 고대 그리스에서 처음 등장했습니다. 그리스 시대에 아낙사고라스라는 사람 들어 봤나요? 못 들어 봤어요? 아리스토텔레스는 다 알 겁니다. 일반적으로 자연철학자라고 부르지요. 아낙사고라스나 아리스토텔레스는 물질이 연속적이라고 생각했습니다. 그러면 최소 단위란 것이 있을 수 없지요. 이와 다른 생각을 한 사람이 데모크리토스입니다. 들어 봤나요? 그는 물질이 연속으로 이뤄진 것이 아니고 물질의 최소 단위가 있다고 생각했습니다. 그 최소 단위를 원자라고

불렀지요. 원자란 말 자체가 더는 쪼갤 수
없다는 뜻을 가지고 있습니다. 물론 데모
크리토스는 아무런 근거 없이 순전히 사변
적으로 생각한 겁니다.

근대적 의미에서 원자를 처음으로 생각
한 사람은 누구일까요? 근대적이란 실험
적 근거가 있다, 곧 검증을 수반한다는 의
미입니다. 그래서 갈릴레이를 과학의 아버
지라고 부르지요. 근대과학에서 원자론은

그림 5-1: 돌턴(1766~1844).

19세기에 돌턴이 발표했다고 알려져 있습니다. 어떻게 원자라는 것을
생각하게 되었을까요? 돌턴은 화학자라고 할 수 있는데, 화학반응을
연구했지요. 물질은 화학반응을 통해 다른 물질로 바뀝니다. 돌턴이
화학반응에서 관여하는 화합물을 분석해 보고 화합물의 성분이 일
정한 비율로 결합해 있는 것을 발견했습니다. 예컨대 물은 수소와 산
소로 되어 있는데 아무렇게나 결합해 있는 것이 아니라, 언제나 2 대
1로 결합해 있지요. 이같이 성분이 일정한 비율로 존재하는 이유가
무엇인지 생각하게 된 겁니다. 비유하자면 설탕을 타서 커피를 마시
는데 설탕이 얼마나 들어갔는지 알고 싶은 경우를 생각할 수 있겠네
요. 커피 잔이 여러 개 있는데, 설탕이 얼마나 들어갔는지 분석해 봤
더니 어떤 것은 설탕이 12 그램 들어 있었고, 다른 것들에는 6 그램,
9 그램, 15 그램 있었습니다. 분석 결과, 모든 잔에 들어 있는 설탕의
양은 언제나 3 그램의 배수였습니다. 그 이유는 설탕을 넣을 때 가루
설탕이 아니라 각설탕을 넣었고 각설탕 하나가 3 그램이라고 생각하

는 것이 자연스럽고 합리적입니다.

화학반응이 일정한 성분비로 이뤄진다는 사실을 설탕이 일정한 양, 곧 각설탕의 정수배로 주어지는 경우에 비유할 수 있지요. 이에 따라 각설탕이 있다고 생각하고, 그 각설탕을 원자라고 이름 붙였습니다. 원자라는 기본단위가 있다고 생각해서 이른바 원자 가설을 세운 겁니다. 앞에서 이론의 구조를 잠깐 공부했는데, 적절한 가설 또는 기본원리를 전제하고 시작하지요. 가설연역 체계라고 부르는데, 가설 — 이건 증명할 수 있는 것이 아닙니다 — 에서 출발해 정합성을 유지하면서 논리를 전개하고, 얻어진 결론을 실제 세계와 맞춰 봅니다. 이른바 실험적 검증을 하는 거지요. 실험적으로 검증해서 일치하면 가설을 받아들일 수 있지만, 일치하지 않으면 버리고 새로운 가설을 세워야 합니다.

돌턴이 처음에 원자라는 가설을 채택하자 여러 가지 화학반응들을 체계적으로 설명할 수 있었습니다. 지금은 답을 아니까 당연한 것 같지만 원자라는 걸 생각하지 않으면 화학반응을 이해할 수가 없습니다. 예를 들어 수소와 산소가 만나서 물이 되는 반응을 생각해 보지요. 언제나 수소와 산소가 2 대 1로 반응해서 물이 되는데, 왜 반드시 2 대 1일까요? 물질의 기본단위 없이는 이해하기 어렵습니다. 그러나 원자가 있다고 생각하면 편리하게 체계적으로 이해할 수 있지요.

물질의 특성을 지닌 기본단위는 분자로서, 수소나 산소는 각각 원자 둘이 모여서 분자를 이룹니다. 이들이 만나서 물이 되는 반응은 다음과 같은 식으로 나타냅니다.

$$2H_2 + O_2 \rightarrow 2H_2O$$

수소 분자(H_2) 2개와 산소 분자(O_2) 1개가 만나서 물 분자(H_2O) 2개가 생기는 것을 간단하고 명확하게 보여 주지요. 세상에 물질이 모두 몇 가지나 있을까요? '아무도 모른다'가 답입니다. 워낙 많고 갈수록 점점 많아지지요. 계속 인공적으로 합성하니까요. 그 무한에 가까운 다양성을 원자 가설에 따르면 불과 수십 가지 원자로 설명할 수 있습니다. 이는 참으로 놀라운 일이지요. 그래서 원자 가설은 획기적이라 할 수 있습니다.

원자를 맨눈으로 본 사람은 아무도 없지만 누구나 다 인정합니다. 원자의 존재를 믿지 않는 학생 있어요? 감각기관으로 직접 경험하지 않았어도 수많은 간접 근거들이 있기 때문입니다. 사실은 돌턴도 화학반응과 물질의 다양성 면에서 원자 가설을 세웠지만, 원자의 실재성을 생각하진 않았습니다. 말하자면 사고의 방편으로 생각한 겁니다. 자연과학에서 말하는 정도의 실재성을 부여한 사람은 그보다 훨씬 뒤인 19세기 후반의 볼츠만입니다. 5부에서 다루는 통계역학을 창안해 낸 사람인데, 처음으로 엄밀한 의미의 원자를 정립했습니다. 인류가 그동안 지닌 개념 중에 가장 중요한 것이 원자라는 지적에서 보듯이 볼츠만은 업적의 중요성과 과학 발전에 끼친 영향을 볼 때 아인슈타인에 전혀 뒤지지 않습니

그림 5-2: 볼츠만(1844~1906).

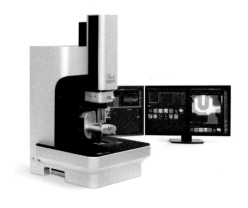

그림 5-3: 원자력현미경 Park NX10.

다. 삶이 그리 행복하지 않았는데, 사실 시대를 너무 앞서 갔기 때문인 것 같습니다. 볼츠만이 죽은 지 거의 한 세기가 지나서야 비로소 원자의 영상을 훑기꿰뚫기현미경STM이나 원자력현미경AFM — 원자력이라 잘못 불리는 핵에너지와 혼동을 피하기 위해서 부득이 원자현미경이라 부르기도 합니다 — 을 통해서 얻을 수 있게 되었지요. (내가 알기로 세계에서 가장 우수한 성능을 지닌 원자력현미경을 우리나라의 조그만 회사에서 생산하고 있습니다. 그중 한 제품을 그림 5-3에 보였습니다.)

원자의 구성 입자

원자란 말 자체가 더는 쪼갤 수 없다는 뜻을 지녔지만, 20세기에 들어오면서 원자가 사실은 더 기본적인 것들로 구성되어 있다고 생각하게 되었습니다. 원자보다 더 기본적인 입자를 처음으로 발견한 사람이 톰슨입니다. 유리로 만든 밀폐된 용기 안 양쪽에 전극을 집어넣고 공기를 웬만큼 빼냅니다. 그리고 두 전극 사이에 전압을 걸어 줍니다. 전기 이음줄을 통해서 전극에 외부 전지를 연결한 거지요. 그런 후에 전압을 충분히 올려 주면 두 전극 중에서 전지의 음극단자에 연결된 음극에서 뭔가 나온다는 사실을 알게 되었습니다. 물론 눈에 보이지는 않지만 이를 음극선이라 불렀습니다. 1897년의 일이지요.

그림 5-4: 톰슨(1856~1940).

뭔가 나오는 건 어떻게 알 수 있을까요? 용기 안에 공기 같은 기체가 조금 남아 있으면 빛이 납니다. 용기에 채우는 기체에 따라 특정한 빛을 냅니다. 이를 이용한 것이 바로 네온사인이지요. 꼭 네온을 채우는 것은 아니고 수은, 질소, 아르곤 따위를 채우는데, 이에 따라 나오는 빛깔이 청록, 주황, 빨강 등으로 달라집니다. (우리나라 밤거리에는 유달리 네온사인이 많지요. 외국에는 환락가에만 네온사인이 찬란하고 주거지역은 물론 일반 상업지역에도 네온사인은 드뭅니다. 그런데 워낙 경건한 분들이 많기 때문인지 유난히 십자가 네온사인이 많습니다. 외국인들은 공동묘지가 많은 줄로 오해한다고 하더군요. 의원 네온사인도 많은데 응급실 표시도 아니고 밤에 열지도 않지만 광고하기 위해 켜 놓는 듯합니다. 그런데 병 고치는 걸 광고한다니 좀 이상하지요. 많은 수가 미용과 관련된 성형외과라서 그런가요?)

용기 안에 장애물을 넣으면 그 뒤에 그림자가 생긴다는 사실도 관측했습니다. 이는 눈에는 안 보이지만 음극에서 나온 뭔가가 직진하기 때문에 장애물 뒤에 도달하지 못한다고 생각할 수 있지요. 그뿐 아니라 바람개비를 갖다 놓으면 돌아가는 것도 봤습니다. 음극에서 나온 무엇인지가 바람개비에 부딪혀서 돌아간다고 생각할 수 있겠네요. 또한 내부 전극과 수직으로 외부에 전극을 배치하거나 자석을 놓으면 굽은 길로 움직인다는 사실도 알았습니다. 결국 음극에서 무엇인가 나온다고 결론지을 수 있고, 이를 음극선이라고 이름 붙였습니다.

음극선은 여러 가지 성질로 미뤄 봐서 어떤 작은 입자들이 흘러나가는 것이라고 생각할 수 있습니다. 뭔가 와서 부딪히고 압력을 줘서 바람개비가 돌아가니까 운동량이 있고, 이는 질량을 갖는다는 뜻입니다. 질량을 지닌 입자들의 흐름이라는 거지요. 그리고 전기나 자기마당에서 가는 길이 굽어지는 걸로 봐서 전기를 띤다는 사실도 알게 되었습니다. 그 전기가 음(−)전기라고 정한 거지요. 따라서 음극선은 질량과 음전기를 지닌 어떤 입자들의 흐름이라고 할 수 있는데, 그 입자를 전기를 띤다는 뜻에서 전자라고 이름 붙였습니다. 아주 가벼워서, 질량이 원자 중에서 가장 가벼운 수소 원자에 비해도 1836분의 1밖에 안 되지요.

이것으로 봐서 물질을 이루는 원자 안에는 전자가 있음을 알게 되었습니다. 여기서 전자는 음전기를 띠는데 원자는 중성이므로 어딘가 나머지 부분은 양(+)전기를 띠고 있어야 합니다. 그래야 전체가 중성이 되니까요. 그리고 전자가 아주 가벼운 것으로 미뤄 봐서 전자를 뺀 나머지가 원자 질량의 대부분이라고 생각할 수 있습니다. 정리하면, 원자에는 음전기를 띤 전자가 있고 전자 이외의 나머지 부분은 양전기를 띠면서 원자 질량의 대부분을 차지한다는 겁니다.

톰슨은 그림 5-5처럼 원자가 찐빵같이 되어 있다고 생각했습니다.

찐빵이 어떻게 생겼어요? 안에 아무것도 없는 빵은 맛이 없으니까, 빵 안에 팥 앙금 같은 소를 넣지요. 소 대신에 건포도를 빵 전체에 퍼져 있도록 고르게 넣었다고 합시다. 이러한 원자의 찐빵모형에서 건포도가 음전기를 띤 전자에 해당하고 나머지 부분에는 양전기가 고르게 퍼져 있어서 전체적으로는 중성이라고 생각했습니다.

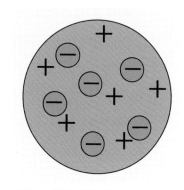

그림 5-5: 톰슨의 찐빵모형.

이 생각이 타당한지 확인하기 위해서 20세기 초에 톰슨의 제자인 러더퍼드는 알파선을 흩뜨리는 실험을 했어요. 알파선은 방사성 원소가 붕괴할 때 나오는데 흔히 베타선, 감마선과 함께 나옵니다. 알파선은 에너지가 약해서 몸 밖에 있으면 큰 문제가 없지만 감마선은 위험하니까 쬐지 않는 것이 좋습니다. 핵반응로에서 ─ 부정확하게 원자로라고 부릅니다 ─ 많이 나옵니다. 알파선 흩뜨림 실험을 하기 위해 금으로 만든 얇은 막에 알파선을 쫘 보냈습니다. 알파선을 이루는 알갱이는 사실 헬륨의 원자핵입니다. 양성자와 중성자 각각 2개로 이뤄져 있어서 양전기를 띠고 있지요. 알파 입자들로 금 원자를 두들기니까 대부분은 그냥 쓱 지나갔지만 어떤 것은 가는 방향이 휘었습니다. 심지어 어떤 녀석은 가다가 거의 되돌아온 녀석도 있었습니다. 이는 밀치는 힘을 받았기 때문인데 알파 입자가 양전기를 띠고 있으니까 금 원자 어딘가에 역시 양전기를 띤 부분이 있어서 전기력 때문에 밀려났다고 생각할 수 있습니다. 찐빵모형에 따르면 금 원자가 바

끝에서 볼 땐 완벽한 중성이니까 전기력을 받을 이유가 없습니다. 실제로는 알파선이 흩뜨려지는 것으로 봐서 금 원자는 양전기, 음전기가 고르게 섞여서 중성이 아니라 어딘가 양전기만 지닌 부분이 따로 있다는 얘기입니다. 러더퍼드의 결론은 원자에는 양전기와 음전기가 골고루 섞여 있는 것이 아니라 음전기를 띤 전자에 더해서 양전기를 띤 부분이 따로 있다는 것이었지요. 양전기를 띤 부분을 원자핵이라고 불렀습니다. 원자에는 핵이 존재한다고 생각하게 된 겁니다.

결국 원자는 양전기를 지닌 핵과 음전기를 띤 전자로 이뤄져 있다는 결론입니다. 그런데 여기서 이상한 문제가 생기네요. 양전기와 음전기는 서로 당길 텐데 핵과 전자가 어떻게 붙어 버리지 않고 떨어져 있을 수 있냐는 거지요. 이 문제를 마치 해와 지구가 서로 당기는 상황과 비교할 수 있습니다. 서로 당기니까 우리가 (지구에서) 볼 때에는 해가 지구로 떨어져야 할 것 같은데 다행히도 안 떨어져서 우리가 살아 있을 수 있지요. 어떻게 그럴 수 있을까요? 물론 서로 돌기 때문입니다. 서로 당기니까 가속도가 생기는데, 이 가속도는 도는 방향을 계속 바꿔줘서 원운동하도록 만듭니다. 마찬가지로 핵과 전자가 서로 당기지만 전자가 핵 주위를 돌고 있으므로 붙어 버리지 않을 수 있다고 생각했지요. 마치 해 주위를 떠돌이별들이 돌듯이 말이지요. 이 러더퍼드 모형은 스승인 톰슨의 찐빵모형보다 원자를 훨씬 잘 설명해 줍니다. 뒤에 이보다 더 좋은 원자 모형을 보어가 제안했는데 보어는 러더퍼드의 제자지요. 이들 모두 노벨상을 받았습니다.

러더퍼드는 원자핵이 양전기를 띠고 있다고만 생각했습니다. 그러나 1930년대에 채드윅은 원자핵이 전기를 띠지 않는 중성자라는 입

그림 5-6: 왼쪽부터 러더퍼드(1871~1937), 보어(1885~1962), 채드윅(1891~1974).

자를 포함하고 있음을 알아냈습니다. (이 사람도 노벨상을 받았습니다.) 핵은 전체적으로는 양전기를 지녀야 합니다. 그런데 중성인 녀석이 있는 걸로 봐서 핵 안에는 양전기를 띠고 있는 녀석이 따로 있다는 거지요. 그걸 양성자라고 이름 붙였고, 따라서 원자핵은 양성자와 중성자로 이뤄져 있다고 생각하게 되었습니다. 결국 이런 여러 가지 과정을 거쳐서 원자의 구조는 가운데에 양성자와 중성자로 이뤄진 핵이 있고 주위에 전자가 있다고 이해하게 되었습니다.

이에 따라서 일반적으로 원자는 그 원자의 핵을 구성하는 양성자의 개수로 구분됩니다. 이를 원자번호라 부르지요. 예컨대 수소 원자에는 양성자가 한 개만 있으므로 수소의 원자번호는 1이고 산소는 8, 금은 79입니다. 자연계에 존재하는 원자로서 원자번호가 가장 큰 녀석은 잘 알려진 우라늄으로서 원자번호는 92입니다. 다시 말해서 우라늄 원자핵은 92개의 양성자로 이뤄져 있지요. (물론 더 많은 개수의 중성자도 포함하고 있습니다.) 따라서 자연계에는 모두 92가지의 원자가 있다고 할 수 있지요. (하지만 원자번호가 43인 원자와 61인 원자는 사실상 자연에 존재하지 않으므로 실제로는 90가지인 셈입니다. 또한 인위적으로는 핵반응을 통해서 원자번호가 94인 플루토늄을 비롯해서 심지어 100보다도 큰 원자를 만들어 내기도 합니다.)

빛: 전자기파와 빛알

물질의 기본 구성에 대해서 이것으로 끝이 아니라 더욱 흥미로운 문제들이 생겼습니다. 이른바 기본입자라는 문제인데, 먼저 빛에 대해 생각해 보지요. 빛의 정체가 뭘까요? 빛의 중요성은 새삼 강조할 필요가 없지요. 우리가 정보를 얻는 데 가장 큰 구실을 하는 것이 빛입니다. 감각기관을 통해 정보를 얻는 데에서 청각이나 후각, 미각을 통해서도 얻지만 시각을 통해서 얻는 정보가 월등히 많습니다. 못 보는 것이 가장 힘들잖아요. 음악을 틀어 놓고 공부하는 사람은 있지만 텔레비전을 틀어 놓고 하는 사람은 없습니다. 내 경험으로는 텔레비전을 틀어 놓고 공부한다는 건 거짓말일 가능성이 크지요. 공부하기 싫다는 뜻입니다. 우리 두뇌에서 정보를 처리할 때 청각으로 들어오는 정보는 공부하면서 얻는 정보와 같이 처리할 수 있지만 시각으로 들어오는 정보는 양이 워낙 막대하기 때문에 다른 정보와 동시에 처리한다는 건 거의 불가능합니다.

하여튼 빛이 매우 중요한데, 고등학교 물리에서 빛의 정체나 본질을 어느 정도 배웠겠지요. 아마 파동이라고 배웠을 겁니다. 실제로 빛이 파동이라는 것은 역사적으로 꽤 오래전부터 이미 논의되었어요. 17세기에 하위헌스 — 영어식으로 읽으면 호이겐스 — 가 빛이 에돌이(회절) 현상을 보인다는 사실을 지적했습니다. 도중에 장애물이 있으면 에돌아간다는 거지요. 에돌아간다는 말이 무슨 뜻인지 알아요? 송강 정철의 가사에 나오는데, 산이 있으면 물이 에돌아간다, 넘어가지 못하고 돌아간다는 뜻이지요. 에돌이는 일반적으로 파동의 특성입니다. 가장 낮익은 파동인 소리가 에돌아가는 현상은 누구나 압니다. 담벼락 뒤에 숨어서 얘기해도 들리니까요. 물론 장애물을 진동시켜서, 곧 직접 통해서도 나갈 수 있지만 대부분의 경우에 소리는 장애물을 에돌아갑니다. 그래서 소리는 사실상 그림자가 없어요. 소리와 달리 빛이 에돌아간다는 사실을 느끼기는 쉽지 않습니다. 빛이 잘 에돌아가면 그림자가 없어야 할 텐데 실제로는 그림자가 있습니다. 그림자가 있다는 건 빛이 직진한다, 곧 똑바로 간다는 사실을 보여 주는 것 같습니다. 그렇지만 사실은 빛도 에돌이를 하는데 소리와 달리 워낙 약하기 때문에 보기가 어렵습니다. 일반적으로 파길이(파장)가 긴 파동이 잘 에돌아가지요. 소리는 파길이가 수십 센티미터에서 수십 미터에 이를 수 있으나 빛은 마이크로미터보다도 짧아서 에돌이가 매우 약합니다. 그러나 면도날같이 날카로운 것의 그림

그림 5-7: 왼쪽부터 하위헌스(1629~1695)와 영(1773~1829).

자를 잘 보세요. 그림자가 아주 선명하진 않습니다. 바로 에돌이 때문이지요.

에돌이에 더해서 19세기에 들어오면서 영이라는 사람이 빛이 간섭한다는 사실을 확인했습니다. 말 그대로 서로 간섭한다는 건데, 두 줄기의 파동이 와서 만나면 강해질 것 같지만 때로는 약해지기도 합니다. 예컨대 물결파, 곧 파도가 한 줄기 오고 또 다른 줄기가 와서 만나는데 수면이 가장 높은 마루와 마루, 가장 낮은 골과 골이 만나면 파도가 커집니다. 그러나 엇갈리게 마루와 골이 만나면 서로 상쇄해서 없어져 버리지요. 이같이 둘이 만날 때 어떻게 만나는지에 따라 강해지기도 하고 약해지기도 하는 현상이 간섭입니다. 파동이 아니면 이렇게 될 수 없지요. 이러한 간섭 현상은 파동의 특징입니다. 영은 소리와 마찬가지로 빛도 간섭한다는 사실을 겹실틈(이중슬릿) 실험을 통해 보였습니다. 그림 5-8에 보였듯이 왼쪽으로부터 빛을 쬐어서 실틈 S_0를 거쳐 두 줄기 빛이 각각 실틈 S_1과 S_2를 지나가게 합니다. 빛은 각 실틈에서 동심원을 그리며 퍼져 나가서 화면(스크린)에 도달합니다. (물결파처럼 생각하면 되겠으나 2차원 면을 따라 진행하는 물결파와 달리 실제 3차원 공간에서는 원이 아니라 공 모양으로 퍼져 나갑니다.) 그러면 화면에서 위치에 따라 두 줄기 빛이 B에서처럼 마루와 마루끼리 (그리고 골과 골끼리) 만날 수 있고, 또는 D에서처럼 마루와 골이 만날 수도 있습니다. 이에 따라 B에서는 빛이 강해져서 밝아지고 D에서는 약해지므로 어두워집니다. 결과적으로 그림 오른쪽에서 볼 수 있듯이 화면에서 빛이 밝았다 어두웠다 하는 이른바 간섭무늬를 볼 수 있습니다. 이런 실험을 통해 빛이 파

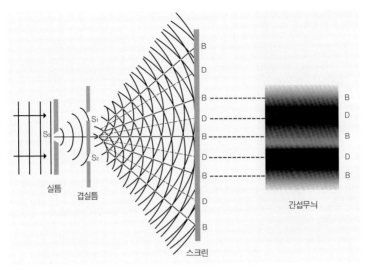

그림 5-8: 빛의 간섭 실험.

동임을 확증했지요.

파동이란 무엇인가 진동하는 겁니다. 파동에 해당하는 어떤 '물질'이 따로 있는 것이 아니라 주어진 물질의 진동이 퍼져 나가는 현상을 파동이라고 부릅니다. (진동해서 파동을 만들어 전해 주는 물질을 매질이라 부르지요.) 예를 들어 소리는 무엇이 진동을 하는 걸까요? 일반적으로 공기가 진동하는 거지요. 공기 자체가 퍼져 나가는 것이 아니라 그 진동이 퍼져 나가는 겁니다. 공기가 퍼져 나가는 것은 소리가 아니라 바람입니다. 바람이 없어도 소리는 퍼져 나가지요. 잔잔한 호수에 돌을 던지면 파문이 이는데, 그 물결파도 역시 물이 움직여 오는 것이 아닙니다. 물이 오는 거라면 호수 가운데는 물이 얕아지고 가장자리는 넘쳐야 되겠지요. 실제로 물은 제자리에서 진동할 뿐이고 그 진동이 퍼져 나가는 것이 물결파입니다. 결국 공기가 진동하는 것

그림 5-9: 맥스웰(1831~1879).

이 소리고 물이 진동하는 것이 물결파지요. 그런데 빛이 파동이라면, 빛은 무엇이 진동하는 걸까요? 바로 전자기마당입니다. 빛은 전기마당과 자기마당이 진동하면서 퍼져 나가는 이른바 전자기파라는 겁니다. 이를 이론적으로 규명한 사람이 맥스웰이지요. (파동과 전자기파에 대해서는 9강에서 다루기로 하겠습니다.)

물리학사에 길이 남을 최고의 업적을 이룬 사람을 몇 꼽는다면 뉴턴, 맥스웰, 볼츠만, 아인슈타인, 그리고 아마도 슈뢰딩거 정도가 아닐까 합니다. 맥스웰은 전자기파 이론을 완성해서 이론적으로 빛의 실체를 밝혔습니다. 19세기 후반에 헤르츠가 이를 실험적으로 검증했지요. 곧, 맥스웰 이론을 바탕으로 해서 전자기파를 실제로 만들어 냈고, 그것이 다름 아닌 빛이라는 걸 밝혔습니다. 이를 기념하기 위해서 1초에 진동하는 회수, 곧 진동수의 단위를 헤르츠(Hz)로 씁니다.

이같이 19세기 후반에 빛은 파동이라고 확증했는데, 20세기에 들어와서 새로운 문제가 생겼습니다. 빛전자 효과(광전효과)라고, 쇠붙이에 빛을 쬐면 전자가 나오는 현상을 관측했는데, 쬐어 주는 빛을 바꾸면서 전자가 어떻게 튀어나오는지 조사해 봤지요. 예컨대 빛의 세기나 파길이를 바꿔 봤습니다. 그 결과 놀랍게도 빛은 파동이 아니라 어떤 입자들처럼 거동하는 듯이 보이는 현상들이 나타났습니다. 그뿐 아니라 콤프턴 효과라는 더 직접적인 현상이 관측되었습니다. 빛을 전자에다 쏴 봤더니 놀랍게도 빛과 전자가 마치 당구공이 부딪힌 것처럼 움직이더란 겁니다. 당구가 사실 물리 공부에서 중요 하지요. 당구공이 서로 충돌하면 고전역학에 입각해서 흩어집니다. 아무튼 이는 빛이 운동량과 에너지를 가진 알갱이라는 것을 확실하 게 보여 준 겁니다. 그래서 빛이 알갱이들의 흐름이라고 생각하고, 빛 알이라는 이름을 붙였지요. 한자어로는 광자라고 합니다.

물질의 구성을 이해하는 데에 대칭성은 중요한 구실을 합니다. 물 질을 구성하는 기본요소로서 먼저 원자를 생각했는데, 알고 보니 원 자가 기본이 아니고 원자핵과 전자로 구성됨을 알게 되었지요. 그런 데 원자핵도 기본이 아니라 양성자와 중성자로 이뤄졌다는 걸 알게 되고, 따라서 기본입자가 양성자, 중성자, 전자라고 생각하게 되었습 니다. 이런 것은 물질을 구성하는 알갱이니까 물질입자라고 부릅니 다. 이와 달리 빛은 전자기파로 알고 있었는데, 다시 알갱이로서 빛알 이 있다고 볼 수 있게 되었지요. 결국 기본입자에는 물질입자들과 빛 알이 있는데 이런 것들은 밀접한 관련이 있습니다. 이러한 관련은 대 칭성을 이용해서 분석하면 편리합니다. 아무렇게 마구 있다고 생각 하지 말고 조직적으로 이해해 보자는 거지요. 학생이 많을 때 아무 렇게 놔두는 것보다 잘 분류하면 알기에 편리하지요. 여러 가지 방 법이 있겠지만, 예컨대 안경을 꼈는지, 성이 뭔지, 키가 어느 정도인 지, 여성인지 남성인지 따위의 성질을 기준으로 분류하는 것이 편하 겠지요. 아니면 어느 학과냐, 이런 식으로요. 마찬가지로 이른바 기본 입자들이 많이 있는데, 비슷한 성질에 맞춰서 구분하면 편리할 테고 그것이 바로 대칭성입니다.

6강

기본입자와 쿼크 이론

지난 시간에 기본입자에 대한 얘기를 조금 하다가 말았지요. 자연을 어떻게 이해하고 해석할지의 문제에서 핵심 요소가 바로 대칭성이라고 지적했습니다. 현재 우리의 과학 이론에 따르면 그렇습니다. 대칭성에 대해서는 서론에서 여러 가지 맥락으로 소개했는데 이제 본격적으로 기본입자에서 대칭성을 살펴봅시다.

입자와 반대입자

러더퍼드의 실험을 통해 원자가 전자와 가운데 있는 원자핵으로 이뤄지고, 원자핵은 그 안에 양전기를 띤 양성자와 전기를 띠지 않는 중성자로 이뤄짐을 알았습니다. 그런데 흥미로운 사실은 전자가 음전기를 띠고 양성자가 양전기를 띠는데, 이 둘 사이에는 대칭성이 없습니다. 전기를 보면 음전기와 양전기니까 대칭이 있지요. 그렇지만 질량을 보면 전자보다 양성자가 훨씬 무겁습니다. 양성자 질량이 전자의 무려 1836 배나 되지요. 그러니까 둘 사이에 대칭이 없습니다. 그래서 "이건 뭔가 이상하다. 자연을 해석하는 데 중요한 개념인 대칭이 없을 리가 없다. 아마도 있는데 못 찾아내서 그런 것이다" 하고 생각했습니다.

나중에 드디어 대칭을 찾아냈습니다. 이른바 반입자지요. 여기서 '반'이란 반쪽半이 아니라 반대反라는 뜻입니다. 그러니 혼동을 피하기 위해 반대입자라고 부르는 것이 좋겠네요. 보통 전자나 양성자 따위가 입자라면 그것에 대칭이 되는 어떤 상대가 있고 이것이 바로 반대입자라는 거지요. 전자의 반대입자는 전자와 모든 성질이 다 같은데 전기만은 달라서 음전기 대신에 양전기를 띠고 있습니다. 이를 양전자라고 부르는데 1928년 디랙이 이론적으로 예견했고 몇 해 지나서 앤더슨이 발견했지요. 양전자는 전기로만 따지면 양성자와 똑같지만 질량은 전자와 같으므로 양성자의 1836분의 1밖에 되지 않습니다. 마찬가지로 양성자와 반대로 음전기를 띠면서 질량 등의 성질은 같은 반대입자도 있겠지요. 음성자라고 할 수도 있겠지만 보통 음양성자 또는 반대양성자라고 부릅니다. 또한 원자핵의 구성원에는 양성자뿐 아니라 전기를 띠지 않는 중성자도 있다고 했지요. 중성자의 반대입자도 있습니다. 흔히 반중성자라고 부르는데 역시 반쪽이라는 뜻으로 오해

그림 6-1: 디랙(1902~1984).

하기 쉬우니 반대중성자라고 하는 편이 낫겠네요.

이 밖에도 반대입자들이 많이 알려져 있습니다. 실험을 통해서 여러 입자들에 각각 대응하는 반대입자들을 찾아냈고, 결국 대칭성이 완벽하게 존재한다는 사실을 알게 되었지요. 일반적으로 기호로 표시할 때 반대입자는 입자의 기호 위에 막대기를 붙여서 나타냅니다. 예컨대 양성자를 p라 하면 반대양성자는 $\bar{p}$로, 중성자와 반대중성자는 각각 n과 $\bar{n}$로 나타내지요. 단지 전자와 양전자는 전기의 부호를 강조하기 위해 보통 e^-와 e^+로 나타냅니다. 빛에 대해서도 얘기했는데 빛도 입자의 성질이 있고 그것을 강조하기 위해 빛알이라는 표현을 썼습니다. 부호로는 그리스 문자 감마(γ)로 표시합니다. 빛알도 역시 반대입자가 있다고 생각할 수 있는데 흥미롭게도 입자와 반대입자가 서로 같습니다. 식으로 $\gamma = \bar{\gamma}$라고 나타내지요. 빛알은 자신이 입자면서 반대입자인 셈이니 좀 특이합니다.

그런데 우리 주위에는 사실상 입자들만 있고 반대입자들은 없습니다. 우리 몸을 구성하는 것도 입자들입니다. 주로 흰자질을 비롯한 분자들인데, 분자들도 결국은 탄소, 수소, 질소 같은 것으로 구성되어 있고, 이러한 원자들은 모두 양성자, 중성자, 전자로 이뤄져 있습니다. 우리가 알고 있는 모든 물질은 전자, 양성자, 중성자로 이뤄져 있고, 양전자나 음양성자, 반대중성자로 이뤄진 물질은 없습니다. 이에 관해서 입자와 반대입자가 짝으로 만들어지고 짝으로 없어진다는 이른바 짝만듦과 짝없앰이라는 흥미로운 현상이 있습니다. 입자가 그에 대응하는 반대입자와 만나면 둘이 서로 사이좋게 지내지 못하고 없어져 버립니다. 같이 없어지고 대신에 일반적으로 빛알이 생깁니다. 이것의 반대가 일어날 수도 있습니다. 곧, 빛알이 없어지면서 입자와 반대입자의 짝이 만들어질 수도 있어요. 식으로 나타내면 전자와 양전자가 만나서 같이 없어지면서 빛이 생기는 짝없앰 현상을 $e^+ + e^- \rightarrow \gamma + \gamma$ 와 같이 씁니다. 여기서 보듯이 빛알이 하나가 아니라 일반적으로 둘이 생깁니다. 물리를 조금 배운 학생 같으면 이럴 때 지켜져야 되는 몇 가지 규칙, 이른바 법칙이라고 부르는 것을 알고 있겠지요. 에너지 보존이나 운동량 보존 같은 법칙들을 만족시켜야 하는데, 그러려면 하나가 생길 수 없고 반드시 둘이 생겨야 합니다. 아무튼 입자와 반대입자는 만나면 사라져 버리므로 같이 있을 수 없지요. 우리가 사는 지구에는 입자만 있으니 다행이네요.

반대입자로도 입자와 마찬가지로 물질을 만들 수 있습니다. 가장 간단한 원자인 수소의 경우에 원자핵은 양성자 하나로 이뤄져 있습니다. 그 양성자 주위에 전자가 하나 있지요. 이걸 뒤집어서 가운데 반대양성자가 하나 있고, 주위에 반대전자, 곧 양전자가 하나 있는 이른바 반대수소를 만들 수 있습니다. 일반적으로 반대양성자와 반대중성자로 반대원자핵을 구성하고 주위에 양전자가 있다면 반대원자가 되지요. 예를 들어 반대산소나 반대탄소, 그리고 이들이 모여서 반대분자와 반대물질을 만들 수 있고, 반대흰자질 따위도 있을 수 있겠지요. 그러면 그런 걸로 사람을 만들 수도 있을 거 아니에요? 반대인간이 생기겠네요. 훗날 지구를 방문하는 외계인이 어쩌면 반대인간일지도 모릅니다. 반대물질로 이뤄진 반대생명체인 외계인이 악수를 청할 때 악수하면 큰일 납니다. 순식간에 같이 소멸하고 빛으로 바뀔 겁니다. 그런데, 생명체인지 반대생명체인지 어떻게 구분할 수 있을까요? 방법이 있습니다. 악수해도 될지 판단할 수 있는데 다음 강의에서 이야기하지요. 거꾸로 빛이 없어지고 물질이 생길 수도 있습니다. 기독교 구약성서의 창세기를 보면 "태초에 빛이 있었다"고 하는데 빛이 있으면 물질이 생길 수 있고 따라서 원리적으로는 우주 만물이 만들어질 수 있는 거지요.

중간자와 중성미자

그런데 빛알의 진정한 구실은 전자기력을 서로 전해 주는 데에 있습니다. 모두 알다시피 양전기와 음전기는 서로 당기지요. 이는 둘 사이에 전기력이라는 힘이 작용하기 때문인데 서로 빛알을 주고받아서 전기력이 생겨난다고 여기자는 것입니다. 이러한 힘이 작용할 수 있도록 전해 주는 구실을 빛알이 하는 거지요.

자연에 존재하는 힘이 전자기력 말고도 몇 가지가 더 있습니다. 워낙 강하기 때문에 강력이라 부르는 것이 있습니다. 핵의 힘이라는 의미로 핵력이라고도 부르지요. 양성자와 중성자가 모여 있는 것이 원자핵인데, 그들은 서로 아주 세게 결합하고 있습니다. 따라서 핵을 쪼개는 것이 쉽지 않지요. 매우 강한 힘이 붙들어 매고 있으니까요. 놀라운 것은 양성자는 모두 양전기를 띠고 있으니 전기력이 서로 강하게 밀 텐데, 뭔가 더 강한 끌힘으로 단단히 붙어 있다고 생각할 수 있습니다. 원자핵을 구성하는 알갱이, 곧 양성자와 중성자를 핵알(핵자)이라고 부르는데, 원자핵 안에서 핵알 사이에 작용해 그들을 꽉 잡아매 놓고 있는 힘이 있습니다. 그 힘이 매우 강하다는 것을 짐작할 수 있습니다. 적어도 전자기력보다는 훨씬 세야 하지요. 일반적으로 아무 힘이나 강한 것을 가리키는 것 같아서 혼동할 수 있지만, 이를 강력, 곧 강한 힘 또는 강상호작용이라고 합니다. 힘은 서로 미치는, 곧 상호작용하는 거니까요. 이러한 강상호작용은 워낙 강하기 때문에 엄청난 에너지와 결부되어 있습니다. 이렇게 강하게 붙어 있는 걸 흩트리고 다시 모이게 하면 거기서 엄청난 에너지가 나올 수 있지요. 이것이 바로 핵에너지입니다.

그런데 전자기력이 빛알을 통해 전해지는 것처럼 이런 핵력, 강한 힘도 뭔가 전해 주는 알갱이가 있을 거라 짐작할 수 있습니다. 이러한 입자를 중간자라 부르는데, 처음 생각한 사람이 일본의 유카와지요. 1935년에 이론적으로 예측했는데 10여 년 후에 실험적으로 검증해서 일본 최초로 노벨상을 받았습니다. 1949년의 일입니다. 우리나라와는 너무 차이가 나네요. 일본은 이미 제2차 세계대전 시기에 자연과학 연구가 세계 수준에 올라 있었습니다. 우리는 왜 이렇게 뒤떨어졌을까요? 우리나라가 왜 일본보다 훨씬 뒤떨어지게 되었는지 생각해 봅시다. 물리학만 보더라도 식민지 시대에 일본은 이미 유카와뿐 아니라 또 다른 노벨상 수상자인 토모나가 등에서 보듯이 세계 수준의 연구가 이뤄지고 있었습니다. 그것은 이미 물리학자들의 수가 상당히 많았고 연구의 기반이 갖춰져 있었기 때문입니다. 그런데 해방이 될 때까지 조선인으로서 물리학 박사 학위를 받은 분은 내가 알기로 한 사람뿐이었습니다. 글쎄요, 내가 모르는 분도 있을 수 있지만 물리학을 제대로 공부한 분이 많아야 서넛을 넘지 않았을 겁니다. 일본은 이미 수백 명의 물리학자가 있었는데

그림 6-2: 왼쪽부터
유카와(1907~1981)와
토모나가(1906~1979).

우리는 단 한 사람이었다는 거지요. 왜냐하면 조선인들에게는 높은 수준의 고등교육을 받을 기회를 주지 않았기 때문입니다. 매우 중요한 시대에 이러한 차별에서 시작해 현재의 커다란 차이가 생긴 겁니다.

그런데 근래에 언론 등에서 "한국이 일본의 식민지였던 것이 축복이었다"는 터무니없는 주장이 버젓이 나오곤 했습니다. 억압과 수탈 과정에서 정신적 황폐화, 그리고 이어진 분단과 전쟁이라는 처참한 비극을 거치게 되면서 제대로 된 의미에서 근대화가 늦어지고 어쩌면 거의 불가능해진 것이 식민지에서 기인했는데 그걸 거꾸로 식민지가 근대화를 촉진했다고 주장하는 것은 어떻게 판단해야 할지 모르겠네요. 최근에는 일본군 위안부, 곧 성노예 문제로 참으로 어이없고 슬픈 현실을 보게 되는데 아마도 친일 부역 세력이 친미 부역으로 이어지면서 정치, 경제, 문화, 교육 등 우리 사회 모든 분야에서 기득권층을 형성하고 대를 이어 가며 주도권을 쥐고 있기 때문이 아닌가 하는 생각이 듭니다. 근대화란 무엇인지, 개발은 우리에게 무슨 의미를 주는지 정확히 성찰할 필요가 있습니다. 우리가 자연과학을 공부하고 있지만, 자연과학의 의미부터 완전히 오도하고 왜곡하고 있어요.

중간자를 설명하다가 얘기가 이상하게 흘렀네요. 중간자에는 π^+, π^-, π^0의 세 가지 종류가 있습니다. 이를 파이중간자 또는 파이온이라 부르는데 π^+는 양전기를 띠고, π^-는 음전기, 그리고 π^0는 전기를 띠지 않지요. 이 중에 π^+와 π^-가 서로 입자와 반대입자입니다. 그리고 π^0는 빛알처럼 자신이 반대입자지요.

그런데 중성자가 핵 안에 있을 때, 곧 핵을 구성하고 있을 때는 보통 안정되어 있지만 불안정한 핵에서나 바깥으로 나오면 잘 깨지고, 그 결과 양성자와 전자가 하나씩 나옵니다. 혹시 고등학교 때 물리를 배운 학생은 베타붕괴라는 것을 기억해요? 베타붕괴란 방사성 원소의 불안정한 핵에서 중성자가 하나 깨지면서 양성자로 바뀌고, 전자가 생기는데 핵 안에 있을 수 없으니까 바깥으로 튀어나오는 겁니다. 이게 바로 베타선이지요.

그런데 흥미롭게도 이것으로는 뭔가 부족하다는 것을 알게 되었습니다. 대칭성을 고려하면, 다시 말해서 대칭성이 존재한다고 전제하면 뭔가 더 있어야 한다는 거지요. 뭔지 몰랐는데 나중에 찾았습니다. 실험적으로 검증했는데 극히 작고 전기도 띠지 않아서 찾기가 매우 어려운 입자입니다. 처음에는 빛알처럼 질량이 없다고 생각했으나 현재는 매우 작지만 유한한 질량을 지닌다고 여겨지며 중성이고 워낙 작기 때문에 중성미자라고 부릅니다. 기호로는 그리스 문자 뉴(ν)로 쓰고, 그 반대입자인 반대중성미자는 $\bar{\nu}$로 나타내지요. 그래서 중성자가 깨지는 반응은 $n \rightarrow p + e^- + \bar{\nu}$ 로 씁니다. 여기서 '미'는 작을 '미微' 자인데 장난스럽게 아름다울 '미美' 자를 쓰기도 합니다. 그러면 '미자美子'가 되는데, 혹시 이런 이름 들어 봤어요? 이는 일본의 여자 이름으로 '미코'라고 읽는다고 합니다. 우리나라에도 옛날에 이런 이름 많았습니다. 식민지 시대 때 일본식 이름 짓기를 강요해서 이렇게 많이 지었고, "영자의 전성시대"나 "친절한 금자 씨" 등 소설과 영화에서 보듯이 아직 일부 남아 있어요. 하여튼 미자는 좋은데 앞에 중성이 붙어서 이상하게 되었다고 하지요.

입자의 분류

지금까지 물질을 구성하는 기본요소라 생각하는 알갱이들, 기본입자들을 모두 배웠습니다. 종류가 많으니까 적절하게 분류하는 것이 좋겠습니다. 성질에 따라서 분류하면, 이른바 두터운 입자(하드론)와 가벼운 입자(렙톤)로 크게 나눌 수 있습니다. 하드론은 다시 무거운 입자(바리온)와 중간 정도인 중간자로 구분됩니다. 바리온으로는 양성자, 중성자, 그리고 이들의 반대입자인 음양성자와 반대중성자 같은 것들이 있습니다. 중간자에 해당하는 것은 바로 앞에서 말했듯이 세 가지 파이온, 곧 $\pi^{\pm,0}$가 있지요. 강상호작용, 곧 핵력은 바리온과 중간자를 합한 하드론에 작용할 수 있으므로 강상호작용을 하드론 상호작용이라고도 부릅니다. 그리고 가벼운 입자, 렙톤으로는 전자와 중성미자, 반대입자인 양전자와 반대중성미자 같은 것들이 있습니다. 마지막으로 이들과는 다르게 빛알이 있지요.

　그런데 이들로 끝이 아니라 여러 실험을 통해 별별 이상한 입자들을 많이 발견했습니다. 무거운 입자가 네 가지만 있는 게 아니라 Λ^0, $\Sigma^{\pm,0}$, $\Xi^{-,0}$ 같은 것들이 있고, Ω^-, $\Sigma^{*\pm,0}$ 등 새로운 바리온을 자꾸 발견했습니다. 이런 것들을 야릇한 입자라고 부르지요. 바리온뿐 아니라 중간자도 마찬가지입니다. 처음에 파이온만 알려져 있었는데 뒤이어 케이온이라 부르는 $K^{\pm,0}$, 그리고 K^0의 반대입자인 $\overline{K^0}$가 발견되었지요. 이뿐 아니라 η, η'이니 ω^0, $\rho^{\pm,0}$, φ^0 같은 것들도 관측되었습니다. 가벼운 입자도 전자와 중성미자 외에 뮤온과 타우 입자를 발견했습니다. 보통 중성미자는 전자에 대응하므로 전자중성미자라고 부르는데 뮤온과 타우에 각각 대응하는 뮤온중성미자와 타우중성미자가 따로 있습니다. 그리고 이들 모두 반대입자가 있어서 기호로 정리하면 (e^-, v_e), (μ^-, v_μ), (τ^-, v_τ), 그리고 $(e^+, \overline{v_e})$, $(\mu^+, \overline{v_\mu})$, $(\tau^+, \overline{v_\tau})$로 나타내지요.

　그러면 기본입자는 모두 몇 가지일까요? 모르겠어요? 네, 정답입니다. 야릇한 입자가 새로 발견되고 계속 늘어나므로 알 수 없지요. 현재는 대략 260가지쯤 되는 것 같습니다. 이런 입자들은 대부분 불안정해서 가만있지 못하고 붕괴하면서 다른 걸로 바뀌는 경우가 많습

바리온	중간자	렙톤
$p, n, \overline{p}, \overline{n}, \Lambda^0,$ $\Sigma^{\pm,0}, \Xi^{-,0}, \Omega^-,$ $\Sigma^{*\pm,0}, \ldots\ldots$	$\pi^{\pm,0}, \eta, \eta', \omega^0,$ $\rho^{\pm,0}, \varphi^0, K^{\pm,0},$ $\overline{K^0}, \ldots\ldots$	$e^-, v_e, e^+, \overline{v_e}, \mu^-, v_\mu,$ $\mu^+, \overline{v_\mu}, \tau^-, v_\tau, \tau^+, \overline{v_\tau}$

니다. 예를 들어 $\pi^+ \to \mu^+ + \nu$ 나 $\mu^+ \to e^+ + \nu + \bar{\nu}$ 같이 되지요. 그리고 양성자나 중성자, 파이온, 전자를 비교하면 각각 질량이 무겁고, 중간이고, 가벼우므로 이름을 무거운 입자(바리온), 중간자(메존), 가벼운 입자(렙톤)라고 붙였지만 다른 입자들을 비교하면 반드시 그렇진 않습니다. '가벼운 입자'인 뮤온은 '중간자'인 파이온과 질량이 비슷하며, 역시 '가벼운 입자'인 타우입자는 심지어 '무거운 입자'인 양성자보다도 무겁지요. 그러니까 첫 단추를 잘못 끼운 겁니다. 잘 모를 때는 조심해야 되는데 아무렇게나 해 버려서 나중에 고치기도 어렵잖아요.

아무튼 무겁다, 가볍다는 말이 의미가 없어지고, 종류도 워낙 많으니까 여기서도 뭔가 대칭성을 찾을 수 있으면 편리하겠네요. 이를 위해 입자의 여러 성질을 생각해 보지요. 예를 들어 바리온의 전기량이 얼마냐면 양성자나 Σ^+는 +1이고 중성자, Λ^0, Σ^0, Ξ^0는 0, 그리고 Σ^-, Ξ^-는 −1입니다. 이같이 기호의 위첨자에 부호까지 붙여 전기량을 표시하지요. 양성자가 갖고 있는 전기량을 1이라 생각했는데 이는 4강에서 언급한 기본전하로서 대략 1.6×10^{-19} 쿨롱입니다. 전자의 전기량과 크기는 같으며 다만 음전기로서 부호가 마이너스일 뿐이지요. 이보다 작은 전기량은 본 적이 없고, 모든 전기량은 이것의 정수배로 주어집니다. 일반적으로 전자와 양성자가 모여서 전기가 얻어지는 것이고, 양성자와 전자의 수에 따라 전기량이 결정되기 때문이지요.

입자의 성질이 전기량만 있는 것이 아니라 스핀이라고 하는 것도 있습니다. 적절하지 않을 수 있지만 흔히 스핀을 입자의 자전에 비유하지요. 바리온은 일반적으로 스핀 값이 반정수半整數로서 위의 바리온들은 모두 스핀의 값이 1/2입니다. 반면에 Ω^-, $\Sigma^{*,0}$ 같은 것은 스핀 3/2을 가지지요. 한편 중간자는 스핀이 정수로서 0이나 1입니다. [단위는 12강에서 나오는 플랑크상수 $\hbar$로서 대략 10^{-34} 주울초(J·s)지요.] 그 밖에 야릇함이라는 성질도 있어요. 양성자와 중성자, 파이온 등은 그 값이 0이지만 야릇한 입자는 0이 아닌 정수 값을 가집니다.

스핀 1/2인 바리온을 전기량 Q와 야릇함 S에 따라 분류해 보면 다음 그림 6-3과 같이 배열할 수 있습니다. 여러분이 화학 시간에 배운 원소의 주기율표는 원자의 대칭성에 따라 배열한 것인데 이 표는 기본입자인 바리온을 대칭성에 따라 배열한 겁니다. 야릇함이 같은 입자끼리 수평으로 배열했고, 대각선 방향으로는 전기량이 같은 것끼리 배열했습니다. 모두 스핀 1/2인 8가지 바리온으로 이뤄져서 바리온 팔중항이라고 부르지요. 스핀 3/2인 바리온이나 스핀 0인 중간자, 스핀 1인 중간자도 전기량과 야릇함에 따라 비슷하게 배열할 수 있습니다.

여러 원소를 대칭성에 따라 배열하면 성질이 주기적으로 반복됩니다. 이러한 주기율표에서 빈자리가 있으면 그 자리에 어떤 원소가 있어야 할지 예측할 수 있고 나중에 발견된 적이 여러 번 있었습니다. 여기에서도 스핀 3/2인

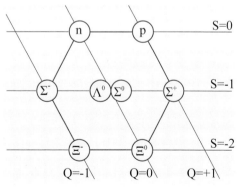

그림 6-3: 바리온 팔중항.

바리온을 배열할 때 빈자리에서 Ω^-를 예측해 찾아낸 것은 널리 알려져 있습니다. 겔만이라는 사람이 이러한 배열을 제안했고 팔정도라고 이름 붙였습니다. 원래 불교 용어인 팔정도八正道에서 따다가 영어로 이름을 갖다 붙인 거지요.

그런데 이러한 분류 자체는 이론과학의 관점에서 보면 그다지 만족스럽지 않습니다. 여러 가지 특정지식들을 분류해서 정리한 것일 뿐이지 왜 그런지 설명하지는 못합니다. 왜 그런 대칭성이 있는지, 왜 저렇게 분류하면 잘 맞고 대칭성을 만족하는지에 대한 설명은 없어서 아직은 보편지식 체계로 나아가지 못했습니다. 이론과학의 관점에서 보편지식으로 정립되려면 저런 분류가 왜 가능한지, 왜 대칭성을 잘 만족하는지 설명할 수 있어야 합니다.

그래서 바리온이나 중간자가 대칭성을 만족하는 이유가 어떤 구조를 가지고 있고 더 기본적인 것으로 구성되어 있기 때문이라고 생각하게 되었습니다. 기본입자라고 생각한 알갱이가 몇 가지라면 그럴듯하지만 수백 가지라면 '기본'으로 받아들이기 어렵지요. 물질의 종류는 셀 수 없을 만큼 엄청나게 많지만 90가지 정도의 원자들로 다 설명할 수 있습니다. (자연계에는 원자번호가 92인 우라늄이 마지막이라 할 수 있지요.) 결국 원자의 종류가 100가지도 안 되는데 기본입자가 수백 가지가 된다는 건 아무래도 이상하단 말이지요. 아마도 더 기본적인 요소가 있을 거라고 생각하게 되었습니다. 가장 기본이라고 생각했던 원자가 원자핵과 전자로 나뉘고, 원자핵도 양성자와 중성자들로 이뤄져 있다고 생각하듯이, 양성자와 중성자도 가장 기본적인 것이 아닐 거라고 생각하게 되었지요. 이런 것들이 더 기본적인 요소들로 이뤄져 있다고 생각하면 대칭성을 아주 자연스럽게 이해할 수 있다는 겁니다. 그러한 기본요소를 쿼크라고 이름 붙였습니다.

쿼크 이론

쿼크 이론은 여러 가지 시행착오를 거듭하다 만들어졌습니다. 처음에 가설을 세웁니다. 예를 들어서 세 종류의 쿼크가 있다고 가정하고 논리를 전개해서 이론을 만들고 실험적 검증 과정을 거칩니다. 뭔가 안 맞으면 가설을 버리고 새로운 가설을 세워서 다시 시작하는 것을 반복했습니다. 많은 노력과 시간이 필요했지요. 현재 받아들이는 이론에서는 여섯 가지의 쿼크가 있다고 생각하며, 그 종류를 맛깔이라고 부릅니다. 그러니까 맛깔이 6가지지요. 이를 u, d, c, s, t, b로 표시합니다. 각각 위, 아래, 맵시, 야릇함 쿼크입니다. 맨 뒤의 t와 b는 처음에는 참(진리)과 아름다움이라고 불렀는데 요새는 주로 꼭대기와 바닥 쿼크라고 부르지요. 여섯 가지의 맛깔을 다음과 같이 나타냅니다.

$$\begin{pmatrix} u \\ d \end{pmatrix} \begin{pmatrix} c \\ s \end{pmatrix} \begin{pmatrix} t \\ b \end{pmatrix}$$

위쪽에 있는 건 전기량이 2/3이고 아래쪽 것은 -1/3이라고 생각합니다. 물론 기본전기량을 1이라 생각했을 때 얘기지요. 앞서 기본전기량보다 작은 전기량은 본 적이 없고, 모든 전기량은 기본전기량의 정수배로 주어진다고 했습니다. 그런데 놀랍게도 쿼크의 전기량은 이것의 정수배가 아니라 이른바 분수전하입니다.

쿼크의 반대입자로서 반대쿼크도 있습니다. 당연히 쿼크처럼 여섯 가지 맛깔이 있어서 $\bar{u}$, $\bar{d}$, $\bar{c}$, $\bar{s}$ 따위로 표시하지요. 그뿐 아니라 쿼크는 세 가지 빛깔을 가질 수 있다고 생각합니다. 이를테면 빨강 R, 파랑 B, 초록 G로 표시하지요. 물론 일상의 의미로 맛이나 빛깔을 지닌 건 전혀 아닙니다. 쿼크의 성질을 기술하는 데 다소 장난스럽게 맛깔, 빛깔이라고 이름 붙인 겁니다. 물리학자는 어린아이처럼 장난스러운 면이 있지요. 앞서 강조했듯이, 자연과학에서 쓰는 개념은 일상의 개념과는 다를 수 있습니다.

이에 따라 바리온과 중간자는 모두 쿼크로 이뤄져 있다고 생각합니다. 예를 들면 가장 간단한 것으로 양성자는 두 개의 위 쿼크와 한 개의 아래 쿼크로 구성되어 있다고 생각합니다. 기호로 p=uud라고 쓰며, u 쿼크의 전기량이 2/3이고 d 쿼크는 −1/3이니까 전체 전기량은 1이 됩니다. 중성자는 어떨까요? n=udd입니다. 따라서 양성자와 비슷하지만 u 하나가 d로 바뀌어서 전기량은 0이 되지요. 반대양성자도 있는데, $\bar{p}=\bar{u}\,\bar{u}\,\bar{d}$ 입니다. 야릇한 입자인 Σ^{-}는 dds로 전기량은 −1/3이 셋 모였으니 합해서 −1이 되는 거지요. 짐작하겠지만 야릇하지 않은 양성자나 중성자는 u, d로만 이뤄지고 야릇한 입자들은 s가 포함됩니다. 한편 중간자는 이렇습니다. $\pi^{+}=u\bar{d}$, $\pi^{-}=d\bar{u}$, $K^{0}=d\bar{s}$ 등이지요. 여기서 π^{+}와 π^{-}를 비교해 보면 u와 $\bar{u}$, 그리고 d와 $\bar{d}$가 바뀌었으니 서로 반대입자임을 알 수 있습니다. 이처럼 쿼크 이론에서는 입자와 반대입자, 전기량, 야릇함 따위의 성질을 구성 쿼크들을 보면 쉽게 이해할 수 있지요.

바리온은 언제나 세 가지 쿼크로 이뤄져 있는데 각각의 빛깔이 R,

B, G입니다. 그럼 전체 빛깔은 어떻게 되겠어요? 희게 됩니다. 희다는 건 빛깔이 없다는 뜻이지요. 중간자는 두 개의 쿼크로 이뤄져 있는데 하나는 입자, 하나는 반대입자입니다. 따라서 빛깔이 하나가 R이면 다른 하나는 $\overline{\text{R}}$, 곧 R의 보색입니다. 어떤 색에 보색을 합치면 역시 빛깔이 없어져서 희게 되지요. 왜 이런 생각을 하냐면 양성자, 중성자, 반양성자, 중간자 같은 것들은 실험적으로 관측하지만, 쿼크 하나는 아직 본 사람이 없습니다. 말하자면 분수전하가 있는 걸 본 사람은 없어요. 그 이유를 하양, 곧 빛깔이 없는 경우에만 관측할 수 있기 때문이라고 생각하자는 겁니다. 쿼크 하나는 빨강, 파랑, 초록 빛깔이 있으므로 우리가 볼 수 없습니다. 쿼크가 두 개나 세 개가 결합해서 빛깔이 없도록 만들어야 비로소 볼 수 있습니다. 그 이유는 쿼크끼리 강상호작용, 바로 핵력으로 엄청나게 강하게 묶여 있기 때문이지요. 이는 널리 알려진 현상인데, 전문적인 용어로 빛깔 가둠이라고 부릅니다. 이런 쿼크들끼리의 상호작용을 다루는 이론을 양자 빛깔역학이라 하고 흔히 줄여서 QCD라고 나타내지요.

일반적으로 쿼크와 그 자신의 반대 쿼크로 이뤄진 (따라서 빛깔뿐 아니라 맛깔도 없는) 중간자를 쿼코늄이라 부릅니다. 이 중에 널리 알려진 녀석이 차모늄, 곧 c$\bar{\text{c}}$인데 처음 관측된 것을 J/Ψ라고 표시했습니다. 이름이 두 글자라 좀 이상하지요. 왜 그렇게 되었냐면 이 알갱이는 두 사람이 독립

그림 6-4: 왼쪽부터 리히터(1931~)와 팅(1936~).

적으로 발견했고 동시에 발표했습니다. 한 사람은 팅인데 이를 J로 이름 붙였습니다. 또 다른 사람은 리히터로 이름을 Ψ라고 지었지요. 그래서 결국 이름이 J/Ψ가 되었습니다. 사실 팅이란 사람은 중국계로 정丁의 중국 발음이 '팅'입니다. 그러니까 정 씨인데 알갱이 이름으로 자기 성을 붙인 겁니다. 한자 丁자가 영어로는 J로 보이잖아요.

이제 기본입자에 대해 모두 알게 되었습니다. 물질을 구성하는 가장 기본적 요소가 무엇인지 배운 겁니다. 앞으로는 무거운 입자, 곧 바리온이나 중간자 같은 말은 쓰지 않는 편이 낫겠네요. 그것들은 기본이 아니고, 쿼크로 구성되어 있으니까요. 따라서 기본입자는 세 가족으로 나누는데, 쿼크 가족, 렙톤 가족, 그리고 게이지입자입니다. 모든 입자는 결국 이러한 세 가지로 이뤄져 있지요.

쿼크 가족은 알다시피 위, 아래, 맵시, 야릇함, 꼭대기, 바닥의 여섯 가지가 있습니다. 렙톤 가족은 전자와 전자중성미자, 뮤온과 뮤온중성미자, 그리고 타우와 타우중성미자가 있습니다. 역시 여섯 가지네요. 뮤온은 전자와 성질이 아주 비슷한데 질량만 전자의 200배 정도로 훨씬 무겁습니다. 타우도 마찬가지인데 질량은 뮤온보다도 훨씬 커서 전자의 수천 배지요.

$$\text{쿼크 가족} \quad \begin{pmatrix} u \\ d \end{pmatrix} \begin{pmatrix} c \\ s \end{pmatrix} \begin{pmatrix} t \\ b \end{pmatrix}$$

$$\text{렙톤 가족} \quad \begin{pmatrix} \nu_e \\ e \end{pmatrix} \begin{pmatrix} \nu_\mu \\ \mu \end{pmatrix} \begin{pmatrix} \nu_\tau \\ \tau \end{pmatrix}$$

이렇게 해서 보다시피 짝이 맞습니다. 쿼크와 렙톤의 두 가족이 있는데 세로 열이 세대를 나타냅니다. 1대, 2대, 3대의 세 세대가 있네요. 그러니까 어버이 세대, 딸과 아들 세대, 그리고 손녀, 손자 세대가 있습니다.

게이지입자는 기본입자들의 상호작용을 전해 주는 알갱이입니다. 대표적인 것으로 빛알이 있지요. W^+와 W^- 그리고 Z^0라는 것이 있고, 붙임알이라는 입자도 있습니다. 마지막으로 중력알이 있지요. 이들이 전해 주는 기본 상호작용, 곧 기본입자들의 상호작용에 대해서 알아봅시다.

기본 상호작용

자연에 존재하는 기본 상호작용은 네 가지입니다. 다시 말해서 모든 힘은 결국 네 가지 상호작용 중 하나입니다. 그중에서 가장 친숙한 것이 중력일 겁니다. 중력상호작용이라고 부르겠습니다. 그다음에 약력, 곧 약상호작용이 있습니다. 그리고 전자기력, 곧 전자기상호작용이 있고, 마지막으로 핵력, 곧 강상호작용이 있지요. 이렇게 네 가지를 약한 것부터 강한 것까지 순서대로 썼습니다. 강상호작용이 제일 강하고, 그다음이 전자기상호작용이고 중력이 가장 약합니다. 우리가 볼 때는 중력이 제일 강해 보일 겁니다. 모두 중력의 영향을 받고 살잖아요. 강상호작용, 곧 핵력은 우리와 상관이 없는 것 같지만 사실은 그렇지 않습니다. 원자가 존재할 수 있는 것이 핵력 때문입니다. 우리 몸을 포함한 물질의 존재 자체가 강상호작용에 의존하고 있지요. 물론 현재 우리가 쓰는 전기의 30퍼센트가량을 차지하는 핵발전도 강상호작용을 이용한 것이라 할 수 있습니다.

이런 기본입자들의 아주 작은 세계에서 그들 사이의 상호작용을 비교해 보지요. 기본입자의 종류나 에너지에 따라 다르지만 핵력의 크기를 1이라고 하면 전자기력의 크기는 대략 10^{-2}, 곧 100분의 1밖에 안 됩니다. 약력은 10^{-14}밖에 안 되니 말하기도 힘들 정도입니다. 그러면 중력의 크기는 어느 정도일까요? 여기에 양성자가 두 개 있다고 합시다. 양성자는 서로 힘을 주고받는데, 쿨롱 힘, 곧 전기력은 밀치는 반면에 중력은 서로 끌어당깁니다. 두 가지 힘의 비가 얼마나 될까요?

고등학교 수준의 물리를 공부했으면 쉽게 구할 수 있습니다. 양성자의 질량 m, 전기량 e, 두 양성자 사이의 거리 r이 주어지면 전기력의 크기는 쿨롱의 법칙 $F_E = \dfrac{ke^2}{r^2}$ 으로 주어지고 중력의 크기는 뉴턴의 중력법칙 $F_G = \dfrac{Gm^2}{r^2}$ 으로 주어집니다. 따라서 두 힘의 비는 $\dfrac{F_G}{F_E} = \dfrac{Gm^2}{ke^2}$ 이 되고 쿨롱상수 k와 중력상수 G의 값을 넣으면 바로 구할 수 있습니다. 이렇게 해서 중력을 전기력과 비교해 보면 10^{-38}입니다. 핵력과 비교하면 10^{-40}이지요. 전기력과 비교해도 중력은 있으나 마나 합니다. 물리학에서 10^{-38}이라는 수는 사실상 0이나 마찬가지지요.

그런데 일상에서 우리는 중력은 고려하지만, 약력이나 핵력은 전혀 고려하지 않습니다. 그 이유는 이 두 가지 힘은 작용하는 범위가 매우 짧기 때문입니다. 핵력은 10^{-15} 미터 이내에서만 작용합니다. 이는 원자핵의 크기이니 결국 두 입자가 핵 안에 있을 때란 얘기지요. 바깥에 나오면 작용하지 않습니다. 약력은 더 짧아서 10^{-17} 미터 정도 될 겁니다. 이렇게 두 가지 힘은 엄청나게 짧은 거리에서만 작용하니까 우리 일상생활과는 상관이 없습니다. 반면에 전자기력과 중력은 멀리까지 힘이 미칩니다. 거리의 제곱에 반비례하니까 거리가 두 배가 되면 힘은 4분의 1로 줄지만 그래도 멀리까지 미칩니다. 그렇기 때문에 해의 중력이 지구까지도 미치는 거지요.

핵력은 쿼크에 작용합니다. 쿼크끼리 강상호작용을 하는 거지요. 다시 말하면 하드론, 곧 바리온과 중간자에 핵력이 작용하는 것은 결국 쿼크끼리 상호작용하는 겁니다. 약력은 렙톤에 주로 작용하고 일부 쿼크에도 작용할 수 있습니다. 전자기력은 쿼크나 렙톤에 상관없이 전기량이 있으면 작용하지요. 쿼크는 전기를 띠고 있고, 렙톤은 전기량이 있는 것도 있고 없는 것도 있습니다. 그중에 전기를 띤 것들에만 작용합니다. 끝으로 중력은 질량이 있으면 모두 작용합니다. 적용 범위가 가장 넓어서 사실상 모든 입자들 사이에 작용한다고 할 수 있습니다. 전자기력과 크기를 비교하면 중력은 있으나 마나 하지만 일상생활에서는 중력이 절대적으로 작용합니다. 사과가 떨어지는 것, 밀물과 썰물, 지구가 해 주위를 도는 것 등이 모두 중력 때문에 일어납니다.

아무튼 자연에는 이러한 네 가지 상호작용이 있고, 앞에서는 크기의 순서대로 말했습니다. 그러면 전자기력, 약력, 핵력, 중력은 무슨 순서일까요? 이건 이들을 얼마나 이해하고 있는지의 순서입니다. 전자기력을 가장 잘 이해하고 있고, 반면에 중력을 가장 이해하지 못하고 있습니다. 좀 의아하죠?

전자기력을 전해 주는 게이지입자가 바로 빛알입니다. 질량은 없고 스핀이 1입니다. 약상호작용을 매개하는 게이지입자로 W^+, W^-, Z^0가 있는데 이들도 스핀은 1이나 질량이 매우 커서 양성자의 100 배에 가깝습니다. 이 때문에 약상호작용이 미치는 범위가 매우 짧은 것이지요. 빛알과 달리 W와 Z 게이지입자는 이른바 (앤더슨-)힉스 기전에 의해서 질량을 가지게 된다고 생각합니다. (뒤에서 다시 설명하지요.) 한편 강상호작용을 매개하는 붙임알도 스핀은 1이고 질량은 없으나 쿼크처럼 빛깔을 지니므로 하드론에 갇혀 있다고 여겨집니다. (따라서 근원적으로 관측할 수 없다고 생각하지요.) 그리고 중력을 매개하는 것이 중력알로서 역시 관측하지 못했으나 스핀이 2이고 역시 질량은 없다고 생각합니다. 이런 것들이 상호작용을 매개하는 게이지입자들입니다. 빛알은 한 가지지만 약상호작용을 매개하는 게이지입자는 세 가지이고, 강상호작용의 붙임알은 여덟 가지가 있다고 생각합니다.

이러한 해석은 현재 표준모형이라고 부르는 이론에 바탕을 두고 있습니다. 첫 강의에서 이를 표로 정리한 그림 1-16을 보여 주었지요. 양자마당이론을 통해 얻어 낸 결과로서 W와 Z 게이지입자를 정확히 예측했으나 중성미자의 질량이나 약상호작용의 세기 등과 관련해서 해결하지 못한 문제가 남아 있고, 무엇보다도 중력을 기술하지 못한다는 점에서 불완전한 이론입니다. 앞에서 언급한 플랑크 길이, 플랑크 시간, 플랑크 에너지를 포함하는 플랑크 눈금을 넘어서면 중력의 효과가 매우 커지는데 이를 현재의 양자마당이론으로 기술할 수 없기 때문이지요.

그런데 전기면 전기고 자기면 자기지, 왜 전자기라고 부를까요? 자기에 관해서 영구자석을 연상하기 쉽지만 전자석도 있지요. 전기를 흘리면 자석이 됩니다. 이를 통해 짐작할 수 있지만 전기와 자기는 본질적으로 한 가지입니다. 관측자에 따라서 다르게 나타나는 것이지요. 한 가지이니 합해서 전자기라고 이름을 붙인 겁니다. 이를 확증한 것이 바로 맥스웰의 전자기이론이지요.

이에 따라 다른 힘들도 합쳐 볼 생각을 했습니다. 원래 다른 것으로 알았던 전기와 자기가 하나이듯이, 자연에 있는 네 가지 상호작용도 사실은 한 가지로 이해할 수 있지 않을까 하는 생각입니다. 처음에 전자기상호작용과 약상호작용을 하나로 묶어서 전기약상호작용이라 이름 붙였습니다. 한 가지로 이해할 수 있게 된 거지요. 이걸 제안한 사람 이름을 따서 와인버그-살람 모형이라 부르는데 살람은 파키스탄 출신으로 노벨상을 받았습니다. (물리학에서 파키스탄이 우리나라보다 앞선 듯 보이네요.) 다음으로 강상호작용까지 합치려고 노력하게 되었고, 이걸 대통일이론이라 부릅니다. 영문으로 'Grand Unified Theory', 약자로 보통 GUT라고 하는데 10^{14} 기가전자볼트 이상의 매우 높은 에너지에서는 세 가지 상호작용이 하나로 융합되리라 기대합니다. 마찬가지로 플랑크 에너지, 곧 10^{19} 기가전자볼트 이상에서는 중력까지 포함하여 네 가지 상호작용이 하나로 통합되리라 추측하지요.

이런 것들은 대체로 표준모형에 기초해 연구가 이뤄져 왔으나 아직 완전하다고 보기 어렵고 실험적 검증도 충분히 이뤄지지 않았습니다. 하물며 중력은 더욱 이해하기 어렵습니다. 중력을 제일 잘 이해하고 있는 것 같지만 사실은 반대입니다. 나중에 강의하겠지만 아인슈타인의 일반상대성이론

그림 6-5: 살람(1926~1996).

이 바로 중력을 다룹니다. 그러나 이는 고전역학의 영역이고 양자역학이라는 현대물리학의 관점에서 이른바 양자중력은 아직 전혀 이해하지 못하고 있어요. 본질적으로 짧은 길이에서 일반상대성이론과 양자역학이 정합적으로 융합하지 못하기 때문입니다. 물리학자들은 중력까지 합쳐서 네 가지 기본 상호작용을 하나의 틀로 해석하고 싶어 합니다. 그러면 대칭성이 커지고, 더 '아름답게' 되지요. 다시 말해서 자연을 해석하는 더 보편적인 이론, 궁극적으로 하나의 보편이론을 만들고 싶어 합니다. 이런 것이 더 좋은 이론이라고 생각하기 때문에 만든다면 매우 행복해하겠지요. 그렇지만 이러한 보편이론이 존재하리라는 보장은 물론 없습니다. 꼭 그래야 할 이유는 없지요.

모든 것의 이론

중력까지 포함해서 기본 상호작용을 통합하는 이론을 '모든 것의 이론'이라고 부릅니다. 영문으로 'Theory of Everything'이라서 약자로 TOE라고 쓰는데 이를 만들려고 평생 노력하는 사람이 세계적으로 아주 많아요. 여기에 유력하다고 믿고 있는 이론이 초끈이론입니다. 기본입자들이 점이 아니라 사실은 끈이라는 거지요. 많은 경우에 끈은 열려 있는 것이 아니라 닫혀서 고리를 이루며, 크기가 앞에서 소개한 플랑크 길이 정도라고 생각합니다. 크기가 없는 점의 경우에는 중력 등 물리량이 무한히 커져서 제대로 기술할 수 없는 이른바 특이점이 문제가 될 수 있습니다. 이에 반해서 끈의 경우에는 여러 들뜸을 통해 기본입자들과 기본 상호작용을 잘 기술할 뿐 아니라 크기가 유한하므로 당연히 특이점을 피할 수 있고 양자역학과 일반 상대성이론을 화해시킬 수 있지요.

우리가 관측하는 우주의 공간은 3차원이고 시간이 더해져서 4차원의 시공간을 이루고 있습니다. 그런데 초끈이론이 일관성을 가지려면 우주의 시공간은 10차원(또는 26차원)이어야 합니다. 그럼 우주는 지금 4차원인데 나머지 여섯 차원은 어떻게 되었을까요? 이른바 꽉채우기라고 해서 아주 작은 세계로 말려들어 갔다고 설명합니다. 이러한 초끈이론은 몇 가지 형태가 제안되었는데, 위튼이 엠-이론이라 부르는 11차원 이론으로 통합할 수 있음을 밝히면서 많은 관심을 끌었습니다. 끈에서 막으로 올라갔다고 할까요. 더 나아가서 디-브레인으로 일반화되기도 했고, 양자중력에 관해서 홀로그래피 원리라는 가설이 제안되기도 했습니다.

아무튼 이러한 끈이론이 바로 TOE라고 믿는 사람들이 있는가 하면 TOE가 아니라 TON이라고 믿는 사람들도 있습니다. TON은 'Theory of Nothing'이란 뜻이지요. 글쎄요, 어느 쪽이 맞는지는 알 수 없습니다. 끈이론은 사실상 실험적으로 검증이 불가능하고, 따라서 반증가능성도 거의 없다고 할 수 있습니다. 포퍼의 견해를 따른다면 제대로 된 이론이라고 보기 어렵겠네요. 그런데 끈이론이 설사 기본 상호작용을 통합하는 이론으로서 타당하더라도 실제 자연현상의 대부분을 해석하는 데에는 직접 관련이 없고 아무런 도움도 되지 않습니다. 어차피 자연의 본질에 대한 인식에서 환원주의를 받아들일 수 없는 상황에서 '모든 것의 이론'이란 아무런 의미가 없고 타당하지 않은 바람이라는 생각이 듭니다.

7강
물리법칙의 대칭성

지난 강의에서는 기본입자들을 쿼크 가족, 렙톤 가족, 게이지입자세 가지로 분류했고 그들 사이의 상호작용으로 중력상호작용, 전자기상호작용, 약상호작용, 강상호작용의 네 가지를 살펴봤습니다.

자연현상의 실체로서 물질을 상정하고, 그 구성원들의 상호작용때문에 모든 현상이 일어난다는 생각이 자연을 이해하고 해석하는데 근본적 전제라고 지적했지요. 이에 따라 물질이 어떻게 구성되어있는지 살펴봤고, 결국 많은 수의 원자로 이뤄져 있다고 믿게 되었습니다. 뒤이어 원자는 원자핵과 전자로, 그리고 원자핵은 양성자, 중성자 따위로 이뤄져 있다는 결론을 얻었지요. 이런 것들을 기본입자라고 불렀지만 더 근원적으로는 몇 가지 쿼크로 구성되어 있다고 생각하면 자연을 편리하게 이해할 수 있었습니다. 그래서 최종적으로 진정한 기본입자에는 쿼크, 렙톤, 그들 사이의 상호작용을 매개해 주는 게이지입자 등 세 종류가 있다고 여기게 되었지요.

기본입자를 이렇게 이해할 수 있게 된 데에는 대칭성이 중요한 구실을 했습니다. 원자의 종류, 곧 원소의 종류가 100가지 가깝게 있는데 대칭성을 살펴서 알맞게 배열하다 보면 새로운 이해를 얻을 수 있던 것과 마찬가지지요. 이러한 생각으로 기본입자의 대칭성을 살펴봤고, 이로부터 쿼크라는 개념도 얻어 냈으며, 궁극적으로 표준모형을 만들었습니다.

다양한 자연현상을 해석할 때 좋은 길잡이가 대칭성이라고 여러 번 강조했습니다. 자연에 대칭성이 존재한다고 전제함으로써 거둔 탁월한 성과를 볼 때 실제로 자연 자체가 놀라운 대칭성을 보인다고 믿게 됩니다. 이론 구조에서 개념뿐 아니라 진술의 대칭성도 특히 중요한데 이는 일반적으로 물리법칙의 대칭성으로 나타나지요. 고등학교 때 물리 시간에 배웠겠지만, 에너지 보존, 운동량 보존 같은 법칙도 기본적으로 대칭성의 문제입니다. 이번 강의에서는 이러한 물리법칙의 대칭성을 논의하려 합니다.

물리법칙의 대칭성

자연의 해석에서 물리법칙, 곧 보편이론에서 진술은 적절한 대칭성이 있어야 한다고 여깁니다. 대칭성이란 시공간을 기술하는 좌표계 등을 '변환'해도 달라지지 않는 성질을 말합니다. (좌표와 좌표계에 대해서는 3부에서 논의하지요.) 예를 들어 원에 대칭이 있다는 것은 무엇을 말하는 걸까요? 정사각형은 90도나 180도만큼 돌려야 돌리기 전과 똑같지만 원은 7도나 53도 또는 0.1도만 돌려도 똑같습니다. 임의의 각만큼 돌려도 똑같지요. 돌림(회전)이라는 변환을 해도 변하지 않으므로 돌림에 대해 대칭이 있다고 말합니다. 또한 지름을 기준으로 양쪽이 같은 것은 되비침(반사)이라는 변환에 대해 대칭이라고 할 수 있습니다.

자연을 해석하는 데에서 중요한 대칭성이란, 미술의 아름다움에서 보는 모양에 대한 것이 아니라 이론의 대칭성으로서 기본적으로 변환에 대한 성질이라고 생각할 수 있습니다. 앞에서 이미 나란히옮김, 돌림 또는 방향, 그리고 시간옮김에 대한 대칭을 설명했지요. 나란히옮김 대칭이란 물리법칙, 예컨대 뉴턴의 운동법칙이 이 자리에서 성립하면 아프리카에서도 성립하고 북극성이나 안드로메다은하에서도 성립한다는 겁니다. 돌림 대칭은 방향에 대한 대칭으로, 힘을 어떤 방향으로 주면 그 방향으로 가속도가 생기는데 힘을 다른 방향으로 주어도 똑같은 관계를 만족한다는 내용입니다. 시간옮김 대칭이란 시간을 과거나 미래로 옮겨 보아도 달라지지 않음을 뜻합니다. 주어진 법칙이 오늘 성립하면 내일도 성립하고 1000년 후에도 성립하며, 100년 전에도 성립했다는 말이지요. 이러한 대칭은 모두 연속 대칭, 곧 연속 변환에 대한 대칭입니다. 자리를 옮기거나 방향을 돌리거나 시각을 바꿀 때 원하는 만큼, 이를테면 미소하게 옮기거나 바꿀 수 있지요. 예컨대 11미터, 3547킬로미터, 0.4나노미터만큼 옮긴다든지 7도, 31도, 0.1도만큼 돌리거나 1시간 후, 1897년 후, 0.1초 전으로 시각을 바꾸는 따위가 모두 연속 변환입니다. 다음 강의에서 언급하겠지만 연속 대칭은 그 대칭에 해당하는 물리량의 보존을 의미합니다. 곧 어떠한 계가 연속 대칭을 지니면 그 계가 지닌 해당 물리량이 일정하게 유지되지요.

이와 달리 불연속 대칭도 중요한 구실을 합니다. 시공간의 불연속 변환으로 널리 알려진 것은 거울비추기입니다. 거울에 비춰 보면 오른쪽과 왼쪽이 서로 바뀌지요. 이른바 홀짝성이 바뀌게 됩니다. 여기서는 미소 변환이란 없고 따라서 변환이 연속적이지 않습니다. 이를테면 왼손잡이 아니면 오른손잡이지 그 중간은 없지요. 앞에서 얘기했지만 《이상한 나라의 앨리스》의 후편이라 할 《거울 나라의 앨리스》가 바로 이러한 거울비추기, 곧 홀짝성 변환이 된 세상에서 모험을 하는 내용입니다. 그리고 전하켤레라는 것이 있습니다. 이는 입자와 반대입자를 서로 바꾸는 변환을 말합니다. 전자와 양전자, 양성자와 반대양성자인 음양성자, 중성자와 반대중성자, 쿼크와 반대쿼크 등을 서로 바꾸는 거지요. 당연히 전기의 부호도 바뀝니다.

물리법칙에 거울 대칭, 곧 홀짝성 대칭이 있다는 것은 홀짝성을 구분하지 않는다는 뜻입니다. 물리법칙이 왼손잡이와 오른손잡이를 차별하지는 않으리라고 기대하는 거지요. 마찬가지로 전하켤레 대칭이 있다면 입자에 대해 성립하는 법칙이 반대입자에 대해서도 성립합니다. 이를테면 수소는 양성자가 가운데 있고 주위에 전자가 하나 있는데, 전하켤레 변환을 하면 가운데 반대양성자가 있고 주위에 양전자가 있는 반대수소로 되지요. 대칭이 있다면 수소와 반대수소, 일반적으로 물질과 반대물질을 차별하지 않습니다. 흔히 홀짝성을 약자로 P, 전하켤레는 C로 표시합니다. 그리고 중요한 불연속 변환으로 시간되짚기가 있습니다. 앞에 언급했듯이 시간을 거꾸로 짚어서 미래와 과거를 바꾸는 것으로 보통 T로 표시합니다. 이 밖에 입자의 순서를 서로 바꾸는 맞바꿈(또는 순열)이 있는데, 기본입자는 맞바꿈 대칭성에 따라 보오손과 페르미온으로 나뉩니다. 보오손은 맞바꿈에 대해 대칭이므로 두 개의 보오손을 맞바꾸면 변화가 없으나 페르미온은 반대대칭으로서 두 개를 맞바꾸면 (−)부호가 생겨나지요. 실제로 렙톤과 쿼크는 페르미온, 게이지입자는 보오손에 해당합니다.

그리고 상태 표현에서 여분에 관련된 게이지 변환이라는 것이 있는데, 다소 전문적인 내용이라 굳이 논의할 필요는 없겠습니다만 궁금한 학생을 위해서 간단히 설명하지요. 자연현상을 이해하고 해석하려면 적절한 기술 방법을 택해야 하는데, 일반적으로 상태의 표현은 한 가지로만 정해지지 않고 여분이 존재하게 됩니다. 이러한 잉여분은 선택의 자유도를 주지요. 선택을 바꾸는 것이 게이지 변환이고, 선택에 대한 불변성이 게이지 대칭성에 해당합니다. 따라서 게이지 대칭성이란 보통의 대칭성처럼 물리계 자체의 성질이 아니라 계를 수학적으로 기술하는 데 나타나는 잉여분에 기인한다고 할 수 있습니다. (흔히 조금씩 깨져 있기도 하는 보통의 대칭성에 비해서 이러한 게이지 대칭성이 더 근원적이라고 여겨지기도 합니다.)

흥미롭게도 게이지 변환에 대한 대칭을 전제하면 기본 상호작용을 매개하는 게이지입자가 있어야 함을 보일 수 있습니다. 따라서 기본 상호작용은 결국 게이지 대칭성으로부터 유래한다고 할 수 있지요. 여기서 게이지 대칭성으로부터 게이지 입자는 빛알의 경우에서 보듯이 질량을 지니지 않아야 합니다. 그러면 W나 Z처럼 질량을 지닌 게이지입자는 어떻게 된 것일까요? 이를 해결하기 위해서 우주 공간에는 이른바 힉스마당이 존재하고 그 (평균)값은 0이 아니라고 가정합니다. (이는 대칭성이 저절로 깨졌음을 뜻하지요.) 그러면 W와 Z 게이지입자는 이 힉스마당의 성분을 흡수해서 질량을 얻게 된다고 해석할 수 있습니다. 이를 흔히 힉스기전이라 부르는데 이보다 먼저 앤더슨이 초전도체가 자기마당을 밀어내는 마이스너 효과를 전자기력의 게이지입자, 곧 빛알이 질량을 가지게 되는 현상으로 해석하였으므로 앤더슨-힉스 기전이라고도 부릅니다. (또는 이를 독립적으로 제안한 다른 연구진 이름도 넣어서 길게 부르기도 하지요.) 또한 힉스마당의 나머지 성분은 페르미온과 결합해서 렙톤과 쿼크의 질량을 주었다고 해석할 수 있어서 이러한 힉스마당은 기본입자의 질량을 이해하는 데 중요하다고 여겨집니다. 물론 힉스마당이 실제로 있어야 이러한 생각이 타당하다고 할 수 있겠지요. 따라서 힉스마당의 들뜸으로서 보오손인 힉스입자를 실험적으로 발견하기 위해서 여러 해 동안 노력하다가 마침내 2012년에 유럽의 대형하드론충돌기LHC에서 힉스입자로 여겨지는 자취를 발견했고 2013년에 이를 힉스입자로 조심스럽게 선언했습니다. (기본입자들의 질량을 결정한다는 뜻에서 힉스입자를 "하느님입자"라고 부르는 사람도 있지만 정작 이 업적으로 노벨상을 받은 힉스는 이 용어를 선정적이고 오용, 왜곡된 것으로 평했다고 알려져 있습니다.) 이어서 힉스보오손의 붕괴방식이 관측되었고 대체로 이론적 예측과 일치하므로 힉스기전이 검증되었다고 여겨지지요. 그렇지만 힉스마당이 왜 유한한 값을 가지는지, 곧 대칭성이 저절로 깨진 이유는 아직 설명하지 못합니다.

일반적으로 물리법칙이 연속 변환에 대해서 대칭성이 있으리란 것은 누구에게나 당연해 보입니다. 그런데 불연속 변환에서는 어떨까요? 거울비추기, 곧 홀짝성 변환을 생각해 봅시다. 오른쪽과 왼쪽을 서로 바꿔도 물리법칙은 그대로 있을까요? 당연히 그렇다, 곧 모든 물리법칙은 홀짝성 대칭이 있다고 믿었습니다. 실제로 전자기상호작용이나 강상호작용은 대칭성이 있지요. 그런데 1956년에 베타 붕괴에서 홀짝성 대칭이 깨진 것을 발견했습니다. 이는 베타 붕괴를 일으키는 약상호작용이 왼손과 오른손을 구분한다는 뜻입니다.

이것은 매우 중요한 일입니다. 전자기상호작용에 비해 약상호작용은 미약하고, 일상과도 별 관련이 없지만 자연의 대칭성에 대한 근본 관점을 바꾼 겁니다. "자연에서 대칭성은 완전하지 않고 조금 깨져 있다." 이런 중요한 발견을 한 사람은 우인데 당연히 노벨상을 받을 만했지만 받지 못했습니다. 그 이유는 알 수 없지만 중국계이면서 여

그림 7-1: 왼쪽부터 우(1912~1997), 리(1926~)와 양(1922~).

성이기 때문이라는 소문이 널리 퍼져 있지요. 대신에 약상호작용에서 홀짝성 대칭성이 있는지 불확실하다고 지적한 양과 리가 노벨상을 받았습니다. 역시 중국계지만 남성들이지요.

어차피 세상일에는 정치적 요소가 많이 작용합니다. 노벨상을 받으려면 당연히 매우 중요한 업적이 있어야 합니다. 그런데 상이란 다마찬가지지만 업적이 있다고 꼭 받는 것은 아닙니다. 역사적으로 노벨상을 받지 못했으나 노벨상을 받은 사람의 업적보다도 중요한 업적이 있는 사람이 상당수 있습니다. 여러 가지 다른 요소들도 작용하는 거지요. 특히 평화상을 키신저 같은 자가 받은 것을 보면 얼마나 우스운지요. 부패와 더러운 전쟁 범죄로 얼룩진 그에게 세계 평화를 이제 그만 해치라고 주었다는 얘기도 있지요. 그래서 이런 농담이 있습니다. "노벨이 다이너마이트를 만든 것은 용서받을 수 있지만 노벨상을 만든 것은 용서받을 수 없다." 노벨상이 정치적으로 왜곡되면서 폐해가 생겨나는 상황을 빗댄 말이지요.

전하켤레 대칭도 홀짝성 대칭과 마찬가지로 약상호작용에서는 성립하지 않습니다. 약상호작용은 전자와 양전자, 양성자와 반대양성자 등 입자와 반대입자를 구분한다는 겁니다. 그런데 놀랍게도 홀짝성과 전하켤레를 함께 변환하면 대칭성이 회복됩니다. 홀짝성 P나 전하켤레 C를 각각 변환하면 대칭성이 없지만 두 가지를 함께해서 시피$_{CP}$ 변환하면 대칭이 있다는 거지요. 다시 말해서 왼손과 오른손을 서로 바꾸고, 이와 함께 입자와 반대입자를 서로 바꾸면, 약상호작용도 변하지 않는다는 겁니다. 이를테면 입자가 오른손을 선호하면 반대입자는 왼손을 선호한다는 말이지요. 지난 시간에 혹시 외계인이 와서 악수를 청하면 조심하라고 했지요. 오른손을 내밀면 안심하고 악수해도 되지만 왼손을 내밀면 악수하면 안 됩니다. 그 외계 생명체는 아마도 인간이 아니라 반대인간일 겁니다. 왼손과 오른손이 바뀐 것을 입자와 반대입자가 바뀐 것으로 해석할 때 이야기입니다. 인간은 입자로 구성되어 있어서 오른손잡이이니 반대입자로 구성된 반인간은 왼손잡이라고 생각한 거지요. 다행이네요, 구분할 방법이 있으니까요. 여기 혹시 왼손잡이 학생 있으면 미안합니다. 물론 농담이지요.

마지막으로 시간되짚기를 생각해 봅시다. 시간되짚기는 시간의 방향을 거꾸로 하는, 곧 과거와 미래를 서로 바꾸는 변환입니다. 물리법칙은 이러한 변환에 대해 대칭성이 있을까요? 시간을 되짚을 때 무엇이 바뀌는지 살펴보지요. 질량 같은 것은 물론 변화가 없습니다. 힘도 마찬가지입니다. 그런데 속도는 위치를 시간으로 미분한 것이니 시간을 거꾸로 하면 부호가 바뀝니다. 다시 말해서 속도는 방향이 반대가 되지요. 가속도는 어떻게 될까요? 가속도는 속도를 시간으로 한 번 더 미분했기 때문에 원상 복귀가 되어서 부호가 바뀌지 않습니다. 그렇다면 운동법칙 $a = \dfrac{F}{m}$에서 아무것도 바뀌지 않네요. 운동법칙은 시간되짚기 대칭이 있다는 결론입니다.

학생: 시간을 거꾸로 하면 속도처럼 힘도 반대가 되지 않나요?

힘의 방향이 바뀐다고 생각해요? 내가 어떤 물체를 밀고 있는 것을 비디오카메라로 찍고 그걸 되돌리면 그 물체를 거꾸로 잡아끌고 있겠어요? 움직이는 방향, 곧 속도의 방향과 힘의 방향을 혼동하기 쉬운데, 힘은 가속도와 관련 있지 속도와는 직접적 관련은 없습니다.

예를 들어 내가 공을 던지면 포물선을 그리며 날아갈 겁니다. 그것을 비디오카메라로 찍어서 거꾸로 돌리면 공은 반대로 나에게 날아오겠지요. 마찬가지로 포물선을 그리면서요. 그런데 왜 포물선을 그리는 걸까요? 중력 때문입니다. 중력이 아래로 당기므로 위로 볼록한 포물선이 되지요. 그런데 비디오를 거꾸로 돌리면 공은 이쪽으로 날아올 텐데, 중력은 위로 당기나요? 이 경우에도 공은 위로 볼록한 포물선을 그리니까 중력은 여전히 아래로 당기지요. 결론적으로 시간을 거꾸로 되짚어도 힘은 변하지 않습니다. 비디오카메라로 찍어서 거꾸로 돌려도 전혀 이상하게 보이지 않지요. 이는 운동법칙이 똑같이 성립하기 때문입니다. 당구를 칠 때 당구공이 움직이는 것을 비디오카메라로 찍어서 거꾸로 돌려도 전혀 이상하지 않습니다. 물론 마지막에는 당구공이 큐를 맞추고는 큐가 뒤로 가겠지만요. 이러한 사실은 운동법칙에 시간되짚기 대칭이 있음을 보여 주며, 사실상 모든 물리법칙은 시간되짚기 대칭이 있다고 믿고 있습니다.

그런데 흥미롭게도 시간되짚기 T와 홀짝성 P, 전하켤레 C를 모두 변환하면 반드시 대칭성이 있어야 한다고 알려져 있습니다. 전문적인 내용이지만 아인슈타인의 상대성이론을 받아들이면 모든 계는 CPT 대칭성을 가져야 한다는 사실을 보일 수 있습니다. 이를 흔히 CPT 정리라고 하지요. 모든 계가 반드시 CPT 변환에 대한 대칭성, 곧 CPT 대칭성을 보여야 한다는 사실은 매우 중요합니다. 일반적으로 모든 물리법칙은 T 대칭, 곧 시간되짚기 대칭성이 있다고 믿었으며, 이는 CPT 정리에 비춰 볼 때 바로 CP 대칭을 의미합니다. 실제로 C나 P 대칭성이 없는 약상호작용에도 CP 대칭성은 있다고 했지요.

그런데 놀랍게도 CP 대칭성을 보이지 않는 경우를 발견했습니다. 두 개의 쿼크로 이뤄진 K중간자, 곧 케이온이 붕괴할 때는 놀랍게도 CP 대칭이 없습니다. 이는 T 대칭, 곧 시간되짚기 대칭도 없음을 의미합니다. 우리가 실제로 시간을 거꾸로 되짚을 수는 없으므로, 시간 되짚기에 대한 대칭이 있는지를 직접 알기는 어렵습니다. 대신에 간접적으로 CP 대칭성을 조사해서 T 대칭성이 있는지 알 수 있습니다. 지금까지 CP 깨짐을 보인다고 알려진 경우는 케이온과 B중간자 붕괴가 유일합니다. 이들은 예외적이고 사실상 모든 물리법칙은 시간되짚기 대칭을 지닌다고 생각합니다.

앞에서 대칭성이란 자연의 해석에 매우 중요한 길잡이라고 했습니다. 그런데 왜 자연이 보여 주는 대칭성은 완벽하지 않고 조금 깨져 있을까요? 이는 현재 우주의 모습에 관해 중요한 사실을 설명해 줍니다. 우주에서 우리가 살고 있는 지구는 반대물질이 없고 물질만 있습니다. 태양계도 그렇습니다. 우리 주위의 우주는 반대물질은 없고 전부 물질만 있습니다. 그런데 우주가 탄생할 때 빛에서 시작해서 물질이 만들어졌다고 생각하는데, 그렇다면 물질과 반대물질이 똑같이 만들어졌어야 할 겁니다. 빛이 없어지면 입자와 반대입자의 짝이 만들어지기 때문이지요. 그러면 물질이 있으면 반대물질도 똑같은 양만큼 있어야 하는데, 우리 우주는 대부분 물질만 있는 것 같으니 반대물질이 어디에 있는지는 수수께끼였습니다. 그래서 멀리 외계로 가면 어딘가 반대물질로 이뤄진 반대우주가 있을 것이라고 생각하기도 했습니다. 반대우주에는 어쩌면 반대인간이 살고 있을지도 모르겠네요. 그렇지만 반대우주가 있다는 아무런 증거도 없습니다. 그래서 이제는 반대우주가 있는 것이 아니고, 적어도 우리가 관측하는 우주에는 반대물질은 별로 없고 물질만 있다고 생각하고 있습니다.

그러면 처음에 반대물질이 똑같이 만들어졌을 텐데 어디로 갔을까요? 물질의 구성 요소인 바리온을 만들기 위해서는 쿼크가 필요합니다. 초기우주에서 전자와 양전자가 붕괴해서 쿼크를 만들 수 있습니다. 양전자는 붕괴해서 쿼크를 만들고 전자는 붕괴해서 반대쿼크를 만드는데, 바로 CP 깨짐 때문에 그 붕괴 속도가 조금 다릅니다. 그래서 쿼크는 많이 생기고 반대쿼크는 조금 생기니까, 쿼크와 반대쿼크가 만나 다 없어져도 결국은 쿼크가 남게 됩니다. 그렇게 남은 쿼크가 우주를 이뤘다고 생각하고 있습니다. CP 깨짐을 처음 봤을 때 그 의미를 알 수 없었고, 자연의 해석이 점점 어려워진다고 걱정했는데, 거꾸로 그것이 없으면 우주를 설명할 수 없어요. CP 깨짐 때문에 현재의 우주에 왜 물질만 있고 반대물질이 없는지 이해할 수 있는 셈입니다. (최근에는 힉스마당의 크기가 시간에 따라 줄어들면서 물질과 반대물질 사이의 비대칭을 만들어 낸다는 제안도 나왔습니다. 한편 게이지 대칭성만이 자연에서 진정한 대칭성이고 다른 대칭성은 부차적이며 어림으로서 나타난다는 주장도 있지요.)

시간 비대칭

그런데 일상에서 참으로 이상한 현상이 있습니다. 사실상 한 가지 예외를 제외하면 모든 물리법칙은 시간되짚기 대칭성이 있다고 했습니다. 그렇지만 우리 일상에서는 명백하게도 시간되짚기 대칭이 없는 경우가 대부분입니다. 우리에게 과거와 미래는 명확히 다릅니다. 예컨대 우리는 늙기만 하지 다시 젊어지지 못합니다. 여러분은 다시 어려지지는 않고 자라기만 하고, 내 나이가 되면 아쉽게도 늙기만 하지 다시 젊어지지는 않습니다. 그리고 신들린 사람을 빼고 보통 사람들은 과거는 기억하지만 미래는 기억하지 못합니다.

그뿐 아니라 과거와 미래가 다른 것이 한두 개가 아닙니다. 잔잔한 호수에 돌을 던지면 파문이 일지요. 이것을 비디오카메라로 찍어서 거꾸로 돌리면 어떻게 될까요? 시간되짚기를 해보면 호수의 가장자리에서 갑자기 파문이 일고 가운데로 모여들지요. 그러고는 가운데에서 돌이 하나 쏙 솟아 올라올 겁니다. 이러한 현상은 사실 고전역학에서 원리적으로는 가능합니다. 다시 말해서 운동법칙을 따릅니다. 그러나 이런 현상을 본 사람은 아무도 없습니다. 사람이 다시 젊어지는 것을 본 사람이 없듯이 말이지요. 사실상 모든 물리법칙은 시간되짚기 대칭이 있다는데 왜 우리 일상생활에는 대칭이 없을까요? 왜 과거와 미래가 다르게 시간 비대칭이 될까요?

물 한 컵에 잉크 한 방울을 떨어뜨리면 쭉 퍼져서 전체가 푸르스름해지는데 이 과정이 거꾸로 되는 것은 본 적이 없습니다. 여러분 중 한 명이 병에 담긴 향수를 가져와서 뚜껑을 열면 향기가 퍼져서 모두 기분이 좋아지겠지요. 그런데 퍼졌던 향기가 모두 모여서 향수병으로 쏙 들어가는 현상은 본 적이 없습니다. 그래서 '엎질러진 물'이라는 말이 생겼지요. 퍼졌던 향기가 다시 모여서 향수병으로 돌아들어가는 일은 왜 안 생길까요?

우리는 모두 물리법칙의 지배를 받습니다. 다시 말해서 모든 일상 생활은 물리법칙을 통해서 기술할 수 있습니다. 물리법칙을 위배하는 현상을 본 적이 있습니까? 물론 여기서 종교 얘기는 하지 말기로 합시다. 홍해가 갈라졌다거나 강물이 빨갛게 되었다거나 하는 얘기 말이지요. 사실 우리나라도 진도나 무창포 앞 바다는 홍해처럼 갈라지고, 요새는 남해도 해마다 빨갛게 되어 걱정거리지요. 아무튼 일반적으로 물리법칙에 위배되는 현상을 본 사람은 없습니다. 우리의 삶과 우주에 관한 모든 것은 물리법칙의 지배를 받는다고 이해하고 있습니다. 그것이 우리가 자연을 해석하는 기본 전제입니다. 그리고 사실상 모든 물리법칙은 시간되짚기 대칭성이 있습니다. (앞에서 말한 K나 B중간자는 극히 예외적인 것으로 일상에서 시간되짚기 대칭이 없는 것과는 전혀 관계없는 현상입니다.) 그런데 일상에서는 왜 시간되짚기 대칭이 없을까요? 물리법칙에는 시간의 방향이 없는데 일상에는 왜 시간의 방향이 있을까요?

비유로 이런 상황을 생각해 봅시다. 서울에서 버스를 타고 어딘가 가려고 시외버스 터미널에 갔습니다. 다른 도시로 가는 버스가 있는데, 춘천이나 속초 가는 것도 있고, 원주 가는 것도 있을 겁니다. 원주에서도 춘천 가는 것이 있고, 강릉 가는 것도 있겠지요. 또 강릉에서 춘천 가는 버스도 있을 겁니다. 서울에서 대전, 대구, 광주 등 여러 도시로 가는 노선이 복잡하고 많이 있겠지요. 그런데 여러분이 초등학교 때 공부를 너무 안 해서 한글을 못 읽는다고 합시다. 그래서 어디 가는 버스인지 모르고 아무거나 탄다고 합시다. 어딘가에 도착해 아무거나 타는 걸 반복하면 다시 서울로 돌아올 수 있을까요? 노선이 아주 복잡하게 많은 상황에서는 우연히 돌아오게 될 가능성이 거의 없을 겁니다. 사실 모든 노선에서 상행과 하행은 똑같으니 하나하나는 대칭이 있지요. 그러나 그런 식으로 마구잡이로 계속 가는 사람의 여행 행로에는 대칭을 볼 수 없을 겁니다. 이에 따라 원래 출발지로 돌아올 가능성은 거의 없어지며, 이는 시간되짚기 대칭성 깨짐에 해당한다고 할 수 있습니다.

다른 예로 이 강의실을 생각해 봅시다. 지금 남녀 학생의 비율이 똑같다고 하고 남녀칠세부동석이라고 했으니 남학생은 오른쪽에 앉고 여학생은 왼쪽에 앉는다고 합시다. 줄을 맞춰서 정돈해 앉았는데 어느 순간에 일어나서 마구 뒤섞입니다. 학생 한 명 한 명은 자기 마음대로 왔다 갔다 하는데, 학생 각각의 움직임은 시간되짚기 대칭이 있습니다. 그렇게 한참 하다 보면 남녀 학생이 섞일 텐데 계속하면 남녀가 갈라져서 정돈된 처음 상태로 다시 돌아올까요?

일반적으로는 완전히 뒤섞여서 처음 상태로 돌아오지 않을 것이니 시간되짚기 대칭이 깨지겠지요. 이를 엔트로피는 커지게 된다는 표현을 쓰고 '열역학 둘째 법칙'이라고 부릅니다. 열은 뜨거운 데서 차가운 데로만 흐르지요. 그 반대 현상은 본 적이 없습니다. 그 반대가 있다고 하면 여름에 물 한 컵을 놔뒀는데 자고 일어나면 그 물이 꽁꽁 얼어 버릴 수도 있겠지요. 물이 품고 있는 에너지가 열로 나가기만 하고 들어오지 않으면 물의 온도가 계속 차가워집니다. 열이 거꾸로 흐를 수 있다면 주위 공기가 뜨거워도 열이 물에서 바깥으로 흘러서 물의 온도가 계속 떨어지고 얼어 버릴 수 있습니다. 그런데 그런 현상을 본 사람은 없습니다. 그리고 앞으로도 영원히 없을 겁니다.

이 예에서 보면 개개의 분자들은 물리법칙을 따릅니다. 그래서 개개 움직임은 시간되짚기 대칭이 있는데 전체로 보면 시간되짚기 대칭이 깨지게 되지요. 예를 들어 물에다 잉크 한 방울을 집어넣어도 잉크 분자들의 움직임은 물리법칙을 따릅니다. 분자 하나하나의 움직임은 완전히 시간되짚기 대칭이 있는데 전체로 보면 시간되짚기 대칭이 깨지는 겁니다. 결국 전체의 현상이 분자 등 구성원 하나하나의 상황과는 다르다는 것을 짐작할 수 있습니다.

많은 분자 등 구성원으로 이뤄진 대상 — 거시계라고 부르는 — 에서는 뭔가 다른 일이 생길 수 있다는 말이지요. 구성원 하나하나를 이해한다고 해서 전체를 이해하는 것은 아니라는 사실이 여기에서도 여실히 나타납니다. 이는 열역학 둘째 법칙과 직결되는 문제인데, 이른바 시간화살이라고 표현합니다. 시간이 화살처럼 한쪽 방향으로 날아간다는 의미지요. 왜 이렇게 되는지는 아주 흥미롭고 중요한 문제이며 자연현상을 해석하는 데 핵심 문제 중 하나입니다. 5부에서 정보와 엔트로피를 배울 때 이야기하지요.

지금까지 물질을 자연현상의 실체로 상정했고, 물질을 구성하는 구성원들의 상호작용 때문에 다양한 자연현상이 나타난다고 전제했습니다. 이에 따라 물질의 기본 구성 요소가 무엇인지, 그 사이의 상호작용이 어떤 것이 있는지, 그리고 어떤 성질이 있는지 살펴봤지요. 이제 남은 일은 그러한 자연현상을 어떻게 기술할 것인지의 문제입니다.

3부

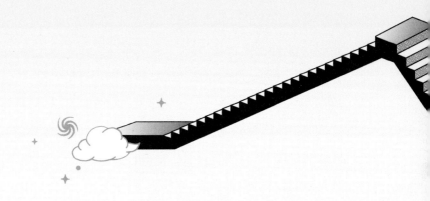

자연현상의 역학적 기술

8강

고전역학

　모든 자연현상은 그 현상의 실체인 물질의 구성원들이 상호작용하기 때문에 생긴다고 보기로 했습니다. 간단한 예로 공을 던졌을 때 포물선을 그리며 날아가는 자연현상을 생각해 보지요. 공이 날아가는 움직임은 공이라는 구성원과 지구라는 구성원의 상호작용, 곧 중력이 결정합니다. 마찬가지로 어떤 것은 딱딱하고 어떤 것은 물렁물렁하고 어떤 것은 빨갛거나 파랗고 어떤 것은 반짝이는 것과 같은 물건의 성질도 모두 자연현상인데 그런 것을 이해하고 해석하려면 그 물건의 구성원, 곧 분자를 생각해야 합니다. 분자들이 어떤 상호작용을 하는지, 빛을 쬐었을 때 빛알과 분자가 어떻게 상호작용하는지 안다면 왜 어떤 것은 딱딱하고 어떤 것은 빨간지 이해할 수 있지요. 공을 던졌을 때의 움직임과 왜 파란색을 띠는지 등의 자연현상은 기본적으로 같은 관점으로 이해할 수 있습니다.

동역학

일반적으로 주어진 대상, 곧 계의 구성원들이 상호작용할 때 어떤 결과가 생기는지가 자연현상을 이해하려 할 때 품게 되는 질문입니다. 앞서 4강에서 논의했듯이 이런 질문에 대한 답을 주는 물리학의 방법을 역학, 또는 강조해서 동역학이라고 부릅니다. 일상에서 운동(움직임)이라는 용어를 많이 쓰지요. 어떤 계가 주어지면 구성원들의 상호작용으로 그 상태가 결정되는데 이를 흔히 어떤 운동을 하게 되는가라고 표현합니다. 이러한 운동(상태)을 보편이론 체계에서 기술하는 방법이 (동)역학이지요. 대체로 처음에 어떠한 상태에 있는 계가 나중 임의의 순간에 어떤 상태에 있게 되는가를 말해 줍니다. 다시 말해서 상태의 시간에 따른 변화, 곧 시간펼침을 기술하지요.

동역학에서는 보통 각 구성원을 알갱이로 간주합니다. 예컨대 지구가 해 주위를 도는 운동, 곧 공전을 다루는 경우에 지구는 하나의 알갱이로 여길 수 있습니다. 그러나 지구의 회전운동, 곧 자전을 다루는 경우라면 지구의 구성원, 다시 말해서 지구를 이루는 각 부분을 알갱이로 생각해서 그들의 운동을 고려해야 합니다. 따라서 지구는 알갱이들의 집합체로 간주하게 되지요. 이미 언급했지만 물질을 알갱이의 집합으로 표상하는 동역학의 이러한 관점을 강조해서 알갱이동역학이라고 부릅니다. 여기서 부피는 무시해서 알갱이를 질량을 지닌 점, 이른바 질점으로 표상하며, 이에 따라 질점역학이라는 표현을 쓰기도 하지요.

동역학은 물론 고전역학에서 출발했습니다. 갈릴레이가 고전역학 관점의 효시라 할 수 있지요. 그리고 고전역학을 창안한 것은 17세기 뉴턴이라고 볼 수 있습니다. 이것은 일상적인 대상의 움직임을 기술하는 데 놀라울 만큼 성공적이었습니다. 공을 던졌을 때 어떻게 날아가는지, 누가 맞는지 정확하게 기술하고, 지구를 포함한 떠돌이별 등 천체의 움직임도 놀라울 만큼 정확히 기술합니다. 그래서 혜성이 몇 년 후, 몇 월, 몇 일, 몇 시, 몇 분, 몇 초에 하늘 어느 쪽에 나타나는지 정확하게 예측할 수 있지요. 대단히 놀랍고 성공적인 이론 체계입니다.

그런데 19세기 말, 20세기 초에 들어오면서 고전역학 체계로 해석할 수 없는 현상들이 생겼습니다. 쿤의 용어로 말하자면 변칙 또는 비정상성이 쌓이면서 20세기 초에 패러다임이 바뀌는 과학혁명이 일어났지요. 상대성이론과 더불어 양자역학이라는 새로운 이론 체계가 만들어지게 되었습니다. 참고로 이와 관련된 분들을 들면 상대성이론에서는 선구적으로 기여한 푸앙카레와 로렌츠, 그리고 잘 알다시피 아인슈타인이 있습니다. 그리고 민코프스키도 수학적으로 중요하게 공헌했어요. 양자역학이라는 이론 체계의 효시는 플랑크와 드브로이였고 보어를 거쳐서 슈뢰딩거와 하이젠베르크 두 사람이 이론의 정립에 핵심적 기여를 했습니다. 그 이후에도 보른과 파울리, 디랙 같은 사람이 완성에 이바지했지요.

고전역학은 일상 세계에서 대단히 성공적인 이론이고, 반면에 양자역학은 작은 미시 세계의 기술에 성공적이었습니다. 미시 세계란 한마디로 원자나 기본입자들의 세계를 말합니다. 이런 작은 세계에서는 뉴턴의 고전역학이 타당하지 않으므로 새로운 체계로 대체해야 하는데 그것이 양자역학입니다. 양자역학이 미시 세계에만 적용되고 일상 세계에는 적용되지 않는 것은 아닙니다. 양자역학이 고전역학보다 더 좋은 이론이라고 말할 수 있는 중요한 이유는 더 보편적인 이론 체계라는 점입니다. 말하자면 더 일반적이고 적용 범위가 더 넓지요. 원칙적으로 미시 세계뿐 아니라 일상 세계에서도 성립하고 적용할 수 있지만, 일상 세계에 양자역학을 적용하면 고전역학과 사실상 같은 결과가 나오니 굳이 양자역학을 쓸 필요가 없지요. 아무튼 고전역학에 비해 양자역학의 적용 범위가 더 넓으니 보편성의 관점에서 더 좋은 이론이라 할 수 있습니다.

상대성이론은 시간과 공간의 기본 개념을 바꿨으며 양자역학과 함께 현대물리학의 두 기반이라 할 수 있습니다. 흔히 상대론이라 줄여서 말하며, 이에 따른 동역학 체계를 상대론적 역학이라고 부릅니다. 양자역학이 미시 세계의 기술에 적절한 데 비해, 상대론적 역학의 적용 범위는 빠른 세계입니다. 대상이 아주 빠르게 움직일 때는 뉴턴의 고전역학이 역시 타당성을 잃으므로 상대론적으로 수정해야 합니다. 그 기준은 빛의 빠르기, 대략 3×10^8 m/s, 그러니까 1초에 30만 킬로미터를 가는 빠르기지요. 일상에서 볼 수 있는 속력은 이보다 훨씬 느립니다. 예컨대 초음속 비행기도 1 km/s를 넘지 않으니 빛 빠르기의 30만분의 1 수준이지요. 이런 경우에는 상대론적 수정이 무시할 수 있을 만큼 작습니다.

그리고 빠른 세계뿐 아니라 아주 거대한 세계에서도 상대론적 고찰이 필요합니다. 여기에서 거대하다는 것은 우주에서 다루는 크기로 중력이 매우 중요한 구실을 하는 경우를 말합니다. 빠른 세계의 기술에는 특수상대성이론이 적용되지만 거대한 세계의 경우에는 중력이론이라 할 일반상대성이론이 필요하지요. 상대론은 물론 일상 세계에서도 성립합니다. 그러나 일상 세계에 적용하면 뉴턴의 고전역학과 똑같은 결과를 얻게 되지요. 일반적으로 일상 세계에서는 상대론적 수정이 무시할 만큼 작기 때문입니다. 결론적으로 일상 세계를 기술하려면 뉴턴의 고전역학으로 충분하지만, 원자나 분자 등 작은 세계의 기술에는 양자역학, 빛에 비해 크게 느리지 않은 빠른 세계나 우주 등 거대한 세계를 기술하는 경우에는 상대성이론을 써야 합니다.

그러면 작고 빠른 세계는 어떻게 해야 할까요? 예를 들어 양성자가 매우 빠르게 움직이는 경우이지요. 작은 것을 기술하는 양자역학과 빠른 것을 기술하는 특수상대성이론, 두 가지를 합쳐야 하겠네요. 이에 따라 이른바 상대론적 양자역학이라는 것을 만들었습니다. 그러면 양자역학과 일반상대성이론을 합쳐야 할 경우가 있을까요?

학생: 양자역학과 일반상대론은 정반대 경우 아닌가요?

그렇지요. 양자역학은 작은 세계, 일반상대론은 거대한 세계에 적용되니까 서로 배치되고 따라서 합쳐야 하는 경우가 없을 것 같네요. 그러나 일반상대론은 중력을 기술하는 이론이므로, 작지만 중력이 중요한 세계를 기술하려면 양자역학과 일반상대론을 합쳐야 할 필요성이 있습니다. 게이지입자로서 중력알이나 검정구멍이 대표적 경우인데 양자중력이라 부르는 이러한 이론 체계는 아직 만들지 못했습니다.

일반상대성이론에 관련한 문제는 여기서는 더 논의하지 않기로 하고, 이제 일상을 원자, 분자 세계와 대비해 큰 세계라고 부르겠습니다. 그러면 일상 세계는 느리고 큰 세계입니다. 반면에 작고 느린 세계가 있습니다. 그리고 크고 빠른 세계가 있을 수 있습니다. 현실에서는 드물지만 어떤 일상적 물체가 엄청나게 빠르게 움직이는 경우지요. 마지막으로 작고 빠른 세계가 있습니다. 전체를 이 네 가지로 구분할 수 있겠네요. 이 중에서 일상 세계에만 적용되는 것이 바로 뉴턴의 고전역학입니다. 느리거나 빠르거나에 상관없이 큰 세계에 적용되는 것이 상대론적 고전역학이고, 반면에 크거나 작거나 상관없이 느린 세계를 다루는 것이 양자역학입니다. 작고 느린 세계와 크고 느린 일상 세계를 포함하지요. 마지막으로 모든 세계를 다룰 수 있는 것이 상대론적 양자역학입니다. 이는 모든 경우에 적용되는 가장 보편적인 이론이고, 보편성 관점에서는 가장 좋은 이론이라 할 수 있겠습니다. 상대론적 양자역학을 작고 느린 세계에 적용하면 보통 양자역학이 되고, 크고 빠른 세계에 적용하면 상대론적 고전역학이 되며, 일상 세계에 적용하면 뉴턴의 고전역학으로 환원되지요.

가끔 양자역학에 비추어 고전역학은 틀렸고 잘못되었으니 버려야 한다고 말하는 경우를 보는데 이는 옳지 않습니다. 그렇다면 상대론적 양자역학만 남기고 양자역학도 버려야 하겠네요. 사실 고전역학은 지금도 대단히 훌륭한 이론입니다. 다만 적용 범위가 양자역학만큼 넓지 않은 것뿐입니다. 보편성 면에서는 양자역학이 더 좋은 이론이지요. 그러나 좋은 이론의 기준은 보편성 말고도 여러 가지가 있고, 다른 측면에서는 고전역학이 양자역학보다 오히려 더 좋은 이론일 수 있습니다.

공을 던졌을 때 어디로 떨어질지 계산하라고 하면 어떻게 하겠습니까? 물리를 조금 배운 학생들은 포물선을 생각하겠지요. 이는 뉴턴의 운동법칙 $a = \dfrac{F}{m}$에서 얻은 결과입니다. 즉, 고전역학으로 풀어낸 결과지요. 나라도 당연히 그렇게 하지 양자역학으로 풀려고 하지 않을 겁니다. 만약 누군가 여기서 양자역학을 쓴다면 지능이 모자라거나 자기학대 환자 중 하나일 겁니다. 그런데 지능이 모자라는 사람이 양자역학을 비롯한 물리 이론을 알기는 어렵겠지요. 물리를 공부할 때 주위를 보면 물리를 좋아하는 사람 중에 자기학대 환자가 많았습니다. 그런데 일단 교수가 되면 "학생의 괴로움은 교수의 즐거움이다"라는 믿음을 가지고 타인학대 환자가 된다는 우스개도 있지요.

분필을 던지면 어떻게 움직이는지는 고전역학에서 훌륭하게 설명할 수 있습니다. 분필을 던지면 어디로 날아가는지는 분필과 지구를 각각 하나의 구성 요소라고 생각하고 둘 사이의 상호작용을 고려해 알아낼 수 있습니다. 분필과 지구는 충분히 큰 세계이기 때문에 고전역학으로 잘 해석할 수 있지요. 그런데 분필이 왜 하얀지 설명하려면 분필의 분자 하나하나를 생각해야 하고, 분자와 빛알의 상호작용을 생각해야 합니다. 이것은 분자 수준의 작은 세계를 다뤄야 하고 따라서 고전역학으로 설명할 수 없습니다. 양자역학을 적용해야 하지요. 양자역학은 작은 세계를 설명하니까 일상생활과 관련이 없다고 생각하는데 반드시 그렇지는 않습니다. 물질 중에 전기가 잘 통하는 쇠붙이 따위 전도체와 거의 통하지 않는 절연체 사이에 이른바 반도체가 있지요. 반도체에 이른바 불순물을 소량 첨가하면 여러 기능을 하는 소자를 만들 수 있고, 이는 여러분이 즐겨 쓰는 휴대전화나 컴퓨터 따위 전자기기의 작동에 중요합니다. 그런데 반도체의 성질이 본질적으로는 양자역학의 현상이 나타난 것이니, 전자기기들도 양자역학 덕분에 가능하다고 할 수 있겠네요.

뉴턴역학

먼저 고전역학에 대해 논의하기로 하지요. 고전역학은 '과학 이론의 전형'이라고 불립니다. 이것은 매우 명예로운 호칭으로, 고전역학만큼 훌륭한 이론이 없다는 뜻이지요. 지금까지도 인류가 만든 가장 완성도 높은 이론이 고전역학이고, 따라서 과학사에서 가장 뛰어난 업적을 남긴 한 사람을 꼽는다면 역시 고전역학을 처음 만들어 낸 뉴턴을 선택할 수밖에 없을 듯합니다.

고전역학에서는 위치와 속도로 상태를 규정합니다. 따라서 주어진 대상의 위치와 속도를 알면 그 대상의 상태를 완전히 아는 것이지요. 따라서 처음 위치와 속도가 ─ 이를 초기조건이라 부르지요 ─ 주어진 대상이 나중에 어떤 위치에서 어떤 속도를 가지게 되는지를 기술하게 됩니다. 뉴턴이 만든 고전역학은 요약하면

$$\mathbf{a} = \frac{1}{m}\mathbf{F}$$

로 표현할 수 있습니다. 대상의 움직임을 기술하는 이러한 식을 운동방정식이라 부르는데, 대상에 작용하는 힘이 주어지면 그에 맞춰서 가속도가 생긴다는 관점입니다. 가속도는 속도를 시간으로 미분한 도함수이므로 가속도가 결정되면 수학적으로 적분이란 과정을 통해

속도라든가 위치를 계산해 낼 수 있습니다. 이때 초기조건은 적분상수를 결정합니다. 따라서 대상의 상태를 알 수 있는 것이지요. (이러한 계산을 위해서 뉴턴은 미적분이라는 수학적 방법을 만들어 내었습니다. 비슷한 시기에 라이프니츠도 독립적으로 미적분을 만들어 내었는데 두 사람 사이의 갈등은 널리 알려져 있습니다. 그런데 적분의 출발이라 할 수 있는 잘게 쪼개서 넓이를 구하는 방법은 고대 그리스나 중국에도 알려져 있었고, 조선 시대 다산 정약용 선생도《경세유표》에서 논의하였지요.) 여기서 진한 활자로 쓴 **a**와 **F**는 가속도와 힘이 이른바 벡터임을 나타냅니다.

그런데 위치는 어떻게 나타낼 수 있을까요? 고등학교 수학 시간에 배웠겠지만 자리표(좌표)를 쓰면 됩니다. 예를 들어 점 P의 위치를 나타내려면 먼저 좌표계를 정해야 합니다. 적절하게 원점을 정하고 평면의 경우에는 x 축과 y 축을 정해서 점 P가 원점에서 x 축 방향과 y 축 방향으로 각각 얼마나 떨어져 있는지 말하면 됩니다. 이를 각각 x 좌표, y 좌표로 해서 (x, y)로 표시하지요. 바다에서 배의 위치를 알기 위해서는 이처럼 2개의 좌표만 표시하면 됩니다. 배는 언제나 바다 표면에 있기 때문에 그렇지요. (사실 지구 표면은 평면이 아니므로 x, y 좌표 대신 위도와 경도로 표시합니다.) 그런데 비행기의 위치를 나타내려면 x, y 좌표 (또는 위도와 경도) 두 개로는 불충분하고 고도가 얼마인지도 말해 줘야 합니다. 그래서 x, y, z 세 개의 좌표가 필요하지요. 한편 기차는 어떨까요? 서울에서 부산까지 경부선을 달리는 열차의 위치를 말하려면 어떻게 하면 될까요? 서울역에서 몇 킬로미터 떨어진 지점에 있는지만 나타내면 됩니다. 선을 따라서 움직이니까 x 좌표 하나만 있으면 되지요. 이러한 선을 1차원이라 하고, 면은 두 개의 좌표가 필요하니까 2차원이고, 우리가 사는 공간은 세 개의 좌표가 필요하므로 3차원입니다. 물체의 위치를 비롯해 움직임을 기술하려면 이러한 좌표라는 개념이 필요하지요.

따라서 3차원 공간에서 위치 $\mathbf{r}$은 x, y, z 방향으로 각각 성분을 가지는데 이러한 물리량을 벡터라 부릅니다. 식으로 $\mathbf{r} = (x, y, z)$로 나타내며 흔히 크기와 함께 방향도 지닌 양이라고 설명하지요. 운동이란 시간에 따라 위치가 변화함, 곧 변위가 일어남을 뜻합니다. 속도는 단위시간당 변위로서 위치를 시간으로 미분한 도함수로 주어집니다. 벡터를 미분해도 역시 성분을 지닌 벡터이므로 위치를 시간으로 미분한 속도 $\mathbf{v}$나 속도를 미분한 가속도 $\mathbf{a}$도 역시 벡터입니다. [식으로 $\mathbf{v} \equiv \dfrac{d\mathbf{r}}{dt} = \left(\dfrac{dx}{dt}, \dfrac{dy}{dt}, \dfrac{dz}{dt} \right)$ 및 $\mathbf{a} \equiv \dfrac{d\mathbf{v}}{dt} = \dfrac{d^2\mathbf{r}}{dt^2} = \left(\dfrac{d^2x}{dt^2}, \dfrac{d^2y}{dt^2}, \dfrac{d^2z}{dt^2} \right)$ 로 나타냅니다.] 흔히 도함수를 $\dfrac{d\mathbf{r}}{dt} \equiv \dot{\mathbf{r}}$, 그리고 $\dfrac{d^2\mathbf{r}}{dt^2} \equiv \ddot{\mathbf{r}}$ 처럼 위에 점을 찍어서 표시하기도 하지요. 따라서 운동방정식은

$$m\ddot{\mathbf{r}} = \mathbf{F}$$

로 쓸 수 있습니다. 수학적으로 2계 미분방정식에 해당하는 이 식은 x, y, z 각 방향의 성분별로 성립하며, 초기조건으로 처음의 위치와 속도가 주어지면 이 식을 풀어서 임의 순간의 위치와 속도를 구할 수 있지요. 앞으로 벡터 표시를 이따금 쓰겠지만 내용을 이해하는 데 아무런 상관이 없으니 잘 모르는 학생은 신경 쓰지 않아도 됩니다.

에너지

고전역학은 형태를 바꿔서 에너지라고 하는 개념을 써서 나타낼 수도 있습니다. 힘 대신에 에너지라는 양을 생각하면 편리할 때가 많습니다. 그런데 여러분은 대부분 에너지란 개념을 제대로 배우지 못했으리라 추정합니다. 우리나라 교육과정이 그리 잘 만들어져 있지 않아서 그런지 여러분은 아마도 에너지를 '일을 할 수 있는 능력'이라고 배웠을 겁니다. 이는 좀 부정확한 표현이지요. 일을 할 수 있는 능력이라는 의미 자체도 다소 모호해서 과학적 개념으로 쓰기에 적절하지 않습니다. 또한 일을 정의해야 에너지를 정의할 수 있는데 이보다는 에너지를 먼저 정의하고 일을 에너지 전달의 한 가지 형태로 정의하는 쪽이 자연스럽고 편리합니다.

에너지는 다음과 같이 정의합니다. 먼저 질량이 m인 물체가 속도 v로 움직이고 있다면 이 물체는 운동에너지

$$K = \frac{1}{2}mv^2$$

을 가진다고 말합니다. 이것이 일단 운동에너지의 정의입니다. 다시 말해서 어떤 물체가 속도를 가지고 움직이고 있을 때 그 물체 속도의 제곱에 질량을 곱한 값의 반이 운동에너지지요. (이러한 운동에너지를 바꾸는 원인을 일이라 부릅니다. 다시 말해서 물체가 외부로부터 일을 받으면 그만큼 운동에너지가 늘어나게 되지요.)

더 알아보기 ① 일-에너지 정리 ☞ 202쪽

지우개를 손에 들고 있으면 움직이지 않으니까 운동에너지는 없습

니다. 지우개의 운동에너지는 0이지요. 그런데 이것을 놓으면 떨어지면서 속도가 생깁니다. 운동에너지를 가지게 되지요. 놀랍게도 처음에 없던 운동에너지가 단지 손만 놓았는데 저절로 생겼습니다. 이걸 어떻게 해석해야 할까요? 지우개가 손에 들려 있을 때는 없는 듯 보였지만, 무엇인가 숨어 있던 녀석이 나타났다고 생각하면 매우 편리합니다. 이렇게 숨어 있다가 결국 운동에너지로 나타나는 것을 잠재에너지라고 표현합시다. 운동에너지에서 시작한 '에너지'의 개념을 확장하는 거지요.

일반적으로 어떤 물체가 내부나 주변 상황의 변화에 따라 자신의 운동에너지 K가 U만큼 증가할 수 있다면 이 물체는 숨어 있는 에너지, 곧 잠재에너지를 U만큼 가지고 있다고 표현합니다. 간단한 예로 질량 m인 물체가 지면에서 높이 h 지점에 있는 경우에 잠재에너지는

$$U = mgh$$

로 주어집니다. 여기서 g는 지상의 물체가 지구의 중력 때문에 가지게 되는 중력가속도로서 대략 $9.8\,m/s^2$의 값을 가지지요. 지우개를 들고 있으면 운동에너지는 없지만 놓으면 떨어지면서 스스로 운동에너지가 생깁니다. 주변 상황, 구체적으로 말하면 지구와 관계가 변해서 저절로 운동에너지가 생기는데, 원래 그만큼 에너지가 잠재해 있었다고 생각하자는 겁니다. 다시 말해서 그만큼 잠재에너지를 가지고 있었다는 거지요. 여러분은 위치에너지라고 배웠겠지요. 그러나 위치뿐 아니라 다른 상황이나 내부의 변화로 생기는 경우도 있으므로 위치에너지란 용어는 적절하지 않을 수 있습니다.

이러한 두 가지 에너지, 곧 운동에너지와 잠재에너지를 합쳐서 '역학적 에너지'라고 부릅니다. 간단한 경우로 지상에서 지구 중력 때문에 생기는 잠재에너지를 생각해 봅시다. 질량 m인 물체는 지구로부터 크기 mg의 중력을 받습니다. 이 물체가 h만큼 아래로 떨어져서 속도 v가 되었다고 하면, 이 경우에 잠재에너지 U는 mgh만큼 줄어드는 한편 운동에너지 K는 $\frac{1}{2}mv^2$이 되지요. 이렇게 새로 생겨난 운동에너지는 줄어든 잠재에너지와 크기가 같습니다. 따라서 잠재에너지가 운동에너지로 형태를 바꾸었다고 해석할 수 있습니다. (이 경우 줄어든 잠재에너지는 중력이 한 일에 해당합니다. 물체가 그만큼 일을 받았으므로 운동에너지가 늘어났다고 여길 수 있지요.)

이렇게 해석하면 아주 편리합니다. 특히 운동에너지 K와 잠재에너지 U를 더한 역학적 에너지 E는 바뀌지 않고 일정하다고 할 수 있습니다. 물체가 정지 상태에 있다가 떨어지는 경우에 처음에는 $K=0$이고 U만 있었는데 나중에는 U가 줄어들고 그만큼 K가 생겨서 U와 K를 더한 것은 언제나 똑같다는 것이지요. 식으로 나타내면

$$K + U = E$$

이며 각 에너지 기호에 아래첨자 i와 f를 붙여서 처음 값과 나중 값을 표시하면 $K_f+U_f = K_i+U_i \ (=E)$가 됩니다. 변화량, 곧 나중 값과 처음 값의 차이를 $\Delta K \equiv K_f-K_i$ 따위로 표시하면

$$\Delta E = \Delta K + \Delta U = 0$$

으로 쓸 수도 있습니다. 역학적 에너지 E는 일정하니까 $\Delta E = 0$이지

요. 예컨대 지상의 한 지점에서 h만큼 아래쪽으로 떨어진 물체의 경우에는 $K_i = 0$, $K_f = \frac{1}{2}mv^2$이므로 $\Delta K = \frac{1}{2}mv^2$이고 잠재에너지는 줄었으니까 $\Delta U = -mgh$입니다. 그러면 $0 = \Delta K + \Delta U = \frac{1}{2}mv^2 - mgh$에서 속도 $v = \sqrt{2gh}$ 임을 쉽게 알 수 있습니다. 물론 이것은 뉴턴의 운동방정식을 풀어서 구할 수도 있지요.

다시 한 번 강조하면 운동방정식을 이용하든지(곧, 힘을 알아내서 가속도를 구하고 속도와 위치를 구하든지), 운동에너지와 잠재에너지를 정의하고 그 둘의 합이 일정하다는 관계를 이용하든지 주어진 위치에서 속도를 구한 결과는 같습니다. 고전역학을 힘과 가속도로 표현한 것이 뉴턴의 운동법칙이고, 에너지로 표현해서 역학적 에너지가 일정하다고 표현한 것을 '역학적 에너지 보존법칙'이라고 부르는데, 이는 운동법칙에서 쉽게 얻을 수 있지요.

위의 경우는 간단하니까 뉴턴의 운동법칙을 이용해서 속도 등 원하는 물리량을 구해도 되지만 복잡한 경우에는 운동방정식을 푸는 것이 쉽지 않습니다. 왜냐하면 적분하는 과정이 상당히 어렵기 때문입니다. 대신에 역학적 에너지 보존법칙을 이용하면 아주 쉽게 풀 수 있습니다. 더 알아보기 ② 에너지 보존법칙을 이용한 풀이 ☞ 202쪽

일반적으로 운동에너지는 없고 잠재에너지만 있는 물체를 가만히 놓아두면 움직이면서 운동에너지가 점점 커지고 잠재에너지는 작아집니다. 지상에서 떨어지는 물체가 널리 알려진 예지요. 물체가 지면에 도달하면 잠재에너지가 전부 운동에너지로 바뀝니다. 그런데 이 물체가 지면에 부딪히면 어떻게 될까요? 땅에 떨어진 물체는 결국 멎어 버리니까 운동에너지가 0이 됩니다. 잠재에너지도 다 없어져 버리

지요. 대체 어떻게 된 걸까요? 역학적 에너지가 보존되지 않았습니다. 명백하지요. 이것을 어떻게 해석해야 할까요?

자연이 원래 그런가 보다 하고 내버려 두는 것도 한 가지 방법이겠지요. 그러나 물리를 하는 사람들은 그걸로 만족하지 못합니다. 적당히 넘어가고 살면 다른 사람도 편했을 텐데, 물리 분야에는 성격이 좀 까다로운 사람들이 많아서 쉽게 만족하지 않지요. 앞서 언급했지만 물리량의 보존은 대칭성과 직결되는 문제입니다. 일반적으로 연속 대칭성이 존재하면 그에 해당하는 물리량이 보존된다고 할 수 있는데 이를 '뇌터의 정리'라 합니다. 예컨대 나란히옮김 대칭은 운동량 보존, 돌림(방향) 대칭은 각운동량 보존, 그리고 시간옮김 대칭은 바로 에너지 보존에 대응하지요. (고등학교에서 물리를 배운 학생은 운동량을 기억하나요? 일반적으로 운동량은 $\mathbf{p} \equiv m\mathbf{v}$, 곧 질량과 속도의 곱으로 주어지는데 사실 뉴턴의 운동법칙은 원래 운동량을 가지고 $\dot{\mathbf{p}} = \mathbf{F}$ 로 나타내었지요. 한편 각운동량은 위치와 운동량의 가위곱 $\mathbf{l} \equiv \mathbf{r} \times \mathbf{p}$ 로 주어집니다. 가위곱($\times$)은 벡터와 벡터를 곱해서 다

그림 8-1: 뇌터(1882~1935).

시 벡터를 얻는 곱셈인데 전문적인 내용이므로 여기서는 논의하지 않겠습니다.) 이는 20세기 초 독일의 수학자 뇌터가 얻어 냈습니다. 뇌터는 당대 최고의 수학자라 할 힐베르트와 아인슈타인에게서 최고로 인정받을 만큼 뛰어났으나 여성이라는 이유로 제대로 평가받지 못하고 독일 대학 사회에서 어려움을 겪었습니다.

대학 사회는 지금도 보수적인 면이 있지만 당시 독일에서는 특히 심했지요.

아무튼 대칭성이란 개념이 자연을 해석하는 데 중요한 구실을 한다고 전제했으니, 보존이 안 된다는 것은 기분이 좋지 않은 일입니다. 그러니 새로운 생각을 해 보자는 거지요. 지금까지 에너지는 운동에너지와 잠재에너지, 곧 역학적 에너지만 있다고 배웠는데 다른 종류도 있다고 생각해 봅시다. 에너지의 종류를 확장해서 역학적 에너지는 없어졌지만 다른 형태로 바뀌었다고 해석하고, 이에 따라 전체 에너지는 보존된다고 발상을 전환해 보자는 겁니다. 에너지 보존법칙을 일반화하자는 거지요.

역학적 에너지가 없어질 때 얌전히 없어지지 않습니다. 예를 들어 지우개가 바닥에 떨어질 때 조용히 떨어지지 않고 소리를 내지요. 여기서 소리도 에너지를 가지고 있다고 생각하자는 겁니다. 그렇습니다. 소리도 에너지를 가지고 있습니다. 소리의 정체는 공기 분자들이 진동하는 파동이지요. 공기 분자 하나하나는 제자리에서 왔다 갔다 할 뿐인데, 그 진동 자체가 퍼져 나가는 겁니다. 그런데 공기 분자 하나하나도 질량을 지니고 있습니다. 질량을 지닌 분자들이 움직여서 진동하니까 운동에너지를 가지게 되지요. 물론 공기 분자가 진동하면서 위치에 따라 잠재에너지도 가집니다. 아무튼 소리는 분자들의 운동에너지와 잠재에너지에 기인하는 에너지를 가지고 있습니다.

그러면 소리는 어디로 갔을까요? 소리가 났다가 금방 없어지지요. 그 소리에너지는 어디로 갔습니까? 결국 열로서 공기 중에 흩어졌다고 할 수 있습니다. 소리를 엄청나게 지르면 공기가 조금 따뜻해집니다. 쇠망치로 쇠붙이를 계속 치면 따뜻해지는 것을 느껴 봤을 겁니다. 따뜻해진다는 것은 분자들이 마구 움직이는 운동에너지가 크다는 의미이고, 이러한 형태의 에너지 전달을 열이라고 부릅니다. 그 밖에도 전기에너지와 빛에너지, 화학에너지 등 에너지의 형태는 무수히 많습니다. 에너지는 아주 다양한 형태가 있고 서로 옷을 갈아입을 수 있습니다. 예컨대 전등을 켜면 전기에너지가 빛에너지로 바뀌게 되고, 자동차는 휘발유의 화학에너지를 열로 바꾸었다가 다시 운동에너지로 바꾸는 거지요. 따라서 한 형태의 에너지는 다른 형태로 모습을 바꿀 수 있지만 이들을 모두 합치면 전체 에너지는 변함이 없다, 즉 보존된다고 해석하자는 겁니다. 이렇게 해석하는 과정에서 자연스럽게 에너지 개념이 확장되지요.

흥미롭게도 이런 에너지들은 대부분 각각 자연과학, 주로 물리학의 한 분야가 되었습니다. 소리에너지를 연구하는 분야는 음향학입니다. 이것은 음악에서 아주 중요한데 예를 들어 연주회장을 설계하는 경우를 생각해 봅시다. 연주회장에서 음향을 멋지게 나오게 하려면 음향 설계를 잘 해야 합니다. 잘못하면 연주하는 소리가 메아리를 만들게 되고 연주회도 엉망이 되겠지요. 그런데 연주회장을 잘 설계하는 것이 쉬운 문제가 아닙니다. 우리나라는 음향학을 연구하는 사람이 드물고, 세종문화회관이나 예술의 전당도 외국인이 설계했다고 하지요. 한편 열이라는 에너지 전달을 연구하는 분야가 열역학이고 전기에너지를 연구하는 분야가 전자기학, 빛에너지를 연구하는 분야가 광학이라 할 수 있습니다.

결국 모든 에너지는 운동에너지로 귀착이 됩니다. 운동에너지로 시작해서 잠재에너지를 정의했고, 이러한 역학적 에너지를 확장해서 모든 에너지를 정의했지요. 이러한 에너지라는 것이 어떻게 느껴지나요? 운동방정식 형태의 고전역학하고는 느낌이 다르지 않나요? 앞의 강의에서 물리학의 발전을 시대정신과 비교한 내용을 다시 생각해 보기 바랍니다.

해밀턴역학

에너지 개념을 이용한 새로운 고전역학 형식으로 '해밀턴의 원리'라는 것이 제안되었습니다. 매우 멋진 형식인데 이를 설명하기 위해 '작용'이라는 것을 정의하겠습니다. 조금 어려운 개념이지만 작용 S는 라그랑지안이라고 하는 양 L을 시간에 대해, 처음 t_i에서 나중 t_f까지 적분한 겁니다. 식으로 쓰면 $S \equiv \int_{t_i}^{t_f} L dt$ 가 됩니다. 여기서 라그랑지안은 $L \equiv K-U$, 곧 운동에너지와 잠재에너지의 차이로 정의되는 양으로 라그랑주의 이름을 땄지요. 이에 대해 에너지를 기술하는 함수 꼴, 곧 에너지를 위치와 속도 등의 함수로 표현한 양 $H \equiv K+U$를 해밀턴의 이름을 따서 해밀토니안이라고 부릅니다.

어떤 물체가 t_i인 순간에 위치 x_i에 있다가 움직여서 시각 t_f일 때 위치 x_f에 왔다고 합시다. 이때 이 물체가 x_i에서 x_f로 가는 방법이 여러 가지가 있을 수 있습니다. 그중에 실제로는 어떤 것을 택해서 갈까요? 어느 길로 가는지에 따라 작용이 달라집니다. 처음과 끝이 정해져 있어도 도중의 위치가 다르기 때문에 이에 의존하는 잠재에너지가 달라지고, 따라서 이걸 합친(적분한) 값인 작용도 달라집니다.

가능한 여러 길 중에서 작용의 값이 최소인 길이 하나 있는데, 실제로 물체는 그 길을 따라 갑니다. 많은 길 중에서 작용이 가장 작은 길을 따른다는 것이 바로 해밀턴의 원리, 이른바 '최소작용원리'이고, 이것은 놀랍게도 뉴턴의 운동법칙과 완전히 같습니다. 다시 말해서 작용 S가 최소가 된다는 조건을 풀어서 나타내면 운동방정식과 동등합니다. (수학적으로는 변분법, 곧 변이의 미적분을 써서 풀게 되지요.)

운동방정식을 푸는 대신에 역학적 에너지 보존법칙을 써도 결과는 같다고 했습니다. 그러나 후자의 경우, 시간이 결부되어 있지 않습니다. 따라서 각 순간에서 위치나 속도를 구할 수 없습니다. 다시 말해서 물리량을 시간의 함수로 구할 수는 없지요. 이를 멋지게 해결한 것이 해밀턴의 원리입니다. 해밀턴의 원리는 뉴턴의 운동법칙을 형태만 바꾼 것으로 조금 어렵지만 수학적으로 동등하다는 것을 보일 수 있습니다. 그래서 고전역학은 뉴턴의 운동법칙에서 출발할 수 있고, 해밀턴의 원리에서 출발할 수도 있습니다. 이에 따라 크게 나눠 뉴턴역학과 해밀턴-라그랑주 역학의 두 가지 형식이 있는 셈이지요. 이 둘은 내용은 완전히 동등하지만 모양은 상당히 다릅니다.

뉴턴역학의 운동방정식이 더 간단해 보이지만 실제 상황에 적용해 보면 해밀턴-라그랑주 역학이 편리한 경우가 많습니다. 많은 경우에 힘이 어떻게 작용하는지 알아내기 어렵고, 또한 힘은 수학적으로 벡터이므로 크기뿐 아니라 방향까지 고려해야 하기 때문이지요. 그렇지만 에너지나 작용은 이른바 스칼라로서 크기만 가지고 있고 방향을 신경 쓸 필요가 없습니다. 그래서 더 편리할 때가 많습니다. 또 뭔가 다른 느낌이 있지 않은가요?

뉴턴역학은 요약하면 힘이 주어지면 그것에 맞춰 움직임이 결정된다는 내용입니다. 주어진 힘 때문에 가속도가 생기고 운동이 결정된다는 관점이지요. 원인과 결과가 명백하게 구분되어 있습니다. 원인이란 외부의 요인입니다. 곧, 힘은 물체의 바깥에서 주어진 거지요. 외부적 원인에 따라 결과가 정해진다는 것은 다분히 '기계론적' 관점이라고 할 수 있습니다.

반면에 해밀턴-라그랑주 역학은 원인과 결과가 아니라 다른 구조를 가지고 있습니다. 작용이란 에너지와 관련되어 있는 양인데, 에너지는 힘처럼 외부에서 주어졌다고 말하기 어렵습니다. 운동에너지나 잠재에너지는 외부에서 주어지는 것이 아니라 그 물체의, 정확히 말하면 계의 성질입니다. 따라서 외적 요인이 결정하는 것이 아니라 계의 내부적 성질에 따라서 정해진다고 볼 수 있습니다. 원인과 결과를 구분하기보다는 작용을 최소화하는 기본원리가 자연에 내재해 있다고 전제하는 것이지요. 다분히 '목적론적'이라고 할 수 있습니다. 이같이 완전히 다른 전제에서 출발했는데도 해밀턴-라그랑주 역학은 수학적으로 뉴턴역학과 완전히 같은 내용을 기술하고 있습니다. 참으로 놀랍고 흥미로운 일이지요. 자연을 타당하게 해석하는 관점이 한 가지가 아니라 여러 가지로 다양할 수 있음을 보여 줍니다. (하물며 역사학 등에서 인간과 사회를 해석하는 관점의 다양성은 새삼 말할 필요도 없겠네요.) 여러분은 어떤 관점을 택하겠어요?

더 알아보기

① 일-에너지 정리

운동에너지가 왜 이렇게 정의되는지 알아볼까요? 간단히 1차원에서 생각해 봅시다. 처음 상태가 (x_0, v_0)이던 질량 m의 물체가 힘 F를 받아서 상태가 (x, v)로 바뀌는 과정을 기술하는 운동방정식 $F = ma = m\dfrac{dv}{dt}$의 왼쪽 항에 dx를 곱하고 오른쪽에는 $vdt \left(= \dfrac{dx}{dt}dt = dx \right)$를 곱하면 $Fdx = m\dfrac{dv}{dt}vdt$ $= mvdv$를 얻지요. 이 식을 처음 상태부터 나중 상태까지 적분하면

$$\int_{x_0}^{x} Fdx = m \int_{v_0}^{v} vdv = \frac{1}{2}mv^2 - \frac{1}{2}mv_0^2 \equiv K - K_0$$

가 얻어집니다. 이 식의 왼쪽 항은 바로 일의 정의이고 오른쪽 항은 위에서 정의한 운동에너지 K의 변화량이네요. 일반적으로 어떤 물리량의 변화량은 기호 앞에 삼각형(Δ)을 붙여서 나타냅니다. 따라서 운동에너지의 변화량을 $\Delta K \equiv K - K_0$로 표시하면 이와 물체가 외부로부터 받은 일 $W \equiv \displaystyle\int_{x_0}^{x} Fdx$ 사이에

$$W = \Delta K$$

가 성립합니다. 이를 일-에너지 정리라고 부르며, 이에 따라 운동에너지를 정의하면 운동의 기술에 편리하지요.

② 에너지 보존법칙을 이용한 풀이

예를 들어 그림 8-2에서 보듯이 길이 l인 줄의 한쪽 끝이 O점에 고정되어 있고 다른 끝에 질량이 m인 추가 매달려서 움직이는 흔들이(진자)를 생각하지요. 추는 반지름 l인 원둘레를 따라 움직입니다. 줄이 연직선과 이루는 각 θ를 추의 각위치로 정의하고 처음에 $\theta = \dfrac{\pi}{2}$에서, 곧 줄이 수평이 되

는 지점에서 추의 운동이 시작되었다면 임의
의 각위치 θ에서 추의 속도를 어떻게 구할
수 있을까요?

추에 작용하는 힘은 지구에서 받는 아래
방향의 중력 mg와 줄이 당기는 켕길힘(장력)
T인데 서로 방향이 평행하지 않으므로 벡
터 계산을 해야 합니다. 방향에 따라 성분으
로 나눠 계산해야 하지요. 켕길힘과 중력의
줄(지름) 방향 성분의 차이로 주어지는 알짜
힘은 지름 방향 가속도(구심가속도)와 같아
서 식으로 쓰면 $T-mg\cos\theta = ml\dot{\theta}^2$이 되지요.

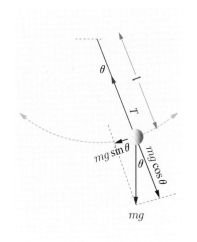

그림 8-2: 흔들이 추에 작용하는 힘.

한편 알짜힘 중에 줄과 수직, 곧 원의 접선 성분은 남아서 $-mg\sin\theta$가 됩니
다. 여기서 음의 부호는 θ가 줄어드는 방향을 향한다는 뜻입니다. 원둘레
방향으로 거리, 곧 호의 길이가 $l\theta$로 주어짐을 생각하면 속도는 이를 시간
에 대해 미분한 도함수 $v = l\dot{\theta}$, 가속도는 속도를 다시 미분해서 $a = l\ddot{\theta}$가
되지요. 따라서 운동 $a = \dfrac{F}{m}$ 방정식 는 결국 $l\ddot{\theta} + g\sin\theta = 0$의 꼴로 주
어집니다. 이 식은 수학적으로 미분방정식의 형태를 가지는데 힘이 $\sin\theta$로
주어지므로 이른바 비선형이라 풀기가 어렵습니다.

그러나 역학적 에너지 보존법칙을 이용하면 임의의 위치에서 속도를 쉽
게 구할 수 있습니다. 추가 가장 낮은 지점, 곧 $\theta = 0$인 위치를 높이의 기준
으로 하면 추의 높이는 $h = l(1-\cos\theta)$로 주어지므로 역학적 에너지는

$$\frac{1}{2}mv^2 + mgl(1-\cos\theta) = E = mgl$$

이 됩니다. 여기서 처음 위치 $\theta = \dfrac{\pi}{2}$와 속도 $v = 0$을 이용했지요. 그러면 각
위치 θ에서 속도가 $v = \sqrt{2gl\cos\theta}$임을 쉽게 얻을 수 있습니다.

9강

전자기이론

한편 전기·자기 현상을 다루는 분야가 전자기학으로 정립이 되었는데 그 효시는 18세기 프랑스의 물리학자 쿨롱이라 할 수 있습니다. 앞 강의에서 언급했듯이 쿨롱에서 출발해서 앙페르와 패러데이가 전자기학의 확립에 많은 공헌을 했지요. 전기와 자기 현상은 마당 개념을 써서 전기마당 등으로 이해하는 것이 아주 편리합니다. 여러분은 고등학교 때 마당 대신에 '장場'이라고 배웠을 겁니다. 전기장, 자기장 따위로요. 그러나 마당이라는 개념이 꼭 전자기 현상에만 국한되는 것은 아니지요. 이번 강의에서는 먼저 마당에 대해 생각해 보고 파동과 맥스웰의 전자기이론을 간단히 소개하기로 하겠습니다.

그림 9-1: 쿨롱(1736~1806).

마당

일반적으로 서로 떨어져 있는 두 물체는 어떻게 힘을 주고받을까요? 종래 방식으로는 한 물체가 다른 물체에 직접 힘을 주고받는다고 생각할 수 있습니다. 이른바 먼 거리 작용이라고 하지요. 서로 떨어져 있어도 직접 힘을 주고받는다고 생각하는 겁니다. 그러나 극히 멀리 떨어져 있는 물체끼리 과연 어떻게 직접 힘을 주고받을 수 있을까요? 예컨대 해와 북극성도 서로 중력을 주고받겠지요. 그런데 북극성과 해는 1000 광년가량 떨어져 있습니다. 빛이 1000 년을 가야 할 만큼 아주 멀리 떨어져 있는데 힘을 어떻게 직접 주고받는지 납득하기 어렵지요. 그래서 좀 다르게 해석해 보자는 겁니다.

힘을 직접 주고받는 대신에 물체는 자신의 주위 공간에 마당을 만든다고 생각해 봅시다. 이 마당에 놓인 다른 물체는 마당에서 힘을 받는다고 생각하지요. 이렇게 하면 멀리 떨어진 데에서 영향을 받는 것이 아니라, 바로 놓인 자리의 마당으로부터 영향을 받는다고 생각할 수 있어서 편리합니다. 이른바 한곳성(국소성)을 유지할 수 있지요. 전기력의 예를 들까요. 전하, 곧 전기를 띤 알갱이가 둘 있을 때 전기력을 직접 주고받는다고 생각하는 대신에 각 전하가 각각 자신의 주위에 전기마당을 만든다고 생각하자는 겁니다. 한 전하가 만든 전기마당에 다른 전하가 놓여 있는 셈입니다. 그러면 전하는 자신이 놓인 자리의 전기마당 — 다른 전하가 만든 — 으로부터 힘을 받는 것이지요. 서로 마찬가지입니다. 그러니까 두 전하가 힘을 직접 주고받는 것이 아니라 전기마당을 통해 간접적으로 주고받게 됩니다.

전기력이 힘이니까 벡터이듯이 전기마당도 벡터로 주어지며, 단위 전하, 곧 1쿨롱의 전하가 받는 전기력으로 정의합니다. 따라서 전기 마당 $\mathbf{E}$인 지점에 놓인 전하가 받는 전기력 $\mathbf{F}$는 그 전기량 q에 비례 해서 $\mathbf{F} = q\mathbf{E}$로 주어집니다. 이 전기마당이 만일 r만큼 떨어진 지점 에 있는 다른 전하 Q가 만든 것이라면 그 크기는 $E = k\dfrac{Q}{r^2}$로 주어 지므로 전하 q가 받는 전기력의 크기는 $F = qE = k\dfrac{Qq}{r^2}$, 곧 쿨롱의 법칙이 됩니다.

중력도 마찬가지로 생각할 수 있습니다. 중력마당은 단위질량, 곧 1킬로그램의 물체가 받는 중력으로 정의할 수 있지요. 따라서 중력 마당 $\mathbf{g}$인 지점에 놓인 물체가 받는 중력 $\mathbf{F}$는 그 질량 m에 비례해서 $\mathbf{F} = m\mathbf{g}$로 주어집니다. 특히 지상의 어떤 물체가 지구로부터 받는 중력의 크기를 무게라 부르는데, 지구가 직접 그 물체를 당겨서 무 게를 가지게 된다고 생각하는 대신에 물체가 지구의 중력마당에 있 기 때문에 그로부터 힘을 받는다고 해석하자는 거지요. 지구의 질 량을 M, 반지름을 R이라 하면 지표면에서 지구가 만드는 중력마당은 $g = G\dfrac{M}{R^2}$로 주어집니다. 따라서 질량 m인 물체의 무게, 곧 중력의 크기는 $W = mg = G\dfrac{Mm}{R^2}$이 되어서 뉴턴의 중력법칙과 같습니다. 물체가 받는 힘이 W이므로 운동법칙을 적용하면 물체의 가속도는 $a = \dfrac{W}{m} = g$가 되지요. 이는 질량 등에 상관없이 지상의 모든 물체가 지구 중력의 작용으로 가지게 되는 가속도로서 중력가속도라 부르 며, 구체적인 값을 넣으면 널리 알려진 대로 $g = 9.8 \text{ m/s}^2$이 됩니다.

마당이란 개념은 흥미롭게 발전해 왔습니다. 처음에는 물질 사이 의 상호작용을 편리하게 기술하는 보조적 관점에서 시작했지만 점차 물리적 실체로서 개념이 확장되었지요. 앞에서 지적했듯이 운동량은 질량과 속도의 곱으로 주어지며 따라서 물질, 곧 질량을 지닌 알갱이가 가지는 양이라고 생각하는데, 놀랍게도 마당도 에너지와 함께 운동량을 지니고 있다고 간주할 수 있습니다. 마치 물질처럼 말이지요. 여기서 자세하게 얘기하긴 어렵지만, 마당이란 물질과 에너지나 운동량을 주고받을 수 있고 심지어 물질을 대체해 자연현상의 실체로서 핵심적 구실을 하는 것으로 해석하기도 합니다.

일반적으로 동역학은 8강에서 다룬 고전역학에서 보듯이 현상의 실체, 곧 물질을 알갱이 또는 그것들의 집합으로 표상하며 그 시간펼침은 알갱이에 대한 운동방정식으로 나타내집니다. 4강에서 이미 언급했지만 이러한 점을 강조해서 알갱이동역학 또는 질점역학이라고 부르기도 합니다. 여기서 마당은 단지 알갱이들 사이의 상호작용을 기술하는 구실을 하지요. 이에 반해 마당을 현상의 실체로 간주하는 관점에서는 물질을 알갱이 대신에 마당을 전파하는 파동의 무더기로서 표상하는 셈입니다. 이 경우에 마당의 시간펼침은 (알갱이에 대한) 운동방정식 대신에 '더 알아보기'에서 논의하는 파동방정식으로 기술되지요. 고전역학에서 알갱이 대신에 파동으로 표상하여 기술하는 경우가 연속체역학이며 탄성이론으로서 음향학이 대표적 보기라 할 수 있습니다.

마당 개념은 전기마당과 자기마당에서 보듯이 특히 전자기 현상의 기술에서 중요한 구실을 합니다. (다음 강의에서 다루겠지만 전자기 현상은 본원적으로 상대성이론에 따릅니다.) 그래서 전자기 현상과 결부된 운동을 다루는 전기역학이란 결국 (상대론적) 고전마당이론이라고 할 수 있습니다. 한편 13강에서 논의하는 양자역학에 입각한 전기역학, 이른바 양자전기역학은 곧 양자마당이론에 해당합니다.

더 알아보기 ① 파동방정식 ☞ 215쪽

맥스웰방정식과 전자기파

앞에서 지적했지만 전기와 자기는 본질적으로 한 가지 현상이라 할 수 있으므로, 합쳐서 '전자기'라고 부르지요. 일반적으로 전기마 당이 변하면 자기마당을 만들어 냅니다. 그 반대 과정도 성립하지요. 결과적으로 진동하는 전기마당과 자기마당은 서로 상대방을 변화시 키면서 파동으로서 공간을 퍼져 나갈 수 있습니다. 마치 소리가 퍼 져 나가듯이 말이지요. 이를 전자기파라고 합니다.

빛이 바로 이러한 전자기파인데 에돌이와 간섭이라는 파동의 특 징적 성질이 있음은 이미 논의했습니다. 하위헌스와 영, 프레넬 등이 빛이 파동이라는 사실을 확립했지요. 그러면 어떤 파동일까요? 전기 마당과 자기마당이 진동을 하는 전자기파라는 겁니다. 이를 이론적 으로 보여서 전자기이론을 완성한 사람이 여러 번 언급한 맥스웰입 니다.

전자기이론은 이른바 맥스웰방정식이라고 부르는 네 가지 식으로 요약할 수 있습니다. 전기마당 E, 자기마당 B가 만족하는 관계식들 로 전문적 내용이라 여기서 다룰 필요는 없지만 적분 꼴로 한번 써 보면 다음과 같습니다.

$$\oint \mathbf{E} \cdot d\mathbf{A} = \frac{q}{\varepsilon}$$

$$\oint \mathbf{B} \cdot d\mathbf{A} = 0$$

$$\oint \mathbf{E} \cdot d\mathbf{l} = -\int \frac{\partial \mathbf{B}}{\partial t} \cdot d\mathbf{A}$$

$$\oint \mathbf{B} \cdot d\mathbf{l} = \mu i + \mu \varepsilon \int \frac{\partial \mathbf{E}}{\partial t} \cdot d\mathbf{A}$$

여기서 적분 기호에 동그라미가 겹쳐 있는 것은 한 바퀴 돌려서 전체에 대해 적분하라는 뜻입니다. 주어진 부피의 겉면 넓이 $d\mathbf{A}$나 주어진 넓이의 둘레 길이 $d\mathbf{l}$을 따라 한 바퀴 돌려 적분하라는 거지요. 도함수를 $\frac{d\mathbf{B}}{dt}$로 쓰지 않고 $\frac{\partial \mathbf{B}}{\partial t}$로 쓴 것은 역시 시간과 공간에 의존하는 $\mathbf{B}$를 시간으로 편미분하라는 뜻입니다.

첫 식은 임의의 부피 겉면에서 전기마당을 모두 합치면 그 부피가 품고 있는 전기량과 같다는 뜻으로 가우스의 법칙이라 부릅니다. 이는 쿨롱의 법칙을 모양만 바꾼 것입니다. (중력법칙이나 쿨롱의 법칙에서 두 대상이 주고받는 힘 또는 마당의 크기는 그들 사이 거리의 제곱에 반비례합니다. 이러한 거꿀제곱법칙을 적분 꼴로 표현한 것이 가우스의 법칙이지요.) 여기서 ε은 유전율이라 부르는 상수인데 쿨롱 상수와 $k = \frac{1}{4\pi\varepsilon}$의 관계가 있지요. 둘째 식은 자기에 대한 가우스의 법칙이라 하는데 전기량에 대응하는 자기량이란 없다, 곧 N극이나 S극이 혼자 존재하지 않음을 의미합니다. 실제로 모든 자석은 N극과 S극이 같이 있습니다. (N극이나 S극이 혼자 있는 자기홀극이 과연 있는지는 현대물리학의 또 다른 흥미로운 문제입니다.) 셋째 식은 전기마당을 임의의 면의 둘레를 따라 합치면 그 면에서 자기마당 **B**의 시간적 변화율을 합친 것과 같다는 뜻인데, 자기마당의 시간적 변화가 전기마당을 만든다는 바로 패러데이의 전자기유도 법칙이지요.

마지막 식은 오른쪽에서 첫 항만 생각하면 전류 i가 자기마당을 만든다는 앙페르의 법칙입니다. 암페어의 법칙이라고 배웠나요? 프랑스 사람이라서 앙페르라고 불러야 하지만 흔히 영어로 읽어서 암페어라고 부르지요. 전류란 전하의 이동으로서 단위시간, 곧 1초에 지나가는 전기량으로 정의합니다. 따라서 단위는 C/s인데 이 사람을 기념해서 암페어(A)라고 하지요. μ는 투자율이라 부르는 상수입니다. 오른쪽의 둘째 항은 전자기유도 법칙을 거꾸로 해서 전기마당의 시간적 변화가 자기마당을 만들어 낸다고 생각해서 집어넣은 것이지요. 셋째 식과 대칭을 고려해서 추가한 것인데 사실 맥스웰이 독창적으로 한 것은 이것 하나뿐입니다. 나머지는 모두 이미 알고 있던 관계식들을 정리한 것이지요.

더 알아보기 ② 미분 형태로 표현한 맥스웰방정식 ☞ 216쪽

이 네 가지 맥스웰방정식을 연립하면 전기마당이나 자기마당에 대한 식이 바로 '더 알아보기'에서 소개한 파동방정식의 꼴로 얻어집니다. 전기마당과 자기마당이 파동의 형태로 퍼져 나간다는 사실을 뜻하지요. 다시 말해서 맥스웰방정식을 풀면 전기마당과 자기마당이 서로 어울려서 자기마당의 변화가 전기마당을 만들고 그것이 변하면서 자기마당을 만들게 됩니다. 그러면 그림 9-2에 보였듯이 이 자기마당이 변하면서 다시 전기마당을 만들어 내지요. 이렇게 서로 변

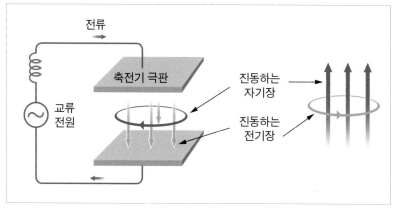

그림 9-2: 변화하는 전기마당이 자기마당을 만들어 내며 자기마당은 다시 전기마당을 만들어 낸다.

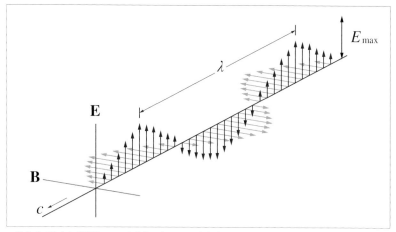

그림 9-3: 떨기너비(진폭) E_{max}, 파길이 λ, 속도 c로 퍼져 나가는 전자기파. 전기마당 **E**와 자기마당 **B**가 서로 수직을 이루어 진동한다.

하면서 얽혀서 퍼져 나가게 되는데 이것이 전자기파, 바로 빛입니다. 결국 자동으로 빛이 나오는 거지요. (여러분 중에 기독교 신자가 있을 텐데 구약 창세기에 보면 태초에 빛이 있었다고 하지요. 하느님이 "빛이 있어라" 하고 말한 것은 사실은 이 맥스웰방정식을 쓴 것이라는 우스개가 있습니다. 그 식에 따르면 반드시 빛이 생겨나야 하니까요.) 전기마당과 자기마당이 얽혀서 서로 수직으로 진동하며 이들의 진동방향과 다시 수직을 이루어 퍼져 나가는 전자기파를 그림 9-3에 보였습니다.

전자기파, 곧 빛은 파길이에 따라 여러 가지로 나뉩니다. 우리 눈에 보이는 빛 — 한자어로는 가시광선 — 에는 '빨주노초파남보'라고 외우는 무지개 빛깔이 있는데 빛깔마다 파길이가 다릅니다. 빨강하고 보라 중에 어느 쪽이 파가 더 긴가요? 빨강이 더 깁니다. 그래도 1 마이크로미터보다도 짧지요. 눈에는 보이지 않지만 빨강보다 더 긴 빛도 있는데 토박이말로 넘빨강살이라 부르지요. 빨강 넘어서 있다는 뜻입니다. 한자어로는 적외선이라고 합니다. 비슷하게 파길이가 보라보다 더 짧아서 보이지 않는 빛이 넘보라살(자외선)이고, 넘보라살보다 더 짧게 10^{-10} 미터 정도 되는 녀석이 엑스선이지요. 그보다도 짧은 것이 바로 감마선입니다. 한편, 넘빨강살보다 파길이가 더 긴 전자기파에 마이크로파가 있습니다. 집에서 전자레인지라고 부르는 것이 바로 마이크로파를 이용해 음식을 뜨겁게 하지요. 파길이가 수 밀리미터에서 수십 센티미터에 이르는 전자기파는 목표물을 탐지하는 레이더에 이용합니다. 최근에 미국의 종말고고도지역방어THAAD라는 장비를 우리나라에 설치해 버려서 논란이 많은데 현실적으로 유도탄 방어보다는 — 탄도의 계산에서 피할 수 없는 오차의 전파를 고려하면 빠르게 날아오는 유도탄을 요격하기란 매우 어렵습니다 — 매우 강력한 전자기파를 쏘아서 수천 킬로미터 거리까지 상대국의 움직임을 탐지하는 레이더 기능이 더 큰 목적인 듯합니다. 마지막으로 파길이가 수 미터에서 수십 미터로 긴 녀석은 보통 전파(라디오파)라고 부르며, 파길이에 따라 텔레비전이나 라디오 방송에 쓰지요.

일반적으로 파동은 한 번 진동할 때 파길이만큼 나아가므로 파동의 빠르기 v는 진동수 v와 파길이 λ의 곱으로 주어져서 $v = v\lambda$가 성립합니다. 전자기파, 곧 빛의 경우는 맥스웰방정식을 풀어 보면 빛의 빠르기 c는 유전율과 투자율에 관련되어 $c = \dfrac{1}{\sqrt{\mu\varepsilon}}$로 주어집니다. 진공에서 μ와 ε의 값을 넣으면 $c = 3 \times 10^8$ m/s, 곧 빛은 1초에 30만 킬로미터를 나간다는 사실을 얻게 되지요. (실제로는 μ와 c의 값을 주어진 것으로 정의하고 위의 식에서 ε의 값을 정합니다.) 따라서 빛의 경우 특이하게도 $v\lambda = c$에서 빠르기 c는 초속 30만 킬로미터로 일정하므로 진동수와 파길이는 반비례합니다. 예컨대 파길이가 600 나노미터인 빛은 진동수가 500 테라헤르츠(THz)나 되지요. 에프엠FM 방송에서 쓰는 범위인 진동수 100 메가헤르츠(MHz)의 전자기파는 파길이가 훨씬 길어서 3 미터입니다.

이러한 맥스웰의 전자기이론은 뉴턴의 고전역학과 비교할 만한 업

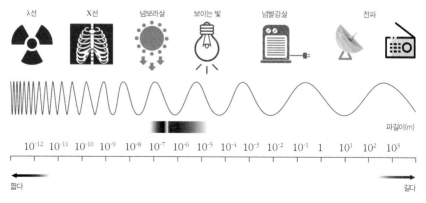

그림 9-4: 전자기파의 가족: 파길이에 따른 분류.

적이라고 할 수 있으며, 이것이 고전물리학의 끝인 셈입니다. 고전물리학의 핵심 내용은 두 가지로서 바로 (고전)역학과 (고전)전자기학이지요. 각각 알갱이동역학과 마당이론의 전형으로서 뉴턴이 움직임을 기술하는 데 완벽하게 성공했고 맥스웰이 전자기 현상과 빛의 이해에 성공했다고 할 수 있습니다. 그런데 흥미롭게도 전자기마당에 최소작용원리를 적용하면 전자기마당의 파동방정식, 곧 맥스웰방정식이 얻어집니다. 이는 알갱이에 최소작용원리를 적용해서 운동방정식을 얻는 것에 대응하지요. 따라서 물체의 움직임을 다루는 역학과 전자기 현상 및 빛을 다루는 전자기학을 하나의 틀로 해석할 수 있게 된 셈입니다. 결국 자연현상을 모두 이해했으니 이제 물리학을 완성했고 더는 할 일이 없다고 생각했지요. 그러나 (고전)물리학이 완성되었다고 생각한 19세기 말에서 20세기 초반에 들어오면서 고전물리학 자체 모순에서 비롯한 심각한 문제가 알려지게 되었습니다. 앞서 지적했듯이 이것은 역사적으로 당시 시대정신하고 묘한 상관관계가 있는 듯합니다. 이른바 쿤의 관점에 따르면, 변칙 또는 비정상성이 급격하게 쌓여 결국 패러다임의 전환, 과학혁명이 필요하게 되었습니다. 이에 따라 20세기 초에 과학혁명이 시작해서 유명한 상대성이론과 양자역학으로 패러다임의 전환이 일어나게 됩니다.

더 알아보기

① 파동방정식

다소 전문적이고 수학적인 표현이라 굳이 알아야 할 필요는 없지만 관심 있는 학생을 위해서 파동방정식을 써 볼까요. 먼저 수평으로 매어 있는 줄을 흔들 때 움직임처럼 1차원 선을 따라 퍼지는 파동을 생각해 봅시다. 이 경우에는 줄이 바로 파동의 매질에 해당하지요. 시각 t에서 매질의 x 지점의 수직 방향 변위를 그리스 문자 프사이(Ψ)를 써서 $\Psi(x, t)$로 나타내면 — 이를 파동함수라고 부르지요 — 공간에서 파동방정식은

$$\frac{\partial^2 \Psi}{\partial t^2} = v^2 \frac{\partial^2 \Psi}{\partial x^2}$$

로 주어집니다. 오른쪽에서 v는 파동의 빠르기에 해당하며 여기서 두 번 미분한 2계 도함수를 $\frac{d^2 \Psi}{dt^2}$나 $\frac{d^2 \Psi}{dx^2}$로 쓰지 않고 각각 $\frac{\partial^2 \Psi}{\partial t^2}$와 $\frac{\partial^2 \Psi}{\partial x^2}$로 쓴 것은 파동함수 Ψ가 시간 t뿐 아니라 공간 x에도 의존하는데 각각 시간으로만 또는 공간으로만 미분하라는 뜻입니다. 편미분이라 부르며, 이처럼 편미분한 도함수에 대한 관계식을 수학적으로는 편미분방정식이라 부릅니다.

이러한 파동방정식은 바로 운동의 법칙으로부터 얻어낼 수 있습니다: 왼쪽 항은 위치를 시간으로 두 번 미분한 도함수라는 사실에서 짐작할 수 있듯이 매질의 가속도를 뜻하고, 오른쪽 항은 매질의 변위에 따라 받게 되는 힘에 해당하지요. [인접한 두 지점의 변위 차는 그만큼 줄이 늘어난 상태에 있다는 뜻입니다. 따라서 지점 x에서 매질은 그 바로 앞 지점, 그리고 뒤 지점과 각각 변위 차에 비례하는 힘을 받게 되지요. (늘어나지 않은 원래 상태로 돌아가도록 하는 힘이라 복원력이라 부릅니다.) 두 힘의 차이가 알짜

힘이 되며 변위 차 $\dfrac{\partial \Psi}{\partial x}$ 의 앞뒤 차이이므로 수식으로 $\dfrac{\partial^2 \Psi}{\partial x^2}$ 으로 주어집니다.] 이 방정식의 풀이는 일반적으로

$$\Psi(x, t) = f(x - vt)$$

로 주어집니다. 여기서 $f(u)$는 $u \equiv x - vt$ 에 대한 임의의 함수로서 파동의 모양, 이른바 파형을 결정하지요.

더 일반적으로 3차원 공간에서는 위치 $r = (x, y, z)$에서 시각 t에 매질의 변위를 $\Psi(x, y, z, t)$ 또는 $\Psi(\mathbf{r}, t)$로 나타내면 파동방정식은 다음과 같이 주어집니다.

$$\frac{\partial^2 \Psi}{\partial t^2} = v^2 \nabla^2 \Psi$$

거꾸로 된 삼각형(∇) 기호는 물매연산자로서 x, y, z에 대한 편미분을 각 성분으로 가진 벡터라고 생각하면 됩니다. 라플라스연산자라 일컫는 ∇^2는 두 물매연산자를 곱한 것으로서 $\nabla^2 \equiv \nabla \cdot \nabla = \dfrac{\partial^2}{\partial x^2} + \dfrac{\partial^2}{\partial y^2} + \dfrac{\partial^2}{\partial z^2}$에 해당하지요. (라플라스연산자는 물리학 이론 곳곳에서 자주 나타나는데, 이는 자연현상을 일으키는 물질 구성원들이 대체로 가까운 것끼리 상호작용하는 현상과 관련이 있습니다.) 이 방정식을 풀어서 파동함수를 구하면 매질의 진동이 어떻게 퍼져 나가는지 알 수 있습니다. 곧 공간에서 파동의 전파를 보여 주지요. 되비침(반사)과 꺾임(굴절)은 물론이고 두 줄기의 파동 Ψ_2 과 Ψ_1 가 만날 때 포개져서 — 한자어로는 중첩되어 — $\Psi = \Psi_1 + \Psi_2$ 로 주어지고 이에 따라 간섭을 일으키거나 장애물이 있을 때 에돌이 따위 파동의 성질을 보여 줍니다.

② 미분 형태로 표현한 맥스웰방정식

이 네 식을 맥스웰방정식이라고 부르는데 보통 이들을 적분 형태 대신에

미분 형태로 표현합니다. 여러분이 알 필요는 없지만 물리학에서 대단히 중
요한 식이므로 참고로 써 보지요.

$$\nabla \cdot \mathbf{E} = \frac{\rho}{\varepsilon}$$

$$\nabla \cdot \mathbf{B} = 0$$

$$\nabla \times \mathbf{E} = -\frac{\partial \mathbf{B}}{\partial t}$$

$$\nabla \times \mathbf{B} = \mu \mathbf{J} + \mu \varepsilon \frac{\partial \mathbf{E}}{\partial t}$$

식들의 왼쪽은 물매연산자 ∇와 전기마당 또는 자기마당 벡터의 점곱(·)
이나 가위곱(×)으로 되어 있습니다. 이를 각각 발산과 회오리라고 부릅니
다. (여기서 그 의미를 논의하지는 않겠습니다.) 오른쪽에서 ρ는 전하밀도,
곧 단위부피당 전기량이고 $\mathbf{J}$는 전류밀도, 곧 단위넓이당 전류입니다. (전하
가 움직이는 방향을 고려해서 벡터로 취급합니다.) 이 식들을 적분하면 정
확하게 앞서 봤던 적분 형태의 방정식들이 얻어지지요.

10강

공간과 시간

19세기 말에 고전물리학이 완성되었는데 크게 두 가지 내용을 담았습니다. 하나는 물질의 운동을 다루는 고전역학이고, 다른 하나는 전기·자기 현상과 빛을 다루는 전자기학과 광학이지요. 고전역학은 기본적으로 뉴턴이 만들어 내었고, 뒤이어 라그랑주, 해밀턴 같은 사람들이 이바지했습니다. 전자기학은 쿨롱, 앙페르, 패러데이 등의 업적을 바탕으로 해서 맥스웰이 완성했지요.

이러한 고전물리학의 두 가지 이론 체계로 모든 자연현상을 이해할 수 있다고 믿었습니다.

그래서 19세기 말에는 물리학자가 더는 할 일이 없다고 비관적으로(?) 생각했지요. 그런데 20세기에 들어오면서 그런 생각이 타당하지 않음을 깨닫게 되었습니다. 쿤의 용어를 빌리자면 변칙 또는 비정상성이 쌓이면서 혁명이 일어나게 된 건데, 그 출발이 바로 고전역학을 통해 완전히 이해했다고 믿고 있던 운동이라는 개념이었습니다.

상대성원리

고대 그리스의 아리스토텔레스 철학에서는 사물은 정지해 있는 것이 본성이라고 생각했지요. 모든 것은 근원을 찾아가니까, 예컨대 물건을 밀어도 움직이다가 언젠가는 정지합니다. 따라서 처음에는 어떤 원인 때문에 잠깐 움직이다가도 결국은 정지하게 된다고 생각했습니다. 이러한 생각은 스콜라철학에 영향을 주었고 중세까지 지배적 관념 체계로 자리 잡고 있었지요.

근세에 들어서면서 처음으로 갈릴레이가 이에 반기를 들었습니다. 갈릴레이는 본질적으로 정지 상태란 개념에 대해 비판적으로 생각했습니다. 예를 들어 우리가 움직이는 기차에 탔다고 합시다. 지면에 있는 사람이 볼 때는 기차가 움직이지만 우리가 보면 기차는 움직이지 않지요. 따라서 기차가 정지해 있느냐 아니냐는 누가 보는지에 따라 다릅니다. 기차 밖 지면에서 보면 기차가 움직이지만 타고서 보면 기차는 가만히 있습니다. 실제로 기차가 미끄러지듯이 움직일 때 창밖을 보면 플랫폼에 서 있던 다른 기차가 뒤로 움직이게 되는데 우리 기차가 떠나는 건지, 아니면 우리 기차는 서 있고 저 기차가 떠나는 건지 가끔 혼동할 때가 있지요.

이처럼 갈릴레이는 움직임은 절대적인 것이 아니고 상대적이므로 — 보는 사람에 따라 정지해 있거나 움직이거나 하므로 — 본원적인 정지 상태란 있을 수 없다고 생각했지요. 이에 따라 운동이 상대적이라는 관념은 이른바 갈릴레이의 상대성원리라고 부르는 기본원리를 가져왔습니다. 일반적으로 "서로 등속도로 움직이는 관측자에게 역학 법칙은 같은 형태를 지닌다"고 나타내지요.

실제로 고전역학은 갈릴레이의 상대성원리를 따르고 있습니다. 간단한 예로서 새가 날아가는데 갑돌이는 지면에 서서 이 새를 보고, 갑순이는 기차를 타고 새가 나는 방향으로 일정하게 움직이면서, 곧 등속운동하면서 보는 경우를 생각할까요. 기차에 타서 움직이며 보면 지면에서 볼 때에 비해서 새가 느리게 나는 것으로 보입니다. 갑순이가 보는 새의 속도는 갑돌이가 보는 속도에 비해서 기차의 속도만큼 줄어듭니다. 그러나 가속도는 변함이 없습니다. 가속도는 속도의 변화율, 곧 속도가 시간에 대해 얼마나 빨리 변하느냐는 것이지요. 기차의 속도는 변하지 않으므로 새의 속도가 기차의 속도만큼 줄었어도 속도 변화율에는 아무런 차이가 없습니다. 결론적으로 어떤 대상의 가속도는 갑돌이가 볼 때나 갑돌이에 대해 등속도로 움직이는 갑순이가 볼 때나 같습니다. 질량이나 힘은 누가 보아도 물론 같지요. 그렇다면 운동법칙 $a = \dfrac{F}{m}$ 는 갑돌이와 갑순이에게 똑같이 성립합니다. 다시 말해서 두 사람에게 같은 형태로 주어지지요. 이것이 갈릴레이의 상대성원리입니다.

이러한 사실은 앞에서 지적했듯이 미끄러지듯이 움직이는 기차, 정확하게 말하면 등속운동을 하는 기차를 탄 경우에 잘 나타납니다. 기차가 움직이고 있는지 정지해 있는지 알 수 없다는 말이지요. 이러한 경우에는 기차 안에서 당구를 칠 수도 있습니다. 물론 기차가 똑바로 미끄러지듯이 등속운동을 할 때의 얘기인데, 기차에서 당구 공의 움직임이 지면에서와 같은 법칙을 따르기 때문입니다. 당구는 고전역학으로 기술되므로, 이것은 결국 기차에서도 고전역학이 똑같이 성립함을 보여 줍니다. 이렇듯이 갈릴레이의 상대성원리를 따르는 고전역학을 보면, 운동의 기술에 대해서는 모든 것이 다 정합적이고 완결되었다고 결론 내릴 수 있습니다. 이야기가 행복한 결말로 끝날 듯도 하네요.

그런데 고전물리학의 두 가지 요소로, 움직임을 다루는 고전역학과 전기와 자기, 빛을 다루는 전자기학을 지적했습니다. 그럼 전자기 현상은 어떨까요? 전자기 현상을 기술하는 법칙도 관측자에 따라 변하지 않고 같으면 좋겠지요. 다시 말해서 갈릴레이의 상대성원리가 역학 법칙뿐 아니라 전자기 법칙에도 적용되기를 바라게 됩니다. 그러면 더 보편적인 이론 체계를 추구하는 물리학자는 행복하다고 느끼지요.

실제로 어떤지 살펴볼까요. 간단한 전자기 현상을 생각해 봅시다. 정지해 있는 전하, 곧 전기를 띤 알갱이가 있으면 전기마당이 생깁니다. 여기에 다른 전하를 갖다 놓으면 전기의 부호에 따라 끌어당기거나 밀치게 되지요. 정지해 있는 전하가 자신의 주위 공간에 전기마당을 형성했고, 다른 전하는 그 전기마당에 놓여 있으므로 전기력을 받는다고 설명합니다. 한편 전하가 움직이는 경우, 곧 전류가 있으면 자기마당이 생깁니다. 이는 전기 이음줄에 전류를 흘려서 만드는 전자석을 보면 알 수 있지요. 전자석은 자기마당을 만들어 내고, 자기마당에 놓인 다른 자석 또는 전류에 자기력을 미치게 됩니다. 여기서 전하가 움직인다고 해서 전기마당이 생기지 않는 것은 아닙니다.

전기마당은 어차피 생기는데 움직이면 거기에 더해져서 자기마당이 또 생기므로, 결국 힘이 달라집니다.

　이러한 추론은 매우 중요한 결론을 가져옵니다. 이 지우개가 전하라고 하면, 여러분이 볼 때는 이것이 정지해 있으니까 주위에 전기마당만 만들게 됩니다. 그런데 내가 움직이면서 보면 이 지우개는 뒤로 움직이니까 전류가 흐르는 거지요. 그러면 자기마당이 생깁니다. 그러니 여러분이 보면 전기마당만 있는데, 움직이면서 보는 나에게는 전기마당뿐 아니라 자기마당도 나타납니다. 놀랍게도 전자기 현상의 기술에서는 서로 등속운동을 하는 두 관측자가 다르다는 거네요. (예컨대 전자기마당에서 움직이는 전하가 받게 되는 전자기력, 곧 로렌츠힘이 두 관측자에게 다르게 나타납니다.) 이에 따라 갈릴레이의 상대성원리가 역학 법칙에는 성립하지만 전자기 법칙에는 성립하지 않는다고 결론을 내릴 수밖에 없습니다.

　"그런가 보다" 할 수도 있겠지만, 물리학자는 이런 상황에서는 행복하지 못합니다. 보편성이 없이 이것과 저것이 다르다는 결과는 우리가 자연현상에 대한 해석을 잘못하고 있는 것이 아닌가 하고 반성하게 만들지요. 그래서 본질적으로 아예 시간과 공간 같은 기본 개념을 잘못 이해하고 시작한 것이 아닌가 하는 생각을 한 사람이 바로 아인슈타인입니다. 아인슈타인이 뛰어나다고 하는 이유는 무모할 만큼 과감하게 생각했기 때문입니다. 고전물리학 체계를 잘 이해하고 있으면 거기에 대한 선입관념이 강할 테고 본질적으로 출발이 잘못되었으리라고 생각하긴 어렵습니다. 왜냐면 고전역학이 케플러 법칙처럼 일상적인 일들을 너무나 완벽하게 해석해 냈는데 어떻게 그걸 의심할 수 있겠어요? 이건 정말 어려운 일입니다. 갈릴레이가 당시 받아들여지던 낙하의 법칙 — 무거운 물체가 가벼운 것보다 먼저 떨어진다는 것 — 을 의심한 것만큼이나 힘들지요.

그림 10-1: 아인슈타인(1879~1955).

아인슈타인은 기존의 시간과 공간에 대한 이해에는 근본적 오류가 있고, 우리가 시간과 공간을 제대로 파악한다면 역학 법칙만이 아니라 전자기 법칙도 관측자에 관계없이 똑같으리라 생각했습니다. 그래서 "서로 등속운동 하는 관측자에게는 역학 법칙만이 아니라 전자기 법칙도 똑같다"고 전제했는데, 이는 결국 고전물리학의 모든 것이 같아야 한다는 말입니다. 따라서 요약하면 "서로 등속운동 하는 관측자는 동등하다"라고 표현할 수 있겠네요. 이것은 갈릴레이의 상대성원리를 확장한 것으로 아인슈타인의 상대성원리, 더 정확하게는 특수상대성원리라고 부릅니다. 동등하다는 말은 모든 자연현상의 해석이 같아야 한다는 것이며, 모든 물리법칙이 동일하다는 뜻입니다. 지금은 상대성원리라면 보통 이것을 가리키지요.

그런데 고전역학에서도 짚고 넘어갈 문제가 있습니다. 갈릴레이의 상대성원리에 따르면 서로 등속운동을 하는 관측자에게는 역학 법칙, 운동의 법칙이 똑같이 성립한다고 하는데, 그렇다면 가속운동을 하는 관측자에게는 어떻게 될까요?

똑바로 일정한 빠르기로 날아가는 비행기를 생각해 봅시다. 이 비행기는 등속도로 움직이니까 가속도는 0이고, 운동의 법칙에 따르면 힘을 받고 있지 않다고 결론 내릴 수 있습니다. 비행기가 중력을 받지만 날개에서 받는 양력과 크기가 똑같고, 공기 저항력은 비행기의 추진력과 크기가 똑같기 때문에 모든 힘을 더하면 알짜힘은 0이 되는 겁니다. 따라서 가속도가 없고 등속도 운동을 한다고 해석합니다. 지면에 대해 등속도로 움직이면서 봐도 상대성원리에 따라 결론은 같지요. 그러나 가속운동을 하면서 비행기를 보면 어떨까요? 예를 들어 놀이공원에 가서 회전목마를 타고 비행기가 날아가는 모양을 보면 이상하게 보일 겁니다. 비행기가 똑바로 날아가지 않고 빠르기도 변해서 가속운동을 하는 것으로 보이지요. 비행기가 받는 알짜힘은 없는데($F = 0$) 가속도가 있으니($a \neq 0$), 운동법칙 $a = \dfrac{F}{m}$가 성립하지 않습니다.

움직임을 기술하는 관측자의 전망, 구체적으로 좌표계를 기준틀이라 합니다. 결론적으로 고전역학은 아무런 기준틀에서나 성립하는 것이 아니라는 이야기입니다. 에컨대 회전목마라는 기준틀에서는 성립하지 않지요. 그러면 어느 경우에 성립할까요? 고전역학이 성립하는 기준틀을 관성기준틀이라 부릅니다. 따라서 갈릴레이의 상대성원리는 "한 관성기준틀에 대해 등속도로 움직이는 기준틀은 모두 관성기준틀이다"라고도 표현할 수 있지요. 관성기준틀이 아닌 경우에는 운동의 법칙이 성립하지 않는데, 이를 굳이 성립하도록 하려면 이른바 관성력이라는 가상적인 겉보기 힘이 있다고 생각해야 합니다.

지면에 정지해 있으면 관성기준틀이 될까요? 지구는 자전과 공전 등 원운동을 포함해서 매우 복잡하게 가속운동을 하고 있습니다. 지구 자체가 회전목마인 셈이지요. 그러면 해는 어때요? 해도 자전을 합니다. 자전만 하는 것이 아니라 태양계 전체가 움직입니다. 무려 250 km/s라는 엄청난 빠르기로 움직이지요. 태양계는 우리가 속해 있는 미리내 은하의 변두리에 있습니다. 우리 은하는 자전을 하기 때문에 변두리의 태양계는 매우 빠른 속도로 움직이는 겁니다. (물론 가속도는 매우 작습니다.) 마찬가지로 별들도 모두 움직이지요. 그럼 우주에 정지해 있는 것이 있을까요? 궁극적으로 뉴턴의 고전역학이 성립하는 관성기준틀을 절대공간이라 부르는데, 과연 존재하는지 의심스럽습니다. 만일 절대공간이 없다면 고전역학은 엄밀한 의미에서는 아무에게도 성립하지 않는다는 말이 되지요.

일정한 빛 빠르기

한편 지난 강의에서 전자기이론은 맥스웰방정식으로 요약할 수 있고, 이는 전자기파, 곧 빛의 존재를 의미한다고 했습니다. 결국 전자기 법칙의 집대성은 빛이라 할 수 있겠네요. 여러 차례 지적했듯이 빛은 에돌이나 간섭을 보이는 파동입니다. 그런데 파동이란 어떤 물질의 진동이 퍼져 나가는 현상을 뜻합니다. 예컨대 물결파는 물이 진동해서 퍼져 나가는 것이고 소리는 공기의 진동이 퍼져 나가는 것이지요. 줄을 흔들면 줄의 진동이 퍼져 나갑니다. 각 부분이 적절하게 진동해서 파동을 전달해 주는 물질을 매질이라고 부릅니다. 소리의 매질은 공기고 물결파의 매질은 물, 지진파의 매질은 땅이지요. 그러니까 파동은 매질의 진동이 퍼져 나가는 현상입니다.

그러면 빛도 파동이니 어떤 매질이 있어야 진동이 퍼져 나갈 것 아니겠어요? 빛의 매질이 뭔지는 모르지만 '에테르'라고 이름을 붙였습니다. 이를 찾아낼 수 있다면 정말 멋진 일이겠지요. 고전물리학에서 역학과 전자기학은 서로 따로 놓았지만 에테르를 발견하면 전자기 현상을 역학 현상으로 환원해서 두 가지를 하나로 통일하는 결과를 얻을 수 있습니다. 특히 에테르가 우주 전체 공간에서 움직이지 않는 것이라면 바로 절대적 기준이 될 수 있습니다. 고전역학이 엄밀하게 성립하는, 바로 절대공간의 구실을 할 수 있으리라고 생각할 수 있지요. 따라서 전자기, 빛의 문제뿐 아니라 고전역학에서 봐도 에테르는 반드시 필요하며, 물리학자들은 에테르를 찾으려고 많이 노력했습니다.

그러면 에테르라는 것이 어디 있을까 생각해 봅시다. 햇빛이 지구까지 오는 것은 의심할 수 없는 사실입니다. 그뿐 아니라 별빛도 지구까지 옵니다. 그렇다면 우주 공간은 비어 있는 것처럼 보이지만 빛이 지나가는 것으로 미뤄 봐서 빛을 전달하는 매질이 우주 공간에 있다고 볼 수 있습니다. 그래서 에테르는 우주 전체 공간에 차 있다고 생각했습니다. 물론 우리 주위에도 에테르가 있겠지요. 그렇다면 에테르를 다음과 같이 찾을 수 있겠네요. 지구는 움직입니다. 자전도하고 공전도 하지요. 어떤 물체가 물속에서 움직이고 공기 속에서 움직이듯이 지구는 결국 에테르 속에서 움직이는 겁니다. 공기 속에 있는 우리가 빨리 뛰면 바람이 느껴지지요. 우리에 대해 공기가 움직이기 때문입니다. 마찬가지로 에테르 안에서 지구가 움직이니까 에테르의 바람이 불 것이라고 예상하고 그 바람을 찾는 실험을 했습니다.

그림 10-2에 보였듯이 너비가 L인 강에서 갑돌이와 갑순이가 헤

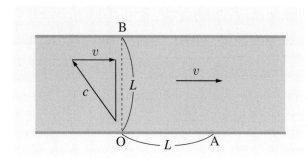

그림 10–2:
강에서 갑돌이와 갑순이의
헤엄치기 내기.

엄치기 내기를 한다고 합시다. 강물은 속도 v로 흘러가는데 갑돌이는 지점 O에서 강을 따라 헤엄쳐 내려가서 거리 L만큼 떨어진 지점 A까지 갔다가 거슬러 돌아오고, 갑순이는 강을 건너 지점 B까지 갔다가 돌아오기로 합니다. 똑같은 거리를 헤엄쳤는데 헤엄치는 빠르기도 c로 똑같다면 둘 중 누가 이길까요? 갔다 오는데 걸리는 시간을 살펴보지요. 갑돌이가 강물을 따라 내려갈 때는 빨라져서 빠르기가 $c + v$가 되므로 거리 L을 가는 동안 걸린 시간은 $\dfrac{L}{c + v}$이 됩니다. 거슬러 올라올 때는 $c - v$로 느려지고 시간은 $\dfrac{L}{c - v}$이 되겠네요. 따라서 갔다 오는데 걸리는 시간 t_A는 이 둘을 더하면 됩니다.

$$t_A = \frac{L}{c + v} + \frac{L}{c - v} = \frac{2cL}{c^2 - v^2}$$

한편 갑순이는 어떨까요? 바로 B를 향해서 헤엄치면 강물의 흐름 때문에 실제로는 하류 쪽으로 내려가 닿게 됩니다. 따라서 B에 닿으려면 비스듬히 상류 쪽을 바라보고 헤엄쳐야 하고, 이 속도 c가 강물의 속도 v와 (벡터로서) 더해지면 강의 방향에 수직으로 B를 똑바로 향하게 되지요. 이렇게 헤엄치는 갑순이를 강둑 지면에서 보면 빠르기는 $\sqrt{c^2 - v^2}$ 으로 주어집니다. (위의 그림에서 피타고라스의 정리를 쓰면 됩니다.) 건너갈 때나 올 때나 마찬가지이므로 갑순이가 걸리는 시간은

$$t_B = \frac{2L}{\sqrt{c^2 - v^2}}$$

이 됩니다. 비교를 위해서 둘의 비를 구해 보지요.

$$\frac{t_B}{t_A} = \sqrt{1 - \frac{v^2}{c^2}}$$

　이것은 1보다 작습니다. 따라서 갑순이가 빨리 돌아오고 내기에서 이기게 되겠네요.

　여기서 헤엄치는 사람을 빛으로, 강물을 에테르라고 생각해 봅시다. 곧 c는 빛의 빠르기이고 v는 에테르 흐름의 빠르기지요. 공기 중에서 소리의 빠르기는 대략 $340\,\mathrm{m/s}$라고 하는데 이는 공기가 움직이지 않을 때고 바람이 불게 되면 불어가는 방향으로 소리가 빨라지게 됩니다. 빛이 나아갈 때 에테르가 흘러간다면 흘러가는 쪽으로는 빨라지고 반대 방향으로는 느려질 것이라는 이야기입니다.

　이러한 추론에 따라 에테르의 흐르는 방향으로 한 줄기 빛을 보냈다가 돌아오게 하고, 또 한 줄기 빛은 에테르가 흐르는 방향에 수직으로 똑같은 거리를 보냈다가 돌아오게 했습니다. 헤엄 내기와 마찬가지로 돌아온 두 줄기 빛이 걸린 시간을 비교해 보면 에테르의 속도를 구할 수 있겠네요. 19세기 말에 마이컬슨과 몰리가 이러한 실험을 했지요. 서로 수직인 두 팔을 따라서 각각 빛줄기가 갔다 돌아와서 만나게 하면 간섭무늬가 얻어지고 이를 분석해서 두 줄기 빛이

그림 10-3: 왼쪽부터
마이컬슨(1852~1931)과
몰리(1838~1923).

걸린 시간을 알아낼 수 있습니다. 그런데 이러한 마이컬슨 간섭계를 써서 실험하면 놀랍게도 두 시간은 같다는 결과가 나왔습니다. 여러 가지를 바꿔가며 실험해 봤지만 언제나 같았습니다. 도저히 에테르가 흘러가는 것을 찾을 수 없었지요. 이것은 매우 중요한 의미의 실험이었고 — 그 중요성을 제대로 인식하지는 못했다고 알려져 있습니다 — 마이컬슨은 이 실험을 해서 미국 사람으로는 처음으로 노벨상을 받았습니다. 사실 그때까지 미국은 과학에서 별 볼일 없는 뒤떨어진 나라였지요. 거의 모든 업적은 주로 프랑스, 독일 또는 영국에서 나왔고, 미국이 과학에서 따라잡으며 결국 주도적 구실을 하게 된 것은 제2차 세계대전 이후의 일입니다.

아무튼 이 부정적 실험 결과를 어떻게 이해할 수 있을까요? 에테르의 바람이 불지 않는다는 결과에 대해 별별 생각을 다 해 봤습니다. 어떤 사람들은 지구에 대해서 에테르가 딱 정지해 있다고 생각했습니다. 다시 말해서 에테르가 지구와 같이 움직인다는 거지요. 그러면 지구가 해 주위를 도니까 해에서 보면 에테르가 움직이겠지요. 별에서 봐도 에테르가 움직이는데 단지 지구에서 보면 움직이지 않는다는 이야기이므로 지구가 정말로 우주의 중심이라는 이야기입니다. 믿거나 말거나인데 정상적으로 과학적 사고를 하는 사람이라면 이렇게 생각하지는 않습니다.

그다음에 할 수 있는 생각은 에테르는 정지해 있고 지구가 움직이는데 점성이 있어서 지구가 에테르를 끌고 다닌다는 가정입니다. 우리도 물속에서 움직일 때 실제로 어느 정도 물을 끌고 다니지요. 공기는 점성이 낮아서 잘 안 느껴지지만 마찬가지입니다. 이 생각이 옳다면 지구 표면에 에테르가 붙어서 지구와 함께 움직이므로 지표면에서는 에테르가 정지해 있는 것으로 보이겠지요. 지표면에서 멀리 나가야 에테르가 움직이는 바람을 볼 수 있다는 주장입니다. 그럴듯한 이야기이지만 광행차라는 현상으로써 이 생각이 타당하지 않음을 보일 수 있습니다.

바람이 불지 않아 비가 똑바로 내리는 경우에 서 있을 때에는 우산을 똑바로 받으면 되지만 빨리 걸으면 앞으로 기울여서 받아야 합니다. 지면에 대한 비의 (연직방향) 속도에서 걷는 사람의 속도를 (벡터로서) 빼야 걷는 사람에 대한 비의 속도가 되기 때문이지요. 비 올 때 자동차 타고 달리면 비가 똑바로 안 떨어지고 차창에 비껴서 떨어지는 것과 마찬가지입니다. 마찬가지로 지구의 공전 궤도면에 수직 방향에 있는 별을 지구에서 관측하면 지구의 공전 속도 때문에 별빛의 방향이 지구가 공전해서 나가는 방향으로 기울어집니다. 이를 광행차라 하지요. 같은 별을 6개월 후에 관측하면 지구의 공전 속도 방향이 반대로 되니까 별빛의 기울어지는 방향도 반대가 됩니다. 그러면 별의 위치가 변한 것으로 보이겠네요. (실제로는 이것과 6부에서 논의할 연주시차가 섞여 나타납니다.) 이것을 광행차라고 하는데, 만일에 지구가 에테르를 끌고 다닌다면 생길 수 없지요.

다음으로 머리를 짜내어서 어떤 생각을 했냐면, 지구가 움직이므로 에테르가 흐르긴 하는데 흐르는 방향하고 평행하게 있는 물체는 길이가 좀 짧아진다는 겁니다. 얼마나 짧아지냐면 $\sqrt{1 - \dfrac{v^2}{c^2}}$ 만큼 짧아진다는 거지요. 이것을 로렌츠 짧아짐이라고 부르는데, 이렇게 가정하면 모든 것을 잘 설명할 수 있습니다. 헤엄 내기에서 강을 따라가는 거리가 앞에서 구한 $\dfrac{t_B}{t_A}$ 만큼 짧아지므로 갑돌이가 강을 따라 내려갔다 거슬러 오는 시간과 갑순이가 강을 건너갔다 오는 시간이 똑같게 되지요.

누구 말을 믿든 간에 결론은 모든 관측자들에게 빛의 빠르기가 언제나 같다는 겁니다. 무엇이 내는 빛을 누가 재도 빛 빠르기 c 는 언제나 30만 km/s로 같다는 말이지요. 이것을 빛빠르기 불변의 원리라고 말합니다. 획기적인 생각이지요. 이에 대한 실험적 근거들은 제법 있습니다. 그중 하나로 겹별(이중성)이라는 별이 있습니다. 가까이서 서로 상당히 빠른 속도로 돌고 있는 두 별 — 하나의 별과 그것의 짝별 — 을 말합니다. 만일 돌고 있지 않으면 중력 때문에 서로 당겨서 부딪히겠지요. 멀리 떨어진 지구에서는 보통 둘로 구분할 수 없고 하나로 보이지만 별의 밝기가 변합니다. 왜냐하면 지구에서 볼 때 두 별이 나란히 있을 때랑 하나가 가려 있을 때는 당연히 밝기가 다르지요. 일종의 변광성이 됩니다. [변광성이라면 보통 케페우스형(세피이드) 변광성을 말하는데 이는 별이 불안정해서 수축과 팽창을 왔다 갔다 하기 때문에 밝기가 변합니다. 이와는 다른 이유지만 겹별도 지구에서 볼 때

그림 10-4: 로렌츠(1853~1928).

는 변광성이지요.] 별 밝기의 주기를 보면 별이 얼마나 빨리 움직이는지 알 수 있는데, 상식적으로 생각하면 지구에 접근할 때와 멀어질 때는 지구에서 보는 빛의 빠르기가 달라져야 합니다. 기차 소리를 들을 때 기차가 다가올 때와 멀어질 때의 소리 빠르기가 다른 것과 마찬가지지요. 그런데 놀랍게도 겹별의 주기를 보면 그렇지 않고 빛의 빠르기가 항상 똑같다는 결론을 얻습니다. 다시 말해서 별이 지구로 가까이 오면서 빛을 내나 멀어지면서 빛을 내나 빛의 빠르기를 재면 같습니다. 이 것이 빛의 빠르기가 언제나 같다, 곧 c는 상수라는 원리입니다.

로렌츠는 당시에 뛰어난 물리학자로서 에테르의 필요성을 분명히 인식하고 있었고, 따라서 에테르의 존재를 전제하고 이 실험 결과를 해석하려 했기 때문에 로렌츠 짧아짐이라는 특이한 가설을 세운 겁니다. (사실은 피츠제럴드가 로렌츠보다 몇 해 먼저 제안했습니다.) 반면에 아인슈타인은 과감하게 한 걸음 더 나아가서 에테르는 쓸데없는 개념이고, 따라서 불필요하다고 생각했습니다. 여기에서 아인슈타인의 특별함이 나오는데 에테르라는 절대성이 있을 수 없다고 생각했고, 이와 더불어 고전역학에서 상정한 절대공간도 버린 셈이지요.

상대론의 기본원리와 결과

아인슈타인은 공부도 못하고 물리를 잘 몰랐기 때문에 이렇게 위

대한 일을 했다고 나와 있는 책이 있던데 그건 잘못된 이야기입니다. 아인슈타인이 물리를 잘 몰라서 이런 일을 했다는 것은 소가 뒷걸음 치다가 쥐 잡았다는 얘기랑 같은 거지요. 아인슈타인은 놀라운 통찰력이 있었는데 통찰력은 공부만 열심히 한다고 해서 반드시 얻어지는 것은 아니지만 공부하지 않으면 계발되지 않을 겁니다. 공부도 안 했는데 갑자기 운이 좋아서 시험을 잘 볼 수 있을까요?

그는 기본원리, 가설로 두 가지를 상정했습니다. 첫 번째는 앞서 논의한 상대성원리입니다. 말 그대로 원리니까 따질 필요가 없지요. 두 번째는 빛의 빠르기는 일정하다는 원리입니다. 아인슈타인은 이 두 가지에서 출발해서 상대성이론, 정확히는 특수상대성이론을 전개했습니다. 여러분은 이 두 가지 전제를 받아들일 수 있어요?

학생: 네, 당연한 것 같아요.

그래요? 그러면 자동으로 특수상대성이론이라는 것이 나오게 됩니다. 특수상대성이론이 주는 여러 가지 결과들이 있는데, 대표적인 것으로 움직이는 물체는 정지해 있을 때보다 길이가 짧아지고 시간이 천천히 흐르게 됩니다. 또한 질량은 늘어나서 무거워지게 됩니다. 그뿐 아니라 질량이 에너지와 같다는 결론이 얻어지지요. 이게 바로 핵에너지의 원리입니다. 핵폭탄이나 핵 발전이 다 여기서 나왔습니다.

줄여서 상대론이라 부르는 상대성이론은 많이 들어 봤겠지만 내용은 공부해 본 적이 없을 겁니다. 상대성이론이라고 하면 무조건 어려운 거라는 느낌이 듭니다. 그러나 사실 상대성이론은 비교적 쉽게 이해할 수 있습니다. 어렵게 느껴지는 이유는 내용이 어렵기 때문이라기보다 결과를 믿기 어렵기 때문인 듯합니다.

쉽게 소개해 보지요. 논리적 사고를 한다면 누구나 이해할 수 있으리라 기대합니다. 가장 간단한 것부터 해 볼까요. 왜 길이가 짧아지는지 생각해 봅시다. 갈릴레이의 상대성원리는 서로 등속도로 움직이는 두 관측자 사이에서 역학 법칙이 똑같다는 것이고, 운동이 곧 상대적이라는 것을 전제합니다. 움직이는 나와 앉아 있는 여러분이 차이가 없다는 겁니다. 여러분이 볼 때는 내가 움직이지만, 내가 볼 때는 여러분이 움직이는 것이니까 운동은 상대적이지요. 그러나 시간은 절대적이라는 것을 전제하고 있습니다. 나에게나 여러분에게나 시간은 똑같습니다. 여러분이 1분, 1초, 1년을 생각하는 것이나 내가 그렇게 생각하는 것이나 같습니다. 그러나 아인슈타인의 상대성원리는 그렇지 않습니다. 운동뿐 아니라 시간의 절대성도 부정하지요.

기차의 길이를 재는 방법을 생각해 봅시다. 물론 자로 재면 되겠지요. 그렇지만 너무 기니까 자를 따로 가져올 필요 없이 철도의 침목을 자의 눈금으로 생각하고 길이를 재면 됩니다. 기차가 서 있을 때는 문제가 없는데 달리는 기차의 길이를 재려면 어떻게 해야 할까요?

역시 갑돌이와 갑순이가 기차의 양쪽 끝에 타고 있습니다. 기차가 서 있을 때 갑돌이와 갑순이가 각각 눈금을 읽으면 그 차이가 바로 기차의 길이가 될 겁니다. 달릴 때도 똑같겠지요. 갑돌이가 자기 눈금을 읽고 갑순이도 자기 눈금을 읽으면 됩니다. 그런데 조심할 것은 아무 때나 읽으면 안 되고 반드시 동시에 읽어야 제대로 길이를 잴 수 있습니다. 어떻게 하면 동시에 읽을 수 있을까요? 그 방법은 기차의 한가운데에 전등을 설치해 놓고 어느 순간에 불을 켜는 겁니다. 그러면 불빛이 양쪽에 있는 갑돌이와 갑순이를 향해 갈 텐데 전등

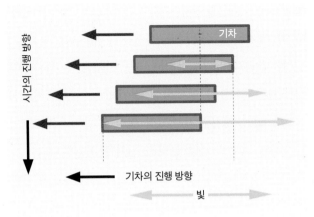

시간의 진행 방향

기차

기차의 진행 방향

빛

그림 10-5:
지면에서 본 갑돌이와
갑순이의 기차 길이 재기.

이 가운데 있다고 했으니까 갑돌이와 갑순이가 동시에 불빛을 보게
됩니다. 갑돌이가 보든 갑순이가 보든 빛의 빠르기는 같기 때문이지
요. 따라서 두 사람이 각각 불빛을 본 순간에 눈금을 읽으면 동시에
읽은 것이므로 기차의 길이를 제대로 재게 됩니다. 그래서 두 사람은
행복하겠지요.

그러나 이 상황을 여러분이 지면에서 냉정하게 바라보면 문제가 있
습니다. 그림 10-5에서 보듯이 기차가 움직이고 있으니까 전등을 켠
순간에 불빛이 양쪽을 향해 가는데 그동안 기차가 가만히 있지 않
고 왼쪽으로 움직였습니다. 그래서 빛이 오른쪽 끝에 있는 갑순이에
게는 왔지만 왼쪽 끝에 있는 갑돌이에게는 아직 가지 못했습니다. 갑
순이는 눈금을 읽었지만 갑돌이는 아직 읽지 않은 겁니다. 그래서 조
금 더 기다렸더니 기차는 조금 더 왼쪽으로 갔고 그때 불빛이 비로
소 갑돌이에게 도착해서 눈금을 읽었습니다. 따라서 갑순이가 먼저
눈금을 읽었고 갑돌이는 나중에 읽었지요. 동시에 읽지 않았습니다.

그래서 지면에서 볼 때는 갑돌이와 갑순이는 기차의 길이를 잘못 잰 겁니다. 여러분이 생각하는 길이보다 더 길게 쟀습니다. 물론 기차에 타고 있는 갑돌이와 갑순이는 정지해 있는 기차의 길이를 훌륭하게 잰 겁니다. 반면에 여러분이 생각하는 길이는 움직이는 기차의 길이이고 이는 정지해 있는 기차의 길이보다 짧다는 말이 됩니다. 이것이 바로 상대성이론의 결과로 널리 알려진 길이 짧아짐입니다.

그럼 얼마나 더 짧아지느냐? 갑돌이와 갑순이가 잰 길이, 이른바 정지길이 또는 본래길이를 l_0라 하면 지면에서 잰 길이, 곧 기차가 움직일 때의 길이는 다음과 같이 주어집니다.

$$l = l_0 \sqrt{1 - \frac{v^2}{c^2}}$$

놀랍게도 로렌츠 짧아짐과 같은 결과입니다. 그렇지만 둘의 결과가 같다고 해서 내용도 반드시 같은 건 아닙니다. 전제가 다르고, 거기 담긴 물리적 의미가 다르지요. 정확한 계산은 고등학교 수준의 수학만 알면 이해할 수 있는데 다음 시간에 설명하기로 하지요.

시간이 천천히 흐른다는 현상도 비슷하게 생각할 수 있습니다. 예컨대 속도 v로 달리는 기차에서 시간을 재는데, 그 방법은 기차의 벽에 거울을 붙이고 빛을 보내서 반사해 되돌아오게 하는 겁니다. 기차의 너비를 d라고 하면 기차 안에서 잰 시간, 곧 기차가 정지해 있을 때의 이른바 정지시간 또는 본래시간은 $\Delta t_0 = \dfrac{2d}{c}$로 주어집니다. 그림 10-6에서 보듯이 빛이 빠르기 c로 거리 d만큼 갔다가 다시 돌아오니까요. 이것은 기차에 탄 사람이 잰 것인데 똑같은 상황을 지면에서 보면 기차가 움직이고 있으니까 빛이 그림 10-6의 I처럼 갔

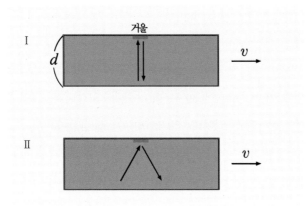

그림 10-6:
Ⅰ 안에서 본 기차 안 시간 재기.
Ⅱ 밖에서 본 기차 안 시간 재기.

다 온 것이 아닙니다. Ⅱ처럼 비스듬히 왔다 갔다 한 것이고, 따라서 빛이 갔다 온 거리가 2d보다 더 깁니다. 빛의 빠르기는 변하지 않으니까 결국 빛이 갔다 온 시간이 더 길어져야 하겠네요. 간단히 피타고라스의 정리를 써서 계산하면 지면에서 잰 달리는 기차의 시간은

$$\Delta t = \frac{\Delta t_0}{\sqrt{1 - \frac{v^2}{c^2}}}$$

가 되어서 본래시간보다 길어집니다. 시간 간격이 길어지니까 시간이 천천히 흐른다는 이야기지요. 시간 늦춰짐이라 부르는데, 예를 들어 기차에 탄 사람한테는 1 분이었던 것이 밖에 있는 사람한테는 2 분이 될 수 있다는 겁니다.

믿어져요? 움직이면 시간이 천천히 간다니까 오래 살고 싶으면 열심히 뛰기라도 하라는 얘기네요. 또 뛰는 방향으로 길이, 곧 몸의 너비가 줄어드니까 날씬해 보이겠네요. 그렇지만 좋은 방법은 아닐지 모르는 게 나중에 얘기하겠지만 움직이는 물체는 질량이 늘어납니

다. 따라서 뛰면 도리어 몸무게가 늘어난다는 말이 되지요.

우주여행을 하고 오면 젊어진다는 이야기를 들었나요? 우주선을 타고 빨리 달리면 시간이 천천히 흐르니까 지구에서 볼 때 10년이 흘렀는데 우주선에서는 1년밖에 흐르지 않았다는 겁니다. 그런데 이는 그리 간단한 문제가 아닙니다. 왜 그러냐면 상대성이론에서는 말 그대로 운동이 상대적입니다. 우리가 지면에서 봤을 때 기차가 움직이지만 기차에서 보면 지면에 있는 우리가 움직이는 겁니다. 마찬가지로 우리가 지구에서 보면 우주선이 움직여 가지만 우주선에서 봤을 때는 우리가 움직이는 거지요. 따라서 우주선에 탄 사람이 볼 때는 우주선 안에서 시간이 빨리 가고 지구에서 오히려 시간이 천천히 갑니다. 결국 10년에 걸친 우주여행을 마치고 돌아와 보니 지구에서는 1년밖에 지나지 않을 수 있겠네요. 그런데 아무튼 실제로 돌아와서 보면 어느 쪽인가는 더 젊어 있을 겁니다. 그럼 누가 더 젊고 누가 더 늙어 있을까요?

쌍둥이인 갑순이와 을순이가 있는데, 갑순이는 지구에 남고 을순이가 우주선을 타고 멀리 갔다가 돌아왔습니다. 두 사람 중에 누가 더 나이를 먹었을까요? 갑순이가 볼 때는 을순이가 멀리 갔다 온 것이지만 을순이가 볼 때는 갑순이가 멀리 갔다 온 겁니다. 결국 상대적인데 누가 더 젊고 누가 나이를 더 먹었겠어요? 이는 매우 유명한 문제인데 '쌍둥이 역설'이라고 부릅니다.

상대성이론에는 이러한 역설이 많습니다. 〈별의 전쟁(스타워즈)〉같은 공상 영화를 보면 두 대의 전투우주선이 서로 광선총을 쏩니다. 맞으면 폭발하지요. 그런데 적의 우주선이 빠른 속도로 날아와서 우리 편 우주선 옆에서 서로 반대 방향으로 평행이 되었다고 합시다. 두 우주선은 크기가 같은데 적의 우주선 끝이 우리 편의 우주선 머리와 일치하는 순간 우리 편 우주선 조종사가 우주선 끝에 있는 광선총을 적의 우주선 머리를 향해서 쐈습니다. 이것이 맞았을까요?

우리 편 우주선에서 볼 때 적의 우주선이 움직이니까 길이가 짧아졌을 겁니다. 이를 그림 10-7의 Ⅰ에 나타내었지요. 따라서 적의 우주선 머리는 광선총이 있는 우리 편 우주선의 끝보다 몸통 쪽에 위치하고 있으므로 광선총은 맞지 않을 겁니다. 그래서 우리 편 조종사는 괜히 쐈다고 생각하고 있습니다. 그런데 적의 우주선 조종사는 크게 걱정하고 있습니다. 왜냐하면 그가 볼 때는 그림 10-7의 Ⅱ에서 보듯이 우리 편 우주선이 움직이므로 길이가 짧아졌습니다. 자기 우주선이 더 길기 때문에 광선총은 자기 우주선의 머리가 아닌 몸통에 정통으로 맞을 겁니다. 어느 쪽 생각이 맞을까요? 서로 자기 생각이 틀리기를 바라겠네요.

아무튼 상대성이론에는 이러한 역설을 여러 가지 생각할 수 있습니다. 물론 대부분 해답을 알고 있으므로 역설을 해결할 수 있지요. 다음 강의에서는 상대성이론을 자세히 공부해 보겠습니다.

Ⅰ   Ⅱ

그림 10-7:
Ⅰ 우리가 본 상황.
Ⅱ 적이 본 상황.

11강
특수상대성이론

지난 시간에 시간과 공간에 관련해서 특수상대성이론, 줄여서 특수상대론의 개관을 소개했습니다. 이번 강의에서는 이를 체계적으로 논의해 보겠습니다. 특수상대론의 희한한 결과들, 움직이는 물체의 길이가 짧아진다든가 시간이 천천히 간다든가 하는 현상을 소개했는데 이제 약간의 수학을 써서 엄밀히 다뤄 보지요. (상세한 내용과 수식이 부담스러우면 12강으로 뛰어 넘어가기를 권합니다.)

로렌츠 변환

상대성이론의 핵심은 시간과 공간의 문제입니다. 이전에 생각했던 시간과 공간 개념이 타당하지 않으므로 그걸 확장해서 일반화해야 한다는 것이 상대성이론의 핵심입니다. 공간과 시간의 문제는 운동의 기술을 통해 잘 드러납니다. 어떤 물체의 움직임을 기술하려면 어떻게 해야 할까요? 8강에서 논의했듯이 고전역학에서 물체의 움직임을 기술한다는 것은 임의의 순간에 물체의 위치와 속도를 안다는 뜻입니다. 곧 위치와 속도를 시간의 함수로 구한다는 것인데, 이는 운동의 법칙을 이용해서 얻어 냅니다. 물체가 받는 힘을 찾아내서 그 질량으로 나누면 뉴턴의 운동방정식에 따라서 물체의 가속도가 되지요. 가속도는 속도를 미분한 도함수이니까 그것을 시간으로 적분하면 속도를 구할 수 있고 그것을 또 한 번 적분하면 위치를 알 수 있습니다.

상대성이론은 서로 다른 두 관측자의 관계를 규명하는 데 핵심이 있습니다. 여러분이 한 관측자고 내가 다른 관측자라고 하면 어떤 물체의 움직임을 여러분이 기술할 때와 내가 기술할 때 어떻게 다른지 살펴보는 데서 상대성이론이 출발합니다. 물체의 위치를 비롯해 움직임을 기술하려면 좌표를 써야 하고 먼저 좌표계를 정해야 한다고 지적했지요. 따라서 여러분은 나름대로 좌표계를 하나 정해서 그 좌표에 의거해 물체의 움직임을 기술하겠네요. 적당한 좌표계에서 물체의 위치를 말하고, 그 위치가 어떻게 변하는지가 속도가 됩니다. 이른바 기준틀을 정한 거지요. 마찬가지로 나는 나름대로 기준틀을 잡아서 그 기준틀에서 움직임을 기술하겠지요.

한 관측자, 예컨대 여러분은 지면에 있고 다른 관측자, 나는 등속도로 움직이는 기차를 타고 있다고 생각합시다. 지면이라는 기준틀을 S, 기차라는 기준틀을 S′이라 하고, 두 기준틀에 있는 관측자를 각각 O와 O′이라 부르겠습니다. 그림 11-1처럼 기준틀 S의 관측자 O

는 자신의 위치를 좌표의 원점으로 정하고 기차가 움직이는 방향으로 x 축을, 그와 수직으로 y와 z 축을 택해서 움직임을 서술합니다. 마찬가지로 기준틀 S′에서 관측자 O′은 역시 자신을 좌표의 원점으로 정하고 기차가 움직이는 방향으로 x' 축을, 그와 수직으로 y'과 z' 축을 택해서 기술합니다. 따라서 x 축과 x' 축은 언제나 일치하며, 처음, 곧 시각 $t = 0$에서 두 기준틀의 원점이 같다고 생각하겠습니다. 그러면 시각 $t = 0$에는 S에서 좌표 (x, y, z)와 S′에서 좌표 (x', y', z')이 같지만, 기차는 속도 v로 움직이므로 두 기준틀에서 좌표는 서로 달라집니다. 말하자면 시각 $t = 0$일 때 기차가 떠났다는 뜻입니다. 이 순간에는 O와 O′이 같이 있었지만 시간이 지날수록 O′은 O에게서 멀어져 갑니다.

기차가 떠났다니 〈기차는 8시에 떠나네〉라는 노래가 생각나네요. 이 노래는 몇 해 전 텔레비전 연속극의 주제음악으로 쓰인 후 널리

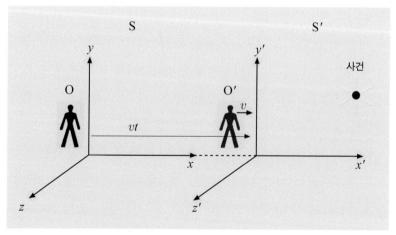

그림 11-1: 기준틀 S와 이에 대해 속도 v로 움직이는 기준틀 S′.

알려졌고, 애절한 가사와 가락으로 사람들의 마음에 아련한 파문이 일게 했지요. 가사를 우리말로 번안해서 어느 가수가 부르기도 했습니다. 그런데 이 노래의 배경을 아는 학생 있나요? 이 노래는 그리스의 테오도라키스의 작품인데 그는 민주화되기 전인 1960년대 그리스 독재 정권에 저항하던 음악가입니다. 만나기로 약속했으나 기차가 떠나도록 오지 않는 연인, 아마도 영원히 돌아오지 못할 연인을 기다리던 여인의 애달픈 마음을 그린 노래인데 사실 단순한 사랑 노래가 아니라 오지 않는 연인은 민주화 운동가를 상징한 것으로 알려져 있습니다. 우리나라에서 1970년대 독재 정권에 저항한 민주화 운동 — 여기서 운동은 사회적 운동을 가리킵니다 — 과 음악의 상징이던 김민기 선배, 그리고 그의 노래 〈아침이슬〉과 비슷하다는 생각이 드네요. 이 노래는 2008년과 2016년 촛불집회에서 널리 불려서 더욱 친근해졌지요. 그런데 김민기를 아는 학생은 있나요? 몇 해 전에 독일의 문화훈장이라 할 영예로운 괴테메달을 받았지요. 우리나라 전체의 명예라 하지 않을 수 없습니다.

기차가 떠났다는 얘기하다가 다른 데로 흘렀네요. 다시 돌아와서 지면의 관측자 O와 기차에 탄 관측자 O′이 각각 주어진 순간에 주어진 지점에서 일어난 어떤 사건을 기술한다고 합시다. 흔히 운동보다 더 일반적인 뜻으로 사건이라는 표현을 씁니다. 이 사건의 위치와 시각을 어떻게 나타낼까요? O는 자신의 좌표계에서 그 위치와 시각을 (x, y, z, t)로 표시합니다. 마찬가지로 O′은 자신의 좌표로 (x', y', z', t')이라 나타내지요. 이 두 가지 좌표 사이에는 어떤 관계가 있을까요?

시간이 t만큼 지나면 기차는 거리 vt만큼 멀어집니다. 따라서 O와

O' 사이의 거리도 vt로 주어지고, x와 x'은 바로 그만큼 차이가 납니다. 곧 $x'=x-vt$가 성립합니다. 한편 수직방향의 좌표 (y', z')은 (y, z)와 차이가 없습니다. 기차는 x 방향으로 움직이니까 y와 z 좌표와는 아무런 상관이 없지요. 시간은 어떻게 될까요? 기차에서 재는 시간 t'과 지면에서 재는 시간 t는 당연히 같다고 생각이 됩니다. 누구에게나 시간은 같다는 이른바 절대시간의 개념이지요. 정리하면 두 기준틀 사이의 관계는 다음과 같은 식으로 주어집니다.

$$x' = x - vt$$
$$y' = y$$
$$z' = z$$
$$t' = t$$

이를 갈릴레이 변환이라 부르는데, 가속도는 변하지 않으므로 바로 갈릴레이의 상대성원리를 보여 줍니다.

그러면 전자기 현상, 곧 빛을 기술하는 문제를 생각해 봅시다. 두 관측자 O와 O'이 일치했던 때, 곧 $t = 0$인 순간에 두 기준틀의 공통 원점에서 등불을 켭니다. 불빛이 퍼져 나갈 텐데 그 모양은 어떠한 식으로 나타낼까요? 빛은 모든 방향으로 고르게 가니까 공 모양으로 퍼져 나가겠지요. 빛의 빠르기가 c이니 불을 켜고 시간이 t만큼 지나면 빛은 ct만큼 진행하고, 따라서 시각 t에서 공의 반지름은 $r = ct$가 될 겁니다. 결국 공의 방정식은 $x^2 + y^2 + z^2 = r^2 = c^2 t^2$으로 주어집니다.

그런데 이것은 지면에서 관측자 O가 본 겁니다. 기차에서 관측자 O'은 어떻게 볼까요? 자기 좌표로 기술해서 $x'^2 + y'^2 + z'^2 = c^2 t'^2$이라고 할 겁니다. 여기서 확인을 위해서 위에 주어진 갈릴레이 변환을 대입해 보면 O′이 쓴 식은 $(x-vt)^2+y^2+z^2-c^2t^2 = 0$이 됩니다. 놀랍게도 이 식은 성립할 수 없습니다. 왜냐하면 $x^2+y^2+z^2-c^2t^2 = 0$이므로 $(x-vt)^2+y^2+z^2-c^2t^2 = v^2t^2-2xvt$가 되는데, 이는 일반적으로 0이 될 수 없지요. 어디가 잘못되었을까요?

여기에는 두 가지 전제가 있습니다. 첫 번째로 O와 O′이 동등하다는 겁니다. 다시 말해서 두 관측자가 빛을 나타내는 식을 똑같은 모양으로 써야 한다는 것이지요. 갈릴레이 변환에서는 O와 O′이 역학 현상에서만 같고 빛과 같은 전자기 현상에서는 다를 수 있다고 생각합니다. 따라서 관측자 O가 빛에 대해 $x^2+y^2+z^2-c^2t^2 = 0$이라고 쓴다고 해서 O′도 똑같이 $x'^2+y'^2+z'^2-c^2t'^2 = 0$이라고 쓸 수 없다는 거지요. 그러나 아인슈타인의 생각은 O와 O′이 전자기 현상까지 포함해서 모든 물리 현상에 대해 동등해야 한다는 겁니다. 이것이 바로 아인슈타인의 상대성원리지요. 두 번째는 빛의 빠르기 c가 일정하다는 겁니다. 따라서 O와 O′이 각각 쓰는 식에서 c는 같습니다.

이 두 가지 기본 전제를 받아들인다면 필연적으로 갈릴레이 변환이 잘못되었다고 결론 내릴 수밖에 없습니다. 전에는 두 관측자가 빛의 기술에서 동등하지 않거나 빛의 빠르기가 다르다고 생각했습니다. 그러나 아인슈타인은 이 두 가지 원리는 물리 현상의 해석에서 전제해야 하고, 대신에 예전의 사고방식, 곧 절대시간을 포함해서 갈릴레이 변환에 담긴 시간과 공간의 개념이 잘못되었다고 생각했습니다. 그래서 두 기준틀 사이의 갈릴레이 변환을 대체하는 새로운 변환을 만들어 냈지요. 그런데 실제로 이는 아인슈타인보다 먼저 로렌츠가 이른바 로렌츠 짧아짐 가설을 설명하기 위해서 생각한 겁니다.

(더 정확히는 라모어가 로렌츠보다도 몇 해 먼저 발표했다고 합니다.)

더 알아보기 ① 로렌츠 변환식 ☞ 268쪽

현실적으로는 우리가 갈릴레이처럼 생각하지 로렌츠, 아인슈타인처럼 생각하지는 않지요. 그 이유는 현실 세계에서 다루는 속도가 빛에 비해서 워낙 느리기 때문입니다. 예컨대 고속열차가 시속 360 킬로미터로 달린다면 1 초에 100 미터를 가는 거고, 속도가 100 m/s입니다. 그러나 빛은 1 초에 30만 킬로미터를 갑니다. 여객기도 아무리 빨라 봤자 시속 900 킬로미터 정도지요. 빠른 초음속 전투기라고 해도 시속 3000 킬로미터라서 1 초에 1 킬로미터도 못 갑니다. 빛과 비교하면 아무것도 아니지요. 따라서 v가 c보다 엄청 작으니까 $\gamma \equiv \dfrac{1}{\sqrt{1 - v^2/c^2}} \approx 1$, 곧 γ는 사실상 1이란 얘기입니다. 초음속 비행기라도 γ는 1보다 불과 1조 분의 1밖에 크지 않아요. 로렌츠 변환 $x' = \gamma(x - vt)$식에 $\gamma = 1$을 넣으면 $x' = x - vt$가 되어 버립니다. 또 $t' = \gamma\left(t - \dfrac{vx}{c^2}\right)$식에서 $\left|\dfrac{vx}{c^2 t}\right| \approx \dfrac{v^2}{c^2} \ll 1$이므로 t에 비해 vx/c^2는 무시할 수 있어서 역시 $t' = t$가 됩니다. 결국 이런 상황에서는 로렌츠 변환이 갈릴레이 변환으로 환원되지요. 현실 세계에서 아무리 빨라 봤자 빛에 비하면 파리가 날아가는 수준에도 미치지 못하기 때문에 굳이 로렌츠 변환을 고려할 필요가 없고 갈릴레이 변환으로 충분합니다.

길이 짧아짐

더 알아보기 ② 로렌츠 변환식으로 보는 길이 짧아짐 ☞ 269쪽

학생: 변환 식 $t' = Cx + Dt$에서 t'이 t와 관계있다는 것은 알겠는데요, Cx는 왜 집어넣은 건가요?

이유는 간단하지요. 이것을 넣지 않으면 $x'^2 + y'^2 + z'^2 - c^2 t'^2 = 0$이라는 식이 성립할 수 없습니다. 아인슈타인의 상대성원리를 받아들인다면 두 기준틀에서 빛에 관한 식이 똑같은 꼴로 성립해야 하니까 기준틀 S에서와 같이 S'에서도 $x'^2 + y'^2 + z'^2 - c^2 t'^2 = 0$이 성립해야 하는데, 이 식은 Cx 없이 $t' = Dt$와 $x' = Ax + Bt$의 관계만으로는 절대로 성립하도록 할 수 없습니다. 사실 x'도 x와 t가 결합해서 주어지듯이 t'도 t와 x가 결합해서 주어지는 것이 대칭의 의미에서 더 자연스럽지요.

갈릴레이나 뉴턴 시절에는 시간과 공간은 별개의 것으로 아무런 상관없이 각자 존재한다고 생각했습니다. 공간에서도 절대공간의 개념을 믿었지만, 시간도 절대성이 있어서 누구에게나 공평하게 흘러간다고 생각했지요. 여러분에게나 나한테나 북극성에서도 안드로메다 은하에서도, 모든 기준틀에서 시간은 똑같다고 믿었습니다. 그러나 아인슈타인은 이러한 절대시간의 개념을 인정하지 않았습니다. 서로 다른 기준틀에서는 공간의 좌표가 다르듯이 시간도 다를 수 있다는 겁니다. 갈릴레이 변환과 달리 로렌츠 변환에서는 시간이 공간과 무관하게 절대적인 것이 아니고 서로 얽혀 있음을 보여 줍니다. 예컨대 공간의 변화가 시간의 변화를 가져올 수도 있는 거지요.

더 알아보기 ③ 거꿀 로렌츠 변환 ☞ 270쪽

로렌츠 변환에 대해 더 질문 없어요?

학생: 로렌츠 변환은 일차식으로만 해야 하는가요?

왜 하필이면 1차식이냐? 글쎄요, 시간과 공간에 대해 비선형, 곧 2차 이상의 식으로 제곱 항이나 세제곱 항을 생각할 수도 있겠지요. 그렇지만 그렇게 되면 풀 수 없을 겁니다. 변환식에서 항이 많아지므로 그 곁수가 주어진 조건보다 더 많기 때문에 결정할 수 없습니다. 그리고 거꿀 변환의 모양이 달라지므로 두 기준틀 S와 S′이 동등할 수 없겠지요. 따라서 선형, 곧 1차식이어야 하겠네요. 더욱이 갈릴레이 변환이 일상 세계에서는 잘 맞는다는 것을 알고 있고, 따라서 어떠한 변환식을 쓰더라도 일상의 경우에는 필연적으로 갈릴레이 변환으로 환원되어야 합니다. 이러한 전제 조건을 생각하면 비선형 항이 있기 어렵겠지요.

단위의 결정

이제 모두 알겠어요? 다른 질문 없나요?

학생: 복잡한 계산할 필요 없이 동시에 시계를 보고 재면 되지 않나요?

시계를 믿을 수 있어요? 시간을 정확히 재야 하는데 아무리 좋은 시계도 조금은 틀릴 수 있습니다. 중요한 문제는 설령 아주 정확한 시계라 하더라도 서로 다른 기준틀의 관측자에게는 반드시 똑같이 간다고 보장할 수 없다는 점입니다. 결국 기준은 빛을 가지고 정할 수밖에 없습니다. 물론 빛의 빠르기가 언제나 일정하다는 전제에서 말합니다.

실제로 1미터라는 길이를 어떻게 정했을까요? 이러한 단위들, 이른바 도량형을 잘 정비하는 것은 통일된 국가를 건설하고 강력하게 통치하는 데 정책적으로 중요합니다. 중국에서는 최초의 통일국가를 건설한 진나라의 시황제가 도량형을 정비했다고 알려져 있지요. 이른바 미터법은 18세기 말에 프랑스에서 시작했다고 할 수 있는데, 역시 강력한 제국을 꿈꾼 나폴레옹이 많이 추진했다고 합니다. 그때에는 지구의 북극에서 적도까지 거리의 1000만 분의 1, 또는 조금 더 정확하게 지구 적도 길이의 4400만 분의 1이라는 식으로 길이 1 미터를 정했습니다. 그런데 지구 둘레가 정확히 얼마인지 어떻게 알아요? 오차가 얼마나 크겠습니까? 그래서 원기原器를 하나 만들고 그게 1 미터라고 정한 겁니다. 그 원기라는 막대기가 백금과 이리듐으로 만든 합금이라서 잘 변하지 않는다고 하지만 아무래도 조금씩은 변합니다. 겨울에 줄어들고 여름에 늘어나기 때문에 겨울과 여름의 1 미터가 달라집니다. 물론 그래서 이른바 표준조건, 온도 0도와 1기압에서의 길이로 정했지만 그래도 부식이 될 수도 있고 아무튼 정밀도가 그리 클 수는 없지요.

지금은 기준을 훨씬 더 잘 정할 수 있습니다. 빛을 가지고 정하기 때문입니다. 진공에서 빛의 빠르기는 언제나 같으므로 좋은 기준이 될 수 있지요. 그런데 우리가 처음에 1 미터를 잘못 정했기 때문에 진공에서 빛의 빠르기는 2.99792458×10^8 m/s로 정해져 있습니다. 정확하게 말하면 1 미터란 빛이 2억 9979만 2458분의 1 초 동안 가는 거리로 정의합니다. 또한 원자가 내는 특정한 빛의 파길이는 역시 일정하므로 이를 이용하는 것도 생각해 볼 수 있습니다. 이러한 예로 전에는 나트륨 원자가 내는 독특한 노란 빛을 많이 생각했는데 요새는 레이저가 훨씬 정밀한 파길이의 빛을 내므로 더 좋은 기준이 되지요.

학생: 그럼 초를 정해야 하지 않나요?

물론 시간의 단위로 초도 정해야 합니다. 1초를 어떤 기준으로 정할까요? 전에는 하루나 한 해에서, 곧 지구의 자전이나 공전을 기준으로 해서 1초를 정했습니다. 그러나 지구 둘레의 길이나 마찬가지로 지구의 움직임도 아주 정밀하게 잴 수 없거니와 언제나 일정하지 않고 조금씩 변합니다. 따라서 이로부터 제대로 된 정의를 얻을 수 없지요.

현재 공식적 정의는 좀 어려운데 참고로 말해 보겠습니다. 원자에서 원자핵과 전자 사이에 스핀 등으로 생기는 자기적 상호작용 때문에 이른바 초미세구조라 불리는 내부 상태들이 존재하는데 그들 사이를 왔다 갔다 하는 전이 주기가 매우 일정하다는 성질을 이용합니다. 구체적으로는 질량수 133인 세슘^{133}Cs 원자가 에너지가 가장 낮은 바닥상태에서 초미세구조 사이의 전이 주기의 91억 9263만 1770배를 1초로 정의하지요. 빛을 포함해 파동에서 진동수와 파길이를 곱하면 파동이 전파하는 빠르기가 됩니다. 빛의 경우에는 빠르기가 언제나 일정하므로 진동수와 파길이는 반비례하고, 파길이가 주어지면 진동수는 자동으로 결정이 됩니다. 따라서 길이를 빛의 파길이를 가지고 정하면 그 빛의 진동수에서 시간을 정할 수도 있습니다.

20세기에 들어와서 이러한 단위에 대해 논의하는 국제회의가 여러 차례 열렸고, 미터법을 바탕으로 해서 국제단위 체계를 만들었습니다. 프랑스 원어에서 약자를 따서 에스아이SI 단위 체계라고 부르지요. 공식적으로 현재 국제단위 체계에는 다음의 일곱 가지가 기본 단위로 정해져 있습니다. 길이의 단위로 미터(m), 질량은 킬로그램 (kg), 시간은 초(s), 전류는 암페어(A), 온도로는 켈빈(K), 물질의 양은 구성원의 수를 나타내는 몰(mol), 그리고 빛샘(광원)의 밝기를 나타내는 광도는 칸델라(cd)입니다. 이러한 단위의 자세한 정의는 여기서 논의하지 않겠지만 빛의 빠르기를 이용해서 미터를 정의했듯이 대체로 물리학의 기본상수로부터 주어집니다. 구체적으로 2018년 가을에 열린 국제회의에서는 킬로그램과 암페어, 켈빈, 몰이 각각 플랑크상수, 기본전하, 볼츠만상수, 그리고 아보가드로상수로부터 정의되었고 2019년부터 공식적으로 사용됩니다. (기본전하는 4강에서 언급했고 플랑크상수는 13강, 볼츠만상수와 아보가드로상수는 17강에서 설명합니다.)

학생: 물속에서도 빛의 속도가 일정한가요?

물에 들어가면 빠르기가 달라집니다. 빛이 물로 들어갈 때 느려지기 때문에 진로가 꺾이는 겁니다. 한자어로는 굴절이라 하지요. 체육시간에 여러 학생들이 줄 맞춰서 똑바로 뛰다가 비스듬히 모래밭을 만났다고 합시다. 그러면 일부 학생들은 다른 학생들보다 모래밭에 먼저 들어가게 되고, 잘 뛰기 어려우니 속도가 느려질 겁니다. 아직 들어가지 않은 학생들은 계속 빨리 뛸 테니 결국 진로가 꺾이게 되지요. 빛의 빠르기가 일정하다는 것은 진공에서 진행할 때 이야기입니다.

그럼 다른 질문이 또 나올 수 있겠네요. 앞서 언급했듯이 물은 H_2O 분자들로 이뤄져 있고 분자는 수소와 산소 원자로 이뤄져 있으며 각 원자는 원자핵과 전자로 이뤄져 있어요. 그런데 원자핵을 탁구공 크기라고 생각하면 원자는 서울대학교 교정 정도가 됩니다. 전자는 사실상 점이나 마찬가지이므로 그 사이 공간은 대부분 비어 있다고 생각할 수 있습니다. 말하자면 거의 진공이나 마찬가지일 듯합니다. 그러면 물질은 진공과 무엇이 다르고, 왜 빛이 물속에서는 진공에서와 똑같이 가지 못하고 느려질까요? 진공과 물질의 차이가 다른 데 있는 것이 아닙니다. 빛이 진행할 때에는 언제나 일정한 빠르기 c를 지닙니다. 그러나 물이나 유리 등 물질에 들어가면 빛은 그 물질을 구성하고 있는 원자, 분자들과 끊임없이 상호작용합니다. 빛은 파동이지만 에너지의 관점에서는 에너지를 지닌 알갱이로서 빛알인데 원자들이나 분자들에게 에너지를 주었다 받았다 반복하고, 이 과정 때문에 전체적으로 느려진다고 생각할 수 있습니다.

시간 늦춰짐과 쌍둥이 역설

더 알아보기 ④ 시간 늦춰짐 현상 ☞ 271쪽

시간 늦춰짐을 알았으니 지난 시간에 얘기했던 '쌍둥이 역설'을 다시 생각해 보지요. 멀리 있는 별까지 우주여행을 다녀오는 이야기입니다. 갑순이와 을순이라는 쌍둥이가 있는데 갑순이는 지구에 남고 을순이는 우주선을 타고 갑니다. 우주선이 엄청나게 빨라서 빛 빠르기의 60퍼센트로 달린다고 합시다. 공상영화에는 빛보다 빠른 우주선도 나오지만, 사실 그것은 잘못된 겁니다. 빛보다 빠를 수는 없지요. 시간 관계로 다루지 않았지만 어떠한 물체도 빛보다 빠를 수 없

그림 11–2: 쌍둥이 역설.

다는 것이 상대성이론의 결과 중 하나입니다.

어쨌든 지구와 별 사이의 거리가 15 광년(ly)이라고 합시다. 1 광년은 빛이 1 년 동안 가는 거리로서 $1 \, ly = 9.46 \times 10^{13} \, km$, 거의 10조 킬로미터나 되지만 우주에서는 15 광년이면 무지무지하게 가까운 별입니다. (실제로 지구에서 가장 가까운 별은 켄타우루스자리에서 가장 밝게 보이는 알파별 옆에 있는데 4.2 광년 떨어져 있습니다.) 을순이가 15 광년의 거리를 0.6c의 빠르기로 가니까 25 년이 걸립니다. 왕복하면 50 년이 걸립니다. 꽃다운 20살에 헤어진 을순이를 다시 만날 때 갑순이는 안타깝게도 70살이 되었겠네요. 그런데 갑순이가 쌍둥이 동생 을순이를 보면 어떻게 보일까요? 시간 늦춰짐 때문에 50 년이 지난 것이 아니라 50년 × 0.8 = 40 년이 됩니다. (여기서 $1/\gamma = \sqrt{1 - v^2/c^2} = \sqrt{1 - 0.6^2} = 0.8$이지요.) 갑순이가 볼 때 을순이는 60 살이 되었습니다. 을순이가 자신을 보면 어떻게 될까요? 70살일까요,

60살일까요? 을순이는 우주선을 타고 움직이니까 을순이가 볼 때는 지구와 별이 움직이는 것이고 따라서 그 사이 거리는 15 광년이 아닙니다. 갑순이처럼 지구에 서서 볼 때 거리가 15 광년이지 움직이면서 보면 지구와 별 사이의 거리는 짧아집니다. 얼마가 될까요? 15 광년 × 0.8 = 12 광년이 됩니다. 따라서 이때 걸린 시간은 12 광년 ÷ 0.6c = 20 년이 됩니다. 따라서 왕복하면 50 년이 아니라 40 년만 흘렀습니다. 그래서 을순이가 자신을 봐도 역시 60살입니다. 갑순이가 보나 자신이 보나 을순이는 60살입니다.

마지막으로 을순이가 언니를 보면 어떻게 될까요? 을순이가 갑순이를 보면 갑순이가 움직였으니 시간이 느리게 갔을 겁니다. 자신에게는 40 년이 흘렀으니 갑순이에게는 40 년 × 0.8 = 32 년이 흘렀겠네요. 따라서 을순이가 보면 갑순이는 쉰두 살밖에 안 되었습니다. 여기서 문제가 생깁니다. 과연 갑순이는 나이가 얼마일까요? 스스로 자신을 보면 70살이고 을순이가 보면 52살인데 어느 것이 맞을까요? 둘을 비교해 보면 18 년이란 세월이 갑자기 없어져 버렸습니다. 어떻게 된 것일까요? 이것이 바로 쌍둥이 역설인데, 해답을 아니까 사실은 역설이 아니지요. 을순이와 다시 만났을 때 갑순이는 70살인 것이 맞습니다. 그러니 우주여행을 하고 돌아온 을순이가 10 년 더 젊은 거지요. 곧 갑순이와 을순이는 동등하지 않은데, 이는 모든 관측자는 동등하다는 상대성원리에 반하는 것이 아닌가요?

갑순이와 달리 여행 중에 을순이는 기준틀을 바꿨다는 데 문제의 핵심이 있습니다. 우주선은 움직이는 기준틀 S′이고 지구나 별은 정

지해 있는 기준틀 S인데 을순이는 별에 도착하는 순간 기준틀을 S'
에서 S로 바꿨습니다. 지구로 돌아오려고 별을 떠나는 순간 다시 기
준틀을 S에서 S'으로 바꿨지요. 사실 이 과정에서 필연적으로 속도
를 늦추거나 높여야 합니다. 따라서 가속도가 있게 되고, 서로 등속
도로 움직이는 관측자에게 적용되는 상대성원리와 이에 따른 로렌츠
변환은 성립하지 않지요. (이는 다음에 강의할 일반상대성이론으로
다루어야 합니다.) 그러나 속도가 변하는 과정을 무시하고 기준틀을
순간적으로 바꿨다고 생각하면 로렌츠 변환을 이용해서 살펴볼 수
있습니다.

　그러면 을순이가 기준틀을 바꿀 때 어떤 일이 일어날까요? 별에
도착할 때, 곧 기준틀을 S'에서 S로 바꾸는 순간 놀랍게도 지구에서
는 9년이 순식간에 지나갑니다. 별과 지구는 같은 기준틀 S이지만
그 사이 떨어진 거리, 곧 공간의 차이가 시간의 차이를 가져다주기
때문입니다. 갑순이에게 9년이라는 세월이 을순이에게는 잠깐으로
나타나는 거지요. 을순이가 별을 떠나는 순간, 다시 기준틀을 S에서
S'으로 바꾸게 되는데 갑순이에게는 9년이 또 순식간에 지나갑니다.
합해서 '잃어버린' 18년이 되지요. 자세한 풀이는 로렌츠 변환에서
쉽게 얻을 수 있지만 여기서는 다루지 않겠습니다.

4차원 시공간

　이 역설은 시간과 공간이 서로 얽혀 있음을 말해 줍니다. 갈릴레
이 변환에서 보듯이 종래에는 시간은 공간과 관계없이 절대성이 있

었지요. 공간에서 위치를 나타낼 때 필요한 좌표가 직선은 x 하나이 므로 1차원, 평면은 (x, y)이니까 2차원이고, 이른바 3차원 공간에서 는 (x, y, z)입니다. 이에 따라 원점으로부터 거리의 제곱 s^2은 1차원 에서는 바로 x^2이지만, 2차원에서는 x^2+y^2, 그리고 3차원에서는 $x^2+y^2+z^2$으로 주어지지요. 공간의 성분은 이같이 서로 얽혀 있지만 시 간은 따로 놀았습니다.

그런데 로렌츠 변환, 곧 상대성이론에서는 시간과 공간이 대칭적 으로 얽혀 있습니다. 공간을 나타내는 (x, y, z)와 시간 t가 따로 있지 않고 서로 어울려 있다는 겁니다. 그래서 '사건'을 기술할 때 위치와 시간을 함께 지정해서 (x, y, z, t)로 표시해야 타당하고, 네 개의 좌표 가 필요하니까 4차원이라고 부릅니다. 공간에 시간이 더해지니까 시 공간이라 부르고, 물체의 운동은 이러한 4차원의 시공간에서 기술하 게 됩니다. 3차원 공간에서 위치처럼 벡터는 일반적으로 세 성분이 있는데 4차원 시공간에서 위치 (x, y, z, t)같이 네 성분을 가진 물리 량을 일반적으로 4차원 벡터라 부릅니다.

우주라는 단어를 구성하는 글자를 한자 천자문에서는 집 우宇, 집 주宙라고 하지요. 그런데 '우'는 하늘과 땅의 네 방향天地四方, 곧 공간 을 뜻하고 '주'는 옛날이 가고 이제가 온다古往今來, 곧 시간을 의미하 는 글자입니다. 따라서 '우주'라는 말에는 시공간이란 의미가 있습니 다. 서양은 원래 좀 뒤떨어졌으므로 20세기에 들어와서야 시공간이 라는 개념을 생각해 낼 수 있었지만 동양에서는 이미 수천 년 전에 시공간을 생각해서 이름을 붙인 것 같네요.

이러한 우주, 곧 4차원 시공간에서는 어느 지점, 곧 사건의 원점에서 거리는 $x^2 + y^2 + z^2$에 더해서 t^2 같은 것이 더 들어가야 할 겁니다. 여기서 x, y, z는 모두 공간에서 거리를 나타내므로 단위를 맞추려면 t 대신에 ct가 들어가게 되지요. 그런데 거리의 제곱 표현에서 $(ct)^2$은 놀랍게도 음의 부호를 가집니다. 따라서 거리의 제곱은 $s^2 = x^2 + y^2 + z^2 - c^2t^2$으로 주어집니다. 흥미롭게도 시공간에서 이러한 간격 s^2이 0이면 바로 빛의 퍼져 나감을 기술하는 식이네요. 빛은 빠르기가 c이기 때문이고, 다른 물체는 빛보다 느리기 때문에 이 간격은 언제나 0보다 작습니다. (전체의 부호를 반대로 해서 $s^2 = c^2t^2 - x^2 - y^2 - z^2$으로 나타내기도 합니다. 그러면 보통 물체의 경우 0보다 크게 되지요.)

시간과 공간이 대칭적으로 어울려서 시공간을 이룬다는데 우리는 왜 시간과 공간을 다르게 느낄까요? 공간과 달리 시간의 방향성, 곧 미래와 과거의 차별성은 직접적으로는 정보의 처리와 우리의 인식에 기인한다고 생각합니다. 이는 뒤에서 다룰 열역학 둘째 법칙에 관련되어 있지요. 그러나 이러한 일상 세계의 비대칭성, 곧 못되짚기와 관계없이 작은 미시세계에서도 시간은 공간과 차이가 있습니다. 이는 시간 성분이 공간 성분과 부호가 반대라는 사실에서 알 수 있지요. 일상에서 말하는 보통 공간은 유클리드공간입니다. 거리의 제곱이 각 좌표 성분의 제곱의 합으로 주어지지요. 만일 시간 성분이 공간 성분과 부호가 같다면 시공간은 4차원 유클리드공간이 되겠

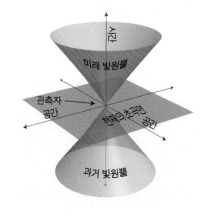

그림 11-3: 빛원뿔. 아래 쪽의 과거 원뿔과 위의 미래 원뿔이 원점(현재)에서 만난다.

지요. 그러나 시간 성분의 부호 차이로 시공간은 유클리드공간이 아니라 이른바 민코프스키 공간을 이룹니다.

민코프스키 시공간에서 빛이 지나는 길의 집합을 빛원뿔이라 부릅니다. 4차원은 그릴 수 없으므로 간단하게 공간을 2차원이라 간주하고 시간을 더해서 3차원 시공간 (x, y, t)를 생각할까요. 그림 11-3에 보였듯이 시간을 세로축으로 나타내고 바로 이 순간 이 자리를 원점으로 정하겠습니다. 곧 $t=0$이 현재이고, $x=y=0$이 우리의 위치입니다. 그러면 원점에서 퍼져 나가는 빛을 기술하는 식은 $s^2 \equiv x^2 + y^2 - c^2 t^2 = 0$이지요. 이를 민코프스키 시공간에 그리면 원뿔이 됩니다. $t < 0$인 경우에 이 식은 과거에 다른 곳에서 출발해서 원점, 곧 현재 우리에게 온 빛을 기술하지요. 이러한 민코프스키 시공간에서 모든 물체는 운동에 따라 정해지는 고유한 선으로 나타낼 수 있습니다. 이를 그 물체의 세계선이라 하는데 빛보다 느린 모든 물체의 세계선은 $s^2 < 0$이므로 — 이를 시간 같은 간격이라 부르지요 — 언제나 원뿔의 안쪽에 있게 됩니다. 움직이지 않는 물체의 세계선은 세로축, 곧 시간 축에 평행입니다. 여러분의 세계선은 어떤가요? 원뿔의 바깥쪽은 $s^2 > 0$으로서 이른바 공간 같은 간격인데 이 지역은 원점, 곧 우리와 물리적인 신호로 연결되지 않습니다. 따라서 이른바 인과관계로 연결되지 않으며, 아무런 연관을 맺을 수 없지요.

우리 일상에서는 크게 의미가 없지만 먼 천체를 생각해 보면 이것이 왜 중요한지 알 수 있습니다. 거리가 워낙 멀리 떨어져 있기 때문인데 예컨대 북극성의 경우 우리는 1000년 전의 북극성을 보고 있는 겁니다. 안드로메다은하는 200만 년 전의 것을 보고 있지요. 해가 지금 없어진다면 당장은 모르고, 8분 19초 후에 알게 됩니다. 북극성은 지금 없어져도 1000년이 지나야 알 수 있습니다. 물론 1000년 후에는 우리도 존재하지 않을 테니 결국 알 수 없네요. 우주의 거대 구조에서 시간과 공간이 얽혀 있다는 것은 중요합니다.

질량의 늘어남

마지막으로 상대성이론의 결과로서 움직이는 물체는 질량이 늘어난다는 사실을 논의하기로 하지요. 일반적으로 외부에서 힘이 작용하지 않는 계의 운동량은 보존됩니다. (이는 뇌터 정리에 따르면 자리옮김 대칭성이 있음을 의미하지요.) 질량 m인 물체가 속도 v로 움직이는 경우에 운동량은 $p=mv$로 주어진다고 앞서 언급했는데 이것이 보존되는 경우는 갈릴레이 변환이 성립할 때입니다. 로렌츠 변환에서는 보존되는 양이 mv가 아니라 γmv임을 보일 수 있습니다. 자세한 논의는 생략하지요. 이는 물체가 움직이면 질량이 γm이 되는 것으로 해석할 수 있습니다. 따라서 정지해 있을 때의 질량, 곧 정지질량을 m_0라고 나타내면 속도 v로 움직이는 경우에 물체의 질량은

$$m = \gamma m_0 = \frac{m_0}{\sqrt{1 - v^2/c^2}}$$

라고 할 수 있습니다. 따라서 정지질량보다 커집니다. 여러분이 열심히 뛰면 날씬해 보이긴 하지만 더 무거워진다는 거지요. 좀 실망스러운가요?

여기서 부수적으로 얻을 수 있는 흥미로운 결과는 질량이 에너지

와 본질적으로 같다는 사실입니다. 곧 에너지 보존법칙을 유지하려면 에너지 개념을 질량에까지 확장해서 질량을 에너지의 한 형태로 봐야 한다는 거지요. 질량 m과 에너지 E의 환산 관계를 식으로 나타내면

$$E = mc^2$$

입니다. 아주 널리 알려진 식이지요. 단위를 맞추기 위해 c^2이 곱해진 것인데, 우리가 일상에서 쓰는 단위로는 빛 빠르기 c가 엄청나게 크기 때문에 약간의 질량이 엄청난 에너지에 해당합니다. 예컨대 1 킬로그램의 질량은 거의 10^{17} 주울이라는 어마어마한 에너지에 해당하며, 질량이 일부 없어지면 그만큼에 해당하는 에너지가 나오게 됩니다.

핵반응에서는 이러한 상황이 실제로 일어날 수 있습니다. 핵분열에서는 무거운 원자인 우라늄이나 플루토늄이 깨져서 이보다 가볍고 안정된 원자로 바뀌면서 질량의 일부가 없어지고 그만큼의 에너지가 나오게 됩니다. 이러한 핵에너지를 이용해서 핵폭탄을 만들고, 핵 발전을 하기도 합니다. 이와 반대로 수소 같이 가벼운 원자 몇 개가 결합해서 헬륨처럼 수소보다 무거운 원자를 만드는 과정을 핵융합이라 하는데 이때도 질량이 조금 없어지고 그만큼 에너지가 생겨납니다. 해를 비롯한 별들이 계속 빛의 형태로 엄청난 에너지를 낼 수 있는 것이 바로 이러한 핵융합 반응에 기인하지요. 핵폭탄 중에도 위력이 엄청난 수소폭탄이 바로 핵융합 반응을 이용한 겁니다. 이러한 공포의 핵무기들은 바로 아인슈타인의 상대성이론 때문에 가능하게 되었습니다. 유감스러운 일이지요. 처음 미국에서 핵폭탄을 만들게 된 과정과 그 전후에 여러 물리학자들의 서로 엇갈린 주장은 생각해 볼

점들이 많습니다.

질량이 에너지의 한 형태이므로 움직일 때 질량이 늘어난다는 현상은 정지해 있을 때보다 에너지가 커짐을 의미합니다. 얼마나 커지는지 살펴봅시다. 그 차이를 K라 하면

$$K \equiv mc^2 - m_0c^2 = (\gamma - 1)m_0c^2$$

이 되지요. 그런데 일반적으로 속도 v는 c보다 아주 작으니까

$$\gamma \equiv \frac{1}{\sqrt{1 - v^2/c^2}} \approx 1 + \frac{v^2}{2c^2}$$

로 어림할 수 있습니다. 이것을 앞의 식에 넣으면

$$K \approx \frac{1}{2}m_0v^2$$

이 됩니다. 많이 보던 식이죠? 바로 운동에너지의 표현입니다. 물체가 움직이면 질량이 늘어나는데, 이 늘어난 만큼에 해당하는 에너지를 바로 운동에너지라고 부릅니다. 따라서 운동에너지는 $K \equiv (\gamma - 1)m_0c^2$으로 정의하며, 여러분에게 친숙한 표현인 $\frac{1}{2}m_0v^2$은 속도가 빛에 비해 무시할 수 없을 정도로 커지게 되면 타당하지 않습니다.

기본입자에 대한 강의에서 짝없앰 현상을 논의했죠? 예를 들어 전자와 양전자가 만나서 함께 없어지고 빛알이 생겨나는 현상인데, 이것도 바로 질량이 없어져서 에너지로 바뀌는 과정이고 그 사이에 $E = mc^2$이 성립합니다. 이와 반대가 짝만듦 과정입니다. 에너지 덩어리라 할 수 있는 빛알이 없어지면서 전자와 양전자가 짝으로 생겨나지요. 더 나아가면 상대성이론은 마당과 물질이 본질적으로 차이가 없

다는 사실을 보여 줍니다. 물질이 있으면 그 주위에 중력마당이니 전자기마당이니 하는 마당을 만들고, 반대로 그러한 마당은 물질의 움직임을 결정합니다. 물질과 마당은 떼려야 뗄 수 있는 것이 아닙니다. 특히 마당도 에너지를 가지고 있으며, 상대성이론에 따르면 마당에서 물질이 없어질 수도 있고 생겨날 수도 있습니다. 물질도 에너지에 불과하지요. 결국 에너지가 질량이라는 형태로 있는지 다른 형태로 있는지의 차이일 뿐입니다.

몇 가지 질문

전자기 현상은 갈릴레이의 상대성원리를 만족하지 않는다, 곧 전자기 법칙을 갈릴레이 변환하면 형태가 바뀌고, 이것이 상대성이론의 출발점이 되었다고 지적했지요. 그러면 로렌츠 변환은 어떨까요? 짐작하겠지만 로렌츠 변환에 대해서는 전자기 법칙의 형태가 바뀌지 않습니다. 따라서 아인슈타인의 상대성원리가 성립하지요. 이는 로렌츠 변환에 따라 기준틀을 바꿀 때 시공간의 변환으로 전하의 밀도가 달라지고 전기마당도 변하기 때문입니다. 이러한 전기마당의 변화를 바로 자기마당으로 간주할 수 있지요. 참으로 멋진 해석입니다. 다시 말해서 전자기이론, 맥스웰방정식은 상대성이론에 앞서서 만들어졌으나 상대성이론을 이미 품고 있었다고 할 수 있습니다.

상대성이론에 대해 질문 있나요?

학생: 시간이 느려진다면 완전히 정지할 수도 있지 않을까요?

시간 늦춰짐 현상의 식 $\Delta t = \gamma \Delta t_0$에서 빛의 빠르기로 움직이면, 곧

$v = c$가 되면 $\gamma \equiv \dfrac{1}{\sqrt{1 - v^2/c^2}}$ 이 무한히 커지므로 시간이 무한히 늦춰지게 됩니다. 시간이 흐르지 않는다는 말이지요. 영원히 늙지 않겠네요. 그러나 아쉽게도 이런 일은 생길 수 없습니다. 질량이 $m = \gamma m_0$로 늘어나서 보다시피 무한대가 되어 버립니다. 물체의 속도를 올리려면 힘을 주어서 가속도를 얻어내야 합니다. 그런데 정해진 가속도에 대해 필요한 힘은 $F = ma$, 곧 질량에 비례합니다. 따라서 속도가 빨라질수록 질량이 점점 커지고 계속 가속하려면 더 큰 힘을 주어야 한다는 겁니다. 극단적으로 속도가 빛 빠르기에 가까워지면 질량이 무한히 커지므로 무한히 큰 힘이 필요해지고, 이는 불가능합니다. 무한히 큰 힘이란 우주에서 있을 수 없으니까요. 에너지 $E = mc^2$이 무한히 커지게 됨을 생각해도 마찬가지입니다. 물체에 무한히 많은 에너지를 주어야 한다는 뜻이니까요.

결국 어떤 물체를 빛 빠르기에 가깝도록 가속할 수는 없다는 겁니다. 빛 빠르기로 달려서 시간을 정지시키면 좋겠지만 그것은 불가능한 이야기입니다. 사실 로렌츠 변환 자체가 빛의 빠르기가 속도의 한 계임을 보여 줍니다. 속도 v_1으로 움직이는 물체를 속도 $-v_2$, 곧 반대 방향으로 움직이는 기준틀에서 보면 물체의 속도는 얼마일까요? 이 상대속도가 갈릴레이 변환에서는 $v_1 - (-v_2) = v_1 + v_2$이지만 로렌츠 변환에서는 $\dfrac{v_1 + v_2}{1 + v_1 v_2/c^2}$로 주어짐을 보일 수 있습니다. 이는 속도를 아무리 더해도 빛 빠르기에 도달할 수 없음을 보여 주지요. 예로서 $v_1 = v_2 = 0.5c$라면 상대속도는 $0.8c$로서 c보다 작고, 설사 $v_1 = v_2 = 0.9c$라도 상대속도는 $0.91c$가 채 안 됩니다.

그런데 상대성이론은 질량을 지닌 물체를 가속해서 빛의 빠르기에 이르게 할 수 없음을 말하는 것이지, 애당초 빛보다 빠르게 움직이는 물체가 있을 수 없다고 말하지는 않습니다. 그럼 빛보다 빠르게, 이른바 초광속으로 움직이면 어떻게 될까요? 시간이 거꾸로 흐르지 않을까요? 이런 내용의 시가 있습니다. 한 나그네가 여행을 떠나서 빛보다 빨리 걷다가 집에 와 보니 자신이 떠나기 전날 돌아왔다는 내용입니다. 공간 축을 따라 여러 방향으로 여행하듯이 시간 축을 따라 과거로 여행하는 이른바 시간 여행인데 〈되돌아 미래로 Back to the Future〉등 여러 영화에서 주제로 다뤘지요.

이런 시간 여행은 영국의 작가 웰스의 유명한 소설《시간기계(타임머신)》에서 유래했다고 할 수 있습니다. 웰스는 이 밖에도《우주 전쟁》,《투명 인간》,《모로 박사의 섬》등 널리 알려진 과학소설을 썼는데, 이에 더해서 문화사에 초점을 맞춘《역사의 개요》를 쓰고 사회주의 활동을 한 사실은 잘 알려져 있지 않은 듯합니다. 그의 작품에는 과학과 기술의 발전을 통한 유토피아적 세계가 그려져 있는 것이 아

그림 11-4:
왼쪽부터
웰스(1866~1946)와
베른(1828~1905).

니라 맹목적 추구와 오용에 대한 경고가 담겨 있습니다. 《시간기계》에는 자본주의적 기술의 발전이 인류를 오히려 퇴화시킨다는 미래에 대한 비관적 전망이 나타나 있고 《모로 박사의 섬》에서는 인간과 짐승의 중간인 개체를 만들어 냈는데, 현대의 의미로 보면 다름 아니라 유전공학에서 유전자 조작을 통한 서로 다른 종 사이 이종교배의 위험성을 연상하게 됩니다. 100년도 더 된 1896년의 작품이지요.

과학소설이라면 빠질 수 없는 사람이 웰스와 더불어 과학소설의 아버지라 불리는 프랑스의 베른이지요. (흔히 공상과학소설이라고 번역하지만 '공상'이란 수식이 합당하지 않다는 생각이 듭니다.) 그의 작품으로 《기구 타고 5주간》, 《80일간의 세계 일주》, 《15소년 표류기》로 알려진 《2년간의 휴가》 등의 모험을 그린 소설도 많지만 《지구에서 달로》, 《바다 밑 2만 리》 등은 과학과 기술의 발전에 대해 주목할 만한 예측을 담고 있습니다. 실제로 아폴로 계획과 달 착륙, 잠수함 등은 놀라울 정도로 비슷하지요. 특히 1863년에 집필한 《20세기의 파리》라는 작품은 그가 출판을 꺼려서 잊혔다가 1989년에 발견되어서 흥미를 끌었습니다.

그림 11-5: 쥘 베른 저택과 문패(프랑스 아미앵 소재).

집필 후 무려 131년, 그가 타계한 지 89년이 지나서야 출간되었는데 자동차, 고층건물, 고속열차, 복사기, 인터넷을 연상케 하는 통신망 등이 등장할 뿐 아니라 대기오염, 인간의 소외 등과 함께 과연 물질문명이 인간의 행복을 가져다줄 수 있는지에 대한 날카로운 비판적 시각도 보여 주고 있습니다. 참으로 놀라운 통찰력이라 하겠습니다.

아무튼 빛보다 빠르게 움직여서 시간 여행을 할 수 있다면 재미있겠지요. 그런데 골치 아픈 상황도 많이 생길 겁니다. '원인이 결과보다 앞선다'는 인과율이 성립하지 않는다면 심각한 문제가 될 수 있겠지요. 불행인지 다행인지 공상영화에 나오는 빛보다 빠른 우주선은 있을 수 없습니다. 정지 상태에서 출발해서 빛 빠르기를 넘어갈 수가 없으니까요. 그러나 애당초 빛보다 빠르게 움직이는 물체가 있다면 어떻게 될까요?

빛보다 빨리 움직이는 알갱이를 타키온이라고 합니다. 이에 대해 우리가 사는 세계는 빛보다 느린 알갱이, 이른바 타디온으로 이뤄져 있지요. 타디온과는 반대로 타키온은 에너지를 잃을수록 속도가 커지게 됩니다. 그래서 생성되면 많은 양의 에너지를 방출하면서 속도가 무한히 커질 수 있지요. 그래서 상호작용하는 타키온은 존재하기 어렵다고 생각됩니다. 하느님이 존재한다면 타키온일 것이라고 말하는 사람도 있는데, 그렇다면 우리와 직접 교감하기는 매우 어려울 겁니다. 특히 타키온을 이용하더라도 빛보다 빨리 정보를 보낼 수는 없다고 생각됩니다. 따라서 타키온이 있어도 우리 세계에서 인과율에 영향을 주지는 않으리라 추측합니다.

학생: 그러면 시간 여행이란 불가능한가요?

타키온과는 다른 얘기지만 다음 강의에서 논의할 일반상대성이론에 따르면 우주 시공간에 특정한 형태의 벌레구멍이 존재할 수 있습니다. 이를 이용하면 제한된 의미에서지만 원리적으로는 시간 여행이 가능하다고 추측합니다. 그러나 그러한 벌레구멍이 실제로 존재하는지는 알 수 없습니다. 특히 안정성에 관련된 문제들은 아직 완전히 이해하지 못하고 있지요. 시간 여행이란 현재 이해하기로는 사실상 불가능하다고 봐야겠지요.

지금까지 상대성이론에 대해 배운 내용은 모두 특수상대성이론입니다. 이에 더해서 아인슈타인은 일반상대성이론도 만들었습니다. 보통 '특수'는 무언가 좀 어렵고 '일반'은 더 쉬운 것 같은 느낌을 줄 수 있는데 사실은 그 반대입니다. 특수라는 것은 특수한 상황에서 성립하는 이론이고 일반이라는 것은 확장해서 더 보편적인 이론입니다. 보편이론이 더 어려운 것은 당연하지요.

상대성이론은 두 관측자의 기준틀이 다를 때 움직임을 어떻게 해석해야 하는가에서 출발했는데, 우리는 그동안 두 관측자가 서로 등속운동을 하는 경우만 생각했습니다. 이것은 지극히 불만족스럽습니다. 우주에는 서로 등속운동을 하는 기준틀이 없습니다. 등속운동은 똑바로 직선으로 가야 하는데 지구만 하더라도 자전과 공전을 하니까 등속운동을 하지 않습니다. 해나 별도 일반적으로 작지만 가속도를 지니고 움직이고 있고, 등속운동이란 사실상 존재하지 않습니다. 따라서 서로 일반적으로 가속운동을 하는 기준틀에 대해서 움직임을 해석해야 합니다. 다음 강의에서는 이러한 경우에 대한 일반상대성이론을 다루겠습니다.

더 알아보기

① 로렌츠 변환식

　두 기준틀 S와 S′에서 좌표 (x, y, z, t)와 (x', y', z', t') 사이의 변환을 기술하는 식을 찾기 위해서 먼저 운동 방향과 수직인 방향의 좌표는 영향을 주지 않는다, 곧 변환에 관계하지 않는다고 가정하겠습니다. 그러면 기차 S′이 x 방향으로 움직이므로 $y' = y$와 $z' = z$라고 놓고, (x', t')은 (x, t)에 의존할 테니 각각 $x' = Ax + Bt$와 $t' = Cx + Dt$로 놓기로 하지요. 여기에 지면 S에서 본 기차 S′의 속도가 v라는 조건이 있습니다. 이는 S에서 좌표 x의 시간에 대한 변화율, 곧 도함수로 주어지지요. 따라서 $\frac{dx}{dt} = v$여야 합니다. (여기서 x'을 일정하게 놓고서 미분해야 하는데 너무 세부적인 것은 생략하겠어요.) 마찬가지로 S′에서 보면 S의 속도는 $-v$이므로 $\frac{dx'}{dt'} = -v$라는 조건을 생각할 수 있고, 이를 이용하면 A, B, C, D를 결정할 수 있지요. 이를 정리하고 $\gamma \equiv \frac{1}{\sqrt{1 - v^2/c^2}}$라고 놓으면 다음 관계식을 얻게 됩니다.

$$x' = \gamma(x - vt)$$

$$y' = y$$

$$z' = z$$

$$t' = \gamma\left(t - \frac{vx}{c^2}\right)$$

　이 관계식은 두 기준틀 사이의 로렌츠 변환을 기술합니다. 서로 등속도로 움직이는 두 기준틀 사이에 위치와 시간이 어떻게 관련되는지, 그 변환 관계를 보여 주지요. 이 관계를 S′에서 빛의 퍼짐을 기술하는 식 $x^2 + y^2 + z^2 - c^2t^2 = 0$의 왼쪽에 넣으면 정확히 0이 되어서 식이 성립하는 것을 확인할 수 있습니다. 따라서 앞에서 보인 갈릴레이 변환과 달리 로렌츠 변환은 타당하다고 할 수 있습니다. 아인슈타인의 두 가지 기본 전제를 받아들인다면 말입니다.

② 로렌츠 변환식으로 보는 길이 짧아짐

아무튼 로렌츠 변환이 더 보편적이고 정확하다니 이 변환으로 길이를 구해 봅시다. 기차 S′에 막대가 있다고 하고, 그 길이를 S′과 지면 S에 있는 두 관측자가 각각 재어 보고 서로 비교해 보지요. 막대 양끝의 위치를 S′에 있는 관측자 O′는 자신의 좌표로 $x_1{}'$, $x_2{}'$이라 나타내고, 이를 S에서는 관측자 O가 x_1, x_2로 표시합니다. 양끝 좌표의 차이는 기준틀이 달라지면 앞의 로렌츠 변환에 따라 다음 관계가 성립합니다.

$$x_1{}' - x_2{}' = \gamma[(x_2 - x_1) - v(t_2 - t_1)]$$

일반적으로 막대 양끝 좌표의 차이는 바로 막대의 길이에 해당할 겁니다. 단지 움직이는 막대의 길이를 제대로 재려면 양끝의 좌표를 동시에 읽어야 한다는 조건이 필요하지요. 여기서 막대는 S′에 놓여 있으므로 관측자 O′에 대해 정지해 있습니다. 따라서 동시에 읽어야 한다는 조건은 생각할 필요가 없고, $x_2{}' - x_1{}'$이 바로 O′이 재는 막대의 길이가 됩니다. 이는 막대가 정지해 있을 때의 본래길이 l_0이겠네요.

한편 S에 있는 관측자 O는 막대의 길이를 어떻게 잴까요? 막대는 기차에 있으므로 움직이니까 O는 막대 양끝의 좌표를 자신이 볼 때 동시에 읽어야 합니다. 왼쪽 끝과 오른쪽 끝 좌표를 읽는 사건의 시간과 공간은 각각 (t_1, x_1) 과 (t_2, x_2)입니다. 다시 말해서 시각 t_1에 좌표 x_1을 읽었고 시각 t_2에 좌표 x_2를 읽은 거지요. 따라서 동시에 읽으려면 t_1과 t_2가 같아야 합니다. 그래서 위의 식에서 $t_2 = t_1$으로 놓으면 $x_2 - x_1$은 O가 잰 막대의 길이가 됩니다. 이것은 움직이는 막대의 길이로 l이라 표시하지요. 결론은 정지해 있을 때의 본래길이 l_0와 움직일 때의 길이 l 사이에 $l_0 = \gamma l$이 성립한다는 겁니다. 뒤집어서 표현하면

$$l = \frac{l_0}{\gamma} = l_0\sqrt{1 - \frac{v^2}{c^2}}$$

이 되는데, 이는 바로 앞서 언급한 로렌츠 짧아짐이네요. 결국 물체가 움직이면 정지해 있을 때보다 길이가 줄어든다는 사실을 의심의 여지없이 보였습니다. 길이가 줄어든다는 결과에 대해서 이제 불만 없나요?

③ 거꿀 로렌츠 변환

확인을 위해서 로렌츠 변환을 뒤집어 볼 수도 있습니다. S′에서 좌표를 S에서 좌표로 나타내는 식을 뒤집어서 S에서 좌표를 S′에서 좌표로 나타내자는 거지요. 변환을 주는 식이 선형, 곧 1차식이므로 쉽게 풀 수 있습니다. 결과가 어떻게 될까요? 다음과 같이 됩니다.

$$x = \gamma(x' + vt)$$
$$y = y'$$
$$z = z'$$
$$t = \gamma\left(t' + \frac{vx}{c^2}\right)$$

이를 거꿀 로렌츠 변환이라 부르는데 원래 변환과 비교하면 속도만 v에서 $-v$로 부호가 바뀌었음을 알 수 있습니다. 이렇게 나와야 마땅합니다. 지면에서 기차를 볼 때 속도가 v이므로 기차에서 지면을 보면 속도가 $-v$이기 때문입니다. 로렌츠 변환을 얼른 보면 (x, t)와 (x', t')이 동등하지 않은 것처럼 보이지만 거꾸로 뒤집어도 똑같기 때문에 사실은 동등합니다. 그야

말로 두 기준틀 S와 S', 그리고 두 관측자 O와 O'은 완전히 동등한 겁니다.

④ 시간 늦춰짐 현상

이제 시간이 늦어지는 현상을 생각해 봅시다. 여러 가지로 생각할 수 있는데 지면에 있는 흔들이를 가지고 시간을 재기로 하겠습니다. 한 번 갔다 오는 시간, 곧 주기를 재는 거지요. 지면 S에서 흔들이가 시각 t_1에서 위치 x_1에 있다가 시각 t_2에 위치 x_2가 되었다고 합시다. 이를 기차 S'에서 잰 시각이 각각 t_1', t_2'이라 하면 그 시간 간격은 로렌츠 변환에 따라서

$$t_2' - t_1' = \gamma \left[(t_2 - t_1) - \frac{v}{c^2}(x_2 - x_1) \right]$$

을 만족합니다. S에서는 흔들이가 한 번 갔다 제자리로 돌아오는 시간을 잰다고 했으니 $x_2 = x_1$이고, 그 시간 간격 $t_2 - t_1$은 정지해 있을 때의 시간, 곧 본래시간 Δt_0가 됩니다. 따라서 S'에서 잰 시간 $t_2' - t_1'$, 곧 움직일 때의 시간 Δt는

$$\Delta t = \gamma \Delta t_0 = \frac{\Delta t_0}{\sqrt{1 - v^2/c^2}}$$

으로 본래시간보다 길어집니다. 시간 간격이 늘어난다는 것은 시간이 천천히 간다는 이야기입니다. 바로 시간 늦춰짐 현상이지요.

12강
일반상대성이론

지난 강의에서 특수상대성이론을 다루었습니다. 아인슈타인은 1905년에 매우 중요한 논문 세 편을 발표했는데 대표적인 것이 특수상대성이론에 관한 논문이었습니다. 그리고 빛전자 효과라는 빛알의 알갱이 성질에 대한 논문, 마지막으로 브라운 운동이라고 열과 원자의 세계에 관련된 현상에 대한 논문을 1905년에 모두 발표했습니다. 그것을 기념하기 위해 100주년을 맞은 2005년이 세계 물리의 해로 정해졌지요.

그동안 공부한 특수상대성이론에 대해서 더 질문 있나요?

학생: 지난 강의에서 빛보다 빠른 입자에 대해 잠깐 말씀해 주셨는데요, 실제로 있나요?

지난 시간에 타키온에 대해 얘기했지요. 타키온은 느리게 하는 데 에너지가 필요합니다. 아무리 에너지를 공급해도 빛보다 느릴 수는 없습니다. 그러니 그쪽 세계에서 우리 세계로 넘어오지는 못합니다. 빛이 경계가 되어서 우리 쪽에서 넘어가거나 그쪽에서 넘어올 수 없고, 우리 세계와 직접 상호작용하지는 않으리라 생각됩니다. 그러나 검출할 방법은 있습니다. 타키온이 생성되면 빛보다 빨리 움직이면서 빛을 방출할 것으로 예상되는데 이를 체렌코프 내비침이라고 부르지요. 이때 나오는 빛을 측정하면 타키온의 존재를 간접적이지만 알 수 있으리라 추측합니다. 그런데 아직 검출된 적은 없습니다. 대체로 타키온은 불안정해서 실제로 존재하지는 않을 것으로 보는 의견이 많습니다.

체렌코프 내비침이란 빛보다 빨리 달리는 알갱이가 충격파에 해당하는 빛을 내는 현상을 말합니다. 어떤 물체가 빛의 빠르기만큼 달릴 수는 없다고 강조했는데 이는 진공에서 그렇다는 이야기지요. 진공에서 빛 빠르기인 c, 곧 30만 km/s보다 빠를 수 없다는 것인데, 물질 내에서는 빛의 빠르기가 현저히 줄어들 수 있습니다. 그래서 다른 알갱이가 빛보다 오히려 빠를 수 있는데, 그러한 경우에는 특별한 현상이 생깁니다. 초음속 비행기가 소리보다 빠르게 날게 되면 어떻게 되죠? 강력한 충격파가 생깁니다. 전투기 같은 것이 낮게 지나가면 유리창이 깨지고 난리가 나는데 강력한 충격파가 생겨서 그렇습니다. 공군기지 근처에 거주하는 사람들은 피해가 심할 수 있고 매우 괴롭겠지요. 이와 마찬가지로 어떤 알갱이가 빛보다 빨라지면 충격파에 해당하는 빛을 낼 수 있고 이러한 현상이 체렌코프 내비침입니다.

또한 물질 중에서 빛의 위상속도나 무리속도는 c보다도 빠를 수도 있습니다. 위상속도란 파동에서 일정한 위상이 진행하는 속도이고 무리속도는 파동의 너비의 변화, 곧 변조가 진행하는 속도를 말합니다. 최근에는 이른바 빛알을 흡수하는 꺼울림(공명)이 강한 물질에서 빛의 무리속도가 c보다 클 수 있음을 확인했는데 중요한 점은 이러한 것들도 역시 정보의 전파 속도는 아니라는 사실입니다. 정보의 전파 속도는 물질 알갱이가 움직이는 속도와 마찬가지로 c보다 클 수 없으며, 한편 빛알의 속도는 언제나 c지요.

그동안 특수상대성이론을 공부했는데, 이것은 말 그대로 특수한 경우에만 성립하는 이론입니다. 두 기준틀 또는 두 관측자가 서로 등속운동을 하는 경우를 다루는 이론이지요. 그러나 일반적인 여러 관측자나 기준틀을 생각해 보면 그들이 서로 등속도로 움직일 이유가 없습니다. 일반적으로는 가속도 운동을 하겠지요. 예를 들어 기차가 정지했다가 출발할 때나 굽은 철로를 달릴 때는 가속운동을 합니다. 곧 기차라는 기준틀과 지면이라는 기준틀은 서로 가속운동을 하며, 이러한 경우를 다루는 것이 일반상대성이론입니다.

일반상대성원리

일반상대성이론, 줄여서 일반상대론은 일반상대성원리에서 출발합니다. 가속운동을 하든 등속운동을 하든 모든 관측자는 동등하다는 것이 바로 일반상대성원리입니다. 임의의 운동 상태에 있는 모든 관측자에게 모든 물리법칙이 똑같은 형태로 나타나야 한다는 겁니다. 특수상대성원리는 등속도로 움직이는 관측자들은 동등하다는 전제인데 일반상대성원리는 그걸 더 확장해서 모든 관측자가 동등하다고 과감하게 주장합니다. 현실 세계에서도 이런 것 같아요? 이를테면 정지해 있는 사람과 회전목마를 탄 사람에게 모든 물리법칙이나 자연현상이 동등하게 기술된다고 생각하나요?

일상 경험에서는 얼른 납득이 되지 않습니다. 이것은 흥미로운 문제인데 대표적인 가속운동 중 하나가 원운동 또는 회전운동입니다. 우리가 회전목마를 타고 빙빙 돌면 바깥과는 상당히 다릅니다. 하늘도 돌고 머리도 돌고 어지럽지요. 뭔가 다른 느낌이 드는데 왜 그럴까요? 회전운동은 등속도 운동과 다르다고 여길 수 있는 근거가 있는 듯합니다.

예를 들어 보지요. 양동이에 물을 담아 놓으면 그림 12-1의 I처럼 수면은 수평면을 이룹니다. 그런데 양동이를 II처럼 가운데 대칭축을 중심으로 해서 돌리면 수면이 어떻게 될까요? III에서 보듯이 가운데가 푹 들어갈 텐데, 옆에서 보면 포물선이 되고 그 면은 수학적으로 포물선을 한 바퀴 돌린 모양인 포물면이 될 겁니다. 말하자면 자동차 머리등의 되비침거울(반사경) 모양이 되지요. 이렇게 양동이를 돌리면 수면 가운데가 내려가고 안 돌리면 안 내려가니까 두 경우는 동등하다고 할 수 없겠네요. 그런데 수면이 왜 내려가는 걸까요? 돌리면 무엇이 달라져서 돌리지 않는 경우와 구분이 되는 걸까요?

뉴턴의 운동법칙 $a = \dfrac{F}{m}$ 는 등속도로 움직이는 관성기준틀에서 성립하고 가속운동을 하는 가속기준틀에서는 성립하지 않는다고 지적했습니다. 가속기준틀에서는 기준틀 자체의 가속도만큼 관측 대상

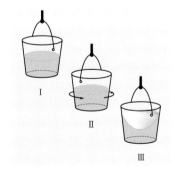

그림 12-1: 뉴턴의 양동이.

의 가속도 a가 달라지기 때문입니다. 이 식을 억지로 성립하게 하려면 달라진 가속도만큼 힘 F를 바꾸면 됩니다. 이렇게 실제로는 없지만 운동법칙을 성립하게 하기 위해서 억지로 더해 주는 겉보기 힘을 관성력이라고 부릅니다.

고등학교 때 관성력이라는 것을 배운 학생들 있지요? 버스를 탔을 때 갑자기 출발하면 누군가 뒤에서 잡아당기는 힘을 받는 느낌이 듭니다. 손잡이를 잡고 있지 않으면 뒤로 넘어질 수도 있지요. 물론 실제로 뒤에서 잡아당긴 것은 아닙니다. 이것이 바로 관성력의 예입니다. 버스가 가속도를 가지므로 관성기준틀이 아니라서 느껴지는 거지요. 버스가 커브를 돌 때 바깥쪽으로 밀리는 느낌도 마찬가지인데 바로 관성력의 예입니다. 커브를 도는 원운동의 경우에는 관성력이 원심력이라는 이름으로 널리 알려져 있습니다.

가속운동을 하는 버스 안의 손잡이는 그림 12-2에서 보듯이 줄이 기울어지게 됩니다. 질량 m의 손잡이는 지구에서 중력 mg를, 매달린 줄에서 켕길힘 T를 받지요. 기울어져 있으면 중력과 켕길힘의 방향이 반대가 아니므로 이 두 가지 힘을 벡터로서 더한 알짜힘 F는 0이 아니게 됩니다. 이를 버스 밖 지면에 서서 보면 당연하다고 할 겁니다 (그림 12-2 왼쪽). 손잡이는 버스와 같은 가속도 a를 지니고 있고, 이 가속도와 손잡이의 알짜힘이 운동법칙을 만족해야 하지요. 따라서 당연히 알짜힘 F는 가속도와 같은 방향으로 ma만큼 있어야 합니다.

버스에 타고 있는 사람이 보면 어떨까요? 그림 12-2의 오른쪽에서 손잡이는 똑같이 줄이 기울어져 있고, 중력과 켕길힘을 더한 알짜힘은 위의 경우와 같아서 $F = ma$로 주어집니다. 그러나 손잡이는 이

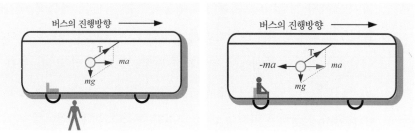

그림 12-2: (왼쪽) 지면에서 본 손잡이, (오른쪽) 안에서 본 손잡이.

사람과 같이 움직이므로 정지해 있는 것으로 보이지요. 따라서 가속도는 없는데 알짜힘 F는 0이 아니고, 그러니 뉴턴의 운동법칙이 성립하지 않습니다. 이것을 굳이 성립하게 하려면 무언가 힘이 더 있다고해서 모두 더한 힘을 0으로 만들어 주면 됩니다. 결국 가상적인 힘 $F_i = -F = -ma$가 더 있다고 생각하면 중력과 켕길힘을 더한 알짜힘 F와 이 겉보기 힘 F_i를 더해서 0이 됩니다. 버스는 가속기준틀이므로 이러한 겉보기 힘, 곧 관성력이 작용한다고 생각해야 운동법칙이 성립하도록 만들 수 있습니다.

원운동은 도는 빠르기가 일정한 경우, 곧 등속(력)원운동이라도 중심 방향으로 가속도 a_c를 지닌 가속운동입니다. 따라서 원운동하는 물체는 중심 방향으로 힘 $F_c = ma_c$를 받아야 하는데 이를 중심을 향한다는 뜻으로 구심력이라 부르지요. 줄에 추를 매어 돌리는 경우에는 줄의 켕길힘이 구심력 구실을 하고, 지구가 해 주위를 도는 경우에는 중력이 구심력이 됩니다. 버스가 커브를 돌 때에는 바퀴와 지면 사이의 쓸림힘(마찰력)이 주로 구심력 구실을 합니다. 이러한 원운동하는 물체를 같이 돌면서 보면 어떻게 될까요? 같이 돌면서 보면 물체는 당연히 정지해 있는데 구심력은 계속 있을 테니 운동법칙이 성립하지 않습니다. 예상대로 원운동하는 기준틀 역시 가속기준틀이므로 운동법칙이 성립하려면 관성력 $F_i = -F_c$가 필요한데 이는 구심력과 반대로 중심에서 멀어지는 방향이므로 원심력이라 부르지요. 예컨대 지구에서 보면 지구는 정지해 있지요. 이는 해와 작용하는 중력과 원심력이 비겨서 둘을 더하면 0이 되기 때문입니다.

그러면 물이 담긴 양동이를 돌리는 문제로 돌아가지요. 물의 각 부분이 원운동을 하므로 구심력이 필요합니다. 여기서는 중력의 일부 성분이 구심력으로 쓰이고, 이를 뺀 나머지 성분에 대해 수면이 수직으로 놓이는 겁니다. 물은 왜 수평면을 이루는 걸까요? 이유는 중력의 방향에 수직면이기 때문입니다. 수면은 언제나 힘에 대해서 수직으로 있습니다. 따라서 수면이 가운데가 낮아지는 것은 중력에서 구심력으로 쓰인 성분을 뺀 나머지 알짜힘에 수직이 되도록 수면이 형성되기 때문입니다. 결론적으로 수면은 포물면이 되지요. 그럼 안에서 같이 돌면서 볼 때는 어떻게 될까요? 물과 같이 도는 가속기준틀에서는 물은 가속운동을 하지 않습니다. 그러나 물은 중력뿐 아니라 원심력도 받으니까 이 두 가지를 더한 알짜힘에 수직이 되도록 수면이 만들어집니다. 그 결과가 포물면이지요. (이를 정확하게 다루려면 물의 각 부분이 받는 중력과 주위로부터 받는 항력을 각각 고려해서 운동방정식을 만들고 풀어야 합니다.)

여러분 중에 원심력에 대해 잘못 이해하고 있는 경우가 있을지 모르겠네요. 원심력과 구심력을 혼동하거나, 서로 작용-반작용의 짝이라고 생각하든지, 추를 줄에 매어 돌리다가 줄이 끊어지면 원심력을 받아서 날아간다고 생각하는 것들은 모두 타당하지 않습니다. 다시 강조하는데 원심력은 실제 있는 힘이 아닙니다. 원운동으로 돌고 있는 가속기준틀, 이른바 회전기준틀에서 운동법칙이 성립하게 만들기 위해서 필요한 관성력, 곧 겉보기 힘이지요.

그러면 겉보기 힘을 생각할 필요가 없는 관성기준틀의 기준은 무엇인가요? 그동안 대체로 지면을 관성기준틀로 여겨 왔지만 사실 앞에서 논의했듯이 지면도 자격이 없습니다. 지면에 있다는 것은 지구에 대해서 정지해 있는 건데, 지구는 자전도 하고 공전도 하기 때문에 지구 자신이 회전목마입니다. 우리는 지면에 가만히 서 있어도 회전목마를 타고 있는 거지요. 따라서 지면도 엄밀하게는 돌고 있는 가속기준틀이고, 지면에서 움직임을 기술할 때에도 운동법칙을 맞추려면 사실은 관성력이 필요합니다. 해나 별, 은하도 마찬가지고, 이렇게 생각해 보면 우주 전체에서 회전목마가 아닌 것이 없습니다. 특별한 관성기준틀이 없는 듯합니다.

본론에서 벗어난 얘기지만 특히 움직이는 물체를 지면과 같이 도는 기준틀에서 보면 원심력과 함께 코리올리힘(전향력)이라는 관성력이 필요합니다. 이 때문에 북반구에서 움직이는 물체는 일반적으로 가는 길이 오른쪽으로 휘게 되고, 남반구에서는 왼쪽으로 휘게 되지요. 이는 고기압이나 저기압 주위의 대기가 똑바로 흐르지 않고 회오리 모양으로 돌게 합니다. 태풍의 중심에서 특징적인 시곗바늘 반대 방향의 회오리 흐름이

그림 12–3: 태풍의 눈.

잘 나타나지요.

아무튼 지면에 있는 사람과 양동이와 같이 돌고 있는 사람이 서로 본질적으로 다를 이유가 없어 보입니다. 그런데 양동이를 돌리면 돌리지 않을 때와 비교해서 수면이 달라지고, 두 경우의 명백한 차이는 의심할 수 없는 사실입니다. 예컨대 양동이를 돌리는 대신에 관측자가 돌면 어떻게 될까요? 정지해 있는 양동이의 수면이 돌고 있는 관측자에게는 포물면으로 나타날까요? 관심 있으면 실제로 실험을 해 봐요. 너무 어지럽지 않도록 조심해야겠지요. 뭔가 분명히 다르다는 것인데 이것을 어떻게 해석할 수 있을까요?

뉴턴은 자신의 운동법칙이 엄밀하게 성립하는 관성기준틀이 절대공간으로서 존재한다고 믿었습니다. 우주에 대해 잘 모를 때였으므로 절대공간은 태양계의 중심으로서 해 근처에 있다고 생각했지요. 뉴턴의 대작 《자연철학의 수학적 원리》에는 이러한 공간과 시간의 절대성에 대한 뉴턴의 신념이 신학적 관점과 섞여서 사실상 신앙의 형태로 나타나 있습니다. 이에 따르면 절대공간에 대해 어떻게 움직이는지가 운동의 절대적 기준이 됩니다. 결국 양동이를 돌리면 절대공간에 대해 도는 것이므로 돌지 않을 때와 근본적으로 다르고, 그 차이가 수면이 포물면을 이루는 현상으로 나타난다는 겁니다. 절대공간이 태양계에 있다는 생각은 물론 받아들이지 않게 되었으나 그 대신에 19세기 말까지 절대공간의 구실을 한다고 믿었던 것이 10강에 이야기한 에테르였습니다. 그러니까 양동이가 에테르에 대해서 돌면 수면이 달라진다고 생각했지요. 그렇지만 20세기에 들어와서는 마이컬슨-몰리 실험 등으로 에테르의 존재를 인정하기 어렵게 되었고, 더불어 절대공간의 개념도 무너졌습니다.

그러면 양동이를 돌리면 왜 수면이 달라질까요? 새로운 해석은 우주에 존재하는 은하 등의 물질 분포에 대해 돌기 때문이라는 겁니다. 양동이를 가만히 놔두고 나머지 우주를 돌려 보면 양동이의 수면이 어떻게 될까요? 물론 현실에서는 불가능하지만 머릿속은 자유롭잖아요. 그래서 이론물리학이란 분야가 예술과 마찬가지로 자유로운 상상력을 추구할 수 있지요. 뉴턴의 생각대로라면 양동이가 절대공간에 대해 도는 것이 아니므로 수면은 그대로 있어야 합니다. 반면에 새로운 생각은 양동이를 놔두고 나머지 우주의 물질을 돌리면 양동이 물이 포물면을 이룬다는 겁니다. 이는 멀리 있는 우주의 물질이 여기 양동이 물의 관성에 영향을 끼친다는 생각인데 일반적으로 마흐의 이름을 따서 '마흐의 원리'라 부릅니다. 이에 따르면 우주에 어떤 물체 하나만 있고 다른 물질이 없다면 그 물체의 관성, 곧 질량은 의미가 없게 됩니다.

마흐는 유체에서 움직이는 물체의 빠르기를 나타내는 마흐수로 잘 알려져 있습니다. (흔히 마하라고 표기하지요.) 예컨대 비행기가 소리보다 두 배 빠르면 그 빠르기를 마하 2라고 나타내지요. 그는 과학철학의 시초와 인식론에 중요한 공헌을 했는데 관점이 매우 특이했습니다. 극도의 실증주의적 관점이라고 할 수 있지요. 18세기에 주교였던 버클리가 물질 같은 추상적 개념을 배격하고 오직 감각을 통한 인식을 중시해서 극단적 경험론의 관점을 견지했고 관념론의 원류라고 알려졌습니다. 마흐도 이러한 경향이 있어서, 물질의 실재성을 받아들이지 않았고 물리법칙도 물질 자체를 다루는 것이 아니라 감각의 관계를 기술한다고 생각했습니다. 뒤에 논리실증주의, 특히 비엔나학파로 일컬어지는 과학철학의 조류에 많은 영향을 주었다고 알려져 있습니다. 마흐는 실제로 관측할 수 없다는 점에서 절대공간을 완전히 부정했습니다. 절대성은 없고 운동은 상대적이니 모든 관측자는 동등해서 양동이가 도는 거나 우주가 도는 거나 똑같다는 말입니다. 이러한 마흐의 생각은 아인슈타인의 일반상대성이론의 출발점이 되었습니다.

학생: 양동이가 돌면 수면이 내려가는 것처럼 보인다는 건가요? 아니면 실제로 내려가는 건가요?

글쎄요, 실제는 내려가지 않는데 내려가는 것처럼 보인다는 것이 무슨 의미인가요? 양동이를 돌리면 수면이 분명히 내려가지요. 혹시 이렇게 생각할 수도 있겠군요. 지난 시간에 시간이 천천히 가고 길이가 짧아진다고 했는데 천천히 가거나 짧아진 것처럼 보이는 것뿐이지 실제로는 그렇지 않다고 생각하나요? 그렇지만 우리의 감각 경험도 물리법칙에 지배받는 것이고, 서로 위배되는 것이 아닙니다. 실제로 시간이 천천히 가지는 않고 그렇게 보이는 것뿐이라는 말은 타당하지 않습니다. 관측하면 실제로 그렇게 나타나는 겁니다. 예를 들어 쌍둥이 역설에서 동생이 우주여행을 갔다가 돌아와서 언니와 비교해 보면 실제로 누구는 젊고 누구는 늙은 겁니다. 보이기만 그렇고 실제로는 아니라는 말은 무슨 의미인지 명확하지 않네요.

그림 12-4: 마흐(1838~1916).

아인슈타인은 마흐의 절대성 부정은 받아들였지만 극도의 실증주의적 사고는 공감하지 않았습니다. 마흐는 한마디로 말해서 보지 않은 것은 믿을 수 없다는 관점을 가졌고, 이에 따라 직접 관측할 수 없다는 이유로 원자의 개념도 강하게 부정해서 볼츠만과 대립했습니다. 그러나 오늘날에는 원자의 존재를 믿지 않는 사람은 없겠지요. 여러 간접적 증거가 있고 심지어 5강에서 언급했듯이 훑기꿰뚫기현미경이나 원자력현미경을 통해서 실제로 원자의 상을 얻을 수도 있으니까요. 아인슈타인은 논리보다 상상력을 더 중요하게 생각했고, 마흐의 관점으로는 잘못된 논리를 찾아낼 수는 있지만 새로운 것을 창조하지는 못한다고 생각했습니다. 아무튼 마흐의 원리에 영향을 받아 가속기준틀을 포함해서 "모든 기준틀은 동등하다"는 일반상대성원리가 얻어졌고, 이는 일반상대성이론의 기본원리로 전제됩니다.

등가원리

특수상대성이론의 기본원리가 두 가지 있었죠. 특수상대성원리와 빛의 빠르기가 늘 같다는 빛빠르기 불변 원리가 있었습니다. 마찬가지로 일반상대성이론도 두 가지 기본원리에서 출발합니다. 하나는 특수상대성원리를 확장한 일반상대성원리이고 또 하나는 등가원리라고 합니다. 일반상대성이론에서 다루려 하는 것은 가속기준틀의 문제지요. 여기서 가속도를 바로 중력과 같은 것으로 보려고 합니다.

가속도를 지닌 버스의 경우에 일반상대성원리에 따르면 지면에 있는 관측자나 버스에 타고 있는 관측자나 동등합니다. 그런데 버스에

탄 사람이 볼 때는 버스는 정지해 있는데 손잡이는 뒤로 기울어집니다. 마치 뒤로 힘을 받는 것처럼 보이지요. 이러한 관성력은 겉보기 힘이라고 지적했는데, 그것을 실제로 중력을 받아서 기울어진다고 해석하자는 겁니다. 그러면 가속도의 효과는 중력의 효과와 같다, 곧 가속도와 중력이 본질적으로 같다는 생각이 등가원리입니다.

승강기가 갑자기 올라가면 어떤 느낌이 들어요? 무거워졌다는 느낌이 들지요. 몸무게가 늘어난 것처럼 아래로 짓눌리는 느낌이 듭니다. 몸무게는 몸이 받는 중력의 크기를 말하므로 몸무게가 늘어났다면 중력이 늘어난 겁니다. 질량 m인 갑순이가 승강기를 탔는데 승강기는 위로 가속도를 가진다고 합시다. 그러면 승강기에 탄 갑순이도 가속운동을 하니까 그가 받는 알짜힘은 위 방향을 향해야 합니다. 갑순이가 받는 중력을 mg, 바닥에서 받는 수직항력을 N이라 하면 알짜힘은 $N-mg$가 됩니다. 이것에 운동법칙을 적용하면 $ma = F = N-mg$를 얻는데, 이것은 지면에 있는 관측자가 승강기를 탄 갑순이를 기술한 식입니다. 결국 $N = m(g+a)$가 되어서 중력마당이 g에서 $g+a$로 커진 셈이 됩니다. 그래서 몸무게가 늘어나는 거지요. 만일 저울 위에 있다면 저울 눈금은 바로 수직항력을 나타낼 테고, 따라서 ma만큼 늘어난 몸무게를 가리키게 됩니다. 한편 관측자도 승강기에 타고서 보면 갑순이는 정지해 있습니다. 따라서 갑순이가 받는 수직항력과 중력을 더한 알짜힘은 0이 되지요. 그런데 저울 눈금에서 보듯이 수직항력이 커졌는데 이는 중력이 그만큼 커졌기 때문이라고 해석합니다.

반대로 승강기가 갑자기 아래로 내려가면 어떻게 될까요? 가속도를 −a(여기서 음의 부호는 아래 방향을 나타냅니다)라 하면 알짜힘은 위의 경우와 같으므로 −ma = N−mg가 됩니다. 따라서 수직항력, 곧 몸무게는 N = m(g−a)로 줄어드네요. 중력이 g에서 g−a로 줄어드니 갑순이는 몸이 날아갈 듯한 기분이 들 겁니다. 어지러운 느낌이 들 수도 있겠지요.

만약 아래로 내려가는 가속도가 점점 커져서 a = g가 되면 어떻게 될까요? 승강기를 지탱하는 줄이 끊어져서 자유롭게 떨어지는, 곧 자유낙하하는 상황인데 g−a = 0이니 중력이 사라지고 몸무게도 없어집니다. 그러면 가속도가 더 커져서 a>g가 되면 어떻게 될까요? 보통 승강기로는 안 되지만 로켓을 달아서 위쪽으로 추진체를 뿜으면 아래 방향의 가속도가 g보다 커질 수 있겠지요. 이 경우에 N = m(g−a)가 0보다 작아져서 수직항력이 아래 방향이 됩니다. 그런데 수직항력은 미는 힘만 줄 수 있지 당길 수는 없어요. (반대로 줄의 켕길힘은 당길 수만 있고 밀지는 못합니다.) 따라서 수직항력이 아래 방향으로 있다는 것은 갑순이가 승강기 천장에 접촉해 있고, 천장에서 크기 m(a−g)인 수직항력을 받는다는 뜻입니다. 물론 천장에 불편하게 머리를 박고 있는 것이 아니라 편안하게 발을 딛고 있겠지요. 결국 중력마당은 위 방향으로 a−g이니, 사실은 위쪽이 중력의 관점으로는 아래 방향인 셈이지요. (지면에서 위와 아래란 중력의 방향을 기준으로 구분하는 겁니다. 예컨대 북극에서는 북극성 방향을 위라고 하지만 남극에서는 북극성은 보이지 않고, 그 반대 방향이 위입니다.) 결국 가속도와 중력이 같은 구실을 한다는 얘기고 이것이 등가원리입니다.

그런데 질량이란 무엇일까요? 보통 관성의 크기라고 정의하는데,

관성이란 똑같은 힘을 가했을 때 운동 상태가 얼마나 바뀌는지, 곧 가속도가 얼마나 생기는지를 말합니다. 똑같은 힘을 줘도 어떤 물체는 가속도가 크게 되고 어떤 것은 작은데 물체마다 관성, 곧 질량이 다르기 때문이라고 해석합니다. 이렇게 질량이 관성의 크기임을 강조하기 위해서 '관성질량'이라는 표현을 씁니다.

9강에서 논의했듯이 일반적으로 어떤 물체가 받는 전기력은 그 물체의 전기량에 비례합니다. 그러면 중력은 무엇에 관계할까요? 아마도 '중기량'에 비례해야 하겠지요. 보통 중기량이란 말은 쓰지 않고 대신에 '중력질량'이라 부르는데, 이는 원래 의미의 질량, 곧 관성질량과는 아무 관련이 없습니다. 전기량이 관성질량과 아무 관련이 없는 것과 마찬가지지요. 따라서 중력을 얼마나 받는지는 중력질량에 비례하고, 관성이 얼마나 큰지는 관성질량에 비례합니다. 그런데 이상하게도 중력질량과 관성질량은 언제나 같습니다. 아무리 정밀하게 측정해 봐도 완전히 같아요. 전기량과 (관성)질량은 아무런 관련이 없는데 왜 중기량, 곧 중력질량과 (관성)질량은 똑같을까요? 이는 수수께끼였는데, 등가원리에 따르면 당연한 겁니다. 가속도를 주는 것이 관성이고 가속도와 중력이 본질적으로 같으므로 관성질량과 중력질량이 같은 것이 자연스럽지요.

중력과 가속도가 같다고 여기자는 등가원리는 중력을 본질적으로 관성력으로 해석하자는 겁니다. 그렇다면 관성기준틀에서는 중력이 없어지는데, 자유롭게 떨어지는 승강기가 바로 중력에 대해 관성기준틀이라고 할 수 있습니다. 가속도를 중력으로 바꾸어 버림에 따라 가속도에 관한 이론에서 출발한 일반상대성이론이 결국은 중력의 이론으로 바뀌게 됩니다.

이러한 해석을 따르면 매우 흥미로운 추론이 가능합니다. 중력이 없는 공간, 이른바 무중력 상태인 우주 공간에서 똑바로 진행하는 빛이 가속운동하는 우주선에서는 어떻게 보일까요? 관성기준틀에서 똑바로 나가는 빛을 가속기준틀인 우주선에서 보면 가속도의 반대 방향으로 휘어져 나갈 겁니다. 이는 무엇을 말하는 것일까요? 등가 원리에 따르면 가속기준틀이란 가속도의 반대 방향으로 중력이 작용하는 기준틀을 말합니다. 따라서 가속기준틀에서 빛이 진행하는 경로가 휘어진다는 것은 중력 때문이라는 얘기가 됩니다. 결국 중력마당에서는 빛이 똑바로 진행하지 않고 휘어져 간다고 결론을 내릴 수 있습니다. 이는 빛뿐 아니라 보통의 물체, 곧 물질을 구성하는 알갱이의 경우도 마찬가지입니다.

일반적으로 빛은 최단 경로, 곧 가장 빠른 길을 따라 진행합니다. 페르마의 원리라고 부르는데 고전역학에서 해밀턴의 최소작용원리와 같은 맥락이지요. 빛이 똑바로 가고(직진), 거울에서 되비치고(반사), 매질의 경계에서 꺾이는(굴절) 따위의 현상은 모두 이 원리로 설명할 수 있습니다. 그런데 중력이 있으면 페르마의 원리가 성립하지 않는 걸까요?

굽은 공간과 비유클리드기하학

여기서 원리를 포기하는 대신에 중력이 시공간을 굽게 만든다고 해석할 수 있습니다. 우리가 알고 있는 시공간은 4차원이지요. 특수상대성이론에서는 가속도를 고려하지 않으므로 평평한 4차원의 시공간을 다룹니다. 그러나 가속도, 곧 중력을 다루는 일반상대성이론에서는 중력이 시공간을 굽게 만듭니다. 이렇게 굽은 시공간에서 물질 알갱이와 마찬가지로 빛은 최단 경로를 따라서 움직인다고 생각합니다.

종래의 해석, 뉴턴의 해석에서는 시간과 별개로 3차원 공간은 언제나 평평합니다. 거기서 중력이 작용할 때 물체의 움직임은 뉴턴의 운동법칙으로 기술됩니다. 곧 중력마당에 해당하는 가속도가 생기고, 그에 따라 각 순간마다 속도와 위치가 정해져서 물체의 경로가 결정되지요. 그래서 지표면에서 공을 던지면 지구 중력 때문에 포물선 경로를 따라 갑니다. 지구는 태양의 중력 때문에 타원 자리길을 따라 움직입니다.

새로운 해석, 일반상대성이론에서는 물체는 중력이 작용해 굽어진 시공간에서 최단 경로를 따라 갑니다. 공을 던지면 지구 중력을 받아 날아가는 것이 아니라 지구 중력 때문에 굽어진 시공간에서 최단 경로를 따라갈 뿐입니다. 이것이 우리에게는 포물선으로 보이지요. 지구도 태양의 중력 때문에 굽어진 시공간에서 최단 경로를 가는데 그것이 우리에게는 타원 자리길로 보이는 겁니다. 결국 중력을 바깥에서 주어진 힘, 외부적 요인이 아니라 바로 공간 자체의 기하학적 성질로 보는 거지요. 이는 참으로 놀랍고 멋진 해석입니다.

그런데 굽은 공간에서 최단 경로는 어떻게 주어질까요? 4차원 시공간은 평평하더라도 그릴 수 없고 상상하기도 어려우니 간단하게 2차원 공간, 곧 면에서 생각해 보지요. 평평한 2차원 공간은 바로 평면을 말합니다. 그런데 우리가 살고 있는 지구 겉면은 평면이 아니라 바로 굽은 면입니다. 서울에서 다른 나라로 빨리 가려면 어떻게 가야 할까요? 지구를 꿰뚫지 않고 지표면으로 가는 경우에 최단 경로는 지구의 대원大圓을 따라가는 겁니다. 그것을 측지선이라고 부릅니다. 항공로가 대체로 측지선을 따라 갑니다. 정치적 문제 등으로 어떤 나라의 영공을 지나가지 못해서 돌아가는 경우도 있지만요.

이러한 굽은 공간에서는 기하학이 어떻게 될지 생각해 봅시다. 일반적으로 두 점을 최단 거리로 연결하는 선을 직선이라 합니다. 주어진 직선 밖의 한 점을 지나서 이 직선에 평행한 직선은 딱 하나만 있다는 얘기 잘 알죠? 이 명제는 분명히 맞습니까? 언제나 참인가요? 사실 이것은 아무리 해도 증명할 수 없습니다. 물리에서 가설, 기본 원리에 해당하는 것인데 수학에서는 보통 공리 또는 공준이라고 부릅니다. 증명할 수는 없지만 옳다고 생각하고 시작하자는 거지요. 평행선이 딱 하나 존재한다고 전제하면 여러 가지 성질을 이끌어 낼수 있는데 그것이 바로 유클리드기하학이라고 부르는 — 그동안 여러분이 배운 — 기하학입니다. 이런 기하학에서는 세 직선으로 이뤄진 삼각형의 내각의 합이 180도이고 한 점에서 거리가 같은 점의 집합, 곧 동그라미를 그리면 원둘레와 지름의 비, 원주율이 파이(π = 3.141592 …)가 되지요.

그런데 이와 다르게 시작해 봅시다. 주어진 직선 밖의 한 점을 지나서 그 직선에 평행한 직선이 무수히 많다고 생각해 봅시다. 이 주장이 틀렸다고 아무도 증명하지 못하니 걱정하지 말고 우겨도 됩니다. 그렇게 출발해서 논리를 전개하면 완전히 다른 공간의 성질을 얻게 되는데 이를 쌍곡선적 기하학 또는 19세기 초에 이를 만든 수학

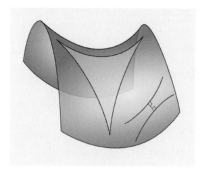

그림 12-5: 안장 모양의 쌍곡선적 면.

자 보야이와 로바쳅스키의 이름을 따서 로바쳅스키-보야이 기하학이라 부릅니다. 이러한 공간을 2차원 면으로 나타내면 그림 12-5처럼 말안장 모양이 됩니다. 이는 평면이 아니고 보다시피 가운데는 좁고 양쪽 가장자리로 갈수록 넓어지기 때문에 무수히 많은 평행선을 그을 수 있습니다. 양쪽으로 아무리 연장해도 서로 만나지 않는 직선들을 평행선이라고 하니까요. (여기서 직선이란 언제나 측지선, 곧 면을 따라서 두 점을 가장 짧게 잇는 선을 말합니다.) 이러한 면에 삼각형을 그리면 홀쭉해 보이는 모양이 되어서 그 내각의 합이 180도보다 작습니다. 그리고 동그라미를 그리면 원주율은 π보다 크지요.

뒤이어 19세기 중반에는 리만이라는 뛰어난 수학자가 거꾸로 평행선이란 하나도 없다고 전제하고 리만기하학이라고도 불리는 새로운 타원적 기하학을 만들었습니다. 그것은 2차원에 비유하면 바로 공의 겉면과 같은 겁니다. 지구에서 지표면을 따라서 평행선을 그릴 수 있나요? 대원을 따라 선들을 그으면 결국 어디서든 서로 만나게 됩니다. 여기에 삼각형을 그리면 어떻게 될까요? 그림 12-6처럼 삼각형이 뚱뚱한 모양으로 되니까 내각의 합 $\alpha+\beta+\gamma$가 180도보다 커질 것이 명백합니다. 그리고 동그라미를 그리면 원주율은 π보다 작아지지요. 극단적으로 적도라는 동그라미를 생각하면 지표면을 따라 재는 지름은 적도의 반이므로 원주율은 2가 되어서 π보다 훨씬 작네요. 이

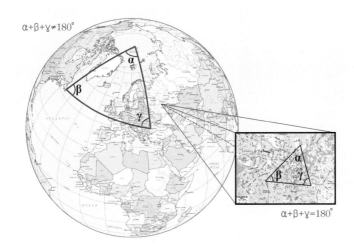

$\alpha+\beta+\gamma\neq180°$

$\alpha+\beta+\gamma=180°$

그림 12-6: 타원적 면인 지구 표면. 작은 범위에서는 평면이라고 할 수 있다.

러한 쌍곡선적 기하학과 타원적 기하학을 총칭해서 비유클리드기하학이라고 부릅니다. 이는 평평한 공간에서 성립하는 유클리드기하학과 달리 굽은 공간을 기술하지요. 리만은 이러한 모든 공간을 계량과 곡률, 곧 굽음의 정도를 써서 일반적으로 기술했으므로 넓은 의미에서 리만기하학은 모든 비유클리드기하학을 가리킵니다.

결국은 우주는 중력이 존재하지 않으면 유클리드기하학이 성립하는 평평한 4차원 시공간, 정확히는 민코프스키 시공간일 텐데 여기저기 물질이 존재하므로 중력마당을 형성했고, 따라서 굽어진 시공간이 되어서 일반적으로 비유클리드기하학이 성립하겠네요. 구체적으로 어떤 모습인지는 흥미로운 문제입니다. 우리 우주는 이를테면 쌍곡선적일까요, 아니면 타원적일까요? 또는 평평할까요? 뒤에서 생각해 보기로 하겠습니다.

마당방정식

일반상대성이론에서 중력과 시공간을 맺어 주는 관계를 마당방정식이라 부릅니다. 유감스럽게도 일반상대론은 특수상대론과 달리 수학적으로 상당히 어렵습니다.

더 알아보기 ① 마당방정식 ☞ 309쪽

'더 알아보기'에 보인 마당방정식에서 람다(Λ)는 우주상수라고 부르는 것인데, 아인슈타인은 처음에는 이를 넣지 않았습니다. 그러다가 이 우주상수가 필요하다고 생각해서 마당방정식에 넣었지요. 그러나 결국은 다시 없애고, 이것을 생각한 것이 자신의 일생일대 실수라고 말했습니다. 그런데 오늘날 보면 아인슈타인이 "이것을 집어넣은 것이 나의 일생일대 실수"라고 말한 사실이 바로 그의 일생 최대의 실수입니다. 현재는 우주상수가 있어야 한다는 견해가 많습니다. 이렇게 왔다 갔다 바뀐 것은 우주의 팽창과 관련되어 있는데 6부에서 다시 얘기하지요.

일반상대론 현상

일반상대성이론의 마당방정식을 풀면 여러 가지 흥미로운 현상이 얻어집니다. 대표적인 것은 이미 지적한 대로 중력마당에서는 빛이 똑바로 가지 않고 휘어져 가는 현상입니다. 그림 12-7에서처럼 지구에서 봤을 때 해 뒤편에 별이 있으면 별빛이 오다가 해의 중력 때문에 굽어져서 지구로 들어옵니다. 따라서 지구에서는 별이 위쪽에

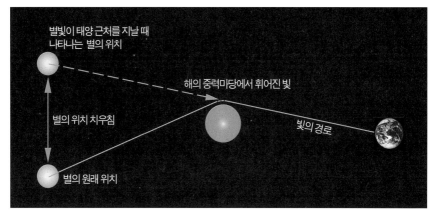

별빛이 태양 근처를 지날 때
나타나는 별의 위치

해의 중력마당에서 휘어진 빛

별의 위치 치우침

빛의 경로

별의 원래 위치

그림 12–7: 해의 중력 작용으로 생기는 별의 위치 치우침.

있는 것으로 보입니다. 해가 없다면 빛이 똑바로 오니까 별은 원래의 위치로 보일 텐데 해 때문에 별의 위치가 치우쳐 보이게 되지요.

이를 보려면 별이 해 근처로 왔을 때 관측하면 되는데 보통 때는 햇빛 때문에 별이 보이지 않지요. 햇빛을 막을 수 있는 유일한 방법이 바로 개기일식입니다. 달이 해를 가려 주니까 별빛을 볼 수 있습니다. 그래서 에딩턴은 1919년 개기일식 지역이던 아프리카의 한 섬에 가서 이를 측정했고 일반상대성이론의 예측만큼 치우쳤다는 것을 확인했지요. 각도로 약 1.8초(″)로서 일반상대론으로 예측한 값과 일치합니다. [각도 1 도(°)의 1/60이 1 분(′)이고 1 분의 1/60이 1 초이니 1.8초는 매우 작은 값입니다. 그런데 사실은 에딩턴의 관측 자료는 그리 명확하지 않았고 자료 중에 일부만 선택했다고 합니다. 이른바 '인위적 실수'였는지도 모르겠네요.] 최근에는 멀리 떨어진 퀘이사에서 나온 빛이 해의 중력 작용으로 휘어지는 현상을 관측해 훨씬 정밀한 결과를 얻었습니다.

그림 12-8: 중력렌즈, 아인슈타인 십자가.　　　　그림 12-9: 아인슈타인 가락지.

　　이렇게 중력이 빛의 경로를 구부리면서 마치 렌즈와 비슷한 효과를 주므로 일반적으로 이러한 현상을 중력렌즈라고 부릅니다. 멀리 떨어져 있는 은하나 퀘이사에서 나온 빛이 다른 천체의 영향으로 경로가 굽어져서 지구로 오면 그 상이 그림 12-8처럼 여러 개로 보이거나 때로는 그림 12-9처럼 가락지 모양으로 보이는 경우도 생겨납니다.

　　일반상대론은 또한 떠돌이별의 움직임에 뉴턴의 고전역학과는 조금 다른 결과를 줍니다. 뉴턴역학에 따르면 그림 12-10처럼 떠돌이별은 해를 초점으로 하는 타원 자리길을 따라 돕니다. 케플러의 법칙을 정확히 만족하지요. (그림 12-10은 매우 과장되게 타원을 그렸습니다. 실제로 대부분 행성의 자리길은 거의 원에 가깝습니다.) 그러나 일반상대론에 따르면 떠돌이별은 그림 12-11처럼 이른바 장미꽃 자리길을 그리며 움직입니다. (이것도 엄청나게 과장해서 그린 겁니다.) 따라서 자리길에서는 해에서 가장 가까운 지점이 움직이는 근일점 옆돌기(세차) 현상이 나타납니다. 사실 뉴턴역학에서도 해와 떠돌

그림 12-10: 떠돌이별의 타원 자리길.

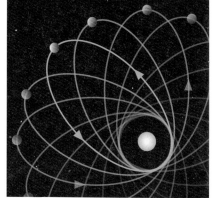

그림 12-11: 장미꽃 자리길.

이별이 하나만 있어야 자리길이 타원이 되고, 실제로는 다른 떠돌이 별들의 영향과 춘분점 옆돌기 때문에 근일점 옆돌기가 나타납니다. 이러한 근일점의 움직임은 이미 관측되어 있었는데 뉴턴역학의 요소로 설명할 수 없는 부분이 있었습니다. 이 부분이 100년에 각도 43″인데 바로 일반상대론의 효과를 예측한 값과 잘 일치합니다. 해마다 43″도 아니고 100년에 43″이니 매우 작은 효과지요. 최근에는 21강에서 논의할 겹펄서에서 이러한 옆돌기를 정밀하게 관측했습니다.

그리고 일반상대론의 또 다른 결과로서 그림 12-12에 보였듯이 중력마당에서 빛이 나오면 에너지를 잃어서 파길이가 길어지는 중력 빨강치우침 현상을 보이고, 이와 관련해서 중력마당에서는 특수상대론에서처럼 시간도 천천히 흐르게 됩니다. 이를 중력 시간 늦춰짐이라 하는데 모두 정밀한 실험을 통해 확인했습니다. 예컨대 비행기에 원자시계를 싣고 비행하다가 착륙해서 지상의 시계와 비교하면 중력이 약한 비행기에 있는 시계가 조금 빨리 갔음을 알 수 있습니다. 요

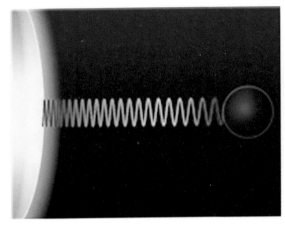

그림 12-12: 중력 빨강치우침.

새 '온위치잡기 체계GPS'를 많이 이용하죠? 인공위성에 시계를 싣고 서 위치를 추적하는데, 정밀하게 시간을 재기 위해서는 이러한 시간 늦춰짐 현상을 고려해야 합니다.

일반상대성이론의 중요한 의미는 결국 시간과 공간 자체도 동역학적인 양이라는 점입니다. 시공간이 먼저 주어져 있고 물질이 그 공간에 존재해서 어떻게 하는 것이 아니라 물질이 중력을 만들어서 시공간을 굽게 만듭니다. 그런가 하면 거꾸로 시공간이 물질의 움직임을 결정합니다. 시공간이 어떻게 굽었는지에 따라서 물질은 굽은 시공간에 맞춰 움직입니다. 마치 산이 많으면 물이 교묘하게 잘 돌아가듯이 시공간이 굽어져 복잡하게 있으면 물질 알갱이들은 거기서 최단거리를 찾아서 갑니다.

따라서 물질이 시공간의 굽어진 곡률을 결정하고, 굽은 시공간이 물질의 움직임을 결정합니다. 그런데 시공간이란 자체가 마당이고 마당은 에너지를 지니고 있습니다. 에너지는 또한 물질입니다. 질량과 에너지가 서로 왔다 갔다 할 수 있다는 것을 배웠으니까요. 이렇게 놓고 보면 결국은 시공간, 에너지, 물질 등이 모두 밀접하게 연결되어 있어서 그 전체가 자연의 본질을 이룹니다. 따로따로 있는 것이 아니고 모두 얽혀 있다는 사실을 일반상대성이론이 잘 보여 줍니다.

상대론과 예술

상대성이론은 현대사회에 커다란 영향을 끼쳤습니다. 과학과 직접 관련된 분야는 새삼 말할 필요가 없지만 철학 등 인문학과 사회과학, 그리고 예술에도 많은 영향을 끼쳤습니다. 그래서 앞에서 언급했듯이 20세기에서 가장 중요한 사람으로 정치가나 군인이 아닌 아인슈타인이 선정되었지요.

남은 시간 동안 상대성이론과 관련된 예술에 대해 이야기를 나눠 볼까요. 그림 12-13은 에셔의 판화인데 제목이 바로 〈상대성〉입니다. 보다시피 똑바로 볼 때는 말 그대로 위쪽이 위인데 고개를 왼쪽으로 기울여서 보면 왼쪽이 위입니다. 어느 쪽이 위냐 아래냐 하는 것이 상대적이라는 것을 보여 주고 있습니다. 특정한 관측자가 절대적이지 않다는 개념을 잘 보여 주고 있지요.

그림 12-14는 피카소의 작품으로 〈아비뇽의 아가씨들〉이라는 매우 유명한 그림입니다. 입체파의 시작을 알리는 그림이라고 하지요. 피카소는 아인슈타인과 같은 세대로서 본인이 상대성이론을 이해하고 있었다고 보기는 어렵지만 상대성이론에 대해 많이 들었으리라 추정합니다. 당시 파리에서 피카소가 가깝게 지내고 자주 토론한 사

그림 12-13: 에셔, 〈상대성〉(위).
그림 12-14: 피카소, 〈아비뇽의 아가씨들〉(오른쪽).

람들 중에 상대성이론을 잘 아는 사람이 있었다는 사실은 널리 알려져 있습니다.

이 그림을 보면 어떤 생각이 드나요? 어린애가 개발새발 그린 것 같다, 나라면 더 잘 그리겠다는 그런 생각이 들지요. 그런데 어린애는 책상을 보통 어떻게 그리죠? 책상 다리가 네 개 있지만 안쪽에 있는 다리는 잘 안 보입니다. 어른들은 보이는 대로 그리니까 보이지 않는 안쪽의 다리는 그리지 않는데 어린애들은 그것을 옆으로 튀어 나오게 그려서 있는 것을 확실하게 보여 줍니다. 이는 한 점에서 보이는 대로 그린 것이 아니라 여러 점에서 본 것을 종합해서 그린 겁니다. 위의 그림도 어린애들이 그리듯이 여러 방향의 시각으로 본 겁니다. 시점을 한 점으로 고정해서 그리지 않았다는 뜻이지요.

피카소가 처음부터 이렇게 그린 것이 아닙니다. 젊을 때, 이른바 푸른색 시대의 작품은 사실적인 그림이 많은데 후대로 가면서 추상적인 그림을 그렸습니다. 왜 어린아이처럼 그리는지 묻자 피카소는 "이렇게 어린아이처럼 그리는 데 50년이 걸렸다"고 대답했다고 합니다. 50년 동안 공부를 한 후에야 비로소 사물의 본성을 그릴 수 있게 되었다는 말이지요.

그 전까지 서양미술의 주류는 사물을 그리는 데 원근법을 이용했습니다. 먼 것은 작게 그리고 가까운 것은 크게 그리는데, 멀리 있는 것이 실제로 작은 것은 아니니까 이는 사실 눈속임이라 할 수 있습니다. 따라서 피카소는 원근법으로는 사물의 진정한 본성을 표현할 수 없다고 믿었습니다. 보는 시점을 한군데로 고정하지 않고 여러 군데에서 봐야 사물의 진정한 본성을 표현할 수 있다고 생각했지요. 상대성이란 개념이 느껴지는 듯합니다. 이에 따라 여러 화점에서 관찰하고 이를 재구성해서 표현한 작품이 바로 위의 그림입니다.

서양은 20세기 들어와서야 이러한 의미를 생각했는데 동양은 어땠을까요? 조선 시대의 화가 겸재 정선을 알지요? 그림 12-15는 겸재의 〈금강전도〉입니다. 보다시피 어느 한 지점에 화점을 놓고 그린 것이 아니라, 여러 군데의 화점에서 그렸지요. 이러한 한국화 기법을 삼원三遠이라고 하는데 높고(고원), 깊고(심원), 평평한(평원) 지점, 적어도 세 군데

그림 12-15: 정선, 〈금강전도〉.

의 성격이 다른 화점을 잡아서 그런다고 합니다. 이렇게 해야 실제 본성에 가깝게 표현할 수 있다고 믿은 거지요. 겸재 정선이 18세기 초에 그린 그림이니 피카소보다 200년가량 앞섰네요.

피카소보다 10년 남짓 먼저 프랑스에서 태어난 마티스는 색채의 마술사라고 불리는 유명한 화가입니다. 표현주의, 특히 야수파 운동의 기수로 알려져 있으며, 피카소와 더불어 20세기에 가장 중요한 화가로 꼽힙니다. 그림 12-16은 그의 〈춤〉이라는 그림인데 조금 전에 봤던 피카소와는 뭔가 좀 다르지요. 그런데 이 그림은 뭔가 역동적 느낌이 듭니다. 왜 그런 느낌이 들까요? 보다시피 모두 손잡고 춤을 추는데 앞의 사람만 손이 떨어져 있습니다. 이것이 그림에 대칭을 살짝 깨는 강조점을 줘서 역동성을 느끼게 한다고 합니다. 손이 모두 붙어 있으면 정적 평형상태라는 느낌을 줄 수 있는데 떨어져 있어서 평형이 아니라는 느낌을 준다는 거지요. 그렇지만 여기서 강조하려는 것은 마티스가 피카소와 다른 점입니다. 아인슈타인보다 조금 앞선 시대에 로렌츠와 푸앙카레가 있었지요. 푸앙카레는 역사상 가장 뛰어난 수학자 중 한 사람이고 동역학과 상대성이론의 기초를 닦은 업적은 물리학에서도 매우 중요합니다. 실제로 아인슈타인보다 앞서 에테르의 문제점과 빛 빠르기의 일정함에 대해서 지적했습니다. 푸앙카레는 아인슈타인처럼 대담하게 가설을 전제하고 진행해서 가시적으로 상대성이론을 만들지는 못했으나 상대성이론과 상당 부분 동등한 내용을 먼저 지적한 셈이며, 수학적 측면에서는 아인슈타인보다 훨씬 뛰어나다고 할 수 있지요. 푸앙카레와 아인슈타인의 이러한 관계를 마티스와 피카소의 관계로 비유하기도 합니다.

그림 12-16: 마티스, 〈춤〉.

　역시 피카소의 입체파 작품인 그림 12-17은 널리 알려진 〈게르니카〉라는 그림인데, 스페인에서 일어난 학살을 그렸습니다. 공화국이던 스페인에서 프랑코 장군이 군사 쿠데타를 일으켜 정권을 탈취하자 시민들이 저항했고 이에 따라 쿠데타 세력과 공화파 시민 사이에 스페인 내전이 일어났습니다. 스페인 학살이란 이 내전 중에 파시스트 프랑코를 지원하는 독일 나치 군이 게르니카 마을을 폭격해서 수백 명을 학살한 사건입니다. 우리나라의 노근리 학살이 생각나네요. 미국은 내전에 개입하지 않겠다고 하고서는 양쪽에 무기를 팔아서 '국익'을 챙겼다고 합니다. 스페인 내전을 그린 작품으로 헤밍웨이의 소설 《누구를 위하여 종은 울리나》가 유명하고, 공화파 병사가 총에 맞아 죽는 순간을 포착한 카파의 충격적인 사진도 널리 알려져 있습니다. 최근에 우리나라에서도 전시했지요.

　이 그림은 독재자 프랑코가 죽고 스페인이 민주화되자 비로소 피카소의 고국으로 돌아갈 수 있었습니다. 지금은 마드리드의 미술관에 있습니다. 미국 뉴욕의 국제연합 본부에 이를 걸개로 만든 작품

그림 12-17: 피카소, 〈게르니카〉.

이 있는데 한동안 장막에 덮여 볼 수 없었다고 합니다. 그게 언제였냐면 미국이 이라크를 침략했을 때였습니다. 스페인 학살이 현대의 이라크 학살을 연상하게 하니까 그림을 못 보게 하려고 가린 거지요. 국제연합의 한계를 보여 준 일화인 듯합니다.

혹시 미국은 '선진국'이고 이라크 같은 곳은 문명이 뒤처진 '후진국'이라고 생각한 적이 있습니까? 그건 매우 잘못된 생각입니다. 이라크는 메소포타미아 문명, 곧 인류 최고 문명의 발상지이며 그런 역사를 계속 가져 왔습니다. 반면에 미국이라는 나라는 문화랄 것이 전혀 없는 나라입니다. 백인들이 원주민을 잔인하게 대량 학살하고 나서 미국을 만든 것이 기껏해야 200년이 조금 넘었지요. 미국이야말로 출발부터 야만의 나라고 이라크는 도리어 문화의 나라라 할 수 있습니다. 그런데 한국의 정치, 문화, 교육, 언론 등에서는 모든 것을 미국의 시각에서 마치 원근법처럼 미국은 크게 그리고 이라크는 아주 멀게 느껴지도록 조그맣게 그립니다. 우리나라는 이런 원근법의 속임수에서 70년을 살아왔습니다. 미국이 민낯을 노골적으로 드러내고 있는 지금도 그렇지요. 고전물리학으로부터 상대성이론으로 나아가서 자연을 더 잘 이해하게 되었듯이 원근법에서 해방되어 입체파로 나아가서 사물의 본성을 더 잘 표현하게 되었다고 여겨집니다.

그림 12-18은 에셔의 〈파충류〉라는 판화입니다. 2차원의 그림인데 도마뱀이 조금씩 생겨나서 그림에서 나오고 위로 올라가서 존재의 기쁨을 만끽하느라 숨을 크게 한 번 내쉬고, 다시 그림으로 들어갑니다. 이것은 2차원 세계에서 한 차원을 높여서 3차원으로 나오려고 하는 존재의 몸부림을 그린 겁니다. 결국 2차원의 화폭에 어떻게 3차원을 표현할지가 과제인데 이를 상징적으로 표현했습니다. 이는 입체파에서도 중요한 의미지요. 상대성이론에서 3차원의 공간에다 시간을 더 붙여서 4차원 시공간으로 올라가는 것을 비유하는 듯합니다.

혹시 《평평한 나라》란 소설을 아는 사람 있어요? 교육자이자 신학자인 애벗의 1884년 작품인데, 우리나라에서는 《이상한 나라의 사

그림 12-18: 에셔, 〈파충류〉.

각형》이라는 제목으로 번역되었습니다. 공간의 차원에 대해 기술한 상당히 통찰력 있는 소설로서, 평평한 나라, 곧 2차원 세계의 존재에 관한 이야기입니다. 도형으로 나타내어 변이 많을수록 지위가 높은데, 지식층 또는 중간계급이라 할 사각형이 말하는 형식으로 되어 있지요. 이 나라의 사회 구성을 기술하고, 1차원 직선 나라에 대해 고찰하는가 하면 3차원 공간 나라에서 존재하는 공의 방문을 맞기도 합니다. 그저 공상이라기보다 공간의 차원과 관계되어 정확한 수학적 기술을 보여 주지요. 더욱이 여성과 계급 문제 등 핵심적인 사회비판적 요소도 지닌 훌륭한 작품입니다.

그림 12-19도 에셔 작품으로 〈되비침공을 든 손〉인데 유리구슬을 손에 들고 보는 상황을 나타냈습니다. 자신의 얼굴이 보이네요. 보다시피 이 조그마한 구 안에 뒤의 모든 것이 다 들어 있습니다. 평면거울이면 자기 얼굴만 보고 배경은 다 보지 못할 텐데 구면거울이기 때문에 먼 공간도 구부려서 보여 줍니다. 일반상대성이론에서 굽은 공간을 보여 주는 듯합니다.

그림 12-19: 에셔, 〈되비침공을 든 손〉.

그림 12-20 역시 에셔의 작품으로 〈동그라미 극한〉은 앞에서 얘기한 안장 모양 공간을 평면에 나타낸 겁니다. 마음에 따라서 악마를 볼 수도 있고, 천사를 볼 수도 있습니다. 악마와 천사가 반복되는데 가장자리로 갈수록 수가

그림 12-20: 에셔, 〈동그라미 극한〉.

그림 12-21: 에셔, 〈더 작게 더 작게〉.

엄청나게 많아지네요. 여기에 서로 만나지 않는 선, 곧 평행선을 얼마든지 많이 그을 수 있습니다. 퍼져 나갈수록 공간이 훨씬 더 증가하는 안장 모양 공간을 보여 줍니다. 수학에서 쌍곡선적 공간을 표현하는 푸앙카레 원반 모형을 예술로 표현한 것이지요. 그림 12-21은 에셔의 작품 〈더 작게 더 작게〉인데 그림 12-20의 반대입니다. 이건 가장자리로 갈수록 공간이 점점 줄어드는 것을 말하는 겁니다. 여기에 평행선을 그리면 필연적으로 만나게 됩니다. 공 겉면 같은 타원적 공간을 나타내지요.

몇 가지 질문

혹시 질문 있어요?

학생: 중력이 시공간을 변화시켜 빛이 꺾인다고 하셨는데, 처음에는 중력은 질량이 있는 물질 사이에 작용하는 힘이라고 말씀하셨습니다. 빛에는 질

량이 없는데도 중력이 영향을 끼치나요?

빛은 최단 거리, 이른바 측지선을 달리는데 중력이 있으면 시공간이 굽어져서 측지선이 바뀝니다. 이러한 점에서 빛은 질량이 없지만 중력의 영향을 받습니다. 물론 질량을 지닌 알갱이도 중력 외에 다른 힘을 받지 않아서 자유낙하하면 마찬가지로 측지선을 따라가지요. (양자마당으로 중력을 기술하면 빛알이 정확히 측지선을 따라가지 않을 수 있음이 최근에 보고되었는데, 이는 등가원리로부터 벗어남을 뜻합니다. 그러나 이러한 양자역학적 효과는 지극히 작아서 실험적 검증이 불가능할 뿐 아니라 앞서 지적했듯이 이를 제대로 기술하는 양자중력이론은 아직 만들어지지 않았습니다.)

학생: 그러면 중력이 질량과 질량 사이에 작용하는 힘이라고 정의할 수 없는 것인가요?

일반적으로 질량이란 정지해 있을 때의 질량, 곧 정지질량을 가리킵니다. 빛알은 정지질량이 없으므로 이러한 면에서 보면 빛은 예외인 셈입니다. 사실 빛알이 정지해 있는 기준틀이 존재하지 않습니다. 왜냐면 우리가 빛과 똑같이 갈 수가 없기 때문입니다. 그것이 빛의 독특한 성질입니다. 그러나 빛은 에너지와 운동량을 가지고 있지요. 그러니 중력은 정지질량보다는 에너지와 운동량에 작용한다는 표현이 더 적절하겠네요. 또한 질량-에너지 관계식 $E = mc^2$로부터 상대론적 질량을 $m = E/c^2$로 정의한다면 빛알도 질량이 있다고 할 수 있고 그 때문에 중력이 작용한다고 말할 수도 있지요.

한편 9강에서 논의했듯이 질량을 지닌 물질은 주위 공간에 중력마당을 형성합니다. 따라서 이러한 물질이 가속운동하면 중력마당이 변화하게 되는데 일반상대론에 따르면 이는 곧 시공간의 출렁임에 해당합니다. 이러한 출렁임은 파동으로서 퍼져 나가게 되는데 이를 중력파라 부르지요. 대체로 진동수가 수십에서 수천 헤르츠이고 파 길이는 수백에서 수천 킬로미터 정도로 추정됩니다. 여러 해에 걸쳐서 이를 검출하려고 시도했으나 모두 실패했습니다. 그 효과가 극히 작기 때문이지요. 따라서 검출할 만한 중력파를 방출하려면 막대한 질량을 지닌 천체가 급격하게 변화해야 할 것으로 추정합니다. 중력파가 도달하면 시공간이 출렁이게 되고 따라서 두 지점 사이의 거리가 미세하게 변화합니다. 거리 변화는 바로 에테르의 흐름을 측정하려던 마이컬슨 간섭계를 이용해서 빛의 간섭을 측정하면 알아낼 수 있지요. 구체적으로 두 줄기 빛을 서로 수직으로 같은 거리만큼 갔다 돌아와서 만나게 하면 강해집니다. 그런데 중력파가 도달해서 한쪽 방향으로 거리가 출렁이면 그 방향으로 다녀온 빛줄기의 위상도 출렁이므로 다른 방향으로 다녀온 빛줄기와 만나면 간섭무늬가 출렁이게 되지요. 중력파를 측정하려는 마이컬슨 간섭계로 최근에 미국에 건설된 레이저간섭계중력파관측소LIGO는 서로 수직인 두 팔로 이루어져 있으며 10^{-21}이라는 초정밀 측정감도를 자랑합니다. 각 팔의 길이가 4킬로미터에 달하므로 원자 크기에 1000분의 1에 불과한 10^{-13}미터의 거리 변화를 감지할 수 있습니다. (비슷한 중력파 검출기로 유럽의 비르고간섭계도 있습니다.) 이 관측소에서 2016년 2월에 중력파를 검출했다는 발표가 있었는데 실제 검출한 때는 2015년 가을이라 합니다. 흥미롭게도 아인슈타인이 일반상대성이론을 발표한지 꼭 100년이 지나서이지요. 이에 대해서는 21강에서 다시 논의하겠습니다.

학생: 중력이 있으면 시공간이 굽고 빛의 경로가 굽는다고 하셨는데 빛이 전자기파니까 전자기파 자체가 굽는 것 아닌가요? 또, 그러면 전기장과 자기장 자체가 굽는다는 의미 아닌가요?

그렇습니다. 전자기파가 중력을 받아서 경로가 굽지요. 에너지와 운동량을 지닌다는 점에서 중력 작용을 받습니다. 중력 작용으로 시공간 자체가 굽어지기 때문이라고 할 수 있지요. 그런데 전기마당과 자기마당이 중력마당과 어떤 관련이 있는지는 사실 매우 어려운 문제입니다. 일반상대성이론은 중력마당을 공간의 기하학적 성질로 귀착해 해석했습니다. 이것은 참 멋지고 성공적인 착상이었고, 따라서 전자기마당도 마찬가지로 공간의 기하학적 성질로 바꾸자고 생각했는데, 그것을 통일마당이론이라고 불렀습니다. 이는 고전적 마당이론으로서 아인슈타인을 포함한 많은 사람들이 시도했으나 만족스러운 결과는 얻지 못했습니다. 그 후에는 양자마당이론의 관점으로 전자기상호작용에서 출발해 약상호작용, 강상호작용과 함께 궁극적으로 중력상호작용까지 통합해 기술하려 하지만 아직 해결하지 못하고 있습니다. (이는 6강에서 언급한 양자중력 이론에 해당합니다. 그렇지만 앞서 지적했듯이 이러한 궁극적 보편이론이 반드시 존재해야 할 이유는 없지요. 특히 고전적 파동으로서 중력파의 검출이 양자마당이론의 게이지입자로서 중력알의 존재를 곧바로 뜻하는 것은 아닙니다.)

더 알아보기

① 마당방정식

수학적 형식을 알 필요는 없지만 일반상대론의 핵심을 나타내는 '아름다운' 식이니 한번 써 보기나 하지요.

$$G_{\alpha\beta} + \Lambda g_{\alpha\beta} = \frac{8\pi G}{c^4} T_{\alpha\beta}$$

여기서 아래첨자가 붙은 기호는 텐서라고 하는 물리량을 나타냅니다. 간단하게 크기만 지닌 스칼라와 차원 수만큼의 성분을 가진 벡터라는 양은 알고 있지요? 텐서는 조금 더 복잡한데 4차원에서는 $\alpha, \beta = 1, 2, 3, 4$라서 일반적으로 4×4 행렬로 표현합니다.

마당방정식에는 여러 텐서가 관계하는데 $g_{\alpha\beta}$는 시공간에서 거리를 정의하는 계량 텐서입니다. $R_{\alpha\beta}$는 시공간이 어떻게 굽었는지를 나타내는 곡률 텐서고, 곡률 스칼라를 $R \equiv g^{\alpha\beta} R_{\alpha\beta}$라 정의할 때 — 여기서 반복되는 첨자에 대해서는 모두 더하기로 약속했으므로 $R \equiv g^{\alpha\beta} R_{\alpha\beta} = g^{11} R_{11} + g^{12} R_{12} + \cdots + g^{44} R_{44}$를 뜻합니다 — 아인슈타인 텐서를 $G_{\alpha\beta} \equiv R_{\alpha\beta} - \frac{1}{2} R g_{\alpha\beta}$로 정의합니다. 한편 오른쪽의 $T_{\alpha\beta}$는 에너지-운동량 텐서 또는 변형력 텐서라고 부르는 양으로 중력마당을 만드는 압력, 에너지, 운동량 따위를 포함하고 있습니다. 물론 G는 중력상수이고 c는 빛 빠르기지요. 결국 마당방정식은 중력마당과 시공간의 굽음 사이의 관계, 곧 물질이 시공간에 어떻게 영향을 주는지를 기술합니다. 하여튼 이는 전문적 내용이니 굳이 알 필요는 없습니다.

13강
양자역학

물리학의 방법을 통칭해서 역학이라고 부릅니다. 역학은 크게 동역학과 통계역학으로 나뉘며 동역학에는 몇 가지 종류가 있다고 했지요. 그중 가장 먼저 만들어지고 잘 확립되어서 대표적이라 할 수 있는 것이 앞서 논의한 고전역학입니다. 그런데 20세기에 들어오면서 고전역학 체계로는 설명하기 어려운 현상들이 잇달아 발견되었습니다. 따라서 자연현상을 더 정확하고 타당하게 기술하기 위해서 고전역학 체계에 대한 근본적 재검토가 필요해졌어요. 쿤의 표현을 빌리자면 비정상성 또는 변칙이 쌓였고, 이에 따라 고전역학에서 새로운 동역학 체계로 패러다임을 전환할 필요성이 생긴 겁니다.

일반적으로 동역학에서는 대상을 서술하는 시간과 공간이 전제되어 있습니다. 뉴턴의 고전역학에서는 3차원 공간에 절대성을 지닌 시간이 따로 있는 고전적 시공간을 사용하였지요. 이러한 시간과 공간을 새롭게 인식하고 뉴턴역학에서 전제한 개념을 바꾸는 과정을 주도한 사람이 아인슈타인입니다. 그는 모든 기준틀은 동등하다는 전제, 이른바 상대성원리라는 기본가설에서 출발했고, 이에 실험적으로 문제가 되었던 빛의 빠르기가 언제나 일정하다는 원리를 덧붙여서 특수상대성이론을 제창했습니다. 나아가 이를 더 확장해서 가속 기준틀도 포함한 기준틀, 곧 모든 관측자가 동등하다는 일반상대성원리와 가속도는 중력과 본질적으로 같아서 한 가지로 해석할 수 있다는 등가원리에서 출발해 일반상대성이론을 만들어 내었지요.

한편 상대성이론과는 완전히 다른 의미에서 고전역학 체계가 만족스럽지 못하고 특히 원자나 분자 같은 작은 세계를 올바르게 기술할 수 없다는 것이 알려졌습니다. 이에 따라 시공간 문제와는 별도로 고전역학을 서술하는 양식 자체를 바꿔서 새로운 동역학 체계를 만들게 되었습니다. 이렇게 해서 고전역학보다 더 일반화된 이론으로서 양자역학이 만들어진 것은 상대성이론과 더불어 20세기에 일어난 과학혁명이라고 할 수 있는 중요한 사건입니다. 이번 강의에서는 고전역학과 달리 새로운 서술 양식을 담고 있는 양자역학을 공부하겠습니다.

양자역학의 배경

고전역학은 원자나 분자 같은 작은 세계를 설명하는 데는 합당하지 않았습니다. 대표적인 문제로 원자 중에 가장 간단한 수소 원자를 생각해 보지요. 원자 모형이 톰슨의 찐빵 모형에서 러더퍼드의 행성계 모형으로 바뀌게 된 과정을 앞에서 논의했는데, 이 러더퍼드의 모형에 따르면 수소 원자는 양성자 하나로 이뤄진 원자핵이 가운데 있고, 주위에 전자가 하나 있습니다. 이들이 전기력으로 서로 당길 텐데, 끌려가지 않는 대신에 전자가 핵 주위를 돌고 있다고 생각합니다. 마치 지구가 중력 작용으로 원운동을 하므로 태양으로 끌려가지 않는 것처럼 전자도 원운동을 하고 있다는 것이지요.

그런데 여기에는 한 가지 문제가 있습니다. 전자가 이렇게 원운동을 하면 매우 빠르게 움직이게 됩니다. 그 빠르기는 간단히 구할 수 있지요. 우선 전자와 핵 사이의 거리를 아니까 전기력이 얼마나 되는지 알 수 있습니다. 거리가 약 0.5 Å, 곧 200억 분의 1 미터이므로 쿨롱의 법칙으로 전기력을 얻을 수 있고 전자의 질량은 약 9×10^{-31} 킬로그램으로 아니까 얼마나 빨리 도는지 구할 수 있습니다. 마치 지구가 해 주위를 얼마나 빨리 도는지 구할 수 있듯이 말입니다. 계산해 보면 전자의 빠르기는 대략 2×10^6 m/s, 무려 초속 2000 킬로미터로 엄청 빠르게 돌고 있음을 알 수 있습니다.

그런데 전자는 전기를 띠고 있지요. 전기를 띤 알갱이가 움직이는 것을 전류라고 부릅니다. 따라서 전자가 원운동을 하면 동그란 고리 전류가 흐릅니다. 이렇게 전류가 흐르면 앞에서 얘기했듯이 전기마당 뿐 아니라 자기마당도 생겨납니다. 전자는 원운동을 하므로 공간의 한 지점에서 전기마당이 일정하지 않고 시간에 따라서 변하게 되지요. 그러면 전기마당이 변하면서 자기마당을 만들고 자기마당이 변하면서 전기마당을 만들어 서로 번갈아 생겨나면서 퍼져 나가는 전자기파를 만들어 냅니다.

이것을 정확하게 수학적으로 나타내는 식이 앞에서 논의한 맥스웰의 방정식입니다. 방정식의 수학적 의미를 우리가 이해할 필요는 없지만 맥스웰의 네 가지 방정식을 연립해서 풀면 전기마당과 자기마당이 변하면서 전자기파를 만들고 이것이 퍼져 나간다는 것을 수학적으로 보여 줄 수 있습니다. 결국 수소 원자의 경우에 러더퍼드 모형에 따르면 전자가 돌면서 계속 전자기파를 방출해야 한다는 겁니다. 전자기파란 바로 빛이고 에너지를 가지고 있습니다. 따라서 전자기파를 방출한다는 것은 에너지를 방출한다는 겁니다. 에너지를 방출하면 어떻게 될까요? 전자가 돌다가 에너지를 계속 내보내면 전자의 에너지가 줄게 되겠지요.

인공위성과 비교해 보지요. 지표면에서 인공위성을 쏴 올리면 처음에는 잘 돌겠지요. 그러나 어느 정도 높이로 쏴 올려도 대기가 조금은 있으니까 공기 저항 때문에 에너지를 조금씩 잃어버립니다. 인공위성이 에너지를 잃어버리면 결국 수명을 다해서 떨어져 버립니다. 고도가 낮아지면 대기가 훨씬 빽빽하므로 공기 저항이 매우 크지요. 따라서 인공위성의 에너지는 열의 형태로 흩어지고 다행히 인공위성은 우리 머리 위로 떨어지기 전에 타 버리게 됩니다. 마찬가지로 전자가 에너지를 잃어버리면 계속 돌지 못하고 원자핵에 달라붙게 될 겁니다. 결론적으로 말해서 러더퍼드의 모형을 따르면 원자는 유지될 수 없습니다.

러더퍼드의 모형에는 또 다른 문제가 있습니다. 전자가 점점 에너지를 잃어버리는 만큼 전자기파, 곧 빛을 내비치므로 그 에너지도 아무런 값이나 다 가질 수 있어야 합니다. 빛의 에너지는 진동수가 높을수록, 곧 파길이가 짧을수록 크지요. 무지개의 빛을 보면 빨간빛과 보랏빛 중에 보라가 파길이가 짧으므로 에너지가 더 높습니다. 빛깔이란 빛의 파길이 차이인데 이는 결국 에너지와 관련이 있어요. 아무튼 에너지를 연속해서 잃어버리게 되니까 파길이가 연속적인 빛을 내비칠 수 있어야 합니다. 그런데 실제로 원자들이 내는 빛을 조사해 보면 놀랍게도 어떤 특정한 파길이의 빛만을 내비칩니다. 파길이별로 나눈 빛띠를 살펴보면 무지개처럼 이어져 있지 않고 띄엄띄엄한 몇 개의 선들로 이뤄져 있습니다. 예를 들어 질소는 주로 주황빛을 내고, 수은은 청록빛, 나트륨은 노란빛 등으로 정해져 있습니다. 원자가 연속적인 빛띠를 보이지 않는다는 사실은 러더퍼드의 모형에 잘 못이 있음을 말해 줍니다.

원자 모형에 더해서 20세기 초에 문제가 되었던 점은 물질의 이중성입니다. 예전엔 빛을 파동이라고 생각했습니다. 말 그대로 전자기파니까요. 실제로 빛은 장애물이 있으면 돌아가는 에돌이라든지 두 줄기 빛이 만날 때 위상차에 따라 강해지기도 하고 약해지기도 하는 간섭 따위의 파동이 가진 독특한 성질을 보입니다. 그런데 20세기에 들어와서는 빛이 어떤 경우에는 파동이 아니라 알갱이 같은 성질이 있다는 사실을 알게 되었습니다. 빛이 알갱이 성질을 보이는 대표적 현상으로 검정체내비침(흑체복사)을 들 수 있습니다. 일반적으로 물질을 뜨겁게 하면 빛을 내비치지요. 이상적으로 빛을 내비치는 물체를 검정체라고 합니다. 쉽게 생각해서 완전히 검은 물체라고 하지요.

요즘은 연탄을 거의 안 쓰니까 부지깽이라는 것을 보지 못했죠? 예전에는 연탄을 많이 썼는데 하루에 적어도 두 번은 연탄을 갈아 줘야 했습니다. 불붙은 연탄 중에 많이 타 버린 것을 부지깽이라는 쇠집게로 집어서 옮겼습니다. 그런데 연탄에 부지깽이를 꽂아 놓으면 부지깽이가 뻘겋게 달궈지면서 빛을 냅니다. 어두운 데서도 빛을 내니까 보이지요. 백열전구도 보통 텅스텐으로 만든 실줄을 뜨겁게 가열해서 빛을 냅니다.

이처럼 물질을 뜨겁게 하면 빛을 냅니다. 물질의 에너지가 높아지니까 빛이란 형태로 에너지를 방출하는데, 이때 빛이 완전히 파동이라면 이해할 수 없는 거동이 있습니다. 전문적 내용이라서 여기서 자세히 논의할 수는 없지만 파길이에 따라 내비치는 빛의 세기를 맞춰 설명할 수 없고 빛의 전체 에너지가 무한히 커지게 되는 따위의 곤란한 문제가 생깁니다. 플랑크는 빛이 파동이 아니라 알갱이처럼 에너지를 지닌다고 생각해서 이러한 문제를 멋지게 해결했고, 이에 따라 양자역학의 창시자라 인정을 받게 됩니다.

또한 앞에서 언급한 빛전자 효과(광전효과)가 있습니다. 이는 쇠붙이에 빛을 쬐면 전자가 튀어나오는 현상을 말하는데, 쇠붙이에 묶여 있던 전자가 빛을 받으면 에너지가 높아지니까 묶임을 끊고 도망 나오는 겁니다. 그것을 빛전자라고 하는데 나오는 거동을 보면 빛을 파동이라고 생각하면 설명할 수 없는 성질이 있습니다. 파동의 에너지는 일반적으로 떨기너비(진폭)가 클수록, 그리고 진동수가 높을수록 커집니다. (떨기너비는 파동의 세기를 의미하며, 파동의 에너지는 정확히는 떨기너비의

그림 13-1: 플랑크(1858~1947).

제곱과 진동수의 곱에 비례하지요.) 빛은 파길이와 진동수가 반비례하니까 파길이가 짧을수록 에너지가 커지겠네요. 파길이가 긴 빛을 쇠붙이에 쬐는 경우에도 아주 강하면, 곧 떨기너비가 크면 빛의 에너지가 충분히 많아지므로 전자가 나올 수 있겠습니다. 그런데 실제 실험에서는 파길이가 긴 빛은 아무리 세게 쬐어도 전자가 나오질 않습니다. 왜 전자가 나오지 않는지 설명하려면 빛에는 에너지가 파동에 실려 있지 않고 알갱이 하나하나가 가지고 다닌다고 해석해야 합니다. 이 빛전자 효과 이론을 처음으로 만든 사람이 아인슈타인으로 노벨상은 상대성이론이 아니라 바로 이 업적으로 받았지요.

이에 더해서, 역시 앞에서 이야기한 콤프턴 효과가 관측되었습니다. 빛이 전자에 부딪히면 알갱이처럼 움직여서 마치 당구공이 충돌하는 것과 똑같다는 겁니다. 당구공끼리 부딪혔을 때와 마찬가지로 에너지와 운동량이 보존되며, 이는 빛의 알갱이, 이른바 빛알 하나하나가 에너지와 운동량을 지닌다는 사실을 밝힌 거지요.

빛알 하나의 에너지와 운동량은 빛의 진동수 v에 비례합니다. 에너지는 $E = hv$로 주어지며 비례상수 h는 플랑크의 이름을 따서 플랑크상수라고 부르지요. 구체적으로 알 필요는 없지만 빛알의 운동량은 $p = \dfrac{E}{c} = \dfrac{hv}{c}$로 주어집니다. 그런데 일반적으로 파동의 진동수 v와 파길이 λ를 곱하면 파동의 빠르기가 된다고 했지요. 소리나 물결파나 빛이나 모두 마찬가지입니다. 소리의 빠르기는 온도나 기압 등에 따라서 변하지만 빛은 빠르기가 c로 언제나 일정하므로 $v = c/\lambda$가 되어서 진동수와 파길이는 서로 반비례합니다. 예컨대 보랏빛은 빨간빛보다 파길이가 짧으므로 그만큼 진동수가 크고, 따라서 빛알의 에너지는 높지요.

흔히 진동수 대신에 진동수에 2π를 곱한 각진동수, 곧 $\omega \equiv 2\pi v$를 쓰기도 합니다. 그러면 빛알의 에너지는 $E = \hbar\omega$라고 쓰며 보통 h 대신에 $\hbar \equiv \dfrac{h}{2\pi}$를 플랑크상수라고 부릅니다. 이는 대략 $10^{-34}\,\mathrm{J\cdot s}$이지요. 빛알 하나의 에너지가 이만큼이니까 전체 빛의 에너지는 이 에너지에 빛알의 전체 개수 N을 곱해서 $E_{\mathrm{tot}} = N\hbar\omega$로 주어지지요. 그래서 빛에너지는 연속적인 값을 가질 수가 없습니다. 빛알 에너지 값의 1배, 2배, 3배, 또는 17배, 240배는 되지만 6.5배는 될 수가 없지요. 그러나 보다시피 $\hbar$가 워낙 작기 때문에 빛의 진동수를 곱해 봤자 빛알의 에너지는 매우 작습니다. 보통 빛알의 수 N은 매우 크고 따라서 전체로 보면 마치 연속적인 것같이 느껴집니다. 밀가루 더미를 보면 연속적인 것 같지만 사실 밀가루도 하나하나 띄엄띄엄한 알갱이들로 이뤄진 것과 마찬가지입니다.

그렇다고 빛이 단순히 알갱이인가 하면 그것은 아닙니다. 빛이 에돌이하고 간섭을 하는 것을 봐서는 의심할 수 없는 파동이지요. 결국 빛은 파동의 성질도 가지고 알갱이의 성질도 가집니다. 두 가지 성질 중에 상황에 따라서 어느 한 가지가 나타나지요. 그래서 재미있는 생각을 하게 되었습니다. 파동인 줄로 알았던 빛이 알갱이의 성질을 갖고 있듯이 알갱이라고 생각했던 전자, 양성자, 중성자 따위도 파동의 성질을 갖고 있지 않을까 하는 생각을 한 것이지요. 이를 물질파 또는 드브로이파동이라 부릅니다. 이러한 가능성을 처음으로 생각한 프랑스의 드브로이 이름을 딴 것이지요. (그런데 같은 철자의 이름을 '브로글리'라고도 읽는 듯해서 내가 아는 프랑스 물리학자에

그림 13-2: 드브로이(1892~1987).

게 어떻게 읽는지 물어봤더니 가문에 따라 다르다고 갸웃거리더군요. 어리둥절했지만 아무튼 이 경우에는 '브로이'가 맞는 듯합니다.) 원래 물질파나 드브로이파동이라고 하면 전자나 양성자 같은 물질입자, 알갱이가 지니고 다니는 파동이라고 생각했습니다. 그러나 현재는 물질입자가 따로 있고 그것이 파동을 지니고 있다기보다 전자나 양성자 자체가 파동의 성질을 가졌다고 보는 관점이 지배적입니다.

이것을 실제로 확인하기 위해서 데이비슨과 거머가 전자의 에돌이 실험을 수행했고 빛의 경우와 같은 결과를 얻었습니다. 전자도 빛과 마찬가지로 에돌이를 한다는 사실을 확인한 것이지요. 앞에서 논의한 영의 겹실틈 실험에서 빛 대신에 전자를 써도 역시 간섭무늬를 얻게 됩니다. 전자 같은 알갱이도 파동 성질을 지닌다는 이른바 파동-알갱이 이중성이 확증된 겁니다.

파동-알갱이 이중성이란 언제나 파동과 알갱이의 성질을 같이 가졌다든지, 그 중간이라든지 하는 뜻이 아닙니다. 상황에 따라서 어떤 경우에는 파동처럼 거동하고 어떤 경우에는 알갱이로서 거동하는 겁니다. 예를 들어 겹실틈에 전자를 보내면 두 실틈 중에 어느 쪽으로 지나갈까요? 전자를 1만 개쯤 보내면 대략 5000개는 한쪽, 5000개는 다른 쪽으로 가겠지요. 그런데, 각 전자가 어디로 가는지 확인해보겠습니다. 전자를 보내면서 두 실틈 중 어느 쪽으로 지나갔는지 눈에 불을 켜고 열심히 쳐다보면 놀랍게도 간섭무늬가 사라집니다. 이렇게 위치를 측정하면 전자는 더는 파동의 성질을 가지지 않고 완전히 알갱이처럼 행동합니다. 그런데 위치를 측정하지 않으면, 다시 말해서 전자가 어디로 갔는지 쳐다보지 않으면 전자는 파동처럼 행동합니다. 우리가 측정하면 각 전자는 이쪽이나 저쪽 중에 한쪽으로 갔습니다. 그러나 쳐다보지 않으면 파동처럼 거동해서 이리로도 가고 저리로도 간다고 여길 수 있습니다. 다시 강조하는데 '우리가 측정하지 않았기 때문에 모를 뿐이고 실제로는 어느 한쪽으로 간 것이다'가 아니라는 말이지요.

이것을 다음과 같이 비유합니다. 그림 13-3에서처럼 겨울 스키장에서 누군가 스키를 타고 내려온 자국이 있습니다. 두 발로 타니까 눈에 나란히 두 짝의 스키 자국이 나 있습니다. 내려오다 보니 높은 고목나무가 하나 있네요. 그런데 눈에 스키 자국이 나무 양옆으로 한 짝씩 나 있습니다. 이 사람은 나무 어느 쪽으로 지나간 걸까요? 지나갈 때 봤다면 어느 한쪽으로 지나갔겠지요. 그러나 보지 않았다면 양쪽으로 지나가서 다시 합쳐진 셈입니다. 이것이 이제 논의할 양자역학의 관점입니다.

그림 13-3: 양자역학의 관점. 스키 자국을 남긴 사람은 장애물(나무)을 어떻게 지나갔을까요?

양자역학의 기본 개념

원자를 고전역학의 틀로 이해하려 한 러더퍼드 모형에 문제가 있음을 알게 되었고, 빛과 더불어 물질의 이중성이 관측되었습니다. 이들은 고전역학으로는 해석할 수 없는 현상들입니다. 고전역학의 관점에서는 알갱이와 파동은 완전히 다른 실체와 현상입니다. 따라서 어떤 대상이 알갱이면 알갱이고 파동이면 파동이지, 알갱이기도 하고 파동이기도 하다는 이중성이란 있을 수 없지요. 그러니 이중성의 관측은 본질적으로 고전역학의 체계를 바꿔야 함을 암시했고, 이에 새로운 동역학으로서 나타난 것이 바로 양자역학입니다.

양자역학은 고전역학과 다른 개념과 기본원리에서 출발하며, 이에 따라 관점이 완전히 다릅니다. 기본원리 중 하나는 하이젠베르크가 생각해 낸 불확정성 원리입니다. 임의의 물질 알갱이의 위치와 운동량을 동시에 정확히 알 수는 없다는 내용인데 식으로는 $\Delta x \Delta p \geq \dfrac{\hbar}{2}$ 로 씁니다. Δx는 위치 x의 불확정도이고 Δp는 운동량 p의 불확정도로서 그 두 가지 불확정도의 곱은 대략 플랑크상수 $\hbar$보다 작을 수는 없다는 뜻입니다. 따라서 어떤 알갱이의 위치를 측정해서 그 불확정도 Δx가 작아지면 운동량의 불확정도 Δp는 커지게 됩니다. 운동량은 불확실해지는 거지요. 만일 어떤 알갱이의 위치를 정확히 측정한다면 위치의 불확정도가 없으니 $\Delta x = 0$이 됩니다. 이 경우에 불확정성 원리의 부등식을 만족하려면 Δp가 무한히 커져야 합니다. 이는 그 알갱이의 운동량, 다시 말하면 속도는 전혀 알 수 없게 됨을 말합니다. 반대로 알갱이의 속도를 정확히 재면 그 알갱이의 위치를 모르게 됩니다. 어디 있는지 전혀 알 수가 없다는 뜻이지요.

이것은 고전역학의 경우와 완전히 다르네요. 고전역학에 따르면 주어진 알갱이나 물체의 운동 상태는 순간순간마다 그 물체의 위치와 속도로 나타냅니다. 따라서 운동 상태를 말하기 위해서 위치와 속도를 알아내야 하고 이를 구하는 것이 바로 뉴턴의 운동법칙, 곧 운동방정식입니다. 그것이 바로 고전역학의 체계지요. 그런데 불확정성 원리

그림 13-4: 하이젠베르크(1901~1976).

에 따르면 이건 말이 안 되는 생각입니다. 왜냐하면 애당초 주어진 알갱이의 위치와 속도를 함께 말할 수는 없기 때문입니다. 이는 움직임을 기술할 때 위치와 속도를 함께 정확히 측정한다는 고전역학의 전제 자체를 완전히 위배합니다.

불확정성 원리는 이상하게 들리겠지만 소리 같은 파동을 생각하면 그리 이상하지 않습니다. 우리가 소리의 위치를 말할 수 있어요? 지금 내가 말할 때 소리가 어디 있나요? 소리가 퍼져 나가는 속도는 말할 수 있으나 소리의 위치라는 것은 말할 수 없습니다. 말하자면 소리는 공간에 퍼져 있지요. 눈에 보이는 것으로 물결파를 생각해 볼까요. 잔잔한 호수에 돌을 하나 던져서 물결파가 퍼져 나갈 때 퍼져 나가는 속도는 말할 수 있지만 전체에 퍼져 있는 물결파의 위치를 말하는 것은 별로 의미가 없습니다. 이와 비슷하게 전자 같은 물

질 알갱이도 파동이라고 생각하라는 얘기입니다. 그러면 전자의 속도를 말하면 위치는 말할 수 없게 됩니다. 반면에 전자의 위치를 말하면, 이는 전자를 완전히 알갱이로 본다는 얘기고, 그렇게 되면 파동의 성격이 없어져서 속도는 말할 수가 없습니다.

전자가 이리로도 가고 저리로도 간다는 말이 이해하기 어렵지요. 그런데 그냥 파동을 보냈다고 합시다. 그러면 파동이 나아가다가 일부는 이리로 가고 일부는 저리로 나가는 것이 이상하지 않지요. 파동으로 생각하면 두 군데 모두 간다고 말하는 것이 사실 당연합니다. 다시 말해서 전자를 고전역학에서 말하는 알갱이라고 생각하면 이리로도 가고 저리로도 간다는 말을 이해할 수 없지만 전자를 그냥 파동이라고 생각해 버리면 이상할 것이 없습니다. 빛도 마찬가지입니다. 빛이 파동이라면 한 줄기가 이리로 가고 다른 한 줄기는 저리로 가는 것이 당연하지만 빛을 알갱이, 곧 빛알이라고 생각하면 빛알 하나가 이리로도 가고 저리로도 간다는 이상한 문제가 생깁니다.

이러한 사고는 사실 이해하기 어렵습니다. 왜냐하면 우리는 모두 일상생활에서 계속 고전역학 체계를 경험하며 살기 때문입니다. 원자나 분자 같은 작은 세계를 감각기관으로 직접 경험하지 못했고, 일상 경험은 언제나 고전역학 체계에 익숙해져 있으므로 불확정성이란 이상하게 보입니다. 그런데 만일 플랑크상수가 0이 된다면 불확정성은 없고, 이런 경우에는 양자역학이 고전역학과 똑같아집니다. 플랑크상수가 0이 아니기 때문에 양자역학이 고전역학과 다른데, 다행인지 불행인지 플랑크상수는 워낙 작기 때문에 우리 일상 경험에서는 사실상 0이나 마찬가지로 느껴집니다. 그래서 일상에서는 고전역학적 세계를 경험하게 되지요. 이러한 불확정성 원리를 기본원리로 받아들이면 양자역학에서 운동은 고전역학에서 말하는 운동과 개념상 완전히 달라집니다. 고전역학에서 운동은 위치와 속도로 규정하므로 운동을 기술하려면 순간마다 위치와 속도를 말해야 합니다. 반면에 양자역학에서는 근본적으로 위치와 속도를 말할 수가 없어요. 따라서 양자역학에서는 운동 개념을 다르게 생각하고, 상태의 규정을 새롭게 해석해야 합니다.

그러면 주어진 알갱이 따위 대상의 상태를 어떻게 규정할까요? 양자역학에서는 대상의 상태를 규정하는 상태함수가 존재한다고 전제합니다. 이는 시간 t와 공간에서 위치 $\mathbf{r} = (x, y, z)$의 함수로서 보통 $\Psi(\mathbf{r}, t)$로 표시합니다. 다시 말해서 고전역학에서는 주어진 물체의 위치와 속도를 알면 그 물체의 상태를 아는 것이지만, 양자역학 체계에서는 물체의 상태함수를 알아야 그것의 상태를 아는 겁니다.

더 알아보기 ① 상태함수란? ☞ 334쪽

양자역학의 형식

개념과 기본원리가 있으면 개념들 사이의 관계를 설정해 주어야 합니다. 이론 체계에서 그것을 진술이라고 불렀습니다. 이른바 법칙이라 말하는 것인데 고전역학에서는 바로 뉴턴의 운동법칙이나 해밀턴의 원리 — 뉴턴의 고전역학과 내용은 같지만 모양을 바꾼 것 — 이지요. 이를 통해서 위치와 속도를 구할 수 있습니다. 사실 운동의 법칙 자체로는 가속도만 구할 수 있는데 그것을 적분하면 속도와 위치를 구할 수 있지요. 마찬가지로 양자역학에서 상태를 기술해 주는 상태함수가 만족하는 방정식이 있겠네요. 뉴턴의 운동방정식에 해당하는 방정식으로서 이른바 슈뢰딩거방정식이 있습니다.

더 알아보기 ② 슈뢰딩거방정식 ☞ 334쪽

슈뢰딩거방정식은 파동방정식과 마찬가지로서 편미분방정식 형태를 갖고 있어서 좀 고약합니다. 뉴턴의 운동방정식도 간단해 보이지만, 앞서 지적했듯이 가속도라는 것이 위치를 시간으로 두 번 미분한 도함수이므로, 사실은 미분방정식의 형태를 가지고 있지요. 뉴턴의 운동방정식을 풀어서 위치를 시간의 함수로 구할 수 있듯이 슈뢰딩거방정식을 풀면 상태함수 $\Psi(x,t)$를 공간과 시간의 함수로 구할 수 있고, 이를 구하면 대상의 상태를 알았다고 말합니다. 전자 같은 물질 알갱이가 파동의 성격이 있다고 했는데, 이는 전자의 상태를 기술하는 상태함수가 파동방정식 꼴의 슈뢰딩거방정식을 만족하는 '파동함수'이기 때문에 당연한 셈이지요.

그러면 상태함수 또는 파동함수의 물리적 의미는 무엇일까요? 어떻게 대상의 상태를 나타낼까요? 일반적으로 상태함수의 절대값을 제곱하면 확률이 됩니다. 예를 들어 전자의 상태함수 절대값을 제곱한 $|\Psi(x,t)|^2$는 그 전자가 시각 t에서 위치 x에 있을 확률이 얼마인지 알려 줍니다. 이러한 해석 규칙은 보른이 확립했다고 하지요. 이는 고전역학과는 완전히 다른 새로운 구조입니다. (앞으로 논의하겠지만 양자역학에서 이러한 확률의 의미는 5부에서 논의하는 거시적 기술에서의 고전적 확률과 차이가 있습니다.)

고전역학에서 진술에 해당하는 부분이 뉴턴의 운동법칙 또는 운동방정식입니다. 양자역학에서는 슈뢰딩거방정식이지요. 그런데 고전역학에서 뉴턴의 운동방정식과 내용은 같은데 형식이 다른 해밀턴의 최소작용원리를 쓸 수 있다고 지적했습니다. 마찬가지로 양자역학도 내용은 같으면서 형식을 바꿀 수 있습니다. 그래서 슈뢰딩거방정식으로 주어지는 슈뢰딩거의 양자역학 형식과 본질은 같으나 모양이 다른 하이젠베르크가 만든 양자역학 형식이 있습니다. 슈뢰딩거방정식은 수학적으로는 편미분방정식인데 놀랍게도 이런 편미분방정식으로 주어진 진술을 행렬로 바꿔서 나타낼 수 있습니다. 그러니까 편미분방정식을 푸는 대신에 행렬 계산을 해도 똑같은 결과를 얻을 수 있지요. 하이젠베르크를 비롯해서 보른과 요르단은 행렬을 이용한 양자역학을 만들었고, 이를 행렬역학이라고 부릅니다. 이에 반해 슈뢰딩거방정식은 파동방정식의 꼴을 갖고 있으므로 슈뢰딩거의 형식은 파동역학이라고 부릅니다.

그런데 이것으로 끝이 아니고 양자역학의 또 다른 형식이 있습니다. 이른바 길을 따라 적분하는 방법으로 양자역학을 구성할 수 있음을 파인먼이 제안했습니다. 파인먼은 들어 본 학생 많지요? 타계한 지 오래지 않은 비교적 현대의 사람입니다. 장난꾸러기 같은 행동으로 널리 알려져 있는데, 디랙은 다소 폄하하는 뜻으로 '영리한 미국 소년'이라고 불렀답니다.

고전역학에서 해밀턴의 원리 기억나나요? 대상 물체가 처음 시각 t_i에서 어떤 위치 x_i에 있다가 나중 시각 t_f에서 다른 위치 x_f로 갈 때 일반적으로 가능한 길이 매우 많습니다. 그런데 그중에서 어떤 길을 따라갈까요? 수많은 길 중에 실제로는 작용이 최소인 길을 따라간다

그림 13-5: 파인먼(1918~1988).

고 했습니다. 이것이 바로 해밀턴의 최소작용원리이고, 뉴턴의 운동법칙을 다르게 표현한 고전역학의 핵심입니다.

파인먼의 방법은 고전역학을 기술하는 이러한 해밀턴의 원리를 양자역학을 기술하도록 확장한 겁니다. 이 방법에서는 작용 S의 지수함수로 주어진 $e^{iS/h}$를 처음 위치 x_i에서 나중 위치 x_f까지 가는 모든 길(경로)에 대해 더하면 상태함수에 해당하는 양을 얻게 됩니다. 수학적으로는 $e^{iS/h}$를 x_i에서 x_f까지 가는 길을 따라 적분하므로 이를 길적분이라 부릅니다. 여기서 i는 물론 허수이고 작용 S는 고전역학에서 해밀턴의 원리와 마찬가지로 정의됩니다. 그런데 흥미롭게도 여기서 플랑크상수 h가 아주 작다면 대부분의 길을 따라 움직일 때 S/h가 매우 급격히 변하므로 적분하면 사실상 0이 되어 버립니다. 다만 작용이 가장 작은 길만 살아남아서 적분에 기여하게 되지요. 결국 $h \to 0$의 극한을 택하면 최소 작용의 길만 남게 되는데, 이것은 바로 해밀턴의 원리네요.

일반적으로 플랑크상수 h가 무한히 작아지면 양자역학이 바로 고전역학으로 환원됨을 볼 수 있습니다. 길적분뿐 아니라 행렬역학이나 파동역학에서도 플랑크상수가 작아지면 양자역학의 모든 결과가 고전역학의 결과와 똑같아진다는 것을 볼 수 있습니다. 따라서 고전역학이라는 체계가 틀린 것이 아닙니다. 고전역학은 아주 훌륭한 이론인데, 이에 대해 양자역학의 장점은 적용 범위가 더 넓다는 겁니다. 말하자면 양자역학이 더 일반이론이고 고전역학을 포함한다고 할 수 있지요. 플랑크상수가 일상 세계에 비하면 너무 작기 때문에 우리 일상 세계에서는 플랑크상수는 사실상 0이나 마찬가지이며, 따라서 일상 세계와 같은 커다란 세계에서는 양자역학이 고전역학으로 환원됩니다. 그렇지만 분자나 원자와 같은 작은 세계에서는 상대적으로 플랑크상수가 작은 양이 아닙니다. 그럴 때는 양자역학이 고전역학과 다른 결과를 주며, 이 경우에는 양자역학이 고전역학보다 더 타당하다고 할 수 있습니다. 양자역학의 형식에는 위의 세 가지와 또 다른 확률적 형식이라는 것이 있습니다만 여기서는 논의하지 않겠습니다.

양자역학의 내용

뉴턴의 고전역학에서는 주어진 대상에 작용하는 힘을 먼저 살펴보고, 힘을 모두 더해서 얻은 알짜힘을 대상물체의 질량으로 나눠 그 대상의 가속도를 구합니다. 그리고 가속도를 적분하면 임의의 순간에서 속도와 위치를 얻을 수 있고 이는 곧 그 대상의 상태를 이해한 겁니다. 따라서 할 일이 다 끝난 거지요. 물론 뉴턴역학 대신에 해밀턴의 원리에서 출발할 수도 있습니다. 힘 대신에 주어진 대상계의 작용이나 해밀토니안, 곧 에너지를 고려합니다. 양자역학에서도 먼저 주어진 계의 해밀토니안, 곧 계의 에너지를 기술해 주는 함수 꼴을 알아야 합니다. 그러면 슈뢰딩거방정식을 쓸 수 있고, 이 편미분방정식을 풀어서 계의 상태함수를 얻으면 됩니다. 상태함수를 얻으면 사실상 모든 것을 다 아는 것이고 할 일이 끝난 겁니다. 예를 들어 그 것을 제곱해서 확률을 얻으면 감각기관을 통한 현실 세계와 연결할 수 있게 되지요.

여기서 나오는 확률에 대해 간단히 설명하지요. 어떤 계의 해밀토니안이 주어지면 그 계가 가질 수 있는 상태들이 정해집니다. 주어진 해밀토니안에 대해 가능한 상태를 고유상태라고 부릅니다. 계가 가능한 고유상태 중에서 실제로 어떤 상태에 있는지 확률로 기술하게 됩니다. 겹실틈의 예를 생각해 보지요. 겹실틈에 전자를 보내면 그것이 두 실틈 중에 어디로 지나갔는지에 따라 두 가지 상태가 가능합니다. 위쪽 실틈으로 지나간 상태와 아래쪽 실틈으로 지나간 상태가 계의 두 가지 고유상태입니다. 위로 지나간 고유상태를 기술하는 고유함수를 Ψ_1이라 나타내고 아래로 지나간 고유함수를 Ψ_2라 하면 전자의 일반적 상태함수 Ψ는 이 두 고유상태가 포개져 있는 (중첩된) 것으로 주어집니다. 식으로는

$$\Psi = a\Psi_1 + b\Psi_2$$

로 쓸 수 있습니다.

포개진 상태라서 위쪽으로 지나간 Ψ_1 상태와 아래쪽으로 지나간 Ψ_2 상태가 다 가능합니다. 그 두 가지 중에 어디로 지나가는지, 곧 두 고유상태 중 어느 상태에 있는지는 확률로 주어집니다. 상태함수의 절대값을 제곱하면 확률이 된다고 했지요. (제곱하면 확률이 되므로 상태함수는 확률너비라 할 수 있습니다.) 위의 식의 절대값을 제곱하면

$$|\Psi|^2 = |a|^2|\Psi_1|^2 + |b|^2|\Psi_2|^2 + a^*b\Psi_1^*\Psi_2 + ab^*\Psi_1\Psi_2^*$$

가 됩니다. 상태함수는 보통 복소수로 주어지므로 별표(*)는 허수부의 부호를 바꾸는 복소켤레(공액)를 뜻하지요. 복소수에 익숙하지 않은 학생은 별표를 무시해도 괜찮습니다. 여기서 $|a|^2$과 $|b|^2$은 각각 Ψ_1 상태와 Ψ_2 상태에 있을 확률에 해당합니다. 만일 두 실틈이 완전히 같아서 각 실틈으로 지나갈 확률이 같다면 $|a|^2 = |b|^2 = \frac{1}{2}$이지요. 그러면 오른쪽의 세 번째, 네 번째의 서로 다른 두 상태함수 Ψ_1과 Ψ_2가 곱해진 항은 무엇을 나타낼까요? 흥미롭게도 이는 두 상태의 간섭을 나타냅니다. 이른바 전자의 파동성을 특징적으로 나타내는 항이지요. (상태함수의 포개짐은 확률이 아니라 확률너비를 더하는 것에 해당하기 때문에 고전적 확률의 경우와 달리 이러한 간섭이 생겨날 수 있습니다.)

그런데 이렇게 두 가지 고유상태가 포개진 상태 Ψ에 있는 계의 상태를 실제로 측정하면 놀랍게도 고유상태 중 하나, 곧 Ψ_1이나 Ψ_2로 바뀌어 버립니다. 측정하지 않으면 전자가 위쪽 길로도 지나가고 아래쪽 길로도 지나가는데 어디로 가는지 측정하면 전자는 위쪽 길로 지나갔거나 아래쪽 길로 지나갔거나 둘 중에 하나입니다. 전자가 쪼개지지 않는 상황에서 양쪽 길 모두 동시에 지나갈 수야 없지요. 그러나 측정하기 전에는 두 가지가 포개진 상태로 있습니다. 거듭 강조하는데 측정하기 전에도 우리가 모를 뿐이지 전자가 실제로는 두 가지 중에 한쪽 길로 지나갔다는 생각은 타당하지 않습니다. 측정을 하지 않으면 위쪽 길로 지나가는 상태와 아래쪽 길로 지나가는 상태가 같이 포개져 있습니다. 마치 파동을 보내면 이리로도 가고 저리로도 가는 것처럼 전자도 각 길로 가는 두 상태가 포개져 있는 겁니다. 그렇지만 어디로 지나가는지 일단 측정하면 분명히 둘 중에 어느 한쪽 길로 간다는 결과를 얻게 됩니다. 이는 전자의 상태 자체가 측정하는 순간에 두 고유상태 Ψ_1과 Ψ_2 중에 하나로 바뀜을 뜻합니다. 이런 현상을 상태함수가 고유함수 중 어느 하나로 무너진다(와해, collapse) 또는 환원된다고 표현합니다. [흔히 collapse를 '붕괴'라고 합니다만 베타붕괴 등에서의 decay와 구분하기 위해서 무너짐(와해)이라고 쓰기로 하겠습니다.]

둘이나 그 이상의 고유상태 중에 어느 쪽으로 와해되는지는 측정하기 전에는 알 수 없고, 다만 확률로만 말할 수 있습니다. 이미 지적했듯이 전자를 겹실틈에 보냈을 때 어디로 지나가는지 측정한다면 위쪽과 아래쪽으로 지나간다는 결과를 얻을 확률이 각각 $|a|^2$과 $|b|^2$이지요. 여기서 아주 흥미로운 점은 우리가 측정을 함으로써 대상의 상태가 바뀌었다는 사실입니다. 상태가 Ψ로 주어진 계에서 측정을 하면 상태가 Ψ_1과 Ψ_2 중에 하나로 바뀐다고 지적했지요. 만일 측정을 하지 않았다면 계의 상태는 그냥 Ψ로 남아 있을 텐데 결국 측정이 대상의 상태를 바꿔 버린 겁니다.

이는 고전역학과 완전히 다르지요. 고전역학에서는 기본적으로 인간의 인식과 관계없이 우주가 존재합니다. 그래서 알다시피 고전역학의 철학적 배경에는 데카르트적 사고가 담겨 있습니다. 서양철학의 핵심은 결국 정신과 물질의 이원론이고, 그 원류는 플라톤에 있다고 하지요. "서양 철학사는 플라톤의 각주다"라는 말이 있습니다. 서양철학은 몇천 년을 지나 봤자 결국 플라톤을 벗어나지 못한다는 얘기지요.

이 말을 한 사람이 화이트헤드로 기억합니다. 이른바 과정철학으로 널리 알려진 20세기의 중요한 철학자 중 한 사람입니다. 러셀이란 사람은 다 알지요? 화이트헤드와 러셀은 둘 다 철학자로 알려져 있지만 원래는 수학자로 출발했고 실제로도 수학에 중요한 업적을 남겼습니다. 러셀의 역설 같은 것은 수학 기초론에 아주 중요한 공헌을 했고 특히 두 사람의 공저인 《수학의 원리》는 수학의 공리 체계를 새롭게 바꾸고 이로부터 수학의 명제를 얻어 내는 작업을 한 명저로 꼽힙니다. 물리학에도 조예가 있어서 화이트헤드는 물리학적으로는 중요하게 인정받지는 못했지만 아인슈타인과 조금 다른 상대성이론을 제시하기도 했고 러셀도 몇 가지 물리학에 대한 저서를 남겼습니다. 두 사람 모두 과학철학 분야에도 관심이 많았지요.

화이트헤드의 저서 중에 《과정과 실재》가 널리 알려져 있는데 난해하기로 유명합니다. 문장도 난해하지만 철학, 수학, 물리학에 상당한 지식이 있어야 하기 때문입니다. 사실 철학을 전공하는 분들은 수학, 물리학을 모르고 물리학 전공인 나 같은 사람은 철학을 모르니 이해하기 어렵지요. 생성에 주목해서 동양 사상, 특히 노자老子의 도가철학과 공통점을 지닌 과정철학의 대표작이라 할 이 책은 연속적 잠재성과 띄엄띄엄한 현실성을 대비하는데, 흥미롭게도 양자역

그림 13-6: 화이트헤드(1861~1947).

학에서 상태함수가 무너져서 고유함수로 되는 현상을 철학적으로 표현했다는 느낌이 듭니다. 러셀은 더욱 흥미로운 삶을 산 사람입니다. 수학과 철학, 특히 인식론과 논리학, 분석철학, 과학철학, 언어철학, 교육, 종교, 정치 등 매우 다양한 분야에서 정열적으로 활동했고 많은 업적과 저서를 남겼습니다. 노벨 문학상을 받기도 했고 말년까지 반전, 반핵, 평화 운동에 적극적으로 참가해 투옥당하기도 한 참으로 놀라운 사람입니다.

아무튼 고전역학에는 인간의 인식과 관계없이 물질이 존재한다는 데카르트의 이원론적 사고가 깔려 있습니다. 이런 사고가 사실 우리의 인식에도 영향을 많이 주었습니다. 예를 들면 여러분 세대에는 아니겠지만 예술에서 순수냐 참여냐 하는 논쟁이 활발하게 벌어졌습니다. 고전역학에서는 우리가 대상의 운동 상태에 아무런 영향을 끼치지 않으면서 위치나 속도를 측정할 수 있다는 생각이 전제되어 있습니다. 이는 다분히 순수주의 쪽의 바탕과 연결될 수 있습니다. 인

그림 13-7: 러셀(1872~1970).

간의 의식과 물질은 관계가 없고, 우리는 대상에 아무런 영향을 주지 않고 인식할 수 있다는 관점이지요. 그런데 양자역학에서는 그렇지 않습니다. 알다시피 측정을 하는 것과 안 하는 것이 대상의 상태 자체를 바꿔 버릴 수 있습니다. 측정이 필연적으로 대상에 영향을 주며, 따라서 대상과 상관없이 우리의 인식이 존재할 수 없습니다. 이것은 매

우 놀라운 사고의 변화입니다. 이 관점에서 보면 순수냐 참여냐 하는 말 자체가 별로 의미가 없다고 할 수 있습니다.

양자역학을 이해하기 어려운 이유가 여러 가지 있지만, 가장 심각한 문제는 해석과 관련되어 있습니다. 이 때문에 아인슈타인이 양자역학을 반대한 쪽에 선 것은 널리 알려져 있습니다. 아인슈타인은 사실 양자역학의 형성에도 커다란 공헌을 했지요. 빛전자 효과라든가 빛알 이론은 양자역학의 토대가 되었는데, 그럼에도 아인슈타인 자신은 양자역학을 받아들이기를 꺼렸습니다. 그의 말 중에 "하느님은 주사위를 던지지 않는다"가 유명하지요. 양자역학의 확률적 해석을 못마땅해한 겁니다. 측정하기 전에는 확률로만 말할 수 있다니, 결국 하느님이 주사위를 던져서 현상을 결정한다는 말이냐 하고 불만을 말했지요. 이는 실재성과 관련되어 많은 논란을 불러일으켰습니다.

더 이상한 점으로 측정이 대상에 필연적으로 영향을 끼친다고 했지요. 어떤 대상을 측정했는지 안 했는지가 그 대상을 다르게 바꾼다니 여러분이 밤하늘의 달을 볼 때랑 안 볼 때랑 달이 달라진다는 얘기입니다. 달을 본다는 것은 달에서 나온 빛을 눈으로 측정하는 것이니 여러분이 달을 쳐다보는지 안 보는지가 달에 영향을 준다는 말이 됩니다. 이것이 믿어져요? 다시 말해서 과연 쳐다보지 않으면 달이 없느냐 하는 겁니다. 양자역학이 함축하는 기묘한 존재론에 관련해서 휠러의 극단적 언급이 있습니다. "현상이란 언제나 관측된 현상일 뿐이다." 관측하지 않은 현상은 의미가 없다는 말인데, 가능태적 속성과 현실태적 속성이 함께 존재함을 함축합니다. 이렇듯 양자역학의 해석에서 여러 문제점들이 생겨나는데 다음 강의에서 다루기로 하지요.

더 알아보기

① 상태함수란?

상태함수는 일반적으로 위치와 시간의 함수이므로 위치와 시간에 따라 바뀌게 되지요. 수학적으로 엄밀하게 말하면 대상의 상태는 힐베르트 공간이라 부르는 추상적 공간에서 존재하는 벡터로 나타내는데 이러한 벡터를 켓이라 부르며 $|\Psi\rangle$로 표시합니다. 한편 켓벡터의 이중벡터를 브라라 부르며 $\langle\Phi|$로 표시하고, 브라벡터와 켓벡터를 곱하는 안쪽곱(내적)은 $\langle\Phi|\Psi\rangle$로 표시합니다. 그러면 위치 r이라는 상태를 나타내는 브라벡터 $\langle r|$와 대상의 상태를 나타내는 켓벡터 $|\Psi\rangle$의 안쪽곱이 바로 상태함수에 해당합니다. $\Psi(\mathbf{r},t) \equiv \langle \mathbf{r}|\Psi\rangle$. 따라서 상태함수란 추상적인 켓벡터를 위치공간에서 표현한 것이라 할 수 있습니다.

② 슈뢰딩거방정식

양자역학의 형성에 가장 중요하게 기여한 슈뢰딩거가 제안한 것으로 다음과 같이 쓸 수 있습니다.

$$i\hbar\frac{\partial}{\partial t}|\Psi\rangle = H|\Psi\rangle$$

여기서 H는 앞서 언급한 해밀토니안으로서 운동에너지와 잠재에너지의 합에 해당합니다. 고전역학에서는 바로 대상의 에너지에 해당하지만 양자역학에서는 켓벡터에 작용해서 다른 켓벡터를 가져오는 이른바 연산자입니다. (양자역학에서 물리량들은 힐베르트공간에서 작용하는 연산자로 주어지며 어떤 물리량을 측정하면 해당 연산자의 고유값 중 하나가 얻어집니다.

이는 다음 강의에서 자세히 논의하지요.) 이러한 추상적 공간에서 표현은 그려 내기 어려울 테고 구체적으로 위치공간에서 나타내면 이해하기 편합니다. 예컨대 질량 m인 알갱이의 경우에 대해 운동량 연산자 $\mathbf{p}$는 위치공간에서 물매연산자로 되어서 $-i\hbar\nabla$로 나타내집니다. 여기서 i는 허수, 곧 i^2 $=-1$로 정의되지요. 따라서 운동에너지 $K = \frac{1}{2}mv^2 = \frac{p^2}{2m}$은 위치공간에서 $-\frac{\hbar^2}{2m}\nabla^2$으로 주어지고 이를 잠재에너지 $U(\mathbf{r})$에 더하면 해밀토니안 연산자 H의 위치공간 표현이 됩니다. 따라서 질량 m인 알갱이의 슈뢰딩거방정식을 위치공간에서 나타내면

$$i\hbar\frac{\partial}{\partial t}\Psi(\mathbf{r},t) = -\frac{\hbar^2}{2m}\nabla^2\Psi(\mathbf{r},t) + U(\mathbf{r})\Psi(\mathbf{r},t)$$

이며, 간단히 1차원 공간에서는 위치가 x로만 주어지므로

$$i\hbar\frac{\partial}{\partial t}\Psi(x,t) = -\frac{\hbar^2}{2m}\frac{\partial^2}{\partial x^2}\Psi(x,t) + U(x)\Psi(x,t)$$

로 쓸 수 있습니다. 이러한 방정식은 허수부분이 있으므로 이를 만족하는 풀이로서 상태함수도 허수부분을 지닐 수 있어서 일반적으로 복소수로 주어집니다. 고등학교 때 허수, 그리고 실수와 허수가 합쳐진 복소수를 배웠죠? 허수는 실제로 없는 수인데 왜 배우는지 이상하다고 생각했을지 모르지만, 놀랍게도 자연현상을 기술할 때 필요합니다. 이런 의미에서는 허수도 실수나 마찬가지로 '존재'한다고 할 수 있겠네요.

14강

측정과 해석

 양자역학이 고전역학과는 완전히 다른 관점에서 출발한다고 앞 강의에서 강조했습니다. 출발점과 상태의 규정, 그리고 동역학 방정식, 즉 운동의 법칙 등이 완전히 다르지요. 양자역학에는 우리가 상식적으로 이해하기 어려운 문제가 상당히 많습니다. 고전역학에서는 대상의 상태를 위치와 속도로 규정했는데, 위치와 속도는 개념도 명확하고 실제로 측정하는 물리량에 해당합니다. 그러나 양자역학에서 상태는 이른바 상태함수라는 것으로 규정하는데, 이는 우리가 측정하는 물리량과 직접 관련이 없어요. 따라서 고전역학에서 상태는 직접 관측해서 재는 물리량에 해당하지만 양자역학에서는 그렇지 않으므로 우리가 실제로 물리량을 잴 때 그것이 상태함수와 어떤 관련이 있는지 맞어 주어야 합니다. 상태에서 물리량을 얻어 내는 규칙이 따로 있어야 하지요. 그래서 양자역학에서는 고전역학과 달리 상태와 물리량, 곧 이론 체계와 감각기관을 통해 실제 세계를 연결하는 해석이라는 문제가 제기됩니다.

측정과 고유상태

양자역학의 관점에서는 대상계의 상태를 상태함수로 기술하는데 상태함수를 구하는 방법으로는 슈뢰딩거의 형식이 가장 잘 알려져 있습니다. 얻어진 상태함수는 그 대상의 여러 가지 가능한 상태들을 기술합니다. 일반적으로 계의 상태는 가능한 상태들, 이른바 고유상태들이 포개져 있는 결합으로 표현됩니다. 그런데 우리가 그 계에서 어떤 물리량을 측정하면, 예컨대 위치를 재거나 속도를 재면 어떤 특정한 값, 이른바 고유값을 얻게 되지요. 이때 계는 가능한 고유상태 중에서 측정된 고유값에 해당하는 하나의 특정한 상태로 바뀌게 됩니다. 여러 가지 가능한 고유상태들이 포개져 있었는데 측정을 하면 그중 하나의 고유상태로 갑자기 바뀌는 거지요. 이를 상태(함수)의 와해 또는 환원이라고 부른다고 했습니다.

이 중에서 어떤 고유상태로 바뀌는지는 명확히 말할 수는 없고, 다만 각 고유상태로 바뀔 확률만 얘기할 수 있습니다. 일반적으로 계가

$$\Psi = a_1\Psi_1 + a_2\Psi_2 + a_3\Psi_3 + \cdots \equiv \sum_k a_k\Psi_k$$

와 같이 곁수 a_k로 고유함수 Ψ_k들의 포개진 상태에 있는데(k =1, 2, $\cdots$), 측정을 하면 계의 상태가 Ψ_k라는 고유상태로 와해될 확률이

$|a_k|^2$, 곧 곁수 절대값의 제곱으로 주어집니다. 따라서 고유상태 Ψ_k에 해당하는 고유값을 얻을 확률이 바로 $|a_k|^2$이지요. 이같이 측정을 하면 계는 어떤 고유상태로 와해되면서 그 고유상태에 해당하는 특정한 고유값을 얻게 됩니다. 그러나 측정하기 전에는 계가 일반적으로 여러 고유상태들이 포개져 있는 상태에 있습니다. 따라서 측정할 때 어떤 값을 얻을지는 알 수 없고 다만 확률로만 말할 수 있습니다. 이 것이 양자역학의 기본 전제입니다.

혹시 질문 없어요? 모두 잘 알아서 질문이 없나요, 아니면 전혀 몰라서 질문이 없나요?

학생: 고유상태의 종류는 어떻게 알 수 있나요?

물론 상황에 따라 결정되는데 일반적으로 대상계를 기술하는 해밀토니안이 주어지면 가질 수 있는 고유상태들이 정해집니다. 언젠가 에너지가 보존된다는 사실은 시간지남에 대해 대칭성이 있음을 뜻한다고 했는데 기억하나요? 이 점에서 에너지는 다른 물리량, 예를 들어 위치나 운동량보다 특별하다고 할 수 있습니다. 물리량들의 값이 시간에 따라 변하지 않는 상태를 정상상태라고 하는데 이것은 바로 에너지의 고유상태로 주어집니다. 다시 말해서 에너지를 나타내는 해밀토니안의 고유상태에 해당하지요. 물론 다른 물리량에 해당하는 고유상태들도 생각할 수 있습니다. 일반적으로 계의 상태는 임의의 물리량이 가지는 고유상태들, 예컨대 에너지의 고유상태들이나 운동량의 고유상태들의 포개진 형태로 나타낼 수 있습니다. 일반적으로 측정하려는 물리량의 고유상태들로 나타내는 것이 편리하지요. 앞에서도 그렇게 전제하고 논의했습니다.

측정의 보기

측정과 관련해서 양자역학의 특이한 면을 보여 주는 보기를 한두 가지 더 소개하지요. 먼저 지난 강의에서 설명한 겹실틈 실험과 같은 맥락이지만 양자역학적 특성이 더욱 극명하게 나타나도록 고안한 간섭 실험이 있습니다. 원래 휠러가 생각한 '뒤늦은 선택' 실험인데 — 머리로 생각만 해 본 실험을 생각실험 또는 사고실험이라고 부르지요 — 21세기에 들어와서 실제로 수행이 되었습니다. 대표적으로 그림 14-1에 보인 마흐-첸더 간섭계를 이용한 실험을 들 수 있습니다. 빛샘에서 나온 빛알은 빛살 가르개 1을 지나면서 경로 A와 B의 두 줄기로 갈라집니다. 각 줄기는 거울에서 반사되어 가르개 2를 지나게 되고, 다시 두 줄기로 갈라지지요. 따라서 화면에는 두 경로, A와 B를 지나온 빛알이 모두 도착합니다.

화면에 도착한 빛알은 어느 경로를 따라서 왔는지 알 수 없지요.

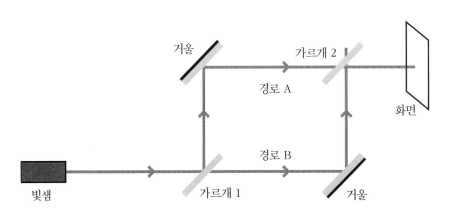

그림 14-1: 마흐-첸더 간섭계.

이는 겹실틈 실험에서 두 실틈 중에 어느 쪽으로 왔는지 알 수 없는 것과 마찬가지고, 빛알의 상태함수는 경로 A와 B, 두 가지 고유상태의 포개진 상태로 주어집니다. 그러므로 거울의 위치를 조금 조절하거나 어느 한쪽 경로를 지나가는 빛의 위상을 바꾸든지 해서 두 경로의 길이를 다르게 하면 간섭무늬가 생기겠네요. 한편 가르개 2를 없애면 화면에는 경로 A를 따라온 빛알만 도달하므로 간섭무늬는 사라집니다. 당연해 보이네요.

그런데 가르개 2가 없는 상황에서 빛알이 가르개 1을 지나간 다음에 가르개 2를 넣으면 간섭무늬는 어떻게 될까요? 또한 이와 반대로 두 가르개가 모두 있는 상황에서 빛알이 가르개 1을 지나간 다음에 가르개 2를 없애면 어떻게 될까요? 앞의 경우에는 간섭무늬가 생기고, 뒤에서는 사라진다는 결과가 얻어졌습니다. 이러한 뒤늦은 선택 실험은 결국 경로에 대한 정보가 없는지 있는지에 따라 간섭이 일어날지 말지가 정해진다는 사실을 잘 보여 줍니다. 언제인지는 관계없다는 뜻입니다. 이를 더욱 정교하게 꾸며서 경로에 대한 정보를 얻고서는 다시 지우는 장치를 마련해서 이른바 양자지우개 실험을 수행하기도 했습니다. 정보를 얻으면 간섭무늬가 사라지지만 다시 지움으로써 간섭무늬를 복원할 수 있음을 보였고, 서로 다른 경로를 지나는 빛알 사이의 관계에 대해서 흥미로운 시사점을 줍니다.

마치 경로에 대한 정보를 얻는 (또는 지우는) 작업을 수행할지 빛알이 미리 알고 있는 듯합니다. 측정하는지 어떻게 미리 알았을까요? 우리의 일상 경험세계에서 생각하면 이해하기 어렵지요. (그러나 이러한 실험이 인과율적으로 뒤의 사건이 앞의 사건의 결과를 결정하는 것은 물론 아닙니다.) 앞 강의에서 소개한 "현상이란 언제나 관측된 현상일 뿐이다"라는 휠러의 말은 바로 이와 관련해서 언급한 것입니다. 심지어 현재의 (관측) 기록 외에 과거는 존재하지 않으며 관측에 독립적인 우주도 존재하지 않는다는 관점도 제시했지요. 그러나곧 소개할 양자얽힘과 분리불가능성을 받아들이면 이러한 낯선 선언이 굳이 필요하지는 않다고 생각됩니다.

다음으로 스핀의 측정에 대해 소개하겠습니다. 앞서 얘기했지만전자나 양성자 같은 기본입자는 질량과 전기량 따위와 더불어 스핀이라고 부르는 성질도 있습니다. 이러한 기본입자들로 이뤄진 원자도마찬가지지요. 비유적으로 말하면 스핀이란 전자나 양성자 등이 스스로 도는데, 곧 자전하는데, 얼마나 빠르게 도느냐 하는 성질입니다. (이것은 비유일 뿐이고 실제로 팽이처럼 자전하고 있는 것은 아닙니다.) 그러면 공간 좌표축을 생각해서 x 축이나 y 축, z 축을 중심으로 하는 세 가지 방향으로 도는 것이 가능합니다. 따라서 스핀이라고 하는 물리량을 잴 때 세 축 방향으로 각각 잴 수 있으며, 이를 각각 스핀의 성분이라고 부릅니다. 사실 스핀이란 물리적으로 보면 바로 각운동량이라는 양입니다. 이는 위치나 속도처럼 벡터이므로 x, y, z 방향으로 세 성분을 가지지요.

그런데 예를 들어 전자나 양성자의 스핀에서 어느 한 성분, 예컨대 z 성분을 잰다면 그 측정값이 +1/2이나 −1/2의 두 가지만 가능합니다. [앞에서 언급했듯이 단위는 플랑크상수 h입니다. 즉 스핀(각운동량)의 측정값은 $\pm h/2$이지요.] 다시 말하면 스핀의 고유값이 각각 +1/2과 −1/2인 두 가지 고유상태를 가질 수 있는 겁니다. 그래서 전자나 양성자는 스핀 1/2을 가졌다고 말하지요. 그러면 양성자들의 스핀에서 z 성분을 재서 그 값이 $-1/2$인 것들은 버리고 $+1/2$인 것들만 골라낸다고 합시다. 스핀 값이 다른 양성자들을 구분하려면 z 방향으로 균일하지 않은 자기마당을 걸어 주면 됩니다. 이러한 자기마당에서 양성자는 스핀 값의 부호에 따라 서로 반대 방향으로 힘을 받기 때문에 $+1/2$인 것과 $-1/2$인 것을 구분할 수 있습니다. 여기서 골라낸 양성자들의 스핀을 다시 잰다고 합시다. 스핀의 z 성분을 또 재면 어떤 값이 얻어질까요? 당연히 $+1/2$일 겁니다. 그런데 만일 z 성분 대신에 x 성분을 재면 어떨까요? 골라낸 양성자들은 스핀의 z 성분이 $+1/2$이지만 x 성분은 $+1/2$인 것들과 $-1/2$인 것들이 같이 섞여 있겠지요. 따라서 스핀의 x 성분을 재면 두 가지 값을 모두 얻을 겁니다. 이제 x 성분이 $+1/2$인 것들만 골라내고 마지막으로 다시 z 성분을 재면 어떻게 될까요? 처음에 z 성분이 $+1/2$인 것들만 골라냈고, 다시 z 성분을 재는 것이니까 당연히 $+1/2$만 나와야겠지요. 그러나 실제로는 놀랍게도 $+1/2$인 것들과 $-1/2$인 것들이 섞여서 나옵니다. 이것이 양자역학의 특별한 점입니다.

고전역학처럼 생각하면 스핀의 z 성분과 x 성분 값이 각각 $+1/2$과 $-1/2$이 가능하므로 모두 네 가지 상태가 있을 수 있고 그렇다면 위의 경우에 마지막으로 남는 양성자들은 두 성분이 모두 $+1/2$인 것들이겠지요. 그러나 양자역학에서는 스핀 성분 값이 그렇게 미리 정해져 있는 것이 아닙니다. 위에서 두 가지가 섞여 있다고 표현했지만 정확하게는 두 가지 상태가 포개져 있다는 뜻입니다. 예로서 x 성분이 $+1/2$인 것이란 사실은 고유값이 $+1/2$인 x 성분의 고유상태를 뜻하고, 이는 z 성분을 보면 두 가지 고유상태, 곧 z 성분의 고유값이 +1/2인 상태와 −1/2인 상태가 포개져 있는 상태에 해당합니다. 만일 도중에 x 성분을 재지 않고 곧바로 z 성분을 다시 쟀다면 물론 +1/2 값만 얻을 겁니다. 도중에 x 성분을 측정했기 때문에 원래 z 성분의 고유상태이던 계의 상태가 x 성분의 고유상태로 변한 거지요.

이피아르 사고실험과 비국소성

양자역학에서 측정의 해석에 관련해서 널리 알려진 예로서 아인슈타인과 포돌스키, 로젠 세 사람의 사고실험이 있습니다. 어떤 생각을 했냐면 우선 전자의 짝을 만듭니다. 전자를 두 개 만드는데 스핀의 합이 0이 되도록 만들 수 있습니다. 스핀이라는 것이 사실 각운동량이기 때문에 각운동량은 적절한 상황에서 운동량이나 에너지처럼 보존됩니다. 각운동량 보존이라는 성질을 이용하면 처음에 전자의 짝을 만들 때 두 전자의 각운동량 합이 0이 되도록 만들 수 있습니다. 그렇게 만든 짝 중에 하나는 왼쪽으로 보내고 하나는 오른쪽으로 보냅니다. 왼쪽에서 갑순이가 전자의 스핀을 재고 오른쪽에서는 을순이가 자기 쪽으로 온 전자의 스핀을 잽니다. 갑순이가 전자의 스핀 값을 +1/2라고 얻었다면 을순이는 필연적으로 −1/2를 얻게 됩니다. 반대로 갑순이가 만약에 −1/2 값을 얻으면 을순이는 언제나 +1/2 값을 얻게 됩니다. 두 전자의 스핀 합이 0이기 때문입니다. 한 사람이 일단 전자의 스핀을 재서 +1/2 값을 얻었다면 다른 사람은 반드시 −1/2 값을 얻게 된다는 것은 재 보지 않아도 알 수 있습니다. (이는 두 스핀의 상태가 각 스핀 상태의 곱으로 주어지지 않아서 서로 상관되어 있기 때문이며, 이를 양자얽힘이라 부릅니다. 만일 곱으로 주어진다면 한 스핀에 대한 측정은 다른 스핀에 영향을 주지 않지요.) 그러나 갑순이가 스핀을 재지 않았다면 을순이가 잴 때 어떤 값을 얻을지는 알 수 없지요.

그런데 전자 대신에 빨간 구슬과 파란 구슬이 각각 하나씩 있었다고 생각해 봅시다. 이 두 개의 구슬을 각각 주머니에 넣어서 왼쪽과 오른쪽으로 하나씩 보냈습니다. 갑순이가 주머니를 열어 보니까 빨간 구슬이었다면 을순이가 받은 주머니에는 무조건 파란 구슬이 들어 있겠지요. 그런데 이 경우에는 갑순이가 주머니를 열어 보든 안 보든 간에 이미 결정되어 있습니다. 확인해 보지 않았을 뿐이지 이미 결정되어 있는 거지요. 그러나 양자역학에서는 이러한 고전적인 경우와 다릅니다. 갑순이가 스핀을 재기 전에도 이미 +1/2이나 −1/2 중 하나로 결정되어 있는데 확인하지 않아서 모르는 것이 아닙니다. 두 가지 고유상태, +1/2과 −1/2 중에 어느 하나로 미리 결정되어서 온 것이 아니라 두 가지 상태가 포개져 있는 상태로 오는 거지요. 그러다가 갑순이가 상태를 재면 그 순간에 두 고유상태 중에 어느 하나로 상태가 바뀝니다. 측정할 때 바뀌는 것이지 처음부터 결정되어서 오는 것이 아니지요. 이것이 고전적인 경우와 완전히 다른 점입니다.

놀랍게도 갑순이가 측정을 해서 포개진 상태이던 것이 고유상태로 바뀌면 그 순간에 을순이 쪽으로 간 전자의 고유상태도 갑자기 같이 바뀌어 버립니다. 두 전자의 상태가 서로 얽혀 있기 때문이지요. 따라서 갑순이가 측정하느냐 안 하느냐가 을순이에게 간 전자의 상태를 결정하게 됩니다. 아주 이상하지요. 예를 들어 갑순이는 지구에 있고 을순이는 북극성에, 아니 안드로메다은하에 있어서 전자 하나는 지구로 보내고 다른 하나는 안드로메다은하로 보냈다고 생각할까요. 지구와 안드로메다은하 사이가 엄청나게 먼데도 지구에서 측정을 했느냐 안 했느냐가 안드로메다은하에 있는 전자의 상태를 순식간에 바꿔 줍니다.

이러한 성격을 비국소성이라고 부릅니다. 국소적이지 않다, 곧 한 곳에만 국한되어 있지 않다는 뜻이지요. 지구와 안드로메다은하 사이가 엄청나게 먼데도 지구에서 일어난 일이 안드로메다은하에 영향을 준다는 것인데, 상식적으로 이상하지요. 이를 세 사람 이름의 머리글자를 따서 이피아르$_{EPR}$ 역설이라 부릅니다. 이른바 아인슈타인의 한곳성(국소성)원리를 따르면 을순이 쪽의 스핀 성분은 물리적 실재성을 지녔지만 양자역학에서 제대로 기술하지 못하므로 양자역학은 완전하지 않다는 결론에 이르게 됩니다. 그러니까 한곳성과 실재성이 양립할 수 없으므로 역설이라는 것인데, 사실은 양자얽힘에 기인하는 비국소성, 더 정확히 표현하면 전체가 얽혀 있으므로 부분들로 나누어 다룰 수 없다는 분리불가능성을 받아들이면 아무런 문제가 없습니다. 역설이 아닌 셈이지요. (앞서 언급한 뒤늦은 선택이나 양자지우개 실험도 마찬가지입니다. 경로에 대한 정보를 얻거나 지우는 작업이 과거에 영향을 미치는 것은 아니고 단지 양자얽힘에 따른 상관관계를 보여 주는 것이지요. 따라서 '뒤늦은 선택'이나 '양자지우개' 같은 용어는 혼동을 불러일으킬 수 있고, 그리 적절하지 않다고 생각됩니다.)

한편 비국소성을 거부하고 한곳성원리를 받아들이면 양자역학은 불완전하고 완전한 기술을 위해서 아직 알려지지 않은 숨은 변수가 필요합니다. 이러한 한곳성원리에 따른 이른바 숨은변수 이론과 표준의 양자역학이 서로 다른 결과를 주게 되는 측정을 생각해 낸 사람이 벨이고 따라서 둘은 양립할 수 없음을 지적한 결과가 유명한 벨의 부등식이지요. 그런데 이를 실험적으로 확인해 본 결과 양자역학이 타당하다고 결론지었습니다. 결국 비국소성(분리불가능성)을 인정할 수밖에 없게 되었지요.

학생: 설명하실 때 정보는 빛보다 빠른 속도로 전달될 수 없다고 하셨는데 이것대로라면 아무리 먼 거리라도 동시에 결정된다는 것 아닌가요?

좋은 지적입니다. 정보는 빛보다 빨리 갈 수는 없다고 했지요. 이 말은 분명히 맞습니다. 양자역학에서는 지구에서 측정해서 고유상태를 결정하면 200만 광년 이상 떨어진 안드로메다은하에서도 순식간에 고유상태가 결정된다니 상대성이론에 위배되는 것처럼 보이지요. 그러나 사실은 그렇지 않습니다. 비국소성을 지닌 것은 양자얽힘에 따른 상관관계이지 통신, 곧 정보 전달이 아닙니다. 이러한 비국소적 상관관계를 이용해서 실제로 정보를 전달할 수는 없습니다. 따라서 상대성이론에 위배되지 않지요.

여러 해 전에 〈별나라 여행Star Trek〉이라는 '공상과학' 텔레비전 연속극이 있었는데 본 학생이 있어요? 영화로도 나왔지요. 먼 미래에 인류가 우주선을 타고 은하계를 여행하는데 선장이나 항해사 같은 사람들은 어떤 행성에 도착해서 바깥으로 나갈 때 구차하게 착륙해서 문을 열고 나가는 것이 아니라 순간적으로 이동합니다. "기氣차라

energize!" 하면 순식간에 몸이 분해되어 이동하는데, 사실 몸을 직접 보내는 것은 아닙니다. 정보를 보내는 것이지요. 우리 몸은 결국은 분자로 이뤄져 있습니다. 분자라는 것은 원자, 결국은 렙톤과 하드론 또는 쿼크, 이런 것들로 이뤄져 있으니까 우리 몸을 이루는 정보를 완벽하게 알면 그것을 그대로 재현할 수 있을 겁니다. 모든 구성 입자들을 똑같이 맞춰 놓으면 원리적으로 복제할 수 있겠지요. 그런 방법으로 몸을 훑어서 그 상태에 대한 정보를 완전히 알면 이를 안드로메다은하에 보내서 똑같은 상태, 곧 분신을 만들 수 있겠네요.

양자얽힘을 이용해서 양자상태의 정보를 보내는 것을 양자(순간)이동이라고 합니다. 그런데 순간적으로 이동한다면 상대성이론을 위배하는 것이 아닐까요? 실제로 양자역학적으로 얽혀 있는 상태의 와해는 순간적으로 일어납니다. 그런데 원래 보내려 한 상태와 똑같이 복원하려면 보내는 사람이 지닌 얽힌 상태에 대한 측정 결과를 받는 사람이 알아야 합니다. 따라서 이를 실행하려면 측정 결과를 보내야 하지요. 여기서 측정 결과는 고전적으로 보내야 하므로 당연히 빛보다 더 빠르게 갈 수는 없어요. 따라서 양자이동은 상대성이론을 위배하지 않습니다.

최근에는 양자정보가 많은 관심을 끌고 있습니다. 얽힘과 간섭 등 양자계의 특성을 이용한 정보의 처리를 뜻하는데 계산에서 시작해서 통신과 암호, 그리고 순간이동 등 여러 분야에서 새로운 가능성을 제기해서 관심을 끌고 있지요. 이에 대해서는 19강에서 일반적인 (고전)정보와 더불어 논의하기로 하겠습니다.

슈뢰딩거의 고양이

그림 14-2는 '슈뢰딩거의 고양이'라고 부르는 상황을 보여 줍니다. 안을 들여다 볼 수 없는 상자 A가 있습니다. 상자 속에는 몇 가지 장치를 해 놓았는데 먼저 기계 손 B가 잡고 있는 것이 방사성 물질입니다. 이것이 붕괴하면 알파 알갱이 따위를 내비칩니다. 한 시간 동안 이 물질을 이루는 원자가 깨어져서 알파 알갱이를 내비칠 확률이 2분의 1, 곧 50퍼센트라고 합시다. 원자가 붕괴하느냐 하지 않느냐는 양자역학적으로 결정되니 한 시간 뒤 원자의 상태는 붕괴한 상태와 붕괴하지 않은 상태, 두 가지가 포개진 상태로 있을 겁니다. 일단 측정하면 붕괴했거나 하지 않았거나 둘 중 하나의 결과를 얻겠지만, 측정하기 전에는 두 가지가 포개진 상태에 있습니다. 다시 강조하지만 어느 한 상태에 있는데 단지 측정하지 않아서 모르는 것이 아니라

그림 14-2: 슈뢰딩거의 고양이.

두 가지가 포개진 상태에 있는 겁니다. 그런데 만일 붕괴해서 알파 알갱이가 나온다면 이를 가이거 계수기인 C가 검출합니다. 그러면 기계 장치 D가 움직이고 망치를 내리쳐서 유리병 E를 깹니다. 유리병 안에는 독가스가 들어 있어요. 그러면 초조하게 불안에 떨고 있는 고양이가 죽겠지요. 원자가 붕괴하지 않았다면 물론 고양이는 살아 있겠지요.

이러한 장치에서 한 시간 후에 원자는 붕괴한 상태와 붕괴하지 않은 상태의 두 가지가 포개진 상태에 있다고 했습니다. 그러면 고양이도 당연히 살아 있는 상태와 죽은 상태가 포개진 상태에 있겠네요. 물론 상자를 열어서 고양이를 보면, 다시 말해서 고양이가 살았는지 죽었는지 측정하면 그 순간에 고양이의 상태는 살았거나 죽었거나 두 가지 고유상태 중의 하나로 바뀌는 거지요. 그렇지만 측정하기 전에는, 곧 상자를 열어 보기 전에는 고양이는 산 상태와 죽은 상태 중 하나로 결정되어 있는 것이 아니라 두 가지가 포개진 상태에 있습니다. 그림 14-3에 이를 장난스럽게 나타냈습니다. 그런데 산 상태와 죽은 상태가 포개져 있는 상태라는 것이 말이 되나요? 이러한 슈뢰딩거의 고양이는 우리가 감각기관으로 경험하는 일상 세계, 매우 많은 수의 원자나 분자로 이뤄진 이

그림 14-3: 삶과 죽음의 포개진 상태에 있는 슈뢰딩거의 고양이.

른바 거시계에 양자역학을 적용하는 경우 측정과 관련되어 나타나는 해석의 문제점을 보여 줍니다.

또한 이렇게 생각할 수도 있지요. 고양이가 가이거 계수기를 보면서 바늘이 움직이는지 확인한다고 할까요. 말하자면 고양이도 측정을 한다고 생각합시다. 그러면 원자의 상태는 붕괴하거나 안 하거나 두 고유상태 중 하나로 있게 되고, 고양이도 거기에 따라서 죽거나 살거나 두 고유상태 중 하나에 있게 되지요. 포개진 상태에 있지 않게 됩니다. 다시 말해서 측정을 하니까 원자의 상태는 어느 한 고유상태로 와해되고 이에 따라 고양이도 한 가지로 명확한 상태가 됩니다. 포개진 상태라는 이상한 것이 생기지 않지요. 여기서 의문은 고양이가 쳐다봐도 측정이 되는지 아니면 꼭 사람이 봐야 하는지의 문제입니다. 고양이로는 잘 모르겠다면 고양이 대신 사람이 들어가서 쳐다보면 분명히 측정하는 것일 테니까 원자는 붕괴하거나 안 하거나 고유상태로 결정이 되겠네요. 그렇겠지요? 그런데 자기가 들어가기는 싫지요. 그래서 대신 친구를 집어넣자고 했습니다. 이런 생각을 한 사람은 위그너이므로 이를 '위그너의 친구'라고 부릅니다. 위그너 같은 사람은 친구로 사귀지 않는 편이 좋겠네요.

아무튼 사람이 상자에 들어가서 본다면 원자는 붕괴하거나 안 하거나 둘 중에 하나로 결정될 테니 아무런 문제가 없습니다. 그러나 문제는 그 사람, 곧 위그너 친구의 상태함수는 어떻게 되느냐 하는 겁니다. 친구의 상태함수도 또 다른 사람이 봐줘야, 곧 측정해야 고유상태로 와해되지 않겠어요? 열어 보기 전에는 이 친구의 상태는 아무도 측정을 안 해 줬으니까 역시 포개진 상태라고 주장할 수 있는 거지요. 그래서 누군가, 예컨대 위그너가 이 친구를 관측한다고 합시다. 그러면 위그너의 상태는 누가 또 측정을 해서 고유상태로 와해시킬까요? 그리고 이런 식으로 하면 어디까지 가겠어요? 극단적으로 우주 전체의 상태는 누가 와해시킬 수 있겠습니까? 이뿐 아니라 고양이가 본 것으로는 측정이 안 되고 사람이 꼭 봐야 할까요, 아니면 고양이가 봐도 될까요? 고양이로 부족하면 원숭이쯤 보면 될까요, 반대로 고양이까지도 필요 없고 개구리나 가이거 계수기 같은 기계 장치만 있으면 측정한 것으로 볼 수 있을까요? 기계 장치가 작동하는 데 사람이든 고양이든 보지 않는다고 달라질까요?

결국 문제는 도대체 측정이란 무엇이냐 하는 겁니다. 측정을 하면 그 순간에 상태함수가 바뀐다, 이른바 고유함수로 와해된다고 했는데 과연 언제 바뀌는 것인지, 언제 측정했다고 볼 수 있는지, 어떠한 요소가 있어야 측정이라고 할 수 있는지 따위의 여러 문제가 끊임없이 생길 수 있어요. 그래서 양자역학에서 해석의 문제는 아직도 논란의 여지가 있습니다.

양자역학의 해석

양자역학에서 표준으로 받아들이는 해석은 보통 코펜하겐 해석이라고 부릅니다. 1927년에 벨기에의 브뤼셀에서 열린 솔베이 국제회의에 내로라하는 물리학자들이 모두 모였습니다. 플랑크, 드브로이, 아인슈타인, 슈뢰딩거, 하이젠베르크, 보어, 보른, 디랙 등 쟁쟁한 물리학자들이 모여서 회의를 했지요. 여기서 보어와 아인슈타인 사이의 논쟁이 유명합니다. "하느님은 주사위를 던지지 않는다"는 말이 이때 나왔습니다. 보어가 주도한 이른바 코펜하겐 해석이 많이 논의 되었고 결국 양자역학의 표준 해석이 되었습니다. (사실은 '코펜하겐 해석'이란 나중에 붙은 이름이며 원래 보어의 관점과 반드시 일치하 지는 않지요.) 흥미로운 사실은 아인슈타인은 물론이고 슈뢰딩거를 비롯한 많은 사람들도 이러한 코펜하겐 해석에 별로 찬성하는 쪽이 아니었던 것으로 알려져 있습니다. 어쩌면 양자역학의 탄생에 핵심 기여를 한 사람 중에 찬성한 사람이 오히려 적었던 것 같은데 왜 코 펜하겐 해석이 표준이 되었는지 이유는 잘 모르겠네요. 더 좋은 대 안이 없었기 때문이 아닌가 합니다. 사실 엄밀하게 보면 코펜하겐 해석은 측정과 관련해서 논리적으로 완전하다고 보기 어렵습니다.

그림 14-4: 1927년 솔베이 국제회의에 참가한 물리학자들. 앞줄 왼쪽부터 플랑크(두 번째), 퀴리부인(세 번 째), 로렌츠(네 번째), 아인슈타인(다섯 번째)와 가운데 줄 왼쪽부터 디랙(다섯 번째), 드브로이(일곱 번째), 보른 (여덟 번째), 보어(아홉 번째). 뒷줄 왼쪽부터 슈뢰딩거(여섯 번째), 하이젠베르크(아홉 번째).

그럼에도 현재 거의 모든 양자역학 교과서는 코펜하겐 해석에 기반을 두고 있고 물리학 전공 교육에서도 코펜하겐 해석만 가르치는 경우가 대부분입니다. 이를 과학사적 관점에서 어떻게 보는지 궁금하네요.

현대 기술은 대부분 양자역학에 기반을 두고 있습니다. 컴퓨터, 전자기술, 통신을 포함해서 보통 정보기술IT이라고 하는 것은 기본적으로 다 양자역학에 기반을 둔 겁니다. 그뿐 아니라 이른바 나노기술NT과 흔히 유전공학이라고 하는 생물기술BT도 상당 부분 양자역학에 바탕을 두고 있다고 할 수 있습니다. 이를 보면 20세기에 자연의 이해에서 양자역학이 대단히 성공적임은 의심의 여지가 없습니다. 그런데 문제는 현상의 예측이나 위에서 언급한 응용의 측면에서는 놀라울 만큼 성공적이지만 가장 기본적인 해석의 문제에서는 논리적 정합성에 미흡함이 있고 아직도 논란이 있습니다. (근래에는 결흐트러짐으로 슈뢰딩거의 고양이 같은 문제를 설명하려는 시도가 널리 받아들여지고 있는 듯합니다. 결흐트러짐이란 환경과 상호작용의 효과로서 포개진 상태들 사이의 상대적 위상의 결맞음이 없어지는 현상을 가리킵니다. 그러면 간섭 현상이 사라지므로 고전적 거동이 나타나게 된다고 주장하지요. 그러나 이는 양자역학적 현상이 어떠한 상황에서 고전적 거동으로 환원될 수 있는지를 설명하는 것이고 측정과 관련된 해석의 문제를 해결했다고 보기는 어렵습니다.) 그래서 심지어 이런 말도 있지요. "양자역학은 스스로 파멸의 씨앗을 지니고 있다." 이에 따라 코펜하겐 해석 외에도 몇 가지 다른 해석들이 제안되었는데 논리적 정합성을 지닌 해석으로 두 가지가 널리 알려져 있습니다. 두 가지 모두 희한한데, '뭇세계 해석'과 '보움역학'이지요.

뭇세계 해석은 조금 전에 지적한 측정의 문제점과 관련해서 상태함수의 와해라는 '부자연스러운' 개념을 버립니다. 따라서 대체로 우주론을 연구하는 사람들이 선호하는 해석입니다. 그러나 상태함수의 와해 대신에 측정할 때마다 세계가 갈래 친다는 '더욱 이상한' 개념을 담고 있습니다. 이에 따르면 측정할 때마다 우주는 갈라지므로 사실상 무한히 많은 우주와 우리의 미래가 있는 셈이지요. 이른바 뭇우주 또는 평행우주가 생겨나게 되겠네요. 여기서 세계들 사이의 구분이 관측자의 마음에 따라 이루어진다고 생각하는, 곧 세계의 갈래치기를 마음의 갈래치기로 바꾼 '뭇마음 해석'이 제안되기도 했습니다.

상태함수의 와해라는 개념은 보움이 만든 보움역학에서도 나타나지 않습니다. 이는 양자역학의 또 다른 해석이라기보다 양자역학과는 본원적으로 다른 체계로서 새로운 고전역학이라 할 수 있지요. 고전역학적 관점에서 출발하지만 놀랍게도 양자역학과 완전히 같은 결과를 주도록 만들어 낸 겁니다. 물질 알갱이에 길잡이파동이 수반되고 ── 드브로이의 물질파에 대한 관점과 비슷하므로 드브로이-보움 이론이라고 부르지요 ── 이로부터 양자퍼텐셜이 형성됩니다. 알갱이는 이러한 퍼텐셜에서 고전역학적으로 거동합니다. 앞서 언급한 이른바 숨은변수 이론인 셈인데 비국소성이 있어서 벨의 부등식과 상관없이 표준의 양자역학과 완전히 같은 결과를 줍니다. 특히 앞에서 논의한 뒤늦은 선택 실험의 '희한한' 결과를 고전적인 존재론으로 해석할 수 있습니다. 극단적 관점, 이를테면 "사물이 관측에 무관하게 존재하지 않는다"는 기묘한 존재론을 도입할 필요가 없지요. 그렇지만 비국소성이 결부된 양자퍼텐셜 및 양자힘이라는 선뜻 받아들이기 어려운 존재자를 상정합니다. 불필요하고 과다한 개념이므로, 이른바 오컴의 면도날 ─ 가능한 여러 가설 중에서 가장 적은 수의 가정을 지닌 가설을 받아들여야 한다는 ─ 에 따라 비판을 받기도 합니다. 결과에 맞춰 구성했다는 느낌이 들기도 하는데 아무튼 특이하지요. 뒤이어 다른 연구자와 협동으로 비결정성을 도입한 '존재론적 해석'으로 수정되었습니다.

보옴은 흥미로운 사람입니다. 양자역학의 발전에도 크게 기여했지요. 보옴-아로노프 효과(또는 아로노프-보옴 효과)라는 매우 중요한 현상을 밝혀냈습니다. 노벨상을 받을 만한 업적일 수도 있는데 이런 사람은 사실 노벨상을 받기 어려워요. 미국에서 태어나서 공부하고 아인슈타인과 같이 일했지만 체포되고 대학교수직에서 쫓겨나서 미국을 떠났습니다. 공산주의자, 이른바 빨갱이로 낙인찍힌 건데 그러면 한국과 마찬가지로 미국에서도 살기 힘들지요. (사실 나치 치하의 독일을 떠나 미국에 정착한 아인슈타인도 마찬가지였습니다. '빨갱이'로서 미국 중앙정보국CIA의 주요 감시 대상이었지요. 다행히 드러나게 탄압을 받지는 않았는데, 노벨

그림 14-5: 보옴(1917~1992).

상을 미국에 오기 전에 이미 받았고 워낙 유명 인사라서 손을 대기 어려웠나 봅니다.) 매카시즘이란 것 들어 봤어요? 핵폭탄을 개발하는 책임자였던 그의 스승 오펜하이머와 마찬가지로 보옴도 매카시즘에 걸려들었고, 결국 대학에서 쫓겨나 브라질을 거쳐 영국에 정착해 살다가 타계했습니다. 물리학뿐 아니라 존재론과 인식 등 철학과 인지과학의 근본 문제를 성찰했고, 특히 인도와 불교철학 등에도 깊은 관심을 기울였지요. 인도 철학자 크리슈나무르티와 가까웠고 달라이 라마와도 교류했으며 미국의 원주민들과도 교감이 있었다고 합니다. [아메리카 대륙의 원래 주인들인데 인디아(인도) 사람이 아니니 인디언이란 용어는 매우 잘못된 겁니다.] 특이한 분이고 특이한 이론을 만들어 내서인지 주류 사회에서는 따돌림당했다고 할 수 있겠네요. 우주를 보는 시각과 창의성에 대해 통찰력이 돋보이는 글을 남겼습니다.

아무튼 위의 두 가지는 일단 스스로 불완전성이 없어서 그들을 기반으로 한 해석들은 근본적으로 일관성이 있고 정합성이 유지되는 해석이라고 할 수 있습니다. 그런데 이를 받아들이는 사람은 극소수이고 대부분은 '표준'(코펜하겐) 해석을 따르고 있습니다. 왜 그럴까요? 글쎄요, 두 가지 해석 모두 선뜻 받아들이기 어려운 '특이한' 개념들이 있어서 쉽게 믿어지지 않기 때문이겠지요. 여기에는 보수성도 작용하는 듯합니다. 이미 익숙해진 생각을 바꾸기는 어려워요. 이른바 비판적 사고란 말처럼 쉽지 않습니다. 그리고 실용적 측면에서는 코펜하겐 해석이 간편하다고 할 수 있습니다. 사실은 대부분의 물리학자들도 해석에 대해 깊이 생각하지 않는 편이지요.

　최근에는 코펜하겐 해석에 대응해서 서울 해석이란 것이 만들어졌습니다. 서울대학교 물리학과와 과학사 및 과학철학 협동과정에 계셨던 장회익 선생님께서 제안하셨는데 기존의 해석과는 달리 독특하게 인식론적 관점에서 고찰한 양자역학 해석입니다. 양자역학 자체보다는 한 단계 위에서 동역학의 일반적 이론 구조 관점에서 해석 규칙의 본질적 의미를 고찰하였지요. 특히 상태의 서술과 사건의 서술을 구분하고 그 사이의 대응관계에 초점을 맞추었습니다. 상태함수의 와해를 굳이 물리현상으로 볼 필요가 없으므로 관련된 문제가 나타나지 않으며 해석에 있어서 여러 가지 장점을 지니고 있습니다. 이를 확장해서 새로운 존재론적 해석이 만들어졌고 2022년《양자역학을 어떻게 이해할까?》라는 책으로 출간되었습니다.

　그 밖에도 상태함수의 와해를 피해서 대상의 가능한 시간펼침에 대한 확률의 규칙을 다루는 '일관된 역사 해석'이나 객관적 확률을 기반으로 하는 성향 해석이 있지요. 성향 해석은 1강에서 언급한 포퍼가 20세기 중반에 제안했는데 최근 실험적 검증의 가능성으로 다시 관심을 끌었습니다. (포퍼는 《과학적 발견의 논리》나 《객관적 지식》 등 중요한 저서에 담긴 과학철학 분야의 업적이 뛰어나고, 사회비평 분야에서 《역사주의의 빈곤》이나 《열린 사회와 그 적들》을 비롯한 저서도 널리 알려져 있습니다. 그런데 양자역학에도 깊

그림 14-6: 장회익(1938~).

은 관심을 가지고 연구했고, 《양자이론과 물리학에서 분열》이라는 저서를 남겼지요.) 최근에는 새로운 시도로서 '거래 해석'이나 '행위적 실재론 해석', 상태함수의 와해를 물리적 현상으로 간주하는 '동역학적 와해', 그리고 상태함수를 인식론적 도구로 보고 대상과 관측자를 일반화한 두 계 사이의 상대적 정보에 초점을 맞춘 '관계 해석'이 제안되었습니다. 또한 주관적인 베이즈확률에 기반을 둔 해석으로 양자베이즈주의, 이른바 큐비즘도 있습니다. (확률에 대해서는 19강에서 자세히 살펴보기로 하지요.) 해석과 관련된 다양한 문제들에 관심이 있으면, 다소 전문적이지만 2015년에 출간된 《양자·정보·생명》이라는 책을 읽어 보기를 권합니다.

몇 가지 질문

혹시 다른 질문 없어요? 다른 질문 없으면 양자역학 얘기는 끝내기로 하겠습니다.

학생: 양자역학이 현대 기술에 어떻게 이용되나요?

양자역학 자체를 직접 이용한다기보다 양자역학이 그런 기술의 바탕이 되었다고 할 수 있습니다. 컴퓨터를 포함한 모든 전자기술에서 가장 중요한 요소가 반도체입니다. 반도체가 없으면 전자기술이란 성립할 수가 없어요. 예컨대 컴퓨터의 핵심 부품들은 모두 반도체로 만든 거지요. 그런데 반도체가 어떻게 존재할 수 있는지 설명하는 것이 양자역학입니다. 양자역학이 없으면 반도체를 전혀 이해할 수 없어요. 반도체란 고전역학으로는 다룰 수 없고 양자역학 때문에 알게 된 겁니다.

요새 휴대용 컴퓨터, 이른바 공책(노트북) 또는 무릎위(랩톱)라 부르는 컴퓨터의 마구접근기억장치RAM의 용량은 얼마나 되죠? 보통 10억 바이트, 곧 1 기가바이트(GB) 정도인가요? (바이트란 정보의 단위라 할 수 있는데 뒤에 다루려 합니다.) 내가 학생이었을 때 대학 행정관 — 본부라는 이상한 이름으로 불렀지요 — 건물 3층이 전산실이었는데 컴퓨터가 한 대 있었고 이것이 사실상 3층 전체를 차지했습니다. 아이비엠IBM 360이라는 컴퓨터였는데 기억장치가 512 킬로바이트(kB)였던 것으로 기억합니다. 메가바이트(MB)도 아니고 킬로바이트라니 농담으로 들리나요? 먼 옛날이 아니라 40여 년 전만 해도 그랬습니다. 그것이 불과 40년 사이에 엄청나게 달라진 겁니다. (그런데 2008년이던가요? 우리나라는 30년을 뒷걸음쳐서 다시 2MB의 시대가 되었다는 이야기가 있었지요.)

이같이 달라진 것은 크기를 자꾸 줄일 수 있었기 때문입니다. 여러분 진공관이란 것 본 적 있어요? 들어 본 적도 없어요? 트랜지스터는 들어 봤어요? 요새는 트랜지스터도 쓰지 않지요. 내가 어렸을 때는 진공관이 많이 쓰였는데 그 크기가 어린이 손만 했어요. 그것이 나중에 트랜지스터로 바뀌면서 손톱만 해졌고, 다시 집적회로IC 소자로 되면서 모래알 정도 크기가 되었어요. 이런 식으로 소형화가 가능했기 때문에 개인용 컴퓨터를 만들 수 있었습니다.

트랜지스터란 결국 전기신호를 제어하고 조절해서 여러 가지 원하는 작동을 할 수 있도록 합니다. 이에 필요한 전기량을 점점 작게 해서 결국에는 전자 하나로 제어하는 것이 기술자들의 꿈입니다. 그것을 홑전자 트랜지스터라고 불러요. 우리가 생각할 수 있는 최소량이 전자 하나잖아요? 전기량으로 따지면 10^{-19} 쿨롱으로 엄청나게 작습니다. 이것이 한계인데 이리로 접근하려면 양자역학이 중요합니다. 원자의 세계는 양자역학 없이 고전역학으로는 제대로 기술할 수가 없지요. (지적했듯이 물론 반도체 자체도 양자역학에서 나온 셈입니다. 반도체의 성질은 전자들의 상태에 따라 결정되는 것으로서 자체가 본질적으로 양자역학의 현상입니다.)

그러니까 컴퓨터나 휴대전화를 작게 만들려면 — 사실 휴대전화는 사람들 손에 쥐어져야 하니까 너무 작게 만들 수는 없겠지요 — 소자 자체를 점점 작게 만들어야 합니다. 그러려면 궁극적으로 전자 하나를 제어할 수 있어야 하고, 여기에 양자역학이 본질적 한계를 주게 됩니다. 양자역학을 이해하지 못하면 이런 것을 생각도 할 수 없어요. 그리고 생물기술도 마찬가지지요. 유전공학 자체가 분자생물학에서 출발한 겁니다. 분자생물학이란 생명현상을 분자 수준에서 고찰해 보자는 것이고 이러한 분자 수준에서의 고찰은 본질적으로 양자역학의 이해가 필요한 것이지요.

다른 질문 없어요?

학생: 파동함수라고 말씀하셨던 것이 전자의 상태를 나타내는 것인데 상태를 확정할 수 없는 것이 불확정성 원리라고 말씀하셨잖아요? 그러면 전자의 상태를 알 수 없다는 말 아닌가요?

불확정성 원리란 상태를 무조건 확정할 수 없다는 뜻이 아니라 우리가 재는 물리량들 중에서 어떤 것들끼리는 서로 양립할 수 없다는 뜻입니다. 물리량들은 여러 가지가 있습니다. 질량, 전기량, 속도, 에너지 등 매우 많지요. 스핀도 그중 하나인데, 고전역학에서는 이런 양들을 얼마든지 정확하게 잴 수 있습니다. 측정 기술이 모자라서 문제이지, 적어도 원리적으로는 원하는 대로 정확하게 잴 수 있지요. 그런데 양자역학에 따르면 그런 여러 가지 양들 중에서 서로 양립할 수 없는 것들이 있습니다. 대표적인 것이 같은 방향의 위치와 속도(또는 운동량) 성분이지요. 그중에 하나는 정확히 잴 수 있지만 둘을 같이 정확히 잴 수는 없다는 말입니다. 어느 하나를 재면 남은 하나는 정확히 잴 수 없는데, 이것이 불확정성 원리입니다. 그래서 위치 성분 x와 같은 방향의 운동량 성분 p_x는 양립할 수 없으므로 같이 잴 수 없어요. (그러나 x와 다른 방향의 운동량 성분, 예컨대 y 방향의 운동량 성분 p_y는 양립할 수 있으므로 x와 p_y는 같이 정확히 잴 수 있지요.)

이것은 앞에서 논의한 스핀과 마찬가지입니다. 스핀의 z 성분을 재면 그것의 고유상태로 와해되지요. 그런데 x 성분을 다시 재면 x 성분의 고유상태로 바뀌게 되므로 z 성분의 고유상태는 깨지게 됩니다. x 성분의 고유상태면서 동시에 z 성분의 고유상태라는 것은 없습니다. 그 두 가지가 서로 양립할 수 없는 물리량이기 때문이지요. 마찬가지로 우리가 위치를 재면 위치의 고유상태로 와해되지만 다시 속도를 잰다면 이제는 속도의 고유상태가 되지요. 그런데 속도의 고유상태는 위치의 고유상태가 될 수 없습니다. 둘은 서로 양립하지 않아요. 따라서 더는 위치를 알 수 없게 됩니다.

학생: 위치를 정확하게 잰다는 것은 측정이라고 말할 수 있는 것인가요?

글쎄요, 질문의 정확한 뜻을 잘 모르겠는데, 아무튼 측정이란 잰다는 얘기지요. 위치를 정확히 재는 것은 물론 위치를 정확히 '측정'하는 겁니다. 그러면 대상의 상태함수가 위치의 고유함수로 와해되지요. 어떤 알갱이의 위치를 재서 여기 있다는 결과를 얻었습니다. 그러면 그 알갱이는 이 위치에 있는 고유상태에 있게 된 겁니다. 여기서 다시 위치를 재면 그 고유상태 그대로 있지요. 위치는 정확히 정해져 있는 겁니다. 그런데 여기서 속도를 재면 알갱이의 상태는 속도의 고유상태로 바뀌게 됩니다. 그러면 알갱이는 더는 위치의 고유상태에 있지 않습니다. 다시 말해서 속도의 고유상태에 있으니까 속도는 정확히 말할 수 있지만 위치가 어디인지는 말할 수 없다는 거지요.

학생: 위치가 정확하게 정해진다는 것은 Δx가 0이 된다는 것인가요?

그렇지요. 정확하게 잰다면.

학생: 속도라고 하면 Δp ….

일단 위치를 재서 위치의 고유상태로 되면 속도는 전혀 알 수 없습니다. 조금 전문적인 얘기지만 위치의 고유상태는 속도의 고유상태들이 엄청나게 많이 포개져 있는 상태입니다. 가능한 속도의 고유상태들이 매우 많은데 그런 것들이 포개져 있으니까 그들이 어떻게 될지 속도를 재기 전에는 말할 수 없는 것이지요. 물론 속도를 재면 그중에 어느 한 값이 얻어져서 속도가 결정되겠지만, 그러면 더는 위치의 고유상태가 아닙니다. 거꾸로 속도의 고유상태로서 엄청나게 많은 수의 위치 고유상태들이 포개져 있는 상태가 되지요. 따라서 위치가 어디인지 말할 수 없는 겁니다.

학생: 파동함수를 측정한다는 것은 정확하게 어떤 의미인가요?

좋은 질문이지만, 파동함수를 측정한다고 말한 기억은 없는데 ….
일반적으로 파동함수는 물리량이 아닙니다. 따라서 측정하는 양이
아닙니다. 그런데 파동함수의 물리적 실재성을 생각할 수 있는지는
매우 흥미로운 문제입니다. 가능하다, 곧 파동함수의 실재성을 인정
할 수 있다는 주장이 제기되었지만 이는 논란이 있습니다.

마지막으로 시간되짚기에 대해 생각해 보지요. 고전역학 체계는 시
간되짚기에 대해 대칭성을 지니고 있다고 말했습니다. 말하자면 공을
던져서 날아가는 광경을 동영상으로 찍은 다음에 거꾸로 돌려도 이
상하지 않다는 겁니다. 뉴턴의 운동법칙은 주어진 힘에 대한 가속도
로 표현되는데 위치를 시간 t에 대해 두 번 미분한 가속도는 시간을
거꾸로 되짚어도 그대로이기 때문입니다. 다시 말해서 $t \rightarrow -t$로 바
꿔 넣어도 시간펼침을 기술하는 운동방정식은 바뀌지 않으며, 이렇듯
운동의 법칙이 시간되짚기에 대해 바뀌지 않음은 고전역학에서 미래
와 과거의 구분이 없음을 보여 줍니다.

그러면 양자역학에서는 어떨까요? 양자역학에서 시간펼침을 기술
하는 식이 슈뢰딩거방정식이지요. 슈뢰딩거방정식은 상태함수를 시
간에 대해 한 번 미분한 도함수를 지녔고 이는 시간을 되짚으면 부
호가 바뀌게 됩니다. 따라서 시간되짚기 대칭이 없는 것처럼 보이지
만 사실은 그렇지 않습니다. 왜냐하면 허수 i를 지니고 있으므로 복
소켤레를 택하면 원래 부호로 돌아오는데 양자역학에서 상태함수와
그것의 복소켤레는 물리적으로 같은 내용을 나타내기 때문이지요.
(예컨대 상태함수는 절대값을 제곱해야 확률 등 물리량에 해당하고

물리적 의미를 지닙니다.) 따라서 슈뢰딩거방정식도 시간되짚기 대칭을 지녔고, 역시 과거와 미래를 구분하지 않습니다.

그런데 문제는 측정입니다. 측정에 대해서는 시간되짚기 대칭이 없는 듯 보이지요. 측정하면 계의 상태함수가 갑자기 고유함수로 바뀝니다. 그 반대로는 가지 않아요. 측정이 없으면 전자나 양성자, 원자, 분자 같은 대상계가 양자역학에 따라 시간 변화하는 현상을 찍어서 동영상을 만들고 거꾸로 돌려도 이상하지 않습니다. 그러나 그사이에 누군가 측정을 하고 그것까지 포함해서 동영상을 만들어 거꾸로 돌린다면 금방 알아차릴 수 있을 겁니다. 사실 측정에서 시간되짚기 대칭의 존재 여부는 쉬운 문제가 아닙니다. 슈뢰딩거방정식이 측정 과정을 기술하지는 않습니다. 그러면 측정 과정 자체를 기술하는 방정식은 과연 무엇인지 의문을 가질 수도 있고, 양자역학의 해석에서 많은 논란이 있는 문제지요.

실제로 양자역학을 응용하는 사람의 처지에서 보면 이런 해석의 문제는 중요하지 않습니다. 대부분 머리가 복잡하지 않게 슈뢰딩거방정식이라는 편미분방정식을 풀어서 파동함수를 구해 내는 것에만 관심이 있지요. 양자역학 자체가 현실적으로는 문제풀이 기술로서 구실만 하고 있는 면이 많습니다. 예를 들어 반도체를 설계하려면 실리콘이나 갈륨 화합물 따위로 적절한 구조를 만드는데 거기서 전자들이 어떤 상태에 있게 되는지 알아야 합니다. 바로 슈뢰딩거방정식을 풀어서 전자의 상태함수를 구하지요. 그러면 전자가 어떻게 되는지 알고 이에 따라 다음에 어떻게 해야 되겠구나 하고 나아갈 수 있습니다.

기술자들과 마찬가지로 대부분 물리학자들도 양자역학이 자연의 이해와 관련해서 우리에게 주는 진정한 의미가 무엇인지는 잘 생각하지 않는 편입니다. 우스개로 "닥치고 계산!"이라 하지요. 여러분이 양자역학의 구조와 해석, 개념과 본질적 문제 등에 대해 깊이 있는 성찰을 한다면 물리학을 전공한 학생들보다 양자역학을 오히려 잘 이해한다고 할 수도 있지 않을까요.

4부

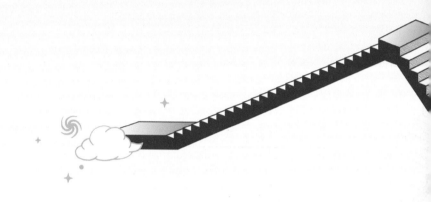

혼돈과 질서

$$E = mc^2$$
$$S = k\log W$$

15강

비선형동역학

일반적으로 어떤 계가 혼돈이라는 현상을 보이려면 비선형성이 중요한 전제입니다. 비선형이란 계의 거동을 기술하는 방정식, 예컨대 운동방정식이 1차식이 아니라 2차식 이상이라는 뜻이지요. 1차식, 곧 선형의 경우에는 혼돈 현상이 일어나지 않습니다. 그래서 이러한 현상을 다루는 이론 체계를 총칭해서 비선형동역학이라 부릅니다. 이것은 고전역학에서 핵심적 문제인데, 양자역학에서도 생각할 수 있지만 너무 전문적이므로 고전역학의 체계에서만 생각해 보기로 하지요. 먼저 혼돈과 질서라는 대조적 개념에 대해 소개하고 비선형동역학의 간단한 보기를 가지고 혼돈 현상을 논의하겠습니다.

혼돈과 질서: 역사적 조명

고대에는 세계가 본질적으로 혼돈이라고 생각했습니다. 중국에서도 혼돈이라는 표현이 쓰였고 그리스에서도 카오스란 우주를 뜻하는 말이었지요. 그런데 근대로 넘어오면서 우주에서 규칙성을 발견했습니다. 대표적 현상이 행성계의 움직임으로 그 규칙성을 표현한 것이 바로 케플러의 법칙입니다. 행성계의 움직임이 규칙적이라고 이해하면서 예측할 수 있게 되었습니다. 모든 게 뒤죽박죽이라서 규칙성이 없으면 예측할 수 없지요. 이에 따라 근대에는 세계의 본성은 혼돈이 아니라 질서라고 생각하게 되었습니다. 그리고 카오스의 반대말인 코스모스, 곧 질서가 우주를 상징하는 말이 되었습니다.

질서가 있으면 예측할 수 있는데 이에 대한 자신감을 극단적으로 표현한 사람이 라플라스입니다. 수학과 천체역학에 업적을 남겼는데 예측가능성을 과학의 핵심 요소로 생각했고, 우주의 초기조건과 모든 힘을 알고 그 많은 자료에 대해 계산을 수행할 능력만 있다면 우주의 미래는 완벽하게 정해져서 예측할 수 있다고 주장했습니다. 고전역학의 성공을 통해 받아들여진 결정론의 관점이 극명하게 나타나는 지적이지요. 아무튼 이런 관점이 자연과학을 낳았다고 할 수 있습니다. 질서가 있어야 다양한 자연현상을 설명하고 예측할 수 있는 겁니다. 이에 따라 보편지식

그림 15-1: 라플라스(1749∼1827).

체계를 추구할 수 있게 되었고, 이론과학으로서 물리를 낳았지요.

그런데 실제 세계는 과연 질서 정연한가요? 물론 질서가 있는 경우도 있습니다. 태양계의 움직임으로 계절은 어김없이 봄, 여름, 가을, 겨울이 찾아옵니다. 이를 보면 질서가 있는 것 같지만, 반면에 혼돈스러운 것도 많습니다. 대표적인 것이 도박이지요. 질서 정연하게 결과가 주어진다면 누가 도박을 하겠습니까? 로또를 왜 열심히 사겠어요? 당첨자가 결정되어 있다면 그 사람 말고는 아무도 사지 말아야지요. 또한 담배연기가 올라가며 퍼지는 현상도 질서 정연하지 않고 혼돈스럽게 보입니다.

여러분은 자신뿐 아니라 다른 사람에게도 커다란 해를 끼치는 담배를 피우지 않으리라 믿고 싶습니다. 사실 담배는 웬만한 마약 이상으로 해롭습니다. 대마초보다 암이나 순환기 질환 등 건강에 훨씬 치명적이고 중독성도 비교가 되지 않을 정도로 심하다고 알려져 있지요. (담배가 특히 해로운 이유는 방사성 물질을 포함하고 있기 때문입니다. 담배를 피우면 상당한 방사능에 피폭되지요.) 대마초는 피우면 범죄라고 감옥에 갑니다. 그런데 희한하게도 담배는 정부에서 권장합니다. 물론 보건복지부에서는 해롭다고 하면서도 한쪽으로는 (전에는 전매청이라고 아예 정부의 한 부서였던) 담배인삼공사라는 '공기업'에서 담배를 대량으로 만들어 팔고 있어요. (요새는 '세계화'에 맞춰 케이티엔지KT&G라고 부르던가요. 정확히 말해서 세계화가 아니라 '미국화'지요.) 하기는 도박도 범죄행위로 잡혀가는데 한쪽에서는 강원랜드니 로또니 하면서 정부가 장려하잖아요. 참으로 모순의 현실입니다.

다른 얘기가 길어졌는데, 아무튼 담배연기가 올라가는 것을 보면 규칙적이지 않고 혼돈스럽습니다. 수도꼭지를 틀어서 물이 나오는 것을 봐도 상당히 혼돈스러운 경우가 있습니다. 그리고 흔들이를 그냥 놔두면 질서 있게 움직이지만 주기적으로 밀어 주면 아주 이상하게, 곧 혼돈스럽게 흔들리기도 합니다. 그래서 그네도 조심해서 밀어 주는 편이 좋습니다. 원리적으로 혼돈 현상이 생겨날 수 있습니다. 끓는 물도 아주 혼돈스러운 것이지요.

혼돈의 흥미로운 예로서 당구도 있습니다. 당구대는 보통 직사각형으로 되어 있는데 당구공을 큐로 때리면 어디로 간다고 예측할 수 있기 때문에 당구를 칠 수 있는 거지요. (엄밀하게는 당구공의 크기를 무시해서 점으로 가정하는 경우입니다.) 예측을 못하면 당연히 당구를 못 치겠지요. 그런데 만약 당구대 모양을 정확히 원으로 만들면 어떻게 될까요? 직사각형과 똑같이 잘 칠 수 있습니다. 그러면 직사각형이 아니고 원도 아니라 운동장 모양이라면 어떻게 될까요? 직사각형의 양쪽에 반원을 붙인 모양인데 불규칙하거나 이상한 모양은 아니고 규칙적인 모양입니다. 그런데 이러한 운동장 모양의 당구대에서 당구를 치면 500점을 치는 사람이나 100점을 치는 사람이나 똑같습니다. 어쩌면 50점을 치는 사람이 500점을 치는 사람을 이길 수도 있을 겁니다. 그 이유는 직사각형 모양에서와 달리 운동장 모양의 당구대에서는 당구공의 움직임을 예측할 수가 없기 때문입니다. 여기서 당구공의 움직임은 혼돈스럽게 됩니다. 이를 운동장 문제라고 하지요.

이처럼 질서와 혼돈 양쪽이 우리 일상생활에서 흔히 나타납니다. 질서를 보이는 것도 있고 혼돈스러운 것도 많이 있습니다. 그런데 질서의 반대말이 뭘까요?

학생: 무질서요.

혼돈이 아니고요? 좋아요, 질서와 혼돈을 서로 대조적인 것, 반대 개념이라고 생각하기 쉬운데 반드시 그렇지는 않습니다. 혼돈이 질서가 전혀 없이 그야말로 아무렇게나 마구잡이인 것이 아니지요. 혼돈 속에서도 놀라운 질서가 숨어 있습니다. 그뿐 아니라 질서 쪽에서도, 예를 들어 그네의 움직임은 아주 간단하고 질서가 있는데, 이를 주기적으로 밀어 주면 — 질서 있게 밀어 주어도 — 아주 혼돈스러울 수 있습니다. 운동장 문제도 마찬가지지요. 당구공의 움직임은 뉴턴의 운동법칙에 따라서 움직이는 것으로 지극히 결정론적입니다. 결정론적이라는 것은 예측 가능하고 질서 정연한 것인데, 운동장 문제에서 당구공은 결정론적임에도 불구하고 혼돈스럽습니다.

그러면 결정론이란 무슨 뜻일까요? 뉴턴의 운동법칙은 결정론입니다. 초기조건이 주어지면, 곧 공을 던질 때 어떤 빠르기로 어떤 각도로 던질지가 정해지면 어디에 떨어질지도 결정되어 있습니다. 이같이 '결정'이란 말에는 질서가 전제되어 있는데, 놀랍게도 이러한 '질서'에서도 '혼돈'이 나올 수 있습니다. 당구대나 흔들이도 움직임이 결정되어 있지만 혼돈스러울 수 있지요. 이러한 성격을 강조하기 위해 '결정론적 혼돈'이라는 표현을 씁니다. 이런 걸로 미루어 보면 질서와 혼돈은 단순히 서로 반대 개념이 아니라고 짐작할 수 있지요. 서로 맞물려 있다고 생각할 수 있습니다.

혼돈이라는 현상이 발견된 시기는 1950년대에서 1960년대입니다. 이론적으로 연구하기 시작한 것은 1970년대 후반에서 1980년대부터니 생각해 보면 30여 년밖에 되지 않았습니다. 그러니 상당히 새로운 현상입니다. 양자역학보다도 나중에 발견되고 이해된 현상이지요. 이러한 혼돈 현상은 물론 처음에는 물리에서 발견되었지만 물리뿐 아니라 화학, 생물, 천문학, 수학, 여러 가지 공학, 경제학이나 지리학 같은 사회과학들, 그리고 예술에까지 영향을 미쳤습니다. 양자역학이나 상대성이론은 쿤의 관점에서 새로운 패러다임이라는 조건을 잘 만족하는데 혼돈도 새로운 패러다임이라고 주장하는 사람도 있습니다. 글쎄요, 아무래도 양자역학에 비하면 미흡한 면이 있어 보입니다.

어떻게 보면 혼돈 현상이 뒤늦게 알려진 것이 오히려 다행인지도 모르겠네요. 만일 혼돈 현상이 먼저 알려졌다면 질서를 전제한 예측이 가능하다고 생각하지 못했을 테고 고전역학이 확립되기 어려웠을지도 모르겠습니다.

병참본뜨기

앞에서 물리학의 방법인 동역학을 열심히 공부했습니다. 대표적 동역학인 고전역학, 그리고 양자역학을 논의했지요. 역학이란 기본적으로 상태의 변화를 기술합니다. 그래서 필요한 예측을 할 수 있지요. 예컨대 공을 던지면 어떻게 날아가고 어디에 떨어질지 예측할 수 있습니다. 역학에서 상태의 변화나 운동은 보통 수학적으로 미분방정식 형태로 기술합니다. 여러 번 지적했지만 고전역학의 운동방정식 $a = \dfrac{F}{m}$에서 가속도 a는 위치를 시간에 대해 두 번 미분한 2차 도함수입니다. 따라서 이 식에서 구한 가속도를 적분하면 속도와 위치를 구할 수 있습니다. 초기조건, 곧 처음의 위치와 속도가 정해지면 이

방정식에서 나중 상태, 곧 임의의 순간에서 위치와 속도를 얻을 수 있어요.

일상경험에서 시간은 연속적으로 흐릅니다. 시간에 대한 미분이란 아주 짧은 시간 동안의 변화를 나타내는 수학적 형식이지요. 그런데 간단히 하기 위해서 시간이 띄엄띄엄하다고 생각해 볼까요. 하긴 극히 짧은 시간에 대해서는 잘 모르니까 어쩌면 시간이 마치 전기량처럼 기본량이 있을지도 모르지요. 아무튼 Δt라는 시간 간격이 있고 그것의 정수배, 곧 처음에 0이고 Δt, $2\Delta t$, $3\Delta t$, $4\Delta t$, $\cdots$, 일반적으로 $n\Delta t$ 꼴로 시간이 지나간다고 생각해 봅시다. 그러면 시간을 정수 n (=0, 1, 2, 3, $\cdots$)으로 표시할 수 있고 운동방정식은 결국 n 번째 순간의 값 x_n에서 그다음 n+1 번째 순간의 값 x_{n+1}을 구하는 형태로 주어집니다. 그래서 미분방정식이 $x_{n+1} = f(x_n)$의 모양, 이른바 뺌방정식(차분방정식)으로 바뀌게 되고, 이것을 보통 본뜨기라고 부르지요. 처음 값이 x_0라면 그다음 순간, 시각 1에서 값은 $x_1 = f(x_0)$, 그다음 값은 $x_2 = f(x_1)$과 같은 식으로 변해 간다고 생각하자는 겁니다.

예를 들어 어느 외딴 섬에 벌레가 사는데 가을마다 b 개의 알을 낳고 죽는다고 합시다. 봄이 오면 알이 부화해서 벌레가 되지요. 그럼 n 년째의 벌레 수를 x_n이라고 하면 거기에 b를 곱한 것이 그다음 해의 벌레 수가 되겠지요. 곧 $x_{n+1} = bx_n$이 됩니다. 따라서 처음에 벌레가 x_0마리였다면, $x_n = bx_{n-1} = b^2 x_{n-2} = \cdots = b^n x_0$로 주어지겠네요. 여기서 b는 당연히 1보다는 크겠지요. 그럼 n이 커지면 x_n이 계속 커지고 결국 무한히 커지게 됩니다. 따라서 해마다 벌레 수가 계속 늘어나게 되네요. 이를 사람에 대해 적용하면 인구가 계속 늘어난다는 것인데

결국 폭발적 인구 증가로 파국에 이르게
되리라고 걱정한 사람이 바로 맬서스입니
다. 그의 저서《인구론》은 널리 알려져 있
지요.

그림 15-2: 맬서스(1766~1834).

그런데 실제로는 이렇지 않을 겁니다.
왜 그럴까요? 우선 섬 안에 먹이가 한정되
어 있을 테니까 벌레가 너무 많아지면 먹
이가 모자라서 살지 못할 겁니다. 설령 먹
이가 풍부하더라도 좁은 곳에 너무 많이

가두면 끼리끼리 싸워서 서로 죽이고 난리가 나잖아요. 벌레도 그렇
고 쥐도 그렇고 당연히 사람도 그렇지요. 서로 싸우고 먹이도 부족하
게 될 테니까 결국 벌레가 무한히 증가하지 않고 어떤 수를 넘어서
지 못하게 됩니다. 섬에서 살 수 있는 벌레 수의 최대값 x_{max}가 있는
데 벌레 수를 이 최대값에 대한 상대적 크기로 정의하기로 하지요.
다시 말해서 최대값 $x_{max} \equiv 1$로 놓자는 겁니다. 그러면 n 번째 해의
벌레 수는 $0 \le x_n \le 1$을 만족하므로 다루기가 편리합니다.

아무튼 벌레가 너무 많으면 오히려 삶의 질이 저하되니까 벌레 수
에 단순히 알의 수 b만 곱한 것이 아니라 서로 억제하는 효과를 나
타내는 요소 $(1-x_n)$을 추가로 곱해서 다음 해의 벌레 수가 주어집니
다. 따라서

$$x_{n+1} = bx_n(1 - x_n)$$

을 얻는데 이를 병참본뜨기라고 부릅니다. 널리 알려진 식이지요.

이 식에서 n이 0에서 1, 2, 3, … 으로 계속 늘어나면서 x_n이 어떻

게 변해 나가는지 매우 흥미롭습니다. n이 커지면, 곧 시간이 충분히 지나면, x_n의 거동은 일반적으로 어떠한 상태로 끌려가게 되는데 이를 끌개라고 부르며 그래프를 그려서 살펴보는 것이 편리합니다. 여기서는 직선 $y = x$와 포물선 $y = bx(1-x)$를 같이 그려서 두 선이 어떻게 만나는지 조사하면 x_n의 거동을 알 수 있습니다. 이는 제어맺음변수라 부르는 b의 값에 따라 크게 달라집니다.

일반적으로 b가 작아서 0과 3 사이의 값을 가지면 계는 안정되어 있습니다. 다시 말해서 알을 조금씩만 낳으면 벌레 수는 하나의 값으로 주어지게 된다는 거지요. 그 값은 해마다 똑같고 변하지 않으므로 붙박이점이라고 부릅니다. 이는 병참본뜨기에서 $x_{n+1} = x_n$에 해당하고 따라서 위에서 주어진 두 선의 사귐점(교점)으로 주어집니다. 그런데 b가 3보다 커지게 되면 놀랍게도 벌레의 수가 안정되지 않고 주기적으로 변해서 진동을 하는데 이러한 끌개를 끝돌이라고 부릅니다. 여기서 더 놀라운 점은 b가 커질수록 끝돌이의 주기가 점점 늘어난다는 사실입니다. 처음에는 2년 주기로 벌레가 많았다 적었다 하다가 b가 더 커지면 4년 주기로 변해요. 더 커지면 8년 주기가 되고, 16년 주기가 되고, 이렇게 변하다가 결국 b가 b_∞ ($\approx$3.5699)보다 커지면 주기는 무한히 길어집니다. 주기가 무한히 길면 아무리 기다려도 원래 값으로 돌아오지 않으므로 결국 주기적이지 않다는 뜻이지요. 따라서 벌레 수는 마구잡이처럼 무질서하게 해마다 변하는데 이러한 끌개를 야릇한 끌개라고 부르며, 이른바 혼돈 현상을 보입니다.

특히 b가 0과 1 사이면 그림 15-3의 오른쪽에서 보듯이 포물선과 직선이 만나는 점은 원점밖에 없습니다. 이게 무슨 얘기지요? 그림

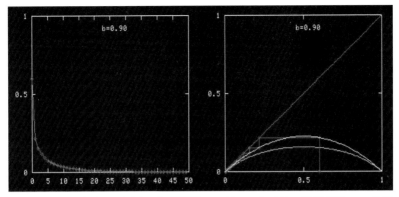

그림 15–3: b=0.9의 경우 n에 따른 x_n의 거동(왼쪽), $y=x$와 $y=bx(1-x)$의 그래프(오른쪽). $n \to \infty$일 때 $x_n \to$ 0임을 알 수 있다.

왼쪽에 보였듯이 처음 벌레 수 x_0가 0.6에서 시작했어도 다음 해 x_1 은 줄어들고 그다음 해 x_2는 더 작아지고 계속 줄어드는 단조감소이 므로 결국은 0으로 수렴합니다. 사람 사회로 말하면, 인구가 계속 감 소해서 멸종한다는 겁니다. (벌레와 달리 사람은 여자와 남자가 만나 서 아기를 만들므로 b의 경계값은 1이 아니라 2가 되겠지요. 그러니 부부가 결혼해서 애를 둘보다 적게 낳으면 인구가 계속 줄어든다는 얘깁니다. 지극히 당연하지요.) 시간이 한참 지나면 결국 0으로 끌려 가므로 이때 끌개는 0이라는 붙박이점이네요.

그런데 b가 조금 더 커져서 1을 넘어서면 재밌는 현상이 생깁니다. 그림 15-4에서처럼 b가 1보다 크고 3보다 작으면, 직선과 포물선의 사귐점이 0 말고 하나 더 있습니다. 그림 15-4의 $b=2.8$인 경우에 처음에 $x_0 = 0.2$에서 출발하면 쭉 변해 가다가 한 값으로 수렴합니 다. 0.65쯤 되나요? 그러니까 나중에 벌레 수나 인구가 안정되는 거 지요. 수렴하는 붙박이점은 오른쪽 그래프에서 사귐점에 해당하므로

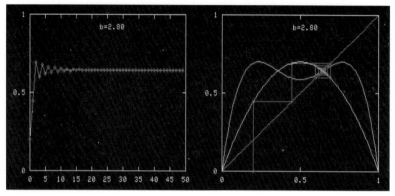

그림 15-4: $b = 2.8$의 경우. $n \to \infty$일 때 $x_n \to 1 - 1/b$로 안정된다.

2차방정식 $x = bx(1-x)$을 풀면 $x_\infty = 1 - 1/b$ 임을 알 수 있습니다.

그런데 b가 3보다 커지게 되면 놀랍게도 주기적 진동을 보입니다. 벌레 수가 해마다 일정하지 않고 변한다는 얘기지요. 그림 15-5처럼 처음 값에서 출발해서 어떤 한 값에 수렴하는 것이 아니라 두 값에서 계속 왔다 갔다 합니다. 이렇게 해서 한 해는 벌레 수가 많고 한 해는 벌레 수가 적고, 많았다 적었다 하며 해마다 변하게 되네요. 주기가 2년이 되는 거지요. 붙박이점이 아니라 이렇게 왔다 갔다 하며 주기적으로 변하는 상태의 끝개가 끝돌이입니다.

여기서 b가 더 커지면 아주 흥미로운 현상이 생겨납니다. b가 조금 더 커져서 3.52가 되면 그림 15-6에서처럼 4년을 주기로 변하게 됩니다. 이 그림은 조금 복잡한데 이렇게 네 번 왔다 갔다 해서 원래 값으로 돌아갑니다. 벌레 수가 아주 많았다가 아주 적었다가 조금 많았다가 조금 적었다가 다시 아주 많았다가 아주 적었다가 이렇게 해서 4년을 주기로 바뀝니다. b가 3.52보다 조금 더 커지면 주기는 8년이 되지요. 더 커지면 주기가 16년이 되고, 이런 식으로 주기

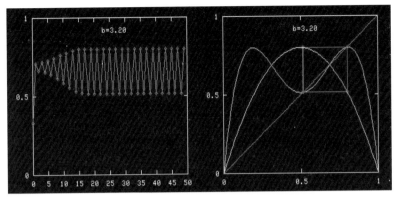

그림 15-5: $b = 3.2$의 경우. 주기 2의 진동을 하게 된다.

가 계속 두 배로 늘어납니다. 처음에 $2^0 = 1$이었던 것이 $2^1 = 2$가 되고, 다시 $2^2 = 4$가 되고, $2^3 = 8$, $2^4 = 16$, 그리고 32, 64, 128, …, 이런 식으로 주기가 겹이 되는 거지요. 이같이 주기가 두 배로 되면서 상태도 두 배로 늘어나는 현상을 주기겹되기 쌍갈래질이라고 부릅니다. 쌍갈래질이란 어떤 방정식의 풀이가 하나에서 둘로 나뉘는 현상을 뜻합니다.

그러면 b 값이 더 커지면 어떻게 되느냐, 예를 들어서 $b = 3.8$일 때는 그림 15-7에서 벌레 수의 변화가 해마다 마구 달라져 왔다 갔다 하는데 주기적이지 않은 것으로 보입니다. 확실하게 하기 위해서 이를 확대해서 어느 한 부분을 자세히 살펴봐도 주기적이지 않음을 알 수 있습니다. 원래 값으로 정확히 돌아오지 않지요. 그러니까 결국 마구잡이처럼 변하는 겁니다.

이것이 바로 혼돈이라고 부르는 현상입니다. 흥미로운 점은 이를 지배하는 식이 매우 간단한 2차식이라는 사실이지요. 정말로 간단한 식이라 처음 값 x_0가 주어지면 바로 x_1이 결정됩니다. x_1이 결정되면

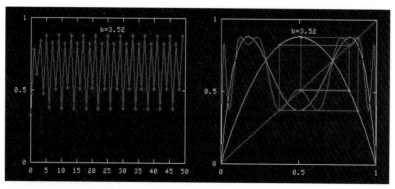

그림 15-6: b=3.52의 경우. 주기 4의 진동을 하게 된다.

곧바로 x_2가 결정되고, 이런 식으로 모든 것이 완벽하게 결정이 되지요. 그러니까 어떻게 될지 모르는 것이 아니라 모든 것이 다 결정되어 있는데 다만 주기적이 아닌 거동이 나올 뿐입니다. 앞서 말한 결정론적 혼돈이라는 표현이 바로 이를 뜻하지요. 이 경우에 끌개의 모양이 매우 야릇하므로 야릇한 끌개라고 하는데, 우리말로 쪽거리라고 부르는 형태입니다. 쪽거리란 원래 우리 전통 문양에 네모에 세모가 있고 계속 반복되는 무늬를 말합니다. 이를 확대해 보면 똑같은 모양이 되풀이되지요.

그림 15-8은 쌍갈래질 그림으로, 가로축의 b 값에 따라 끌개가 어떻게 되는지 보여 줍니다. 먼저 $0 < b < 1$이면 끌개가 붙박이점 0임을 보여 줍니다. 벌레가 멸종하게 되지요. $b > 1$이 되면 끌개는 마찬가지로 붙박이점이긴 하지만 0이 아니게 됩니다. b가 더 커져서 3이 되면 x_∞를 나타내는 풀이 선은 놀랍게도 둘로 나뉩니다. 그래서 둘 사이를 왔다 갔다 하게 되고, 주기가 2년이 되는 거지요. 계속 커지면 각각의 풀이 선들이 다시 두 개로 갈래를 칩니다. 소리굽쇠 모양으로

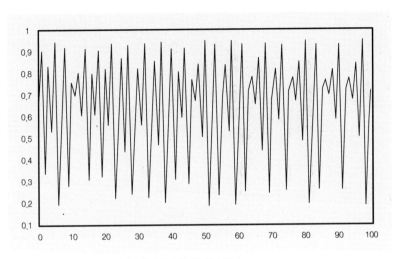

그림 15-7: b=3.8의 경우. 주기가 무한히 큰 혼돈 현상을 보인다.

갈래 치므로 소리굽쇠 쌍갈래질이라 부르지요. b가 커지면서 이같이 갈래질을 되풀이하다가 대략 3.57 정도인 b_∞보다 커지게 되면 x_∞는 연속적 값을 가지게 됩니다. 말하자면 범위 내의 모든 값이 가능해지고, 그 안에서 여기저기 돌아다니지요. 이에 따라 혼돈 현상이 일어납니다.

주기가 두 배가 되는 거동을 반복하는 소리굽쇠(주기겹되기) 쌍갈래질을 통해 혼돈에 이르는 현상을 소개했는데, 혼돈에 이르는 통로로는 이 외에 흔히 두 가지를 더 꼽습니다. 하나는 홉프 쌍갈래질을 통해 주기적 및 준주기적 거동을 거쳐 바로 혼돈에 이르는 통로이고 다른 하나는 닿이쌍갈래질을 통해 간헐적 거동을 거쳐 혼돈에 이르는 통로이지요. 너무 전문적인 내용이라 이 강의에서는 다루지 않겠습니다.

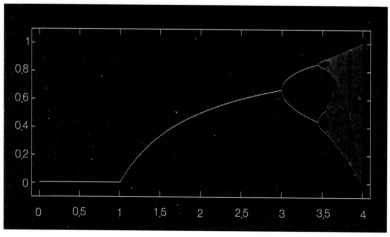

그림 15-8: 쌍갈래질 그림. 가로축의 b 값에 따른 세로축 x_∞의 변화.

결정론적 혼돈

이런 현상이 생기려면 중요한 전제가 비선형성이라고 지적했지요. 계의 거동을 기술하는 방정식이 2차식 이상이라는 뜻으로서 방금 논의했던 병참본뜨기도 1차식이 아니고 2차식입니다. 그래서 병참본뜨기는 비선형동역학의 간단한 보기라 할 수 있습니다.

그런데 여기서 혼돈이라고 부르는 이유는 무엇일까요? 주기적으로 거동하지는 않지만 처음 값이 주어지면 나중 값이 완벽히 결정됩니다. 이른바 결정론적이지요. 그런데도 혼돈이라 부르는 이유는 초기 조건에 아주 민감하기 때문입니다. 주사위와 마찬가지지요. 주사위의 움직임도 고전역학으로 기술되니까 결정론적입니다. 주사위를 어떤 높이에서 어떤 속도를 줘서 던질지 정하면 주사위의 움직임은 완벽하게 결정됩니다. 바닥에 떨어져서 뭐가 나올지는 사실 결정되어 있습니다. 그렇지만 현실적으로 무엇이 나올지 예측할 수는 없습니다. 처음에 던져서 6이 나왔는데 아무리 똑같은 초기조건을 주고 던져도 다시 6이 나오지는 않지요. 왜냐하면 초기조건을 아무리 똑같이 주더라도 조금은 다를 수밖에 없기 때문입니다. 똑같은 모양으로 잡더라도 각도가 조금은 다를 것이고, 속도를 똑같이 준다 하더라도 조금은 다르게 줄 수밖에 없지요. 초기조건을 아무리 정확히 맞추더라도 약간의 오차가 있기 마련인데, 초기조건이 조금만 틀리면 결과는 완전히 달라집니다. 그래서 6이 될 수도 있고 2나 3이 될 수도 있는 거지요. 이러한 현상을 두고 "초기조건에 민감하다"고 말합니다. 이 때문에 형식적으로는 결정론이라 하더라도 실질적으로는 예측을 할 수 없어요. 초기조건이 조금만 달라도 결과는 완전히 다르니까요. 이를 나비효과라 부른다고 했습니다.

일기예보에서도 바람이 어떻게 불고, 대기의 습도가 어떻게 변하고, 온도가 어떻고, 이런 걸 예측하는데 이들은 모두 고전역학으로 기술됩니다. 따라서 본질은 결정론적입니다. 그러나 초기조건을 완벽하게 제어할 수는 없는데 초기조건에 조금만 오차가 있어도 결과는 완전히 달라질 수 있습니다. 예를 들어 초기조건이 1.001이라면 맑은 날씨인데, 1.002이면 갑자기 눈이 오는 날씨가 되는 거지요. 초기조건이 조금만 달라도 결과가 완전히 달라지는 이런 현상이 바로 혼돈입니다. 원리적으로는, 곧 기술하는 동역학 자체는 결정론이지만 초기조건에 워낙 민감하기 때문에 실제로는 예측할 수 없습니다.

혼돈 현상을 보이는 비선형동역학의 비슷한 예로서 그네나 흔들이를 밀어 주는 경우를 들 수 있습니다. 마구잡이로 미는 것이 아니라 규칙적으로 밀어 주는 겁니다. 흔들이의 길이가 1미터인데 이를 진동수 1 헤르츠로, 곧 1 초에 한 번씩 주기적으로 밀어 줍니다. 이렇게 몰리는 흔들이의 각속도가 시간에 대해 어떻게 변하는지 그림 15-9 에서 그래프로 나타냈습니다. 보다시피 흔들이의 거동은 무질서하고 마구잡이로 변하는 듯합니다. 그러나 사실은 흔들이의 시간 변화를 기술해 주는 방정식도 마찬가지로 뉴턴의 운동방정식이므로 모든 것이 결정론적으로 변하는 겁니다. 그런데 흔들이는 왜 마구잡이로 거동하는 듯이 보일까요?

흔들이가 처음 각위치가 140 도에서 시작했다고 합시다. 그러면 그 거동은 그림 15-9에서 빨간 선으로 주어집니다. 다음에는 처음 각위치를 140 도 1 분으로 주고 시작했습니다. 그러니까 초기조건을 불과 각도 1′, 곧 1°의 60분의 1만큼만 바꾸고, 나머지는 똑같이 한 거예요. 이 경우에 거동을 초록빛 점선으로 표시했는데 처음에는 빨간 선과 비슷하게 가다가 놀랍게도 7 초쯤 지나면서부터 달라지더니 곧 완전히 달라집니다. 그러니 초기조건을 조금만 바꿨는데도 결과는 완전히 다르게 되네요. 이런 것이 바로 혼돈이지요.

이렇게 초기조건이 조금만 달라도 결과가 완전히 달라지는 상황에서는 예측할 수 없습니다. 이른바 예측불가능이지요. 여기서 강조할 점이 있습니다. 예측불가능이란 인간이 좀 모자라기 때문일까요? 인간의 능력이 더 뛰어나서 초기조건을 정확하게 줄 수 있으면 예측할 수 있지 않을까요? 그렇지 않습니다. 초기조건을 아무리 정확히 주더라도 무한히 정밀하게, 곧 완벽하게 줄 수는 없습니다. 컴퓨터로 계산한다 해도 컴퓨터가 무한한 자릿수를 다 계산할 순 없어요. 아무리 기억용량이 큰 컴퓨터라 해도 소수점 이하 열 몇 자리 정도겠지

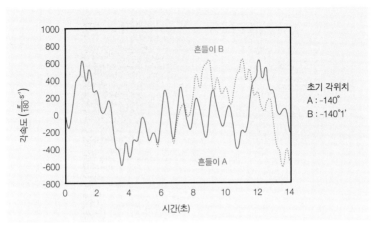

그림 15-9: 몰리는 흔들이.

요. 사실 유한한 세계에서 무한히 많은 정보를 처리할 수는 없습니다. 우리 우주에서 원리적으로 불가능하지요. 그래서 예컨대 소수점 이하 스무 자리까지 계산했다고 하면 스물한 자리에는 오차가 있기 마련입니다. 그러면 그 소수점 이하 스물한 자리에 있는 오차가 시간이 조금 지나면 놀랍게도 완전히 다른 결과를 가져옵니다. 이는 본질적으로 일상에서 보통 생각하고 사용하는 수, 곧 실수의 성질과 연관되어 있습니다. 그러니까 혼돈과 관련해서 예측불가능이란 인간 능력의 문제가 아니라 자연을 기술하는 실수 자체의 성질 때문에 생겨납니다.

이를 잘 보여 주는 보기로 빵반죽 변환이 널리 알려져 있습니다. 이것은 이차원 (x, y) 평면에서 정의되는데, $0 \le x, y \le 1$, 곧 변의 길이 1인 바른네모(정사각형)에서 같은 바른네모, 곧 자신으로 가는 본뜨기입니다. 수학적으로는 다음 식으로 주어집니다.

$$x_{n+1} = 2x_n \bmod 1$$

$$y_{n+1} = \begin{cases} y_n/2, & 0 \le x_n < 1/2 \\ y_n/2 + 1/2, & 1/2 \le x_n \le 1 \end{cases}$$

대체로 x 방향으로 두 배 늘리고 y 방향으로는 반으로 줄이는 것을 되풀이하라는 얘기지요. 이것을 그림으로 나타내면 훨씬 이해하기 쉽습니다. 그림 15-10에서처럼 먼저 직육면체의 빵 반죽을 늘려서 두께를 반으로 줄입니다. 그러면 길이가 두 배로 되겠지요. 다음에 이걸 반으로 접습니다. 접은 다음엔 원래 모양으로 되돌아갔죠? 이걸 계속 되풀이하는 것이 빵반죽 변환입니다. 사실 원래 빵반죽 변환은 반죽을 접는 것이 아니라 잘라서 위에다 붙이는 거지만 거동은 마찬가지입니다. 반죽에 건포도가 있다면 이 변환을 반복함에 따라 서로 모여 있던 건포도가 멀리 떨어지게 됩니다. 반죽을 할 때 이런 과정을 몇

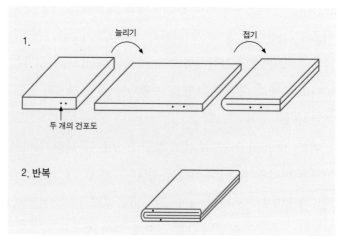

그림 15-10: 빵반죽
변환과 비슷한 늘려
접기 변환.

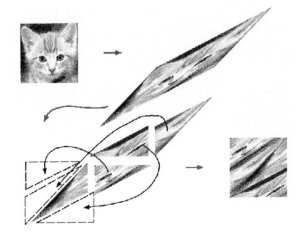

그림 15-11: 고양이
본뜨기.

번 되풀이하면 아주 골고루 섞이지요. 말하자면 건포도 두 개의 처음
위치가 조금만 달라도 변환을 몇 번 하면 완전히 다른 위치로 갑니다.
이게 바로 "초기조건에 민감하다"는 뜻이지요. 그러니 반죽에서 밀가
루와 설탕이나 건포도를 고르게 섞으려고 굳이 애를 쓸 필요가 없어
요. 빵반죽 변환만 몇 차례 되풀이하면 매우 고르게 섞입니다.

비슷한 예로 고양이 본뜨기라는 것도 있습니다. 역시 바른네모꼴
의 고양이 얼굴을 대각선 방향으로 누릅니다. 고양이 얼굴이 찌그러
지지요. 그다음에 이것을 그림 15-11처럼 잘라서 갖다 붙이면 원래
바른네모로 되돌아옵니다. 그러면 불쌍한 고양이가 이렇게 엉망이
되었는데 아직 고양이 같은 모양이 좀 남아 있지만 이를 서너 번만
되풀이하면 완전히 섞여서 고양이는 오간 데 없어집니다. 고양이한테
너무 못할 짓을 했나요? 아무튼 이것은 본질적으로 빵반죽 변환하
고 똑같습니다.

랴푸노프 지수

더 알아보기 ① 랴푸노프 지수 ☞ 389쪽

요약하면 혼돈이란 계의 동역학을 기술하는 (가장 큰) 랴푸노프 지수가 양수로 주어지는 경우로서 초기조건에 민감한 현상을 가리킵니다. 이는 결국 예측불가능성을 의미하지요. 수학적으로는 동전 던지기, 곧 동전을 던지면 앞면이나 뒷면이 나오는 현상과 사실상 동등합니다. 그런데 이러한 변환은 매우 간단한 식으로 기술됩니다. 마찬가지로 앞에서 예로 든 몰리는 흔들이도 간단한 운동방정식으로 기술되지만 혼돈 현상을 보이지요. 한편 일식이나 살별(혜성)을 비롯한 천체의 움직임은 완벽하게 예측합니다. 언제 살별이 돌아오고 일식이 일어나는지는 몇백 년 후를 정확히 예측하지만 날씨는 불과 사흘 후를 예측하지 못합니다. 몰리는 흔들이는 몇 분 후도 예측하지 못하지요. 다시 강조하지만 이들은 모두 똑같이 고전역학으로 기술됩니다. 그럼에도 이렇게 상황이 완전히 다르지요.

더 알아보기

① 랴푸노프 지수

비선형동역학에서 계가 초기조건에 얼마나 민감한지를 정량적으로 나타내는 지표로 랴푸노프 지수가 널리 쓰입니다. 간단하게 역시 시간이 불연속적으로 띄엄띄엄하다고 가정하고 상태의 시간펼침을 기술하는 동역학이 본뜨기로 주어지는 경우를 생각합니다. 구체적으로 시각 n에서($n = 0, 1, 2,$ ⋯) 상태 x의 값을 나타내는 x_n이 다음 시각 $n + 1$에서 어떻게 되는지 $x_{n+1} = f(x_n)$의 형태로 기술해 주지요. 처음($n = 0$)에 x_0에서 출발해서 다음 순간에 $x_1 = f(x_0)$, 그다음은 $x_2 = f(x_1) = f^2(x_0)$, 이렇게 계속 나가서 시각 n에서 $x_n = f_n(x_0)$으로 주어집니다.

그런데 만일 처음에 약간의 오차가 있어서, x_0대신에 $x_0 + \varepsilon$에서 시작하면 어떻게 될지 생각해 봅시다. 시각 n에서 당연히 $f^n(x_0 + \varepsilon)$으로 주어질 텐데 x_0에서 시작한 경우의 $x_n = f^n(x_0)$와 얼마나 차이가 나게 될까요? 그 차이는 일반적으로 처음의 오차에 비례하고 흐른 시간 n에 지수적으로 의존해서 $|f^n(x_0 + \varepsilon) - f^n(x_0)| = \varepsilon e^{\lambda n}$ 처럼 쓸 수 있습니다. 여기서 λ는 랴푸노프 지수로서 만일 이 값이 양수라면($\lambda > 0$) 차이는 시간에 따라 지수함수로 벌어지니까 처음에 오차가 아무리 작아도 나중에는 완전히 다른 값을 가지게 됩니다. 다시 말해서 초기조건에 매우 민감하다는 뜻인데 이러한 현상이 바로 혼돈의 핵심이지요. 관심이 있는 학생을 위해서 랴푸노프 지수의 엄밀한 정의를 써 보면 다음과 같습니다.

$$\lambda \equiv \lim_{n \to \infty} \lim_{\varepsilon \to 0} \frac{1}{n} \log \left| \frac{f^n(x_0 + \varepsilon) - f^n(x_0)}{\varepsilon} \right| = \lim_{n \to \infty} \frac{1}{n} \log \left| \frac{df^n(x_0)}{dx} \right|$$

$$= \lim_{n \to \infty} \frac{1}{n} \sum_{k=0}^{n-1} \log |f'(x_k)|$$

병참본뜨기에서 수치적으로 계산한 랴푸노프 지수를 그림 15-12에 보였습니다. 제어맺음변수 b의 값에 따라 랴푸노프 지수 λ가 크게 변하는 것을 볼 수 있습니다. b가 작으면 λ는 음수입니다. 혼돈 현상을 보이지 않는다는 뜻이지요. b가 늘어나면 λ는 양수로 바뀌는데 그 경계가 바로 $b = b_\infty(\approx 3.57)$입니다. 제어맺음변수가 크면($b > b_\infty$) 혼돈 현상이 일어나는 것을 잘 보여 줍니다. 그런데 이 경우에도 간혹, 특정한 b 값에서는 λ가 음수가 되는 이른바 주기적 창틀이 존재합니다. 이는 쌍갈래질 그림 15-8에서도 볼 수 있는데 이러한 주기적 창틀에서는 혼돈이 아니고 주기적 거동이 나타납니다. 한편 $b = 4$인 경우에 λ는 최대값을 가지게 됩니다. (해석적으로 쉽게 계산할 수 있으며 $\lambda = \log 2$가 됩니다.) 초기조건에 관계없이 0과 1 사이의 전체 구간에 퍼지게 되며 가장 혼돈스럽다고 할 수 있지요.

빵반죽 변환은 2차원 본뜨기이므로 두 개의 랴푸노프 지수 λ_x와 λ_y가 존재합니다. 각각 x, y 방향으로 차이가 얼마나 벌어지는지를 말해 주지요. 이

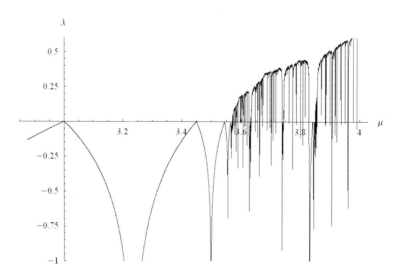

그림 15-12: 병참본뜨기에서 제어맺음변수 b에 따른 랴푸노프 지수 λ의 변화.

경우에는 랴푸노프 지수를 해석적으로 쉽게 구할 수 있습니다. x 방향으로 는 두 배씩 늘려 주고 y 방향으로는 반으로 줄이는 데에서 짐작할 수 있듯 이 $\lambda_x = \log 2$로서 양수이고 $\lambda_y = -\log 2$로서 음수입니다. 이같이 여러 값이 있는 경우에는 가장 큰 값이 양수이면 계는 혼돈을 보인다고 할 수 있습니다.

이러한 랴푸노프 지수는 5부에서 논의할 정보 및 엔트로피와도 관련이 있습니다. 특히 $\lambda > 0$ 이면 정보의 상실을 뜻합니다. 처음 약간의 오차가 나 중에 엄청나게 커지면 그만큼 그 계에 대한 정보를 잃어버렸다는 것인데, 이것이 바로 혼돈이고 결국 잃어버린 정보라는 점에서 엔트로피로 해석할 수 있지요. 19강에서 자세히 논의하겠지만 정보의 기본단위를 비트(bit)라 고 부르는데 위의 보기에서 $\lambda = \log 2$란 시간 간격마다 1 비트의 정보 손실 을 의미합니다.

16강
혼돈과 질서

이미 강조했듯이 혼돈이란 완전히 무질서한 것이 아니고 질서의 반대 개념이 아닙니다. 혼돈은 정돈된 질서를 품고 있지요. 한편 자연이나 사회에서 무질서해 보이는 현상을 흔히 볼 수 있습니다. 이런 현상들은 실제로 계 외부의 영향에 따른 마구잡이일 수 있지만 외부 영향과 상관없이 내재적 비선형성에 따른 혼돈일 수도 있습니다. 엄밀하게 생각하면 현실에서 모든 계는 비선형성을 지니고 있습니다. (대체로 선형성이란 변화가 작은 경우에 성립하는 어림이라 할 수 있습니다.) 따라서 혼돈 현상은 흔히 일어날 수 있는 셈입니다. 자연은 왜 이렇듯 혼돈의 가능성을 널리 품고 있을까요? 한편 떠돌이별을 포함한 천체의 움직임은 질서 정연해서 완벽하게 예측할 수 있다고 알려져 있습니다. 이러한 질서는 좋은 것이고 혼돈은 나쁜 것인가요? 이번 강의에서는 혼돈과 질서의 관계를 살펴보고 혼돈의 의미를 생각해 보겠습니다.

천체의 움직임

그런데 천체의 움직임이 과연 이렇게 규칙적이고 간단한지 의문을 품을 수 있습니다. 뉴턴의 운동법칙과 중력법칙에서 케플러의 세 가지 법칙을 정확히 얻어 냈고 이를 고전역학의 꽃이라고 부른다는 얘기 기억하나요? 하지만 안심하기는 이릅니다. 뉴턴의 고전역학으로 정확히 푼 문제는 해와 지구만 있는 경우입니다. 그러면 지구가 해를 초점으로 하는 타원 자리길을 따라 돈다는 걸 정확하게 보일 수 있지요. 그러나 실제로 태양계에 해와 지구만 있는 것이 아니라는 사실이 문제입니다. 큰 떠돌이별만 따져도 지구를 포함해서 8개가 있지요. 따라서 해까지 적어도 9개의 물체가 중력으로 서로 상호작용하면서 움직이는데, 이러한 경우에는 유감스럽게도 고전역학을 적용해서 얻은 운동방정식을 정확히 풀 수 없습니다. 그러니 엄밀하게 말하면 어떻게 될지 잘 모르는 거지요.

그래서 옛날에 어떤 사람이 이를 크게 고민했다고 합니다. 하늘이 무너지지 않을까 걱정한 겁니다. 만일 지구 자리길이 불안정하다면 어떻게 되겠어요? 지구가 해에 끌려갈 수도 있지요. 그러면 지구에서 볼 때 해가 지구로 떨어지게 됩니다. 그러니 하늘이 무너지는 거지요. 만일에 거꾸로, 지구가 돌다가 해에게서 멀어져서 궁극적으로 태양계 바깥으로 도망갈 수도 있습니다. 그러면 결국 해 대신에 다른

그림 16-1: 푸앙카레(1854~1912).

별이 가까워지고 역시 하늘이 떨어집니다. 말하자면 밤하늘이 떨어지는 거지요. 아무튼 하늘이 무너지지 않을까 고민하다가 잠을 이루지 못하게 되었습니다. 자는 동안에 하늘이 무너질까 걱정이 되었지요.

보통 사람이 이러한 고민을 했다면 별일 없이 끝났겠지만, 그 사람은 왕이었습니다. 왕은 자기 고민을 다른 사람보고 풀어 달라고 했습니다. 권력이 있으니까 그렇게 할 수 있었지요. 그래서 상금을 걸고 하늘이 무너지지 않음을 증명하면 주겠다고 했습니다. 스웨덴의 왕 오스카 2세의 회갑 기념으로 연 '수학 경시대회' 문제였지요. (참으로 멋진 회갑잔치네요. 요즘 세상에서는 이런 일은 꿈도 못 꾸지요. 우리나라도 그런 경우가 많았지만 최강국이라는 미국을 보면 권력자가 워낙 수준이 떨어져서 일반인보다도 훨씬 못한 듯하니 말이지요.) 그래서 이걸 풀려고 노력했는데 결국 푸앙카레가 풀어서 상금을 받았다고 합니다. 프랑스의 푸앙카레는 19세기 이후 최고의 수학자, 수리물리학자로 꼽을 수 있으리라 생각합니다. (이에 버금가는 수학자로는 비유클리드기하학을 정립한 독일의 리만을 꼽을 수 있을 듯하네요.) 일반적으로 미분방정식 형태로 주어지는 운동방정식에서 시간을 띄엄띄엄하게 생각하면 본뜨기 형태로 환원해 쉽게 분석할 수 있

는데 이러한 푸앙카레 단면을 제안
했습니다. 그리고 천체역학과 혼돈
등 동역학계, 위상수학, 상대성이론
에도 많이 기여했습니다. 특히 4차
원 공간에서 공 표면의 위상수학적
성질에 관한 푸앙카레 추측, 곧 3차
원 공간에서 모든 닫힌곡선을 점으

그림 16-2: 페렐만(1966~).

로 줄여 나갈 수 있다면 이 공간은 (4차원) 공의 표면과 동등하다는
정리를 제시했지요. 이는 한 세기가 지난 21세기 초가 되어서야 증명
이 되었는데 수학의 일곱 가지 난제를 모은 천년 문제 중 유일하게
풀린 경우로 널리 알려졌습니다. 또한 이를 증명한 페렐만에게는 영
예로운 필즈 상과 함께 천년 상이 주어졌는데 모두 받기를 거절해서
세상을 놀라게 했지요. 돈과 명예를 좇는 학문 사회의 정치·권력적
분위기에 실망해서 은둔 생활을 하는 것으로 알려졌는데 진정한 학
문의 의미와 학자의 자세를 성찰하게 합니다.

프랑스의 서울인 파리에 가 보면 공동묘지들이 있는데, 유명한 사
람들이 꽤 묻혀 있어요. 이러한 유명한 사람들 묘지에는 관광객들이
많이 구경을 왔다가 지하철 차표를 한 장씩 놓고 갑니다. 정확히는
모르겠으나 우리 식으로 생각하면 저승 가는 노자로 쓰라는 거 아
닐까 싶네요. 그런데 아까우니까 꼭 이미 사용한 표를 놓지요. 새 표
가 놓여 있는 것은 보지 못했습니다. 몽파르나스 공동묘지에 가 보면
차표가 엄청나게 많이 있는 묘지가 있습니다. 사르트르와 보부아르
의 묘소이고 보들레르의 묘소에도 차표가 제법 있어요. 그런데 푸앙

카레의 묘소도 있는데, 차표가 단 한 장도 없더군요. 사실 푸앙카레가 수학과 물리학에서 이룬 업적은 서양철학에서 사르트르가 차지하는 것보다 더 중요한데도 관광객들은 아무도 모르는 듯합니다. 역시 '두 문화'의 문제일까요? 사실 공학은 물론이고 자연과학을 전공하는 사람도 푸앙카레를 잘 모르죠? 아무튼 차표가 한 장도 없어서 내가 차표를 하나 놓고 왔어요. (물론 이미 사용한 표였지요.)

행성계의 안정성 문제는 푸앙카레가 처음으로 풀었지만 완벽하게 푼 것은 아닙니다. 이 문제의 완벽한 풀이는 1960년이 되어서야 얻었지요. 먼저 콜모고로프가 풀이를 제시했고 뒤이어 아르놀드와 모저가 독립적으로 이를 확장했습니다. 그래서 콜모고로프, 아르놀드, 모저 세 사람 이름의 머리글자를 따서 캄 정리라고 불러요. 사실 러시아의 콜모고로프가 먼저 풀었고 역시 러시아의 아르놀드가 해밀토니안 계에 대해 완결을 지었는데, 옛 소련에서 이룬 업적은 서유럽이나 미국에 잘 알려지지 않는 경우가 종종 있었지요. 아무튼 다행이네요. 지구 자리길은 사실상 안정되어 있다고 증명했으니 잠잘 때 걱정하지 않고 발 뻗고 자도 됩니다.

그런데 이건 서양 얘기입니다. 1960년이 되어서야 이러한 사실을 알았는데, 서양이 원래 좀 뒤떨어졌으니까 늦었나요? 동양에서는 오래전에 하늘이 무너질까 봐 걱정했고 무너지지 않는다는 것도 이미 알고 있었나 봅니다. 하늘이 무너질까 봐 걱정하는 걸 '기우杞憂'라고 했는데 이는 쓸데없는 걱정을 뜻하지요. 하늘이 무너지지 않는다는 걸 알았으므로 그런 표현을 쓴 거겠지요. 어떻게 알았을까요? 역시 도가 통한 분들이 많았나 봅니다.

혼돈 속의 질서

혼돈이란 아주 뒤죽박죽인 것 같지만 이미 이야기했듯이 단지 그런 것이 아니고, 질서의 반대 개념도 아닙니다. 혼돈 안에도 정돈된 질서가 있어요. 쌍갈래질의 그림을 봤는데 그 안에 질서 정연한 구조가 있고, 또 야릇한 끝개는 쪽거리 구조를 가지고 있습니다. 혼돈은 사실 놀라운 질서를 품고 있지요.

그림 16-3부터 16-6은 앞에서 살폈던 쌍갈래질을 다시 보여 줍니다. 수평축 b가 1부터 3까지는 수직축 x_∞, 곧 끝개가 붙박이점 하나이다가 b가 3보다 커지면 둘로 되어서 그 사이를 오가는 주기 2의 끝돌이가 됩니다. b가 점점 커지면 또 갈래를 쳐서 넷이 되고, 끝개는 주기 4의 끝돌이가 되지요. 계속해서 8, 16, 32, 이렇게 가다가 b가 b_∞($= 3.5699 \cdots$)보다 커지면 무한히 많아져서 혼돈이 일어남을 보여 줍니다. 그런데 이를 확대해서 그려 볼까요. 그것이 그림 16-4인데 확대하기 전인 그림 16-3의 모습과 너무나 똑같지 않나요? 이것은 b가 3부터 3.62까지 부분을 그린 건데 그림 16-3에 보인 1에서 4까지의 모습과 매우 비슷하네요. 그럼 이걸 더 확대해 보지요. 3.45에서 3.59까지 부분을 확대한 것이 그림 16-5인데 역시 똑같네요. 한번 더 확대해 본 것이 그림 16-6이고, 이렇게 끝없이 나갑니다. 이러한 성질의 형태를 '스스로 닮았다'고 말합니다. 이러한 스스로 닮음 성질을 지닌 대상을 쪽거리라고 부르지요.

그리고 앞에서 논의한 그네 또는 흔들이의 야릇한 끝개는 그림 16-7에 보인 이상한 모양을 가집니다. 수평축에는 흔들이의 각위치

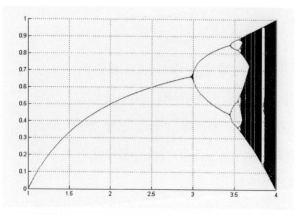

그림 16-3: 쌍갈래질 $1 < b < 4$.

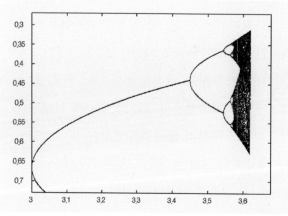

그림 16-4: 쌍갈래질 $3 < b < 3.62$.

를, 수직축에는 각속도를 나타냈는데 왼쪽 위 I에서 한 부분을 확대해 보면 오른쪽 위 II가 되고 여기서 다시 한 부분을 확대하면 오른쪽 아래 III이 됩니다. 다시 한 부분을 확대하면 그림 IV가 되지요. 부분을 확대하면 전체 모양이 다시 나오고 이러한 현상이 되풀이되네요. 역시 쪽거리 구조입니다.

여기서 흥미롭고 중요한 점은 보편성이란 개념입니다. 아주 많은

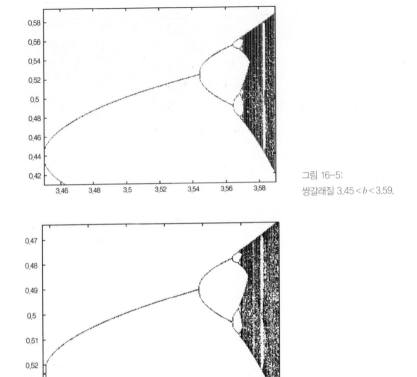

그림 16–5:
쌍갈래질 3.45 < b < 3.59.

그림 16–6:
쌍갈래질 3.544 < b < 3.575.

계들, 다양한 대상들이 혼돈을 보이는데, 놀랍게도 완전히 다른 대상
계가 똑같은 혼돈을 보인다는 사실입니다. 세부적으로는 완전히 다
르지만 보이는 혼돈의 구조는 똑같다는 거지요. 이런 성질을 보편성
이라고 부릅니다. 앞서 강조했는데, 물리학이란 기본적으로 보편성
을 전제하고 보편지식 체계를 추구하는데 이를 위해 이른바 모형을
통해서 자연현상을 해석합니다. 일반적으로 모형은 현실계에 비해

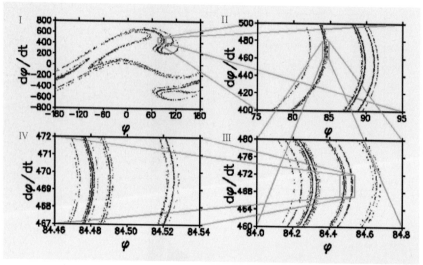

그림 16-7: 몰리는 흔들이의 야릇한 끌개.

서 훨씬 간단하게 만들지요. 이렇게 간단한 모형으로 복잡한 실제 계를 기술한다는 것이 과연 가능할지 의심스러울 수 있습니다. 그러나 현상을 일으키는 본질은 해당 계의 세부적 요소와 별로 상관이 없는 경우가 많습니다. 예컨대 사람과 물고기, 벌레를 비교하면 말할 필요도 없이 세부 사항은 크게 다르지만 그들이 보여 주는 생명현상의 본질 자체는 마찬가지입니다. 이 때문에 간단한 모형을 통해서 복잡한 실제 계를 이해할 수 있다고 믿지요. 이는 이론과학이 성립할 수 있는 매우 중요한 근거라고 할 수 있습니다.

자연과 사회에서 혼돈

실제로 자연이나 사회에서 혼돈 현상을 흔히 볼 수 있습니다. 우리 몸에서도 볼 수 있는데, 염통의 박동도 완전히 일정하지는 않고, 약간의 혼돈을 보인다고 알려져 있지요. 흔히 뇌파라고 부르는 뇌전도EEG도 마찬가지지요. 경제학에서 경기순환이나 주식시세 같은 것들도 혼돈을 보인다고 생각하는 사람들이 많이 있어요. 주식시세의 변화는 규칙적이지 않고 말 그대로 혼돈스럽지요. 떨어져야 할 것 같은데 오르고 오를 듯한데 더 떨어지기도 합니다. 그걸 예측할 수 있으면 돈을 많이 벌 수 있겠네요. 자연재해나 기상이변 따위도 혼돈 현상에서 비롯한 것이라고 생각하는 사람이 많이 있습니다.

그런데 조심할 점은 이런 현상들이 마구잡이처럼 보이는 이유가 정말 내재적 비선형성 때문인지, 아니면 외부에서 어떤 마구잡이 요소가 직접 개입하기 때문인지 판단하기가 쉽지 않아요. 앞의 경우가 바로 우리가 말하는 혼돈이고 뒤는 실제로 마구잡이인 경우입니다. 예를 들어 그네가 혼돈 현상을 보이는 원인은 외부에서 마구잡이로 밀기 때문이 아니지요. 외부에선 주기적으로, 곧 규칙적으로 미는데, 내재적 이유로 혼돈을 보이는 겁니다. 병참본뜨기에서도 외부 마구잡이 요소는 없지요. 반면에 주식시세 따위에서 볼 수 있는 불규칙성은 내재적 원인으로 일어나는 혼돈 현상인지, 아니면 '큰손'이 마구잡이로 휘젓기 때문인지 구분하기가 쉽지 않습니다. 뒤의 경우라면 예측은 완전히 불가능합니다. 그러나 앞의 경우라면, 곧 주식시세의 변동이 마구잡이가 아니라 내재적 비선형성 때문에 생기는 혼돈이라면 완전한 예측이야 할 수 없지만 단기적 예측은 가능합니다. 실제로 일기예보도 대체로 하루나 이틀 정도는 제법 잘 맞지요. 그 이유는 초기조건이 조금 다르면 궁극적으로 결과가 완전히 달라지만, 처음에 잠깐 동안은 거동에 큰 차이가 없기 때문입니다. 따라서 단기 예측은 가능한 거지요. 심전도나 뇌전도가 보이는 불규칙성도 혼돈 현상으로 판단할 수 있다면 건강 진단에 더 유용할 수 있습니다. 일반적으로 불규칙성을 보이는 거동이 완전히 외부 마구잡이 현상이라면 그 계 자체적으로 조절할 수 없지만, 내재적 혼돈 현상이라면 적절한 변수를 조금씩 바꿔 주면서 혼돈을 어느 정도 제어할 수도 있습니다. 그래서 '혼돈공학'이라는 표현을 쓰기도 하지요.

그런데 자연에서 과연 '이상적' 의미로 마구잡이 현상이 존재할까요? 자연에서 전형적인 마구잡이로서 흔히 분자들의 열운동을 듭니다. 여기서 분자의 움직임도 동역학으로 기술한다면 초기조건에 따라 나중의 상태가 정해질 테고 결국은 마구잡이가 아니라 결정론적이겠지요. 그러나 수많은 분자들의 움직임을 초기조건을 지정해서 동역학으로 기술하는 것은 불가능합니다. 술 취한 주정뱅이가 아무렇게나 걷는 것을 마구걷기라고 합니다. 이러한 거동도 고전역학으로 기술된다고 할 수 있지만 각 순간의 힘이 주정뱅이의 '마음대로' 정해지므로 명확히 지정할 수가 없습니다. 이러한 예를 보면 마구잡이란 무언가 동역학으로 처리할 수 없는 요소가 개입하는 경우에 해당한다고 할 수 있을 듯합니다. 다음 강의에서 논의하겠지만 이는 엄청나게 많은 구성원으로 이뤄진, 이른바 자유도가 매우 많은 외부 세계 ─ 환경이라 부르는 ─ 의 영향을 말하는데, 결국 정보의 처리와 연관되어 있습니다.

주사위나 동전을 던지는 경우도 고전역학으로 기술되므로 원리적으로는 결정론적입니다. 곧 초기조건이 같으면 결과도 같지요. 그러나 현실적으로는 결과가 마구잡이로 나옵니다. 초기조건을 아무리 같게 하려 해도 조금은 달라질 수밖에 없고, 그 미세한 차이가 완전히 다른 결과를 주기 때문이지요. 이러한 동전 던지기는 빵반죽 변환과 사실상 동등하다고 지적했습니다. 여기서도 외부에서 반죽을 마구잡이로 주무른 것이 아니지요. 그 변환 자체는 간단하고 규칙적이며 질서 정연하지만 처음 위치의 미세한 차이 때문에 완전히 다른 결과가 생기므로 결국 마구잡이처럼 나타납니다.

지적했듯이 이러한 현상은 초기조건의 정밀도가 한계가 있고 더불어 실수의 성질에 기인합니다. 이는 인간의 한계라기보다는 자연의 본성이라고 생각할 수 있는데 이와 관련해서 중요한 것은 뉴턴적 결정론은 받아들이기 어렵다는 점입니다. 고전역학은 초기조건이 주어지면 결과가 정해지므로 결정론이라고 믿어 왔지만, 실제로는 이런 혼돈 현상 때문에 예측할 수가 없습니다. 그러니까 양자역학과는 완전히 다른 의미로 고전역학 자체에서도 라플라스 방식의 결정론은 타당하지 않음을 보여 주지요. 그래서 이를 새로운 패러다임이라고 주장하는 사람들이 있습니다. 그런데 사실 초기조건의 정밀도도 결국은 정보의 문제이므로 라플라스의 전제에 이미 포함되어 있다고도 할 수 있겠네요. (라플라스 자신도 이러한 점을 지적했지요.)

그리고 다시 강조하지만 질서와 혼돈은 서로 모순되는 개념이 아닙니다. 보다시피 결정론, 곧 질서에서 혼돈이 나오는가 하면 혼돈 자체에도 놀라운 질서가 숨어 있습니다. 질서와 혼돈에는 이중성이 있고 어떻게 보면 서로 보완적이라 할 수 있지요. 자연의 해석에서 결정론을 완전히 버려야 한다는 주장은 타당하지 않지만, 결정론이 전부는 아니고 예측불가능성도 매우 중요한 요소이므로 두 가지를 상호보완적으로 고려해야 한다는 겁니다. 이 두 가지의 관계는 이른바 '변증법적'이라는 표현이 잘 어울리는 듯하네요.

3강에서 질서와 혼돈을 보여 주는 예로서 물을 끓이는 경우를 들었습니다. 처음에는 물 분자 하나하나가 마구잡이로 움직이다가 물이 제법 뜨거워지면 엇흐름이 일어나서 많은 수의 물 분자들이 흔히 떼를 지어 규칙적으로 두루마리 모양의 무늬를 만들며 순환합니다. 마치 단체로 모여서 질서 정연하게 응원하는 이른바 '붉은악마'처럼 되는 거지요. 그러다가 더욱 뜨거워지면 계속 단체로 움직이지만 불규칙하게 엉망으로 움직입니다. 붉은악마가 너무나 들떠서 질서를 잃고 난장판이 된 상태라 할까요. 물론 구성원 하나하나가 따로 날뛰는 것이 아니라 떼를 지어 함께 난리를 치는 거지요. 이러한 막흐름, 곧 펄펄 끓는 현상이 바로 혼돈에 해당합니다.

다시 강조하는데 처음에 물 분자 하나하나가 제각각 멋대로 움직이는 열요동은 마구잡이 현상입니다. 이와 달리 펄펄 끓는 막흐름에서는 물 분자가 제각각 움직이는 것이 아니라 단체로 움직입니다. 따라서 물 분자 하나하나를 고려할 필요 없이 전체를 하나로 보고 다루면 되지요. 처음에는 개개의 물 분자가 따로따로 노니까 이른바 자유도가 매우 많습니다. 그러나 엇흐름에서와 같이 모여서 떼를 이뤄 한꺼번에 놀게 되면 하나로 볼 수 있으니까 자유도가 적어져서 예컨대 흔들이처럼 기술할 수가 있지요. 그래서 규칙적 무늬를 보이듯이 질서 있는 거동을 하기도 하지만 막흐름과 같이 혼돈을 보이기도 합니다. 그러니 물을 끓이면 마구잡이에서 시작해 질서를 보였다가 다시 혼돈으로 가는 등, 질서와 무질서나 혼돈이 서로 관련됨을 보여 줍니다.

혼돈의 의미

대체로 혼돈은 나쁘고 질서가 좋다고 생각하나요? 글쎄요, 반드시 그런 건 아니라고 생각합니다. 혼돈이란 환경 변화에 대한 유연성을 의미하고, 반대로 질서가 지나치게 강요되면 경직되어 있음을 말하지요. 2차대전 무렵 군국주의 시대의 일본이나 히틀러 치하의 독일, 그리고 스탈린 시대의 소련(러시아)은 매우 질서 정연한 사회였지요. 그런데 좋았다고 할 수 있을까요? 여러분은 잘 모르겠지만 우리나라도 1980년대만 하더라도 무시무시한 군사독재 정권의 시대였어요. 40년 전에는 특히 유신이라고 하는 공포의 시대였는데, 사회는 아주 질서 정연했지요. 얼른 보면 좋아 보일지 모르지만 실제로는 군사 문화에 사로잡혀 획일적으로 극히 경직된 사회였지요. 하다못해 남자가 머리카락이 길면 경찰이 잡아서 구치소에 넣었다가 머리카락을 강제로 깎았어요. 여자가 짧은 치마를 입어도 잡혀갔지요. 이에 대한 노래도 있었고 영화도 만들어졌는데, 지금 보면 얼마나 우스꽝스러워요. 그런데 이러한 시대들은 모두 사실상 한순간에 — 일본과 독일은 제2차 세계대전, 소련은 민주화의 바람, 그리고 한국은 10·26 사건으로 — 무너져서 끝이 났습니다. 질서 정연한 경직된 사회는 변화가 오면 적응하지 못해서 무너지기 마련임을 세계의 역사, 그리고 우리 역사가 보여 주고 있습니다. 마찬가지로 자연도 질서가 지나치면 생명을 담을 수 없습니다. 질서 정연한 환경에서는 생명현상이 나타날 수 없지요. 흥미롭게도 동양에서는 이러한 사실을 이미 오래전에 깨닫고 있었던 듯합니다. 예컨대 도가철학의 고전《장자》에는 중앙의 왕이던 혼돈에 질서를 부여해 주자 생명을 잃고 죽어 버렸다는 옛이야기가 나옵니다.

혼돈에 대해서 질문 있나요?

학생: 아까 물 끓는 거 설명하실 때 처음에는 물 분자가 따로 움직이지만, 나중에 같이 움직일 때를 혼돈이라고 하셨는데, 마구잡이와 혼돈을 어떻게 구별할 수 있어요?

마구잡이란 자유도가 매우 큰 경우에 생각할 수 있는 개념입니다. 물을 끓일 때 처음에는 물 분자 하나하나가 들떠서, 곧 에너지가 커져서 말 그대로 마구잡이로 움직이는 거지요. 이러한 열운동에서는 개개의 물 분자가 따로 움직이므로 기술해야 하는 구성원의 수나 자유도가 엄청나게 많은데 이를 모두 동역학적으로 기술할 수는 없으므로 마구잡이라는 개념이 필요하지요. 그러나 혼돈이란 자유도와 직접 관련이 없이 나타나는 현상이고, 보통 자유도가 적은 계에서 생각합니다. 물이 펄펄 끓는 막흐름에서 물 분자들은 각각 따로 움직이는 것이 아니라 모여서 떼를 이뤄 움직이므로 자유도가 적은 계로 생각할 수 있고, 이런 점에서 물 분자들이 제각각 멋대로 움직이는 마구잡이 열요동과 구분되지요.

물론 자유도가 적은 계에서도 외부에서 마구잡이로 영향을 받으면 당연히 그 영향으로 불규칙한 마구잡이 거동을 보입니다. 이러한 외부 마구잡이의 영향이 없이 내재적 요인으로 불규칙한 거동을 보이는 현상이 혼돈이지요. 예를 들어 흔들이나 그네를 마구잡이로 민다고 해 봐요. 술 취해서 그네를 민다고 생각하면 되겠지요. 그러면 그네의 움직임이 어떻게 되겠어요? 그야말로 마구잡이가 되겠지요. 이런 건 혼돈이 아닙니다. 이는 외부의 마구잡이 영향 때문에, 다시 말해서 원래 마구잡이로 밀어 줬으니까 불규칙하게 된 거지요. 혼돈이란 그네를 마구잡이로 밀지 않고 규칙적으로 미는데도 조건이 맞으면 그네의 거동이 마구잡이처럼 되는 현상을 말합니다. 그러니 그 두 가지는 다르지요.

학생: 혼돈이론이나 상대성이론, 양자역학 같은 것이 다른 학문이나 사회 일반에 영향을 끼친 구체적 예가 있나요?

먼저 혼돈이론, 더 일반적으로는 비선형동역학의 성격부터 다시 강조하지요. 상대성이론은 시공간 개념을 수정했고 양자역학은 고전역학이라는 방법을 바꿨습니다. 각각 기존의 서술 기반이나 양식을 대체했다고 할 수 있으므로 정확한 의미에서 새로운 패러다임이라고 할 수 있습니다. 그러나 혼돈은 고전역학의 기반이나 양식 따위를 대체한 것이 아니라 고전역학 자체를 어떻게 이해해야 하는지에 대해 문제를 제기했어요. 자연을 기술할 때 그동안 전제하고 있던 생각, 곧 자연현상은 결정론적이고 예측할 수 있다는 믿음이 타당하지 않음을 보여 줍니다. 말하자면 양자역학처럼 고전역학 자체를 대체하는 것이 아니라 고전역학 안에서 기존의 해석이 잘못되었음을 말해 주는 거지요. 이에 따라 물리학 내부에서 보면 혼돈이론은 상대성이론이나 양자역학만큼 커다란 영향을 끼쳤다고 할 수는 없습니다. 새로운 패러다임이라고 볼 수 있는지의 문제도 논란이 있어요.

물론 결정론과 예측가능성이라는 전제에 대해 새로운 관점을 제시했다고 할 수 있지만 패러다임이라는 측면에서 명백하다고 보기는 좀 어렵습니다.

물리학에서 혼돈 현상에 대한 본격적 연구는 30년 가깝게 이뤄졌습니다. 혼돈 자체는 이제 꽤 잘 이해하고 있지요. 자연을 해석하는 기본 전제를 일부 바꿔서 예측불가능성도 기본적 요소로 봐야 한다는 것이 혼돈이론의 중요한 교훈입니다. 이는 사실 고전역학뿐 아니라 양자역학도 마찬가지지요. 혼동하는 사람이 종종 있는데 양자역학도 결정론을 전제하고 있습니다. 양자역학에서는 물론 불확정성 원리에 따라 확률적 해석이 필요하지만 일단 상태함수를 알면 모든 것을 다 안 거지요. 그런데 상태함수 자체는 완전히 결정론적으로 움직입니다. 이는 고전역학과 아무런 차이가 없어요. 그러니까 양자역학이나 고전역학이나 결정론적 본성에는 차이가 없습니다. 다만 고전역학에서는 상태라는 규정 자체가 물리량에 해당하기 때문에 더는 해석의 과정이 필요 없고 결정론에서 바로 끝나지만 양자역학에서는 상태를 규정하는 상태함수를 물리량과 연결 짓기 위한 해석이 필요하고, 여기서 확률이 결부됩니다. 그러나 다시 강조하지만 상태를 규정하는 것은 상태함수로서 끝이고, 그 자체는 결정론적으로 움직입니다. 이런 점에서 보면 양자역학이 결정론이 아니라는 생각은 타당하지 않아요. 이와 달리 혼돈은 고전역학에서 태동했지만 예측불가능성으로 결정론을 보완해야 한다고 지적합니다.

이런 점에서 보면 혼돈이란 자연현상의 해석에 특별한 영향을 주었습니다. 어떤 자연현상의 해석에서는 물론 양자역학의 영향이 크지만, 결정론이란 기본 전제의 반성에는 혼돈이론이 큰 영향을 줬다고 할 수 있습니다. 여기서 다루지는 못하지만 21세기에는 복잡성과 복잡계 현상이 자연의 해석에 중요한 구실을 하리라 예상하는데, 혼돈이론을 포함한 비선형동역학이 그중의 한 축을 담당할 것으로 예상합니다.

혼돈이론은 물리학 안의 구체적 연구 분야보다는 도리어 물리학 바깥에 끼친 영향이 더 큽니다. 사회과학의 여러 분야나 예술 분야에 영향을 꽤 줬어요. 대표적인 경우로 스메일은 수학 분야의 노벨상이라는 필즈 상을 받은 수학자인데 혼돈을 포함한 동역학계를 많이 연구했고 수리경제로의 응용으로도 널리 알려졌지요. 그리고 요새 많이 알려진 경제학자 중에서 크루그먼도 혼돈이론을 공부한 듯하고,《스스로 짜이는 경제》라는 복잡계 관점에서 쓴 저서가 있어요. (우리말로 번역이 되어 《자기 조직의 경제》로 출간되었는데, 안타깝게도 잘못된 곳이 많은 번역입니다.) 공학에도 많이 응용되고 있어서 혼돈 칩이니 혼돈 제어 같은 용어가 있고, 우리나라에서도 언젠가 카오스 세탁기라는 제품이 판매되기도 했습니다.

5부

거시현상과 엔트로피

$$E = mc^2$$
$$S = k \log W$$

17강
거시적 관점과 통계역학

그동안 동역학이라는 이론 체계를 공부했고, 특히 지난 시간에는 혼돈에 대해서 소개했지요. 동역학을 크게 나누면 고전역학과 양자역학으로 구분할 수 있는데, 이와는 별도로 어떠한 시공간 개념을 사용하는지에 따라 나눌 수도 있습니다. 뉴턴의 고전적 개념, 곧 절대시간과 3차원 공간을 사용할 수 있고, 상대론적 4차원 시공간 개념을 사용할 수도 있지요. 따라서 고전역학 체계에 상대론의 새로운 시공간 개념을 쓸 수 있고, 이를 상대론적 (고전)역학이라고 부릅니다. 마찬가지로 양자역학도 처음에는 고전적 시공간 개념으로 만든 비상대론적 양자역학이었는데 뒤에 디랙이 상대성이론의 시공간 개념을 바탕으로 해서 전자를 기술하는 이른바 상대론적 양자역학을 만들었습니다. 이렇게 생각하면 모두 네 가지의 동역학 이론 체계가 있다고 할 수 있지요. (현상의 실체를 알갱이가 아니라 파동으로 표상하는 마당이론까지 고려하면 여덟 가지를 생각할 수 있겠네요.)

동역학이란 기본적으로 결정론적인 이론 체계입니다. 처음 상태가 정해지면 나중 상태도 결정되므로 예측할 수 있는 구조를 갖고 있습니다. 고전역학은 물론이고 이미 말했지만 양자역학도 상태 자체는 결정론적으로 변합니다. 다만 실제로 어떤 물리량을 쟀을 때 얻어지는 값과 상태 사이에 해석의 규칙이 필요하고 거기에 확률이 결부될 뿐이지요. 그런 점에서 보면 고전역학과 양자역학 모두 결정론적 세계관에 바탕을 두고 있습니다.

그런데 1970년대 후반에 들어오면서 혼돈 현상이 알려졌습니다. 이에 따라 결정론이라 생각했던 고전역학 체계가 실제로는 예측불가능성을 지닌다는 사실을 인식하게 되었지요. 그런 성질은 근본적으로 인간의 능력 문제라기보다 수 자체의 성격과 관계가 있습니다. 자연은 본질적으로 수로 기술된다고 전제하는데 실수 체계 자체에 예측불가능성이 있는 거지요. 따라서 혼돈 현상은 자연의 해석에서 결정론이라는 전제를 수정해야 할 필요성을 제시합니다.

그런데 이러한 동역학의 구실이 무엇이죠? 동역학이란 일반적으로 물리학의 방법이라 할 수 있습니다. 자연현상을 이해하고 설명하고 해석하는 것이 자연과학의 목적이고 특별히 이론과학, 물리학의 목적입니다. 그런데 자연과학에서는 물질이라는 실체가 있고 그것이 자연현상을 일으킨다고 전제합니다. 자연과학의 출발은 결국 물질이지요. 물질을 구성하는 요소들, 구체적으로 분자나 원자, 더 세분해서 양성자, 중성자, 전자 따위의 기본입자들이 있고 그들 사이에 적당한 상호작용으로 우리가 경험하는 모든 자연현상이 나타난다는 것이 기본 전제입니다. 그러면 물질에서 개개의 구성원들, 예를 들면 원자나 분자, 또는 기본입자들의 상태를 알면 그로부터 모든 자연현상을 이해한다고 생각할 수 있겠네요. 이에 따라 각 구성원들의 운동 상태를 기술하는 이론 체계가 바로 지금까지 배운 동역학이고, 고전역학이니 양자역학이니 하는 방법들입니다. 자연현상의 해석에서 이러한 관점을 미시적 관점이라고 부릅니다.

뭇알갱이계와 거시적 기술

우리가 현실에서 경험하는 모든 현상들은 결국 자연현상인데 그것들을 일으키는 물질이 매우 다양하게 존재합니다. 예를 들어서 여러분이 앉아 있는 의자와 책상, 분필도 물질이고 여러분 몸도 물질입니다. 이 강의실 안의 공기도 물질이지요. 그런데 이런 물질은 매우 많은 수의 구성원들로 이뤄져 있어서 뭇알갱이계라고 부릅니다. 이 분필은 조그맣지만 그것을 구성하는 분자들의 수는 엄청나게 많아요. 우리 몸도 마찬가지지요. 우리가 감각으로 경험하는 모든 물질의 구성원들은 엄청나게 많은 수입니다. 분자로 생각하면 그 수가 어느 정도일까요? 아보가드로의 수라고 기억나요? 18그램의 물은 부피가 $18\,cm^3$이니 서너 숟가락쯤 되는 작은 양이지요. 그 안에 있는 물 분자의 개수가 대략 6×10^{23}이라는 것을 압니다. (아보가드로상수의 정확한 값은 6.02214076×10^{23}이지요.) 이 강의실 안에 있는 공기 분자는 몇 개가 될지 금방 계산할 수 있죠? 표준온도와 압력, 곧 0℃, 1기압에서 부피 22.4리터(L)의 공기에 대략 6×10^{23}개의 분자가 있으니까 강의실에 있는 공기 분자의 개수는 10^{26}쯤 되겠지요. 아무튼 엄청나게 많습니다.

강의실 안의 공기 같은 계를 미시적 관점에서 본다는 것은 공기를 구성하는 분자 하나하나의 역학적 상태를 생각하자는 얘기입니다. 고전역학에서 역학적 상태란 구성원의 위치와 속도를 말하므로 강의실의 공기 상태는 공기 분자 하나하나의 위치와 속도가 결정합니다. 결국 강의실의 공기를 고전역학으로 다루려면 모든 분자들의 위치와 속도가 시간에 따라 어떻게 변하는지 기술해야 하는데 이는 먼저 현실적으로 불가능합니다. 10^{26} 개 각각의 위치와 속도를 지정한다는 것은 불가능하지요. 첫 번째 공기 분자가 어디에 있고 속도가 얼마고, 두 번째가 또 어디에 있고 속도가 얼마고, 세 번째가 얼마라고 해서 10^{26} 개까지 가려면 죽을 때까지 써도 다 못 쓸 겁니다. 현실적으로 불가능할 뿐 아니라 사실은 원리적으로도 불가능합니다. 현재 21세기에는 인간의 능력이 부족해서 못 하지만 언젠가 나중에는, 예컨대 23세기쯤 되면 할 수 있을까요? 아닐 겁니다. 이렇게 많은 자유도를 지닌 뭇알갱이계의 상태를 규정하려면 엄청난 양의 정보가 필요한데, 우리 두뇌는 물론이고 유한한 전체 우주에서 보더라도 이러한 엄청난 양의 정보 처리는 근원적으로 불가능합니다.

그러면 어떻게 해야 할까요? 그만두지 않고 뭔가 해 보려면, 관점을 완전히 바꿔 볼 필요가 있습니다. 생각을 바꾸면 새로운 것이 보일 수 있지요. 만일 공기 분자 하나하나의 상태를 다 안다면 무슨 좋은 일이 있을까요? 별로 없지요. 사실 공기 분자가 여기저기에 있는 거 알아서 뭐하겠어요? 그래서 발상의 전환을 하자는 겁니다. 공기 분자 하나하나의 위치와 속도에는 관심을 두지 말고, 대신에 공기 분자들 모임의 부피가 얼마쯤 되는지, 압력이 얼마인지, 온도가 얼마인지 따위에 관심을 기울이자는 겁니다. 얼마나 더운지 추운지, 이 강의실의 온도에는 관심이 있잖아요. 이런 것들에 관심이 있지 분자 하나하나의 위치나 속도 같은 상태는 알 수도 없지만 사실 관심도 없습니다.

따라서 상태라는 개념과 기술하는 관점을 바꾸려 합니다. 이른바 거시적 관점에서 기술해서 구성원 하나하나의 상태는 상관하지 말고 대신에 전체의 집단성질을 다루자는 겁니다. 공기의 부피가 얼마나 되는지는 공기 분자 하나의 성질은 아니지요. 그것은 아주 많은 수의 분자들이 모였을 때 나타나는 전체 집단의 성질입니다. 마찬가지로 압력과 온도도 전체의 성질이지 분자 하나의 성질은 아닙니다. 이러한 것을 집단성질이라고 부르지요. 부피, 압력, 온도, 내부에너지 같이 집단성질을 나타내는 물리량을 거시적 양이라고 부릅니다. (뭇알갱이계에서 내부에너지란 구성원들의 운동에너지를 집단적으로, 곧 거시적 관점에서 기술하는 물리량으로서 일반적으로 온도에 따라 높아집니다.) 실제로 관심 있는 이러한 거시적 양을 거시적 관점에서 다루는 거시적 기술은 이전의 동역학과 완전히 다른 새로운 관점이지요.

이러한 거시적 기술을 이용하는 새로운 방법이 통계역학입니다. 따라서 이론물리학의 방법을 동역학과 통계역학, 크게 두 가지로 나눌 수 있지요. 동역학은 미시적 기술을 쓰는 방법이고 통계역학은 거시적 기술을 하는 방법입니다. 두 가지는 완전히 다른 방법이지만 통계역학은 동역학 위에서 성립합니다. 다시 말하면 고전역학이라는 동역학 체계에서 통계역학을 만들 수도 있고, 양자역학 체계에서 통계역학을 만들 수도 있습니다. 따라서 고전통계역학과 양자통계역학의 두 가지가 가능하지요. (그러나 엄밀하게는 양자통계역학에서만 논리적 정합성이 유지됩니다.) 너무 전문적인 내용을 피하기 위해서 앞으로 대부분 논의는 고전통계역학으로 국한해서 진행하겠습니다.

미시적과 거시적, 두 가지 관점을 비교하기 위해서 이 강의실과 똑같은 강의실이 옆에 있다고 생각해 볼까요. 그 안에 있는 분자의 수도 똑같고 압력도 모두 1기압이고 강의실 크기가 같으니 부피도, 그리고 온도와 그 밖의 모든 것이 같다고 합시다. 다시 말해서 거시적 관점에서 보면 두 강의실의 공기는 똑같습니다. 그러나 미시적 관점에서 보면 둘이 같을 리가 없어요. 이 강의실과 옆 강의실이 아무리 똑같다고 하더라도 공기 분자 하나하나를 모두 비교해 보면 지금 이 순간에 똑같은 자리에 속도마저 똑같은 분자가 있을 리는 없겠지요. 그러니까 미시적 관점에서 공기 분자 하나하나의 상태를 비교해 보면 두 강의실의 공기 상태는 서로 완전히 다르지요.

이처럼 두 계가 거시적 관점에서 말하는 상태, 예컨대 압력, 온도, 부피 따위 몇 가지의 거시변수로 규정되는 거시상태 ― 이를 열역학 상태라고 부릅니다 ― 는 같아도 동역학에서 다루는 상태, 곧 미시상태는 일반적으로 다릅니다. 이는 거시상태가 미시상태와 1 대 1로 대응하지 않음을 명백하게 보여 줍니다. 윷놀이를 할 때 네 윷가락을 던져서 개가 나왔다면 거시상태는 '개'로서 모두 같지요. 그러나 윷가락 하나하나를 보면 네 가락 중에서 둘이 엎어지고 둘이 자빠진 것인데 어떤 두 가락이 엎어졌는지를 보면 여섯 가지의 서로 다른 미시상태가 있는 셈입니다. 그렇지만 이는 모두 '개'라고 하는 하나의 거시상태에 해당하지요.

불과 네 가락의 윷으로도 여섯 가지가 가능한데 강의실의 공기에서는 분자 개수가 엄청나게 많으니 가능한 미시상태는 얼마나 많겠어요. 아주 많을 텐데 그들 모두 거시상태로는 한 가지입니다. 그러니까 일반적으로 여러 미시상태, 곧 동역학 상태에 대해서 하나의 거시상태, 곧 열역학 상태가 대응할 수 있습니다. 윷놀이의 예를 들면 거시상태는 도, 개, 걸, 윷, 모의 다섯 가지가 있고, 각 거시상태에 몇 가지의 미시상태가 대응하는데 그중에 모나 윷은 한 가지 미시상태만 대응하고, 도나 걸은 네 가지가, 개는 여섯 가지가 대응합니다. 전체 미시상태의 수는 이들을 모두 더해서 16가지가 되지요.

일반적으로 뭇알갱이계는 엄청나게 많은 수의 미시상태가 있는데 그중에서 어떤 것들은 하나의 거시상태에 대응하고 다른 것들은 또 다른 거시상태에 대응합니다. 따라서 이 강의실과 옆 강의실의 미시상태가 지나치게 다르면 거시상태도 다를 겁니다. 예컨대 옆 강의실의 분자들이 이 강의실의 분자들보다 훨씬 빠르게 움직인다면 미시상태가 다를 뿐 아니라 압력이나 온도도 다르므로 거시상태도 다르지요. 거시상태 하나에 대응하는 미시상태는 일반적으로 여럿, 흔히 아주 많은 수가 있는데, 어떤 거시상태인지에 따라서 대응하는 미시상태의 수는 크게 다를 수 있습니다. 그런데 주어진 거시상태에 대응하는 여러 미시상태 중에서 각 상태의 확률은 모두 같다고 생각할 수 있습니다. 주사위를 던지면 1에서 6까지 나올 확률이 모두 똑같잖아요. 이것은 확률의 기본 전제로서 '선험적 고른 확률 가설'이라 말합니다. 선험적으로 확률은 다 고르다고 전제하는 것이지요. (확률의 자세한 의미는 19강에서 다루겠습니다.)

윷놀이를 하면 주로 개만 나오잖아요? 그 이유는 개에 대응하는 미시상태의 수가 가장 많기 때문입니다. 모두 16가지의 미시상태들이 모두 고르게, 곧 똑같은 확률로 나온다고 전제하면 그중에 어느 하나가 나올 확률은 1/16이겠지요. 그런데 그중에 무려 6가지가 개에 해당하므로 개가 나올 확률은 6/16이 됩니다. 반면에 모는 대응하는 미시상태가 하나밖에 없으므로 모가 나올 확률은 1/16밖에 되지 않아요. 그러니까 윷놀이를 하다 보면 필요한 모는 나오지 않고 개만 자꾸 나오니, 정말 개 같을 때가 많지요.

윷놀이에서 개와 모가 다르게 나오는 이유는 각각에 대응하는 미시상태의 수가 다르기 때문입니다. 이를 보면 거시상태의 성질을 이해하려고 할 때 거시상태에 대응하는 미시상태가 얼마나 많은지가 중요한 구실을 하리라 짐작할 수 있지요. 예를 들어 어떤 계의 미시상태가 모두 10^8, 곧 1억 가지가 있고, 한편 거시상태로는 1, 2, 3, 4, 5의 다섯 가지가 있다고 해 봅시다. 그러면 1억 개의 미시상태가 다섯 개의 거시상태에 어떻게 대응하는지 생각하는데 1이라는 거시상태에 대응하는 미시상태는 두 가지만 있고, 다음에 2라는 거시상태에 대응하는 미시상태는 14가지가 있다고 하지요. 마찬가지로 거시상태 3에 대응하는 미시상태는 188가지가 있고, 4에는 4732가지가, 5에는 나머지 9999만 5064가지가 대응한다고 합시다. 보다시피 거시상태 5에 대응하는 미시상태의 수가 압도적으로 많네요. 이런 상황에서 계의 거시상태를 관측하면 5에 있을 확률이 얼마가 될까요? 1억 분의 9999만 5064, 곧 0.99995입니다. 나머지 상태, 1에서 4까지

네 가지 중 어느 한 상태에 있을 확률은 불과 0.00005밖에 안 됩니다. 그러니 이 계는 사실상 언제나 상태 5에 있다는 얘기지요.

되짚기와 못되짚기

그러면 이러한 계가 처음에 거시상태 1에 있다면 나중에는 어떻게 될까요? 일반적으로 계의 구성원들은 주어진 상태에 그대로 머물러 있지 않고 시간에 따라 계속 변합니다. 예컨대 공기 분자는 움직이므로 위치가 계속 바뀌고 서로 부딪히면서 속도도 끊임없이 바뀌지요. 따라서 계의 상태는 가능한 모든 미시상태를 돌아다니며 그 사이에서 계속 변합니다. 그러면 처음에 상태 1에 있었다는 말은 거시상태 1에 대응하는 미시상태 중 하나에 있었다는 뜻인데 시간이 지나면 다른 미시상태로 옮겨 가겠네요. 그러면 1억 가지 미시상태 중에서 거의 언제나 거시상태 5에 대응하는 미시상태에 있게 될 겁니다. 그 수가 압도적으로 많으니까요. 따라서 처음에 거시상태 1에 있었다 하더라도 시간이 지나면 결국 거시상태 5가 되어 버릴 겁니다. 그런데 반대로 처음에 거시상태 5에 있었다고 해 보지요. 한참 기다리면 언젠가 상태 1로 갈까요? 일반적으로는 가지 않을 겁니다. 이를 되짚어지지 않는다고 말합니다. 거꾸로 가지 않는다는 뜻으로 한자어로는 '비가역非可逆'이라고 하고 우리말로는 '못되짚기'라고 합니다. 시간을 되짚지 못한다는 표현이지요.

시간을 되짚지 못하는 현상은 우리 주위에서 흔히 볼 수 있습니다. 예를 들어 방을 앞과 뒤 두 부분으로 나누어 생각할 때 공기가 앞부분에만 있을 확률과 전체에 퍼져 있을 확률의 비는 각 거시상태에 대응하는 접근가능상태 수의 비와 같다고 할 수 있습니다. 두 경우에 각 분자의 (미시)상태의 차이는 가능한 위치의 차이이므로 미시상태 수의 비는 결국 부피의 비, 곧 1/2로 주어집니다. 따라서 N개의 분자에 대해 생각하면 $(1/2)^N$이 되므로 구하는 확률의 비는 결국 2^{-N}이 됩니다. (더 엄밀하게 분자 사이의 상호작용을 고려하면 일반적으로 이보다도 더 작은 값을 가지게 됩니다.) 여기서 $N = 10^{25}$이라면 이 값은 지극히 작습니다. 우주의 나이보다 오래 기다려도 공기가 앞부분에만 있는 상황은 일어날 수 없으니 확률은 사실상 0이라 할 수 있습니다. (최근에는 N이 그리 크지 않은 이른바 중시계를 다루게 되면서 이러한 시간되짚기 확률을 무시할 수 없는 경우도 많은 관심을 끌고 있습니다.) 마찬가지로 향수병을 열면 향기가 퍼져 나가는데, 아무리 기다려도 퍼져 나간 향수가 다시 병 안으로 들어오는 경우는 없지요. 물에 잉크방울을 떨어뜨리면 잉크가 퍼져서 푸르스름해지는데 그 반대 현상은 일어나지 않습니다.

이같이 되짚기 성질이 없는 현상은 이해하기 어렵고 수수께끼 같은 일입니다. 공기나 향기, 잉크 분자 등 구성원 하나하나의 운동은 고전역학으로 기술되므로 당연히 시간되짚기 성질이 있습니다. 그런데 구성원 전체를 보면 시간되짚기가 되지 않습니다. 우리가 나이를 먹어서 늙어가기만 하고 다시 젊어지지 못하는 안타까운 현실도 이와 관련 있습니다. 우리 몸을 이루는 분자 하나하나는 시간되짚기 성질이 있지만 전체 계로 보면 그렇지 못한 거지요. 말하자면 미시적 관점에서는 시간되짚기 성질이 있는데 왜 거시적 관점에서는 그러한 성질이 깨질까요? 이 수수께끼 같은 현상은 통계역학의 중심 문제라고 할 수 있습니다.

엔트로피

여기서 가장 중요하고 핵심적인 개념이 바로 엔트로피입니다. 주어진 열역학 (거시)상태에 대응하는 동역학 (미시)상태를 접근가능상태라고 부르는데, 이들은 어떠한 거시상태에 해당하는지에 따라 정해지므로 그 수 W는 거시상태를 규정하는 거시변수 x의 함수로 주어집니다. 접근가능상태의 수 W는 뭇알갱이계의 거시적 성질을 결정하는 데에 중요한 구실을 합니다. 앞서 언급했듯이 일반적으로 확률의 기본 전제로서 가능한 모든 상태에 대한 확률은 서로 같다는 이른바 선험적 고른 확률 가설을 가정하면 거시상태 x에 있을 확률 $p(x)$는 상태 x에 대응하는 접근가능상태의 수 $W(x)$에 비례한다고 생각할 수 있습니다. 식으로 $p(x) \propto W(x)$로 쓸 수 있지요.

뭇알갱이계를 다룰 때 보통 미시상태는 무시하고 거시상태만 고려하는데, 이 경우 우리는 계가 W 가지의 접근가능상태 중에 실제로 어떠한 미시상태에 있는지 알 수 없습니다. 계에 관해 모르는 부분이 있는 것이고, 정보가 부족하다고 할 수 있지요. 접근가능상태 수는 일반적으로 계의 크기 N에 지수적exponential으로 늘어나서 매우 클 뿐 아니라 아래에서 보듯이 두 계를 함께 생각할 때 곱으로 주어지므로 다루기 불편합니다. 이를 편리하게 다루는 방법으로 로그를 택하면 대체로 N에 비례하게 되므로 편리한데 이를 엔트로피라고 부릅니다. 곧 엔트로피 S는 접근가능상태 수 W의 로그로서

$$S = \log W$$

로 정의하며 접근가능상태 수 W와 마찬가지로 엔트로피 S도 거시상

태 x의 함수로 주어집니다. 당연한 말이지만 엔트로피는 계의 거시 상태를 특징짓는 양이므로 거시적 기술에서만 의미가 있습니다.

더 알아보기 ① 만일 계의 미시상태가 주어져 있다면? ☞ 433쪽

그러면 거시상태마다 그 상태에 해당하는 엔트로피를 생각할 수 있습니다. 예컨대 거시상태 1에 있는 계의 엔트로피, 거시상태 2의 엔트로피 따위로 상태마다 엔트로피가 주어져 있는데, 여기서 엔트로피가 크다는 말은 접근가능상태 수가 크다는 뜻이지요. 그 거시상태에 대응하는 미시상태가 많으므로 그 상태에 있을 확률이 더 큽니다. 따라서 엔트로피가 각각 다른 여러 가지의 거시상태가 가능한데 현실적으로는 그중에서 엔트로피가 가장 큰 거시상태에 있게 되겠네요.

잉크방울을 물에 떨어뜨리는 경우에 잉크방울과 물이 따로따로 있는 것은 엔트로피가 작은 상태이고 잉크가 퍼져서 물과 섞여 푸르스름해지는 상태가 엔트로피가 가장 큽니다. 주어진 계는 엔트로피가 작은 상태에서 큰 상태로는 변하지만 그 반대는 일어나지 않습니다. 자주 들어 봤겠지만 이것이 바로 열역학의 둘째 법칙입니다. 정확히 표현하면 "외떨어진 계의 상태는 계의 엔트로피가 감소하는 방향으로는 바뀔 수 없다"가 되지요.

여기서 상태는 물론 열역학 (거시)상태를 뜻하고, 엔트로피가 저절로 줄어들 수는 없다는 것이 둘째 법칙의 핵심입니다. 따라서 엔트로피가 가장 큰 상태에 이르면 거시변수로 기술되는 거시적 성질이 더 이상 바뀌지 않게 됩니다. 이러한 상태를 평형상태 또는 열평형상태라 부르지요. 처음에 이미 엔트로피가 큰 평형상태였다면 계속 그 상태에 머무르게 됩니다. 엔트로피의 변화량, 곧 나중 상태의 엔트

로피와 처음 상태의 엔트로피의 차이를 ΔS라 표시하면 열역학 둘째 법칙은 간단히

$$\Delta S \geq 0$$

으로 표현할 수 있습니다.

이 법칙은 그 동안 많은 오해를 불러일으켰는데 널리 알려진 오해는 외떨어진 계라는 조건에 관련되어 있습니다. 예컨대 생명이 존재하려면 엔트로피를 끊임없이 줄여 주어야 하므로 열역학 둘째 법칙에 위배되고, 따라서 전능한 창조주, 하느님이 있어야 한다고 주장하는데 이는 무식한 주장입니다. 둘째 법칙은 외떨어진 계에서 성립하는데 생명체는 외떨어진 계가 전혀 아니지요. 바깥세상과 끊임없이 에너지와 물질이 오가기 때문에 자신의 엔트로피는 낮출 수 있습니다. 말하자면 자신의 엔트로피를 낮추는 대신 주위 환경의 엔트로피를 높이기 때문에 환경을 포함한 전체 계의 엔트로피는 늘어나고, 둘째 법칙은 물론 성립하게 됩니다. 도리어 이 법칙에 따라 외떨어진 계는 생명현상을 보일 수 없음이 명백하지요. (생명현상에 대해서는 26강에서 논의하기로 하지요.) 또한 둘째 법칙의 확률적 성격에 관련된 오해도 흔합니다. 운동의 법칙 같은 보통의 물리법칙과 달리 둘째 법칙은 본질적으로 확률적으로서 엔트로피가 감소하는($\Delta S < 0$) 과정이 절대적으로 일어날 수 없다는 뜻은 아닙니다. 상태의 확률 $p \propto W = e^S$로부터 엔트로피 변화가 ΔS가 되도록 상태가 변화하는 과정과 그 반대 과정의 확률의 비는 $e^{\Delta S}$로 주어집니다. 엔트로피는 계의 크기에 비례하므로 거시계에서는 $\Delta S < 0$인 과정이 일어날 확률이 극히 작아서 사실상 0이지만 앞서 언급한 중시계에서는 엔트로피

가 감소하는 상황이 나타날 수도 있지요. 이러한 가능성은 요동정리로 나타내며 최근에 많은 관심을 끌고 있습니다.

일상에서 엔트로피와 관련된 보기로 삼투장치를 살펴볼까요. 그림 17-1에서 보듯이 나들통에서 두 나들개 사이에 물이 들어있는데 왼쪽 나들개에 줄을 연결하고 도르래를 통해서 추를 매달아 놓은 장치가 있습니다. 나들통은 가운데 반투막에 의해 두 부분으로 나뉘는데 오른쪽 부분에 설탕을 넣으면 설탕물이 되겠네요. 그런데 물 분자는 반투막을 통과하지만 상대적으로 큰 설탕 분자는 통과하지 못합니다. 양쪽의 설탕 농도가 다르면 엔트로피가 작은 상태이므로 농도를 같게 하려는 삼투압이 생기고 이에 따라 (설탕은 통과하지 못하므로) 물이 왼쪽에서 오른쪽으로 빨려 들어가게 됩니다. 그러면 위쪽 그림에 나타냈듯이 오른쪽 물의 부피가 늘어나므로 두 나들개가 오른쪽으로 움직이고 추가 위로 올라가므로 잠재에너지가 늘어납니다. 곧 이 장치를 이용해서 일을 얻을 수 있으며, 그 근원은 물론 엔

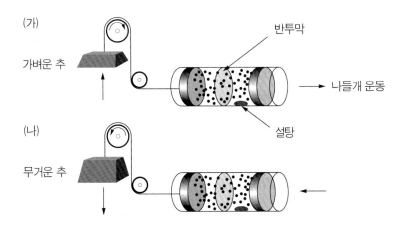

그림 17-1: 삼투장치. (가) 엔트로피를 늘려서 일을 얻는 경우. (나) 일을 받아서 엔트로피를 줄이는 경우.

트로피이지요. (따라서 엔트로피에 기인하는 힘이 있다고 생각할 수 있습니다. 이른바 엔트로피적 힘으로서 19강에서 소개하지요.) 오른쪽의 부피가 늘어나므로 설탕 분자들의 접근가능상태 수가 늘어나고, 따라서 설탕 분자들의 엔트로피가 증가하는 대가로 일을 얻을 수 있는 것입니다. 한편 아래쪽 그림에서 보듯이 아주 무거운 추를 매달면 어떻게 될까요? 어쩔 수 없이 내려오고 잠재에너지가 줄어듭니다. 장치는 일을 받은 셈인데 나들개는 왼쪽으로 움직이고 물은 왼쪽으로 빨려 나가면서 설탕 분자들의 접근가능상태 수가 줄어들고 엔트로피도 줄어듭니다. 결국 일을 받아서 엔트로피를 줄인 것이지요. 집에서 널리 사용하는 역삼투압 정수기가 바로 이러한 현상을 이용한 장치입니다. 다음 18강에서 논의할 맥스웰의 악마의 간단한 보기라고 할 수 있겠네요.

열과 온도

열은 언제나 뜨거운 곳에서 차가운 데로 흘러간다고 말합니다. 이는 열역학 둘째 법칙의 예로서 널리 알려진 현상입니다. 열이란 에너지가 전달되는 방식의 하나로서 8강에서 논의한 일과 대비됩니다. 정확히 말해서 어떤 계에서 에너지가 다른 계로 전달되는 방식에는 일과 열의 두 가지가 있는데 위치나 부피 따위 외부변수의 변화에 따른 에너지 전달을 일이라 하고 외부변수와 관계없이 상태의 분포가 변화하면서 일어나는 에너지의 전달을 열이라 하지요. (따라서 일과 달리 열은 뭇알갱이계의 거시적 기술에서만 의미가 있으며 일반적으로 엔트로피의 변화를 수반합니다. 이른바 에너지를 흩어지게 하지요. 미시적 기술, 곧 동역학에서 일은 운동에너지의 변화를 가져오지만 거시적 기술, 곧 통계역학에서는 열과 함께 내부에너지의 변화를 가져옵니다.) 온도가 높은 계에서 낮은 계로 열이 이동하면 전체 엔트로피가 증가합니다. 열역학 둘째 법칙에 따르면 반대로는 일어나지 않는데, 만약 일어날 수 있다면 어떻게 될까요? 열이 차가운 쪽에서 뜨거운 쪽으로 이동할 수 있으니 여름에도 컵에 담긴 물이 꽁꽁 얼 수 있습니다. 이런 일이 생길 수 있다면 냉난방기가 필요하지 않겠지요.

어떤 계를 두 부분으로 나눠 한쪽을 A, 다른 쪽은 B라고 합시다. A의 거시상태에 대응하는 미시상태, 곧 접근가능상태 수를 W_A라고 하고 마찬가지로 B의 접근가능상태 수를 W_B라고 부릅시다. 그러면 전체 계의 접근가능상태 수 W는 얼마일까요? 이는 경우의 수로서 각 부분의 경우의 수를 곱해서 $W = W_A W_B$로 주어집니다. 이 식에 로그를 취하면 $\log W = \log W_A + \log W_B$ 가 되므로 전체의 엔트로피는 부분 엔트로피의 합인 $S = S_A + S_B$로 주어지지요.

엔트로피는 거시상태를 기술하는데 거시상태는 일반적으로 계의 에너지에 의존하므로 결국 엔트로피는 에너지와 그 밖의 다른 변수, 예컨대 부피의 함수입니다. 어떤 계에서 외부변수의 변화 없이 에너지가 변하면 그 변화량 ΔE 는 전달된 열 Q와 같지요. 이 경우에 엔트로피의 변화량은 엔트로피를 에너지로 (편)미분한 도함수에 에너지의 변화량을 곱하면 됩니다. 식으로 쓰면

$$\Delta S = \frac{\partial S}{\partial E} \Delta E = \frac{\partial S}{\partial E} Q$$

로 쓸 수 있지요. (편)도함수 $\frac{\partial S}{\partial E}$ 는 에너지가 조금 바뀔 때 — 부피 등 다른 변수는 일정하게 유지하고 — 엔트로피는 얼마나 변하는지 나타내는데 사실은 이로부터 온도 T를 정의합니다. 엄밀하게는 도함수의 역수를 온도로 정의해서

$$\frac{1}{T} \equiv \frac{\partial S}{\partial E}$$

와 같이 나타내지요. [이렇게 정한 온도 T를 절대온도라고 부릅니다. 열 현상에 관해 업적을 남긴 켈빈(본명은 톰슨)의 이름을 따서 만든 켈빈 눈금으로서 K로 표시하지요. 셀시우스의 이름을 딴 셀시우스(한자로는 존칭 '씨'를 붙여서 '섭씨') 눈금과는 273.15만큼 차이가 납니다. 예컨대 절대영도는 셀시우스 눈금으로 영하 273.15도, 곧 0 K = −273.15℃이지요.] 따라서 앞의 식은

$$\Delta S = \frac{Q}{T}$$

로 쓸 수 있습니다.

더 알아보기 ② 에너지가 이동한다면? ☞ 433쪽

이러한 개념이 처음부터 정립되었다면 아마도 온도의 역수 대신에 $\frac{\partial S}{\partial E}$ 를 차가운 정도, 예컨대 냉도라고 정하지 않았을까 하는 생각이 듭니다. 그런데 온도를 먼저 일상적으로 쓰고 있었고 이에 맞추기 위해서 단위를 하나 집어넣어야 했어요. 그래서 엔트로피의 정의에 볼츠만상수 k를 붙여서

$$S = k \log W$$

로 쓰면 엔트로피의 에너지에 대한 변화율, 곧 도함수가 바로 켈빈 눈금으로 나타낸 온도의 역수가 됩니다. 이러한 정의는 19세기 후반 원자 개념을 정립하고 통계역학을 만들어 낸 볼츠만이 제안하였으며 열역학에 맞추어 엔트로피의 단위를 주는 볼츠만상수는 $k = 1.380649 \times 10^{-23}$ J/K로 주어집니다.

통계역학

더 알아보기 ③ 통계역학 ☞ 433쪽

통계역학을 완성하고 원자라는 개념을 물리학적 관점에서 확립한 사람이 볼츠만이지요. 볼츠만은 동역학으로부터 출발해서 열역학 둘째 법칙에 해당하는 에이치 정리를 얻어 냈고, 이로부터 거시적 관점에서 시간되짚기 대칭성이 깨지는 못되짚기 현상을 설명했는데 그때는 잘 받아들여지지 않았어요. 동역학의 특성에 비추어 보면 못되짚기는 모순이라는 되짚기 역설과 되돌이 역설이 제기되었지요. 이에 대해 볼츠만이 지적했듯이 에이치 정리는 개별 구성원의 자리길이 아니라 분포함수에 대한 기술로서 본질적으로 확률적이므로 이러한 비판은 성립하지 않습니다. (이미 언급했듯이 둘째 법칙은 본질적으로 확률적으로서 엔트로피가 감소하는 과정이 절대적으로 일어날 수 없다는 뜻은 아니지요.) 그러나 당시 학자들은 원자 개념과 함께 이에 대해 매우 비판적이었고 결국 볼츠만은 정신병에 걸려 자살했습니다. 우울증이었다고 하지요.

물리학사에서 가장 큰 공헌을 한 사람으로 뉴턴을 꼽는다면 그다음은 글쎄요, 아인슈타인보다는 볼츠만이라고 생각할 수도 있습니다. 오스트리아의 수도인 빈에는 볼츠만의 묘소가 있는데 그 묘비에는 바로 위의 엔트로피 정의식이 쓰여 있어서 유명합니다. 그의 제자로 에렌페스트가 있는데 이분도 자살했어요. 에렌페스트의 제자로는 율렌벡이 있고 율렌벡의 제자로는 조순탁 선생님이 계셨습니다. 우리나라에서 통계역학을 여신 분으로 서울대학교 교수와 한국과학기술원장을 지내셨지요. 그분의 제자로 서울대학교 교수를 지내신 이구철 선생님이 계시고, 그분의 제자 중에 최무영이란 사람이 있습니다. 따지고 보면 나는 볼츠만의 5대손인 셈이네요. (사실 적손은 아니고 서손, 곧 의붓자식에 해당합니다만.)

그동안 동역학에서 다룬 물리량은 시간, 질량, 길이 등인데 이런 것들에 비해서 온도라는 개념은 성격이 다르다는 느낌이 들지요. 이론과학의 구조에서 길이, 시간, 질량 등은 기본 개념들이지만 온도는 기본 개념이 아니고 엔트로피에서 정의되는 이차적 개념이기 때문입니다. 엔트로피는 접근가능상태의 수에서 정의되므로 거시적 개념이고 이로부터 비로소 정의되는 온도는 상당히 높은 단계에서 이끌어진 파생 개념이지요. 그런데 우리는 일상에서 이러한 온도를 직접 감지한다고 생각합니다. 엄밀하게 말해서 감각기관으로 직접 온도를 측정하는 것은 아니지만 우리 몸과 다른 물체 사이에 열의 전달을 통해서 그 물체의 '더운 정도'를 느끼지요. 물론 열이라는 에너지의 이동에서 물체의 온도뿐 아니라 열전도율이 중요한 구실을 하지만, 아무튼 열은 길이, 시간, 질량보다 높은 파생 개념인데 직접 측정할 수 있다는 것은 생명현상이란 과연 특이하다는 사실을 말해 줍니다.

학생: 엔트로피라는 개념이 생기기 전에 이미 온도라는 개념을 쓰지 않았나요?

물론이지요. 온도는 인간이 감각으로 직접 측정할 수 있으므로 그 개념은 인류 역사만큼이나 오래되었다고 할 수 있겠지요. 그런데 여러분은 엔트로피를 배우기 전인 초등학교나 중학교 때 온도를 어떻게 배웠나요? '막연히 차고 더운 정도'로 배웠겠지요? 엔트로피의 개념 없이는 온도를 정확하게 정의할 수 없고, 대신에 조작적 정의를 했습니다. 예컨대 보통 물질이 온도가 높아지면 부피가 불어나는데, 이 성질을 이용해서 온도를 정합니다. 이것이 바로 온도계의 원리지요. 그런데 일반적으로 물질의 부피가 온도에 정확하게 비례해서 불어나지는 않으므로 온도 간격을 등분해서 온도의 눈금을 정하는 것은 사실 엄밀하지 못합니다. 엄밀하게는 이상기체를 통해서 절대온도를 정의할 수 있지만 이상기체란 현실에는 없지요. 또한 이를 통해서 조작적으로 눈금을 정의하더라도 그것이 온도의 본질을 정의하는 것은 아닙니다. 그러나 이제는 엔트로피를 아니까 온도의 본질이 무엇인지 정확히 알 수 있습니다.

학생: 외떨어진 계는 생명현상을 보일 수 없다고 하셨는데 지구와 해를 합하면 외떨어진 계가 아닌지요?

좋은 질문이네요. 그래요, 지구가 해 이외에 다른 별로부터 받는 에너지나 물질은 무시할 만큼 적을 테니 해와 지구를 합한 계는 거의 외떨어진 계라 어림할 수 있겠지요. 그러나 다행히도 이 계는 아직 평형 상태가 아니라 그로부터 멀리 머물러 있습니다. 곧 엔트로피가 상대적으로 낮은 (비평형)상태에 있으므로 생명이 존재할 수 있지요.

열이나 엔트로피 등의 용어를 들으면 흔히 열기관을 연상하게 됩니다. 연료를 태워서 연료에 저장되어 있는 화학에너지를 열의 형태로 바꾸고 결국 운동에너지로 바꿔서 쓰는 장치를 열기관이라고 합니다. 여러분이 집에서 학교까지 타고 온 버스 같은 자동차는 모두 열기관을 이용한 거지요. 여기서 연료에 저장되어 있는 에너지 중에 얼마나 운동에너지로 바꿔 이용하는지를 열효율이라 합니다. 열효율은 높아 봤자 30~40퍼센트 정도로 반에도 미치지 못합니다. 반 이상은 버리는 셈인데, 그냥 버리는 것도 아니고 온갖 오염을 만들지요. 열기관의 효율이 이렇게 낮은 이유는 인간의 기술 수준뿐 아니라 바로 열역학의 둘째 법칙 때문으로 본질적 문제라 할 수 있습니다.

일반상대성이론에 대해서 논의할 때 이미 언급한 에딩턴은 열역학 둘째 법칙이 자연의 모든 법칙 중에 최고, 최상의 위치를 차지한다고 생각했습니다. "만일 누군가 말하기를 우주에 대한 당신의 이론이 맥스웰방정식과 일치하지 않는다면 맥스웰방정식이 잘못되었을 수도 있다. 만약 당신의 이론이 관측 결과와 모순된다고 해도 걱정할 필요가 없다. 실험하는 사람들이 틀리기도 하니까. 그러나 당신의 이론이 열역학 둘째 법칙에 위배되는 것으로 밝혀진다면 나는 당신에게 아무런 희망을 줄 수가 없다. 가장 깊은 치욕의 구렁텅이로 빠지는 수밖에 없다." 에딩턴의 저서 《물리적 세계의 본성》에 나오는 말입니다. 뉴턴의 운동법칙이나 슈뢰딩거방정식 따위를 기본으로 생각하고, 열역학 둘째 법칙은 절대적인 것이 아니라 가변적이고 부수적이라고 생각하기 쉬운데 오히려 반대로 보는 관점이지요.

더 알아보기

① 만일 계의 미시상태가 주어져 있다면?

만일 계의 미시상태가 주어져 있다면 $W=1$인 셈이므로 엔트로피는 없다, 곧 $S=0$이라 할 수 있지요. 이는 양자역학계에서 순수상태의 경우에 폰노이만 엔트로피가 0이라는 사실과 대응합니다. 하지만 때로는 미시상태의 엔트로피를 그 미시상태를 접근가능상태로 포함하는 거시상태의 엔트로피와 같게 정의하기도 합니다.

② 에너지가 이동한다면?

만일 온도 T_A인 계 A에서 온도 T_B인 계 B로 에너지가 $\Delta E = Q$만큼 이동하면 A의 에너지는 Q만큼 줄었으니 그 변화량은 $\Delta E_A = -Q$ 입니다. 따라서 $\Delta S_A = \dfrac{\Delta E_A}{T_A} = -\dfrac{Q}{T_A} < 0$ 이므로 A의 엔트로피는 줄어들지요. 얼른 보면 열역학 둘째 법칙에 위배되는 것 같지만 여기서 A는 외떨어진 계가 아니므로 둘째 법칙이 적용되지 않습니다. B까지 함께 생각하면 외떨어진 계로 볼 수 있는데, 그러면 B의 엔트로피 변화 $\Delta S_B = \dfrac{\Delta E_B}{T_B} = \dfrac{Q}{T_B}$ 도 고려해야 하지요. 전체의 엔트로피 변화는 $\Delta S = \Delta S_A + \Delta S_B = Q(\dfrac{1}{T_B} - \dfrac{1}{T_A})$로 주어지는데 A에서 B로 열이 이동했으므로 A의 온도가 더 높아서 $T_A > T_B$이지요. 결국 $\Delta S > 0$이 되고 둘째 법칙은 성립합니다.

③ 통계역학

구성원이 많은 뭇알갱이계를 거시적 기술을 통해서 다루는 통계역학을 간단히 설명하기로 하지요. 계의 동역학 상태는 모든 구성 알갱이들의 역학적 상태, 곧 위치와 속도로 정해집니다. 각 구성원의 위치와 속도가 각각 x,

y, z 방향으로 세 성분을 지니므로 모두 N개 구성원들의 위치와 속도를 표시하면 $6N$개의 좌표가 필요하지요. 이는 $6N$차원 공간의 한 점이라 할 수 있는데 이렇듯 구성원들의 위치와 속도를 축으로 하는 공간을 계의 위상공간이라 부릅니다. 위상공간에서 각 점은 계의 동역학 상태를 나타내는데, 이미 지적했듯이 일반적으로 여러 동역학 상태들, 이른바 접근가능상태들이 하나의 열역학 (거시)상태에 대응합니다. 따라서 거시상태는 위상공간에서 어느 한 점 근방의 여러 점들의 집합으로 나타내지게 되지요. 일반적으로 주어진 거시상태에서 계는 대응하는 접근가능상태들을 오가게 되며, 거시상태가 더 이상 바뀌지 않을 때, 곧 평형상태에 다다른 계의 물리량을 측정하면 각 접근가능상태에서의 값들의 평균값을 얻게 된다고 믿어집니다. (매우 전문적인 논의로서 이러한 성질을 지닌 계를 에르고드 계라고 하며, 이를 다루는 수학 체계를 에르고드 이론이라 합니다.) 따라서 계의 위상공간에서 접근가능상태에 해당하는 점들의 분포가 주어지면 이로부터 여러 물리량을 얻어 낼 수 있지요.

그러면 위상공간에서 점들, 곧 접근가능상태들의 분포함수는 어떻게 정해질까요? 이는 보통 열역학 둘째 법칙을 이용해서 알아낼 수 있습니다. 외떨어진 계의 경우에는 엔트로피가 가장 크게 되는 분포로서 주어진 에너지에서 고르게 펴진 분포에 해당하지요. 통계역학에서는 전문용어로 미시바른틀 분포라고 부릅니다. 그러면 접근가능상태의 수를 세어서 엔트로피를 구할 수 있고 이를 에너지로 미분해서 온도를 얻을 수 있습니다. 이로부터 다른 물리량과 함께 계의 상태를 기술할 수 있지요.

계가 다른 상황에 있는 경우에는 그에 맞추어 둘째 법칙의 표현이 달라집니다. 예컨대 온도가 T로 주어진 바깥세상, 곧 환경과 열의 형태로 에너지를 주고받는 계에서는 환경과 합친 전체가 외떨어졌다고 볼 수 있으므로 계의 엔트로피와 환경의 엔트로피를 더한 전체 엔트로피가 가장 크게 될 것입니다. (이같이 열을 주고받는 계에 대해서 둘째 법칙은 계의 에너지 E와 엔트로피 S를 함께 고려한 자유에너지 $F = E - TS$가 가장 적게 되는 것으로 환원됩니다.) 이를 이용해서 상태 x의 분포를 구하면 상태의 에너지 $E(x)$에 지수함수 꼴로 의존해서 그 확률이 $p(x) = \dfrac{1}{Z} e^{-E(x)/kT}$로 주어지는데($k$는 볼츠만상수), 이러한 분포를 바른틀 분포라고 부릅니다. 여기서 모든 확률을 합하면 1이어야 하므로 틀맞춤 조건 $\displaystyle\sum_{i=1}^{W} p_i = 1$에 따라 이 분포를 가능한 모든 상태에 대해 모은 $Z \equiv \displaystyle\sum_{x} e^{-E(x)/kT}$가 식에 들어옵니다. 이를 분배함수라 하는데 이로부터 사실상 모든 물리량을 얻어 낼 수 있습니다. [전문적인 내용이지만 분배함수에 로그를 택하면 바로 자유에너지가 되고($F = -kT \log Z$) 이를 적절히 미분하면 다양한 물리량이 얻어지지요.] 따라서 통계역학으로 뭇알갱이계를 다루는 경우에 흔히 계의 분배함수를 계산하는 데에 일차적으로 초점을 맞추게 됩니다.

18강
엔트로피

많은 구성원들로 이뤄진 뭇알갱이계를 다루는 거시적 관점에서 엔트로피의 중요성은 앞에서 강조했습니다. 엔트로피의 정확한 의미와 구실에 대해서는 아직 다양한 의견이 존재하는데 본질적으로는 정보의 문제라는 사실이 매우 중요합니다. 구체적으로 엔트로피는 바로 정보의 부족을 나타낸다고 볼 수 있습니다. 앞에서 언급했듯이 휠러는 우주의 모든 것이 '알갱이'가 아니고 '마당'도 아니며 바로 '정보'라고 지적했는데, 이러한 정보는 자연을 해석하는 데 핵심 도구라 할 수 있습니다. 이번 강의에서는 엔트로피의 의미를 정리하고 정보와 관련성을 살펴본 후에 그 본질을 극명하게 나타내 준 이른바 맥스웰의 악마를 소개하려 합니다.

엔트로피의 의미와 정보

이제 엔트로피의 의미를 정리해 보겠습니다. 엔트로피의 의미에 대해서는 매우 다양한 견해가 존재합니다. 대체로 엔트로피는 무언가의 척도라고 생각할 수 있겠습니다. 무엇의 척도인가? 먼저 어떤 가짓수를 들 수 있습니다. 예컨대 접근가능상태의 수, 가능한 배열의 수 등이며, 이는 바로 볼츠만의 정의에 해당합니다. 둘째로 마구잡이 또는 무질서의 척도라고도 합니다. (구성원이 누리는 자유의 척도라고 재미있게 표현하기도 하는데, 이는 엔트로피를 사회현상에 적용한 경우에 적절합니다.) 다음으로는 균질성의 척도라고 하며, 이는 퍼짐과 삼투현상을 해석하는 데 적절하지요. 다른 의미로는 저절로 변화가 일어날 수 있는 경향으로서 바로 못되짚기의 척도를 생각할 수 있습니다. 또한 에너지와 관련해서 생각하면 에너지 흩어짐 또는 에너지의 등급 낮아짐, 곧 일의 형태로 전달할 수 없는 에너지가 얼마나 많아지는가의 척도에 해당합니다. 열기관을 비롯해서 우리의 일상에서 흔한 "에너지가 비싸다" 또는 "에너지가 모자란다" 따위의 표현이 이와 관련되어 있습니다. 엄밀하게 말해서 에너지는 보존되므로 아무리 써도 없어지지 않지요. 중요한 것은 쓸 수 있는 에너지, 곧 일로 전달할 수 있는 에너지인데 이는 사실 엔트로피의 문제입니다. 따라서 '에너지의 위기'가 아니라 '엔트로피의 위기'라는 표현이 더 정확하지요. 또 다른 의미로 엔트로피는 무지 또는 불확정도의 척도라고도 합니다.

여기서 한 가지 유의할 점으로 각각의 의미가 모든 경우에 타당한 것은 아니고 경우에 따라 적절하지 않을 수도 있습니다. 예컨대 때로는 더 무질서해 보이는 상태가 엔트로피는 도리어 낮을 수도 있지요. 따라서 이러한 척도를 엔트로피의 정의로 간주하는 것은 타당하지 않습니다.

마지막으로 엔트로피의 의미를 정보와 관련지을 수 있습니다. 흔히 잃어버린 정보 또는 지식의 부족함의 척도라고 표현하지요, 그런데 이를 뒤집어서 엔트로피를 정보를 저장할 수 있는 능력의 척도라고 할 수도 있는데 이렇게 보면 왠지 긍정적 느낌을 주는 듯합니다. 엔트로피가 많으면 정보가 많이 부족하므로 그만큼 새로운 정보를 많이 저장할 수 있다는 뜻이지요. 같은 현상을 서로 반대 관점에서 본 셈인데 이는 엔트로피를 주관적 관점에서 보는지 아니면 객관적 관점에서 보는지의 문제와 관계가 있습니다. 뒤에서 논의하지만 엔트로피는 정보와 관련해서 많은 혼동을 주어 왔습니다.

그러면 잃어버린 정보라는 면에서 엔트로피를 살펴보기로 하지요. 여러 가지의 동등한 가능성이 있는 상황의 간단한 보기로서 W개의 꼭 같은 상자가 있는데 그중 어느 하나에 주사위가 숨겨져 있는 경우를 생각합시다. 여기서 주사위가 W개의 상자 중에 어느 것에 들어있는지 모른다면 정보가 부족한 것입니다. 이러한 잃어버린 정보를 $S(W)$로 나타내겠습니다.

더 알아보기 ① 잃어버린 정보를 구하는 방법 ☞ 459쪽

요약하면 잃어버린 정보는

$$S = k \log W$$

로 주어지는데 흥미롭게도 이는 바로 볼츠만의 엔트로피에 해당합니다. 앞에서 언급했듯이 열의 형태로 에너지가 전달되는 경우에 관여하는 이른바 열역학적 엔트로피와 맞추려면 k가 볼츠만상수로 주어지지만 앞으로 대부분의 경우에 $k \equiv 1$로 놓겠습니다. 이 경우에는 일반적으로 로그의 밑수 a를 e로 택해서 자연로그를 씁니다. 한편 정보를 다루는 경우에는 밑수를 간단히 2로 택하는 것이 편리하지요. 스무고개 놀이에서 알 수 있듯이 모든 정보는 결국 '예', '아니오'라는 두 가지 가능성, 곧 $W = 2$의 조합으로 나타낼 수 있으므로 $a = 2$로 택하면 $S(W = 2) = 1$이 되어서 정보의 단위가 간단해집니다. 이를 1 비트라고 부르지요. (자연로그의 경우에는 '나트'라 부르기도 합니다. 이는 고전정보에 한하며, 다음 강의에서 논의하는 양자정보의 경우에 정보의 단위는 큐비트로 표시합니다.)

그러면 정보의 변화에 대해 생각해 봅시다. 처음에 W가지의 가능성 중에 아무것도 모른다면 정보가 없으니 정보량 $I = 0$이고 잃어버린 정보, 곧 부족한 정보량이 최대로서 바로 $\log W$라고 할 수 있습니다. 만일 관측을 해서, 예컨대 상자를 열어 봐서 주사위가 어디 있는지 알았다면 정보는 완벽하고 잃어버린 정보는 없게 됩니다. 이러한 측정 과정에서 잃어버린 정보가 줄어든 양은 정보의 증가, 곧 얻은 정보량에 해당합니다. 따라서 얻은 정보량은 바로 $\Delta I = \log W$로 주어지지요. 이러한 자연스러운 해석을 받아들이면 정보 I와 엔트로피 S 사이의 관계가 명확해집니다. 식으로 다음과 같이 쓸 수 있지요.

$$I = -S + I_0$$

여기서 I_0는 엔트로피, 곧 잃어버린 정보량이 0일 때의 정보량으로서 최대 정보량에 해당합니다.

이러한 정의를 일반화해서 확률로 나타내면 엔트로피는

$$S = -\sum_{i=1}^{W} p_i \log p_i$$

곧 확률의 로그의 평균으로 정의됩니다. 이를 기브스 엔트로피 또는 섀넌의 정보엔트로피라고 부르지요. (이 강의에서는 다루지 않지만 양자역학적으로는 폰노이만 엔트로피에 대응합니다.)

더 알아보기 ② 확률로 나타낸 엔트로피 ☞ 460쪽

이러한 확률분포는 정보와 밀접한 관련이 있습니다. 정보가 완벽하다는 것은 계가 어느 상태에 있는지 안다는 뜻이고 따라서 그 상태의 확률만 1이고 나머지 상태에 대한 확률은 모두 0이라는 뜻입니다. 알고 있는 계의 상태를 1이라 하면 확률을 간단히 $p_i = \delta_{i1}$로 쓸 수 있고 — 기호 δ_{ij}는 $i=j$때만 1이고, $i \neq j$이면 0을 뜻합니다 — 이를 정보엔트로피 식에 넣으면 $S=0$이 쉽게 얻어집니다. 다시 말해서 잃어버린 정보 또는 정보의 부족분은 없고, 엔트로피는 최소로서 0이 됩니다. 반대로 정보가 전혀 없는 경우에는 W가지의 각 상태에 대한 확률이 모두 같다고 할 수밖에 없으므로 $p_i = W^{-1}$가 됩니다. 이를 역시 정보엔트로피 식에 넣으면 $S = \log W$가 되어서 바로 볼츠만의 엔트로피가 얻어집니다.

더 알아보기 ③ 여러 종류의 엔트로피 ☞ 461쪽

맥스웰의 악마

엔트로피와 정보의 의미와 열역학 둘째 법칙의 본질을 극명하게 나타내 준 개념이 이른바 '맥스웰의 악마'입니다. 바로 전자기파 이론을 만든 맥스웰을 아버지로 해서 태어났지요. 그림 18-1에 보인 상자에는 내부에 벽이 있어서 둘로 나뉩니다. 양쪽에 기체가 있고, 벽에 문이 있어서 열고 닫을 수 있습니다. 기체 분자들은 열운동을 합니다. 곧 쉴 새 없이 마구잡이로 움직이는데 빠르기가 모두 같지는 않고 적당히 분포되어서 빨간 점으로 표시한 빨리 움직이는 분자들과 파란 점으로 나타낸 느리게 움직이는 것들이 섞여 있지요. 그 평균 운동에너지가 기체의 절대온도에 비례하므로 온도가 높다는 것은 기체 분자들이 평균적으로 더 빠르고 활발하게 움직인다는 뜻입니다. 일반적으로 어느 부분이 뜨겁다는 말은 그 부분의 분자들이 활발하게 움직여 운동에너지가 높음을 의미하지요. 상자 내부의 문을 열어 놓고 놔두면 기체가 고르게 섞입니다. 양쪽 부분에 빠르고 느린 기체 분자들이 고르게 분포하므로, 평균 운동에너지가 같아지고, 결국

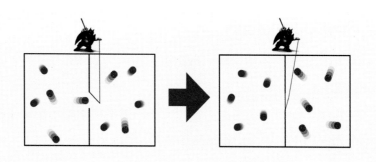

그림 18-1: 맥스웰의 악마.

양쪽의 온도가 같아짐을 뜻합니다. 이른바 평형상태에 이르러 온도가 같아지게 되지요. 왼쪽 그림은 평형상태에서 상자 양쪽에 빠르고 느린 분자들이 비슷하게 분포하고 있음을 보여 줍니다.

그런데 그림 18-1에서 보듯이 악마가 문지기 자리를 차지하고 문을 열고 닫는다고 합시다. 문을 지키면서 상자 왼쪽에서 오른쪽으로 빠른 분자는 넘어오도록 문을 열어 주지만 느린 분자가 넘어오려고 하면 문을 닫아 버려서 지나가지 못하게 합니다. 반대로 상자 오른쪽에서 왼쪽으로는 느린 분자만 넘어가도록 문을 열어 주고 빠른 분자는 넘어가지 못하게 합니다. 이를 반복하면 결국 그림 18-1의 오른쪽 그림에서 보듯이 상자 왼쪽에는 느린 분자들이 모이고 상자 오른쪽에는 빠른 분자들이 모이게 됩니다. 그러면 상자 왼쪽의 온도는 낮아지고 오른쪽은 온도가 높아집니다. 처음에는 양쪽의 온도가 같았는데 나중에는 저절로 온도가 달라지네요. 이것은 당연히 열역학 둘째 법칙에 위배됩니다. 상자는 바깥세상과 단절되어 있어서 무엇인가 오가는 것이 없습니다. 따라서 외떨어진 계인데 엔트로피가 증가하지 않고 도리어 감소합니다. 그러면 열역학 둘째 법칙이 성립하지 않는 것일까요? 아니면 어디에서 해석이 잘못되었을까요?

이에 대해 스몰룩호프스키는 문지기가 이러한 작업을 수행하려면 인간처럼 또는 악마처럼 지능이 있어야 함을 지적했습니다. 그렇지 않으면 열요동 때문에 문이 제멋대로 열렸다 닫혔다 요동하기 때문에 조절할 수 없음을 지적한 것이지요. 따라서 열역학 둘째 법칙을 지키려면 이제 지능을 가진 이런 악마를 추방해야 할 것입니다. 맥스웰의 악마를 쫓아 버리려고 많은 사람들이 노력했는데, 퇴치에 크게 기여한 사람이 브릴루앙과 실라르드입니다. 악령을 추방하거나 퇴치하는 사람을 퇴마사라고 부르지요. [예전에 무당이라고 번역하기도 했는데 〈퇴마사(엑소시스트)〉라는 미국 영화가 있었지요.] 맥스웰이 악마를 탄생시킨 것이 1867년이고 브릴루앙이 악마를 퇴치한 것이 1949년이니 악마는 80년가량 산 셈입니다.

악마를 어떻게 내쫓았을까요? 악마가 문을 열어 주는지 닫는지 결정하려면 분자의 움직임이 빠른지 느린지 검사해 봐야 합니다. 그러니까 분자의 빠르기를 측정해야 하지요. 측정이란 정보와 직결되어 있어서 우리가 측정하면 뭔가 정보를 얻게 되지요. 주사위를 던지거나, 두 개의 상자 중에 어느 쪽에 주사위가 들어 있는지 확인할 때, 주사위의 숫자를 확인하거나 상자를 열어 보는 것이 측정입니다. 이러한 측정을 통해 정보를 얻는 과정에서 필연적으로 엔트로피가 증가하게 됨을 증명하였습니다. 그런데 악마가 측정을 통해 정보를 얻는 과정에서 증가하는 엔트로피는 얻은 정보를 이용해서 감소시킨 계의 엔트로피와 정확하게 같습니다. 따라서 두 가지는 상쇄되고 전체 계의 엔트로피는 줄어들지 않습니다. (사실은 이는 이상적인 경우이고, 현실적으로는 줄어드는 엔트로피보다 늘어나는 엔트로피가 많지요.) 아무튼 중요한 것은 열역학 둘째 법칙이 성립한다는 사실입니다. 이는 놀랍게도 관측자가 얻는 정보와 계의 엔트로피가 깊이 연관되어 있음을 시사합니다. 종전에는 측정과 관계없이 엔트로피는 계 자체의 성질, 곧 계가 지닌 물리량이라고 여겼는데, 이제는 관측자가 측정을 통해 얻은 정보와 측정 대상인 계 자체의 성질이 무관하지 않음을 깨닫게 된 것입니다. 그러니까 양자역학이 아니더라도 이를 통해 측정과 대상의 존재가 밀접하게 관련되어 있음을 알 수 있습니다. 요약하면 측정이란 정보를 얻은 과정인데, 이는 필연적으로 흩어지기를 동반해서 엔트로피를 증가하게 하므로 결국 열역학 둘째 법칙이 성립한다는 논의가 실라르드와 브릴루앙 해석의 핵심입니다.

이에 따르면 여러분이 집에 가서 열심히 청소하고, 방을 정돈하면 엔트로피가 줄 것 같지만 사실은 그 과정에서 환경을 포함한 전체 계, 곧 우주 전체의 엔트로피는 도리어 증가하게 됩니다. 정돈하지 말고 내버려 두는 것이 전체 엔트로피를 덜 증가시키지요. 열심히 공부하는 것도 마찬가지입니다. 공부를 열심히 하면 두뇌의 엔트로피는 줄어들지만 역시 우주의 엔트로피를 늘리게 될 것입니다. 그러니까 너무 열심히 공부하지 말아야겠네요. 물론 열심히 공부해서 증가시킨 엔트로피는 여러분이 집에서 학교 올 때 타고 온 자동차 때문에 증가한 엔트로피에 비하면 무시할 수 있을 만큼 적으니 공부하는 편이 그래도 자동차를 타는 것보다야 훨씬 낫겠지요.

그런데 악마는 그렇게 쉽게 퇴치되지 않습니다. 영화 〈퇴마사〉를 보면 맨 끝에 악마가 완전히 소멸해 버리지는 않지요. 비슷한 다른 영화에서도 대체로 악마는 완전히 죽지 않고 속편이 있을 듯하게 복선을 깔아 놓습니다. 그러다가 악마 편에 붙은 나쁜 사람이 부활시키지요. 맥스웰의 악마도 만만하지 않아서 브릴루앙이 추방했지만 란다워와 베닛 같은 사람들이 1961년부터 노력해서 1973년, 1982년에 부활의 조짐을 보였습니다. 참으로 '나쁜' 사람들이네요. 어떻게 부활시켰을까요? 란다워와 베닛은 측정할 때 엔트로피가 증가하지 않을 수 있음을 보였습니다. 이것은 충격적인 악마의 부활이었지요. 맥스웰이 탄생시켰고, 브릴루앙과 실라르드가 애써서 추방했는데 다시 살려 낸 겁니다. 예수만 부활한 것이 아니라 이 악마도 부활했네요.

속편 영화에서 악마가 부활했으면 다시 퇴치해야 하겠지요? 그래서 악마를 다시 추방하기는 했습니다. 이는 측정 대신에 정보 지우기, 엄밀히 말하면 재설정 과정이 중요하다는 사실을 보임으로써 이뤄졌지요. 컴퓨터에 너무 많은 정보를 집어넣어서 기억장치가 다 차 버리면 잘 작동하지 못하잖아요? 그러면 필요하지 않은 정보를 적당히 휴지통에 버리고 지워 버려야 합니다. 이처럼 정보 지우기는 매우 중요한 구실을 합니다. 정보를 얻는 것과 마찬가지로 버리는 것도 중요하며, 이는 사람의 경우도 마찬가지입니다. 두뇌에 정보를 너무 많이 저장하면 작동에 문제가 생길 수 있고, 따라서 필요 없는 정보는 지워 버리는 편이 낫지요. 사실 꿈을 꾸는 동안 이러한 삭제를 포함한 정보의 정리가 이뤄진다고 여겨집니다. 사람의 두뇌는 생명현상에서도 흥미로운 문제인데 이를 과연 물리학, 곧 이론과학의 관점에서 이해할 수 있는지는 극히 중요한 문제입니다.

어쨌든 놀랍게도 필요 없는 정보를 지우는 과정에서 필연적으로 엔트로피가 증가한다는 사실을 보였습니다. 측정, 곧 정보를 얻는 과정에서는 엔트로피가 늘지 않을 수 있으나 지우는 과정에서 엔트로피가 늘어나므로 이에 따라 악마를 퇴치할 수 있다고 생각하였지요. 그런데 기억을 지우는 과정이 반드시 필요한지 의문을 제기할 수 있습니다. 상식적으로 생각해서 기억이 점점 쌓인다면 결국 연산을 계속해서 수행할 수 없을 터이므로 기억 지우기가 필요하리라 여겨집

니다. 하지만 이 문제가 증명되었다고 보기는 어려우므로 완벽히 악
마를 소멸시켰는지는 좀 불확실합니다. 아직도 부활의 여지가 남아
있다는 의견도 있지요.

　뒤에 베넷은 이 논의를 확장해서 되짚을 수 있는 연산이 가능함
을 주장했습니다. 란다워의 지적과 마찬가지로 대부분의 조작이 사
실상 흩어지기 없이 수행될 수 있는데 악마의 기억을 지우는 과정을
고려한 전체 엔트로피 변화는 0이다, 따라서 열역학 둘째 법칙을 위
배하지는 않지만 되짚을 수 있다는 것이지요. 이같이 일반적으로 연
산 과정을 되짚을 수 있다면 열역학 법칙에 위배되지는 않지만, 엔
트로피를 전혀 늘리지 않으면서 연산을 수행할 수 있으므로 놀라운
사실입니다. 보통 컴퓨터를 사용하다 보면 뜨거워지는데 이는 기억장
치에 정보를 저장했다가 지우는 과정 때문입니다. 곧 연산을 계속하
려면 기억의 재설정이 필요한데 이 과정에서 전체 엔트로피의 변화
가 0이 아니라 0보다 크기 때문이지요. 이렇게 생겨나는 엔트로피를
바깥 환경으로 내보내야 하는데, 이는 열의 형태이므로 결국 뜨거워
지게 되고, 이를 식혀야 하므로 적절한 냉각장치가 필요합니다. 그런
데 되짚기 연산이 가능하다면 컴퓨터가 뜨거워지지 않으므로 냉각
할 필요가 없지요. 일상용어로 표현하면 에너지를 쓰지 않는 컴퓨터
가 가능하다는 뜻입니다. (물론 이는 논리의 측면에서 본 이상적인
경우이고 실제로 구현하려면 물질이 결부되어야 하므로 실제로는 에
너지를 쓰지 않을 수 없습니다. 현실적으로는 이 에너지가 이상적으
로 정보 처리에 수반되는 에너지보다 큰 경우가 대부분이지요.) 과연
모든 연산을 되짚을 수 있도록 수행하는 범용 컴퓨터가 가능할까요?

실제로 만들 수 있으리라 믿는 사람은 많지 않은 듯합니다.

더 알아보기 ④ 란다워의 원리 ☞ 464쪽

영구기관

영구기관이라고 들어 봤습니까? 영구기관으로 두 가지를 생각할 수 있지요. 첫째 종류의 영구기관이라는 것은 스스로 에너지를 만들어 내면서 움직이는 기관을 말합니다. 에너지를 공급하지 않아도 스스로 움직이는 것을 말하는데 이는 불가능하다고 믿고 있습니다. 바로 에너지 보존법칙 때문에 그렇지요. 우리는 에너지가 창조될 수 없다고 믿고 있습니다. "에너지는 없어지지도 생겨나지도 않는다" 또는 "에너지 전체의 양은 변하지 않고 언제나 일정하다"가 에너지 보존법칙인데, 이것과 열을 통한 에너지 전달을 포함해서 열역학 첫째 법칙이라고 부릅니다. 앞에서는 동역학에서 운동에너지와 잠재에너지의 관계에서 출발해서 에너지 보존을 확장했습니다. 역학적 에너지는 보존되지 않는 경우가 많으므로 이를 보완하기 위해 에너지라는 개념 자체를 확장했지요. 소리, 빛, 전기 등은 모두 에너지를 지니고 있고 일과 열의 형태를 통해 에너지가 전달되므로 이런 기여들을 모두 고려하면 언제나 에너지는 보존된다고 여길 수 있습니다. 이에 따르면 에너지를 스스로 창조해서 움직이는 것은 있을 수 없습니다. 그러니까 첫째 종류의 영구기관은 있을 수 없지요.

그렇지만 둘째 종류의 영구기관은 기가 막히게 만들어서 사람을 혼동하게 하는 경우가 많이 있습니다. 최근에는 뜸해졌지만 학교 연구실로 찾아와서 영구기관을 발명했다고 주장하는 '재야在野 물리학자'가 종종 있었습니다. 가끔은 상대성이론이 틀렸다고 주장하는 분들도 있고, 둘째 종류의 영구기관에 대해 말하는 분들이 많지요.

열이라면 보통 온도가 높다, 곧 뜨겁다는 것을 연상합니다. 대체로 열은 에너지의 한 형태라고 생각하는데 앞서 지적했듯이 엄밀하게는 일과 함께 에너지의 전달 형태를 말합니다. 일반적으로 어떤 계가 열을 받으면 그 내부에너지가 늘어납니다. 그런데 이러한 내부에너지를 외부에 일의 형태로 전달할 수 있습니다. 따라서 결국 운동에너지로 바꿀 수 있는데, 그 대표적인 보기가 바로 지난 시간에 이야기한 열기관이지요. 자동차를 움직이게 하는 가솔린기관, 디젤기관 같은 것들이 널리 알려진 예입니다. 증기기관을 이용한 증기기관차를 본 적이 있나요? 옛날에는 열차를 끄는 기관차가 주로 증기기관차였지요. 증기기관차는 기관차 전체가 거대한 원통 보일러라고 할 수 있습니다. 석탄을 태워서 보일러의 물을 끓이고, 수증기를 나들통(실린더)에 보내서 나들개(피스톤)를 움직이게 하고, 연결된 바퀴를 돌리지요. 이러한 증기기관은 최초의 열기관으로서 그 기원은 서기 1세기까지 거슬러 올라갑니다. 여러 사람들의 개량을 거쳐서 18세기 후반에 와트가 만든 것이 널리 알려졌고, 동력원으로서 산업혁명에 중요한 구실을 했지요. [이 사람의 이름을 따서 일률의 단위를 와트(W)라고 하는데 1초마다 1주울의 에너지를 전달하는 일률을 말합니다. 곧 $1\,W = 1\,J/s$가 되지요. 예컨대 40와트의 전등은 1초에 40주울의 전기에너지를 소모합니다. 일부는 빛에너지로 바뀌고 일부는 열로서 주위에 흩어지지요.]

일반적으로 열기관은 연료를 태워 불을 지펴서 열의 형태로 전달하고 최종적으로 운동에너지로 바꾸는 장치입니다. 그런데 공기의 내부에너지를 바로 운동에너지로 바꿀 수 있지 않을까요? 그러면 연료를 태울 필요 없이 공기를 이용한 열기관을 만들 수 있을 겁니다. 실제로 이같이 공기로 작동하는 열기관을 발명했다는 주장이 가끔 있었습니다. 여기서 문제는 공기에서 내부에너지를 일부 빼내어 운동에너지로 바꾸고 내부에너지가 줄어든, 곧 온도가 내려간 공기를 배출해야 합니다. 이는 밖의 공기에서 열의 형태로 에너지를 빼내고 차가워진 공기를 다시 밖으로 보낸다는 것인데, 이런 일은 열이 차가운 데서 뜨거운 데로 흐르는 것과 똑같은 현상입니다. 다시 말해서 열역학 둘째 법칙을 위배하고 엔트로피가 감소하는 현상이지요. 이러한 장치를 둘째 종류의 영구기관이라 부르며, 열역학 둘째 법칙을 위배하므로 역시 불가능하다고 믿고 있습니다.

둘째 종류의 영구기관으로 널리 알려진 예로서 한쪽 방향으로만 돌도록 되어 있는 톱니바퀴, 이른바 미늘톱니바퀴도 있습니다. 그림 18-2에서 보듯이 철편이 있어서 톱니바퀴가 시곗바늘 반대 방향으로 돌아가는 것을 막아 줍니다. 따라서 톱니바퀴는 시곗바늘 방향으로만 돌아갈 수 있지요. 이것에 축을 연결해서 바람개비를 달고 공기 분자가 바람개비에 와서 부딪히게 합니다. 부딪힌 공기 분자는 바람개비에 힘을 미치는데 공기 분자는 마구잡이로 움직이므로 일반적으로 사방에서 고르게 부딪혀서 평균하면 알짜힘은 없고, 바람개비는 돌아가지 않을 겁니다. 그러나 공기 분자가 바람개비 앞쪽에 부딪힐 때는 돌지만 뒤쪽에 부딪힐 때는 미늘이 걸려서 돌지 못하게 만

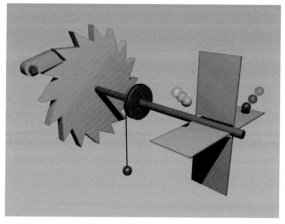

그림 18-2: 파인먼의 미늘톱니바퀴.

들어 놨습니다. 따라서 결국 바람개비와 톱니바퀴는 한쪽 방향으로만 돌 테고, 결국 연료가 없이 공기로 움직이는 영구기관이 되는 셈이지요.

이런 것을 제안한 사람은 파인먼인데 물론 머릿속에서만 발명한 겁니다. 언뜻 보면 이 장치는 실제로 작동할 것 같고, 따라서 열역학 둘째 법칙을 위배하는 보기가 될 듯하지만 사실은 그렇지 않습니다. 공기 분자들로 바람개비를 돌리려면 장치가 분자 수준으로 충분히 작아야 하는데 그러면 미늘은 공기 분자들과 마찬가지로 열운동 때문에 마구잡이로 움직이므로 톱니바퀴의 움직임을 제어할 수 없게 됩니다. 맥스웰 악마와 관련해서 스몰룩호프스키가 지적했듯이 톱니바퀴의 움직임을 제어하려면 이른바 지능이 있는 존재를 통한 정보의 처리가 필요하지요. 따라서 장치는 생각한 대로 작동하지 않으며 역시 둘째 법칙을 위배하지 않습니다.

엔트로피의 본성

이러한 논의를 바탕으로 엔트로피의 본성을 살펴볼까요. 볼츠만을 따라서 엔트로피를 대상의 거시상태에 대응하는 미시상태, 곧 접근가능상태의 수의 로그로 정의하면 이는 거시상태의 함수로서 대상이 지닌 성질이라 할 수 있습니다. 따라서 엔트로피는 존재론적인 물리량으로서 우리가 대상에 대해 알고 있는 정도와는 관계없이 객관적으로 정해지는 듯합니다. 한편 정보의 관점에서 엔트로피를 정보의 부족이나 우리의 무지의 척도라고 해석하면 주관적이라는 느낌이 드네요. 이에 따르면 어떤 대상의 엔트로피란 대상의 속성이 아니라 우리가 대상에 대해서 얼마나 알고 있는지 말하는 것이 되므로 주관적이고 인식론적이라 할 수 있습니다. 이러한 두 가지 관점을 어떻게 조화시킬 수 있을까요?

앞의 논의에서 보면 정보의 관점이 더 일반적이라고 생각됩니다. 그런데 누구나 알듯이 일상에서 얼음은 0℃에서 열을 받으면 녹아서 물이 됩니다. 얼음의 온도를 올리지 않고 녹이는 구실을 하는 이러한 열을 숨은열이라 하는데 이는 엔트로피의 증가와 관련되어 있습니다. 곧 얼음보다는 물이 엔트로피가 높은 상태이지요. 그런데 엔트로피가 무지의 척도라고 하면 우리가 H_2O 집단에 대해 잘 알면 엔트로피가 낮으므로 얼음에 해당하고 잘 모르게 되면 엔트로피가 높으므로 물이 된다는 말이 되는가요? 이러한 해석은 선뜻 받아들이기 어렵습니다. 그래서 엔트로피를 어떻게 이해할 것인가, 정확한 의미가 무엇인가에 대해 의문이 들게 됩니다.

이 의문에 대해 고찰해야 할 문제는 거시변수입니다. 뭇알갱이계를 기술할 때 동역학변수 대신에 적절한 거시변수를 가지고 거시적 기술을 하는 경우에 엔트로피가 등장합니다. 거시변수가 주어지면 거시상태가 규정되고 그에 따라 접근가능상태, 그리고 엔트로피가 정해지지요. 압력이나 부피, 온도 따위가 대표적인 거시변수인데 이는 원리적으로 각 구성원(분자)의 위치와 운동량 따위 동역학변수들 전체 집단에 의해 정해집니다. 구성원의 수만큼 되는 동역학변수들로부터 불과 몇 가지의 거시변수를 정하는 방법은 당연하게도 아주 많겠지요. 그중에 어떤 조합을 택해서 거시변수를 정할 것인가가 문제입니다. 인식론적 관점으로 해석하면 거시변수란 우리가 관심이 있고 또한 실제 실험에서 측정할 수 있는 양으로 정했다고 생각할 수 있습니다. 따라서 거시변수는 임의성이 있고 주관적인 성격을 지니게 되네요. 이와 달리 거시변수는 우리가 마음대로 정한 게 아니라 자체가 물리적 의미가 있다고 생각할 수도 있습니다. 다시 말해서 거시변수는 측정 기구를 포함한 주위 환경과 어떻게 결합했는지에 따라 정해져서 실제 물리적 영향을 끼치며 그 시간펼침을 기술하는 자체의 동역학을 구축할 수 있습니다. 이러한 일반적인 물리학 관점으로 보면 거시변수는 존재론적 속성을 지녔고 따라서 객관적인 물리량이라고 생각할 수 있겠네요. 일상에서 널리 쓰이는 열기관을 이용하여 일을 계산하고 실제로 얻어 내는 과정을 보면 거시변수는 실제로 객관적 성격을 지닌 듯합니다.

결론적으로 엔트로피란 주관적 성격과 객관적 성격의 양면성을 지닌 것으로 보입니다. 그렇지 않다면 받아들이기 어려운 문제들이 생겨나지요. 만일 엔트로피가 순전히 객관적이고 물리적이라면 거시변수들은 임의성이 없이 정해지고 따라서 거시적 기술도 한 가지만 있어야 할 것입니다. 그러나 현실은 그렇지 않아요. 실제로 통계역학에서 사용하는 기술 방법으로 볼츠만방정식을 비롯한 운동학방정식과 흐름동역학, 그리고 열역학 따위를 들 수 있습니다. 이러한 여러 기술 방법은 논리적으로 일관성이 있고, 또한 서로 다른 거시적 수준에서 뭇알갱이계를 기술합니다. 어떠한 수준의 거시적 기술을 선택할 것인지 여지가 있는 것을 보면 엔트로피는 순전히 객관적인 것은 아니고 주관적 성격도 지니는 것으로 보입니다. 또한 엔트로피와 정보는 동전의 앞뒷면이라는 사실에서 이러한 속성은 엔트로피뿐 아니라 다음 강의에서 주로 논의할 정보에도 해당한다고 할 수 있습니다.

앞 강의에서 언급했듯이 일반적으로 거시상태는 위상공간에서 여러 점들의 집합으로 나타내지는데, 한 점과 바로 인접한 점은 현실에서 (정밀도는 유한하므로) 구분이 본원적으로 불가능합니다. 이 경우에 위상공간을 적절히 낱칸으로 분할해서 하나의 낱칸 속의 점들을 하나의 점으로 대표해서 생각하면 편리합니다. 그러면 미시상태의 수 또는 접근가능상태의 수는 낱칸의 수로 주어지므로 셀 수 있게 되지요. 이러한 분할을 거친 낱알 만들기라 부르는데, 이는 수학적으로 실수에 수반된 무한한 정보를 현실적으로 다룰 수 있도록 유한하게 바꾸는 과정입니다.

더 알아보기 ⑤ 거친 낱알 만들기와 엔트로피 ☞ 467쪽

그런데 일반적으로 위상공간을 적절히 분할하는 방법이 한 가지만 있는 것은 아니므로 어떻게 분할할 것인가 하는 문제가 생깁니다. 이러한 거친 낱알 만들기의 선택 문제가 바로 거시상태를 어떻게 규정할 것인가 하는 문제이고, 결국 엔트로피는 이러한 거친 낱알 만들기에 의존합니다. 이러한 성격은 다음 강의에서 살펴볼 확률과 정보

도 마찬가지라 하겠습니다.

엔트로피와 생태계

통계역학이란 많은 구성원들로 이뤄진 뭇알갱이계를 거시적 관점에서 다루는 이론 체계입니다. 뭇알갱이계로서 다양한 고체와 액체 등 응집물질, 특히 생명현상을 보이는 생체계에 대한 이해와 해석은 결국 정보와 엔트로피에 결부되어 있지요. 따라서 통계역학은 바로 엔트로피와 정보를 다루는 물리학의 방법이라 할 수 있습니다. 지난 시간에 소개한 "모든 것이 정보"라는 말처럼 21세기에는 자연을 해석하는 데에서 정보와 엔트로피가 핵심적 구실을 하리라 여겨지며, 통계역학의 중요성은 갈수록 높아지고 있습니다. 이른바 정보기술, 나노기술, 생물기술 등 현대 기술은 대부분 통계역학과 양자역학이 바탕을 이룬다고 할 수 있습니다.

학생: 그럼 어떤 대상을 측정해서 정보를 얻으면 엔트로피가 줄어드나요?

그게 바로 조금 전에 이야기한 브릴루앙의 악마 추방입니다. 측정하면 일반적으로 측정한 대상의 엔트로피는 줄어들지만 측정하는 주체의 엔트로피는 늘어난다는 것이지요. 물론 뒤에 측정이 반드시 엔트로피 증가를 수반하지 않을 수 있다는 사실이 알려지면서 문제가 되었지만 말입니다.

학생: 결국 엔트로피가 계속 증가한다면 지구의 생명체는 멸종하는 것 아닌가요?

지구도 열려 있는 계입니다. 지구가 만약 닫혀 있는 계라면 지구에는 생명이 존재할 수가 없습니다. 지구는 어디에 열려 있을까요? 가장 중요한 것은 바로 해입니다. 해는 끊임없이 빛을 비춰서 지구에 에너지를 공급하고 있습니다. 지구는 해에게서 받은 에너지의 대부분을 다시 방출하지만 일부는 생명을 키우기 위해 씁니다. 이 에너지를 통해 생명체는 엔트로피가 늘어나지 않도록 국소적으로나마 유지할 수 있습니다.

여러분은 음식을 왜 먹습니까? 먹기 위해서 산다는 우스개도 있지만 엄밀하게는 살기 위해서 먹어야 합니다. 음식을 먹는 의미는 에너지를 공급받기 위함입니다. 식물은 해에게서 받은 에너지를 직접 이용하는데, 동물은 이를 직접 이용하지 못하고 식물을 먹어서 식물이 만든 에너지를 얻습니다. 또는 다른 동물에게서 에너지를 공급받기도 합니다. 각각 초식동물, 육식동물이라 부르지요.

사람은 어떤가요? 보통 동물, 식물을 닥치는 대로 먹으니 잡식이라고 이야기합니다. 그런데 초식동물인 토끼에게 고기를 먹여 보면 그 뒤로 풀보다 고기를 더 잘 먹게 된다고 합니다. "중이 고기 맛을 알면 절간에 빈대가 남아나지 않는다"는 속담이 생각나네요. 그러나 토끼는 고기만 먹으면 오래 살지 못하고 일찍 죽는다고 합니다. 토끼의 몸이 채식에 맞춰 진화해 왔는데 육식을 해서 그렇지요. 사람도 마찬가지입니다. 사람은 고기도 먹는 잡식성이라고 하지만 사실 신체 구조와 생리학적 측면을 보면 육식동물보다는 초식동물 쪽에 더 가깝습니다. 따라서 고기는 적당히 먹고 푸성귀(채소)를 주로 먹어야 하는데, 고기만 많이 먹다 보니까 토끼처럼 건강에 문제가 생기는 겁니다.

사망률 1위의 원인이 뭔지 아는지요? 옛날에는 제대로 먹지 못해서 죽는 경우의 비율이 꽤 높았을 텐데 요즘 잘산다는 나라에서는 도리어 너무 많이 먹어서 죽는 경우가 많습니다. 다시 말해서 영양실조보다는 영양 과잉이 원인이 되는 이른바 성인병에 걸리는 사람이 많지요. 그런가 하면 아프리카나 아시아의 가난한 나라에서는 아직도 굶어 죽는 사람이 많습니다. 그런데 이러한 차이는 물질적으로 풍요한 나라와 빈곤한 나라 사이에만 있는 것이 아니고 같은 나라 안에서도 나타납니다. 예컨대 가장 풍요하다는 미국에서도 절대 빈곤층이 상당히 많습니다. 우리나라, 북한은 물론이고 남한에서도 굶주림에 허덕이는 사람이 꽤 있지요. 한쪽에서는 남아돌아가는 식량을 마구 버려서 환경을 오염시키고, 한쪽에서는 식량이 모자라 죽어가는 세계이니까 참으로 어처구니없고 심각하네요. 혹시 추천한 책 중에 《굶주리는 세계》를 읽어 본 학생 있나요? 그 책을 보면 문제의 핵심이 무엇인지 생각해 보게 됩니다.

생태계는 조화가 잘 유지되어 나가야 하는데, 물리학의 관점에서 보면 해에게서 받은 에너지의 순환이 잘 이뤄져야 한다는 겁니다. 그런데 여기서 에너지란 표현을 썼지만 사실 더 본질적인 것은 에너지가 아니라 엔트로피입니다. 생명을 유지하기 위해 해에게서 음의 엔트로피, 이른바 네겐트로피를 받는다고 말하기도 하는데, 정확하게는 에너지와 엔트로피를 같이 고려한 자유에너지라고 부르는 양입니다. 아무튼 에너지의 전체 양은 변하지 않지만 엔트로피는 끊임없이 증가하는데 이를 어떻게 막아 내는지는 현대 문명과 인류뿐 아니라 궁극적으로는 지구의 생태계에 극히 중요합니다.

일상에서 흔히 에너지 위기라고 말하는데 에너지란 없어지지 않으므로 '에너지가 부족하다', '에너지가 비싸다' 등의 말은 엄밀하게는 옳지 않은 표현입니다. 문제는 에너지가 아니라 엔트로피입니다. 에너지를 사용하면 엔트로피가 증가합니다. 에너지 자체를 소비해 버리는 것이 아니고 쓰기 좋은 형태에서 쓰기 나쁜 형태로 바꾸는 것인데, 이것이 바로 엔트로피를 증가시키지요. 다시 말하면 전체의 정보를 일부 잃어버리는 셈입니다. 여러분이 공부를 하는 목적도 정보를 얻으려 하는 것이지요. 그러면 여러분의 엔트로피는 줄어들지만 환경의 엔트로피는 늘어날 겁니다. 아무튼 이러한 정보와 엔트로피는 인간의 삶에서 가장 핵심적인 문제라 할 수 있습니다.

암과 당뇨병, 그리고 고혈압, 동맥경화, 심근경색 같은 순환기 질환 등 이른바 성인병은 대부분 생활 습관, 특히 식생활과 깊은 관련이 있습니다. 결국 초식동물에 가까운 사람이 육식, 고기를 지나치게 먹기 때문에 이러한 병에 걸릴 확률이 높아집니다. (점심을 먹으러 학교 식당에 가보면 언제나 고기 요리에만 줄이 아주 길게 늘어서 있는 모습을 보게 되지요.) 물론 먹는 것 다음으로도 운동 부족과 환경오염 등이 중요한 영향을 끼칩니다. 내가 학생일 때에는 학교 교정에 자동차가 없었고, 공기도 맑아서 걷는 것이 쾌적했어요. 아무런 불편하다는 생각 없이 유쾌하게 걸어 다녔는데 지금은 걸으려면 많이 불편합니다. 교정에도 자동차가 많아서 매연, 미세먼지가 심합니다. 통로를 막아 엉망으로 차를 세워 놓아서 걷기가 매우 불편하고 심지어 난폭한 운전에 위협도 느낍니다. 그러니 모두 자동차를 타고 다니게 되지요. "악화가 양화를 구축한다"고 해야 할까요. 이같이 자동차를 타고 다니니 몸이 편해져서 좋은 것 같지만 사실은 환경오염과 운동 부족을 같이 일으켜서 건강도 해치고, 엔트로피의 측면에서 매우 부정적인 영향을 끼치는 것입니다. 고기를 얻기 위한 대규모 축산도 환경, 포괄적으로 엔트로피의 측면에 부정적 영향이 상당히 큽니다. 가축도 생명체인데 목장에서 사육하는 것이 아니라 마치 공장에서 물건을 찍어 내듯이 생산하고 있지요.

혹시 작가 권정생 선생님을 아는 학생이 있나요? 《몽실 언니》, 《강아지똥》, 《도토리 예배당 종지기 아저씨》와 《우리들의 하느님》을 비롯해서 감동적인 글을 많이 쓰셨는데 그 삶은 더 감동적입니다. 이라크 침략을 비롯한 전쟁을 막으려면 자동차를 타지 말아야 한다고 하셨지요. (안타깝게도 2007년에 의료사고로 타계하셨습니다.) 아무튼 몸이 편해지고 물질이 풍요로워져서 대량 소비를 하는 행태가 과연 삶의 질을 높여 주고 우리를 정말 행복하게 만들어 주는지, 특히

다음 강의에서 자세히 논의할 정보의 관점에서 인류와 생태계, 우주의 미래와 함께 깊이 생각해 봤으면 합니다.

그림 18-3: 권정생(1937~2007).

더 알아보기

① 잃어버린 정보를 구하는 방법

그러면 정보가 만족해야 하는 조건을 고려해서 $S(W)$의 형태를 구해 보지요. 먼저 상자의 수 W가 커지면 그만큼 우리는 주사위가 어디 들어 있는지 모르므로 정보의 부족분, 곧 잃어버린 정보는 많아집니다. 따라서 $S(W)$는 W에 대한 증가함수라고 할 수 있습니다. 식으로 쓰면 (1) $W_1 < W_2$인 경우 $S(W_1) < S(W_2)$가 성립합니다. 만일에 $W = 1$, 곧 상자가 하나만 있다면 바로 그 상자에 주사위가 들어 있다는 뜻이므로 정보는 완벽하고 잃어버린 정보는 없습니다. 따라서 (2) $S(W = 1) = 0$이지요. 다음으로 $W_1 W_2$ 가지의 가능성이 있을 때 정보의 부족분은 W_1 가지에 대한 부족분과 W_2 가지에 대한 부족분을 더한 것과 같습니다. 예컨대 $W_1 W_2$ 개의 상자는 각각 W_2 개의 상자들로 이루어진 W_1 개의 무리로 나눌 수 있습니다. 상자를 결정할 때 먼저 W_1 개의 무리 중에 하나를 선택하고 그 무리에 있는 W_2 개의 상자 중에 하나를 선택하면 되므로 결국 두 번으로 나누어 결정하면 됩니다. 그러면 전체 정보의 부족분은 W_1에 대한 부족분과 W_2에 대한 부족분의 합으로 주어지고 이를 식으로 나타내면 (3) $S(W_1 W_2) = S(W_1) + S(W_2)$가 됩니다. 혹시 정보도 곱해져서, $S(W_1 W_2) = S(W_1)S(W_2)$로 주어지지 않을까 생각할 수 있는데 이는 옳지 않습니다. 실제로 이 경우에 $S(W) = S(W \times 1) = S(W)S(1) = 0$ 이므로 명백히 모순이 됩니다. 마지막 조건으로서 (4) $S(W)$를 W에 대한 연속함수로 간주합니다. 원래 W는 상자의 수 등 가짓수이므로 당연히 자연수지만 이를 1 이상의 실수로 확장하고 위의 (1), (2), (3), (4) 조건을 만족하는 연속함수 $S(W)$를 구할 수 있습니다. 그러면 흥미롭게도 이는 상수 곱만 빼면 한 가지로 결정됨을 증명할 수 있습니다. 바로

로그 함수로서 $S(W) = k \log W$로 주어지게 됩니다. 여기서 로그의 밑수는 임의로 정할 수 있으며 곱해진 상수 k는 정보의 단위로서 로그의 밑수를 a라 하면 $k \equiv S(a)$에 해당합니다.

② 확률로 나타낸 엔트로피

확률의 자세한 의미는 다음 강의에서 다루기로 하고, 일단 주어진 계가 미시상태 i에 있을 확률을 p_i라고 하지요. 가능한 상태의 수를 W라 하면 $1 \leq i \leq W$이며 틀맞춤 조건 $\sum_{i=1}^{W} p_i = 1$이 성립해야겠네요. 이러한 확률을 빈도로 해석하기 위해서 N개의 계로 이루어진 모듬을 생각합니다. N은 매우 큰 수로서 이러한 N개 중에서 적당한 개수씩 묶어서 무리를 짓는데 모두 W개의 무리로 나눕니다. 그중에 무리 i에 포함된 계의 수를 N_i라고 나타내지요. 그러니까 N개 중에서 일부(N_1개)는 무리 1에 포함되고, 다른 일부(N_2개)는 무리 2에, 또 다른 일부(N_3개)는 무리 3에, 따위입니다. 그러면 이렇게 배열하는 방법의 수, 곧 서로 다른 무리 짓기의 가짓수는 $W_N = \dfrac{N!}{N_1! N_2! \cdots N_W!}$로 주어집니다. 따라서 계 하나당 잃어버린 정보 또는 (볼츠만) 엔트로피는

$$S = \frac{1}{N} \log W_N = \frac{1}{N} \left[\log N! - \sum_{i=1}^{W} \log N_i! \right]$$

가 되지요. 한편 각 무리를 상태에 대응시켜 해석하면 무리 i 또는 상태 i의 확률 $p_i = N_i/N$이라 할 수 있습니다. 그래서 위의 식에 $N_i = Np_i$를 대입하고, N이 클 때 성립하는 스털링의 공식($\log N! \approx N \log N - N$)을 써서 정리하면 엔트로피는

$$S = - \sum_{i=1}^{W} p_i \log p_i$$

로 주어집니다.

③ 여러 종류의 엔트로피

일반적으로 가능한 계의 상태 또는 사건을 x라 표시하고 그들의 집합을 X라고 합시다. 확률척도, 곧 각 상태에 대한 확률이 $p(x)$로 주어지면 위의 식과 같이 정보엔트로피를

$$S(X) \equiv - \sum_x p(x) \log p(x)$$

로 정의하고 이를 잃어버린 정보로 해석할 수 있겠습니다. 그런데 확률척도가 다르게 주어질 수도 있을 것입니다. 예컨대 X라는 집합에서 $p(x)$로 주어질 수 있지만 $q(x)$로 주어지는 경우도 생각할 수 있지요. 한편 다른 계의 상태 y의 집합 Y가 있고 해당하는 확률척도 $p(y)$가 주어질 수도 있습니다. 이런 여러 가지 경우에 알맞게 다양한 엔트로피를 생각할 수 있어요.

먼저 연계확률과 조건확률을 고려해 보지요. 상태 x와 y가 같이 얻어질 연계확률 $p(x;y)$는 y의 확률 $p(y)$에 y가 얻어진 조건에서 x를 얻을 조건확률 $p(x|y)$의 곱이 되므로 $p(x;y) = p(x|y)p(y)$로 쓸 수 있습니다. 그러면 이에 맞추어서 연계엔트로피와 조건엔트로피를 정의할 수 있지요. 연계엔트로피는

$$S(X;Y) \equiv - \sum_{x,y} p(x;y) \log p(x;y)$$

로 정의하는데, 여기서 X, Y가 서로 독립이라면 연계확률은 각 확률의 곱이 되어서 $p(x;y) = p(x)p(y)$가 되므로 연계엔트로피는 각 엔트로피를 더해서 $S(X;Y) = S(X) + S(Y)$로 주어집니다. 비슷하게 조건엔트로피는

$$S(X|Y) \equiv - \sum_y p(y) \sum_x p(x|y) \log p(x|y)$$

로 정의되는데 여기서 연계확률과 조건확률의 관계를 이용하면 $S(X|Y) = - \sum_{x,y} p(x;y) \log \dfrac{p(x;y)}{p(y)}$가 되므로 연계엔트로피와 조건엔트로피는

$$S(X;Y) = S(X|Y) + S(Y) = S(Y|X) + S(X)$$

의 관계를 지닙니다.

집합 X에 두 가지 확률척도 $p(x)$와 $q(x)$가 있는 경우에는 먼저 교차엔트로피를

$$S(p,q) \equiv -\sum_x p(x)\log q(x)$$

로 정의합니다. 이로부터 널리 쓰이는 상대엔트로피를

$$S(p\|q) \equiv S(p,q) - S(p) = \sum_x p(x)\log\frac{p(x)}{q(x)}$$

로 정의할 수 있습니다. 이는 확률척도 $p(x)$의 $q(x)$에 대해 상대적인 엔트로피인데 두 가지 확률분포가 얼마나 다른지 말해 주는 척도로서 흔히 쿨백-라이블러 발산이라고 부르고 $D_{KL}(p\|q)$로 표시합니다. 이는 주어진 자료로부터 확률분포를 추정하는 경우에 유용하지요. [전문적인 내용이라 여기서 다룰 수는 없지만 실제 확률분포 $p(x)$와 추정 확률분포 $q(x)$ 사이의 쿨백-라이블러 발산이 최소가 되도록 $q(x)$를 택하면 이른바 로그있음직함이 가장 크게 되므로 최선의 추정에 해당합니다.]

지금까지는 상태나 사건 등을 가리키는 x가 띄엄띄엄discrete하다고 간주했는데 연속변수라면 유의해야 할 문제가 생깁니다. (물리학에서는 기본적으로 시간이나 공간이 연속이라고 가정하므로 연속변수가 매우 흔하게 나타납니다.) 이러한 경우에는 확률 $p(x)$ 대신에 확률밀도 $f(x)$를 다루어야 하겠네요. 곧 상태가 x와 $x+dx$ 사이로 주어질 확률을 생각해야 하고 이는 $p(x) = f(x)dx$로 주어집니다. 그러면 이 경우에 정보엔트로피를 계산해 볼까요. 표준의 정의에 $p(x) = f(x)dx$를 넣고 $\sum_x p(x) = \sum_x f(x)dx = 1$을 이용하면

$$S(p) = -\sum_x p(x)\log p(x) = -\sum_x f(x)dx \log[f(x)dx]$$
$$= -\sum_x dx f(x)\log f(x) - \log dx$$

가 됩니다. 연속 극한 $dx \to 0$에서 이 표현은 적분이 되어서 결국 $S(p) = S[f] + C_1$가 얻어집니다. 여기서 미분엔트로피는

$$S[f] \equiv - \int dx f(x) \log f(x)$$

로 정의되고 정보들이가 $C_1 \equiv -\log dx$로 주어집니다. 원래 정보엔트로피 $S(p)$는 당연히 음수가 될 수 없습니다. 그런데 정보들이 C_1는 $dx \to 0$ 극한에서 무한히 커지므로 미분엔트로피 $S[f]$는 0보다 작지 않다는 보장이 없고 음수가 될 수 있네요. 그래서 해석의 문제가 생기고, 이러한 미분엔트로피는 정보엔트로피의 적절한 확장이라 보기 곤란합니다.

연속변수의 경우에 정보들이가 무한히 큰 현상은 흥미로운 문제인데, 이는 거의 모든 실수가 무한히 많은 자릿수를 가지기 때문입니다. 곧 척도가 0인 유리수를 제외한 모든 실수는 무리수이고 이를 표현하려면 무한히 많은 정보량이 필요합니다. 자연현상이 본질적으로 실수로 기술된다는 사실과 관련되어 있지요. 그래서 연속변수의 경우에 미분엔트로피는 이러한 문제가 없도록 두 경우의 차이 ΔS만 고려하거나 상대엔트로피 $S[f\|g] = \int dx f(x) \log \dfrac{f(x)}{g(x)}$로 정의하여 사용합니다. 차이를 구할 때와 마찬가지로 로그의 분모와 분자에서 정보들이가 상쇄되므로 발산 문제가 생겨나지 않지요. 이는 정보의 관점에서 우리가 말할 수 있는 것은 상대적인 것뿐이며 본질적으로 절대적 정보란 생각할 수 없음을 함축한다고 할 수 있습니다.

이와 관련된 것으로 시간펼침에 따른 정보의 손실, 곧 단위시간당 줄어드는 정보량을 가리키는 동역학엔트로피가 있습니다. 너무 전문적인 내용이라 여기서 논의하지는 않겠으나 정보 손실률을 나타내는 동역학엔트로피는 초기조건에 대한 민감성의 척도로 15강에서 소개한 랴푸노프 지수와 사실상 같다고 할 수 있습니다. 본질적으로 처음 정보를 완벽하게 알 수는

없으므로 일부 잃어버린 정보가 항상 있기 마련인데, 랴푸노프 지수 또는 동역학엔트로피가 양수라면 정보의 부족분이 시간이 지날수록 점점 늘어납니다. 결국 정보의 손실이 필연적이라는 뜻입니다. 근본적으로 이는 실수의 성질에 기인한다고 할 수 있겠습니다.

④ 란다워의 원리

그러면 지우기와 재설정을 자세히 살펴보기로 하지요. 그림 18-4에 보인 것처럼 간단하게 안쪽 가운데에 나들개 칸막이가 있는 나들통 상자에 기체 분자 한 개가 있다고 합시다. 이를 실라르드 모형이라 부릅니다. 상자는 칸막이 양쪽 두 부분으로 나뉘므로 기체 분자는 오른쪽 또는 왼쪽에 있을 터인데, 칸막이를 치우면 분자의 위치에 대한 정보를 지우는 것에 해당합니다. 다음에 오른쪽 끝에 칸막이를 넣고 왼쪽으로 밀어서 기체를 압축합니다. 이른바 온도가 T로 일정한 등온압축을 통해서 칸막이를 가운데에 밀어넣으면 처음 상태로 돌아오게 됩니다. 이것이 바로 재설정이지요.

이러한 일련의 과정에서 계와 환경의 엔트로피 변화를 살펴봅시다. 처음 상태가 마구잡이 자료로 주어졌다면 분자가 상자 안 어느 쪽에 있는지 모르므로 접근가능상태가 오른쪽과 왼쪽 두 가지이고($W = 2$) 따라서 $k \log 2$의 엔트로피가 있는 셈입니다. 이러한 경우에는 칸막이를 치워도 엔트로피는 바뀌지 않으므로 지우기는 엔트로피 변화를 수반하지 않습니다. 다음에 칸막이를 넣고 등온압축해서 가

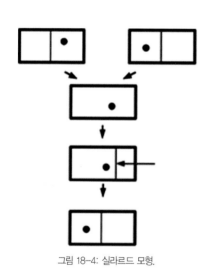

그림 18-4: 실라르드 모형.

운데로 밀면 원래 상태로 분자는 왼쪽에 있게 되므로 엔트로피는 0이 됩니다. 결국 재설정 과정에서 계의 엔트로피는 줄어들어서 그 변화가 $\Delta S_{sys} = -k \log 2$로 주어지네요. 요약하면 마구잡이 자료의 경우에 지우는 과정에서는 엔트로피가 바뀌지 않으나 재설정 과정에서 엔트로피가 줄어들게 됩니다. 그런데 등온압축 과정에서 부피가 반으로 줄어들므로 외부로 $Q = kT \log 2$의 열을 내보내게 되고, 이 열을 받은 환경은 엔트로피가 $\Delta S_{env} = Q / T = k \log 2$만큼 늘어납니다. 결과적으로 계의 엔트로피는 줄었지만 환경의 엔트로피가 같은 만큼 늘었으므로 둘을 더한 전체 엔트로피는 바뀌지 않습니다. 열역학적 되짚기가 성립하는 것이지요.

한편 마구잡이 자료가 아니고 처음 상태가 어느 한쪽으로 주어져 있다면 엔트로피는 0인데 칸막이를 치우는 과정에서 엔트로피가 늘어나게 됩니다. 곧 정보를 지우면서 엔트로피가 $k \log 2$로 되지요. 그다음 등온압축 과정은 마구잡이 자료의 경우와 같습니다. 계의 엔트로피가 줄어들어서 다시 0이 되고, 계가 내보낸 열을 받은 환경의 엔트로피는 늘어나게 되지요. 결국 계의 엔트로피는 바뀌지 않는데 환경의 엔트로피는 늘어나므로 전체 엔트로피가 늘어나서 열역학적 못되짚기를 보이게 됩니다. 결국 이 두 가지 경우는 어떤 과정에서 엔트로피가 늘어나는가에 차이가 있는데 이는 논리적 못되짚기와 관련되어 있습니다. 만일 어떠한 과정에서 가능한 논리적 상태 수가 줄어들면 그 과정을 거꾸로 수행할 수 없으므로 이를 논리적 못되짚기라 부릅니다. 정보를 지우고 기억을 재설정하는 과정은 논리적 못되짚기 속성을 지니지만 마구잡이 자료의 경우에는 열역학적 되짚기를 보이므로 논리적 못되짚기가 반드시 열역학적 못되짚기를 수반하는 것은 아닙니다. 논리적 못되짚기에서 가능한 논리적 상태 수 줄어들면 당연히 엔트로피도 줄어들지요. 그러나 논리적 상태에 대응하는 물리적 상태 수는 반드시 늘어나고, 이에 따른 엔트로피도 늘어나므로 결국 전체 엔트로피는 줄어들 수 없다는 결론이 바로 열역학 둘째 법칙입니다.

이렇게 정보와 관련해서 엔트로피의 변화를 다룰 때 널리 알려진 논거가 란다워의 원리입니다. 정보 비트당 최소 엔트로피 변화는 $\Delta S = k \log 2$이다, 곧 1비트의 정보를 다룰 때 적어도 $k \log 2$의 엔트로피 증가가 수반된다는 주장입니다. 열로 나타내면 $Q = T\Delta S = kT \log 2$에 해당하지요. 이러한 원리는 몇몇 경우에 실험적으로 확인이 되었으나 언제나 성립하는지는 아직 확실하지 않은 듯합니다. 원래는 정보를 지울 때 엔트로피 증가가 수반된다고 생각했으나 재설정과 측정을 포함하여 정보를 다루는 일반적인 경우로 확장하여 생각하는 편이 적절해 보입니다. 어쨌든 이 원리를 전제하면 일반적으로 열역학 둘째 법칙이 성립하게 되지요.

이를 따라서 그림 18-5의 실라르드 모형 기관을 다시 고찰해 보겠습니다. 각 과정에서 기체 분자가 들어 있는 나들통 계와 악마, 그리고 환경의 엔트로피가 각각 어떻게 바뀌는지 살펴보지요. 처음에 분자의 위치를 모르

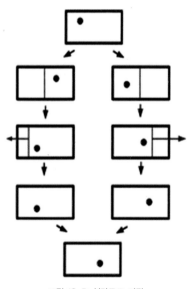

그림 18-5: 실라르드 기관.

면 계의 엔트로피는 $k \log 2$입니다. 칸막이를 넣고 악마가 분자의 위치를 측정하면 계의 엔트로피는 0이 되는 반면, 악마의 기억에서 엔트로피는 $k \log 2$로 늘어납니다. 다음에 기체가 주위로부터 열 $Q = kT \log 2$를 받아서 팽창하고 칸막이를 상자 끝으로 밀어내면 계의 엔트로피는 다시 $k \log 2$로 늘어나고 환경은 열 Q를 내놓았으므로 엔트로피는 $Q/T = k \log 2$만큼 줄어드네요. 마지막으로 악마의 기억을 지우고 재설정하면 기억의 엔트로

피는 줄어서 0이 되는데 이 과정에서 열 $Q = kT \log 2$를 방출하므로, 이 열을 받은 환경의 엔트로피가 $k \log 2$만큼 늘어납니다. 그러면 계와 악마, 환경 모두 처음 상태로 되돌아왔고 전체 엔트로피의 변화는 없게 되지요. 여기서도 되짚을 수 있는 측정이 가능합니다. 본질적으로 측정이란 계의 상태와 관측자의 마음 또는 기억 사이에 상관관계를 형성할 뿐이고, 반드시 되짚지 못할 이유는 없다는 것입니다. 중요한 과정은 역시 지우기와 재설정이라 할 수 있습니다. (최근에는 계와 관측자 사이의 상호정보에 주목하면 측정과 지우기를 포함해서 일반적으로 논의할 수 있다는 사실이 지적되었습니다. 상호정보에 대해서는 다음 강의에서 논의하지요.)

⑤ 거친 낱알 만들기와 엔트로피

구체적으로 확률밀도 $f(x)$가 주어져 있는 위상공간 Γ를 W개의 낱칸 Δx_1, Δx_2, ... , Δx_W로 분할하면 i번째 낱칸 Δx_i에 대한 확률은 $p_i = \displaystyle\int_{\Delta x_i} dx f(x)$로 주어집니다. 그러면 미분엔트로피는

$$S[f] \equiv - \int_\Gamma dx f(X) \log f(x) = S_c + S_i$$

로서 낱칸들의 확률분포에 대한 거친 낱알 엔트로피 $S_c \equiv - \displaystyle\sum_{i=1}^{W} p_i \log p_i$와 각 낱칸 안에서 미시상태들의 엔트로피 기여 S_i의 합으로 주어지지요. 간단하게 각 낱칸에 대한 확률밀도가 일정한 경우에는 위치 x_i의 낱칸에 대한 확률은 $p_i = f(x_i)\Delta x_i$가 되므로 낱칸 안 미시상태들의 기여는 $S_i = \displaystyle\sum_{i=1}^{W} p_i \log \Delta x_i \equiv \langle \log \Delta x \rangle$로 됩니다. 이는 앞에서 언급한 정보들이 C_1에 대응하지만, 거친 낱알 만들기에서는 Δx는 낱칸 안의 미시상태 수의 척도로서 일반적으로 유한하고 상대적으로 1보다 크다고 생각할 수 있습니다.

19강
확률과 정보

 그동안 맥스웰의 악마와 엔트로피를 통해서 알게 된 중요한 사실은 우리가 관측을 해서 자연현상을 해석할 때, 해석하려는 대상 자체뿐 아니라 대상의 정보가 우리에게 얼마나 전해질 수 있는지도 매우 중요하다는 점입니다. 예전에는 대상 자체의 성격이 현상을 결정한다고 믿었고, 원리적으로 대상에 대한 정보는 우리에게 완전히 전해질 수 있다고 믿었는데, 사실은 그렇지 않다는 거지요. 따라서 자연을 해석할 때에는 대상 자체의 성격 못지않게 대상에 대한 정보가 우리에게 얼마나 전해질 수 있는지도 아주 중요합니다.

 예를 들어 우리가 무엇을 보면 눈으로 빛을 받아들이는데 이것은 결국 정보를 받아들이는 겁니다. 이런 정보의 처리, 정보를 얻고 필요 없는 정보를 지우는 과정들이 모두 엔트로피와 직결되어 있는 문제지요. 정보를 음의 엔트로피, 곧 네겐트로피라고도 말하며, 반대로 엔트로피를 잃어버린 정보라고 부릅니다. 이는 자연의 해석에 매우 중요한 구실을 할 수 있습니다. 뭇알갱이계에서 일의 형태로 에너지를 얻을 때 그 내부에너지를 완전히 이용할 수 없는 이유도 내부에너지라는 거시적 기술에 관련된 정보의 문제 때문이지요. 우리가 자연을 해석하고 이해하는 현상도 사실 우리 두뇌의 정보 처리 과정으로서 이러한 과정 자체가 그 과정을 통해 해석하려는 대상과 마찬가지로 중요하다는 지적입니다.

엔트로피는 정보와, 그리고 정보는 확률과 밀접한 관련이 있습니다. 확률이 할당되면 정보량이 결정되고, 이어서 엔트로피가 정해진다고 할 수 있지요. 따라서 확률부터 살펴보기로 하겠습니다. 고전적 확률과 정보를 주로 다루고 양자역학적 정보는 간단히 소개만 할 것입니다만 그래도 다소 전문적인 내용이므로 이 강의의 대부분은 그냥 지나가도 됩니다.

확률

확률은 일상에서도 널리 쓰이는 기본적인 개념입니다. 그럼에도 확률이란 무엇인가를 답하기는 쉽지 않습니다. 특히 확률에서 객관성과 주관성의 문제는 아직 완전히 해결되었다고 보기 어렵지요. 곧 확률이 대상 자체가 지닌 속성인지, 아니면 우리가 대상에 대해 얼마나 알고 있는지를 가리키는 것인지 논란의 여지가 있습니다. 사실 확률이란 무엇인지, 어떻게 해석할 것인지 명백하지 않은 상황이라면 정보나 엔트로피가 무엇인지 잘 모르는 것은 당연하다고 할 수 있겠네요. 대체로 확률의 정의에 관해서 크게 고전적 정의, 빈도 해석, 그리고 베이즈확률의 세 가지로 구분합니다. (고전적 정의와 빈도 해석은 17세기에 파스칼, 하위헌스, 베르누이와 라플라스 등에 의해 논의되었고, 베이즈확률은 18세기에 이에 기여한 베이즈의 이름을 따서 지어졌습니다. 20세기에 들어와서 콜모고로프에 의해 공리적 해석이 이루어지면서 확률은 논리의 확장으로서 수학의 영역으로 확립되었지요.)

고전적 정의(또는 선험적 정의)는 앞에서 언급한 이른바 '선험적 고른 확률 가설'을 전제합니다. 기본적으로 확률은 가능한 모든 경우에 같다고 가정하므로 어느 한 경우의 확률 p는 경우의 수 W의 역수가 되어서 $p = 1/W$로 주어지며, w가지 경우의 확률은 $p = w/W$가 되지요. 예컨대 주사위를 던져서 3을 얻을 확률은 1/6이며, 윷놀이에서 윷가락 네 개를 던졌을 때 도가 나올 확률은 $W = 2^4 = 16$과 $w = {}_4C_2 = 6$ 으로부터 $p = 6/16 = 3/8$ 이라는 말입니다. 그런데 정말로 그럴까요? 사실 명확한 근거는 없습니다. 가능한 경우들 사이의 대칭을 고려해서 자연스럽다고 생각하고 그렇게 믿을 뿐이지요. 이런 관점의 보기로는 주사위나 동전 던지기를 들 수 있습니다. 이러한 관점을 확장해서 대상의 속성으로서 객관적 확률을 생각할 수 있으며, 이를 성향이라 부르지요.

다음에 빈도 해석이란 시행한 결과에 의해 확률이 정해지는 후험적 또는 경험적 정의로서, 예컨대 주사위를 N번 던지고 그중에 3이 몇 번 나왔는지 조사해서 3이 나올 확률을 정하는 방법을 뜻합니다. '빈도주의'라고 부르지요. 그러나 실제로 6번 던지면 보통 그중에 한 번 3이

나오지는 않지요. 시행 횟수 N이 충분히 커야 제대로 확률을 정할 수 있는데 그중에 x가 나온 횟수를 $n(x)$라 하면 이상적으로는 x의 확률

$$p(x) \equiv \lim_{N \to \infty} \frac{n(x)}{N}$$

로 정의합니다. (이러한 극한이 존재한다고 전제해야 하는데 이를 수학적으로 증명할 수는 없지요.) 여기서 문제는 시행 횟수 N을 무한대로 하는 것이 현실적으로 불가능하다는 점입니다. 더욱이 이러한 해석은 매우 제한적이지요. 예를 들어서 내일 비가 올 확률이 30퍼센트라는 말을 어떻게 해석해야 할까요? 빈도 해석을 따르면 내일과 꼭 같은 날이 100번 있었는데 그중에 30번은 비가 왔다는 뜻이겠는데 이것은 성립하기 어렵습니다. 결국 빈도 해석을 따른 확률의 정의는 일반적이지 않고, 그리 적절하지 않음을 알 수 있습니다.

그래서 요즘 대체로 베이즈확률을 현대적 해석으로 받아들입니다. 여기서는 어떤 대상에 대한 확률을 그 대상에 대한 지식 상태의 척도로 간주하지요. 이러한 확률은 논리의 연장으로서 합리성과 일관성을 유지하며 연산이 가능합니다. 따라서 객관성을 지녔다고 할 수 있겠습니다. 그렇지만 지식의 상태란 결국 개인의 믿음과 연결된다는 점에서 주관적 속성도 분명히 있습니다. 실제로 아무런 정보가 주어지지 않은 조건에서는 베이즈확률은 고전적 정의로 환원됩니다. 정보가 전혀 없으면 모든 가능성을 동등하게 여길 수밖에 없기 때문이지요. (주관적이라도 여러 사람에게 공통으로 받아들여지는 경우에는 상호주관적이라 부르는데, 과학의 객관성도 이것이 담보한다고 여겨집니다.) 그러나 정보가 주어지면 우리의 지식 상태가 바뀌므로 결

국 확률도 바뀌게 되며, 이를 베이즈추론이라 부릅니다. 예컨대 오늘 비가 올 확률이 60퍼센트라고 했는데 실제로 비가 온다면 (베이즈) 확률은 0.6에서 1로 바뀌어야 하지요. 이러한 베이즈확률의 관점에서 확률분포를 추정하는 방법으로 최대엔트로피 방법이 널리 알려져 있습니다. 열역학 둘째 법칙에 의해서 일반적으로 주어진 계의 정보엔트로피가 가장 큰 상태가 평형상태에 해당하게 됩니다. 그런데 주어진 정보가 있으면 그에 해당하는 구속조건이 있게 되므로 이를 만족하는 확률분포 중에서 엔트로피를 최대로 만드는 것이 합당하고 '객관적 확률'로 여길 수 있습니다.

마지막으로 확률을 대상의 물리적 성질로서 가능성으로 보는 견해가 있습니다. 인과적 연결의 정도에 따라 특정한 결과가 얻어질 경향으로 해석하는데 이를 '성향'이라 부르지요. 형이상학적 전제로부터 객관적 확률을 정의하는 셈인데 14강에서 언급한 (양자역학의) 성향 해석의 기반이라 할 수 있습니다.

베이즈추론

베이즈추론을 보여 주는 보기로서 야바위꾼 문제 — 원래는 미국 텔레비전 프로그램에 소개된 몬티 홀 문제 — 를 소개하지요. 야바위꾼이 좌판에 밥주발을 3개 엎어 놓았는데 그중에 어느 하나에 주사위가 숨겨져 있습니다. 주사위가 어느 주발에 있는지 돈을 걸고서 맞추라고 제안합니다. 예컨대 1000원을 걸고 시도하는데 틀리면 이 돈을 뺏기지만, 맞추면 5000원을 받습니다. 아무것도 모르면 밥주발 3개 중에 어느 하나에 있을 확률은 1/3로 여기게 되겠지요. 아무런 정보가 없으므로 확률분포는 균일하다고 간주하는 것이 베이즈추론입니다.

그런데 우리가 돈을 걸고서 1번 주발을 선택했다고 합시다. 그러자 야바위꾼은 1번은 보여 주지 않고 대신에 2번을 뒤집어 주사위가 없음을 보여 준 다음에 바꿀 기회를 줍니다. 1번을 선택했지만 원하면 3번으로 바꿀 기회를 주겠다고 합니다. 이 경우에 어떻게 하는 편이 좋을까요? 1번을 고수하는 것과 3번으로 바꾸는 것 중에 어느 것이 유리할까요? (물론 야바위꾼이 사기를 치지 않는다는 전제에서 논의합니다.)

처음에는 아무런 정보가 없었으므로 1, 2, 3번 모두 같은 확률로서 각각 1/3이었습니다. 그런데 2번은 확률이 0이라는 새로운 정보를 얻었으므로 전체 확률분포는 바뀝니다. 얼른 생각하면 남은 1번과 3번이 동등하므로 확률은 각각 1/2로 같을 듯하네요. 그렇다면 1번을 고수하거나 3번으로 바꾸거나 확률은 아무런 차이가 없을 것입니다. 그러나 사실은 그렇지 않습니다. 만일 주사위가 1번 밥주발 안에 있었다면 야바위꾼은 2번이나 3번 중에 아무거나 하나를 보여 줬을 것입니다. 이 경우의 확률은 1/3이지요. 만일 주사위가 (1/3의 확률로) 2번에 있었다면 야바위꾼은 필연적으로 3번을 뒤집어 보여 주었을 테고 반대로 주사위가 (역시 1/3의 확률로) 3번에 있었다면 필연적으로 2번을 보여 주었겠고 이러한 경우에는 다른 선택의 여지가 없습니다. 따라서 2번을 뒤집어 보인 후에는 3번에 있을 확률은 원래 3번에 있을 확률에 2번에 있었을 확률이 더해지게 되어 2/3가 됩니다. 반면에 1번에 있을 확률은 바뀌지 않으므로 처음과 같이 1/3이지요. 결국 2번에 없다는 정보를 얻으면 2번이 지녔던 1/3의 확률을 남은 1번과 3번이 반씩 나눠 갖는 게 아니고, 3번에 몰아주어서 확률을 2/3로 높이는 것이 올바른 베이즈추론입니다. 따라서 3번 밥주발로 바꾸는 편이 확률적으로 유리하다는 결론이 얻어지네요.

더 알아보기 ① 베이즈의 정리 ☞ 489쪽

정보

이제 확률과 밀접한 관련이 있는 정보에 대해 논의해 보지요. 정보는 세계의 필수 구성 요소입니다. 먼 천체에서 오는 빛처럼 자연적인 정보도 있고 인간이 만든 인공적인 것도 있으며, 정보라는 용어는 요즘 일상에서 아주 흔히 쓰입니다. 그런데 이상하게도 물리학에서는 그동안 정보를 진지하게 고려한 적이 거의 없습니다. 왜 그럴까요? 그 이유로 첫째는 자연현상의 기술에 정보는 불필요하다는 생각입니다. 그러나 이제까지 논의했듯이 우리 일상에서 경험하는 현상을 이해하려면 사실상 모든 경우에 거시적 기술이 필요하고 여기서 엔트로피의 구실이 매우 중요합니다. 정보는 엔트로피와 동전의 앞뒷면인 셈이며, 자연현상의 이해와 해석에서 정보의 중요성은 예를 들어 맥스웰의 악마에서 잘 드러납니다. 또한 요즘 널리 쓰는 T자 돌림 용어들인 정보기술IT, 생물기술BT, 양자기술QT 따위를 생각해 보면 정보기술에서 I는 아예 정보를 뜻하고 생물기술과 양자기술은 각각 생체계의 유전정보와 양자정보를 주로 다루니 이 세 가지 모두 정보가 핵심이라고 할 수 있지요. 실제로 일상에서 중요한 통신과 전산은 정보를 보내고 처리하는 과정입니다. 그러니 과학 자체뿐 아니라 그 응용에서도 정보는 매우 중요합니다. 둘째로 정보는 개념이 모호하고 정확한 정의가 없다는 생각이 들 수 있습니다. 사실 다소 모호하고 정확한 정의가 없다는 지적은 일리가 있어 보입니다. 그런데 이러한 지적은 에너지에도 해당합니다. 실제로 에너지도 추상적 개념이고 본원적으로 정의하기 어렵지요. 정확하게는 조작적 정의만 있을 뿐입니다. 그럼에도 에너지는 물리적으로 실재성이 있다고 인정하며, 물리학에서 매우 중요한 구실을 하고 있습니다. 따라서 이러한 점 때문에 정보를 다루지 않는 것은 타당하지 않다고 생각됩니다. 한편 이와 반대로 정보는 마치 시간과 공간처럼 너무나 명백하므로 굳이 고려할 필요가 없다고 생각할 수도 있겠습니다. 그런데 현대물리학에서는 시간과 공간도 에너지 및 물질과 관련되어서 중요한 구실을 합니다. 또한 흥미롭게도 동역학에서 다루는 운동학적 물리량, 예컨대 위치와 속도는 결국 정보이지요. 그러니 정보는 처음부터 물리학에 들어와 있는 셈이네요. 그런데 물리학에서는 흔히 정보를 에너지의 관점에서 해석하는 경우가 많았습니다. 특히 열이나 퍼텐셜은 정보와 밀접한 관련이 있어서 정보 대신에 에너지를 쓰는 경우에 이들로 바꿔서 해석합니다. 더욱이 정보가 생명의 본질에 깊은 관련이 있는 만큼 사실 인간 자체가 본질적으로 정보라고 주장할 수도 있을 듯합니다.

일상에서 정보는 서로 다른 여러 의미로 쓰이므로 혼동을 주고, 본원적 정의는 없는 듯합니다. 다만 정보의 핵심적 속성은 구분가능성이라고 할 수 있습니다. 그래서 앞서 지적했듯이 모든 정보는 결국 '예', '아니오'의 조합으로 나타낼 수 있고, 이에 해당하는 최소단위가 비트이지요. 그러면 정보는 물질인가요, 정신인가요? 플라톤 이후로 지금까지 서양철학의 핵심 문제 하나로 바로 물질과 정신의 이분법을 들 수 있습니다. 특히 데카르트 이후에 널리 알려졌는데, 물질과 정신을 통합해서 이분법을 해결할 수 있는 실마리가 바로 정보라고 할 수 있지 않을까요? 정보는 물질적 속성과 정신적 속성을 함께 지니고 있는 듯합니다. 물질적 측면은 정보기술이라는 용어에서 드러나고, 정신적 측면은 정보의 의미에서, 특히 사람마다 의미가 다를 수 있다는 주관성에서 드러납니다. 그래서 물질과 정신의 연결점일 수 있지 않은가 느껴지기도 하지요. 이는 엔트로피의 객관성 또는 주관성과 같은 맥락이라 할 수 있겠습니다.

정보는 언제나 나르개에 담겨 있는데 이는 당연히 물질입니다. 그러나 정보는 나르개를 제외한 추상적 양을 가리킵니다. 따라서 나르개가 달라도 정보는 같을 수 있지요. 실제로 주어진 정보를 유지하면서 그것을 담은 나르개는 바꿀 수 있습니다. 정보는 나르개에 담기위해서는 적절한 부호로 표현해야 합니다. 이러한 부호화를 잘하면 때로는 정보량을 효율적으로 줄여서 나타낼 수 있습니다. 그런데 이는 연산을 통해 이룰 수 없어요. 곧 형식논리로 기술할 수 없는, 이른바 창조적 능력이고 바로 창의성이라 할 수 있을 듯합니다. 물리학에서 보편지식 체계를 구축하는 과정이 부호화를 바꾸는 보기라 할 수 있겠네요. 정보를 이루는 부호와 의미 중에서 의미와 관계없이 부호자체를 다루는 분야가 정보기술입니다. 부호는 결국 0과 1로 환원할수 있는데 이를 잘 저장하고, 처리하고, 보내는 방법을 다루지요.

한편 정보의 의미를 결정하려면 정보의 환경이 전제되어야 합니다. 확률이 할당되면 정보가 결정되므로 정보의 환경이란 확률공간을 뜻합니다. 예컨대 '정보'라는 글씨의 의미는 무엇인가요? 한글을 아는 사람이면 물론 이 글씨의 뜻을 이해합니다. 그러나 한글을 모르는 외국인이 보면 아무런 의미가 없고, 알 수 없는 기호에 불과할 것입니다. 관측하는 사람에 따라 해석에 이같이 차이가 나는 이유는 관측자의 두뇌에 어떠한 정보환경, 곧 확률공간에 차이가 있기 때문이라고 생각할 수 있습니다. 이른바 "아는 만큼 보인다"가 성립하는 셈이네요.

확률공간을 정하려면 어느 정도까지 상태를 다른 것으로 구분할 것인지 정해야 합니다. 여기서 거친 낟알 만들기 눈금의 문제가 생겨나지요. 예컨대 어떤 그림을 확대해서 보면 확대하기 전보다 더 많은 정보량을 볼 수 있습니다. 다시 말해서 눈금만 바꾼 것뿐인데 정보량에 차이가 얻어지지요. 결국 거친 낟알 만들기의 눈금이 바뀌면 상태의 구분 정도와 확률공간이 바뀌게 되고, 정보는 서로 다른 확률공간에 저장된다고 할 수 있습니다. 결론적으로 엔트로피나 정보는 여러 가지로 정의할 수 있고, 특히 이러한 확률공간에서 서로 다른 수준으로 저장할 수 있는 것이지요. 널리 알려진 예로서, 동역학에서 확률분포함수의 시간펼침을 기술하는 리우빌 정리에 따르면 위상공간에서 척도가 일정하므로 (정보)엔트로피는 변화하지 않는다는 사실을 쉽게 보일 수 있습니다. 그러나 물론 열역학적 엔트로피는 늘어납니다. 이러한 차이가 나는 이유는 확률공간에서 서로 다른 수준으로 엔트로피를 정의하기 때문입니다. 거친 낟알 만들기 눈금에서는 세밀한 상관관계를 볼 수 없으므로 결국 서로 다른 상태 사이의 의존성을 무시하게 되고, 결국 정보량이 줄어들게 되지요. 따라서 엔트로피가 늘어나는 것입니다.

서로 다른 상태 사이의 의존성은 상호정보로 편리하게 기술할 수 있습니다.

더 알아보기 ② 상호정보 ☞ 491쪽

특히 계와 관측자에 대해 상호정보를 생각하면 측정과 지우기의 물리적 의미가 명확해집니다. 곧 측정이란 바로 계와 관측자 사이의 상호정보를 늘리는 과정이고 지우기는 상호정보를 줄이는 과정이라 할 수 있지요. 또한 거친 낟알 만들기란 바로 상호정보를 무시한다는 뜻이고, 따라서 엔트로피는 각 상태 엔트로피의 합으로 주어지며, 리우빌 정리를 만족하는 동역학계에서와 달리 일반적으로 늘어나게 됩니다.

객관적 관점과 주관적 관점

그러면 대상과 관측자의 관점에서 정보를 검토해 볼까요. 대상, 곧 정보의 공급원의 관점이란 정보를 주관적이라 할 관측자와 관계없이 객관적으로 보자는 말입니다. 앞 강의에서 논의한 엔트로피와 마찬가지로 정보도 객관적 성격과 주관적 성격을 함께 지니는 듯합니다. 사건 x의 집합을 X라고 하고 확률척도가 $p(x)$로 주어진 경우에 사건 x에 포함된 자체정보를 다음과 같이 정의합니다.

$$I(x) \equiv -\log p(x)$$

이는 사건 x가 실제로 일어난 경우의 정보에 해당합니다. 확률 $p(x)$가 매우 작은데 그 사건 x가 정말로 일어났다면, 얻어진 정보량이 매우 많다는 뜻이지요. (확률이 작은 사건이 일어나면 놀라운 경우라 할 수 있으므로 놀라움의 척도라는 뜻에서 자체정보를 놀람이라고도 부릅니다.) 반면에 확률이 커서, 예컨대 1인 사건이라면 당연히 일어나므로 일어났다는 사실을 알아 봤자 아무런 정보가 없다고할 수 있습니다. 여기서는 대상, 곧 사건 자체가 그런 정보를 가지고있다고 해석합니다. 확률이 작은/큰 사건은 정보를 많이/적게 갖고있는 셈이지요. 이를 평균하여 X의 자체정보를

$$\overline{I}(X) \equiv \sum_x p(x)I(x) = -\sum_x p(x) \log p(x) \equiv S(X)$$

로 정의하는데 이는 다름 아닌 엔트로피네요. 그러니까 이러한 관점에서는 자체정보가 바로 엔트로피로서 정보를 잃어버린 엔트로피로보는 관점과 반대인 셈입니다. 이는 엔트로피 및 정보를 주관적으로관측자의 관점에서 보는지, 또는 객관적으로 대상의 관점에서 보는지의 차이입니다.

　이제 관측자의 관점에서 보면 이미 논의했듯이 엔트로피는 잃어버린 정보에 해당합니다. 그 사이의 관계를 다시 쓰면 $S(X) \equiv -\sum_x p(x) \log p(x) = -\overline{I}(X) + I_0$ 인데 관측자가 이용할 수 있는 유효정보를 $I(x) \equiv \log p(x) + I_0$ 라 정의하고, 평균유효정보

$$\overline{I}(X) \equiv \sum_x p(x)I(x) = \sum_x p(x) \log p(x) + I_0$$

를 X의 정보내용이라 부릅니다. (앞에서와 마찬가지로 I_0는 정보의기준을 정하는 상수입니다.) 여기서 유효정보 $I(x)$와 대상의 관점에서 본 자체정보 $I(x)$는 $\log p(x)$항의 부호가 양과 음으로 서로 반대로

정의됩니다. 양인 경우는 관측자의 관점에서 쓸 수 있는 정보량인 반면, 음인 경우는 대상이 지닌 정보량으로 보는 것이지요. 이렇듯 관측자의 관점에서 (주관적으로) 보면 X의 정보내용이란 X로부터 관측자가 얻을 수 있는 정보량이고, 만일 정보를 얻으면 그만큼 엔트로피가 줄었다고 할 수 있습니다.

간단한 보기로 주사위를 던지는 경우를 생각해 봅시다. 던지면 1, 2, 3, 4, 5, 6 중에 어느 하나가 얻어지겠지요. 제대로 만든 주사위라면 모든 확률이 같아서 각각 1/6입니다. 따라서 $W = 6$인 모든 x에 대해 $p(x) = \dfrac{1}{6}$이고 $\displaystyle\sum_{x=1}^{w} p(x) \log p(x) = \sum_{r=1}^{6} \frac{1}{6} \log \frac{1}{6} = \log \frac{1}{6} = -\log 6$이 되어서 정보량이 가장 적은 경우가 되지요. 이 최소 정보량을 0으로 놓기 위해 $I_0 \equiv \log 6$으로 정합시다. 그러면 위의 식에서 $I = 0$이 되고, 우리는 아무런 정보를 가지고 있지 못합니다. 그런데 만일에 주사위를 던지고 그 결과를 봐서, 곧 측정을 해서 2가 나왔음을 알았다고 합시다. 그러면 확률이 어떻게 되는 셈인가요? 확실히 알므로 확률은 $x = 2$일 때만 1이 되고 나머지에서는 0이 됩니다. 즉 $p(1) = p(3) = p(4) = p(5) = p(6) = 0$과 $p(2) = 1$ 이므로 $p(x) \log p(x)$에서 $x = 2$일 때는 1 곱하기 $\log 1$이니 0이 되고 다른 항들은 0 곱하기 $\log 0$ 인데, $\log 0$ 보다는 0이 더 강하므로 이것도 0이 됩니다. 따라서 $\displaystyle\sum_{x=1}^{w} p(x) \log p(x) = 0$이고, 정보는 $I = I_0 = \log 6$이 되니 완벽한 정보를 가진 셈입니다.

여러분이 선다형 문제로 시험을 치른다고 합시다. 다섯 개의 보기 중 하나를 선택할 때 공부를 전혀 하지 않아서 아무것도 모르면 확률이 모두 5분의 1이지요. 이 경우에 정보가 가장 적어서, $I_0 \equiv \log 5$라 놓으면 정보량은 $I = 0$입니다. 그런데 여러분이 어느 정도 공부했기 때문에 3번하고 4번 중에 하나라는 것을 안다고 합시다. 그러면 확률이 각각 1/2이기 때문에 완벽하지는 않지만 정보가 조금 있는 겁니다. 정의 식에 넣어 계산하면 정보량이 $I = \log(5/2)$임을 알 수 있습니다.

앞 강의에서 논의했듯이 가장 간단하게는 '예', '아니오'라는 두 가지 가능성을 기술하는 $W = 2$인 상황을 생각할 수 있습니다. 이에 해당하는 정보량은 $I_0 \equiv \log 2$로서 정보량의 기본단위인 비트입니다. (이는 로그의 밑수를 2로 택한 경우에 해당합니다. $I_0 = 1$로 되지요.) 컴퓨터에서 흔히 다루는 바이트(B)란 대체로 여덟 비트를 말합니다. 곧 8비트를 1바이트라 생각하면 되지요.

양자정보

양자역학에 기반을 둔 양자정보는 고전적 정보와 상당한 차이를 보입니다. 양자정보란 양자얽힘을 이용한 정보의 처리를 뜻하는데 계산에서 시작해서 통신과 암호 등 여러 분야에서 새로운 가능성으로 관심을 끌고 있지요. 여기서는 양자정보에 대해 간단히 소개하겠습니다.

먼저 양자역학계의 엔트로피에 대해 간단히 살펴볼까요. 고전적인 계의 엔트로피와 비교해서 양자계의 엔트로피는 중요한 차이를 지니고 있습니다. 일반적으로 주어진 상태에 있는 양자계의 엔트로피는 0이라 할 수 있습니다. 상태에 대해 부족한 정보가 없기 때문이지요. 이 계의 어떤 물리량을 측정하면 상태는 그 물리량의 여러 가능한 고유상태들 중에서 어느 하나의 고유상태로 와해될 것입니다. 그 고유상태를 알면 엔트로피는 역시 0이겠네요. 그런데 만일 어느 고유 상태로 되었는지 모른다면 정보가 부족한 것이므로 엔트로피는 0보다 클 것입니다. 측정을 통해 정보를 얻는 것이 아니라 도리어 잃게 되는 역설적 상황이 일어나게 되네요.

이러한 상황은 양자얽힘의 경우에서 실제로 일어날 수 있습니다. 계의 두 부분이 서로 얽힌 상태에 있을 때 주어진 상태에 있는 전체 계의 엔트로피는 0이지만 각 부분의 엔트로피는 0보다 클 수 있지요. 예컨대 갑순이가 자기 쪽의 부분에 대해 측정을 수행하면 양자 얽힘에 따라서 을순이 쪽 부분도 측정이 이미 일어난 셈입니다. 그러나 을순이는 측정 결과를 확인하지 않았으므로 자기 쪽 부분의 상태에 대한 정보가 부족하고 엔트로피는 0보다 크겠네요. 결국 얽힌 계에서는 전체의 상태를 완전히 알더라도 부분의 상태는 알지 못할 수 있다는 다소 낯선 결론에 도달하게 됩니다. 이와 관련된 엔트로피를 얽힘엔트로피라 부르지요.

몇 차례 지적했듯이 정보의 핵심은 구분가능성으로서 이를 나타내려면 서로 다른 두 가지 이상의 상태가 필요합니다. 예컨대 양성자의 스핀 상태로 나타내는 경우에 그 고유값이 +1/2과 −1/2인 두 가지 고유상태를 켓을 써서 각각 $|1\rangle$과 $|0\rangle$으로 쓰기로 하지요. 고전적으로는 이 두 가지 상태가 1비트에 해당합니다. 그러나 양자역학에서는 두 고유상태가 포개진 $a|1\rangle + b|0\rangle$도 가능한 상태이고 양자정보의 기본 단위로서 큐비트라 부르지요. 여기서 a와 b는 $|a|^2 + |b|^2 = 1$을 만족하는 임의의 복소수이므로 0과 1의 두 가지 값을 가질 수 있는 비트와 달리 큐비트는 무한히 많은 상태를 포괄

합니다. 이 때문에 양자정보의 계산은 고전정보의 경우와 크게 다르게 됩니다. 예컨대 고전적으로 1 바이트, 곧 8 비트는 00000000부터 11111111까지 $2^8=256$ 가지의 경우를 하나하나씩 나타내는데 8 큐비트는 이러한 256 가지를 한꺼번에 나타내므로 포개진 상태에 대한 연산을 수행하면 한 번의 연산으로 여러 경우를 동시에 연산하는 효과를 얻을 수 있지요. 이를 양자병렬성이라 부릅니다.

양자계산이란 이러한 양자병렬성을 이용한 연산입니다. 그런데 연산을 수행하고 나서 계산 결과를 얻기 위해서는 적절한 측정이 필요합니다. 그러면 고유상태로 와해되면서 고유값에 해당하는 결과를 얻게 되지요. 여기서 원하는 결과를 얻으려면 가능한 고유상태 중에서 원하는 상태로 와해되어야 합니다. 이는 13강에서 설명했듯이 결정되어 있는 것이 아니라 확률로 주어집니다. 따라서 원하는 상태로 와해될 확률이 충분히 크게 되도록 풀이법을 만들 수 있어야 양자계산이 의미가 있게 됩니다.

양자계산의 효율적 풀이법으로 도이치 풀이법과 쇼어 풀이법, 그로버 풀이법이 널리 알려져 있습니다. 도이치 풀이법은 양자계산의 간단한 보기라 할 수 있는데 {0, 1}에서 정의되고 그 값도 역시 {0, 1}로 주어진 함수 $f(x)$가 상수인지 아닌지 판단하는 문제의 풀이법입니다. 다시 말해서 $f(0)$와 $f(1)$의 값이 같은지 확인하는 것인데 이는 $f(0)+f(1)$를 구해서 그 값이 1인지 아니면 0 또는 2인지 확인하면 되지요. 고전적으로는 $f(0)$와 $f(1)$을 각각 계산해서 더해야 합니다. 그렇지만 양자계산으로는 2 큐비트를 가지고 한 번만 연산해서 이를 구할 수 있습니다. 구체적으로 두 큐비트를 각각 $|1\rangle$과 $|0\rangle$으로 준비

하고(곧 전체 상태를 $|1\rangle|0\rangle$에서 시작하고) 적절한 연산을 수행한 후에 첫 번째 큐비트를 측정하면 $|1\rangle$ 또는 $|0\rangle$을 얻게 됩니다. 앞의 경우에는 $f(0) + f(1)$이 1이고 뒤의 경우에는 0 또는 2임을 알 수 있지요. (여기서 적절한 연산이란 아다마르변환과 더불어 첫 번째 큐비트 값에 대한 함수 f의 값을 두 번째 큐비트에 더하는 연산을 말합니다. 아다마르변환이란 $|0\rangle$과 $|1\rangle$을 각각 $\frac{1}{\sqrt{2}}(|0\rangle + |1\rangle)$ 과 $\frac{1}{\sqrt{2}}(|0\rangle - |1\rangle)$ 로 바꾸는 작업을 가리키는데 양자정보의 연산에서 자주 등장하지요.) 이러한 풀이법은 실용적 가치는 별로 없지만 양자계산이 고전적 계산보다 빠를 수 있음을 보여 준 보기로서 중요합니다.

쇼어 풀이법은 주어진 정수를 소인수로 분해하는 문제를 다룹니다. 일반적으로 정수의 크기가 커지면 푸는 데 걸리는 시간도 길어지는데 풀이 시간이 크기에 멱급수로 주어지면 비교적 풀기 쉬운 경우로서 다항식시간 문제라 부릅니다. 고전적으로 인수분해 문제는 다항식시간보다 더 오랜 시간이 걸려서 현실적으로 풀기 어렵습니다. 그런데 쇼어 풀이법은 이를 다항식시간, 정확히는 그보다도 빨리 수행할 수 있어서 실용적 가치를 지닌 양자계산으로 널리 알려졌지요. 한편 그로버 풀이법은 자료틀 탐색 문제를 다루는데 너무 전문적이므로 논의하지 않겠습니다.

양자(순간)이동을 14강에서 간단히 소개했는데 기억하는지요? 이를 양자정보의 관점에서 다시 살펴보겠습니다. 순간이동이란 물체를 직접 보내는 것이 아니라 단지 그 물체에 대한 정보를 보내는 것이라 지적했습니다. 보내려는 대상의 정보를 완벽하게 알고 있다면 원리적으로 별문제가 없겠지요. 이를테면 종이에 모두 적어서 전송하면 됩

니다. 그런데 정보를 모르는 경우, 곧 알려져 있지 않은 대상을 보낼 수 있을까요? 큐비트 하나의 양자상태는 $a|1\rangle + b|0\rangle$로 나타낼 수 있는데 알려지지 않았다면 a와 b의 값을 모르는 것이고 무한히 많은 가능성을 품고 있습니다. 따라서 이를 기술하는 데 무한한 (고전)정보량이 요구되므로 고전적 방식으로 보내는 것은 원칙적으로 불가능합니다. 그런데 이를 양자역학적 방식으로는 보낼 수 있습니다.

이를 살펴보기 위해서 양자역학적으로 얽혀 있는 상태, 전자나 빛알 따위를 하나씩 나눠 가지고 있는 갑순이와 을순이를 생각하지요. 갑순이는 알려지지 않은 양자상태도 가지고 있는데 이를 을순이에게 보내려 합니다. 갑순이가 자신이 지닌 두 가지 양자상태에 아다마르 변환을 포함한 적절한 연산과 측정을 하고 나서 측정 결과를 고전적 통신을 통해서 을순이에게 알려 줍니다. 이를 받은 을순이가 그에 맞추어 자신의 양자상태에 적절한 연산을 하면 그것의 상태는 갑순이가 보내려는 양자상태로 바뀌게 되지요. 결국 갑순이가 지닌, 그러나 알려지지 않은 양자상태는 을순이에게 복원이 되는 셈입니다. 이러한 과정을 통해 복원이 가능한 이유는 바로 양자얽힘 때문이지요. 갑순이가 자신이 지닌 상태에 측정을 수행하면 이와 얽혀 있는 을순이가 지닌 상태도 함께 순간적으로 와해되어 변하게 됩니다.

이것이 양자(순간)이동입니다. 어떤 도술을 써서 물체를 직접 보내는 것은 아니네요. 단지 양자정보를 보낼 뿐입니다. 그리고 순간적으로 이동하는 듯이 보이지만 이를 실행하려면 측정 결과는 고전적으로 보내야 하므로 빛보다 더 빠르게 갈 수 없지요. 따라서 양자이동은 상대성이론을 위배하지 않습니다. 요약하면 양자이동이란 공간적으로 떨어져 있는 두 지점 사이에서 양자얽힘을 이용해서 양자정보를 보내는 과정을 가리키며, 측정 결과를 고전적 통신을 통해 보내야 합니다.

그 밖에도 양자정보는 보안과 암호와 관련된 문제들이 실용적 중요성으로 관심을 끌고 있습니다. 이러한 것들은 측정에서 피할 수 없는 상태의 와해와 임의의 양자상태는 베낄 수 없다는 복제불가능 정리에 기반을 두고 있지요. 자세한 내용은 전문적이라서 논의하지 않겠습니다.

정보와 동역학

마지막으로 에너지와 정보에 대해 간단히 살펴보겠습니다. 두 계 사이에 에너지를 전달하는 방법은 크게 일과 열, 두 가지로 나눌 수 있음을 앞에서 지적했는데, 그들 사이의 차이는 바로 정보에 있습니다. 곧 에너지로 보면 차이가 없으나 정보 (또는 엔트로피) 내용에서 매우 다르지요. 그래서 흔히 에너지 문제란 정확히 말하면 에너지가 아니라 정보의 문제입니다. (계 사이에서 정보가 교류되면 짜임이 생겨나고, 이를 통해서 복잡성도 떠오를 수 있습니다. 이러한 복잡성과 그것의 떠오름을 보이는 복잡계에 대해서는 24강과 25강에서 논의합니다.)

그러면 물질, 그리고 에너지와 정보의 구실을 정리해 보지요. 먼저 물질이 정보내용이 없이 에너지만 있는 경우를 생각합시다. 정보내용이 없다면 엔트로피가 최대인 상태로서 온도로 보면 높은 온도에 해당한다고 할 수 있습니다. 따라서 기체처럼 짜임이 없이 무질서한 물질을 가리킵니다. 반대로 에너지 없이 정보내용만 있는 물질이라면 낮은 온도에서 결정 고체처럼 잘 짜인 물질에 해당합니다. 한편 일상의 물질 형식이 아니고 빛과 같이 에너지와 정보내용만 있는 경우를 생각할 수도 있겠네요.

이와 관련해서 상태의 시간펼침을 기술하는 동역학에 대해 생각해 봅시다. 전통적으로 동역학은 모두 에너지에 기반을 둔 '에너지동역학'이라 할 수 있습니다. 그런데 에너지 대신에 정보에 기반을 둔 '정보동역학'도 생각할 수 있지 않을까요? 통계역학에서 온도 T인 환경과 에너지를 주고받는 계를 기술할 때 핵심적 양인 자유에너지는 $F \equiv E - TS$로 주어져서 에너지 E와 엔트로피 S를 함께 담고 있는데, 엔트로피 대신에 정보량 I를 써서 $F \equiv E + TI$로도 쓸 수 있습니다. 이러한 양은 주어진 외부변수 값에 따라 변화하며, 그 변화율을 일반적으로 힘이라 부릅니다. 흔히 외부변수가 길이 (또는 거리) L로 주어지는 경우에 힘은 $f \equiv -\partial F / \partial L$로 정의되지요. (외떨어진 계가 아닌 이러한 경우에 열역학 둘째 법칙은 "자유에너지는 저절로 늘어날 수 없다"고 나타내집니다. 따라서 계가 평형상태에서는 자유에너지가 최소로서 그 변화율, 곧 힘이 0인 상태에 해당하지요.) 그중에서 에너지의 변화율 $-\partial E / \partial L$은 역학적 힘에 해당하며 엔트로피 또는 정보의 변화율 $T\partial S / \partial L = -T\partial I / \partial L$은 엔트로피적 힘 또는 정보적 힘이라고 할 수 있습니다. 일상에서 친숙한 보기가 용수철과 고무줄이지요. 용수철과 고무줄은 서로 비슷한 성질을 지녀서 힘이 늘어난 길이에 비례합니다. 그러나 본질적으로 용수철에서는 힘이 길이에 따른 에너지의 변화 때문에 생기는 역학적 힘이지만, 고무줄은 에너지가 아니라 엔트로피의 변화 때문에 생기는 엔트로피적 힘입니다.

더 알아보기 ③ 고무줄의 복원력 ☞ 491쪽

이를 보면 에너지와 엔트로피가 본질적 차이에도 불구하고 비슷한 구실을 할 수 있고, 따라서 그동안 주로 에너지를 이용해서 기술했지만 이제는 엔트로피 또는 정보를 통한 논의도 고찰할 필요가 있다는 생각이 듭니다. 실제로 최근에는 맥스웰의 악마로 시작된 연구가 활발해져서 정보를 이용한 일의 수행이 가능함이 확인되었지요. 단순하게 통계역학과 보통의 동역학을 비교하면 자유에너지가 역학적 에너지에 해당하고 온도가 곱해진 정보량이 잠재에너지에 대응한다고 할 수 있습니다.

통계역학이란 많은 구성원들로 이뤄진 뭇알갱이계를 거시적 관점에서 다루는 이론 체계입니다. 이러한 뭇알갱이계로서 다양한 고체와 액체 등 응집물질, 특히 생명현상을 보이는 생체계에 대한 이해와 해석은 결국 정보와 엔트로피에 결부되어 있지요. 따라서 통계역학은 바로 엔트로피와 정보를 다루는 물리학의 방법이라 할 수 있습니다. 지난 시간에 소개한 "모든 것이 정보"라는 말처럼 21세기에는 자연을 해석하는 데에서 정보와 엔트로피가 핵심적 구실을 하리라 여겨지며, 통계역학의 중요성은 갈수록 높아지고 있습니다. 이른바 정보기술, 나노기술, 생물기술 등 현대 기술은 대부분 통계역학과 양자역학이 바탕을 이룬다고 할 수 있습니다.

더 알아보기

① 베이즈의 정리

이러한 베이즈추론을 식으로 나타낸 것이 베이즈의 정리입니다. 주어진 사건들 A_i와 B의 연계확률 및 조건확률 사이의 관계 $p(A_i ; B) = p(A_i | B)$ $p(B) = p(B | A_i)p(A_i)$와 $p(B) = \sum_i p(B; A_i) = \sum_i p(B|A_i)p(A_i)$ 를 이용하면 아래와 같은 베이즈의 정리를 얻게 됩니다.

$$p(A_i|B) = \frac{p(B|A_i)}{p(B)}p(A_i) = \frac{p(B|A_i)p(A_i)}{\sum_j p(B|A_j)p(A_j)}$$

이 정리는 A_i의 확률이 B의 관측에 의해 어떻게 바뀌는지 보여 줍니다. 관측하기 전의 (사전)확률 $p(A_i)$와 B를 관측한 후의 (사후)확률 $p(A_i | B)$ 사이의 관계를 베이즈의 정리가 맺어 주지요. 따라서 $\frac{p(B|A_i)}{p(B)}$는 B가 A_i의 확률 변화에 미치는 영향이라 할 수 있으며, 여기서 조건확률 $p(B | A_i)$는 A_i에 대한 B의 적합성을 나타내는데 이를 A_i의 함수로 보면 주어진 B에 대한 가능성이라 생각할 수도 있겠습니다.

베이즈의 정리는 확률의 의미를 생각하면 사실 자명한 내용인데 이를 이용하면 야바위꾼 문제를 명확하게 설명할 수 있습니다. 처음에 주사위가 i번 밥주발에 들어 있는 사건을 A_i라 하면(i = 1, 2, 3) 그 확률은 $p(A_i)$ = 1/3 입니다. 우리가 1번 주발을 선택했으므로 야바위꾼은 2번이나 3번 주발을 뒤집어 보여 줄 수 있지요. 아무런 정보 곧 조건이 없으면 확률은 같으므로 야바위꾼이 2번을 보여 주는 사건 B의 확률은 $p(B)$ = 1/2입니다. 그런데 A_i가 일어난 조건에서 B의 확률은 $p(B | A_1)$=1/2, $p(B | A_2)$=0, $p(B | A_3)$=1 입니다. 이를 베이즈의 정리에 넣으면 원하는 확률을 아래와 같

이 얻게 됩니다.

$$p(A_1|B) = \frac{p(B|A_1)p(A_1)}{p(B)} = \frac{1}{3}, \; p(A_2|B) = 0, \; p(A_3|B) = \frac{2}{3}$$

따라서 야바위꾼이 2번 밥주발을 보여 준 다음에 각 주발에 주사위가 들어 있을 확률은 1번의 경우 1/3, 2번은 당연히 0이고 3번은 2/3임을 알 수 있네요.

베이즈추론의 다른 보기로 의료검진에서 그릇된 양성 문제를 들 수 있습니다. 암 검사의 정확도가 99퍼센트라고 합시다. 암 검사를 해서 100명이 암 판정을 받았다면 그중에 99명은 실제로 암이고, 1명에 대해서만 정상인이 암 환자로 잘못 판정된 것으로 생각하기 쉬운데 이는 타당하지 않습니다. 상세하게 나누어서 어떤 검진에서 환자를 양성으로 판정할 확률이 99퍼센트이고, 정상인을 양성으로 그릇되게 판정할 확률이 0.5퍼센트라고 할까요. 마찬가지로 양성 판정을 받은 200명 중에 1명만이 정상인이라는 뜻은 아닙니다. 베이즈추론의 관점에서 이를 살펴보지요. 환자를 A, 양성 판정을 B라 표시하고 인구의 1퍼센트가 환자인 경우를 생각해 보면 $p(B|A) = 0.99$, $p(A) = 0.01$, $p(B|A^c) = 0.005$, $p(A^c) = 0.99$입니다. (A^c는 A의 부정을 나타내므로 정상인을 가리킵니다.)

여기서 $p(B) = p(B|A)p(A) + p(B|A^c)p(A^c)$를 이용하면 양성 판정을 받은 사람 중에 실제 환자일 확률은 불과

$$p(A|B) = \frac{p(B|A)p(A)}{p(B)} = \frac{2}{3}$$

밖에 되지 않습니다. 다시 말해서 그릇된 양성 판정이 $p(A^c|B) = 1 - p(A|B)$ = 1/3, 곧 33퍼센트나 되어서 0.5퍼센트보다 월등히 크네요. (이는 전체 인구에서 환자가 차지하는 비율에 따라 결정됩니다. 이 비율이 높으면 그릇된 양성 판정은 줄어드는데, 예컨대 환자 비율이 매우 높아서 인구의 10퍼센

트를 차지한다면 그릇된 양성 판정의 확률은 4.3퍼센트가 되지요.) 그러니 검진에서 양성 판정을 받았다고 무조건 환자로 여기고 지레 걱정할 필요는 없다고 하겠습니다.

② 상호정보

상태 $x(\in X)$의 확률 $p(x)$와 $y(\in Y)$의 확률 $p(y)$, 그리고 x와 y가 함께 얻어질 연계확률 $p(x; y)$에 대해 상태집합 X와 Y의 상호정보를

$$I(X; Y) \equiv \sum_x \sum_y p(x; y) \log \frac{p(x; y)}{p(x)p(y)}$$

로 정의합니다. 이는 X와 Y가 공유하는 정보량으로서 서로 얼마나 의존하는지의 척도라 할 수 있습니다. 한쪽 X를 알면 다른 쪽 Y에 대해서도 얼마나 더 알게 되는지 말해 주지요. 서로 독립적이라면 $p(x; y) = p(x)p(y)$이므로 상호정보 $I(X; Y) = 0$이 됩니다. 앞 강의에서 논의한 여러 엔트로피들과 다음의 관계가 성립하지요.

$$I(X; Y) = S(X) + S(Y) - S(X; Y) = S(X) - S(X|Y) = D_{KL}(p(x; y)\|p(x)p(y))$$

따라서 상호정보 $I(X; Y)$는 한쪽 X를 알면 다른 쪽 Y에 대해서도 얼마나 더 알게 되는지 말해 주며, 연계확률 $p(x; y)$가 각 확률의 곱 $p(x)p(y)$와 얼마나 다른지에 해당합니다. 또한 연계엔트로피 $S(X; Y)$는 각 상태 엔트로피의 합 $S(X) + S(Y)$에 상호정보 $I(X; Y)$를 뺀 것으로 주어집니다. 여러 상태집합들에 대해서도 마찬가지로 정의할 수 있지요.

③ 고무줄의 복원력

엔트로피적 힘으로서 고무줄의 복원력을 살펴볼까요. 다소 전문적인 내용이니 일반 독자는 지나가기 바랍니다. 고무줄은 뭇몸체(고분자) 화합물로서 많은 수의 홑몸체들로 이루어져 있는데, 간단한 모형으로서 길이 a인 홑몸

체가 N개 모여서 길이 L인 고무줄을 이루고 있다고 합시다. 각 홑몸체는 앞 (+) 또는 뒤(-) 방향으로 향할 수 있고, 각 경우의 홑몸체 수를 N_+ 와 N_-라 하면($N_+ + N_- = N$) 고무줄의 길이는 다음과 같이 주어집니다.

$$L = N_+ a - N_- a = (2N_+ - N)a$$

따라서 N개의 홑몸체 중에서 $N_+ = \frac{1}{2}(N + L/a)$개의 홑몸체는 앞을 향하고 나머지 $N_- = \frac{1}{2}(N - L/a)$개는 뒤를 향하면 길이 L인 고무줄이 됩니다. 이러한 배열의 수는 N개 중에서 N_+개를 택하는 방법의 수이므로

$$W = 2\frac{N!}{N_+! N_-!} = \frac{2N!}{\left[\frac{1}{2}(N + L/a)!\right]\left[\frac{1}{2}(N - L/a)!\right]}$$

로 주어집니다. (여기서 N_+개가 뒤로 향한 경우, 곧 길이 $-L$인 경우도 길이 L과 마찬가지이므로 앞에 2를 곱했습니다.) 따라서 엔트로피는

$$S = k \log W = k \log(2N!) - k \log\left[\left(\frac{N + L/a}{2}\right)!\right] - k \log\left[\left(\frac{N - L/a}{2}\right)!\right]$$

로서 앞서 언급한 스털링의 공식을 써서 정리하면

$$S = S_0 - \frac{N + L/a}{2} k \log \frac{N + L/a}{2} - \frac{N - L/a}{2} k \log \frac{N - L/a}{2}$$

가 됩니다. 여기서 S_0는 고무줄의 길이 L에 의존하지 않는 상수입니다. 이렇게 얻어진 고무줄의 엔트로피를 미분하면 엔트로피적 힘은

$$f = T\frac{\partial S}{\partial L} = -\frac{kT}{Na^2}L$$

가 되어서 길이 L에 비례하며, 음(-)부호는 늘어나는 길이의 반대 방향인 복원력을 뜻합니다. 따라서 고무줄은 마치 용수철 상수가 $\kappa \equiv kT/Na^2$인 용수철처럼 거동합니다. 그러나 이 힘의 근원은 용수철과 달리 에너지가 아니라 엔트로피입니다. [실제로는 에너지도 길이 L에 의존하므로 고무

줄에는 일반적으로 역학적 힘과 엔트로피적 힘이 함께 작용하게 됩니다. 두 가지를 모두 고려하면, 고무줄에 힘을 가하지 않아서 늘어나지 않았을 때 길이는 0이 아니라 유한한 $L_0(\neq 0)$로 주어지지요. 이를 길이 L로 늘렸을 때 힘은 전체 길이 L이 아니라 늘어난 길이 $x \equiv L - L_0$에 비례하며, 이는 바로 혹의 법칙 $f = -\kappa x$를 주게 되어서 용수철의 경우와 같습니다.] 이렇듯 엔트로피의 변화에 기인하는 엔트로피적 힘은 힘 상수가 온도에 비례하는 특성을 지닙니다. 따라서 온도와 직접 관계없는 역학적 힘과 달리 절대영도($T = 0$)에서는 엔트로피적 힘은 존재하지 않지요. 이러한 엔트로피적 힘의 보기로는 고무줄 외에도 앞에서 언급한 삼투압, 물이 기름과 잘 섞이지 않는 물 싫어함, 그리고 용액에서 커다란 알갱이가 작은 알갱이들을 밀쳐내고 서로 당기는 메마름힘 따위가 있는데, 최근에는 중력이 엔트로피적 힘이라는 흥미로운 주장도 나왔습니다.

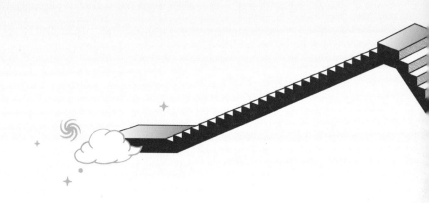

6부

우주의 구조와 진화

$E=mc^2$
$S=k\log W$

20강
관측되는 우주

　이제 눈을 돌려서 물질이 존재하는 자연현상의 무대, 우주에 대해 생각해 보기로 하지요. 우주에 대해서는 누구나 한번쯤 궁금증을 품습니다. 어린 시절 여러분도 밤하늘을 보면서 저 별이 과연 우리와 얼마나 떨어져 있고, 별의 정체가 무엇인지 많은 의문이 들었겠지요. 아닌가요? 오염이 심해서 밤하늘에 별을 볼 수 없다고요? 내가 훨씬 행복한 어린 시절을 보냈네요. 갈수록 삶의 질이 오히려 떨어진다는 느낌이 듭니다.

　〈반짝반짝 작은 별〉이라는 어린이 노래의 가사를 보면 우주에 대해 품는 어린아이들의 의문을 아주 잘 표현하고 있습니다. 원래는 프랑스의 민요곡에 영어 가사를 붙였다고 하는데 모차르트의 변주곡으로 널리 알려졌지요. 내가 어렸을 때부터 우주에 대한 동경을 품게 만든 노래라서 1절과 2절 가사를 한번 적어 보고 싶네요.

Twinkle, twinkle, little star, How I wonder what you are!

Up above the world so high, Like a diamond in the sky!

Twinkle, twinkle, little star, How I wonder what you are!

When the blazing sun is gone, When he nothing shines upon,

Then you show your little light, Twinkle, twinkle, all the night.

Twinkle, twinkle, little star, How I wonder what you are!

이에 비교할 만큼 널리 알려진 우리나라 노래는 아마도 윤극영 시·곡 〈반달〉일 듯합니다. '푸른 하늘 은하수'로 시작하는 이 노래를 모르는 사람은 없겠지요. 그 밖에도 윤석중 시, 권길상 곡 〈둥근 달〉, 그리고 이병기 시, 이수인 곡 〈별〉 등이 생각납니다. 내가 좋아하는 〈둥근 달〉 가사도 적어 볼까요.

보름달 둥근 달 동산 위에 떠올라, 어둡던 마을이 대낮처럼 환해요.

초가집 지붕에 새하얀 박꽃이 활짝들 피어서 달구경하지요.

둥근 달 밝은 달 산들바람 타고 와, 한없이 떠가네, 어디까지 가나.

은하수 찾아서 뱃놀이 가나요. 은하수 찾아서 뱃놀이 가나요.

지금도 들으면 별에 대한 아련한 추억과 우주에 대한 동경을 불러 일으키는 듯합니다.

우주의 이해

현재 우리는 우주에 대해서 얼마나 알고 있을까요? 우주라는 존재는 과연 유한한가, 무한한가, 만일 유한하다면 끝은 어디에 있는가, 우주에 시작이 있었는지, 그리고 종말은 있을지, 시간에 시작과 끝이 있는지 따위의 수많은 질문이 있습니다. 실제로 우주는 우리와 매우 밀접하게 관련되어 있습니다. 우리의 몸과 삶이 우주와 무관하게 따로 존재할 수 없지요. 생명체란 철저하게 열려 있는 계이기 때문에 우리는 지구에서만 살아 존재할 수 있습니다. 그래서 지구를 소중히 아껴야 합니다. 인류가 물질적 풍요를 향한 탐욕으로 지구를 파괴하는 행위는 참으로 어리석고 스스로 무덤을 파는 짓입니다. (새만금을 비롯해서 4대강 사업이라는 처절한 파괴가 떠오르네요. 어리석음의 극치지요.) 사실 지구는 말할 것도 없고 지구와 우리 몸을 이루는 탄소, 산소, 질소 따위의 원자들은 모두 우주의 탄생과 더불어 생겨난 겁니다. 우주의 형성과 진화 과정에서 같이 이뤄졌기 때문에 우주는 우리 몸과 직접 연관되어 있고 궁극적으로 운명을 같이하게 되지요. 우주의 운명이 지구의 운명이고 지구의 운명은 물론 인류의 운명입니다. 우주는 우리와 밀접하게 관련되어 있고, 우리 몸도 모두 우주에서 생겨났지요.

그러면 우주를 어떻게 이해할 수 있을까요? 먼저 실제 관측을 통해서 우주에 존재하는 천체의 위치와 특성을 파악합니다. 이렇게 관측을 통해서 천체의 성질을 파악하는 학문 분야를 천문학이라고 합니다. 다음으로 천체는 모두 물질로 이뤄졌기 때문에 동역학과 통계역학 같은 일반 이론, 곧 보편지식 체계를 통해서 천체의 물리적 실체와 성질을 규명하고 서로 비교해서 해석할 수 있습니다. 보통 천체물리라고 부르는 분야지요. 끝으로 그러한 관측 자료와 과학 이론을 종합해서 전체 우주의 존재 양상을 나타내는 적절한 모형을 만드는데 이를 우주론이라 합니다. 정리하면 세 가지 단계를 거친다고 할 수 있습니다. 먼저 관측을 통해서, 그다음에는 일반 이론, 곧 이론물리학을 통해서, 그리고 마지막으로 그것들을 종합해서 우주 전체의 적절한 모형을 만들고 이를 통해서 우주를 해석합니다.

우주관의 변천

우주는 누구나 어렸을 때부터 의문을 품어 봤고, 인류가 항상 궁금해하고 궁극적 물음을 던진 대상입니다. 인간이 우주를 어떻게 바라보고 이해해 왔는지 살펴볼까요.

우리가 볼 때 우주에 있는 많은 천체는 해나 달과 마찬가지로 동쪽에서 떠서 서쪽으로 지거나 북극성을 중심으로 돌고 있습니다. 이에 대한 가장 쉬운 해석은 우리는 가만히 있는데 천체가 우리 주위를 돌고 있다는 겁니다. 이를 지구중심설이라고 부르는데 고대 그리스의 아리스토텔레스나 이집트의 프톨레마에우스 같은 사람들이 주장했습니다. 중세에 코페르니쿠스가 이러한 지구중심설 대신에 태양중심설을 주장했는데 (사실 고대 그리스의 아리스타르코스가 이미 제안했다고 합니다만) 앞에서 지적했듯이 이는 패러다임의 교체로서 과학혁명이라고 할 수 있습니다.

여러분은 태양중심설을 다 믿고 있지요? 해는 가만히 있고 지구가 그 주위를 돈다고 생각할 겁니다. 그래서 지구중심설은 틀리고 태양중심설이 옳다고 생각하기 쉬운데, 꼭 그런 것은 아닙니다. 지구중심설도 훌륭한 이론으로서 좀 복잡하기는 하지만 떠돌이별의 움직임을 설명할 수 있습니다. 물론 태양중심설로는 더 간단하게 떠돌이별의 움직임을 설명할 수 있어요. 그런데 어느 것이 더 좋은 이론인지는 그리 간단하고 명확한 문제는 아니라고 앞에서 지적했지요. 여러 조건을 생각할 수 있는데 어느 한 이론이 모든 조건에서 다른 이론보다 반드시 낫지는 않은 경우가 많습니다. 어쨌든 지구를 기준으로 보고 해석해도 잘못된 것은 아닙니다.

코페르니쿠스 이후로 케플러와 갈릴레이 같은 사람들의 공헌이 큽니다. 대표적으로 태양중심설에서 떠돌이별은 해를 초점으로 하는 타원 자리길을 따라 움직인다는 사실을 케플러가 세 가지 법칙으로

정리했습니다. 이러한 연구가 바탕이 되어서 뉴턴이 고전역학을 체계화하고 중력법칙과 함께 행성계의 움직임을 놀랍도록 멋지게 해석해 냈지요. 이에 따라 뉴턴은 우주는 당연히 멈춰 있고 무한하다고 생각했습니다.

그런데 그렇게 간단하지가 않습니다. 19세기에 독일의 올베르스가 생각한 올베르스의 역설이라는 논의가 있습니다. 이는 "왜 낮은 밝은데 밤은 어두운가?" 하

그림 20-1: 올베르스(1758~1840).

는 의문에서 출발합니다. 낮이 밝은 이유는 당연히 해 때문이고, 밤에는 해가 없으니 어둡지요. 그런데 이것이 사실은 이상합니다. 해도 하나의 별이지요. 어느 별을 봤을 때 그 별빛이 지구에 오는 양이 어떻게 변하겠어요? 그 별까지 거리의 제곱에 반비례합니다. 왜냐면 빛이 사방으로 똑같이 퍼져 나가므로 별을 중심으로 반지름 r인 공을 생각하면 공의 겉면에 고르게 도달하겠지요. 그런데 겉면의 넓이가 $4\pi r^2$이므로 별에서 거리 r인 어느 지점에 도달하는 별빛의 양은 $\dfrac{L}{4\pi r^2}$ 이되어서 거리의 제곱에 반비례합니다. 별빛의 전체 양, 곧 별의 밝기 L이 $4\pi r^2$에 퍼져야 하니까요. 따라서 지구에서 멀리 떨어져 있는 별이어두워 보이고 가까운 해가 밝아 보이지요.

그런데 별이 우주 공간에 고르게 있다면 지구에서 거리 r만큼 떨어져 있는 별이 몇 개나 있는지 생각해 보지요. 별이 고르게 분포한다면 그 수 $N(r)$은 지구를 중심으로 반지름 r인 공의 겉면 넓이에 비례합니다. 따라서 $N(r) \propto r^2$이 되어서 거리의 제곱에 비례하겠지요. 그럼 우리가 지구에서 r만큼 떨어진 별들에서 받는 빛의 전체 양은 어떻게 될까요? 별 하나에서 받는 빛의 세기 $\dfrac{L}{4\pi r^2}$에 별의 수 $N(r)$을 곱하면 되는데 이는 거리 r에 무관해집니다. 먼 곳에 있는 별 하나에서 받는 빛은 약하지만 그만큼 별의 수가 많아지기 때문에, 결국 지구에서 일정한 거리에 있는 별들에게서 받는 별빛은 그 거리에 관계없다는 결론이 얻어집니다. 그러면 밤하늘이 어두울 수가 없는 거지요. 가까운 별, 곧 해는 없지만 대신에 먼 곳의 별들에게서 받는 빛을 다 합치면 가까운 별이 주는 빛과 같으므로, 결국 별빛만 합쳐도 햇빛과 마찬가지로 밝아야 한다는 추론입니다.

무엇이 잘못되었을까요? 뉴턴이 전제한 가설이 타당하지 않다고 생각할 수밖에 없습니다. 따라서 실제 우주는 무한하지 않다는 결론이 얻어집니다. 공간이나 시간적으로 무한하지 않을 거라는 말이지요. 예를 들어 우주의 나이가 100억 년이라고 가정해 봅시다. 그러면 빛이 1초에 30만 킬로미터를 가고 1년에 1광년을 가므로, 아무리 멀리 있는 별도 100억 광년보다 멀리 있을 수는 없습니다. 다시 말해서 100억 광년보다 더 멀리 떨어져 있는 별이 낸 빛은 아직 지구에 도착하지 못한 거지요. 따라서 우리는 100억 광년보다 가까운 별들만 볼 수 있으므로 관측 가능한 우주는 유한하고, 더욱이 실제 우주는 멈춰 있지도 않고 불어나고 있으므로 올베르스의 역설은 해결됩니다.

놀랍게도 이러한 설명을 처음 제안한 사람은 19세기 미국 작가인 포입니다. 〈갈까마귀〉, 〈애너벨 리〉를 비롯한 시 작품도 널리 알려졌지만 명탐정 뒤팽이 등장하는 《모르그가의 살인》, 《도둑맞은 편지》 이야기들과 《검정고양이》, 《붉은 죽음의 가면극》 따위의 기괴한 이야기들은 추리, 괴기 소설의 효시로서 유명하지요. 명탐정 홈스로 대변되는 코넌 도일의 작품에 직접적 영향을 주었고, 앞서 언급한 과학소설의 베른과 웰스에게도 영향을 주었다고 합니다. 그뿐 아니라 보물찾기 암호를 풀어가는 《황금 벌레》 이야기는 암호학에도 영향을 주었다고 알려져 있지요.

그림 20-2: 포(1809~1849).

이는 결국 우주의 시초를 생각할 수 있음을 지적합니다. 우주의 시초가 과연 있었는지, 우주의 시초를 생각할 수 있는지를 아우구스티누스가 생각했다고 하지요. 교부철학의 대표적 학자로 널리 알려져 있습니다. 그는 "하느님이 천지를 창조했다고 하는데, 그 전에 무엇을 하고 계셨을까?"라는 질문을 했어요. 그 답이 무엇이죠? 유명한 답이 하나 있어요. 바로 "이런 질문을 하는 사람들을 위해서 지옥을 만들고 계셨다"는 것이지요. 물론 이것은 사실은 아니고 우스개입니다. 예전에 자연과학이 성립되기 전에는 우주의 시초를 생각하는 것은 형이상학적 문제라고 생각했어요. 그런데 아우구스티누스는 이와 달리 놀라운 답을 찾았습니다. "시간이라는 것 자체가 창조의 특성이고, 따라서 우주 창조 이전에는 시간이라는 것이 있을 수 없다"고 대답했지요. 현대물리학의 관점에서 보면 정확한 답이지요. 시공간이라는 것 자체가 우주의 탄생과 같이 시작했기 때문에 우주의 시작 이전이라는 말은 성립할 수가 없습니다. 우주가 만일 태어났다면 시간도 거기서 시작된 거지요.

칸트의 저서 《순수 이성 비판》에는 재미있는 내용이 있어요. 선험이란 표현을 썼는데 우리의 경험과 관계없이 미리 주어져 있다는 뜻입니다. 칸트는 선험적 변증론에서 순수이성에 네 가지 이율배반이 있다고 지적했는데, 이율배반이란 이렇게 생각해도 이상하고 저렇게 생각해도 모순이 있다는 말입니다. 여기서 첫 번째로 지적한 것이 무엇인지 아는 학생 있어요? 바로 우리가 논의하고 있는 우주의 문제입니다. 우주라는 것이 시작이 있는가, 공간적으로 유한한가 하는 것이 바로 이율배반이라는 것이지요. 원래 우주론은 존재론, 인식론 등

그림 20-3: 칸트(1724~1804).

그림 20-4: 허블(1889~1953).

과 함께 철학의 한 분야였습니다. 실제로 칸트는 우주에 관심을 두고 많이 생각했고, 태양계의 기원에 대한 가설을 설득력 있게 제시하기도 했습니다. 물론 지금은 철학자들이 우주를 연구하는 것이 아니라 물리학자들이 우주를 연구하지요.

우주를 해석하는 관점은 고대 이집트와 그리스에서 시작해 케플러와 뉴턴 등이 근대적 우주관을 정립했고 20세기에 들어와서 아인슈타인과 허블을 통해서 현대적 우주관으로 바뀌었습니다. 허블은 관측을 통해서 빨강치우침이라는 놀라운 현상을 발견했어요. 20세기에는 커다란 망원경이 만들어지면서 태양계가 속해 있는 우리 미리내은하 밖의 천체, 곧 외계 은하를 관측할 수 있게 되었습니다. 그런데 멀리 떨어져 있는 은하들이 정지해 있지 않고 모두 우리, 곧 미리내은하에게서 멀어지고 있다는 사실을 관측했지요. 특히 은하가 멀어지는 빠르기는 우리와 떨어진 거리에 비례함을 알았는데 이를 허블의 법칙이라 부릅니다. 이를 발표한 1929년은 현대 우주론의 출발점이라 할 만합니다.

일반적으로 별의 빛깔은 별이 주로 내는 빛의 파길이에 따라 정해집니다. 이는 별의 온도와 관계가 있습니다. 뜨거울수록 파길이가 짧

은 빛을 내지요. 그런데 별빛을 파길이
에 따라 나눈 빛띠로 분석해 보면 특정
한 빛깔, 곧 특정한 파길이의 빛이 없는
경우가 많습니다. 해는 온도가 그리 높
지 않아서 대체로 노란 빛을 많이 내는
데, '빨주노초파남보'라 부르는 연속적인
무지개 빛깔이 모두 있는 것 같지만 세
밀하게 빛띠를 분석해 보면 빈자리들이
있습니다. 이는 햇빛이 해의 대기를 빠
져나오면서 대기의 성분에 따라 특정한
빛깔이 대기에 흡수되기 때문이지요. 따
라서 별의 빛띠를 분석해 보면 그 별의
온도나 대기 등을 알 수 있습니다. 그런

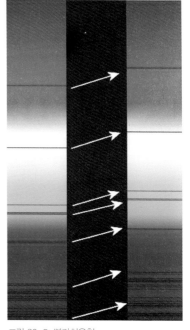

그림 20-5: 빨강치우침.

데 멀리 떨어진 외계 은하의 빛띠를 분석해 보면 원래 있어야 할 자
리에 있지 않고 대부분 빨간 쪽으로 치우쳐 있습니다. 다시 말하면
파길이가 길어져 있는 거지요. 그림 20-5에서 왼쪽은 햇빛, 오른쪽
은 멀리 떨어진 은하 초집단 빛의 흡수 빛띠를 나타냅니다. 화살표는
은하 초집단의 빛띠가 긴 파길이 쪽으로 치우쳐 있음을 보여 주지요.
이런 현상을 빨강치우침이라고 부르는데 이는 은하가 우리에게서 멀
어지고 있음을 말해 줍니다.

　기관차의 기적 소리는 우리에게 다가올 때와 떠날 때 서로 다르게
들립니다. 다가올 때 더 높은 소리로 들리지요. 기차가 서 있을 때 내
는 소리는 우리에게 도달하는 동안 우리와 기차 사이의 거리를 소리

의 파길이로 나눈 수만큼 진동합니다. 그런데 기차가 다가오면서 소리를 내면 그 소리가 우리에게 도달하는 동안 기차도 다가왔으므로 기차와 우리 사이의 거리가 줄어들고, 소리의 파길이도 짧아집니다. 이를 도플러효과라고 부릅니다. 반대로 기차가 멀어지면서 소리를 내면 파길이가 더 길어지고, 더 낮은 소리처럼 들리지요. 빛도 마찬가지입니다. 노란빛이 빨간빛 쪽으로 치우치는 것은 파길이가 길어진 것이고 이는 은하가 우리와 멀어지면서 빛을 냈기 때문이지요. 멀리 떨어져 있는 모든 은하들이 다 그렇다는 것은 결국 우주가 멈춰 있지 않고 불어나고 있다는 사실을 의미합니다.

여기서 흥미로운 사실은 일반상대성이론에서 우주의 불어남(팽창)을 이미 예측했다는 점입니다. 앞에서 소개한 마당방정식을 풀어 보면 멈춰 있는 우주는 안정되어 있지 않아서 우주는 결국 불어나려고 합니다. 아인슈타인은 이를 받아들이기 어려워서 마당방정식에 새로운 항을 추가했습니다. 우주가 멈춰 있도록 하려고 일부러 마당방정식을 변형했지요. 말하자면 서로 끌어당기는 중력 때문에 멈춰 있기 어려우니까 이에 대응해서 서로 미는 힘을 집어넣은 겁니다. 이를 우주상수라고 부르지요. 이렇게 해서 멈춰 있는 우주를 얻어 내고 행복했는데, 불과 몇 해 지나지 않아서 우주가 불어나고 있다는 사실을 허블이 관측했습니다. 그래서 아인슈타인은 우주상수를 집어넣어서 우주가 꼼짝하지 못하도록 한 것이 일생 최대 실수라고 스스로 인정했지요. 그런데 사실은 "우주상수를 집어넣은 것이 내 일생 최대의 실수다" 하고 말한 것이 바로 아인슈타인의 최대 실수입니다. 현재는 우주상수가 있어야 한다고 생각합니다. 아인슈타인이 우주상수가 필요하다고 몇 해 더 우겼으면 과연 통찰력이 놀랍다고 다들 경외심을 품었을 텐데, 안타깝네요.

아무튼 이론적으로 뒷받침되고 관측으로 확인되었으니 이제 불어나는 우주, 팽창우주는 우주를 이해하는 핵심적 아이디어로 받아들여집니다. 이에 따르면 옛날에는 우주가 작았지요. 시간을 계속 거슬러 가면 결국 태초에 우주는 한 점에서 이른바 '대폭발'로 탄생했다고 할 수 있습니다. 공간뿐 아니라 시간도 여기에서 시작한 것으로, 대폭발 이전에는 시간이란 개념을 생각할 수 없어요. 사실 시간이란 수수께끼 같은 문제지요. 아무튼 대폭발이 우주의 탄생, 창조의 순간인 셈입니다. 우주의 창조를 비롯한 우주론이 중세에는 형이상학이나 신학의 문제로 여겼는데 이젠 과학의 영역이 된 거지요. 따라서 현대 우주론의 바탕은 아인슈타인의 일반상대성이론과 허블의 빨강치우침 관측이라고 할 수 있습니다.

태양계

이제 우주를 어떻게 이해하고 해석해야 할지 본격적으로 논의해 보지요. 아름다운 지구의 모습은 첫 강의에서 봤지요. 적어도 태양계에는 이런 행성이 또 없고, 태양계 밖에서도 확인된 것은 하나도 없습니다. 산소와 질소로 이뤄진 대기와 물이 존재해서 인간을 포함한 모든 생명이 존재할 수 있는 유일한 근원이지요. 달에서 보면 그림 20-6처럼 보인다고 합니다.

그림 20-7은 태양계를 보여 줍니다. 왼쪽 끝에 주황빛을 내는 우

그림 20-6:
달에서 본 지구.

리의 별, 해가 보이고 수성, 금성, 지구, 화성, 목성, 토성, 천왕성, 해왕성, 그리고 조그만 명왕성이 보이네요. (해로부터 거리는 부득이 맞추지 않고 그렸습니다. 해로부터 떠돌이별까지의 거리는 해의 크기에 비해 엄청 멀지요.) 명왕성은 최근 국제천문학회의 결정으로 떠돌이별에서 퇴출되어서 잔떠돌이별(왜행성)의 지위로 전락했지요. 명왕성보다 먼 지점에서 조금 더 큰 에리스가 발견되었기 때문인데 정작 에리스를 발견한 미국 천문학자는 이러한 결정에 반대했다고 합니다. 보통 떠돌이별보다 훨씬 작은 것을 소행성이라 부릅니다. 화성과 목성 사이에 이러한 소행성들이 많이 모여서 띠를 이루고 있습니다. (생텍쥐페리가 사막에서 만난 추억 속의 어린 왕자가 이런 소행성에서 왔다고 하지요.) 명왕성은 소행성보다는 꽤 크고 떠돌이별과 비슷하므로 잔떠돌이별 — '잔돈'에서 보듯이 '잔떠돌이별'이란 크기

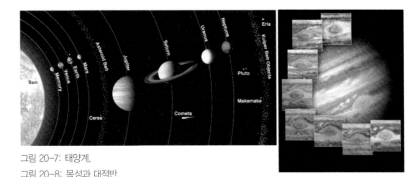

그림 20-7: 태양계.
그림 20-8: 목성과 대적반.

가 잘다는 뜻입니다 — 이라는 용어를 새로 만들었습니다. (따라서 asteroid를 소행성이라 번역한 것은 적절하지 않게 되었지요.) 이에 따라 명왕성과 근방에 있는 하우메아와 마케마케, 그리고 그 너머의 에리스와 함께 소행성 띠에서 가장 큰 세레스도 잔떠돌이별이라 부르게 되었습니다.

그림 20-7에서 여덟 떠돌이별과 잔떠돌이별 사이의 상대적 크기는 맞춰 그렸습니다. 보다시피 떠돌이별 중에 어떤 것은 비교적 작고 어떤 것은 매우 큽니다. 그 구조와 성분도 서로 달라서 지구나 화성은 겉면이 딱딱하고 고체이지만 목성이나 토성 같은 거대한 떠돌이별은 주로 기체로 이뤄져 있지요. 워낙 거대하므로 전체 질량은 엄청나지만 밀도가 작아서 물에 띄우면 가라앉지 않고 뜰 겁니다. 각 떠돌이별은 달별(위성)들을 거느리고 있지요. 지구에는 달이 1개, 화성에는 달이 2개 있고, 목성과 토성은 여러 개의 달이 있습니다. 가장 큰 떠돌이별인 목성은 무려 70개 가까운 달을 지니고 있는데 그중에 갈릴레이가 발견한 네 개의 갈릴레이 달별이 널리 알려져 있지요. 가

장 큰 달별은 떠돌이별인 수성보다도 큽니다. 토성은 테를 가지고 있어서 망원경으로 보면 매우 아름다워요. 이 테는 아주 조그만 조각달들의 모임이라고 할 수 있는데 놀랍게도 일정한 규칙으로 틈이 있습니다. 마치 컴팩트디스크CD가 나오기 전에 아날로그 방식의 엘피LP 음반에 있는 홈처럼 보이지요. 테는 토성에만 있는 것은 아니고, 천왕성에도 있습니다. 그러나 빛을 잘 되비치지 않으므로 토성 테처럼 아름답게 잘 보이지는 않아요. 한편 그림 20-8에서 보듯이 목성은 겉면에 소용돌이 같은 커다란 붉은 반점인 대적반이 있는데, 이 반점은 지구보다도 클 수 있으며, 시시각각 변합니다. 그 정체는 아직 완전히 이해하지 못했지만 토성의 테와 함께 앞에서 공부한 혼돈의 문제와도 연관이 있다고 생각합니다. 이해를 돕기 위해 그림 20-9에 목성, 토성, 천왕성, 해왕성, 지구, 금성, 화성, 수성의 순서로 이어지는 떠돌이별들의 크기를 비교하였고 그림 20-10에는 이들과 해의 크기를 비교해서 보였습니다.

해에서 지구까지 평균 거리는 대략 1억 5000만 킬로미터입니다. 이것을 천문단위(AU)라고 부르지요. 그러니까 $1\,\text{AU} = 1.5 \times 10^{8}\,\text{km}$입니

그림 20-9: 떠돌이별의 크기 비교.
그림 20-10: 해와 떠돌이별들의 크기 비교.

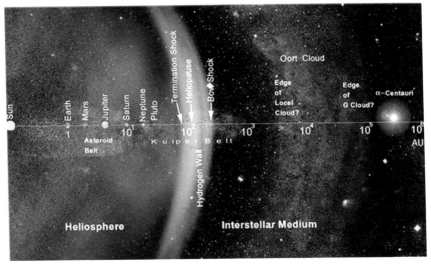

그림 20-11: 태양계의 범위.

다. 태양계의 크기는 얼마나 될까요? 해에서 해왕성까지 평균 거리는 대략 30 AU, 곧 45억 킬로미터입니다. 그러나 해왕성 너머에도 물질이 분포하고 있습니다. 주로 원반 형태로 작은 천체들이 밀집해서 분포하고 있는데 이를 카이퍼띠라고 부릅니다. 좁게는 50 AU까지, 넓은 뜻으로는 흩뜨려진 원반을 포함해서 수백 AU까지 미치는데 명왕성과 하우메아, 마케마케가 카이퍼띠에 속해 있습니다. 에리스는 해로부터 평균 거리가 68 AU로서 흩뜨려진 원반에 속해 있지요. 최근에는 카이퍼띠에 속한 천체들의 움직임으로 미루어 보아 해로부터 수백 AU 지점에 지구의 10배에 이르는 거대한 떠돌이별이 존재한다는 논문이 발표되기도 했습니다. (바로 에리스를 발견해서 명왕성 퇴출에 공을 세운 분이 그 대신 새로운 9번째 떠돌이별을 주장한 것이지요.) 또한 얼음 조각들로 이뤄져서 살별의 근원이라 추정하는 오오르트 구름은 수천 AU 지점부터 무려 1 광년까지도 퍼져 있다고 여겨집니다. 더욱이 중력을 생각하면 해로부터 2 광년까지는 다른 별보다 해의 중력이 큰 영향을 끼치지요. 따라서 태양계 전체 크기는 정의하기에 따라 다르게 생각할 수 있습니다. 그림 20-11은 가장 크게 생각한 태양계를 보여 줍니다. 해부터 가까운 별인 알파-켄타우리까지 천문단위 거리를 로그눈금으로 나타내었지요.

별과 은하

그림 20-12는 남반구에서 별의 움직임 자취를 여러 시간 동안 촬영한 겁니다. 사실은 별이 도는 것이 아니라 지구가 자전해서 이렇게 보이는 거지요. 가운데 점이 천구의 남극입니다. 북반구에서 보면 가운데 극에 북극성이 있고, 남반구에는 북극성 대신에 남십자성이 길잡이 노릇을 하지요.

그런데 태양계 크기를 60억 내지 100억 킬로미터라 하면 매우 큰 듯하지만 우주의 눈금으로 보면 극히 작습니다. 그림 20-11에 보였듯이 태양계에서 가장 가까운 (붙박이)별은 켄

그림 20-12: 천구의 남극 주변에서 천체의 운동.

타우루스별자리에서 가장 밝은 별인 알파-켄타우리 바로 옆에 있는 조그만 별인데 가깝다는 뜻으로 프록시마라고 부르지요. 그런데도 4.2광년 떨어져 있으니 지금 이 별을 보면 4년 2개월 전을 보는 겁니다.

별들은 별자리를 이루지요. 그러나 별자리에 실제로 별이 모여 있다고 생각하면 안 됩니다. 그건 우리가 2차원적으로 비춰 보는 것이므로 어느 두 별이 가까이 있는 것으로 보여도 실제로는 우리가 보는 앞뒤로 멀 수 있어

그림 20-13: 별송이 엠15.

요. 예전부터 별은 동경의 대상이라서 여러 개의 별을 적당히 모아서 별자리를 만들었는데 그리스 신화에서 많이 따왔고 동양에서도 전설에 맞춰 만들었습니다.

실제로 별들은 대부분 따로 있지 않고 수천 개가 모여서 이른바 별송이(성단)를 만듭니다. 그림 20-13은 엠ᴍ15라 이름 붙인 별송이를 보여 줍니다. 이런 별송이들을 포함해서 엄청나게 많은 수, 보통 1000억 개가량의 별들이 모여서 은하를 만들지요. 태양계가 속한 우리 은하, 이른바 미리내에는 무려 3000억 개의 별이 있으니 사실 우리 별, 해는 3000억 개의 별 중 하나에 불과합니다. 우리 은하에서 별 사이의 평균거리는 5광년 정도입니다.

그림 20-14는 태양계가 속한 우리 은하를 위에서, 그리고 비스듬

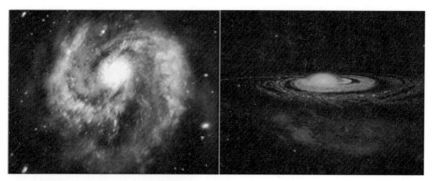

그림 20-14: 우리 은하 미리내를 위에서 본 모습(왼쪽)과 옆에서 본 모습(오른쪽).

히 옆에서 본 모습입니다. 앞에서 소개했지만 우리 은하는 소용돌이 치는 원반으로 반지름이 5만~6만 또는 7만~9만 광년이고 두께는 2 만~3만 광년입니다. 우리를 포함한 태양계는 은하의 중심에서 3만 광년쯤 떨어진 변두리에 있지요. 그래서인지 우리가 은하의 중심을 동경하며 바라보면 중심에는 별이 많이 모여 있어서 맨눈으로 보면 뿌옇게 보입니다. 서양에서는 그리스 신화를 따라서 젖줄길이라 하고 우리말로는 미리내, 한자어로는 은하수라 합니다. 그래서 우리 은하 를 미리내은하라고 부르지요. 우리 은하를 비스듬히 본 오른쪽 모습 은 꼭 달걀부침 같죠? 노른자를 터트리지 않고 예쁘게 부쳤네요. 노 른자 부분이 은하의 중심으로 별이 많이 분포해 있습니다.

위에서 보다시피 우리 은하는 소용돌이치는 팔이 두 개 있다고 생 각합니다. 해가 속한 팔은 오리온 팔인데, 해가 속하지 않은 다른 팔 에서 해 바로 바깥쪽 부분을 페르세우스 팔, 안쪽의 부분은 사지타 리우스 팔이라고 부르지요. 그리고 우리 은하는 가만히 있지 않고 스스로 돌고 있습니다. 그래서 소용돌이 모양이라고 할 수 있지요.

우리나라의 고속열차 ―
왜 한글을 버리고 무슨
뜻인지 알 수 없도록 케
이티엑스KTX라 하는지 납
득하기 어렵네요 ― 는 빨
라 봤자 1초에 100미터
도 채 못 가지요. 그런데
태양계의 원운동은 그 빠

그림 20-15: 큰 마젤란구름.

르기가 무려 220 km/s, 곧 1초에 220 킬로미터를 갑니다. 그러니 우
리는 사실 지구 자전을 무시하더라도 은하라는 회전목마에 타서 돌
고 있는 셈입니다. 매우 빨라서 어지러울 것 같은데, 그러나 원운동
의 반지름이 워낙 크므로 가속도는 극히 작습니다. 한 바퀴 도는 데
걸리는 회전주기도 수억 년이 되지요.

우리 은하에 가깝게 마젤란구름이 있습니다. 큰 구름과 작은 구름
이 있는데 우리 은하에서 16만~20만 광년 떨어져 있고 별구름도 품
고 있어서 밤하늘에 구름처럼 보이지만 사실은 별들이 모인 비교적
작은 은하지요. 이 은하는 북반구에서는 보기 어렵고 남반구에서 주
로 볼 수 있는데 마젤란이 세계를 일주할 때 밤하늘에 이 '구름'을
보고 뱃길을 찾았다는 이야기가 전해집니다. 다음 강의에서 말하겠
지만 그림 20-15에 보인 큰 마젤란구름에서 1987년에 손님별이 터
져서 널리 알려졌지요. 우리 미리내은하에서 250만 광년쯤 가면 유
명한 안드로메다은하가 있습니다. 북반구에서 맨눈으로 볼 수 있는
유일한 외계 은하인데 ― 물론 서울에서는 볼 수 없고 공기가 맑은

그림 20-16: 안드로메다은하.

산골에서 볼 수 있죠 — 그림 20-16에서 보듯이 우리 은하와 닮은꼴로 알려져 있습니다. 그러나 우리 은하보다 두 배가량 크고 품은 별의 수도 두 배 이상, 많게는 다섯 배에 이른다고 알려져 있습니다. (흥미롭게도 안드로메다은하는 빨강치우침과 반대로 파랑치우침을 보이는 드문 예로서 이는 우리 은하로 다가오고 있음을 뜻합니다. 무려 100 km/s가 넘는 빠르기로서 이 추세라면 앞으로 40억 년쯤 지나서 안드로메다은하와 미리내은하는 충돌해서 하나의 은하가 되리라 추정합니다. 이러한 은하의 충돌은 놀랄일이 아니고, 한 은하무리에 속한 은하끼리 비교적 흔하게 일어나지요.) 소용돌이가 아닌 다른 형태의 은하들도 있으며 우리 은하와 근처에 있는 20여 개의 은하를 묶어서 은하의 한곳무리라고 부릅니다.

일반적으로 별이 모여 별송이, 별과 별송이가 모여서 은하가 됩니다. 1000억 개가량의 별들이 모인 은하가 수천 개 모이면 은하집단이 되고, 은하집단이 다시 모여서 초집단을 이룹니다. 초집단의 분포는 대체로 균일하다고 알려져 있지요. 아무튼 별은 뉴턴의 생각처럼 우주 공간에 균일하게 분포한 것이 아닙니다. 은하와 은하 사이에는 별이 별로 없어요. 마찬가지로 은하집단과 은하집단 사이에는 은하가 별로 없고, 초집단과 초집단 사이에는 은하집단이 별로 없습니다.

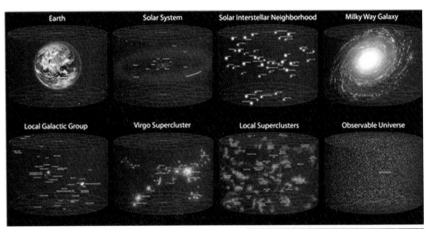

그림 20-17: 우주에서 지구의 위치.
그림 20-18: 깊은 우주.

그러나 초집단 자체는 대체로 균일하
게 분포되어 있어요. 그림 20-17은 이
러한 우주에서 지구의 위치를 보여 줍
니다. 지구로부터 시작해서 태양계, 미

리내은하, 한곳은하무리, 은하집단과 초집단, 그리고 관측되는 우주
를 단계별로 나타내었지요.

그림 20-18은 현재 찍을 수 있는 가장 깊은 우주의 사진입니다.
대략 100억 광년 가까이까지 멀리 볼 수 있는데 그 안에 1200억 개
정도의 은하가 있습니다. (최근에는 더 정밀한 계산을 통해서 우주
의 은하가 2조 개에 달한다는 주장이 제기되었습니다.) 그림 20-18
은 그렇게 볼 수 있는 하늘 중에 400만 분의 1에 해당하며, 빛나는

점 하나하나가 은하로서 모두 1500개쯤 되지요. (점 중에서 반짝거리는 단 하나만은 은하가 아니고 별입니다.) 아무튼 우주의 눈금에서는 은하도 점 하나밖에 되지 않아요. 우주를 논하는 관점에서 보면 누가 돈이 많은지, 힘이 더 센지, 핵폭탄을 가졌는지 따위는 참으로 하찮고 가소로운 이야기지요.

천체의 관측

천체에서 지구로 도달하는 신호는 대부분 빛입니다. 물론 우리 눈으로 보이는 빛만이 아니고 파길이가 짧은 엑스선이나 감마선, 그리고 더 긴 넘빨강살이나 라디오파 등을 모두 포함합니다. 눈에 보이는 빛을 탐지하는 장치가 보통의 광학망원경이고, 라디오파를 탐지하는 것이 전파망원경이지요. 이러한 신호들을 탐지해서 자료를 얻는 활동을 관측이라고 부르며, 이러한 관측을 주로 하는 학문이 천문학입니다.

이같이 관측으로 얻은 자료는 우리가 알고 있는 보편지식 체계, 곧 이론적 방법들을 동원해서 해석합니다. 예를 들어 빛을 파길이에 따라 나누는 분광장치를 이용해서 빛띠로 분석하면 빛을 낸 천체의 여러 물리적 특성을 알아낼 수 있습니다. 이미 지적했지만 원자는 특징적인 파길이의 빛을 냅니다. 질소는 주황빛을 내고, 나트륨은 노란빛, 수은은 청록 등인데 이는 앞에서 공부한 양자역학으로 해석할 수 있지요. 따라서 천체가 낸 빛을 분석하면 온도나 속도 등과 함께 구성원소도 알 수 있습니다. 그래서 천체들의 성질과 여러 가지 구조 따

위를 이해할 수 있고, 그
런 자료를 모아서 전체
우주의 모습을 그려 냅니
다. 이러한 과정을 통해
인간은 우주를 이해하고
해석하지요.

광학망원경은 크게 만
들수록 멀리서 오는 약

그림 20-19: 허블망원경.

한 빛까지도 탐지할 수 있습니다. 그래도 대기의 영향 때문에 지상에
서 보는 건 한계가 있어요. 선명한 영상을 얻으려면 대기권 밖으로
나가서 관측해야 좋고, 이에 따라 망원경을 실은 인공위성을 쏴 올
렸는데 그중에 가장 유명한 것이 허블 우주망원경입니다. 쏴 올린 후
에 망원경 거울의 결함이 발견되어서 우주비행사들이 직접 가서 보
정렌즈를 붙이는 수리 작업을 수행했고, 그 결과 놀랍도록 생생한 천
체 관측 자료를 많이 얻어 내어 천문학 발전에 크게 이바지했습니다.
여기에 실은 많은 사진들이 바로 허블망원경으로 얻은 것들이지요.
1990년에 쏴 올렸고 현재도 작동하고 있습니다. 또한 2021년 말에는
기대하던 제임스웹 우주망원경을 쏴 올렸지요. 지구 궤도를 도는 허
블망원경보다 훨씬 멀리 (150만 킬로미터가량) 떨어진 지점에서 작동
하면서 허블망원경의 약 100 배의 성능을 자랑합니다. 특히 넘빨강
영역에서 놀라운 관측 자료를 얻어 내고 있는데 우주 끝자락의 별과
은하의 영상은 흥분과 함께 숨이 막히는 듯한 감동을 줍니다.

21강
별과 별사이물질

지난 강의에서는 관측할 수 있는 우주의 구조에 대해 간단히 논의했고 우주를 어떻게 이해할 것인가 하는 문제를 제기했습니다. 그런데 전체 우주의 규모에 비하면 사실 우리는 너무나 작습니다. 인간은 말할 것도 없고 지구나 태양계조차 극히 작지요. 그런데도 인간이 우주를 이해하는 것이 과연 가능할까요? 비유하자면 1000층짜리 건물이 있는데 그 지하 10층 바닥에 개미가 한 마리 있어요. 개미가 거기서, 과연 이 건물이 어떻게 생겼을까 하고 추측하는 것보다 인간이 우주의 모습을 알아내는 것이 더 어렵다고 할 수도 있습니다. 크기를 비교하면 개미와 1000층짜리 건물보다 인간과 우주의 차이가 훨씬 더 크기 때문이지요. 사실 인간이 우주를 어떻게 이해할 수 있을지, 그것이 과연 가능할지는 수수께끼 같은 문제입니다.

그렇지만 인간은 우주를 제법 잘 이해하고 있다고 여겨집니다. 그래서 아인슈타인은 "우주에 대해 가장 이해할 수 없는 점은 우주가 인간에게 이해된다는 사실이다" 하고 말했지요. 역설적 표현이지만 공감이 가는 지적입니다. 우주의 규모에서 보면, 사실 우리 은하 하나 정도 없어지는 건 아무런 영향도 없다고 할 수 있지요. 그리고 우리 은하에서 보면 태양계는 먼지 한 조각만도 못하고, 지구 정도는 새삼 말할 필요도 없습니다. 우주의 눈금에서 볼 때 인간은 보잘것없이 너무나 하찮은 존재이고 아무런 의미도 없어 보이지요. 그러나 이러한 인간이 우주를 해석하고 이해하려 노력하고 있고, 또한 상당한 이해에 도달해 있다니 참으로 놀라운 일입니다.

천체의 거리 측정

먼저 천체까지 거리를 어떻게 재는지 생각해 보겠습니다. 밤하늘의 별이 얼마나 멀리 떨어져 있는지 생각해 보는데 우리 모두 어렸을 때 한 번쯤 품어 본 의문이지요. 천체까지 거리를 측정하는 방법은 여러 가지 있는데 그중 가까운 천체의 거리를 잴 때에는 간단하게 시차를 조사하면 되고, 이보다 조금 먼 천체의 경우에는 별의 밝기를 이용할 수 있습니다. 멀리 떨어져 있는 천체의 경우에는 빨강치우침을 이용하지요.

그림 21-1은 별의 시차를 나타냅니다. 지구는 해 주위를 돕니다. 공전 자리길 면에 수직 방향으로 가까운 곳에 별이 하나 있다고 할까요. 그림에서 지구가 해의 왼쪽에 있을 때 이 별을 관측하면 별은 멀리 떨어진 별을 기준으로 해서 그 오른쪽에 있는 걸로 보입니다.

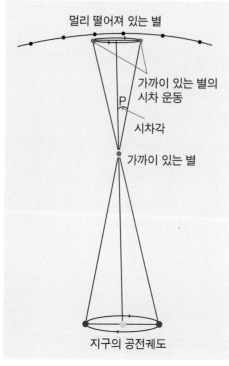

멀리 떨어져 있는 별

가까이 있는 별의
시차 운동

P

시차각

가까이 있는 별

지구의 공전궤도

그림 21-1: 별의 연주시차.

그런데 6개월을 기다려서 지구가 해의 오른쪽에 오면 가까운 별은 멀리 있는 기준 별의 왼쪽에 있는 것으로 보이네요. 그러니까 가까운 곳에 있는 별을 관측하고 6개월 있다가 다시 관측하면 그 위치가 바뀐 걸로 나타납니다. 이 경우에 별은 실제로는 정지해 있지만 지구의 공전 때문에 움직이는 것으로 보이는데, 이렇게 한 해에 걸쳐 별이 보이는 방향이 달라지는 차이를 연주시차라고 합니다. 그림 21-1에서 보듯이 기준 별에 대해 보이는 방향의 각도 변화로 나타내지요.

이 시차는 실제로는 매우 작습니다. 왜냐면 그림에서 지구와 태양 사이의 거리는 1AU인 1억 5000만 킬로미터인데 별까지의 거리는 훨씬 멀지요. 가장 가까운 별인 프록시마만 하더라도 4.2광년이니 무려 40조 킬로미터입니다. 빛이 걸리는 시간으로 비교해 보면 8분 19초와 4.2년이니 시차가 얼마나 될지 짐작이 가지요. 각도 1초, 곧 1도의 3600분의 1도 안 됩니다. 간단한 삼각함수 계산을 해 보면 가장 큰 프록시마의 경우에도 0.77초밖에 되지 않지요. 따라서 연주

시차를 이용해서 거리를 잴 수 있는 별은 태양계에서 매우 가까이 있는 별에 국한됩니다. 거리가 50 광년만 되어도 시차는 워낙 작아서 재기 어렵지요. 연주시차가 1 초에 해당하는 거리를 1 파세크(pc)라고 하는데 3.26 광년쯤 됩니다. 곧 $1\,pc \fallingdotseq 3.26\,ly \fallingdotseq 3.1 \times 10^{16}\,m$, 대략 30조 킬로미터라 할 수 있습니다.

다음은 별의 밝기를 이용하는 방법입니다. 별을 밝기에 따라 등급을 매겨서 밝은 별부터 1등성, 2등성, 3등성 등으로 부릅니다. 이는 로그눈금으로 원래 1등성이 6등성의 100 배 밝도록 정의했으므로 등급이 하나 올라가면 2.5 배가량 밝아지는 거지요. 해는 밤하늘의 어떤 별보다도 엄청 밝아서 대략 −27등급입니다. 그러니 1등성보다도 1000억 배 이상 밝은데 이는 해가 실제로 이처럼 밝아서가 아니라 워낙 가까이 있기 때문입니다. 다른 별은 해보다 훨씬 멀리 있어서 어두워 보이는 거지요. 흐릿한 별 가운데에도 실제로는 해보다 훨씬 밝은 별이 많습니다. 우리에게 보이는 밝기에 따라 매긴 등급을 겉보기등급이라 부릅니다.

따라서 별의 실제 밝기를 비교하려면 모든 별이 같은 거리에 놓여 있다고 가정하고 등급을 매겨야 합니다. 보통 10 파세크, 대략 33 광년쯤 떨어져 있을 때를 기준으로 하며 이를 절대등급이라 하지요. 올베르스의 역설에서 논의했듯이 별이 우리에게서 멀어지면 거리의 제곱에 반비례해서 (겉보기) 밝기가 떨어집니다. 따라서 별의 겉보기등급을 절대등급과 비교하면 그 별의 거리를 쉽게 알 수 있지요.

별의 겉보기등급을 알려면 밤하늘에서 바로 밝기를 측정하면 됩니다. 그러면 절대등급을 어떻게 알 수 있느냐 하는 문제가 남네요.

이를 추정하는 데는 몇 가지 판단 기준이 있습니다. 한 가지 방법은 많은 별들의 밝기와 빛깔이 관련되어 있다는 사실을 이용합니다. 이른바 검정체내비침에서 지적했듯이 온도가 높을수록 짧은 파길이의 빛을 내비치므로 별 빛깔을 보면 그 온도와 실제 밝기, 곧 절대등급을 짐작할 수 있습니다. 예를 들어 빨간 별보다는 노란 별, 그보다는 흰 별, 그리고 파란 별이 온도가 높고 따라서 같은 크기면 더 밝지요. 해는 무슨 빛깔이죠? 대체로 노랑과 주황빛으로 파길이가 긴 편이니 온도가 그리 높은 편이 아니고 밝기도 시원찮다는 얘기네요.

그리고 별송이에 케페우스형 변광성이 포함되어 있으면 이를 이용해서 별송이까지 거리를 잴 수도 있습니다. 밝았다 어두웠다 하며 밝기가 변하는 별을 변광성이라 하는데 이중성을 10강에서 언급했지만, 진정한 뜻에서 변광성은 케페우스형 변광성을 말합니다. 별이 불안정해서 염통이 맥박 치듯이 커졌다 작아졌다 하며 진동하므로 맥동변광성이라고 부르지요. 별이 부풀면 밝아지고 줄어들면 어두워지므로 밝기가 주기적으로 변합니다. 그런데 이러한 맥동변광성의 주기는 그 밝기와 관련되어 있습니다. 따라서 관측을 통해 주기를 재면 그 별의 밝기, 곧 절대등급을 알 수 있고 이를 겉보기등급과 비교하면 얼마나 멀리 있는지 쉽게 알 수 있습니다.

대부분의 외계 은하처럼 아주 멀리 떨어져 있는 천체는 이런 방법으로도 거리를 잴 수 없습니다. 워낙 멀리 있으면 은하에서 별 하나하나를 볼 수 없고 은하 전체가 마치 별 하나처럼 보이지요. 이런 경우에는 앞 강의에서 언급한 빨강치우침을 이용합니다. 은하에서 나온 빛을 분석해서 빛띠가 빨강 쪽으로 얼마나 치우쳤는지 보면 은하가 우리에게서 얼마나 빨리 멀어지고 있는지 알 수 있습니다. 그런데 은하가 멀어지는 빠르기 v와 그 은하까지 거리 r은 서로 비례해서 이미 언급한 허블의 법칙

$$v = Hr$$

이 성립함이 알려져 있습니다. 비례상수 H는 허블상수라 부르며, 현재 받아들여지는 값은 $71 \, \text{km/s} \cdot \text{Mpc}$ 정도입니다. 따라서 태양계에서 1 메가파세크($\equiv 10^6$ 파세크, 대략 300만 광년) 떨어져 있는 은하는 초마다 71 킬로미터씩 우리와 멀어지고 있습니다.

관측을 통해 빨강치우침을 재면 은하가 멀어지는 빠르기를 알 수 있고, 여기에 허블의 법칙을 이용하면 거리를 바로 얻을 수 있습니다. 빨강치우침의 크기 z는 원래 파길이 λ인 빛이 $\Delta\lambda$만큼 파길이가 길어졌을 때 $\Delta\lambda/\lambda$로 정의합니다. 이는 도플러효과로 간단히 계산하면 은하의 빠르기 v와 빛의 빠르기 c의 비와 같음을 보일 수 있어서 결국

$$z = \frac{\Delta\lambda}{\lambda} = \frac{v}{c} = \frac{Hr}{c}$$

가 얻어집니다. 이 관계에서 은하까지의 거리 r을 구할 수 있겠네요.

별의 탄생

우주에는 다양한 물질이 존재합니다. 우주에 물질이 존재하는 양식은 크게 두 가지가 있습니다. 하나는 스스로 빛을 내는 '별'이라는 양식이고, 다른 하나는 별이 아닌 것으로, 통틀어서 '별사이물질(성

그림 21-2:
별사이물질의 분포.

간물질)'이라고 부릅니다. 대체로 기체나 먼지 같은 것들이므로 별사이먼지라는 표현을 쓰기도 합니다. 먼지의 성분은 70퍼센트가량이 수소이고 20~30퍼센트 정도는 헬륨입니다. 둘을 합치면 대부분을 차지하지요. 그다음으로는 무엇이 있을까요? 탄소입니다. 앞에서 소개한 〈반짝반짝 작은 별〉 노래에서 영어 가사에 "금강석(다이아몬드)처럼"이라는 구절이 있지요. 그런데 금강석이란 바로 탄소이고 반짝이는 별은 결국 별사이물질에서 태어나므로 가사가 그럴듯하네요.

그림 21-2에 보였듯이 이러한 별사이물질은 우주 전체에 넓게 퍼져 있는데, 어떤 경우에는 모여서 구름을 이루어 별구름(성운)이 됩니다. 기체 덩어리라 할 별구름은 별과 달리 스스로 빛을 내지 못하지만 별빛을 받으면 원자에서 전자가 떨어져 나간 이온이 되고 빛을 다시 내비칠 수 있어서 마치 네온사인처럼 화려한 빛깔을 보입니다. 때로는 뒤에서 오는 별빛을 가려서 검게 보이는 경우도 있는데 이를 어둠별구름(암흑성운)이라 하지요. 그림 21-3은 오리온별자리 부근의 말머리 (어둠)별구름입니다. 바탕의 붉은 빛을 막아서 검은 말 머

리처럼 보이지요. (밝게 빛나는 천체들은 은하 또는 별입니다.)

그림 21-3: 말머리 별구름.

아무튼 별구름도 별사이물질의 한 형태이지요. 별사이물질이 짙게 모여 있는 지역을 분자구름이라 부릅니다. 이러한 구름이 꽤 짙어지면 구성원 사이에서 중력의 영향으로 불안정해져서 점차 수축하고 밀도가 계속 커질 수 있어요. 이른바 공뭉치를 형성합니다. 여러분을 별사이물질로 비유합시다. 여러분이 뿔뿔이 넓게 퍼져 있다가 마구 돌아다니면서 조금씩 모이게 되면 점점 더 많이 모이게 되지요. 뭐 좋은 일이 있나 보다 해서 계속 모여들고, 결국 하나의 커다란 무리를 이루는데 이것이 공뭉치인 셈입니다.

처음 이러한 기체·먼지 덩어리로 모여들 때는 온도가 매우 낮습니다. 현재 우주의 온도는 2.7 K 정도이니 셀시우스 눈금으로는 영하 270도가량이라서 엄청나게 춥습니다. 공뭉치가 만들어지면 조금 따뜻해져서 10 K, 곧 영하 260°C쯤 됩니다. 일반적으로 중력이 작용해서 수축하면 중력마당의 잠재에너지가 작아지지요. 물론 그 에너지는 없어지는 것이 아니고, 다른 형태로 바뀝니다. 여기서는 열의 형태로 전해지므로 온도가 높아지지요. 그러면 어느 정도 안정된 상태에서 원시별이 생겨나는데 중력이 작용해서 계속 응축하면 중심부의 온도와 압력이 매우 높아집니다. 거리가 수 광년에 이르는 엄청나게 넓은 지역을 차지했던 먼지가 응축해서 별 정도 크기만큼 작

그림 21-4: 독수리 별구름에서 별의 탄생.

아지면 매우 뜨거워지지요. 극히 높은 온도와 압력에서는 수소가 헬륨으로 바뀌는 핵융합 반응이 일어납니다. 이렇게 되면 빛을 내기 시작하고 비로소 별로 탄생하게 되지요. 그림 21-4는 독수리 별구름에서 별이 탄생하는 모습을 보여 줍니다. 물론 하루나 이틀, 몇 해가 걸리는 것은 아니고 수백만, 수천만 년에 걸쳐서 탄생하지요.

핵융합이란 양성자 하나로 이뤄진 수소 원자핵 두 개가 합쳐져서 양성자 두 개로 이뤄진 헬륨 원자핵 하나를 만드는 반응입니다. 그런데 이러한 과정에서 생겨나는 헬륨의 질량은 원래 수소 두 개의 질량보다 줄어듭니다. 여기서 없어진 질량은 어떻게 된 걸까요?

특수상대성이론을 배울 때 이미 논의했습니다. 질량은 에너지와 본질적으로 정체가 같다는 결과를 기억하지요? 그 두 가지는 다만 형태가 다를 뿐입니다. 에너지는 잠재적으로 중력에 숨어 있을 수도 있고 빛으로 있을 수도 있고 소리에 담겨 있을 수도 있듯이 질량이라는 형태로 있을 수도 있습니다. 일상에서 쓰이는 단위로 나타내면 널리 알려진 $E = mc^2$이 됩니다. 따라서 질량 1 킬로그램을 에너지로 환산하면 9×10^{16} 주울이라는 엄청난 양이라고 지적했지요. 그래서 해가 수만 년 전이나 수억 년 전에, 그리고 앞으로 수억 년이 지나도 변함없이 에너지를 낼 수 있는 겁니다. 해가 방출하는 에너지가 얼마쯤 되는지 알아요? 1초에 방출하는 에너지가 4×10^{26} J이니까, 도대체 얼마라고 해야 하나요? 한마디로 상상을 넘어서서 엄청납니다.

지구가 해에게서 받는 에너지만 해도 어마어마합니다. 현재 인류가 쓰는 에너지의 양이 해마다 대략 5×10^{17} kJ이라니 10^{10} kW, 곧 백억 킬로와트쯤 되네요. 그런데 해로부터 받는 에너지는 이보다 훨씬 큽니다. 햇빛만 해도 인류가 쓰는 에너지의 만 배에 가깝지요. 그러니까 해의 에너지만 잘 이용하면 에너지는 걱정할 필요가 없겠네요. 사실 지구에서 사용하는 거의 모든 에너지의 근원은 결국 해입니다. 직접 햇빛에너지를 이용하는 햇빛 발전은 물론, 장작이나 석탄, 석유 같은 생물자원 연료를 포함해서 물(수력), 바람(풍력) 등은 모두 해로부터 유래한 에너지이지요. 생물의 존재, 생명현상이 생겨난 것도 모두 해의 에너지 덕분이고, 결국 우리도 해 덕분에 존재할 수 있습니다.

이를 보면 우리도 해처럼 질량의 일부를 에너지로 바꿔 쓸 수 있으면 좋을 듯합니다. 불과 1킬로그램만 바꿔도 거의 100조 주울이라는 막대한 에너지를 얻게 되니 해를 이용하지 않아도 에너지를 걱정할 필요가 전혀 없게 됩니다. 그래서 수소를 헬륨으로 바꾸는 반응을 인위적으로 일으켜 보자는 시도가 핵융합 실험인데, 말하자면 인공태양을 만들자는 거지요.

그런데 핵융합 반응을 이미 이용하고 있는 것이 있습니다. 최근에 이북에서 성공했다고 주장해서 논란이 된 수소폭탄이지요. 보통 핵폭탄이라 부르는 것은 우라늄이나 플루토늄 같은 무거운 원자를 비교적 가벼운 원자로 쪼개는 핵분열 반응을 이용한 것인데 이 과정에서 역시 일부 질량을 에너지로 바꿉니다. 이것이 핵에너지인데 엄청난 에너지가 한꺼번에 나오므로 결국 어마어마한 파괴력을 지닌 폭탄으로 쓰는 거지요. 과학의 가치와 유용성을 역전시키고 그에 따른 위험성을 보여 주는 대표적 사례라 하겠습니다. 인류의 본성에 대해 회의하지 않을 수 없게 만드네요.

핵분열 반응이 매우 천천히 일어나도록 조절하면 핵에너지를 적당히 이용할 수 있을 테고 이를 이용해서 발전기를 돌려 전기에너지를 얻는 것이 핵 발전입니다. 그런데 핵반응을 조절하기가 쉽지 않을 뿐 아니라 핵반응으로 얻어지는 이른바 핵폐기물은 매우 오랜 기간 방사능을 지니고 있으므로 처리하기가 곤란합니다. 최근에 우리나라에서도 핵폐기물 처리장 문제로 심각한 갈등을 겪었지요. 더욱이 핵발전소의 수명은 불과 수십 년 정도밖에 되지 않는데 그 후에는 수만 년 동안 폐쇄해서 격리해야 합니다.

이런 모든 과정에서 아무리 완벽을 기한다 해도 극히 작은 실수가 엄청난 결과를 가져올 수 있으므로 핵 발전을 비롯한 핵에너지 이용은 매우 위험합니다. 사실 흔히 원자로라고 잘못된 이름으로 부르는 핵반응로에서 일어나는 핵반응의 안정성 문제는 아직 완전히 이해하고 있지 못합니다. 원리적으로 체르노빌이나 후쿠시마 사고 같은 일이 다시 일어나지 않는다고 보장할 수 없지요. (사실은 그런 사고가 일어날 확률이 얼마나 되는지는 매우 불확실합니다. 확률에 대해서는 19강에서 논의했지요. 만일 확률을 빈도로 정의하면 그동안 4차례 정도 심각한 사고가 일어났으니 대략 400기인 핵발전소를 고려하면 확률이 무려 1퍼센트에 이른다고 할 수 있네요. 무시하기에는 너무나 큰 값입니다.) 더욱이 보통 핵 발전의 원료인 우라늄은 지리적으로 편중되어 묻혀 있고 그리 많지도 않아요. 만일 석유나 석탄을 대체해서 우라늄을 주된 에너지원으로 쓴다면 얼마 안 가서, 예컨대 100년도 지나기 전에 고갈될 겁니다. 증식로를 쓰면 된다고 주장하지만 이는 핵무기와 직결될 뿐 아니라 위험성이 극히 높고 효율도 낮아서 현재로서 실용 가능성은 없다고 할 수 있습니다. 아무튼 핵분열 반응을 이용해서 핵에너지를 얻는 것은 바람직한 방향이라 볼 수 없습니다. 에너지를 마구 소비하는 현재의 문명을 불과 수십 년 정도 연장하려고 핵반응로의 위험을 감수해야 할 뿐 아니라 폐기물 처리에 따르는 엄청난 부담을 자연과 후손에 길이길이 물려주는 행위를 과연 정당하다고 할 수 있어요? 그래도 '경제적'이라는 장점이 있다고 주장하지요. 그러나 보통 말하는 발전 단가란 운영비만 고려한 겁니다. 제대로 안전설비를 갖춘 핵발전소의 막대한 건설비와 짧은 수명을 고려한 감가상각, 폐기물 처리 비용, 폐쇄한 후에 수만 년 동안 격리하는 관리 비용 따위를 고려하면 화력발전은 물론, 심지어 햇빛이나 바람 등을 이용한 재생에너지 생산과 비교해도 전혀 '경제적'이지 않습니다. 그런데 현실에서는 이러한 사실이 은폐되고 왜곡되는 경우가 많은 듯합니다. 참, 언론을 통한 엄청난 홍보비까지 고려하면 더 말할 필요도 없지요.

한편 핵분열 대신에 핵융합을 이용하면 어떨까요? 우선 연료가 수소인데 수소는 물에 있으니까 사실상 무궁무진하게 많습니다. 더욱이 핵융합에서는 폐기물도 핵분열보다 훨씬 적어서 청정에너지에 가깝다고 할 수 있습니다. 그러나 문제는 핵융합 반응은 조절하기가 극히 어렵다는 데에 있습니다. 그동안 엄청난 노력을 쏟아 부었으나 아주 짧은 시간 동안만 가능하고, 들어간 에너지보다 충분히 많은 에너지를 얻은 적이 없습니다. 언제 실용화될지 아직 요원하며, 궁극적으로 과연 가능할지에 대해서조차 회의적인 시각이 많습니다. 결국 유감스럽지만 적어도 당분간은 폭탄 말고는 실용화에 성공할 것 같지 않네요.

요새 수소에너지라는 말을 흔히 들을 수 있는데 이는 핵융합 반응을 이용하는 것이 아니고, 수소를 산화시켜서 물로 만드는 단순한 화학반응으로 에너지를 얻는 겁니다. 그런데 수소경제라는 용어를 쓰며 이를 마치 새로운 에너지원인 듯 이야기하는데 이는 완전히 잘못된 이야기입니다. 물론 수소는 산화시키면 물과 함께 에너지가 얻어지므로 오염이 없는 청정연료로 쓸 수 있습니다. 그러나 수소를 얻는 것이 문제지요. 현재는 주로 천연가스나 석유, 석탄에서 얻고 있습니다. 이 경우에 실제 에너지원은 수소가 아니라 매장량이 유한한 천연가스, 석유, 석탄입니다. 물을 전기분해하면 얻을 수 있지만 이 과정에 필요한 에너지가 이를 통해 얻어진 수소를 다시 물로 만들 때 얻을 수 있는 에너지와 같으니 알짜 에너지의 이득은 전혀 없습니다. 실제로는 도리어 손실이 반드시 있기 마련이니 에너지

그림 21-5: 핵융합 장치.

효율 면에서는 애당초 수소를 얻으려 하지 말고 전기를 그대로 쓰는 편이 낫지요. (이와 달리 핵융합 반응을 이용한다면 물을 분해해서 수소를 얻을 때 들어가는 에너지보다 훨씬 막대한 에너지를 얻게 되므로 실제로 엄청난 알짜 에너지를 얻게 됩니다.) 따라서 수소는 에너지원은 아니고 단지 에너지의 저장 매체일 뿐입니다. 곧 수소에너지란 다른 에너지원에서 얻은 에너지를 수소에 저장한다는 뜻으로 이해해야 합니다.

더욱이 수소 자체는 안전하게 저장하기 어려운데도 청정에너지라는 점에서, 예컨대 자동차에 수소를 연료로 쓰면 오염물질을 배출하지 않는다는 논리를 펴면서 수소를 효율적으로 저장하는 물질을 개발한다고 하네요. 여기에도 두 가지 문제점이 있습니다. 첫째는 수소를 생산하려면 다른 에너지원이 있어야 하는데 마땅한 해결책이 없습니다. 결국 핵 발전이 그 일을 하게 될 가능성이 높지요. 둘째는 수소와 저장물질을 생산하려면 오염물질을 배출하게 될 텐데 이를 고려하면 수소 사용에 따른 오염물질 배출 감소 효과조차 별 의미가 없을 수도 있습니다. 결국 청정에너지로서 수소 자체만 고려하는 것은 별로 타당하지 않지요.

다른 이야기가 너무 길어졌네요. 하여튼 핵융합 반응을 통해 강력한 에너지가 얻어지고 이것이 빛으로 나옵니다. 그래서 해를 포함한 별이 빛나는 거지요. 매우 높은 온도에서는 원자에서 전자가 떨어져 나가서 전기를 띤 이온이 되는데 이들로 이뤄진 물질 상태를 플라스마라고 합니다. 별이란 핵융합 반응을 통해 빛을 내는 공 모양의 플라스마 뭉치라고 할 수 있습니다.

별의 생애

우주에는 별이 엄청나게 많고 여러 종류가 있는데 이들이 내는 빛의 빛띠 부류에 따라 보통 오$_O$, 비$_B$, 에이$_A$, 에프$_F$, 지$_G$, 케이$_K$, 엠$_M$의 일곱 가지로 구분합니다. 이는 겉면 온도의 순서라 할 수 있는데 O형이 가장 온도가 높아서 3만 도가 넘고, M형은 3000도 정도밖에 안됩니다. 우리의 해는 온도가 6000도가량으로 G형에 해당하지요. 학생일 때 이를 "O Be A Fine Girl Kiss Me"라고 해서 외웠지요.

별들의 온도와 밝기를 조사해서 그래프로 나타낸 것이 그림 21-6의 헤르츠스프룽-러셀 그림표, 흔히 줄여서 에이치아르$_{HR}$ 그림표입니다. 이 그림을 보면 흥미롭게도 대부분의 별이 왼쪽 위와 오른쪽 아래를 잇는 대각선에 있습니다. 대체로 뜨거운 별이 밝고, 차가운 별은 어둡다는 말이지요. 이를 주계열이라고 합니다. 대부분의 별을 포함하지요. 우리의 해도 주계열에 속합니다. 겉면의 온도가 6000도 정도인 G형이지만 속은 훨씬 뜨거워서 1000만 도가 넘어요.

이 그림에서 커다란 별, 무거운 별은 대체로 온도가 높습니다. 왜 그

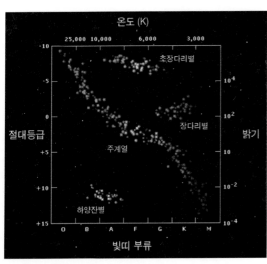

그림 21-6: 헤르츠스프룽-러셀 그림표.

럴까요? 무거운 녀석은 중력이 큽니다. 중력 때문에 찌부러지려 할 테고 이를 막고 버티려면 내부가 뜨거워야 합니다. 비유하자면 여러 분이 서로 끌어안고 모여들려고 하는데, 찌부러지는 것을 막으려면 모여든 안쪽에서 활발하게 움직이며 버텨야 하고, 이는 온도가 높은 거지요. 그래서 무거운 별은 온도가 높은데 이는 밝다는 뜻입니다. 그러면 에너지를 그만큼 더 많이 낸다는 얘기고 따라서 에너지원, 곧 수소를 빨리 소모하게 됩니다. 모두 써 버리면 별은 수명을 다하 게 되므로 결국 무거운 별은 오래 살지 못하고 일찍 죽습니다. 사람 도 너무 크면 생리학적으로 좋지 않을 수 있습니다. 그러니까 나처럼 키가 작은 것이 좋지요.

수명을 다한 별이 죽는 데는 몇 가지 방법이 있습니다. 먼저 가벼 운 별은 질량을 서서히 잃어버립니다. 가벼운 별이란 질량 M이 해의 대략 2~3배 이하인 경우를 말하며, 따라서 해도 가볍고 비교적 조 그만 별이지요. 이러한 별은 수소를 대부분 써 버리면 에너지를 충분 히 내지 못하므로 중력을 버티지 못해서 주로 헬륨으로 이뤄진 속심 이 수축하고 이에 따라 뜨거워집니다. 온도가 1억 도가량으로 높아 지면서 별의 바깥 켜, 곧 거죽은 부풀어 오르며 식어서 매우 커지고, 속심에서는 헬륨이 융합해 탄소와 산소를 만들면서 질량을 에너지 로 바꿔 빛을 냅니다. 이른바 빨강장다리별 — 한자어로는 적색거성 赤色巨星 — 이 되지요. 일반적으로 빨간 별은 온도가 낮습니다. 온도가 낮으면 어두워야 하는데 이 별은 밝은 편입니다. 그 이유는 별이 워 낙 크기 때문입니다. 에이치아르 그림표에서 주계열의 별과 달리 오 른쪽 위에 있으니 온도가 낮은데 밝다는 뜻이지요. 우리의 해도 늙으면 빨강잔다리별이 되는데, 그러면 엄청나게 커져서 지구는 물론 아마 화성까지도 삼켜 버릴 겁니다. 그러니 지구의 종말은 불지옥이 되겠네요.

고등학교 국어 교과서에 〈가지 않은 길〉이라는 시가 아직도 실려 있나요? 미국의 시인 프로스트의 작품인데 중학교 시절에 그의 시 〈눈 오는 저녁 숲가에 서서〉를 처음 접하고 왠지 아련한 그리움을 느꼈던 추억이 새롭네요. (지금은 고인이 되셨지만 제 은사이셨던 박태화 선생님께서 가르쳐 주셨지요.) 프로스트는 〈불과 얼음〉이라는 시에서 세상의 종말이 얼음보다 불로 오기를, 그리고 두 번째는 얼음으로 오기를 선호했는데 그의 바람이 이뤄질 듯합니다. 앞으로 45억 년쯤 지나면 먼저 불지옥이 올 겁니다. 해가 아직 젊기 때문에 먼 훗날 얘기라 참 다행이지요.

빨강잔다리별은 그리 안정된 편이 아니라 거죽은 사방으로 퍼져 나가 흩어지면서 기체구름을 이룹니다. 그러면 속심이 내는 빛을 받아 이온화해서 네온사인처럼 아름다운 빛깔을 띠는 별구름이 되는데 보통 망원경으로 보면 떠돌이별과 비슷해 보인다고 해서 떠돌이 별꼴별구름 — 한자어로는 행성상성운行星狀星雲 — 이라 부르지요. 자세한 관측 사진을 그림 21-7에 보였습니다. 속심에 헬륨이 대부분 없어지면 핵융합 반응은 더는 일어나지 않으므로 중력을 버티지 못하고 찌부러져서 아주 단단하게 뭉칩니다. 이를 하양잔별(백색왜성)이라고 하며 지름이 원래의 100분의 1 정도의 크기로 줄어듭니다. 이 별은 희거나 푸르스름한 빛깔인데 겉면 온도가 수만 도에 이를 수 있습니다. 매우 뜨거운데도 어둡지요. 그 이유는요? 별이 자잘해서 그렇습니다. 중력 때문에 찌부러져서 질량이 해 정도일 때 크기는 지구만 합니다. 밀도가 매우 커서 대략 $10^9 \, \text{kg/m}^3$이니 손톱만큼이면 1톤이 되겠네요. 장미란 같은 천하장사도 절대 들어 올리지 못합니다.

단단히 뭉치면 중력은 더 커지는데 하양잔별은 이를 어떻게 견딜까요? 원자는 일반적으로 양성자와 중성자로 이

그림 21-7: 떠돌이별꼴별구름 NGC 5189.

뤄진 원자핵이 있고 주위에 전자가 있습니다. 이게 우리 주위에서 볼 수 있는 보통 물질의 존재 양식이지요. 온도가 높으면 전자가 풀려나서 따로 떠돌게 되고 원자는 전기를 띤 이온이 되어 플라스마 상태가 됩니다. 하양잔별은 전자가 밀려나서 졸아들어 버립니다. 비유로 이른바 '지옥철', 그러니까 승객으로 발 디딜 틈 없이 가득 찬 지하철 열차를 생각해 보지요. 하양잔별처럼 밀도가 매우 큽니다. 그러면 승객 중에서 커다란 어른들보다 조그만 애들이 더 힘들어하고 고생하겠지요. 마찬가지로 원자핵보다 전자가 먼저 졸아들고 이것이 중력을 지탱해서 더 찌부러지는 것을 막습니다. 전자는 렙톤으로서 7강에서 지적했듯이 페르미온입니다. 이러한 페르미온은 둘이 같은 상태에 있을 수 없으므로 졸아들면 중력에 매우 강력하게 버틸 수 있지요. 결국 하양잔별은 졸아든 전자기체로 지탱된다고 할 수 있습니다.

그림 21-8: 찬드라세카(1910~1995).

우리 해는 빨강장다리별이 되어서 지구를 삼키므로 불지옥이 온다고 했습니다. 그러면 해의 거죽은 별구름으로 흩어지고 속심은 하양잔별이 될 겁니다. 원래 해보다 밝기가 훨씬 줄어들지요. 그러니 지구의 종말은 불지옥으로 시작하지만 '참고 견디면' 결국 얼음 지옥이 올 겁니다. 프로스트가 바라던 대로 되겠네요. (물론 사실은 해가 지구를 삼키면 그것으로 지구는 끝장이지요. 참고 견딜 수 없습니다.)

이렇게 졸아든 전자들이 버틸 수 있는 질량은 해의 질량보다 그리 크지 않아서 식으로 쓰면 $M \leq 1.4M_\odot$입니다. 해를 천문학 기호로는 동그라미에다 점 하나 찍어서 $\odot$라고 나타내므로 해의 질량을 $M_\odot$라 표시하지요. 따라서 하양잔별의 질량은 해 질량의 1.4배보다 클 수 없습니다. (이는 1930년쯤에 찬드라세카가 계산해 냈고, 그는 무려 50여 년이 지나서 노벨상을 받았지요.) 그래서 해의 질량 두세 배 정도로 무거운 별은 얌전히 부풀어 올라서 하양잔별이 되지 못합니다. 이러한 별은 늙으면 터지면서 엄청나게 밝아지는 경우가 있습니다. 그러면 어두워서 보이지 않던 별이 갑자기 밝게 보이는데 이를 손님별이라고 부릅니다. 한자어로는 초신성이라고 하지요. 손님별이 터지고 나면 그 찌꺼기 중에 거죽은 퍼져 나가서 별구름으로 남게 됩니다. 그림 21-9는 돛별자리에 있는 별구름인데 손님별 찌꺼기지요. (남반구의 별자리로 우리나라에서는 볼 수 없습니다.) 지구로부

터 800 광년 떨어진 지점에서 1만여
년 전에 터진 것으로 추정합니다.

황소별자리에서 1054년에 터진
손님별은 역사적으로 유명합니다.
영어 supernova의 약자 SN과 연도
를 표시해서 SN 1054로 부릅니다.
중국의 역사서 송사末史에 기록이 있
는데 밤하늘이 대낮같이 밝았다고
해요. 몇 주 동안 낮에도 보였다고
하지만 사실은 밤에 보이지 않던 별
이 상당히 밝아진 정도일 텐데 중국

그림 21-9: 돛별자리 손님별의 찌꺼기.

사람은 허풍이 심하다고 하지요. 손님별이 터지고 남은 찌꺼기는 별
구름을 형성하는데, 그림 21-10은 SN 1054의 찌꺼기인 게 별구름을
보여 줍니다. 지구에서 대략 6500 광년 떨어져 있고 지금도 계속 불
어나서 퍼져 나가고 있습니다. 그리고 1604년 지구에서 대략 2만 광
년 떨어져 있는 지점에서 손님별 SN 1604가 터졌는데 케플러가 관
측해서 널리 알려졌지요. 보통 손님별이 터지면 그 밝기가 일주일에
서 서너 주쯤 지속합니다. 그렇지만 케플러가 손님별 밝기의 변화를
관측한 자료는 일부 비어 있다고 합니다. 그 당시 밤에 날씨가 흐려
서 관측할 수 없었던 거지요. 그런데 우리나라 《조선왕조실록》에도
이 손님별을 관측한 기록이 있고, 유럽에서 관측한 케플러의 자료와
합치면 밝기의 변화에 대한 완전한 자료를 얻을 수 있다고 합니다.
최근에는 전갈자리에 있는 별구름이 《세종실록》에 기록된 손님별의

그림 21-10: 게 별구름.

찌꺼기임을 확인하였는데, 이로부터 손님별이 터지고 500년가량 지나서 규모가 작은 잔손님별이 몇 차례 터진 사실을 알아내기도 했지요.

《조선왕조실록》만큼 상세하고 엄밀한 기록은 세계적으로도 극히 드뭅니다. 사관이 기록하면 임금이 고치기는커녕, 심지어 볼 수도 없었다고 합니다. 조선의 첫째 임금인 태조부터 조선조 마지막까지 기술한 놀라운 기록문화입니다. 기록에 대한 인식이 매우 부족한 요새 우리나라와는 너무 다르지요. 《조선왕조실록》은 유사시에 대비해서 사본을 만들고 여러 곳의 사고에 보관했습니다. 그런데 임진왜란 때 전주 사본을 제외하고 모두 불타 없어져서 이로부터 다시 사본을 만들어 정족산, 오대산, 태백산, 적상산 사고에 보관했지요. 원본이라 할 수 있는 정족산 사본은 현재 서울대학교의 규장각에 있고 태백산 사본은 부산의 정부기록보존소에 보관되어 있습니다. 그리고 오대산 사본은 식민지 시대에 일본이 가져가 버렸는데 관동대지진 때 다수가 유실되었고 나머지는 최근에 우리나라로 돌아왔지요. 적상산에 있던 사본은 한국전쟁 때 이북이 가져가서 현재 평양의 김일성종합대학에 있다고 합니다. 아무튼 《조선왕조실록》은 우리

선조의 기록문화 수준을 보여 주는데, 천문학에도 중요한 공헌을 한 셈이네요.

현대에는 1987년에 손님별 SN 1987A가 터졌습니다. (이름 끝의 A는 1987년에서 최초라는 뜻입니다.) 손님별을 관측하면 여러 과학적 지식을 얻을 수 있는데 SN 1604 이후 400년 만에 터졌다고 해서 크게 관심을 끌었지요. (1972년에도 관측이 되었지만 우리 은하가 아니라 1000만 광년 떨어진 외계 은하에서 터진 것입니다. SN 1987A도 우리 은하 밖이지만 불과 17만 광년 떨어진 '아주 가까운' 지점입니다. 바로 그림 20-15에 보인 큰 마젤란구름에서 터진 것이지요.) 정확히는 1987년, 곧 지금부터 30년 전에 터진 것이 아니라 17만 년 전에 터진 것이지요. 17만 년 동안 우주 공간을 가로 질러 우리에게 도달한 전자기파, 곧 빛뿐 아니라 특히 중성미자를 처음으로 검출해서 유명해졌습니다. 1990년 허블 우주망원경으로 찍은 사진을 그림 21-11에 보였습니다. (외계 은하를 포함한 전체 우주에서는 손님별은 흔하게 나타납니다. 21세기에 들어서서 상당수가 발견되었는데 2011년에 케플러우주망원경으로 관측한 자료는 손님별이 터질 때 만들어지는 충격파를 보여 주었습니다. 최대 밝기는 해의 무려 10억 배에 이르렀다고 하지요.)

손님별이 터진 후에 거죽은 별구름이 되는 반면 속심은 완전히 무너져 내려서 중성자별이 된다고 알려져 있습니다. 방금 지하철 비유에서 조그만 어린이들이 먼저 견디기 힘들어지듯이 하양잔별에서는 전자가 졸아들었다고 지적했습니다. 그런데 중력이 더욱 커지면 양성자에 전자가 찌부러져 들어간다고 할 수 있습니다. 그러면 어떻게 될

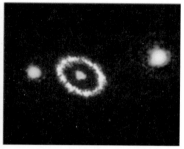

그림 21-11: 1990년에 촬영한 손님별 SN 1987A
(오른쪽은 확대한 사진).

까요? 중성자가 됩니다. 원자핵에서 중성자가 깨져서 양성자가 되고 전자가 핵 밖으로 튀어 나가는 현상이 바로 베타붕괴인데 이 과정이 거꾸로 일어나는 것이지요. 이렇게 해서 주로 중성자로 구성되어 있는 별을 중성자별이라 합니다. 그러면 중성자가 졸아들어서 엄청난 중력을 지탱하게 됩니다. 비유해서 열차에 승객이 더욱 많아지면 어른들도 견디기 힘들어져서 졸아든다고 할 수 있지요.

중력 때문에 찌부러지면 얼마나 작아질까요? 중성자별의 크기는 불과 수십 킬로미터밖에 되지 않습니다. 해 같은 보통 별은커녕 지구와도 비교할 수 없을 만큼 작지요. 귀여울 것 같지 않아요? 그런데 질량은 해보다 큽니다. 대체로 해 질량의 1.4배보다 크고 2~3배보다는 작지요. 따라서 밀도가 엄청 커서 무려 10^{18} kg/m^{3}에 이를 수 있습니다. 손톱만큼이면 수억 톤쯤 되겠네요. 상상하기 힘들지요.

일반적으로 중성자별은 빠르게 스스로 돕니다. 탄생할 때는 서서히 돌지만 찌부러지면서 점점 빨리 돕니다. 김연아 같은 스케이트 선수가 팔을 벌리고 제자리에서 돌다가 팔을 오므리면 빨리 돌듯이 이른바 각운동량 보존 때문이지요. 그래서 중성자별은 매초 무려 수백 번을 돌기도 합니다. 많은 경우에 전자기파, 흔히 파길이가 짧은 엑스 선을 내비치는데 자전에 맞춰 주기적인 펄스 형태로 방출하므로 이를 펄서라고 부릅니다. 앞에서 손님별이 터지고 난 찌꺼기로 게 별구름을 얘기했지요. 바로 이 별구름 속에 널리 알려진 중성자별이 있습니다. 이름이 좀 이상하지만 게 펄서라고 하지요. 그림 21-12에 보였는데 빨강빛깔은 보이는 빛의 관측 결과이고 엑스선으로 관측한 결과는 파랑빛깔로 나타냈습니다. 이러한 펄서를 처음 발견한 휴이시가 1974년 노벨상을 받았습니다. 별 볼 일이 많으면 노벨상도 받을 수 있네요. 그런데 사실 이것을 실제로 발견한 사람은 대학원 학생이었던 벨이었는데 지도교수만 노벨상을 받게 되어서 논란이 되기도 했습니다. 어디서나 이런 일은 종종 일어나나 봅니다.

관측된 다른 중성자별로서 독수리별자리에서 겹별을 이루는 두 개의 펄서, 곧 겹펄서가 잘 알려져 있습니다. (이를 발견한 테일러와 헐스도 1993년 노벨상을 받았지요. 이번에는 지도교수와 함께 학생도 받았습니다.) 공전하는 주기가 대

그림 21-12: 게 펄서.

략 8시간인데 흥미롭게도 그 주기가 점점 짧아짐이 관측되었습니다. 이는 12강에서 언급한 중력파를 방출하기 때문이라 여겨집니다. 물론 주기의 변화율이 -2.4×10^{-12}이니 한 해에 짧아지는 시간이 불과 0.000075초, 곧 1만분의 1초보다도 작은데 간접적이지만 중력파의 증거로 받아들여집니다. 두 중성자별 사이의 거리가 조금씩 줄어들어서 언젠가는 서로 부딪히게 되겠지요. 이 경우 강한 중력파와 함께 엄청난 에너지를 지닌 감마선과 엑스선 따위 전자기파가 방출되리라 예상합니다. 감마선은 불과 1초가량 터질 듯이 방출되는데, 그 에너지는 해가 1년에 방출하는 에너지의 무려 1조 배에 달할 수 있습니다.

하양잔별의 질량 한계는 해 질량의 1.4배라 했지요. 마찬가지로 줄어든 중성자로 지탱할 수 있는 중력도 한계가 있어서 중성자별의 질량도 어느 이상 클 수 없습니다. 대략 해 질량의 두세 배를 넘을 수 없다고 알려져 있지요. 그러면 별 찌꺼기의 속심이 이보다 더 무거우면 어떻게 될까요? 중성자조차 무너져 내려서 쿼크가 되고 이것으로 구성된 쿼크별이 된다는 제안이 있으나 확인된 것은 아닙니다. 중성자별은 물론 쿼크별도 해 질량의 다섯 배가 넘을 수는 없다고 생각합니다. 그러면 더 무거운 녀석은 무엇이 될까요? 이른바 검정구멍이 된다고 추정합니다.

검정구멍과 중력파

검정구멍에서는 중력이 어마어마하게 강해서 아무것도 나오지 못합니다. 보통 물질 알갱이는 물론이고 심지어 빛도 못 나와요. 일반상대성이론에 따르면 빛도 중력의 영향을 받아서 가는 길이 굽어진 다고 했지요. 따라서 중력이 워낙 강하면 잡혀서 도망가지 못하게 됩니다. 빛을 포함해서 아무것도 내보내지 않으니 우리에게 어떻게 보이겠어요? 아무것도 안 보이지요. 그러니까 그냥 까맣습니다. 그래서 검정구멍이라고 부르지요. 이러한 검정구멍은 물질을 내보내지 않고 빨아들이기만 하므로 물질의 마지막 존재 양식이라 생각할 수 있습니다. 질량, 각운동량, 전기량 외의 성질은 없다고 알려져 있고, 앞서 언급한 휠러는 이를 "검정구멍은 머리카락을 가지지 않는다"고 표현해 민머리 정리라고 제안했지요.

'민'이란 우리 토박이말로서 무엇이 없음을 나타내는 접두사입니다. 민등뼈동물이라고 들어 봤어요? 여러분은 무척추동물이라고 배웠지요. 척추라는 한자어에 해당하는 우리말은 등뼈인데, 등뼈가 없으면 무등뼈가 아니라 민등뼈라고 합니다. 그래서 꽃이 없는 식물은 민꽃식물, 그리고 여름에 입는 소매 없는 옷을 민소매라고 하지요. 마찬가지로 머리가 없으면 민머리라고 부릅니다. 물론 정확히는 민머리카락이라는 뜻이지요. 물리학에서 이음줄이 없는 것은 민이음줄이라 합니다. 이것은 내 멋대로 아무렇게나 쓴 것은 아니고 한국물리학회의 공식 용어로 만들어진 겁니다. (사실은 한국물리학회에서 이런 용어를 만드는 작업에 내가 참여했지요.)

보통 검정구멍의 질량은 해의 두세 배에서 십여 배 정도라고 추정합니다. 아주 무거운 별, 예컨대 해 질량의 스무 배가 넘는 별이 찌부러지면 이러한 검정구멍이 되리라 생각하지요. 이에 더해서 해 질량의 수천 배인 검정구멍, 심지어 무려 수백만 배나 수억 배에 이르는 초대형도 있다고 생각합니다. 앞의 것은 놀랍게 강한 전자기파를 방출하는 천체, 곧 별처럼 보이는데 은하 이상의 엄청난 에너지를 방출하는 이른바 퀘이사의 근원이라 추정하며, 뒤의 초대형 검정구멍은 우리 미리내은하를 포함해서 대부분 은하의 중심에 존재한다고 여겨집니다. 그런가 하면 양자역학적 효과를 고려하면 아주 조그만 검정구멍이 많이 있을 거라는 예측도 있습니다.

그런데 검정구멍은 어떻게 관측할 수 있을까요? 검정구멍에서는 아무것도 나오지 않으므로 직접 관측할 수는 없습니다. 그렇지만 간접적으로 검정구멍의 존재를 추정할 수 있지요. 검정구멍은 중력이 매우 강하니까 주위에 다른 천체가 있으면 그것을 빨아들일 겁니다. 그러니 미래에 우주여행을 하게 된다면 검정구멍은 조심해야 하겠네요. 가까이 가면 그대로 빨려 들어가 버리고 다시는 못 나올 겁니다. 검정구멍 근처의 이러한 경계를 사건지평선이라고 부르지요. 일반상대성이론의 관점에서 검정구멍 주위의 시공간은 매우 심하게 굽어 있고, 검정구멍 자체는 밀도가 무한히 큰 특이점에 해당합니다.

주위의 천체에서 검정구멍으로 아주 빠르게 물질이 빨려 들어가면서 강력한 엑스선을 내비칠 수 있습니다. 전기를 띤 알갱이들이 빨려 들어가면서 가속운동을 하게 되고, 맥스웰의 이론에 따라 전자기파가 생겨납니다. 이 경우에 전자기파는 에너지가 매우 높은 엑스선이지요. 이 엑스선을 관측하면 간접적으로 검정구멍이 있다고 짐작할 수 있습니다. 널리 알려진 예가 고니(백조) 엑스1이라는 것이지요. 고니별자리에서 엑스선을 내는 첫 번째 천체라는 뜻입니다. 강력한 엑스선을 내는 이 천체를 검정구멍이라고 추정합니다. 정확히 말하면 검정구멍과 그 옆의 별이 짝을 이룬 겹별인데 짝별에서 물질이 검정구멍으로 빨려 들어가면서 엑스선을 내고 있다는 거지요.

이것이 정말 검정구멍인지 아닌지 널리 알려진 천체물리학자인 호킹과 쏜이 내기를 했다는 일화가 있습니다. (쏜은 몇 해 전 인기를 끈 〈별과 별 사이의interstellar〉라는 영화의 자문으로 유명해졌지요.) 호킹은 아니라는 쪽에 걸었다고 합니다. 고니 엑스1이 검정구멍인지 아직 확증되었다고 할 수는 없으나 현재 대부분은 그렇게 믿고 있습니다. 사실상 쏜이 이긴 셈이네요. 이 외에도 검정구멍 근처의 천체는 강한 중력마당으로 그 주위를 돌게 되므로 이를 분석하거나 앞서 언급한 중력렌즈 같은 현상을 관측해서 검정구멍이 있는지 추정합니다. 아무튼 검정구멍은 직접 관측할 순 없지만 간접 증거를 통해 검정구멍으로 추정되는 천체들은 여럿 있습니다.

한편 중력파를 통해서 검정구멍의 존재를 직접 확인할 수도 있습니다. 중력파를 검출하려면 거대한 질량의 천체가 필요하다고 지적했고, 보기로서 펄서, 곧 중성자별을 앞에서 언급했지요. 더 중요한 보기로는 검정구멍의 병합을 들 수 있는데 2015년 레이저간섭계중력파관측소LIGO에서 검출한 중력파가 바로 이러한 경우라고 추정됩니다. 구체적으로는 우리로부터 13억 광년 떨어진 지점에서 질량 $36M_\odot$, 곧 해의 36 배인 검정구멍과 질량 $29M_\odot$인 검정구멍이 충돌해서 질량 $62M_\odot$인 검정구멍이 되고 나머지 $3M_\odot$이 중력파로 방출되었다고 추정합니다. 해의 세 배에 해당하는 질량이니 참으로 막대한 에너지이고, 그래서 검출할 만한 중력파가 생겨난 것입니다. (그럼에도 불구하고 나타나는 효과는 매우 작습니다.) 이 중력파가 13억 년 동안 우주를 가로질러서 지구에 도달했고 이를 검출한 것이지요. 충돌 직전 0.15초 지속하였고, 30에서 150 Hz에 이르는 진동수를 보여 주었습니다. 이어서 14억 년 전 질량 $14M_\odot$인 검정구멍과 $8M_\odot$인 검정구멍이 충돌해서 $21M_\odot$인 검정구멍이 되는 과정에서 방출한 1초 동안의 중력파 신호도 관측하였다고 보고되었지요. 또한 2017년에는 18억 광년 거리에서 질량 $30M_\odot$인 검정구멍과 $25M_\odot$인 검정구멍이 충돌해서 방출된 중력파를 검출하였는데 이 신호는 감도를 높여서 관측을 시작한 지 얼마 지나지 않은 유럽의 비르고간섭계도 함께 검출하여서 중력파 관측의 신뢰도를 높여 주었습니다. 곧이어 '불과' 1억 3000만 광년 거리에서 질량이 '겨우' $1{\sim}2M_\odot$인 두 중성자별로 이루어진 겹펄서가 부딪혀서 합해지며 — 아마도 검정구멍으로 되었으리라 추정합니다 — 방출한 중력파를 검출하였지요. 중성자별은 검정구멍과 달리 전자기파도 방출하므로 이 과정에서 감마선을 비롯해서 엑스선, 보이는 빛, 넘빨강살, 그리고 전파(라디오파)에 이르기까지 다양한 신호를 세계 여러 곳의 천문대와 우주망원경에서 검출하였습니다.

광학망원경이나 전파망원경, 또는 엑스선망원경 따위 기존의 망원경은 대부분 전자기파를 탐사하는 데 반해서 앞으로 새로운 관측 매체로서 중력파를 탐사하는 중력파망원경을 건설하면 검정구멍을 비롯해서 중성자별이나 손님별을 관측하는 데 유용하리라 기대합니다. 특히 중력파와 전자기파를 함께 관측하여 분석하면 우주에 대해 훨씬 다양하고 정밀한 정보를 얻을 수 있을 것입니다. 전자기파는 시각정보를 담은 영상에 해당하는데 중력파를 청각정보를 담은 소리라 비유하면 이는 무성영화가 소리를 입어서 유성영화로 진화한 것에 비유할 수 있을 듯하네요. 우리나라 연구진도 참여했던 이러한 중력파 검출에 주도적 구실을 한 세 사람이 — 방금 언급한 쏜이 이론적 기여로 포함되어 있지요 — 2017년도 노벨 물리학상을 받았습니다.

한편 물질을 빨아들이기만 한다는 검정구멍이 사실은 물질을 내보낼 수도 있다는 지적이 있습니다. 말하자면 검정구멍은 그다지 검지 않다는 거지요. 앞에서 양자역학에 대해 조금 배웠는데 양자역학에서 꿰뚫기라는 현상이 있습니다. 우리는 여기 벽을 지나가지 못하지요. 귀신은 벽이 있어도 공기 중에 지나가듯이 뚫고 나타납니다. 이것이 가능하면 재미있는 일도 많을 텐데 우리를 포함해서 보통 물체는 벽을 지나가지 못합니다. 왜 그렇겠어요? 이는 매우 높은 퍼텐셜 가로막이(장벽)가 있기 때문입니다. 우리나 물체의 운동에너지가 잠재에너지 가로막이보다 작으므로 넘어가지 못하지요. 이러한 경우에 잠재에너지는 원자핵 사이의 전기력에서 비롯합니다.

중력에서 비롯한 잠재에너지 가로막이도 흔히 볼 수 있습니다. 지상에서 공을 아무리 빨리 던져 올려도 지구 중력마당을 탈출해서 바깥으로 나가지 못하지요. 공의 고도가 높아지면 지구와 공 사이의 중력 때문에 잠재에너지가 점점 커집니다. 그런데 공을 아무리 빨리 던져도 공의 운동에너지는 얼마 되지 않으므로 결국 잠재에너지 가로막이를 넘지 못하고 다시 떨어지는 겁니다. 물론 처음에 충분히 높은 운동에너지를 주면, 곧 매우 빠르게 던지면 가로막이를 넘어서 결국 도망갈 수 있습니다. 이른바 탈출속도보다 빠르게 던지면 지구의 중력을 이기고 도망갈 수 있지요. 지표면에서 그 값은 대략

11.2 km/s입니다.

검정구멍의 경우에는 중력에서 비롯한 잠재에너지 가로막이가 엄청나게 높습니다. 따라서 아무것도 넘어 나가지 못하는 거지요. 그런데 여기서 포기하지 않으면 좋은 방법을 생각할 수 있습니다. 담이 엄청 높으니 넘어가는 것은 사실상 불가능합니다. 그러면 넘어가는 대신에 어떤 다른 방법이 있을까요? 개구멍을 통해 나가면 되나요? 영화에서 감옥을 탈출할 때 담을 넘어가는 것 봤어요? 대부분 담 아래에 땅을 파서 구멍을 뚫고 나갑니다. 그런데 안타깝게도 잠재에너지 가로막이란 실제 물질로 이뤄진 담이 아니니까 구멍을 뚫을 수는 없네요. 유일한 방법은, 그렇죠, 귀신처럼 담을 그냥 지나가는 겁니다. 안 된다고요? 물론 고전역학에서는 이런 일이 있을 수 없습니다. 그러나 양자역학에서는 이런 일이 일어날 수 있지요. 운동에너지가 잠재에너지 가로막이보다 작아도 가로막이를 꿰뚫고 지나갈 수 있습니다. 일상에서는 이러한 꿰뚫기 확률이 극히 작아서 꿰뚫기 현상은 사실상 일어나지 않습니다. 그러나 원자같이 작은 세계에서는 중요할 수 있어요.

고전역학의 관점에서 검정구멍을 보면 아무것도 나오지 못하지만 양자역학으로 해석하면 검정구멍에서도 꿰뚫기로 물질이 나올 수 있다는 겁니다. 이를 호킹내비침이라 하는데 확증된 것은 아닙니다. 조금 전에 지적했듯이 검정구멍은 물질의 마지막 존재 양식이라 생각했는데 이런 호킹내비침으로 검정구멍도 물질을 지속적으로 잃어버리면 결국 증발해 버릴 수 있다고 생각합니다. 특히 원래의 정보도 빠져나올 수 있으므로 검정구멍은 완전히 민머리는 아니고 무른 머리카락을 지니고 있다고 말하기도 합니다.

일반 대중에게 호킹은 널리 알려져 있지요. 그는 천체물리와 우주론에 중요한 업적을 남겼습니다. 여러 동료들과 공동연구를 통해서 검정구멍에서 특이점 정리, 민머리 정리, 호킹내비침 등에 기여했고, 시공간에 둘레가 없는 민둘레 우주 모형을 제안했습니다. 호킹이 중요한 업적을 냈고 매우 뛰어난 물리학자임은 의심의 여지가 없습니다. 그러나 중요한 물리학자로서 뉴턴, 아인슈타인 다음이 호킹이라고 말하는 건, 글쎄요, 동의하기 어렵습니다. 호킹보다 중요한 업적을 남긴 물리학자는 꽤 많지요. 사실 보기에 따라서는 현존하는 물리학자 중에도 그보다 뛰어난 사람이 제법 있다고 할 수 있습니다. 그런데도 일반 대중에게는 호킹이 가장 널리, 그리고 가장 뛰어난 물리학자로 알려져 있지요. 이는 주로 언론의 과장 때문이 아닌가 생각합니다. 아무튼 언론의 위력과 책임을 보여 주는 것이지요. 과학자 중에도 언론을 통해서 대중성을 얻기 원하는 사람들이 제법 있는 듯합니다. 이는 결국 자신의 이익과도 연결되기 때문인데 우리나라에서는 줄기세포 사태가 대표적인 경우겠지요.

별사이물질은 대부분 수소와 헬륨이라고 지적했지요. 이로부터 별

그림 21-13: 호킹(1942~2018).

이 탄생해서 살다가 결국 죽습니다. 대부분은 다시 별사이물질로 돌아가는데 일부 찌꺼기는 단단히 뭉친 잔해로 남게 됩니다. 예를 들어 속심이 하양잔별이나 중성자별, 검정구멍으로 남고 나머지는 다시 흩어지지요. 그러니까 별은 결국 먼지에서 태어나서 먼지로 돌아갑니다. 그런데 사는 동안은 휘황찬란하게 별빛을 내면서 그야말로 찬란하게 살지요. 그러다가 죽는데 고요히 죽기도 하지만 많은 경우에는 격렬하게 터져서 죽습니다. 요약하면 먼지에서 태어나서 찬란하게 살다가 격렬하게 죽어서 다시 먼지로 돌아갑니다. 그런데 단단히 뭉친 잔해를 남기지요. 이는 마치 불교 고승의 삶 같네요. 여러 원자들, 곧 먼지에서 태어나 찬란하게 살다가 찬란하게 죽어서 먼지로 되돌아가는데 무엇을 남기나요? 사리를 남깁니다.

아무튼 별이란 참으로 격렬하게 삽니다. 그런데 왜 그럴까요? 고통스럽게 태어나서 찬란하게 살다가 왜 이렇게 격렬하게 죽음을 맞이해야 합니까? 별사이물질로 그냥 남아 있지, 새삼스럽게 왜 뭉쳐서 별이 되나요? 어차피 먼지로 돌아갈 건데 그대로 있지, 왜 태어나서 존재의 번거로움을 겪을까 하는 의문이 듭니다. 사실 인간도 마찬가지지요. 그냥 먼지로 남아 있지, 왜 굳이 태어나서 존재의 고통을 느끼며 살아야 하나요? 별의 삶은 우리에게 여러 가지를 느끼게 합니다. 사실 별이 이렇게 격렬하게 사는 것은 우리와 깊은 관련이 있습니다. 우리가 존재하는 데 필요한 무거운 원소들은 바로 별이 공급해 줍니다. 그러니 우리는 결국 별 때문에 존재할 수 있는 거지요.

우주의 물질은 대부분 수소와 헬륨이고, 이 두 가지가 99퍼센트가 넘습니다. 그 외에 탄소나 산소 등이 조금씩 있지요. 그런데 지구는 어떤 원소들로 구성되어 있나요? 속을 포함하면 가장 많은 원소가 아마 철일 겁니다. 그다음에 산소, 실리콘, 마그네슘, 알루미늄 등이 있어요. 그래서 구성 물질로 보면 매우 특수한 집단입니다. 태양계의 떠돌이별 중에 지구나 화성, 금성 같은 '지구형 행성'에서 가장 많은 원소는 대체로 철이고 목성이나 토성 등 거대한 '목성형 행성'은 기체 덩어리로서 수소, 탄소, 질소 등이 주된 구성 원소들입니다. 주성분이 철이 아니라 금인 지구형 행성이 외계에 있을까요? 우주를 여행하다가 이런 떠돌이별을 발견하면 좋겠네요. 한편 우리 몸을 구성하는 원소 중에 가장 많은 것이 산소, 그다음에 탄소, 수소, 질소, 칼슘 같은 것들입니다. 참 특수하지요.

이러한 무거운 원소들은 원래 우주에는 존재하지 않았습니다. 그런데 어떻게 생겨났는가? 순전히 별이 만들어 준 겁니다. 그러니 별이 이렇게 존재의 고통과 번거로움을 마다하지 않고 격렬하게 살다 간 것이 우리를 위해서인 듯하네요. 별 때문에 우리가 태어나서 살 수 있는 겁니다. 반대로 보면 유감스럽네요. 별이 없었으면 우리도 존재의 번거로움과 괴로움이 없었을 텐데 말이지요. 그러니 여러분의 모든 걱정, 근심과 괴로움이 있으면 저 별들에게 책임을 물어봐요.

자, 이제 별들에 대해선 잘 알았죠? 다음 강의에는 시야를 더 넓혀서 전체 우주를 살펴보겠습니다. 현재 우리가 이해하고 있는 우주의 구조와 역사를 논의하기로 하지요. 우주는 어떻게 태어나서 어떻게 펼쳐져 왔는가, 지금 어떤 모습인가, 그리고 앞으로 어떻게 되겠는가 하는 문제를 고찰하겠습니다.

22강

우주의 기원과 진화

지난 시간에는 우주의 모습과 주로 별에 대해서 공부했습니다. 이번에는 우주 전체가 어떻게 시작했고 앞으로 어떻게 펼쳐질지를 살펴보지요.

예전에는 형이상학이나 신학의 과제였던 우주론이 현대에 와서는 과학의 문제로 정립되었습니다. 이는 이론과 관측에서 각각 중요한 전기가 마련되어서 이뤄졌지요. 먼저 이론의 측면에서는 일반상대성이론이 우주를 해석하는 방법을 열었고, 뒤이어 빨강치우침과 우주마이크로파 바탕내비침이 관측되면서 과학적인 현대의 우주론이 탄생했다고 할 수 있습니다. 이에 따라 현대인은 '과학적 우주론'으로 우주를 이해하게 되었습니다.

현대 우주론의 출발

빨강치우침은 지난 강의에서 논의했지요. 바탕내비침이란 우주 전체를 채우고 있는 전자기파의 내비침을 뜻하는데, 주로 파길이가 밀리미터 정도인 마이크로파로 이뤄져 있습니다. 빛과 같은 전자기파지만 파길이가 길어서 눈으로는 볼 수 없습니다. 일반적으로 물질이 뜨거워지면 전자기파를 내비칩니다. 뜨거울수록 파길이가 짧은 빛을 내비쳐서 해처럼 온도가 수천 도에 이르면 보이는 빛을 내비치지요. 보통 물체도 보이는 빛을 내려면 온도가 이렇게 높아져야 하는데 이는 급격히 산화하는 경우를 말합니다. 쉽게 말해서 '불이 붙어서' 타 버리는 거지요.

우리 몸도 전자기파를 내비치는데 체온이 37℃, 곧 절대온도로는 310 K쯤으로 낮아서 파길이가 빨간빛보다는 긴, 이른바 넘빨강을 내비치고 있습니다. 한자어로 적외선이라고 부르지요. 넘빨강은 우리 눈으로는 보지 못하고 적외선 망원경으로 탐지할 수 있습니다. 군대에서 밤에 관측할 때 많이 쓰지요. 동물 중에는 넘빨강을 감지하는 녀석이 있는데, 야행성에 매우 유리할 겁니다. 그런데 우주는 우리 몸보다도 온도가 훨씬 더 낮습니다. 절대온도 2.725 K이니 대략 영하 270℃이므로 우주에서 내비치는 빛은 파길이가 매우 깁니다. 이것이 바로 마이크로파입니다.

우주 바탕내비침은 1965년 펜지어스와 윌슨이 처음으로 관측했습니다. 원래 전파망원경과 위성통신 실험을 위해 안테나를 조작하다가 우연히 관측했는데 처음에는 잡음으로 생각했으나 디키를 비롯한 물리학자들이 우주 바탕내비침으로 해석했지요. 사실 이러한 바탕내비침은 이미 1940년대에 가모프 등이 예측했으며, 우주의 기원을 설명하는 대폭발의 흔적으로 받아들여집니다. 펜지어스와 윌슨은 사실 그 의미와 중요성을 몰랐지만 노벨상을 받았습니다. (관련된 다른 사람들은 받지 못했죠.)

당연하지만 우주를 이해한다는 것은 어려운 일입니다. 이를 위해서는 간단한 전제, 이른바 우주론적 원리에서 출발하는 것이 필요합니다. 우주론적 원리란 균질성과 등방성, 곧 여기나 저기나, 이쪽이나 저쪽이나 모두 같다는 가설을 말합니다. 다시 말해 우리 미리내은하가 있는 이곳이나 안드로메다은하 방향으로 1억 광년 떨어진 지점이나 다른 방향으로 10억 광년쯤 떨어진 지점이나 모두 마찬가지라는 거지요.

물론 이것은 전체 우주의 규모에서 이야기하는 겁니다. 예를 들어 지구가 있는 우리 은하의 안과 은하의 바깥은 분명히 다릅니다. 우리 은하 안에는 별이 상당히 많이 모여 있으나 조금 바깥에는 별이 거의 없으니까요. 더욱이 은하 자체의 분포와 은하집단의 분포도 고르지 않습니다. 그러나 은하의 집단들이 모인 초집단은 고르게 분포되어 있음이 관측을 통해 알려져 있습니다. 따라서 여기서 균질하다는 것은 잘게 은하 정도의 규모에서 보는 것이 아니라 은하가 엄청 많이 모여 있는 은하의 초집단 정도 규모에서 말하는 겁니다. 등방적이다, 방향에 관계없다

그림 22-1: 왼쪽부터 펜지어스(1933~)와 윌슨(1936~).

는 말도 마찬가지입니다. 지구나 은하 정도의 규모에서는 방향이 중요하지요. 예컨대 지구 중심 방향과 그 반대 방향은 매우 다릅니다. 그러나 우주 전체의 규모에서 보면 위, 아래의 구분이 있을 수 없습니다. 아무런 방향 차이가 없지요. 특히 우주의 바탕내비침은 모든 방향이 거의 완벽하게 같습니다. 방향에 따른 차이는 10만 분의 1에 불과하니, 놀라울 만큼 등방성을 보여 줍니다.

불어나는 우주

일반상대성이론이 이론적 우주론의 바탕이라고 지적했지요. 이러한 우주론적 원리를 전제하고 일반상대성이론의 마당방정식을 풀면 우주의 모형을 얻을 수 있습니다. 일반적으로 우주 자체는 움직이지 않고 멈춰 있다고 생각했는데, 이러한 정지우주는 사실은 불안정합니다. 우주에는 은하를 비롯한 물질이 분포되어 있는데 그런 물질은 중력이 작용하므로 서로 끌어당깁니다. 그러면 우주가 가만히 멈춰 있을 수 없습니다. 서로 끌어당기니까 결국 한곳으로 모여들게 되겠네요. 상식적으로 생각해도 우주는 가만히 있을 수 없습니다. 일반상대성이론에서도 멈춰 있는 우주는 불안정한데 이 때문에 아인슈타인은 우주상수를 집어넣어서 우주가 멈춰 있도록 만들었습니다. 여기서 우주상수는 서로 당기는 중력에 대응해서 마치 서로 미는 힘을 주는 셈이지요.

그러나 현재 우주는 멈춰 있지 않고 불어나고 있다고 생각합니다. 이러한 팽창우주의 근거가 지난 강의에서 다룬 빨강치우침의 관측입니다. 멀리 떨어진 천체에서 오는 빛의 빛띠를 분석해 보면 파길이가 원래보다 길어져 있음을, 곧 빨간빛 쪽으로 치우쳐 있음을 관측했지요. 도플러효과로 해석하면 천체가 우리에게서 멀어져 가고 있는 것이므로, 결국 우주가 불어나고 있다는 뜻입니다. 이른바 팽창우주가 성립이 되었지요. 사실은 허블이 빨강치우침을 관측하기 전에 이미 프리드만과 (가톨릭 사제였던) 르메트르는 일반상대성이론의 마당방정식으로 우주가 불어날 수 있음을 보였고, 앞으로 어떻게 펼쳐질 것인지에 대한 가능성을 논의했습니다. 그러니 이론적으로 일반상대성이론이 팽창우주를 뒷받침하고 있고, 관측에서도 빨강치우침이 팽창우주를 보여 준다고 할 수 있습니다.

여기서 우주가 불어난다는 의미를 혼동하기 쉽습니다. 예를 들어 현재 우주가 공 모양이고 그 반지름이 계속 늘어나고 있다고 생각할 수 있지요. 그런데 공의 안쪽이 우주라면 그 바깥은 무엇인가 하는 질문을 던질 수 있습니다. 아무것도 없고 비어 있어요? 물질이 없는 빈 공간인가요? 그렇지 않습니다. 바깥에는 물질만 없는 것이 아니라 공간 자체도 없습니다. 우주가 불어난다는 것은 공간이 늘어나고 있음을 뜻합니다. 바깥에 빈 공간이 있어서 우주가 그쪽으로 점점 확장해 들어가는 것이 아니고 공간 자체가 새롭게 생겨나고 있는 겁니다. 풍선을 불어서 늘어나는 것을 우주 팽창에 비유할 때, 풍선의 부피가 불어나는 것이 우주가 불어나는 것에 해당한다고 생각하기 쉬우나, 이 비유에서 우주는 풍선의 안쪽이 아니라 풍선의 겉면입니다. 곧 우주를 2차원으로 나타낸 것이지요. 풍선을 불면 겉면이 어떤 식으로 늘어나죠? 바깥에 비어 있던 공간을 겉면이 차지하는 것이 아니라 없던 면이 생겨나게 됩니다. 곧 공간 자체가 늘어납니다. 우주가 불어나는 것도 마찬가지입니다. 우주 바깥에 바탕이 되는 빈 공간이 있어서 이를 우주가 점점 채워 가는 것이 아니고, 공간은 우주가 전부인데 공간 자체가 계속해서 새롭게 만들어지고 있는 거지요.

열린 우주와 닫힌 우주

그러면 우주는 어떻게 탄생했고, 앞으로 어떻게 펼쳐질까요? 우주의 기원과 진화는 매우 흥미로운 문제입니다. 현재 우주는 불어나고 있으므로 시간을 되짚어 거슬러 올라가 보면 언젠가 우주가 한 점에서 시작했다고 생각할 수 있습니다. 이른바 '태초'에 우주가 한 점에서 시작해서 불어나게 되었는데 이를 대폭발이라 부른다고 했지요. 관측 결과에 따르면 대폭발, 곧 우주의 탄생은 지금부터 138억 년 전의 사건입니다. 그러니 현재 우주의 나이는 138억 살이라고 할 수 있지요. (예전에는 137억 살이었는데 2013년에 갑자기 1억 살을 더 먹어서 138억 살이 되었습니다. 아래 언급하지만 더 정밀한 관측 자료가 얻어졌기 때문이지요.)

138억 년 전에 대폭발로 우주가 탄생해서 계속 불어나고 있는데 앞으로 어떻게 될까요? 끝없이 불어나거나, 불어나다가 언젠가는 다시 줄어들거나 하는 두 가지 가능성을 생각할 수 있습니다. 끝없이 불어나는 우주를 열린 우주라 하며, 어느 이상 불어나지 않는 우주를 닫힌 우주라고 합니다.

여기서 닫힌 우주는 유한하지만 둘레는 없다는 점을 강조합니다.

2차원의 예로 그림 12-6의 지표면, 곧 지구 같은 공의 겉면을 생각해 봅시다. 그림 22-2의 위쪽에서 다시 보듯이 굽음률이 양인 공의 겉면은 넓이가 유한합니다. 그러나 둘레가 없습니다. 어느 한 점에서 출발해서 아무리 가 봐도 끝나서 막히지 않습니다. 그러니까 유한하지만 둘레는 없지요. 한편 열린 우주는 끝없이 커지므로 당연히 둘레가 없습니다. 이를 2차원에서 생각하면 그림 12-5에 보인 말안장 같은 면에 해당하지요. 그림 22-2의 가운데에서 다시 보듯이 음의 굽음률을 가졌습니다. 물론 두 가지 사이에 보통의 유클리드기하학이 성립하는 굽음률이 0인 평면을 생각할 수 있지요. 이 경우도 끝없이 커지므로 열린 우주에 해당합니다. 이는 그림 22-2의 아래에 나타냈습니다. 이들은 간단하게 2차원에서 생각한 것인데, 이를 3차원 공간이나 시간까지 더해서 4차원 시공간으로 확장할 수 있습니다. 그릴 수는 없으나 상상할 수는 있겠지요. 정리하면 열린 우주는 로바쳅스키-보야이 기하학이 성립하는 쌍곡선적 시공간이고, 닫힌 우주는 리만기하학이 적용되는 타원적 시공간이라 할 수 있습니다. 그 사이에 유클리드기하학으로 기술되는 평평한 시공간의 우주가 있는데 이렇게 다소 특별한 경우도 열린 우주이지요.

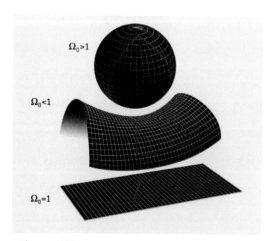

그림 22-2: 닫힌 우주, 열린 우주, 평평한 우주.

그러면 우리 우주는 앞으로 어떻게 펼쳐질까요? 앞 강의에서 우리의 해는 빨강장다리별이 되고 결국 하양잔별이 되리라 지적했습니다. 이에 따라 지구의 종말이 어떻게 될지 생각해 봤지요. 이번에는 시시하게 지구 정도의 종말이 아니라 우주 전체의 종말이 어떻게 되는지 살펴보기로 합시다.

현재 관측에 따르면 우주는 불어나고 있습니다. 그런데 우주의 물질 사이에는 중력이 작용하므로 서로 끌어당기고 있지요. 따라서 지금은 불어나고 있지만 중력 때문에 불어나는 빠르기는 점차 느려질 겁니다. 만일 중력이 충분히 강하면 언젠가는 불어나기를 멈추고 그다음부터는 중력 때문에 도리어 줄어들게 되겠네요. 한편 중력이 강하지 않고 처음에 매우 빠르게 불어났다면 점점 멀어지면서 중력은 더 약해지니까 계속 불어나게 되겠지요. 따라서 두 가지 가능성 중에 어떻게 될지는 현재 얼마나 빨리 불어나고 있는지와 우주의 물질이 얼마나 많은지에 따라 정해집니다. 우주에 물질이 충분히 많다면 서로 당기는 중력이 강하므로 우주는 언젠가 다시 줄어들게 되겠지요. 우주에 물질이 많지 않으면 중력이 강하지 않으므로 끝없이 불어날 겁니다.

구체적으로는 현재 우주의 물질 밀도 ρ가 어느 정도 되는지에 달려 있습니다. 불어나는 빠르기를 나타내는 허블상수 H가 주어져 있을 때 밀도의 고비값은 $\rho_c = \dfrac{3H^2}{8\pi G}$로 주어져서 현재 관측된 값을 넣으면 $\rho_c = 9 \times 10^{-27}\,\text{kg/m}^3$입니다. 우주의 밀도가 이 고비밀도 ρ_c보다 작다면 물질이 별로 없는 경우로서 우주는 끝없이 불어나는 열린 우주가 됩니다. 반면에 밀도가 ρ_c보다 크면 중력이 충분히 강하므로 우주는 언젠가는 중력 때문에 줄어들게 되고 닫힌 우주에 해당합니다.

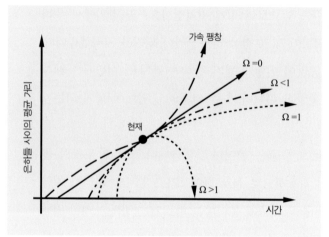

그림 22-3: 우주의 진화.

흔히 밀도를 고비값으로 나타내어 $\Omega \equiv \dfrac{\rho}{\rho_c}$ 로 정의하는데 $\Omega < 1$이면 열린 우주이고 $\Omega > 1$이면 닫힌 우주가 되지요. 그 경계인 $\Omega = 1$은 평평한 시공간을 지닌 열린 우주에 해당합니다. 이를 그림 22-3에 보였습니다. 열린 우주에서 특히 $\Omega = 0$인 경우는 물질이 전혀 없는 극한으로 디시터 우주라 부릅니다.

물질과 에너지 구성

우주에서 실제로 관측 가능한 물질을 조사해 보면 밀도가 매우 작습니다. 별처럼 스스로 빛을 내는 물질이 Ω에 기여하는 크기는 0.004, 곧 밀도가 고비값의 0.4퍼센트에 불과합니다. 별사이물질을 모두 더해도 고비밀도의 4퍼센트밖에 안 되니 이것만 보면 열린 우주라는 이야기가 되네요. 그런데 이것은 현재 관측이 되는 물질만 고려한 겁니다. 광학망원경이나 전파망원경으로 보이지 않아서 관측하지 못한 물질이 존재합니다. 전자기파, 곧 빛을 내지 않고 흡수하거나 되비치지도 않는 물질을 어둠물질(암흑물질)이라고 부릅니다. 이는 직접 관측할 수는 없지만 중력의 효과를 고려해서 간접적으로 그 존재를 추정할 수 있습니다. 실제로 관측되는 물질의 중력만 고려하면 은하의 움직임이나 중력렌즈 등의 관측 결과를 설명할 수 없습니다. 따라서 보이지는 않으나 중력을 강하게 미치는 어둠물질이 존재한다고 결론지을 수 있지요.

위에서 말했듯이 바리온, 곧 양성자, 중성자 등으로 이뤄진 보통물질은 많아야 5퍼센트 정도밖에 안 됩니다. 그런데 보이지 않는 어둠물질이 27퍼센트 가까이 되리라고 생각합니다. (한때는 이러한 어둠물질이 매우 많아서 모두 더하면 닫힌 우주가 될 것이라는 제안도 있었습니다.) 이 물질의 정체는 아직 모르는데 몇 가지 후보가 있습니다. 보이지는 않으나 보통 물질과 같이 바리온으로 이뤄진 천체가 있을 것으로 상상하기도 하는데 이러한 어둠물질을 마초MACHO라고 합니다. 묵직하고 빽빽한 별무리물체를 줄여서 장난스럽게 부르는 용어지요. 그런데 우주에서 물질을 만들어 낸 핵합성 과정에 비춰 보면 대부분의 어둠물질은 바리온으로 이뤄지지 않은 듯합니다. 이에 따라 액시온이니 윔프WIMP니 하는 것들이 제안되었습니다. 윔프란 약하게 상호작용하는 묵직한 알갱이를 줄여서 부르는 말인데 실토하면 뭔지 모른다는 뜻입니다. 정밀한 측정을 위해 많은 노력을 해 왔지만 아직 검출하지 못했지요. 아무튼 이런 것 모두 더해 봐야 고비밀도의 27퍼센트밖에 되지 않습니다. Ω의 값이 0.3에도 미치지 못하지요.

그런데 관측에 따르면 우주는 상당히 평평한 편입니다. 예컨대 바탕내비침 관측 결과를 보면 우주는 놀라울 만큼 평평하지요. 밀도는 ρ_c보다 조금 더 클 수 있지만 오차의 범위 안에서 $\Omega = 1$이라 할 수 있습니다. 그러면 Ω에 68퍼센트 이상 기여하는 나머지는 무엇일까요? 이는 에너지라고 믿고 있습니다. 에너지와 물질이 동등하다, 곧 질량은 에너지의 한 형태라는 것을 배웠지요. 그러니 우주의 전체 밀도란 물질과 에너지를 더해서 생각해야 합니다. 이 에너지를 어둠에너지라 부르는데 역시 그 정체는 잘 모릅니다. (여기서 우주의 내비침에너지, 곧 빛알의 에너지는 충분히 작으므로 무시할 수 있습니다.)

어둠에너지와 관련해 중요한 관측 결과가 있습니다. 우주가 불어나는 빠르기를 조사하면 우주는 초기에 아주 잠깐 동안 급격히 불어났다가 서서히 불어나고 있는데, 근래에는 놀랍게도 더 빨리 불어나고 있는 것으로 보입니다. 그림 22-3에서 가장 위쪽의 선이 이를 나타냅니다. 손님별의 밝기와 빨강치우침을 관측하면 빛을 낸 당시의 허블상수, 곧 팽창속도를 알 수 있는데, 여러 손님별의 관측 자료를 분석해 보면 우주가 불어나는 빠르기가 줄어들기는커녕 오히려 늘어나는 이른바 가속팽창이 얻어집니다. 서로 당기는 중력만 있다면 팽창은 느려져야 할 텐데 도리어 빨라진다는 사실은 중력뿐 아니라 서로 미는 힘이 작용하기 때문이라고 생각할 수 있습니다. 이는 음의 압력을 미치는 에너지가 우주 전체에 퍼져 있기 때문으로 해석할 수 있는데 이것이 바로 어둠에너지라고 믿고 있습니다.

어둠에너지의 구체적 형태로서 공간 자체에 고르게 존재하는 에너지, 곧 진공에너지라는 제안이 널리 받아들여지고 있습니다. 진공에너지는 바로 우주상수로 나타내어진다고 생각합니다. 우주상수는 앞에서 지적했듯이 원래 정지우주를 만들기 위해 집어넣은 것으로서 중력에 대항해 서로 미는 힘에 해당한다고 할 수 있지요. 어둠에너지를 중력과 다르게 시공간에 의존하는 새로운 마당으로 보는 견해도 있지요. (이 경우에는 6강에서 설명한 네 가지 기본 상호작용에 더해서 이른바 '다섯째 힘'이 존재해야 할 것으로 생각됩니다.) 최근에는 우주가 불어남에 따라 지평선이 넓어지고, 이에 따라 정보를 지우는 과정에 결부된 에너지가 어둠에너지의 근원이라는 흥미로운 제안도 있습니다. 또한 앞서 설명한 중력파의 방출과 관련짓기도 합니다. 질량의 일부가 없어지고 방출된 중력파가 빛의 빠르기로 이동해 가면서 우리가 관측할 수 있는 한계를 넘어서게 되므로 결국 중력이 모자라는 것으로 관측된다는 생각이지요. 서로 당기는 중력의 모자람은 결과적으로 서로 미는 힘이 생겨난 것에 해당한다는 제안입니다.

어둠에너지의 크기는 질량으로 나타내면 $7 \times 10^{-27} \, \text{kg/m}^3$쯤으로 추정됩니다. 매우 작아서 직접 잰다는 것은 불가능하지요. 그러나 모든 공간에 고르게 있으므로 우주 전체에서 차지하는 비중은 엄청납니다. 밀도에 대한 기여가 무려 70퍼센트에 가깝습니다. 그래서 결국 $\Omega = \Omega_b + \Omega_d + \Omega_\Lambda$라고 쓸 수 있는데 바리온, 곧 보통 물질의 기여는 $\Omega_b = 0.049$, 어둠물질의 기여는 $\Omega_d = 0.268$, 그리고 어둠에너지의 기여가 $\Omega_\Lambda = 0.683$으로 이들을 모두 더하면 $\Omega \approx 1$이 된다고 믿고 있습니다. 결국 희한하게도 우주는 놀라울 만큼 평평해서 대체로 유클리드기하학이 성립한다는 겁니다. 사실 꼭 그럴 이유가 없을 것 같은

데 참 묘합니다. (이에 대해서는 다시 언급하지요.) 아무튼 우주 전체의 물질과 에너지를 살펴보면 우리에게 친숙한 물질은 미미합니다. 겨우 5퍼센트도 채 되지 않고 나머지는 우리가 알지 못하는 이상한 녀석들이지요.

우주의 역사

이제 우주의 역사를 살펴보겠습니다. 어떻게 시간을 거슬러 올라가서 우주의 과거를 볼 수 있을까요? 현재 지구에 있는 우리가 망원경으로 멀리 있는 천체를 본다면 과거를 보는 것에 해당합니다. 예컨대 밤하늘에 북극성을 보면 1000년 전을 보는 것이고, 안드로메다 은하를 본다면 200만 년 전을 보는 겁니다. 마찬가지로 10억 광년 떨어진 은하를 관측하면 10억 년 전을 보는 거지요. 그러면 언제까지 볼 수 있느냐? 그 한계를 우주의 지평선이라 합니다. 우주의 지평선 밖에 있는 것은 볼 수 없습니다. 우주가 불어나면서 낸 빛이 지금 지구에 다다랐는데 만일 우주가 빛보다 빨리 불어났다면 그때의 빛은 지구에 도달할 수 없겠지요. 상대성이론에 따르면 빛보다 빠를 수 없으니 이것은 있을 수 없다고 생각할지 모르지만 여기서는 물질이 실제로 빨리 움직이는 것이 아니라 시공간이 생겨나는 것을 말합니다. 상대성이론에서 말하는 속도와는 의미가 다르지요.

그러면 시간을 거슬러 올라가서 138억 년 전 대폭발로부터 우주의 역사를 살펴보지요. 온도를 보면 태초에는 우주가 무지무지하게 뜨거웠습니다. 1초쯤 지나서 온도가 100억 도가량으로 식었지요. 계속 식어서 우주의 나이가 100만 살쯤 되었을 때 온도는 3000도 정도가 되었고, 현재 우주의 온도는 알다시피 2.725 K이니까 셀시우스 눈금으로는 영하 270도가량 됩니다.

대폭발 순간부터 10^{-43} 초까지의 기간을 플랑크시대라고 부르는데 강상호작용(핵력), 전자기력, 약상호작용, 중력 등 네 가지 기본 상호작용이 하나의 꼴로 존재했으리라 추정합니다. 이 기간에 대해서는 아직 이해하지 못합니다. (양자역학과 관계없이) 고전적 일반상대성 이론에 따르면 중력마당이 무한히 커지는 특이점이 되지만, 이러한 경우 양자역학적 효과가 중요하게 되는데 이를 어떻게 기술할 수 있는지 아직 모릅니다. 이른바 양자중력이론의 정립이 필요하지요.

플랑크시대가 지나면 한 꼴이던 네 가지 힘 중에 중력이 먼저 갈라져 나가고, 물리현상은 앞에서 언급한 이른바 대통일이론으로 기술된다고 믿고 있습니다. 대폭발 후 10^{-35} 초쯤 지나면 강상호작용도 떨어져 나가서 전자기력과 약상호작용만 한 꼴로 합쳐진 전기약상호작용으로 남아 있게 되지요.

그러고는 놀랍게도 우주가 갑자기 급격하게 불어났습니다. 음의 압력을 지닌 어둠에너지 때문에 10^{-35} 초부터 10^{-32} 초쯤까지의 급격히 짧은 시간 동안 길이가 무려 10^{26} 배로 늘어났다고 추정합니다. 그 기간을 인플레이션시대라고 부르는데 이 때문에 우주의 구석구석이 비슷하게 되었다고 생각합니다. 예컨대 우주가 왜 평평한지, 그리고 균질성과 등방성 따위의 우주론적 원리를 자연스럽게 설명할 수 있지요.

인플레이션이 끝난 후부터 대체로 3분까지의 우주를 초기우주라고 부릅니다. 온도가 워낙 높으므로 쿼크와 붙임알이 자유롭게 돌아다니는 쿼크-붙임알 플라스마로 차 있다고 생각합니다. 우주의 나이가 10^{-12} 초쯤 되면 전자기력과 약상호작용이 갈라져서 네 가지 기본 상호작용이 오늘날 볼 수 있는 꼴을 가지게 됩니다. 우주가 계속 식어 가면서 쿼크들이 묶여 양성자나 중성자 등 바리온이 만들어지지요. 이러한 바리온과 렙톤은 반대알갱이와 짝으로 없어져서 3분쯤 되면 조금만 남습니다.

그러면 우주에는 빛알이 주로 존재하게 되어 빛알 시대로 들어갑니다. 온도가 내려가면서 양성자, 곧 수소의 원자핵과 중성자가 융합해 주로 헬륨 원자핵을 만드는 핵합성이 몇 분 정도 일어납니다. 빛알 시대는 30만 년쯤 지속하는데 처음에는 빛이 지배했지만 7만 년쯤 지나면서 물질(원자핵)이 지배하는 세계로 바뀌지요.

대폭발 후 38만 년쯤 지나면 온도가 더 떨어지면서 원자핵과 전자가 묶여서 비로소 수소와 헬륨 원자들이 만들어졌습니다. 그리고 빛알과 양성자, 전자와 원자핵의 결합이 풀리면서 우주가 투명해집니다. 이전에는 빛알이 물질 알갱이와 강하게 작용했으므로 자유롭게 지나다니지 못했고 따라서 우주는 투명하지 않았지요. 바탕내비침은 바로 이 무렵의 우주 모습을 보여 준다고 할 수 있습니다. 빛, 곧 전자기파를 통해서는 이 무렵 이후의 우주만 볼 수 있지요. 그러나 앞서 언급한 중력파를 이용하면 그 이전의 모습도 볼 수 있으므로 원시우주의 탐색에 유용하리라 기대합니다.

시간이 한참 지나서 대폭발한 지 수억 년쯤 되면 수소와 헬륨이 중력 때문에 모여서 별과 은하 등 천체를 만들기 시작합니다. 거의 균질했던 태초에 미세한 요동이 인플레이션을 통해 확대되어서 현재 우주의 거대 구조가 생겨났다고 여겨지지요. 중력이 작용해 은하들이 모여들어서 은하집단이나 초집단 등 거대 구조를 형성합니다.

알다시피 별은 찬란하게 살다가 장엄하게 죽으며 무거운 원소들을 만들어 냅니다. 지구나 우리 몸을 구성하는 무거운 원소들은 우주가 꽤 나이 들었을 때 생겨난 겁니다. 그래서 대폭발 후 80억 년가량 되었을 때, 곧 지금부터 50억 년쯤 전에 지구를 포함한 태양계가 태어났지요. 지구에 생명이 출현했고, 대기층이 형성되었고, 그러고 나서야 비로소 인간이 등장한 겁니다. 이는 지금부터 대략 300만 년쯤 전인가요? 아무튼 500만 년도 되지 않으니 공간뿐 아니라 시간에서도 우주 전체에 비하면 인간은 하찮아 보이네요. 현재 대폭발하고 137억 년이 지났으니 우주의 나이는 138억 살입니다. 이를 1년에 비유하면, 예컨대 우주가 1월 1일 0시에 태어나서 현재가 12월 31일 24시라고 한다면, 인간이 탄생한 때는 12월 31일 23시 40분쯤 됩니다.

이것이 현재 우리가 이해하고 있는 우주의 진화입니다. 놀라울 만큼 정확하게 알고 있지요. 최근에 인공위성을 이용해서 아주 정밀한 관측을 할 수 있게 되었기 때문입니다. 그림 22-4는 우주 바탕내비침의 관측 결과를 보여 줍니다. 사방의 하늘, 곧 우주 전체를 모두 보여 주는데 북쪽 하늘과 남쪽 하늘을 우주의 북극과 남극처럼 나타냈지요. 우주론적 원리에 따르면 모든 방향이 같다고 했으나 실제 바탕내비침은 완벽하게 등방성을 보이지는 않습니다. 사방에서 오는 마이크로파를 조사하면 방향에 따라 파길이의 구성이 조금씩 달라집니다. 온도로 환산하면 대체로 2.725 K이지만 완벽하게 같지는 않고 미세한 차이가 있습니다. 이러한 온도 차이를 그림 22-4에서는 빛깔

그림 22-4: 우주 마이크로파 바탕내비침.

로 나타냈어요. 밝은 노랑 부분이 온도가 높은 방향을, 어두운 푸른 부분은 온도가 낮은 방향을 나타냅니다. 그런데 그 온도 차이는 겨우 10^{-5} K, 평균값의 0.005퍼센트밖에 되지 않습니다. 사실상 거의 균질한데 이러한 미세한 차이가 결국은 우주의 거대 구조를 만들었다고 여겨집니다. 아무튼 이렇게 정밀한 결과는 2001년부터 2010년까지 윌킨슨 마이크로파 비등방성 탐색, 줄여서 더블유맵WMAP이라고 하는 인공위성 관측을 통해서 얻었습니다. 심지어 이보다도 정밀한 자료가 2009년부터 2013년까지 플랑크 우주관측선을 이용한 관측을 통해서 얻어졌습니다. 그림 22-4는 이러한 관측으로부터 얻은 우주 마이크로파 바탕내비침을 보여줍니다. (이를 바탕으로 해서 우주의 나이 137.98 ± 0.37억 살을 얻었습니다. 오차 범위가 0.3퍼센트도 안 되네요.) 우주에 대해서 놀라울 만큼, 엄청나게 세밀한 관측을 했는데 사실 물리학자인 내가 봐도 이렇게 정밀하게 관측을 할 수 있다는 것이 믿어지지 않네요.

인공위성을 통해서 이러한 정밀한 관측이 가능해지면서 우주론의 새로운 시대를 열었다고 할 수 있습니다. 종래에는 불확실성이 너무 커서 과학 이론으로서 의문스러웠는데 이제는 정밀과학으로 자리를 잡게 된 겁니다. 우주의 나이나 허블상수, 우주의 물질과 에너지 구성, 굽음률 등을 정밀하게 알게 되었고 팽창에 관련해서 인플레이션이나 가속팽창 등의 타당성이 받아들여지게 되었습니다.

이러한 관측 결과들과 일치하는 대폭발 이론의 간단한 모형으로 현재 받아들여지고 있는 모형은 람다시디엠ΛCDM 모형입니다. 람다는 어둠에너지에 해당하는 우주상수를 나타내고 시디엠CDM은 바리온이 아닌 물질로서 차가운 어둠물질의 약자지요. 여기서 자세히 논의할 수는 없지만 우주의 거대 구조에 대한 이론의 계산 결과와 관측 결과를 비교해 보면 미세한 차이조차 놀라울 정도로 잘 맞습니다. (최근에는 차가운 어둠물질 대신에 서로 상호작용하는 어둠물질을 상정하면 은하 안에서 별의 운동의 다양성을 설명할 수 있음이 보고되기도 했습니다.) 완벽한 계산과 정밀한 측정을 할 수 있다는 뜻이지요. 이는 인류가 우주를 잘 이해하고 있음을 보여 줍니다. 우주의 규모에서 봤을 때 하찮은 존재 같은 인간이 우주를 이토록 잘 해석할 수 있다니, 참으로 수수께끼 같은 일이지요.

예술가가 본 우주

밤하늘의 천체를 보면 과거를 바라보고 있는 셈입니다. 예술가에게 영감도 많이 주었지요. 예술가가 본 우주를 그림 22-5에 보였습니다. 널리 알려진 그림으로 반 고흐의 〈별이 빛나는 밤〉인데, 이를 나타낸 노래도 있지요. 이 그림에서 천체는 대체로 별이 아니라 은하라고 볼 수 있고 현재 우리가 이해하는 우주를 잘 표현하고 있습니다. 반 고흐처럼 천재성을 지닌 예술가는 과학자와 방법은 다르지만 직관과 상상력을 통해서 우주의 모습을 이해하는 듯합니다. 우주

그림 22-5:
반 고흐, 〈별이 빛나는 밤〉.

에 대한 문학적 상상력을 보여 준 흥미로운 작가로서 올베르스의 역설을 설명한 포를 들 수 있습니다. 그는 역설이 제기된 지 20여 년이 지난 19세기 중반에 평론 형식의 작품 《유레카: 산문시》에 설명을 제시하였는데, 그 작품은 그의 놀라운 시적 상상력이 번득이고 있습니다. 올베르스의 역설에 관련된 천체의 거리뿐 아니라 은하의 계층적 분포, 시공간, 대폭발과 검정구멍, $\Omega > 1$에 해당하는 진동우주 등 우주론적 문제를 사색하였지요. 과학자보다 앞선 시인의 상상력을 여실히 보여 줍니다. 심지어 24강에서 다룰 복잡성에 대한 언급도 있는데 이들은 20세기 이후에 비로소 제기된 문제들입니다. 과학자보다 앞선 시인의 상상력을 여실히 보여 주네요. (포는 이 작품을 매우 아꼈고, 더 나은 작품을 쓸 수 없으리라 말했다고 합니다. 그러나 그리 좋은 평을 받지 못했고, 그래서인지 이듬해 세상을 떠납니다. 반 고흐처럼 젊은 나이에 타계했는데 정확한 원인은 알려져 있지 않지요. 마치 스스로 작품 속 주인공이 된 듯합니다. 한참 뒤에 아인슈타인은 이 작품을 높이 평가했다고 합니다.)

예술과 달리 과학은 천재성이 없어도 공부만 열심히 하면 이해할 수 있습니다. 과학은 열려 있는 학문이기 때문인데 이러한 점이 과학의 좋은 점이라고 할 수 있습니다. 정상적 사고 능력만 있으면, 원칙적으로 이해할 수 있는 거지요.

앞에서 열린 우주와 닫힌 우주에 대해 논의했지요. 리만기하학이 성립하는 닫힌 우주에서는 멀리 갈수록 공간이 점점 줄어들어서 직선 또는 측지선은 결국 서로 만나게 됩니다. 2차원에 비유하자면 공의 겉면과 같지요. 닫혀 있어서 유한하기 때문에 아무리 가도 끝을 만나지는 않지만 제자리로 되돌아가게 됩니다. 만약 우주가 이렇게 닫혀 있다면 우리가 지구에서 출발해서 끝없이 가면 언젠가는 다시 출발한 지구로 돌아올 수 있게 되지요.

그림 22-6은 한 사람이 거울에 비친 자신의 뒷모습을 보고 있습니다. 이것이 어떻게 가능하겠어요? 이 사람의 뒤통수에서 나온 빛이 우주를 끝없이 가다가 결국 다시 제자리로 돌아온 겁니다. 그래서 자기 뒷모습이 비치는 것이지요. 마그리트의 유명한 작품으로 〈금지된 재현〉이라고 합니다.

그림 22-6: 마그리트, 〈금지된 재현〉.

그러나 현재 관측 자료를 보면 우주는 거의 평평하게 열려 있는 것 같습니다. 따라서 우주는 아마도 끝없이 불어나리라 추정합니다. 유감스러운가요? 사실 이에 따른 우주의 종말이란 참 슬픈 일이네요.

23강
우주와 인간

지난 시간에는 우주에 대해서 공부했습니다. 우주의 구조와 기원, 진화에 대해 논의했지요. 우주가 어떻게 탄생했고 앞으로 어떻게 될 것인가 따위의 존재 양상에 대해 살펴봤습니다. 이렇게 우주가 펼쳐져 나가는 모습은 결국 시간이란 무엇인가라는 마지막 문제와 결부되어 있습니다. 우주의 일부로서 인간은 우주라는 시공간의 규모에서 보면 미약하기 짝이 없는 하찮은 존재 같지만 놀랍게도 우주 전체를 이해하려고 노력하고 있습니다. 이는 현대에서는 자연과학을 통해서 이뤄집니다.

이번 강의에서는 먼저 시간과 우주를 살펴보고, 우주를 바라보고 해석하는 과정을 되돌아보기로 하겠습니다. 특히 우주와 관련해서 시간되짚기 문제를 논의하고 자연과학을 통해 우주를 해석하는 의미를 정리해 보도록 하지요.

시간과 우주

시간은 흔히 화살로 표현합니다. 영어에도 "시간은 화살처럼 날아간다"는 격언이 있지요. 미래와 과거가 다르다는 사실 때문에 시간의 의미가 매우 중요해집니다. 실제로 우리의 일상에서 미래와 과거는 분명히 다르지요. 우리는 과거는 기억하지만 미래는 기억하지 못합니다. 물론 미래를 기억한다는, 곧 예측한다는 사람들도 있습니다. 이렇게 우기는 사람들이 예전에는 미아리고개에 많았는데 요즘에는 무슨 교회에도 많은 듯합니다. 또한 여러분은 다시 어려지지 않고 나는 유감스럽게도 늙기만 하지 다시 젊어지지는 못합니다. 나도 여러분 같을 때가 있었는데 그때로 돌아가지 못합니다. 하기는 사실 나이 먹는 것도 그리 나쁘지만은 않습니다. 젊었을 때 모르던 것도 알게 되고 새로이 즐길 수 있는 삶도 있지요.

어쨌든 시간을 화살에 비유하는 것은 방향을 지녔다, 곧 미래와 과거가 다르다는 뜻인데, 이는 자연과학의 관점에서 이해하기 어려운 문제입니다. 왜냐하면 자연현상을 기술하는 기본적 이론 체계, 곧 동역학에서는 과거와 미래가 본질적으로 구분되지 않기 때문이지요. 앞에서 이미 언급했지만 고전역학 체계는 시간에 대해서 대칭성을 지니고 있습니다. 곧 과거와 미래의 구분이 없어요. 뉴턴의 운동방정식에서 시간에 음의 부호를 붙여서 되짚어도 식은 똑같기 때문입니다. 따라서 고전역학은 시간되짚기 대칭성을 지니고 있고, 결국 과거와 미래의 구분이 없다고 지적했지요. 양자역학도 마찬가지라는 사실도 논의했습니다. 슈뢰딩거방정식은 뉴턴의 운동방정식과 달리 시간에 대해 한 번만 미분한 꼴이므로 시간에 음의 부호를 붙이면 전체의 부호가 바뀌게 됩니다. 하지만 복소켤레를 택하면 원래 부호로 돌아오고 — 주어진 상태함수와 그 복소켤레는 물리적으로 같은 내용을 지니고 있다고 지적했지요 — 따라서 슈뢰딩거방정식도 시간되짚기 대칭을 지녔고, 역시 과거와 미래를 구분하지 않습니다. 그러니 물질의 가장 근본적인 상태를 규정짓는 이론 체계인 동역학은 시간에 대한 대칭성을 유지하고 있습니다. 과거와 미래를 구분하지 않으므로 시간화살이 없어요.

그런데 우리의 일상에는 명백하게 시간되짚기 대칭이 없는 현상이 많습니다. 이러한 시간화살이 존재하는 현상, 예컨대 우리 몸과 생명을 비롯한 일상은 많은 수의 구성원으로 이뤄진 뭇알갱이계의 현상입니다. 시간의 화살에서 가장 널리 알려진 것이 이러한 뭇알갱이계에 존재하는 열역학적 화살입니다. 그다음에 우리의 기억에서 과거와 미래의 차이를 뜻하는 심리적 화살을 들 수 있겠고, 마지막으로 우주가 불어나고 있음에 해당하는 우주론적 화살이 있습니다.

열역학적 화살은 앞서 여러 번 논의한 열역학 둘째 법칙이 주는 겁니다. 엔트로피가 저절로 감소할 수 없다는 것이 시간의 화살을 정해 주지요. 강의실에서 향수병을 열면 향기가 저절로 밖으로 퍼져 나가는데 아무리 기다려도 반대 과정, 곧 향기가 다시 모여 향수병 안으로 들어가는 일은 볼 수 없습니다. 우리가 살아 있는 동안에는, 아니, 우주가 멸망할 때까지 그런 일은 일어나지 않습니다. 왜 그럴까요? 엎질러진 물을 다시 담을 수 없다는 것이 바로 열역학적 화살이지요.

심리적 화살을 거스른다는 신들린 사람이 있긴 하지만 보통 사람들은 미래를 기억(예측)하지 못하므로 심리적 화살이 있지요. 그런데 사실 심리적 화살은 열역학적 화살 때문에 생기므로 결국 열역학적 화살의 한 보기라 할 수 있습니다. 우리가 과거만 기억하고 미래를 기억하지 못하는 것은 무엇 때문일까요? 기억이란 무엇입니까? 두뇌에 저장한 정보입니다. 그런데 정보란 엔트로피와 깊은 관련이 있습니다. 바로 음의 엔트로피입니다. 곧 엔트로피는 모자라는 정보지요. 그러니까 정보를 저장하는 과정은 필연적으로 엔트로피 증가를 수반합니다. 우리가 과거를 기억할 수 있는 것은 엔트로피가 증가했기 때문이고, 따라서 심리적 화살은 열역학 둘째 법칙의 지배를 받습니다. 결론적으로 심리적 화살은 열역학적 화살의 일부라 할 수 있습니다. 그러니 미래를 기억한다는 사람은 자연법칙 중에 최고의 위치를 차지한다고 평한 열역학 둘째 법칙을 위배하는 셈이네요.

그러면 열역학적 화살로 돌아와서 열역학 둘째 법칙을 살펴보지요. 17강에서 논의했듯이 둘째 법칙에 따르면 외떨어진 계의 엔트로피는 계속 늘어나므로 결국 최대가 되면 더는 변하지 않게 됩니다. (열)평형상태라고 부르지요. 이는 주어진 조건에서 정보가 가장 모자라는 상태를 말합니다. 엔트로피가 최대라면 접근가능상태가 가장 많은 경우로서, 그들에 대한 정보가 없으니 아무것도 모른다는 뜻이지요. 가능한 상태가 매우 많고 그중에 어느 상태에 있는지 알 수 없으므로 그만큼 정돈되어 있지 않다고 할 수 있습니다. 이는 물질이 고르게 섞여 있음을 뜻합니다. 이러한 상태에서는 공기나 우리 몸이나 구분이 없이 물질이 모두 균질해야 하므로 인간을 포함한 생명이 존재할 수 없습니다.

실제로는 우리를 비롯한 생명체는 외떨어진 계가 아닙니다. 바깥세상, 곧 환경과 끊임없이 물질과 에너지, 정보를 주고받으므로 열역학 둘째 법칙을 어기지 않고 열평형에 도달하지 않을 수 있습니다. 지구도 외떨어진 계는 아닙니다. 해에게서 에너지를 받고 있으므로 열평형상태에 이르지 않을 수 있습니다. 엔트로피가 최대로 된다는 열역학 둘째 법칙은 외떨어진 계에만 적용됩니다. 그러면 바깥세상과 완벽하게 단절된 외떨어진 계는 과연 어디 있을까요?

엄밀한 의미에서 외떨어진 계는 바깥세상을 가지지 않는 전체 우주뿐입니다. 따라서 우주에는 둘째 법칙이 적용되고 이에 따라 엔트로피가 최대인 열평형상태로 될 겁니다. 그러면 우주 전체에 물질이 고르게 섞여야 하므로 은하도 별도 지구도, 그리고 사람도 있을 수 없습니다. 엔트로피가 최대가 된 이러한 상태가 바로 우주의 종말이라고 생각할 수 있습니다. 암울한 우주의 미래인데, 이를 열죽음이라고 부릅니다. 그런데 현재의 우주는 열죽음 상태는 분명히 아닙니다. 우주는 아직 열평형에 도달하지 않았고, 엔트로피가 상당히 작아서 은하도 있고 별도 있고 생명체도 존재합니다. (사실은 평형상태가 아닌 우주에서 엄밀한 의미에서 엔트로피를 정의하기는 곤란합니다.) 그러면 왜 엔트로피가 작을까요? 우주는 꽤 나이가 많은데 왜 아직도 열평형에 도달하지 않았을까요? 이는 열역학적 화살로 대표되는 시간의 화살이 결국 우주의 문제로 귀착됨을 제시합니다.

우주의 문제로 귀착되는 것으로 파동에 관련된 시간화살도 들 수 있습니다. 잔잔한 호수에 돌을 던지면 어떻게 되나요? 파문이 일어서 사방으로 퍼져 나가지요. 이를 비디오카메라로 찍어서 거꾸로 돌리면 어떻게 보일까요? 갑자기 호숫가에서 물결이 일어서 호수 한가운데로 모여들더니 모여든 지점에서 돌이 하나 튀어 오릅니다. 그런 것 본 적이 있어요? 없지요. 파동의 진행에서도 역시 시간의 화살이 있는 것 같네요. 그런데 9강에서 소개한 파동방정식은 파동함수를 시간에 대해 두 번 미분한 2계 도함수를 지닌 편미분방정식이므로 시간되짚기에 대해 대칭성을 지니고 있습니다. (파동방정식도 결국 운동법칙으로부터 얻어진 것이니 당연하지요.) 그래서 파동방정식을 풀면 퍼져 나가는 파동뿐 아니라 시간되짚기 풀이, 곧 모여드는 파동도 얻어지는데 일반적으로 두 가지 중에서 퍼져 나가는 파동을 선택하지요. 어떻게 그럴까요? 이는 우주의 둘레조건에 따라 정해진다고 볼 수 있습니다. 곧 모여드는 성분은 둘레조건에 의해 간섭해서 없어지고 퍼져 나가는 성분만 강하게 남게 된다는 해석이 가능합니다.

열역학 둘째 법칙과 시간의 화살은 우주의 탄생과 관련되어 있습니다. 우주가 탄생할 때 엔트로피가 작은 상태에서 출발했고 증가해 왔습니다. 그런데 놀랍게도 우주가 아직 열평형에 다다르지 않은 이유는 우주가 계속 불어나고 있기 때문입니다. 우주가 만일 멈춰 있었다면 일찌감치 열평형이 되어서 아무것도 존재할 수 없습니다. 인간 등 생명이 존재하고 별과 은하가 존재한다는 것 자체가 정지우주에서는 있을 수 없는 현상입니다. 다행히 우주가 불어나고 있기 때문에 열죽음이 되지 않을 수 있습니다. 결론적으로 열역학적 화살도 우주론적 화살과 관련된다고 할 수 있네요.

태초에 우주가 대폭발을 통해 탄생했는데 스스로 지켜야 할 규칙, 물리법칙이라고 표현하는 규칙을 선택했습니다. 왜 하필이면 뉴턴의 운동방정식이나 슈뢰딩거방정식인지 알 수 없지만 하여튼 선택했고, 이에 더해 초기조건도 우주가 결정했습니다. 그리고 시간이 지나면서 이에 따라 우주는 펼쳐지고 있습니다. 그런데 이것을 과연 누가, 왜 선택했는지는 수수께끼지요. 아무튼 우주는 다행히도 엔트로피가 매우 낮은 상태를 초기조건으로 선택했고, 일반상대론의 마당방정식에 따라 계속 불어나고 있기 때문에 현재 우리가 존재할 수 있는 겁니다.

규칙에 대해서 어쩌면 선택의 여지가 없었을지도 모릅니다. 우주에서 가능한 규칙이 사실은 한 가지밖에 없기 때문에 선택의 여지가 없었다는 주장이 있습니다. 앞에서 논의한 '모든 것의 이론'이라고 부르는 것으로서 초끈이론이 그러한 구실을 하리라 여기는 사람들이 제법 많습니다. 몇 해 전에 해외 학술회의에 참석해 초청 강연을 했는데 유명한 물리학자들이 많이 참석했더군요. 노벨상 받은 사람들도 여럿 참석했는데 한 분, 바로 3강에서 소개한 앤더슨의 강연 제목이 "모든 것의 이론은 어떤 한 가지의 이론이라도 될 수 있는가?"였습니다. (이같이 제목이 의문문으로 주어진 언론의 기사나 논문에서 일반적으로 그 답은 부정이라고 하지요. 이를 베터리지의 법칙이라 부르며 물리학에서는 힌클리프의 규칙으로 알려져 있습니다.) 그러니까 모든 것의 이론이라는 것은 과연 어느 한 가지라도 설명할 수 있는 이론이 될지 아니면 아무것도 설명할 수 없는 이론일지를 — 베터리지의 법칙에 의하면 답은 후자이네요 — 역설적으로 표현한 것이지요. 모든 것의 이론을 믿는다면 우주를 기술하는 이론은 한 가지이고 우주가 선택할 수 있는 여지가 없었다고 생각합니다. 그렇다면 초기조건은 어떻게 된 것인지, 우주가 초기조건을 왜 하필 그렇게 결정했는지의 문제가 남습니다. 그런데 우주의 초기조건도 선택의 여지가 없이 둘레가 없는 초기조건으로 정해졌다는 의견이 있습니다. 널리 알려진 호킹의 의견이지요.

글쎄요, 설사 이를 받아들인다 해도 최후의 수수께끼는 남습니다. 만일에 우주의 진화를 결정하는 시간 펼쳐짐을 지배하는 법칙이 하나밖에 없기 때문에 선택할 필요가 없고, 우주의 초기조건도 한 가지라 선택할 필요가 없다고 합시다. 그렇더라도 우주는 왜 존재하는지 질문을 던질 수 있습니다. 존재한다는 것은 번거로운데, 왜 우주가 스스로 존재의 번거로움을 마다하지 않았을까요? 왜 우주가 존재하는지는 진정한 수수께끼라 하지 않을 수 없습니다.

과학이 보여 주는 우주관

자연과학이란 자연을 어떻게 이해하고 해석하느냐 하는 문제를 다룹니다. 그래서 인간은 자연과학을 통해서 자연과 우주를 바라보고 이해하게 되었습니다. 그런데 사실 인간도 자연에 속해 있습니다. 우주의 일부분이지요. 지난 시간에 우주를 공부했는데 인간이란 우주에서 아주 미약하기 짝이 없는, 하찮은 존재 같습니다. 그런데 이같이 미미한 우리가 우주 전체를 이해하려고 노력하고 있고, 제법 잘 해석하고 있으니 놀라운 일입니다.

사실 자연과학이 성립하기 전 고대 세계부터 이런 경향이 있었지요. 인간은 언제나 우주를 이해하려고 노력했고, 이에 따라 인간의 의식 속에 나름대로 우주의 영상이 투영되어 왔다고 할 수 있습니다. 고대 세계에서는 어떤 방식으로 우주를 해석했나요? 우리나라에서 고대 세계하면 어떤 것이 생각납니까? 단군 신화 생각나지 않아요? 서양이라면 그리스 신화가 먼저 생각나겠지요. 고대 세계에서는 우리나라나 그리스뿐 아니라 세계 어느 나라를 봐도 마찬가지입니다. 우주의 모습이 신화라는 방식을 통해 투영되어 있습니다. 한편 현대 세계에서는 자연과학을 통해서 우주를 바라보는데 자연과학은 보통 모형이라는 방식을 가지고 자연을 이해하고 해석합니다.

인간이 우주를 이해하려고 노력해서 우주의 영상이 의식에 투영되면 결국 삶의 방식에 영향을 주게 됩니다. 고대인들은 나름대로 신화라는 방식을 통해서 우주의 영상을 가졌고 그것은 당연히 그 시대에 살던 사람들의 삶에 영향을 주었습니다. 현대도 마찬가지입니다. 자연과학이라는 방식을 통해서 우주를 이해하고 있는 것이 당연히 우리의 삶에 영향을 주기 마련입니다. 신화에서 과학의 시대로 바뀌면서 사실 우리 자신을 포함한 우주 전체에 대한 관념이 크게 바뀌었다고 할 수 있습니다. 그것은 엄청난 관념의 전환이었고, 이러한 방식 자체가 삶에 영향을 준다는 점에서 결국 문화 전체에 커다란 충격을 주었다고 할 수 있습니다. 예를 들어서 고대 세계의 신화로 단군 신화도 있고, 그리스·로마 신화, 이집트 신화도 있고, 구약에 나타난 히브리 신화도 있습니다. 자연현상의 해석에서 이런 신화들과 현대 자연과학의 핵심적 차이는 무엇일까요?

어떤 자연현상을 해석하는 데에 신화에서는 본질적으로 이른바 초자연적 존재가 필요합니다. 성서 같으면 야훼, 그리스 신화에서는 올림포스 신들이지요. 단군 신화를 보더라도 환인이라고 하는 한울 님 등 모두 마찬가지입니다. 그것을 하느님이라고 표현하든, 하나님이 나 둘님, 셋님 또는 여럿님 따위로 부르든 상관이 없지요. 도깨비라 고 표현하든 귀신이라고 표현하든 요정이든 해리포터든 반지의 제왕 이든 하여튼 그런 존재가 필요한 겁니다. 여기서 문제의 핵심은 초자 연적 존재를 인격화한 점입니다. 모든 신화에서 하느님이란 인격신으 로 규정되어 있습니다. 흥미롭게도 인간에 대한 경험과 자연에 대한 경험이 혼재되어 있는 겁니다. 이에 따라 자연현상 자체도 인격화된 과정을 통해서 하나로 통합해 해석하려는 시도가 고대 신화의 경향 이라 할 수 있습니다.

자연과학에서는 이와 달리 자연에 대한 경험과 인간에 대한 경험 을 분리합니다. 다시 말해서 자연에 대한 경험을 인격체에서 해방한 거지요. 자연 자체가 규칙적 질서를 지니므로 우리가 자연을 이해할 수 있다는 기본 전제가 있습니다. 말하자면 자연을 자연 자체로서 해석하는 거지요. 물론 해석은 인간이 하는 것이지만 자연을 이해하 려는 시도 자체가 유사 인격체가 필요한 것은 아닙니다.

그런데 고대 세계에서는 자연은 신비로운 존재였습니다. 옛사람들 은 달을 쳐다보면서 계수나무가 한 그루 있고 토끼가 떡방아를 찧고 있다는 그런 생각을 했지요. 참 신비와 경외의 느낌이 드는데 현대인 은 달을 보면 어떤 생각을 합니까? 토끼와 떡방아 생각하는 사람은 없죠? 여러분은 달을 보면 어떤 느낌이 드나요? 온기가 없고 사막보다도 더 황량한 죽음의 세계, 그렇게 생각합니까? 옛날에는 해를 쳐 다보면 무슨 생각을 했을까요? 그리스에서는 아폴론을 생각했을지 모르겠지만 우리나라에서는 해와 달을 보고 오누이를 생각했겠지요. 호랑이가 쫓아오는 바람에 동아줄을 잡고 올라가서 해님과 달님이 되었지요. 그래서 오빠가 해가 되었어요? 누이동생이 해가 되었어요? 하여튼 그런 이야기는 아름답고 낭만적이네요. 밤하늘의 별을 보면 옛날에는 견우직녀를 생각했어요. 칠월 칠석에 까막까치가 놓아 주 는 다리로 미리내(은하수)를 건너서 1년에 한 번만 만나 애틋한 사 랑을 하는, 뭐 그런 것이 생각났지요. 하기는 내가 학생일 때만 해도 밤하늘을 바라보며 〈별 헤는 밤〉을 보냈고, 별 하나하나에는 추억과 사랑, 쓸쓸함과 동경, 그리고 시가 담겨 있었지요. (이 시를 포함한 시 집 《하늘과 바람과 별과 시》의 윤동주 시인을 그린 송우혜 작가의 《윤동주 평전》을 — 최근에 영화로도 만들어진 — 읽어 보기를 권합 니다.) 그런데 요새는 별을 보면 어떤 생각이 나요? 물리학에 따르면 별은 그냥 불덩어리란 말입니다. 수소가 핵융합 과정을 통해 헬륨이 되면서 질량이 조금 없어지고 그것이 빛에너지 형태로 방출되는 불 덩어리라는데, 아무래도 좀 삭막한 느낌이 들지요.

고대에는 자연현상의 근원 자체가 신들의 영역에 있었기 때문에 자연에 대한 신비와 경이를 가지고 있었습니다. 결국 하느님이 경이 롭고 신비로운 존재라는 거지요. 예컨대 엿새 동안 우주를 창조하고 일곱 번째 날에 쉬었다는 식의 얘기들을 보면, 당시 사람들은 자연 현상을 보고 초자연적 존재에 기인하는 기적이 있다고 생각했습니 다. 하느님이라는 존재 때문에 기적이 가능하고, 그래서 자연계에 경이와 신비가 있었지요.

현대의 자연과학에서는 자연을 해석하는 보편지식 체계, 곧 자연법칙에 반하는 '초자연적' 현상으로서 기적이란 있을 수 없습니다. (만일에 관측된다면 기존 지식 체계에 대한 변칙에 해당합니다. 결국 체계 자체의 수정이 요구되고, 이러한 것들이 쌓이면 이른바 패러다임의 교체가 일어날 수도 있겠지요.) 거꾸로 자연계 자체에 자연법칙이라 부르는 정해진 규칙이 존재한다는 사실이 놀랍습니다. 이것이 자연계에 경이와 신비를 주는 근원이고, 바로 기적이라 할 수 있습니다. 자연이 아무렇게나 멋대로 움직이는 것이 아니라 정해진 규칙을 통해서 놀라운 자연현상이 생겨난다는 사실 자체가 자연계의 경이와 신비를 주는 거지요. 예컨대, 여러 차례 언급했지만, 질서와 혼돈은 서로 배제하는 것이 아니라 변증법적 의미에서 중요하게 동전의 앞뒷면 같은 구실을 합니다. 이런 것들에게서 우리는 자연계의 신비로움과 경이로움을 느낄 수 있습니다. (따라서 '기적'이란 자연법칙을 위배하지 않는 범위에서 일어날 수 있고, 어떤 의미로는 계속 일어나고 있다고 할 수 있겠네요.)

결론적으로 현대에서 우리도 자연계의 경이로움과 신비를 느끼지만 그 근원은 고대인이 느끼는 근원과 완전히 다르다고 할 수 있습니다. 우리가 자연계의 질서를 하나하나 이해하고 이를 통한 자연현상의 해석이 가능해지면서 자연 자체가 경이롭고 신비롭다는 점을 강하게 느끼게 됩니다.

우주의 구조뿐 아니라 기원과 진화, 즉 시간과 공간의 문제와 생명의 존재 양식, 기원과 진화 같은 것들이 현대 과학, 특히 물리학에서 가장 중요한 문제라고 할 수 있습니다. 이 두 가지는 매우 대조적이면서도 중요한 문제들입니다. 전체 우주에서 인간의 위치를 설정함과 동시에 생명에 대한 연구를 통해서 결국은 삶의 의미와 방식에 영향을 주리라 기대합니다.

여러분은 인간으로서 삶의 의미와 방식에 대해 어떻게 배웠나요? 우리나라 중·고등학교 교육과정에는 이러한 주제를 다루는 '도덕'이니 '윤리'니 하는 교과목들이 있지요. 고등학교 때는 윤리, 중학교 때는 도덕이었던 것 같네요. 도덕이 무슨 뜻인가요? 사전에는 '인간으로서 마땅히 지켜야 할 바른 길'이라고 나와 있네요. 그런데 도덕이라는 말은 사실 노자老子에서 나온 겁니다. 노자의 《도덕경》이라는 것 알죠? 인류 최고의 고전이라고 할 수 있습니다. 우리말로 번역된 것도 여러 가지가 있는데 한번 보면 좋겠네요. 무엇보다 좋은 점은 짧다는 겁니다. (그러나 읽는 데 아주 오랜 시간이 걸릴 수 있지요.) 하여튼 도덕이라는 말은 노자에서 나온 건데 그렇다고 도덕 시간에 노자 철학을 배우지는 않았죠? 원래 덕이 먼저고 도가 뒤여서 '덕도'였는데 이를 노자의 주석가로 널리 알려진 왕필王弼이라는 사람이 도덕으로 순서를 바꿨다고 합니다. 그의 도덕경 주석이 지금까지도 최고로 꼽힌다는데, 17살 무렵의 작품이라고 합니다. 우리 같은 보통 사람을 기죽게 만드네요.

한편 윤리란 '인간의 행위 규범' 쯤으로 풀이하는데 ethics를 번역한 것이지요. 그러니 윤리는 서양철학의 개념이고 도덕은 동양사상의 개념입니다. 서로 직접적으로는 관계가 없는 개념이지요. 그런데 윤리 과목을 옛날에는 국민윤리라고 불렀습니다. 어처구니없게도 대학에서 필수과목이었지요. '국민윤리'라는 용어는 우리나라에서 만든 말인데 영문 성적표에는 National Ethics로 표기되더군요. '국가의 윤리'이니 '국민의 윤리'와는 반대의 느낌도 줍니다. 희극적으로 느껴지지만 비극적인 시절이었는데, 그리 오래되지도 않았습니다. 군사독재 시대가 그렇게 오래전이 아닌데 … 더욱이 21세기에서는 친일 부역과 군사독재의 잔재가 불씨가 되어 민주주의 탄압의 망령이 되살아나는 것이 아닌지 우려도 들었습니다. 특히 2016년 가을에 희망을 지니고 시작한 촛불 혁명이 결국 배반당한 현실을 보면 참담한 느낌마저 드네요.

우리 자신을 포함해서 전체 우주에 대한 정확하고 타당한 해석과 이해가 가능해지면서 삶의 새로운 의미를 추구하게 됩니다. 이제는 현대사회의 구성원으로서, 그리고 앞날의 주역으로서 학생들에게 정치적 목적에서 시작했고 '두 문화'의 벽이 느껴지는 '도덕'이니 '윤리'니 하는 교과목 내용보다는 한 차원 높은 삶의 의미와 방식을 성찰하도록 해야 하지 않을까요. 이를 위해서는 먼저 원래의 의미에서 '철학' 교과목으로 바꾸는 편이 좋을 듯합니다. 특히 자연과학과 유리되지 않고 합리적 과학 정신, 곧 과학적 사고에 바탕을 두어 자연과학의 호소에 귀를 기울여야 할 것입니다.

7부

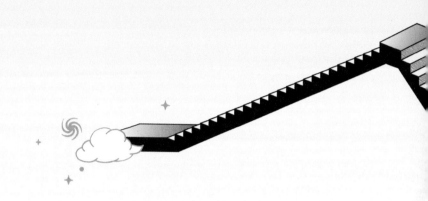

복잡계와 통합적 사고

24강
복잡성과 고비성

　인간이 자연을 해석한다는 본질에 비춰 볼 때 자연과학에서 가장 흥미롭고 핵심적인 주제는 아마도 우주와 생명이 아닐까 합니다. 지난 강의에서는 우주에 대해 논의했으니 생명현상을 살펴보면 좋겠지요. 그런데 생명이란 참으로 복잡하고 이해하기 어려운 현상입니다. 어떤 면에서는 우주보다 더 어렵다고 할 수 있고, 이 물리학 강의에서 다루기는 어려우니 다음 기회에 논의하기로 하지요. 한편 최근에 물리학에서 중요하게 떠오른 주제로 복잡계가 있는데 이는 물리학, 곧 보편지식 체계의 관점에서 생명을 다루는 패러다임이라 할 수 있습니다. 이번 강의에서는 복잡계를 살펴보기로 하겠습니다.

　앞에서 배운 내용에서 관련된 부분을 간단히 되새겨 볼까요. 자연현상을 기술하는 기본 방법을 동역학이라 하는데, 물리학에서는 이를 이용해서 대체로 간단한 계만 다뤘습니다. 예를 들어서 공을 던지면 어떻게 날아가는지, 지구가 태양 주위를 어떻게 도는지, 수소 원자의 구조가 어떻게 되어 있는지, 당구를 칠 때 당구공이 어떻게 움직이는지 따위의 비교적 간단한 대상들이지요. 그런 것들은 일반적으로 질서를 보이는데, 질서란 결정론에 따라 기술되므로 예측할 수 있는 현상에 해당합니다. 공을 던질 때 초기조건을 정확히 주면 공이 포물선을 그리면서 어디에 떨어질지 정확하게 예측할 수 있다는 말입니다. 그러한 현상을 보편지식으로 체계화해 표현한 진술이 물리법칙이지요. 고전역학에서 뉴턴의 운동법칙이나 양자역학에서 슈뢰딩거방정식 같은 체계를 말합니다.

또한 우리는 혼돈이라는 현상도 배웠습니다. 간단한 계인데도 불구하고 혼돈스럽고 복잡하며 무질서해 보이는 그런 거동이 나타날 수 있음을 지적했지요. 예를 들어 주사위를 던졌을 때 움직임은 공을 던졌을 때와 마찬가지로 고전역학, 구체적으로 뉴턴의 운동법칙으로 기술되므로 결정론에 따른다고 할 수 있습니다. 따라서 초기조건만 정확히 정해지면 결과도 결정되어 있는데, 실제로는 결과를 예측할 수 없습니다. 초기조건을 아주 조금만 바꿔도 결과는 완전히 달라지기 때문입니다. 이런 현상을 혼돈이라고 불렀고, 이 때문에 일기예보가 어렵다는 사실을 알고 있지요. 이런 현상을 다루는 방법을 비선형동역학이라고 부르는데, 이것도 기본적으로는 동역학이고 고전역학에 속한다고 할 수 있습니다. 다만 비선형계, 특히 혼돈과 관련된 현상을 주로 다룬다는 것을 강조하는 용어지요.

그런데 우리가 실제로 경험하는 모든 대상은 엄밀하게 말해서 구성원이 매우 많은 이른바 뭇알갱이계입니다. 5부에서 다뤘지요. 예를 들어 이런 지우개를 생각해 봅시다. 지우개를 던져서 그 움직임을 이해하려면 전체를 하나의 대상, '알갱이'로 보고 고전역학으로 기술하면 됩니다. 그러나 지우개의 빛깔, 단단한 정도 등을 알려면 이걸 구성하고 있는 분자의 수준에서 생각해야 합니다. 현실에서 우리가 감각기관으로 감지할 수 있는 모든 대상은 엄청나게 많은 구성원들 — 일반적으로 분자들이나 원자들 — 로 이뤄져 있습니다. 지우개도 마찬가지로 이러한 뭇알갱이계지요.

뭇알갱이계에서 구성원들이 교실에 있는 사관생도들처럼 질서 정연하게 앉아 있으면 고체가 됩니다. 정돈되어 있고 질서가 있는데, 수학적으로는 대칭성이 깨졌다고 합니다. (정확히 말하면 대칭성 중에서 일부가 깨진 것이고 부분 대칭성은 남아 있게 됩니다.) 반면에 쉬는 시간에 초등학생들처럼 구성원들이 일어나서 마구 움직이고 돌아다니고 뛰어다니며 난리를 친다면 대칭성을 온전히 지닌 경우로서 정돈되지 않은 기체나 액체 상태에 해당합니다. 물질에서 대칭성이 깨져서 질서 정연해지는 현상을 상전이라고 불렀지요. (전문적인 내용이지만 대칭성이 깨지지 않아도 이른바 위상수학과 관련해서 상전이가 일어날 수 있습니다. 2016년 노벨상은 이러한 위상수학적 상전이를 비롯한 위상수학적 성질에 관한 업적으로 따울레스를 비롯한 세 사람에게 주어졌습니다. 여러 해가 지났지만 따울레스와 공동연구를 수행한 기억이 새롭네요.) 예컨대 물이 얼어서 얼음이 되는 상전이 현상은 구성 분자 하나하나와는 직접 관련이 없습니다. 이것은 많은 수의 분자가 모여서 그들 사이의 상호작용을 통해 전체 집단의 성질을 만들어 내는 겁니다. 분자 하나하나하고는 관련이 없는 집단성질이 이른바 협동현상으로 새롭게 생겨나고, 이를 떠오름이라 부른다고 앞에서 소개했지요.

협동현상으로 떠오르는 궁극의 집단성질은 무엇일까요? 아마도 생명일 겁니다. 예컨대 세포는 매우 많은 수의 분자들로 이뤄져 있습니다. 물과 무기물, 그리고 흰자질을 비롯해서 핵산, 지질 따위의 생체분자들이 있지요. 그런데 이러한 구성원들은 비교적 커다란 분자일뿐이고, 자체로서 생명처럼 특이한 성질이 있지는 않습니다. 그런데이들이 많은 수가 모여서 세포라는 뭇알갱이계를 형성하면 지극히놀라운 협동현상을 보여서 생명이라는 신비로운 집단성질이 떠오릅니다.

한편 사회는 개인이라는 구성원으로 이뤄진 뭇알갱이계라고 볼 수있습니다. 그러면 역시 구성원들 사이의 협동현상으로 희한한 집단성질이 떠오를 수 있지요. 앞서 언급한 '붉은악마'를 예로 들 수 있을듯합니다. 2002년 월드컵 축구 대회 때 시청 앞, 광화문에서 몇십만명이 모여서 난리가 났잖아요. 구성원 하나하나와는 직접 관계가 없는 특이한 집단성질이 떠오른 겁니다. 요새는 볼 수 없지만 혹시 동맹휴업이라는 것을 들어 본 적 있어요? 학생들이 모여서 강의를 거부할까 말까 결정합니다. 보통 강의하는 교수가 미워서 그런 것은 아니고 불합리한 사회 상황에 대한 항의의 표시로 동맹휴업하는 경우가 있었어요. 글쎄요, 실제로는 교수가 싫어서 그럴지도 모르지만 말이지요. (사실 교수도 강의 안 하면 편하고 좋아요.) 1960년대부터 1980년대에 이르는 군사독재 정권 시절에 그런 일이 여러 번 있었습니다. 아무튼 동맹휴업을 할지 말지에 대해 각 사람의 의견이 있을 텐데 전체가 모여서 논의하면 그와 다르게 결정되는 경우가 많습니다. 혁명이 일어나는 것도 어떻게 보면 구성원 사이의 협동성으로 집단성질이 떠오르는 것으로 해석할 수 있습니다. (우리 사회에서 촛불혁명이야말로 집단성질의 떠오름 현상을 화려하게 보여 준 놀라운 보기라 할 수 있을 듯합니다. 사회과학뿐 아니라 물리학의 관점에서도 매우 흥미로운 현상이라 하지 않을 수 없네요.)

이러한 현상들은 강한 의미의 환원론이 타당하지 않음을 분명히 보여 줍니다. 환원론에서는 전체는 부분의 합이라는 관점을 받아들입니다. 부분을 알면 전체를 알 수 있다는 주장이 환원론의 기본 전제인데, 협동현상으로 생기는 떠오름은 이러한 전제가 타당하지 않음을 보여 줍니다. 다시 말해서 우리가 아무리 구성원 하나하나에 대해 잘 알아도 구성원이 모여서 뭇알갱이계를 이뤘을 때 어떤 집단성질이 '떠오를지' 알 수 없는 겁니다. 이는 환원론의 문제점을 명백히 보여 줍니다. 앞에서 앤더슨은 이것을 "더 많으면 다르다"고 표현했지요. 그러나 물론 환원론이 모두 잘못되었다는 뜻은 아닙니다. 사실은 어떤 관점에서 보느냐에 따라서 환원론을 몇 가지로 구분할 필요가 있습니다. 여기서는 인식에 관련해 강한 의미의 환원론이 타당하지 않다는 사실을 보여 주는 거지요.

복잡성

지금까지 대체로 질서와 무질서를 대비시켰지만 실제로 자연에는 완전히 질서 정연하지도 완전히 무질서하지도 않은 현상도 많습니다. 일상의 예로서 주위의 경관을 들 수 있습니다. 여러분이 오늘 이렇게 다 학교에 왔는데, 집에서 학교로 오는 길을 잃지 않았죠? 어떻게 해서 길을 잃지 않을까요? 자연의 한 가지 성격이 여기 있습니다. 만약에 집에서 학교까지 오는 길이 완전히 무질서하다면 어떨까요? 모든 것이 뒤죽박죽 섞여 있으면 길을 구분할 수 없을 겁니다. 학교 가는 길이 어느 쪽인지 구분해서 알 방법이 없지요. 반면에 길과 주변이 완벽하게 질서 정연하다면 어떨까요? 갈림길도, 건물도, 모든 것이 다 똑같습니다. 그러면 마찬가지로 어디가 어디인지 구분할 수 없겠지요. 여러분이 집에서 학교로 오는 길을 잃지 않는 이유는 그것이 완전히 질서 정연하지도 않고 완전히 무질서하지도 않기 때문입니다. 이른바 변이성이 크다는 점이 핵심입니다. 완전히 무질서하거나 완전히 질서정연하다면 더는 변이의 가능성이 없습니다. 거기서 끝인 거지요. 중간적인 경우에 변이성이 많고, 이를 '복잡하다'고 합니다.

언뜻 생각하면 뭔가 질서 정연하면 간단한 것이고 무질서하면 복잡한 것 같지만 사실은 그렇지 않습니다. 완전히 무질서하면 간단한 것이고 이해하기 쉽습니다. 예를 들어, 던졌을 때 언제나 1만 나오는 주사위를 생각해 보지요. 이런 주사위는 질서 정연한 결과를 줍니다. 5부에서 배운 엔트로피 기억하나요? 언제나 1만 나오면 엔트로피가 얼마인 거죠? 상태 i의 확률이 $p_i = \delta_{i1}$로 주어지므로 가질 수 있는 상태, 이른바 접근가능상태가 하나밖에 없어서 $W = 1$이고 엔트로피는 $S = \log W = 0$이 됩니다. 하나의 상태로 정해졌으니 정보는 완벽하고, 간단한 경우지요. 반면에 제대로 만든 주사위라서 1부터 6까지 나올 확률이 모두 같다고($p_i = W^{-1}$) 합시다. 이것은 가장 무질서한 상태에 해당하며, $W = 6$으로서 엔트로피는 최대값인 $\log 6$이 됩니다. 이것도 역시 간단한 경우지요. 이러한 주사위를 6000번 던진다면 1에서 6까지 각 수가 대략 1000번씩 나오게 됩니다. 이해하기 쉽네요.

그런데 주사위를 아무렇게나 만들어서 1에서 6까지 각 수가 나오는 확률이 똑같지 않고, 그렇다고 언제나 1만 나오는 것도 아니라고 합시다. 그중에 어떤 수는 조금 더 많이 나오고 어떤 수는 조금 더 적게 나오는 등 확률의 분포가 어느 하나의 수, 예컨대 1에만 몰려 있거나 반대로 모든 수에 똑같이 고르지도 않다면 간단히 이해하기 어렵습니다. 이같이 완전히 질서 정연하지도 않고 완전히 무질서하지도 않은 경우를 복잡하다고 말합니다. (이를 영어로는 complex라 표현하며 무질서 따위의 '단순한' 복잡함이나 번거로움을 나타내는 번잡complicated과 구분하기도 하지요.) 실제로 자연에는 완전히 무질서하지도 않고 완전히 질서 정연하지도 않아서 복잡성을 보이는 현상이 도처에서 나타납니다.

복잡성이란 또한 '복잡한' 짜임새와 관련해서 (대상의 관점에서) 많은 정보량을 품고 있다고 할 수도 있습니다. (따라서 대부분 이른바 '큰자료big data'를 품고 있는 셈이지요.) 사실 복잡성을 엄밀하게 정의하기는 어렵습니다. 다수가 동의하는 복잡성의 적절한 척도도 아직 없어요. 다소 전문적인 내용이지만 수학적으로 복잡성은 기술하거나 만들어 내기 어려움을 일컬으며 이에 따라 콜모고로프 복잡성 또는 풀이법복잡성이나 계산복잡성을 정의합니다. 그러나 이는 미시적 관점의 동역학 기술에 관련된 성질로서 거시적 기술에 결부된 확률공간, 곧 관측자에 대한 의존성과 떠오름에 따른 계층성을 고려하지 않았고, 따라서 뭇알갱이계가 보여 주는 자연현상의 복잡성을 나타내기에 적절하지 않습니다. (일반적으로 정보엔트로피는 풀이법 복잡성의 위쪽 한계에 해당하지요.) 이 강의에서는 엄밀하지 않지만 '커다란 변이성'의 뜻으로 쓰기로 하겠습니다.

복잡성에서 질서와 무질서의 사이라는 특성을 우리말로 고비성이라고 하고 한자어로는 임계성이라 부릅니다. 보통 주어진 물리량 x가 먹법칙(거듭제곱법칙)을 따라 분포하는 경우, 곧 먹함수 꼴의 분포함수 를 보이는 경우가 고비성에 해당합니다. (여기서 먹법칙 지수 a는 양 $P(x) \propto x^{-\alpha}$의 상수인데 대체로 1에 비해서 너무 크지 않은 값을 가집니다.) 이러한 경우에 눈금을 바꿔서 x에 임의의 상수를 곱해도 분포가 바뀌지 않으므로 눈금불변성을 가진다고 말하며 이는 x의 특징적인 값, 이른바 특성크기가 존재하지 않음을 뜻합니다. 27강에서 다시 설명하겠지만 이러한 먹법칙분포의 보기로서 소득의 분포에 대한 파레토의 법칙과 글에 나오는 낱말의 빈도에 대한 지프의 법칙이 널리 알려져 있습니다. 또한 지진의 규모(진도), 도시의 크기 분포, 강수량, 알갱이의 크기, 생물 분류군에서 종의 수 따위 다양한 분포가 이러한 먹법칙을 보이지요.

자연에서 이러한 고비성은 공간에서 나타나기도 하고 시간에서도 볼 수 있습니다. 이제 공간과 시간에서 고비성이 나타나는 양상을 살펴보기로 하겠습니다.

공간에서의 고비성: 쪽거리

공간에서 고비성질을 나타내는 전형적 구조로 쪽거리를 들 수 있습니다. 쪽거리는 크게 확대해도, 곧 눈금을 바꿔도 같은 모양을 보이는 이른바 스스로 닮은 구조를 지닌 대상을 가리킵니다. 이상적인 쪽거리의 간단한 보기로 코흐 곡선과 시에르핀스키 삼각형을 그림 24-1에 보였습니다.

구조적 형태가 눈금의 크기에 무관하다는 것은 그 구조의 특성을 나타내는 특성길이가 존재하지 않고, 두 지점 사이의 상관관계가 거리에 따라 대수적으로algebraically 감소하는 멱함수 형태를 보임을 뜻합니다. 이러한 경우에 그 구조는 눈금불변성을 가지며 이것이 바로 공간에서의 고비성을 나타냅니다. 보통 상관관계는 거리에 지수함수 형태로 의존하며 따라서 거리가 멀어지면 급격히 감소합니다. 이에 반해 고비성을 지닌 계의 경

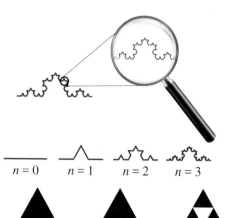

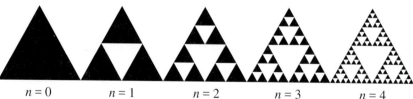

그림 24-1: 코흐 곡선과 시에르핀스키 삼각형. 쪽거리 구조를 구성해 가는 단계 n이 커지면서 스스로 닮은 구조가 나타납니다.

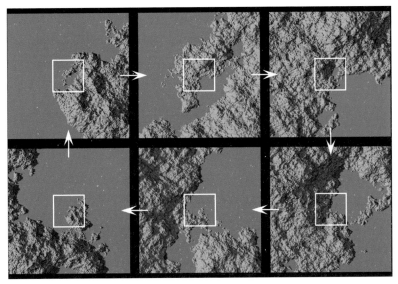

그림 24-2: 쪽거리 해안선.

우에는 상관관계가 거리에 따라 급격히 감소하지 않고 멀리까지 미치므로 서로 멀리 떨어진 구성원끼리도 강하게 연관되어 있지요. 이 때문에 한곳의 작은 변화가 계의 온 곳에 영향을 미치게 되고, 결국 계는 커다란 변이성, 곧 복잡성을 보이게 됩니다.

현실에서 이러한 쪽거리의 보기로는 우리나라 남서해안의 해안선, 구름의 모양, 산의 모양, 자연경관, 번개 치는 모양, 은하의 분포, 핵산의 구조, 단백질의 구조, 두뇌에서 신경세포들의 얼개, 도시가 자라는 모양, 교통의 흐름 같은 것들을 들 수 있습니다.

그림 24-2는 해안선을 보여 줍니다. 파란 부분이 바다인데 위의 왼쪽 그림을 보면 가운데 조그마한 반도가 하나 있죠? 하얀 선의 네모로 표시했는데 이를 확대해서 화살표를 따라 오른쪽 그림에 나타냈

습니다. 반도가 크게 보이네요. 그런데 반도 남동쪽에 만이 있는데
이걸 또 확대해서 화살표를 따라 옆 그림에 나타냈습니다. 만이 크
게 보이고 가운데 조그마한 호수가 하나 있네요. 이 호수를 확대해
서 화살표를 따라 아래 그림에 보였습니다. 호수가 크게 보이는데 석
호인 듯하네요. 우리나라 속초에 널리 알려진 석호가 둘 있었죠? 청
초호와 영랑호로, 아름다웠는데 여러 해 전에 가 보니 안타깝게도
시궁창처럼 되어 버렸더군요. 다행히 요새는 많이 나아진 듯합니다.
아무튼 석호를 확대해 보니 그 안에 조그마한 반도가 하나 있네요.
요걸 또 확대했더니 반도가 커졌지요. 반도의 부분을 다시 확대했더
니 조그만 반도가 또 있는 것이 보입니다. 그런데 처음 시작한 그림
으로 다시 돌아왔어요. 끝없이 돌게 됩니다. 공간에서 스스로 닮음

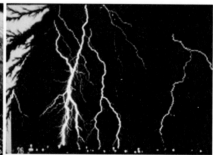

그림 24-3: 히말라야.
그림 24-4: 번개.
그림 24-5: 브로콜리 로마네스코.

구조를 지닌 쪽거리네요.

그런데 이러한 해안선 그림에서는 눈금이 얼마인지 알 수 없습니다. 예컨대 위의 왼쪽 그림에서 반도를 표시한 네모의 한 변 길이가 10미터인지, 1킬로미터인지, 100킬로미터인지 알 수가 없지요. 왜냐하면 점점 확대하면 다시 돌아오니까 주어진 그림이 어떤 단계인지 알 수 없기 때문이지요. 우리나라 남서해안에 이렇게 복잡한 해안선의 지도를 보면 그 눈금이 어느 크기인지 해안선만 봐서는 알 수 없습니다. 이러한 성질이 바로 눈금불변성이지요.

그림 24-3은 인공위성에서 찍은 히말라야 빙하의 모습인데, 이것도 역시 어느 한 부분을 확대해 보면 전체 모양이 비슷하게 들어 있지요. 그림 24-4는 번개의 사진입니다. 이것 역시 한 부분을 확대해 보면 전체 모양이 다시 들어 있네요. 그림 24-5는 브로콜리의 한 품종입니다. 튀어나온 돌기 하나를 떼어 내어 확대해 보면 전체 모양을 다시 볼 수 있어요. 자연은 할 수 있는 것은 잘 이용하지요. 그 밖에도 콩팥의 세뇨관이나 허파꽈리, 물건이 찢어지는 모양, 눈송이, 달의 분화구 등에서 스스로 닮은꼴이 알려져 있습니다.

그림 24-6은 우리 두뇌 피질의 조직으로 신경세포들이 모인 신경그물얼개를 보여 줍니다. 신경세포는 세포체와 축색돌기라고 부르는 긴 줄기로 되어 있고, 축색돌기의 끝은 시냅스를 통해

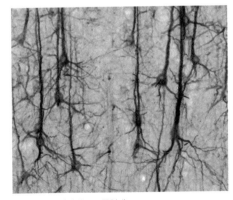

그림 24-6: 신경세포 그물얼개.

다른 신경세포와 연결되어 있습니다. 세포체에는 나뭇가지 형태의 돌기로 많이 갈래가 쳐 있는데 그들은 다른 신경세포들과 시냅스로 연결되어 있지요. 그래서 신경세포들은 매우 많은 수가 복잡하게 그물얼개를 이루며 얽혀 있습니다. 우리 두뇌에는 신경세포가 몇 개쯤 있는지 알아요? 대략 수백억에서 천억 개 정도라고 하며, 각 세포는 평균적으로 수만 개가량의 다른 세포들과 연결되어 있다고 하지요. 아무튼 신경세포들이 복잡하게 다른 세포들과 연결되어 있는 그물얼개도 어느 정도 스스로 닮은 쪽거리 구조를 가지고 있습니다.

앞에서 공간의 차원에 대해 논의했지요. 선이라는 대상은 1차원, 면은 2차원, 공간은 3차원, 그리고 상대론에서 시공간은 4차원임을 알고 있어요. 그런데 쪽거리라는 대상은 놀랍게도 차원이 자연수가 아니라 일반적으로 소수입니다. 예컨대 1.5차원이나 2.3차원일 수 있습니다. 그러니까 남서해안선처럼 쪽거리 해안선은 어떤 눈금의 자로 재는지에 따라 길이가 다릅니다. 사실 세밀한 자로 잴수록 길이가 길어지게 되지요. 이러한 쪽거리 선은 물론 면은 아니므로 2차원보다 작지만 보통의 선과 달라서 1차원보다는 크다고 할 수 있습니다. 자세한 논의는 하지 않겠지만 차원이란 대체로 길이가 2배가 될 때 양이 몇 배로 늘어나는지에 따라 정의할 수 있습니다. 면의 넓이는 네 배, 곧 2^2으로 늘어나므로 2차원이고 공간의 부피는 여덟 배, 곧 2^3으로 늘어나니까 3차원이지요. 일반적으로 d차원에서는 2^d로 늘어나는데 쪽거리에서는 d가 소수로 주어집니다.

예로서 고양이의 시각피질에서 신경세포들로 이뤄진 신경그물얼개는 1.7차원이라고 알려져 있습니다. 그런데 시험관에서 인공수정

을 통해 고양이를 만들면 시각피질의 신경그물얼개의 차원이 1.4 정
도로 줄어든다고 합니다. 자연스러운 상태보다는 발달이 떨어진다는
뜻이겠지요. 아무래도 인공적 조작은 자연과 똑같기 어렵고, 어쩌면
위험할 수도 있음을 암시하는 것이 아닐까요?

유전정보를 가지고 있는 디옥시리보핵산DNA은 세포핵의 염색체에
있다는 것 모두 알죠? 염색체에서 디엔에이를 어떻게 꾸리고 있는지
그림 24-7에 보였습니다. 왼쪽 아래에 염색체가 있지요. 그 일부를
확대해 보면 디엔에이가 똘똘 말려 있는데, 그 말려 있는 뭉치를 확
대해 보면 그 부분 부분이 또 똘똘 말려 있네요. 똘똘 말고, 또 말고,
또 말고, 계속되어서 스스로 닮은 쪽거리 구조를 가지고 있습니다.

사람의 세포 하나의 크기가 얼마쯤 되죠? 대략 10^{-5} 미터, 그러니

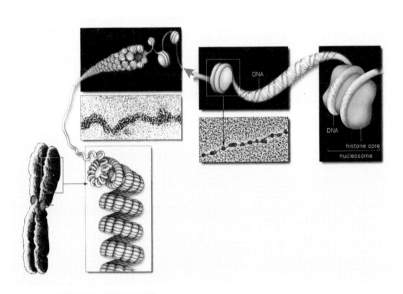

그림 24-7: 염색체에서 디엔에이 꾸리기.

까 0.01밀리미터 또는 10마이크로미터 정도인가요? 그 안에 세포핵은 그것의 10분의 1이고, 세포핵 안에 염색체는 훨씬 작아서 10억분의 1미터밖에 되지 않습니다. 그런데 그 염색체 안에 들어 있는 디엔에이를 쫙 풀면 놀랍게도 1.8미터가 됩니다. 이 정도 길지 않으면 우리 몸의 정보를 다 넣을 수 없겠지요. 이를 무려 10억분의 1로 줄여서 집어넣으려면 이렇게 스스로 닮은 쪽거리 구조를 가질 수밖에 없겠어요. 그리고 이는 사실 디엔에이와 실패 구실을 하는 흰자질 사이의 전기력 때문에 가능합니다. 미묘한 생명현상도 결국 물리법칙을 따라 짜여 있네요.

디엔에이는 정보를 어떻게 저장하고 있죠? 디엔에이는 A, C, T, G로 표시하는 아데닌, 시토신, 티민, 구아닌의 네 가지 염기로 이뤄져 있습니다. 그 네 가지가 어떤 순서로 배열되어 있는지에 따라서 정보가 정해집니다. 진법이라는 것 다 배웠죠? 우리가 일상에서 쓰는 것은 10진법입니다. 왜 하필 10진법을 쓰겠습니까? 글쎄요, 아마도 우리 손가락이 10개라서 그런 것인지도 모르겠습니다. 열 손가락 다 세면 하나 올라가게 되니까요. 원리적으로 더 편리한 것은 2진법이지요. 간단히 2개만 가지고 모두 표현할 수 있으니까요. 그래서 컴퓨터에서는 2진법을 씁니다. 그런데 생체계에서는 디엔에이에 정보를 저장할 때 A, C, T, G를 가지고 4진법을 씁니다. 한편 흰자질은 20가지의 아미노산을 적절한 순서로 연결해서 만들어지니 20진법을 쓰는 셈이지요.

디엔에이에서는 이 네 가지 염기가 어떤 순서로 배열되는지에 따라 여러 가지 정보를 저장합니다. 당연한 얘기지만 그것을 규칙적으로 배열하면 별 의미가 없습 니다. 저장된 정보는 매우 빈 약한 것이지요. 대신에 마구 잡이로 배열해도 의미가 없 고 적절히 복잡하게 배열해 야 많은 정보를 저장할 수 있 습니다. 네 가지 염기를 평면 에서 네 방향에 대응시키면 디엔에이의 염기 서열을 평면

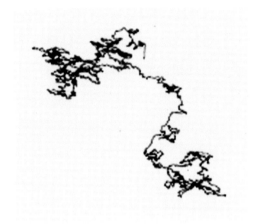

그림 24-8: 디엔에이 걷기.

에서 걷기로 나타낼 수 있습니다. 그림 24-8은 이러한 방법으로 박 테리아의 염기 서열을 걷기로 나타낸 것인데 복잡하네요. 한 부분을 확대해 보면 전체 모양이 비슷하게 나타나는 스스로 닮은꼴을 보이 지요. (이른바 번잡이 아니라 복잡입니다.) 차원이 1.5에서 1.7인 쪽 거리라고 할 수 있습니다. 아무튼 많은 정보를 저장하려면 복잡해야 한다는 이야기입니다.

그 밖에 사회현상에서 스스로 닮은 쪽거리 구조를 보이는 예로서 도시가 자라는 모습이 알려져 있습니다. 대도시에서 시가지가 자라 는 모습에서 한 부분을 확대해 보면 대략 전체 모양이 들어 있다는 말이지요.

시간에서의 고비성: $1/f$ 신호

공간에서의 복잡성으로서 스스로 닮은 쪽거리를 살펴봤는데 시간

에 대한 복잡성도 생각할 수 있습니다. 일반적으로 시간에 따라 변하는 신호는 여러 진동수나 파길이가 섞여 있습니다. 예를 들어 햇빛을 프리즘에 지나가게 하면 '빨주노초파남보'의 무지개 빛깔로 나뉩니다. 이같이 각 진동수 성분으로 나누는 것을 빛띠 분석이라고 부릅니다. 각 빛깔은 주어진 파길이 λ나 진동수 f를 지닌 성분에 해당하지요. 파길이는 빨강이 가장 길고 보라가 가장 짧으며, 진동수로는 빨강이 가장 낮고 보라가 가장 높습니다. 다른 신호도 마찬가지로 여러 진동수나 파길이 성분이 섞여 있지요. 여러분이 듣고 있는 내 말도 여러 진동수의 성분이 섞여서 신호를 만듭니다. (일반적으로 이러한 신호는 진동수 성분으로 나누어 그들의 합으로 나타낼 수 있습니다. 수학적으로 푸리에변환에 해당하지요. 여기서 각 항의 곁수, 곧 성분의 너비를 제곱한 양을 진동수의 함수로 보아 일률빛띠라 부릅니다.)

진동수 성분이 하나인 홑진동수 신호는 시간 t에 대해 삼각함수 꼴로 변해 갑니다. (이 경우 일률빛띠는 그 진동수에서만 0이 아닌 값을 가지고 다른 진동수에서는 모두 0이 됩니다.) 그림 24-9에서 보듯이 $\sin 2\pi ft$나 $\cos 2\pi ft$ 같이 매끈한 삼각함수가 되지요. 노란빛이나 파란빛 따위의 홑빛깔빛(단색광)에 해당합니다. 소리도 마찬가지로서 진동수가 하나로 주어진 소리인데 홑소리깔이라고 해야 할까요? 이러한 소리 들어 봤습니까? 어떻게 들릴까요? 혹시 소리굽쇠를 가지고 장난해 본 적이 있나요? 소리굽쇠를 칠 때 내는 소리가 비교적 홑진동수 소리에 가까워요. 그런데 소리굽쇠 소리를 들으면 어떤 기분이 들어요? 사실 그리 기분 좋게 들리지 않습니다. 왜냐하면 너무 단조롭기 때문입니다. 이 소리만 계속 들으면 지겹지요.

반대로 모든 진동수 성분이 고르게 섞여 있다면 — 일률빛띠가 진동수에 대해 일정한 상수 — 다시 말해서 빛의 경우에 모든 빛깔이 고르게 섞여 있다면 어떻게 보이겠어요? 하얀빛(백색광)이 됩니다. 하양이란 사실 빛깔이 아니라 빛깔이 없는 거지요. 햇빛은 노란빛이 강한 편이지만 여러 빛깔이 섞여 있어서 그런대로 하얀빛으로 여길 수 있습니다. 빛 대신에 소리의 경우는 어떨까요? 하얀빛처럼 여러 진동수 성분이 고르게 섞여 있으면 하얀소리라 부를 수 있겠지요. 이러한 하얀 신호가 시간에 따라 어떻게 변해 가는지를 그림 24-10 에 보였습니다. 완전히 무질서한 마구잡이로 보이지요. 이 신호가 빛이라면 희게 보입니다. 소리라면 어떻게 들릴까요? 완전히 시끄러운 소음으로 듣기가 괴로울 겁니다.

그런데 많은 경우에 주어진 신호를 빛띠 분석을 해 보면 모든 진동수 성분이 고르게 섞여 있지는 않습니다. 대체로 진동수가 낮은 성분이 많고, 높은 성분이 적은데, 특히 성분의 세기가 진동수 f에

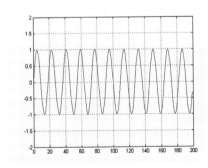 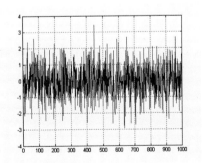

그림 24-9: 홑진동수 신호(왼쪽).
그림 24-10: 하얀 신호(오른쪽).

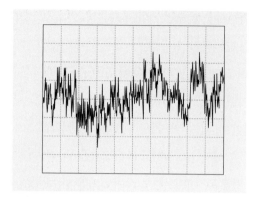

그림 24-11: 1/ƒ 신호.

대략 반비례하는 신호를 $1/f$ 신호라고 하지요. (식으로 표현하면 일률빛띠가 진동수에 $S(f) \sim f^{-a}$ 꼴로 주어지며 지수 $a \approx 1$, 더 정확히는 $0 < a < 2$인 경우를 뜻합니다.) 이러한 신호는 홑진동수 신호처럼 질서정연하지 않고 하얀 신호처럼 완전히 무질서한 마구잡이도 아닙니다. 시간에 따라 어떻게 변하는지 그림 24-11에 보였습니다. 이러한 신호는 확대해 보면 원래 모습이 비슷하게 다시 나타납니다. 이른바 시간에 대해 눈금불변성을 지녔지요. 이런 소리는 어떻게 들릴까요?

그림 24-9의 홑진동수 소리는 질서 정연한데 단조롭고, 그림 24-10의 하얀소리는 완전히 무질서한 마구잡이로서 시끄러운 소음입니다. 그림 24-11의 1/ƒ 소리는 그 중간으로 그럴듯하게 들립니다. 단조롭지 않고 너무 무질서하지도 않으며 적당하게 복잡합니다. 듣기 좋은 소리가 될 수 있지요. 실제로 듣기에 편안한 고전음악은 이렇게 구성된 경우가 많다고 합니다. 특히 서양음악에서 바흐와 베토벤의 음악이 이러한 1/ƒ 신호의 전형을 따른다고 알려져 있지요. 반면에 헤비메탈 같은 음악은 하얀 신호에 가깝습니다. 따라서 음악이라기보다 소음이라고 할 수 있겠네요. 여러분 중에는 그런 음악을 더 좋아하는 학생들이 있겠지요. 이는 취향일 뿐이라고 생각하지만 반드시 그렇지만은 않다고 할 수도 있습니다. 우리의 지각을 고려하

면 대체로 적당한 복잡성을 지닌 $1/f$ 신호 꼴의 음악이 더 자연스럽다고 할 수 있어요. 왜 그런지는 조금 뒤에 언급하기로 하지요. 고전 음악으로 대표되는 소리 외에도 우리 주위에는 $1/f$ 꼴을 보이는 신호가 많이 있습니다. 전기저항에 흐르는 전류라든지 유리, 초전도체, 강물의 흐름, 해의 홍염, 별의 밝기, 중성자별에서 엑스선 방출, 염통의 박동, 두뇌의 뇌전도, 생명의 진화, 고속도로에서 교통 흐름 따위와 주식시세, 때로는 박수갈채에서도 볼 수 있지요.

대체로 우리 염통은 일정하게 규칙적으로 뜁니다. 죽을 때까지 쉬지 않고 피돌기를 위해 펌프질을 합니다. 우리가 80년을 산다면 80년 동안 뛰는 거지요. 자동차는 아무리 곱게 타도 10년이나 20년을 타기 어렵습니다. 그런데 염통은 80년 동안 눈이 오나 비가 오나 잠을 자나 밥을 먹으나 이렇게 말을 할 때나 변함없이 계속 뛰지요. 그런데 앞에서 지적했듯이 건강한 사람의 경우에 대체로 염통의 박동이 정확히 일정하지는 않습니다. 그림 24-12에 염통의 박동 주기가 시간에 따라 조금씩 변하는 양상을 보였습니다. 완전히 일정하지는 않고 조금 빨랐다가 늦었다가 변하므로 여러 진동수 성분을 가지고 있지요. 각 성분의 세기를 살펴보면 대체로 진동수에 반비례해서 역시 $1/f$ 꼴을 얻게 됩니다. 일반적으로 건강한 사람은 염통의

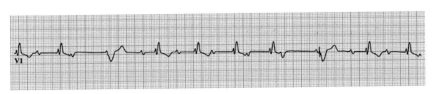

그림 24-12: 시간에 따른 염통 박동 주기의 변화.

박동이 질서 정연하지 않고, 적절한 복잡성을 지닌다고 알려져 있는데 왜 그런지는 흥미로운 문제지요.

이러한 염통의 박동은 본질적으로 전기신호로 조절됩니다. 이를 조사하기 위해 보통 가슴과 팔다리를 포함한 몸에 전극을 붙여서 얻은 전기신호, 이른바 심전도ECG를 분석하지요. 나이가 들면 심전도 검사를 받게 됩니다. 염통이 언제 잘못되어 멎을지 모르니까요. 그런데 염통이 잘못되는 이유도 선천적인 경우도 있지만 대부분은 잘못된 삶의 양식과 관련되어 있습니다.

그림 24-6에서 봤듯이 두뇌란 신경세포들의 집합, 이른바 신경그물얼개라고 할 수 있습니다. 신경세포가 1000억 개가량 모여서 우리의 두뇌가 이뤄지는데, 신경세포도 염통의 박동세포처럼 기본적으로 전기신호로 작동합니다. 우리가 감각을 통해서 지각하고 기억하고 생각하고 정보를 처리하는 과정이 모두 전기신호로 이뤄지지요. 이

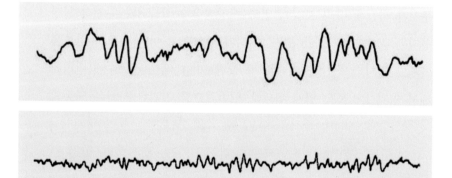

그림 24-13: 깊이 잠든 상태의 뇌전도.
그림 24-14: 빠른 눈운동 상태의 뇌전도.

러한 전기신호는 머리에 전극을 붙여서 재는데 이를 뇌전도라고 합니다. 앞에서 언급했지만 흔히 뇌파라고 부르지요. 뇌전도에는 알파파, 베타파, 델타파, 세타파 따위로 부르는 여러 진동수 성분이 섞여 있습니다. 그림 24-13에서 보듯이 깊이 잠든 사람의 뇌전도는 다소 무질서하게 보이는데 이를 성분별로 빛띠 분석해 보면 여러 성분이 고르게 섞여 있어서 하얀 신호에 가깝습니다.

그런데 잠든 사람을 보면 눈동자가 빠르게 움직이는 경우가 있습니다. 이를 빠른 눈운동REM이라 하는데 이 경우에 뇌전도는 그림 24-14에서처럼 완전히 무질서하게 보이지 않습니다. 빛띠 분석해 보면 각 성분의 세기가 진동수에 대략 반비례해서 역시 $1/f$ 신호라 할 수 있지요. 이러한 빠른 눈운동은 대체로 꿈을 꾸는 경우에 나타난다고 하는데 두뇌에서 정보를 처리하는 과정에 해당한다고 여겨집니다. 정보가 역시 복잡성을 지닌 $1/f$ 신호와 관련됨은 흥미롭네요.

정보와 관련해서 시각에 대해 생각해 보지요. 우리는 감각기관을 통해 외부의 정보를 얻습니다. 우리에게 가장 중요한 감각기관은 아무래도 눈이겠지요. 소리의 지각, 곧 청각은 귀가 맡고, 기계적 압력이나 온도 등의 촉각은 살갗에서 이뤄집니다. 냄새를 맡는 후각, 곧 기체 상태의 물질을 지각하는 것은 코지요. 한편 맛을 보는 미각, 곧 액체 상태의 지각은 혀가 맡습니다. 마찬가지로 눈은 빛을 지각합니다. 어떤 물체를 본다는 것은 그 물체가 낸 빛이라는 신호를 받아서 처리하는 과정을 뜻합니다. 시각이란 맥스웰의 이론에 따르면 전기마당과 자기마당이 서로 결합해 변하면서 퍼져 나가는 현상, 곧 전자기파를 지각하는 것이고, 현대 물리의 관점에서 보면 빛알을 지각하는 거지요. 우리는 일반적으로 시각을 통해서 가장 많은 정보를 얻게 됩니다. 그래서 음악을 들으며 공부할 수는 있어도 텔레비전을 보면서 공부하기는 어렵다고 지적했습니다. 이는 시각을 통해 받아들이는 정보가 워낙 많아서 한꺼번에 정보를 처리하기가 어렵기 때문이지요.

눈의 구조는 사진기와 비슷합니다. 렌즈, 곧 수정체가 앞에 있고 뒤에 필름 대신에 망막이 있어서 상이 맺히고 빛알을 지각하지요. 빛알의 지각은 여러 과정을 거치지만, 흥미로운 점은 어둡고 밝은 명암을 구분할 때 밝기의 절대값을 지각하는 것이 아니라 상대적으로 지각합니다. 구체적으로는 주어진 점의 주위 밝기의 평균을 구하고 이 평균값과 주어진 점의 밝기 차이를 감지합니다. 꼭 이런 식으로 지각해야 할 이유는 없는데 왜 그런지 희한하죠? 그 실마리는 자연경관에서 찾을 수 있을 듯합니다. 예를 들어 숲에서 주위 경관을 보면 밝은 데도 있고 어두운 데도 있지요. 그런데 시야에 들어오는 각 지점마다 밝기를 구해서 그 분포를 만들어 보면 우리 눈과 같은 방식으로 밝기를 감지해야 가장 많은 정보를 얻을 수 있습니다. 그러니까 자연경관에서 최대의 정보를 얻으려면 우리 눈처럼 주위 밝기의 평균값과의 차이를 감지해야 한다는 거지요. 결국 우리의 눈이라는 감각기관은 자연경관에서 최대의 정보를 얻을 수 있도록 진화했다고 할 수 있습니다. 진화란 참 놀랍게 이뤄진 거네요.

그런데 서울의 강남 번화가에 가 보면 뭔가 정신이 없습니다. 여러분도 그래요? 내가 나이가 많고 옛 세대라서 그런지 모르겠는데 아무튼 나가 보면 정신이 없어요. 이는 당연하다고 할 수 있는데, 도시경관의 시야 각 지점 밝기를 분석해 보면, 자연경관과는 상당히 다릅니다. 따라서 도시의 경관에서 많은 정보를 얻어 내는 데는 우리 눈의 인지 방식이 적절하지 않다고 생각할 수 있지요. 이 때문에 번화한 도시경관에서 정보를 얻으려면 시각을 자연스럽지 않게 조절해야 하는데, 이것이 피로감을 빨리 가져오리라 생각합니다.

인간이 계속 도시에서 산다면 아마도 결국 거기에 맞춰지겠지요. 여러분은 도시에 맞도록 이미 진화해서 도시가 편하고, 자연에 들어가면 오히려 불편한가요? 그러나 생명체의 진화는 눈금이 매우 성깁니다. 진화가 하루아침에 이뤄질 수는 없고, 눈금이 수만, 수십만 년은 되지요. 따라서 불과 몇십 년 동안에 바뀔 수는 없으니, 진화의 측면에서는 여러분과 나는 당연히 같은 세대입니다. 그러니 여러분도 나와 마찬가지로 도시에선 뭔가 편하지 않습니다. 단지 아직 젊으니까 견디는 능력이 나보다 낫겠지요. 인간의 진화가 도시에서 정보를 얻기에는 불편하게 되어 있으므로 번화한 도시에서는 정신이 없고 피곤합니다. 자연이 훨씬 더 편안하지요.

음악도 마찬가지입니다. 아까 말했지만 우리의 소리 지각, 곧 청각 능력에 비춰 보면 헤비메탈은 부자연스럽습니다. 이런 음악은 실제로 진동수 성분 구성이 소음에 가깝습니다. 소음을 들으면 기분 좋게 느껴지지 않는데, 이는 소음이 자연스러운 지각의 패턴과 다르기 때문입니다. 한편 바흐, 베토벤, 모차르트 등의 잘 짜인 고전음악을 들으면 대체로 편안해지는데, 이는 우리의 지각 능력과 자연스럽게 잘 맞아서 그렇지 않나 생각합니다. 따라서 고전음악은 수명이 길지요. 바흐나 모차르트의 작품은 몇백 년이 지난 지금까지 변함없이 사랑을 받고 있지만 헤비메탈 같은 음악은 한때 매우 큰 인기를 누렸다 해도, 글쎄요, 대부분 그리 오래가지 못하고 잊혀 가겠지요.

복잡성의 기전

그러면 자연에는 왜 질서 정연하지도 완전히 무질서하지도 않은 복잡한 현상이 흔히 나타날까요? 곧 자연은 왜 복잡할까요? 구체적으로 왜 고비성과 멱법칙분포가 널리 나타날까요? 몇 가지 제안이 있는데 가장 중요하다고 여겨지는 기전은 율 과정과 스스로 짜인 고비성의 두 가지입니다.

율 과정이란 구성원들의 크기가 자라나는 계에서 각 구성원은 그의 현재 크기에 비례하도록 자라나는 과정을 말합니다. (비례상수는 성장인자에 해당합니다.) 큰 구성원은 빨리, 작은 구성원은 느리게 자라나므로 흔히 '부익부 빈익빈' 과정이라고도 부르지요. 원래의 율 과정은 생물의 분류군 분포를 설명하려는 시도로 출발한 것으로서 주어진 속에서 종의 분화가 일어나서 새로운 종을 만들어 내는 과정을 기술합니다. 이 경우에 하나의 속에 속한 종의 수가 멱법칙분포를 이루게 되며, 그 지수는 보통 2보다 큰 값을 가지지요.

이를 확장해서 구성원들이 율 과정으로 자라나거나 또한 쪼개지고 새로운 구성원이 생겨나기도 하는 경우를 으뜸방정식을 써서 일반적으로 기술할 수 있습니다. (전문적인 주제이지만 으뜸방정식에 대해서는 다음 강의에서 간단히 소개하려 합니다.) 이러한 경우에 구성원들의 크기는 일반적으로 비스듬분포를 이루게 됩니다. 비스듬

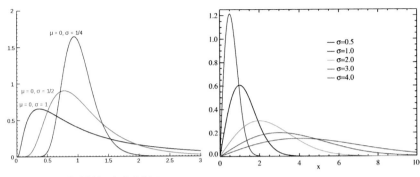

그림 24-15: 로그틀맞춤분포와 베이불분포.

분포란 가우스함수 꼴의 틀맞춤분포(정규분포)처럼 중심에 대해 대칭성을 지니지 않고 보통 작은 크기 쪽으로 치우쳐서 비스듬한 모양의 분포를 뜻합니다. 보기로서 먹법칙분포가 잘 알려져 있지만 현실에서는 먹법칙을 보이는 구간이 제한되어 있고 어림으로만 성립하는 경우가 많습니다. 따라서 먹법칙분포보다 그림 24-15에 보인 로그틀맞춤분포나 베이불분포 따위의 비스듬분포가 더 적절할 수 있지요. (서로 독립적인 마구잡이 과정들이 단순히 더해져서 생겨나는 틀맞춤분포와 달리 비스듬분포는 서로 상관관계가 있는 과정들이 형성하므로 복잡성을 지니게 된다고 할 수 있습니다.) 특히 새로운 구성원이 일정한 크기로 생성되는 경우에는 구성원들의 크기가 먹법칙분포를 이루게 됩니다. 먹법칙의 지수는 자라나는 성장률과 성장인자, 그리고 생성률에 의존해서 넓은 범위의 값을 보이지요. 다른 경우, 예컨대 여러 크기로 생겨나거나 쪼개질 수도 있으면 구성원들의 크기는 로그틀맞춤분포 또는 베이불분포를 이루게 되며, 자연에서 보이는 다양한 고비성을 설명할 수 있습니다. 자세한 사항은 너무 전문적이라 다루지 않겠습니다.

스스로 짜인 고비성은 시간과 공간에서 고비성이 보편적으로 나타나는 이유를 설명하려는 시도로서 제안된 개념입니다. 이에 따르면 복잡성을 지닌 상태는 복잡계의 시간펼침을 기술하는 동역학의 끝개이므로, 복잡계는 처음에 임의로 주어진 상태에서 시간이 충분히 지나면 복잡성을 지닌 상태로 스스로 변화해 갑니다. 이러한 착상은 모래더미의 거동을 설명하려는 모형에서 출발하였습니다. 모래더미에 계속해서 조금씩 모래를 뿌리면 모래더미의 물매가 커지다가 어느 한계에 이르면 무너져 내리므로 더는 커지지 않습니다. 이 경우에 모래더미의 무너짐 크기나 시간 따위가 멱법칙분포를 보일 수 있고 따라서 바로 고비성을 지닌 상태라 할 수 있다는 착상입니다. 그러한 고비 상태를 스스로 찾아갔다는 뜻에서 '스스로 짜인'이라는 표현을 쓰지요. 현실에서 모래더미가 반드시 고비성을 보이는 것은 아니지만 이러한 개념은 해의 불꽃의 크기 및 주기 분포, 산불의 퍼짐, 지진의 크기 및 발생 분포 따위 다양한 자연현상을 설명하는 데 사용되었으며, 특히 화석의 자료에서 지적된 단속평형에 관한 동역학 모형이 스스로 짜인 고비성을 나타낸다는 점은 널리 알려져 있습니다. 이는 다양한 자연현상의 해석에 복잡계 개념이 유용하게 적용된 보기라 할 수 있겠습니다.

하지만 스스로 짜인 고비성은 사실상 개념의 수준이고 고비성에 대한 일반 이론이라 보기는 어렵습니다. 실제로 경우마다 각각 다르게 특정한 모형을 구축해서 분석해야 하며, 고비성을 떠오르게 하는 보편적인 기전은 말해 주지 못합니다. 이에 따라 환경과 정보의 교류

가 고비성의 떠오름에 핵심적 구실을 한다고 제기하였지요. 이를 기
반으로 한 정보교류동역학은 다음 강의에서 소개하겠습니다.

25강
복잡계의 물리

지난 시간에 복잡성이란 무엇인지 간단히 소개하고 공간과 시간에 대해서 복잡하다는 의미와 그 기전을 살펴봤습니다. 복잡성이란 대체로 변이성이 높음을 뜻하는데 질서 정연하거나 완전히 무질서하면 보통 간단하게 이해할 수 있고, 그 사이에 있는 경우가 복잡하다고 지적했습니다. 앞의 경우는 엔트로피가 낮은 상태이고 뒤의 경우가 높은 상태인데, 복잡성이란 엔트로피가 중간쯤 되는 경우에 가장 크다고 할 수 있지요.

공간이나 시간에 대해 질서 정연하면 규칙적 변화를 보이므로 그 현상을 기술하는 신호는 주기적일 겁니다. 반대로 무질서한 경우의 신호는 마구잡이로 나타나겠지요. 이러한 두 극단은 단순한 경우에 해당합니다. 시간에 대한 예로서 소리 신호, 곧 음을 생각했는데, 그것이 질서 정연하면 너무 단순해서 재미가 없고 지겨운 소리가 됩니다. 반대로 너무 무질서하면 소음일 뿐이지요. 음악이 되려면 그 사이에서 적절한 복잡성을 지녀야 합니다. 심전도나 뇌전도 등 생체신호나 자연경관, 그리고 교통 흐름과 주식시세 등의 사회현상도 적절한 복잡성을 보인다고 알려져 있습니다. 공간적으로도 이른바 쪽거리라고 부르는 스스로 닮은 구조가 흔히 나타납니다. 시간이나 공간에서 이러한 복잡성은 일반적으로 정해진 눈금이 없으므로 눈금을 어떻게 잡아도 상관이 없습니다. 곧, 눈금잡기 불변성을 보이는데 이는 이른바 고비성(임계성)의 특성이라 할 수 있습니다.

우리 주위에는 이같이 질서 정연하지도 않고 아주 무질서하지도 않은 '복잡한' 현상이 흔히 나타납니다. 왜 그럴까요? 다시 말해서 왜 자연은 그렇게 복잡한가요? 물리학에서는 이러한 복잡한 현상들에 적용할 수 있는 보편지식 체계, 이론을 구성하려 합니다. 생물학이나 지구과학 같이 특정지식을 추구하는 관점과는 다르게 물리학은 이론과학이므로 전통적 대상뿐 아니라 화학이나 생물학, 지구과학, 공학, 사회과학에서 매우 다양하게 나타나는 복잡한 현상을 해석할 수 있는 보편지식 체계를 구축하려 합니다. 물리학자들은 그러한 꿈을 품고 살지요.

시간과 공간에서 눈금불변성, 곧 고비성이 보편적으로 나타나는 이유를 설명하려는 널리 알려진 시도가 지난 강의에서 소개한 스스로 짜인 고비성입니다. 고비성질을 스스로 짜 나간다는 뜻인데, 주어진 계가 처음에는 복잡성을 보이지 않더라도 시간이 지나면서 복잡성을 지닌 상태로 스스로 변해 나간다는 겁니다. 주어진 동역학에 따라 계의 상태가 변해 나갈 텐데, 복잡성을 지닌 상태가 끝개이므로 어느 상태에서 출발하더라도 결국 그 복잡성 상태로 끌려간다는 착상이지요.

복잡계란 무엇인가

이같이 복잡성을 보이는 자연현상은 종래에는 물리학에서 다루는 대상이 아니었습니다. 사실 20세기까지 물리학은 보편이론의 구축에 주력했고, 비교적 간단한 현상의 해석을 다뤘지요. 그러다가 복잡성을 보이는 현상이 매우 다양하게 알려졌고, 물리학의 방법을 이용해 이를 분석하는 시도가 이뤄졌습니다. 이에 따라 복잡계 현상을 다루는 이른바 복잡계 물리가 21세기 물리학의 중요한 분야로 자리 잡게 되었습니다.

복잡계 물리는 자연의 다양한 복잡성이 근본적으로 복잡계가 보이는 '떠오르는 현상'이라고 간주합니다. 일반적으로 많은 구성원으로 이뤄진 뭇알갱이계에서는 구성원의 상호작용 때문에 생기는 협동현상으로 특징적인 집단성질이 떠오를 수 있다고 지적했지요. 복잡성이란 바로 이러한 협동현상으로 떠오른 집단성질이라 할 수 있습니다. 따라서 복잡성을 보이는 대상은 모두 많은 구성원들로 이뤄진 뭇알갱이계입니다. 흔히 복잡성을 혼돈과 혼동하는 경우가 많은데 혼돈은 질서보다는 (마구잡이는 아니지만) 무질서 쪽에 가깝습니다. 복잡성은 질서와 무질서의 사이라는 점에서 '혼돈의 언저리'에 있다고 표현하기도 하며, 높은 변이성에서 짐작할 수 있듯이 혼돈과 마찬가지로 비선형성에 기인하는 예측불가능성을 보이지요. 그러나 무엇보다 혼돈은 구성원이 하나인 계에서도 나타날 수 있다는 점에서도 복잡성과 명백히 다릅니다.

따라서 복잡계란 복잡성이 떠오르는 뭇알갱이계라 할 수 있겠네요. 그러나 복잡성의 엄밀한 정의가 불확실한 상황에서 이를 만족스러운 정의라 하기는 어렵습니다. 한편 공간과 시간에 대해서 고비성을 보이는 계는 일반적으로 변이성도 크게 되므로 복잡성을 나타내게 됩니다. 그렇지만 이도 복잡계의 정의로 간주하기는 적절하지 않습니다. 복잡성이 반드시 고비성만을 뜻하는 것은 아니고, 고비성은 복잡계의 다양한 속성 가운데 한 가지일 뿐이지요. 결국 복잡계를 일반적으로 정의하기는 어렵습니다. (그러나 이 때문에 "복잡계는 합당한 개념이 아니다"라고 할 수는 없습니다. 예컨대 궁극적 복잡계라 할 수 있는 생명도 일반적으로 정의하기는 어렵지요.) 역설적으로 만일 복잡계를 정확히 정의할 수 있다면 그건 더는 복잡계가 아니라고 할 수 있을 듯합니다. '복잡계'니까 정의도 복잡해서 간단히 규정하기 어렵다고 할까요. 대신에 복잡계의 특성을 정리하는 편이 좋겠습니다.

복잡계의 특성으로 가장 기본적인 것은 많은 구성원으로 이뤄진 뭇알갱이계라는 사실입니다. 그 구성원 사이에 많은 수의 관계들이 있습니다. 관계란 물리학에서는 보통 상호작용이라고 부르지요. 여러분 하나하나가 구성원이라면 여러분 사이에도 상호작용이 있지요. 좋아하기도 하고 싫어하기도 하는 것들을 포함해서 여러 가지 상호작용이 있을 겁니다. 여기서 상호작용은 비선형이어야 합니다. 비선형이란 단순히 비례하는 것이 아니라, 예를 들면 제곱으로 주어진다든가, 코사인같이 삼각함수 꼴이 된다는 등으로 관계가 주어짐을 뜻합니다. 일반적으로 비선형이어야 복잡한(번거로운) 현상을 보일 수 있습니다. 예컨대 혼돈 현상도 기본적으로 비선형에서 기인하지요. 일차식으로 주어지는 선형의 경우에는 혼돈을 비롯해 복잡한 현상이 일어날 수 없습니다.

이에 더해서 중요한 특성이 열려 있는 계라는 점입니다. 완전히 닫혀서 외부 세계, 곧 환경과 단절되어 있으면 복잡한 현상을 보일 수 없어요. 반드시 열려 있어야 합니다. 우리가 일상에서 경험하는 현상이 많은 경우에 복잡한 현상이지만 그중에 궁극적으로 복잡한 것은 아마도 생명현상일 것이라고 말했지요. 생명이란 놀라운 현상을 보이는 계도 반드시 열려 있어야 합니다. 닫혀 있는 계는 생명이 있을 수 없어요. 다시 말해서 우리가 살아갈 수 있는 것, 존재할 수 있는 것은 외부 세계와 끊임없이 상호작용하기 때문입니다. 그래서 환경이 아주 중요한 구실을 하는 거고, 여기서 환경과의 정보교류가 핵심적 구실을 합니다. 그리고 이미 지적했듯이 복잡계는 눈금불변성이나 고비성을 보이는 경우가 많습니다. 그 밖에 복잡계는 기억을 지니고 변화에 적응하기도 합니다. 때로는 나이를 먹기도 하지요. 흔히 평형 상태보다는 비평형상태에 있고 동역학적 거동이 중요합니다.

이런 것들이 복잡계의 특성인데 이런 특성을 지니기 위해서는 일반적으로 에너지가 거의 같은 상태를 많이 가져야 합니다. 그러면 계는 그 많은 상태 가운데 어느 상태에 있게 되는지와 관련해서 높은 변이성을 지니게 되지요. 이렇게 많은 상태를 가지기 위해서는 보통 두 가지의 핵심적 요소가 알려져 있습니다. 하나는 '쩔쩔맴'이고 다른 하나는 '마구잡이'이지요.

마구잡이란 여러 번 언급했고, 쩔쩔맴이란 무엇인지 살펴봅시다. 알기 쉽게 세 사람 사이의 이른바 삼각관계에 비유하는 것이 좋겠네요. 아름다운 세 젊은이, 갑순이와 을순이, 그리고 갑돌이가 있는데 이 세 사람을 꼭짓점으로 하는 세모꼴(삼각형)을 그려 봅시다. 왼쪽 꼭짓점에 있는 갑순이와 위쪽 꼭짓점에 있는 갑돌이는 서로 좋아합니다. 그리고 오른쪽 꼭지점에 있는 을순이도 갑돌이를 좋아하지요. 물론 갑돌이도 을순이를 싫어할 이유가 없지요. 그런데 갑순이와 을순이는 서로 가까이하고 싶지 않습니다. 둘이서도 좋아한다면 너무 복잡해지잖아요. 그러니 이 셋이서 어떻게 해야 할지 어려운 문제입니다. 이를 삼각관계라고 부르지요.

이를 푸는 방법이 몇 가지 있습니다. 먼저 갑순이와 갑돌이가 서로 가깝게 지내고 을순이를 따돌리는, 이른바 '왕따' 시키는 방법이 있어요. 그러면 갑순이와 을순이의 관계도 행복하지요. 서로 불편한 사람끼리 멀리 지내니까요. 그런데 을순이와 갑돌이의 관계는 불행합니다. 서로 좋은데 떨어지게 되니까요. 다른 방법은 물론 거꾸로 을순이와 갑돌이가 가깝게 지내고 갑순이를 따돌리는 방법입니다. 이 경우에는 갑순이와 갑돌이의 관계가 불행해지지요. 마지막 방법은 셋이서 모두 가깝게 지내는 겁니다. 갑돌이가 '양다리'를 걸치는 것이지요. 그러면 갑순이와 갑돌이, 을순이와 갑돌이의 관계는 모두 행복하지요. 그런데 갑순이와 을순이는 아무래도 불행한 관계가 됩니다. 결국 삼각관계에서는 세 사람의 관계가 모두 행복할 수 없고, 적어도 하나는 불행할 수밖에 없습니다. (위의 세 가지 외에 다른 방법, 예컨대 셋이 모두 멀리 지내는 방법에서는 둘 이상의 관계가 불행해지지요.) 모두 행복할 수 있는 방법이 없으니 어떻게 할까 '쩔쩔매는' 상황이 됩니다.

이는 연극이나 텔레비전 연속극에서 흔히 나타납니다. 등장인물을 셋씩 짝을 지어 보면 그중에서 이렇게 쩔쩔매는 짝들이 있겠지요. 전체 세 짝들 중에서 쩔쩔매는 짝이 얼마나 되는지, 이른바 삼각관계의 비율을 연극의 긴장도라고 부릅니다. 그러면 연극은 대부분 그림 25-1처럼 진행합니다. 처음에 시각 $t=0$에서 시작할 때는 별로 긴장이 없다가 진행하면서 점점 긴장도 D가 증가하고, 최대로 커지는 절정을 이룹니다. 일반적으로 절정이란 삼각관계가 가장 심각해지는 상황을 가리키지요. 더 진행하면 결국 긴장이 풀려서 파국이 되고 시각 t_f에서 연극은 끝나는데 이를 통해 관객이 대리만족을 얻습니다. 시원함을 느끼게 되지요.

그런데 이런 삼각관계가 어떻게 풀릴 수 있겠어요? 알다시피 두 가지 방식이 있습니다. 한 가지는 쩔쩔매는 당사자 중에 한 사람이, 예컨대 갑순이가 지구를 떠나든지 해서 없어지면 됩니다. 그러면 문제가 간단히 해결되지요. 특히 '좋은' 사람이 죽는 경우를 '비극'이라고 부르지요. 다른 방식은 당사자 중 한 사람에게 더 좋은 사람이 생겨서 마음이 자연스럽게 변하는 겁니다. 예컨대 을순이가 을돌이를 더 좋아하게 되면 쩔쩔

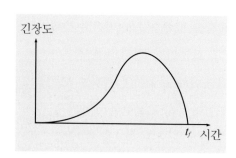

그림 25-1: 연극의 긴장도.

맴은 해소됩니다. 그러면 모두 행복해지지요. 이를 '희극'이라고 부릅니다. 이는 어떤 영문학 논문에 있는 내용으로 특히 셰익스피어의 희곡에 이러한 특성이 잘 나타나 있다고 합니다. 이른바 '4대 비극'이 널리 알려져 있고, 희극도 여러 편 있지요.

이런 쩔쩔맴이라는 상황은 인간 사회뿐 아니라 생명체를 포함한 자연에서도 흔히 나타납니다. 일반적으로 모든 계는 자신의 에너지 E를 최소로 하려는 경향이 있습니다. 다시 말해서 에너지가 가장 낮은 평형상태에 있으려 하지요. (더 정확하게 말하면 주어진 온도 T에서 평형상태는 엔트로피 S도 고려해서 자유에너지 $F = E - TS$가 가장 낮은 상태에 해당합니다.) 그림 25-2의 왼쪽에서 보듯이 쩔쩔매지 않는 간단한 계의 경우에 (자유)에너지가 가장 낮은 상태(짜임새)는 하나 있으므로 계는 바로 그 상태에 있게 됩니다.

그런데 쩔쩔매는 계에서는 그림 25-2의 오른쪽에서 보듯이 에너지가 상태에 복잡하게 의존하며, 일반적으로 에너지가 낮은 상태가 하나가 아니라 여럿입니다. 삼각관계의 경우 모두 행복할 수는 없지만 한 관계만이 불행한 방법(상태)은 하나가 아니라 세 가지 있는 것과 마찬가지지요. 이 같은 상황에서는 그야말로 쩔쩔매게 됩니다. 어떤 상태가 가장 행복한 상태인지 바로 알 수 없기 때문에 어떻게 해야 할지 모르는 거지요. 그림 25-2의 왼쪽에 보인 상황에서는 에너지가 가장 낮은 상태를 금방 찾을 수 있고 따라서 계는 바로 그 평형상태에 있게 되지만 오른쪽처럼 쩔쩔매는 계에서는 에너지가 상태에 매우 복잡하게 의존하기 때문에 가장 낮은 상태를 찾아가기가 어렵습니다. 특히 에너지가 주위보다 낮은 상태가 곳곳에 많이 있으므로

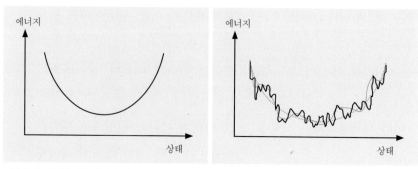

그림 25-2: 상태에 따른 에너지. 간단한 계(왼쪽)와 복잡계(오른쪽).

그중에 한 상태에 빠져 들어가기 쉽지요. 그러면 바깥으로 나오기가 어려워서 에너지가 실제로 가장 작은 평형상태를 찾아가기가 매우 어렵습니다. 그래서 오래 기다려도 진정한 평형상태로 가지 못하는 경우가 많고, 처음에 어떤 상태에서 시작했는지에 따라 다른 상태로 가게 될 수 있습니다.

이는 바로 변이성이 높음을 뜻하며, 이것이 바로 복잡성의 본질이라 할 수 있습니다. 쩔쩔맴 때문에 에너지가 상태에 복잡하게 의존하게 되고, 결국 높은 변이성이 나타납니다. 이에 따라 초기조건의 조그만 차이로 완전히 다른 결과가 얻어질 수 있지요. 이와 관련해서 환경 등 상황의 변화에 따른 적응에 유연성을 보이며, 따라서 본질적으로 생명현상의 존재에 필요할 뿐 아니라 유지, 곧 상황의 변화에 대처하는 데에도 중요한 역할을 합니다. 복잡성이 내포하고 있는 수많은 가능성에 더해서, 외부환경과 교류를 통해 또 다른 가능성을 끊임없이 추구해 나가는데, 이는 정체하지 않고 최적의 방향으로 나갈 수 있는 원동력을 제공하지요.

복잡계의 보기

뭇알갱이계가 보이는 협동현상과 떠오름을 다루는 이론 체계가 통계역학입니다. 통계역학은 17강에서 간단히 논의했지요. 통계역학에서 가장 핵심 구실을 하는 것이 엔트로피(또는 정보)입니다. 그래서 통계역학은 엔트로피와 정보의 과학이라 할 수 있습니다. 통계역학을 써서 다양한 뭇알갱이계의 떠오름 현상을 다루는 물리학의 분야를 통계물리학이라 부른다고 했지요. 복잡계는 21세기 통계물리의 가장 중요한 주제라 할 수 있습니다. 또한 복잡성의 경계적 성격에 대해 혼돈의 언저리라는 표현을 썼지요. 따라서 혼돈 현상을 다루는 이론 체계인 비선형동역학도 복잡계 물리에 중요한 방법이 되리라 짐작할 수 있습니다.

복잡성은 자연에 무척 다양한 현상으로 나타납니다. 이에 따라 다양한 복잡계를 생각할 수 있습니다. 그동안 물리학, 곧 이론과학에서 다뤄 온 몇 가지 보기를 들어 보지요. 크게 물질, 생명, 사회로 나누어 생각해 보겠습니다. 물질로는 먼저 가장 친숙한 것으로 유리를 생각할 수 있습니다. 보통 물질의 상태를 기체, 액체, 고체로 나눕니다. 그런데 유리는 어떤 상태일까요? 고체일까요, 액체나 기체일까요? 설마 기체라고 생각하는 학생은 없겠지요? 상식적으로 생각하면 고체라고 말하겠지요. 그렇지만 내가 왜 이런 질문을 하겠어요? 고체가 아니니까 이런 질문을 하겠지요. 유리는 놀랍게도 고체라기보다 액체에 가깝다고 할 수 있습니다. 그러면 왜 흘러내리지 않느냐고요? 사실 지금 흘러내리고 있고, 따라서 한참 지나면 이 강의실 창에 구멍이 뚫릴 겁니다. 다만 극히 천천히 흘러내리는 거지요. 얼마쯤 지나면 이 창에 구멍이 뚫릴까요? 정확히 알기는 어렵지만 아마도 만년은 지나야 할 겁니다. (종래에는 100억 년 이상, 다시 말해서 우주의 나이보다도 오래 걸린다고 생각했으나 최근에는 정밀한 실험을 통해서 그렇게까지 길지는 않다는 사실이 알려졌지요.) 아무튼 창에 구멍 날 일을 걱정할 필요는 없어요.

유리 세공하는 곳에 가 본 학생 있나요? 뜨겁게 달궈진 도가니에 유리를 넣고 녹여서 틀에 붓기도 하고 어느 정도 물렁물렁해지면 늘려서 세공합니다. 대부분 물질과 마찬가지로 유리도 뜨겁게 하면 녹아서 확실히 액체가 됩니다. 식으면 굳어요. 그런데 액체와 고체의 중간쯤 되는 것도 있지요. 예컨대 두부나 묵 만드는 것 봤어요? 묵을 만들 때 도토리나 메밀 반죽물이 온도가 높을 때는 액체였다가 식으면서 굳어집니다. 이 과정에서 액체와 고체를 명확히 나눌 수 있겠어요? 사실 액체이던 것이 굳어 가면서 어느 순간부터는 고체가 되는 것은 아니고 다만 끈적끈적한 정도가 계속 커지고 있다고 할 수 있습니다. 유리도 마찬가지로 고체가 된 것이 아니라 계속 액체 상태로 남아 있는데 끈적끈적한 정도가 어마어마하게 커진 경우에 해당합니다. 주어진 온도에서 유리는 아직 평형상태에 이르지 못했다고 할 수 있습니다. 진정한 평형상태에 다다르면 고체가 될 텐데 그림 25-2의 오른쪽에 보인 어느 한곳 상태에 빠져 있는 경우에 해당하지요. 이 때문에 유리는 이해하기 어렵습니다.

일상에서 또 흔하게 볼 수 있는 물질 중에 복잡계로서 이른바 복잡흐름체가 있습니다. 콜로이드, 뭇몸체, 액정, 가루, 교통흐름 등을 들 수 있지요. 흔히 볼 수 있는 콜로이드에는 우유나 피 등이 있고, 뭇몸체 물질도 합성수지나 디엔에이, 흰자질 등 우리 일상이나 생체에 널리 존재합니다. 액정은 요새 텔레비전에서 휴대전화에 이르기까지 화면 표시에 널리 쓰이지요. 물은 어떨까요? 가장 친숙한 액체이고 단순한 물질이라 생각되는데 놀랍게도 매우 복잡한 거동을 보입니다. 예컨대 온도 4℃에서 부피가 가장 작고 얼면서 부피가 늘어나는 현상은 물만의 독특한 성질이고 무려 15가지 종류의 고체 상태, 곧 얼음이 존재하는가 하면 아주 낮은 온도에서 도리어 액체로 있을 수도 있는 등 모두 67가지의 특이한 거동을 보인다고 하지요. 이러한 변이성 또는 복잡성은 수소결합과 다양한 짜임새에 관련된 에너지와 엔트로피의 효과라 할 수 있습니다.

한편 가루는 낟알, 밀가루 따위 음식물에서 모래나 화장품까지 우리 주위에 매우 흔합니다. 그런데 가루는 액체인가요, 고체인가요? 액체와 비슷하게 흐르잖아요? 따라서 물시계가 있듯이 모래시계도 있습니다. 그렇지만 액체와는 다른 성질도 있어요. 물은 그릇에 담으면 표면이 언제나 수평면을 이룹니다. 그러나 가루는 수평면이 아니라 어느 정도 경사지게 쌓을 수 있어요. 따라서 가루는 액체 같은 면도 있지만 고체 같은 성질도 있고, 단순한 액체나 고체보다 이해하기 어려운 대상입니다. 역시 변이성이 높은 복잡계라 할 수 있지요.

다른 예로서 무질서계가 있습니다. 물질의 자라남이나 경계면, 복합체, 부수어짐, 섬유다발, 결합떨개와 돌개 따위를 들 수 있지요. 이 중에 결합떨개를 살펴보지요. 자연에는 많은 수의 떨개들이 서로 결합해서 집단거동을 보이는 현상이 흔히 있습니다. 생명의 경우 대표적으로 염통의 박동을 만들어 주는 세포들을 들 수 있겠네요. 염통은 우리의 일생, 예컨대 80년 동안 눈이 오나 비가 오나 잠을 자나 밥을 먹으나 그리고 이렇게 말을 해도 관계없이 계속 뜁니다. 어떻게 박동이 일정할 수 있을까요? 염통에는 박동을 만들어 주는 세포가 있습니다. 결절을 중심으로 박동세포가 모여 있는데 그들이 박동의 리듬을 조절해 주지요. 그런데 하나하나의 박동세포는 조금씩 다를 테고, 따라서 그들 각각의 배내진동수가 조금씩 다릅니다. 서로 조금씩 다른 것들이 모여서 전체적으로 결맞음을 이루고 하나의 진동수를 만들어 내지요. 이러한 현상을 때맞음이라 부르는데 자연에서 다양하게 나타납니다. 염통이나 두뇌, 호르몬을 분비하는 내분비세포들에서 보이고, 수많은 반딧불이의 반짝임이나 귀뚜라미 떼의 울음, 박수갈채, 달거리(생리) 주기 등에서도 알려져 있지요.

이와 관련해서 하루주기 리듬circadian rhythm이 재밌는 문제입니다. 인간에게는 하루, 곧 24시간 주기가 있습니다. 어떻게 생겨날까요? 두 가지 가능성을 생각할 수 있습니다. 우리가 지구에 사니까 날마다 해가 떴다 졌다 하는데 이러한 지구의 자전 주기에 맞춰져 응답한다가 한 가지 가능성이지요. 우리의 리듬은 우리 몸에 실제로 존재하는 것이 아니라 지구의 리듬을 수동적으로 따른다는 견해입니다. 다른 가능성은 그것과 관계없이 우리 몸 스스로 (능동적으로) 24시간 주기를 가진다는 겁니다.

이 두 가지 중에 어느 쪽이 옳을까요? 과학적 사고를 따라 실증적 검증, 곧 실험해 보면 알 수 있겠지요. 간단하게 여러 사람을 잡아다가 지하실에 감금하면 됩니다. 햇빛을 완전히 차단하고 며칠 살도록 합니다. 졸리면 자고, 깨면 일어나고, 배고프면 밥을 먹고 하겠지요. 그렇게 하면 사람의 주기가 어떻게 되는지 관찰하는 거지요. 몇 주 동안 실험을 해 봤습니다. 대부분은 오래 견디지 못하고 도망쳐 나왔고, 일부만 남아서 실험을 마쳤다고 합니다. 그런데 일설에 따르면 그 남은 사람은 바로 실험을 수행하는 책임자 자신이었다고 하지요. 다른 설에 따르면 실험 책임자가 교수인데 그가 남은 것이 아니라 그가 지도하는 학생이 남았다고 합니다. 대학에서는 "조교를 시키면 냉장고에 코끼리도 넣을 수 있다"는 농담도 있습니다. 우스개지만 교수의 '갑질'을 드러내는 듯하네요.

아무튼 결론적으로 두 번째 가능성이 맞습니다. 우리 몸에는 24시간 주기를 만들어 내는 생체시계가 있는 셈이지요. 이 시계는 두뇌의 시상하부에 신경세포들이 모인 교차상핵SCN에 있습니다. 그런데 놀랍게도 그 생체시계의 주기가 정확히 24시간은 아닙니다. 24시간보다 조금, 아마도 10분가량 긴 것으로 기억합니다. 다른 동물, 심지어 식물도 이러한 주기를 지니고 있는데, 그 주기는 종마다 조금씩 다릅니다. 그런데 정확히 24시간인 녀석은 없고, 조금 길거나 짧거나 합니다. 사실 라틴어의 어원에서 'circa'는 '근처'라는 뜻이고 'dian'의 명사형 'diem'은 '하루'라는 뜻이니 'circadian'이라는 말 자체가 하루 근처라는 뜻이지요. 이러한 생체주기도 여러 떨개들의 때맞음이라 볼 수 있으며, 요새 많은 관심을 끌고 있는 주제입니다.

내분비세포에서도 때맞음이 나타납니다. 우리 몸에 있는 이자(췌장)는 중요한 기능이 두 가지 있습니다. 하나는 소화액을 내보내는 (외분비) 기능이고 다른 하나는 호르몬인 인슐린을 내보내는 (내분비) 기능이지요. 이자에는 랑게르한스 잔섬에 인슐린을 분비하는 베타세포가 많이 모여 있습니다. 세포 내부와 외부 사이의 전압을 막전위라 하는데 여러 베타세포의 막전위들이 때맞춰 급격히 변화하는 터지기라 부르는 특이한 거동을 할 때 인슐린을 잘 분비합니다. 인슐린 분비와 이 인슐린의 혈당, 곧 피의 포도당 농도 조절이 제대로 작동하지 못하면 당뇨병이 됩니다. 현대사회에서 매우 심각한 질병이지요.

개똥벌레라고도 부르는 반딧불이가 많이 모여서 반짝거릴 때 처음에는 제각각 반짝거리다가도 시간이 지나면 똑같이 맞춰서 반짝거립니다. 이는 사진이나 동영상 자료로도 널리 알려져 있습니다. 어떻게 그렇게 될까요? 반딧불이 하나하나를 떨개로 간주하면 그들 사이에 빛을 통한 결합이 있고, 이에 따라 때맞음이 생겨난다고 할 수 있을 겁니다. 비슷하게 귀뚜라미 한 마리가 울면 다른 녀석들도 같이 리듬을 맞춰서 울게 됩니다. 이는 소리를 통한 결합이겠지요. 희한한 경우로 달거리 주기의 때맞음도 알려져 있습니다. 여학생 기숙사에서 같이 거주하는 여학생들을 살펴보니 놀랍게도 달거리를 똑같이 맞춰서 한다는 거지요. 처음 입사했을 때는 각 여학생마다 주기가 달랐는데 같이 살면서 시간이 지나니까 주기가 똑같이 맞춰진 겁니다. 이 경우에 여학생 사이의 결합은 무엇일까요? 정확히는 모르지만 달거리와 관련된 어떤 페로몬이리라 추측합니다. 장난처럼 들리지만 이 결과는 〈네이처〉라고 하는 학술잡지에 실렸지요.

일반적으로 학술지는 그 분야 전문가를 위한 겁니다. 특히 물리학 분야의 학술지는 일반인은 읽어서 전혀 이해할 수 없고 물리학자들만 구독합니다. 그런데 과학자뿐 아니라 일반인까지 읽을 수 있도록

한 잡지들이 간혹 있습니다. 대표적인 것이 〈네이처〉와 우리나라의 줄기세포 사건으로 널리 알려진 〈사이언스〉지요. 일반인도 이해할 수 있도록 생물학이나 지구과학 따위의 현상론 분야를 주로 다루지만, 요새는 물리학 분야에서도 이론적 성격이 적은 내용은 종종 다룹니다.

박수갈채에서도 때맞음 현상이 보입니다. 내가 아무리 열심히 강의해도 여러분은 손뼉을 치지 않지만, 어느 연주회에서 연주가 끝나면 다들 손뼉을 치지요. 그런데 처음에는 제가끔 손뼉을 치지만 시간이 지나면서 전체적으로 리듬이 생겨납니다. 집단 때맞음이 떠오르는 거지요.

궁극적인 복잡계로는 역시 생명현상을 보이는 생체계를 들 수 있습니다. 그런데 생체계란 단순히 개체(유기체)만을 의미하는 것은 아닙니다. 생체분자와 세포, 기관이나 기관계, 인구가 늘어남이나 생태계, 생명의 진화 같은 것도 생체계가 보이는 복잡계 현상에 포함됩니다. 생체계 중에서도 가장 흥미로운 복잡계는 아마도 두뇌일 듯합니다. 정보의 저장과 만회, 인식과 사고 작용, 그리고 지능 등 놀라운 협동현상의 떠오름을 보여 줍니다. 두뇌는 많은 수의 신경세포들이 얽혀서 연결되어 있는 그물구조를 이루고 있습니다. 신경그물얼개라고 부르지요. 보통 때 신경세포는 내부가 외부보다 전위가 낮은데 연결된 다른 신경세포들로부터 충분한 신호를 받으면 들떠서 내부가 외부보다 전위가 더 높아지게 됩니다. 곧 음(−)이던 막전위가 양(+)으로 바뀌는데 이렇게 잠시 들뜬 신경세포는 역시 연결된 다른 신경세포에게 신호를 전해 주고, 이러한 과정을 통해서 두뇌가 작동하지요. 전해 주는 신호는 신경세포 사이의 상호작용에 해당하는데 저장된 정보에 따라 변화하며 쩔쩔맴을 지녀서 신경그물얼개는 매우 '복잡한' 복잡계라 할 수 있습니다. 이에 따라 두뇌에서 정보를 저장하고 처리하는 과정은 신경그물얼개 모형을 통해서 널리 연구되어 온 주제이며 이는 생물학적 두뇌와 자연지능의 이해뿐 아니라 인공지능의 가능성으로도 관심을 끌고 있습니다. 특히 최근에는 숨은 켜 구조 — 깊은 배움(심층학습)이라고 부르지요 — 를 이용해서 영상이나 음성 인식, 번역, 분류, 그리고 무인자동차 운전 등의 작업을 기계학습을 통해 잘 수행할 수 있음이 보고되고 있습니다.

흔히 치매라 부르는 알츠하이머병을 비롯한 퇴행성 질병의 발병과 진행도 많은 관심을 끌고 있는 주제입니다. 두뇌에 잘못 접힌 흰자질이 쌓이면서 신경세포가 파괴되는데 이러한 질병은 당뇨병과 비슷하게 대사 장애와 관련되고, 다음 강의에서 언급할 세포의 자가포식이 제대로 작동하지 못할 때 발병된다고 생각되지요. 혹시 파킨슨병이라고 들어 본 적 있어요? 알츠하이머병과 마찬가지로 두뇌의 신경세포에 흰자질이 잘못 쌓여서 신경세포가 파괴되면서 움직이거나 말하기가 어려워지는 퇴행성 질환입니다. 유명 인사 중에 이 병에 걸린 사람이 꽤 있습니다. 우리나라에는 몇 해 전에 타계하신 민주운동가 김근태 의원과 홍근수 목사, 외국에서는 중국의 마오쩌둥과 덩샤오핑, 요한 바울로 2세가 포함되고, 또 2016년 타계한 미국의 권투 선수 알리가 있습니다. (오래전에 우리나라의 어느 신문에서 알리를 '일개 검둥이 복서'라 부른 황당한 일이 기억나는데 사실 그의 삶은 놀랍습니다. '나비처럼 날아서 벌처럼 쏜' 권투 선수로서 역사상 가장 뛰어났

지만 생각과 삶의 변화
는 더욱 놀라운 사람이
지요. "위험을 무릅쓸 용
기가 없다면 어느 것도
성취할 수 없다"는 말을
남겼습니다. 이름이 원래
노예의 느낌이 드는 클
레이, 곧 진흙이었는데

그림 25-3: 왼쪽부터 말컴 엑스(1925~1965)와 알리(1942~2016).

이른바 '일개 검둥이 복서'로 끝날 수 있었을 그를 노예에서 알리로
만들어 준 사람이 말컴 엑스입니다. 알리의 스승인 셈이지요. 말컴
엑스에 대해서 들어 보았는지요? 우리의 교육 환경에서 역사와 사회
에 대해 정확한 인식을 가지기가 쉽지 않은 듯합니다.)

파킨슨병의 원인은 아직 잘 모릅니다. (김근태 의원의 경우는 고문
의 후유증이라 추정되지요.) 아무튼 파킨슨병에 걸리면 흔히 손이
떨리는 증상이 나타납니다. 이 경우에 이른바 뇌자도MEG를 재면 두
뇌의 다른 부분 사이에 특징적 때맞음이 나타난다고 알려져 있습니
다. 신경세포는 전기신호로 작동하는데 전류가 흐르면 자기마당이
생겨납니다. 그 자기마당을 측정하면 신경세포들의 활동을 알 수 있
고 진단에 도움을 줄 수 있지요. 아무튼 신경세포들의 거동도 때맞
음 현상을 보이는데 이를 앞에서 보기로 든 다양한 계들과 마찬가지
로 결합떨개로서 해석하는 것은 보편지식을 추구하는 이론과학으로
서 물리학의 특성이라 할 수 있습니다.

한편 사회의 경우에는 죄수의 난제, 교통그물얼개와 승객 흐름, 도

시의 자라남과 형태, 여론 형성, 최적화 문제, 금융과 주식시장, 다단계 판매 따위가 복잡계로서 많이 연구되어 온 주제들입니다. 널리 알려진 '죄수의 난제'를 간단히 소개하지요. 어떤 범죄의 두 공범을 잡아서 격리 수용해 놓고 죄를 자백하라고 권유합니다. 둘 다 불지 않고 버티면 무죄로 풀려나게 되고 둘 다 불면 모두 5년 형을 받게 되지요. 한편 한 사람만 불고 다른 공범은 불지 않는다면, 불지 않은 사람은 10년 형을 받고 분 사람은 1년 형만 받게 됩니다. 그럴 때 한 공범의 처지에서 자백하는 편이 나을까요, 끝까지 버티는 편이 나을까요? 각자 생각해 보기 바랍니다. 이를 더 복잡한 상황으로 확장한 난제도 있지요.

교통그물얼개로서 예컨대 수도권 전철이나 버스 노선 그물얼개에서 승객들의 통행흐름을 다룬 연구가 있습니다. 대부분 승객이 교통카드를 이용하므로 통행의 거의 완벽한 시공간 자료가 쌓여 있지요. 이를 통계역학을 이용해서 분석하면 다양한 복잡성이 드러납니다. 역 또는 정류장 이용도나 승객 흐름의 비스듬 분포, 통행량의 거리 의존성, 노선 사이의 보편성 등은 도시의 형태 분화와 함께 흥미로운 가능성을 시사합니다.

자연과학이나 공학뿐 아니라 이러한 사회과학에서도 널리 나타나는 문제 중 하나가 최적화입니다. 대표적인 것으로 '외판원 문제'를 들 수 있지요. 그림 25-4에 보였듯이 외판원이 서울에 있는 본사에서 가방에 팔 물건을 들고 나와서 대전, 전주, 광주, 목포, 순천, 부산, 울산, 대구, 포항, 강릉 등 전국의 도시를 한 바퀴 돌려 합니다. 그런데 한번 간 곳은 다시 가면 안 됩니다. (아까 판매한 것을 다시 환불

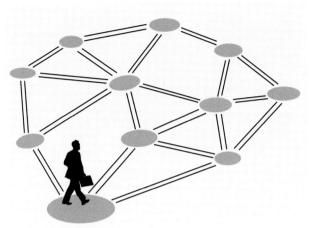

그림 25-4: 외판원 문제.

해 달라고 할지 모르니까요.) 그러니까 모든 도시를 방문하되 각 도시를 한 번씩만 들러야 하는데 어떻게 하는 것이 가장 짧은 거리로 돌아오는 것일까요? 말하자면 똑똑하게 한 바퀴 도는 방법을 찾자는 것인데, 이를 외판원 문제라고 합니다.

아주 명확하고 간단하지요? 이 문제는 사실 여러 가지 다른 문제들과 밀접하게 관련되어 있습니다. 예로서 전기공학에서 고집적회로의 설계나 실생활에서 벽지 자르기를 들 수 있지요. 지물포에 가서 벽지를 살 때 벽지의 무늬를 잘 맞춰서 잘라야 합니다. 잘못하면 버리는 부분이 많게 되지요. 여러 벽에 벽지를 바를 때 벽의 넓이에 따라 여러 크기의 벽지가 필요합니다. 그런데 벽지가 말려 있는 두루마리에서 필요한 크기의 벽지를 어떤 순서로 잘라 내어야 무늬를 잘 맞추면서 버리는 부분이 가장 적을까 하는 문제가 '벽지 자르기'인데 외판원 문제와 수학적으로 동등합니다. 따라서 어느 하나를 풀면 다른 것도 모두 풀 수 있지요.

이와 동등한 문제를 여러 가지 생각할 수 있는데 이러한 최적화 문제는 기본적으로 주어진 목적함수의 값을 최소로 하는 짜임새를 구하는 문제로서, 그 자체는 간단해 보이지만 사실은 무지무지 어려운 문제입니다. 일반적으로 계의 크기가 커지면 풀이법도 길어지기 마련이지요. 19강에서 언급했듯이 쉬운 문제는 푸는 데 걸리는 시간이 크기에 멱급수로 주어지는데 이를 다항식시간 문제라 부릅니다. 이러한 다항식시간 풀이법이 알려지지 않은 문제를 미정다항식시간 문제라고 하지요. 대체로 미정다항식시간 문제는 다항식시간 풀이법이 존재하지 않아서 푸는 데 걸리는 시간이 지수적으로 늘어나며 현실적으로 정확하게 풀 수 없다고 생각합니다. 따라서 미정다항식시간 문제는 다항식시간 문제가 아니라고 믿고 있는데, 이는 매우 중요하고 유명한 문제로서 만일 이를 정확히 보이면 역사에 이름이 길이 남을 겁니다. 이러한 미정다항식시간 문제는 본질적으로 쩔쩔맴을 지닌 복잡계의 전형으로서 통계역학의 문제라 할 수 있지요. 구체적으로 목적함수를 자유에너지로 대응하면 구하려 하는 짜임새는 자유에너지가 최소인 상태인데 이는 바로 통계역학에서 평형상태에 해당합니다. 따라서 이러한 최적화 문제는 통계물리에서 복잡계를 다루는 해석적 방법과 함께 컴퓨터를 이용한 불림시늉내기를 이용해서 다룰 수 있습니다. 그 밖에도 양성생식을 기반으로 한 유전자 풀이법과 두뇌의 모형인 신경그물얼개를 이용한 방법 따위가 있는데 이러한 풀이법은 실제 생명체가 보이는 현상으로부터 착상을 얻었다는 점이 흥미롭네요. 다시 말해서 복잡계인 대상을 분석하기 위해서 실

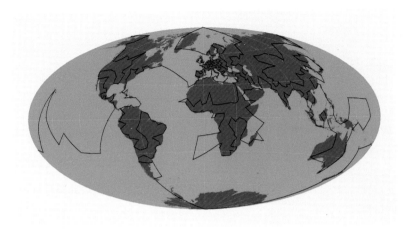

그림 25-5: 666개 도시를 방문하는 가장 짧은 거리의 세계 일주.

제 복잡계에서 나타나는 최적화 현상의 원리를 적용한 셈입니다. 바둑도 이러한 최적화 문제와 비슷하며, 최근에 유명해진 알파고는 바로 신경그물얼개를 기반으로 하고 시늉내기 기법을 접목해서 기대 이상의 성과를 얻었지요.

가장 똑똑하게 세계를 일주하는 방법은 무엇일까요? 그림 25-5는 세계 666개 도시를 가장 짧은 거리로 일주하는 방법입니다. 서울과 부산도 있고, 북극과 남극도 지나갑니다. 여러분이 나중에 세계 일주를 잘 하려고 해도 이러한 물리를 알아야 되겠네요. 그림 25-6은 독일을 가장 짧은 거리로 일주하는 방법입니다. 무려 1만 5112개의 마을을 똑똑하게 도는 방법이니 혹시 독일을 여행할 기회가 있으면 이걸 잘 보고 하면 좋겠네요. 이것이 지금까지 인류가 정확히 풀어낸 가장 커다란 외판원 문제입니다. 푸는 데 얼마나 걸렸는지 정확히는 모르겠으나 초(슈퍼)컴퓨터를 여러 대 동원해서 1년 이상 걸렸을 겁니다.

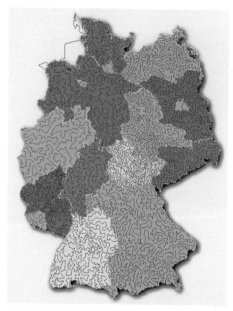

그림 25-6: 1만 5112개 마을을 지나는 독일 일주.

자연에는 여러 가지 그물얼개가 많습니다. 예를 들어 우리의 두뇌는 1000억 개에 가깝다고 추산되는 신경세포들이 얽혀서 복잡한 그물얼개를 이루고 있지요. 그런데 이러한 신경그물얼개는 어떤 모양일까요? 질서 정연하게 규칙적인 모습은 아니지만, 그렇다고 해서 완전히 무질서하게 마구잡이로 있지도 않습니다. 결국 그 사이에서 복잡성을 보이고 있지요.

최근에는 뭇알갱이계를 이러한 그물얼개로 나타내고 그 구조에서 계의 특성을 알아내려는 시도를 많이 했습니다. 일반적으로 뭇알갱이계에서 구성원과 그들 사이의 상호작용을 각각 꼭지점(마디)과 변(연결선)으로 나타내면 그물얼개의 구조를 얻게 되지요. 이는 결정 따위에서처럼 질서가 있는 경우에는 규칙적 그물얼개, 곧 살창(격자)이 되며, 완전히 무질서하면 마구잡이 그물얼개로 주어집니다. 복잡그물얼개는 이러한 질서와 무질서 사이에서 복잡성을 보이는 구조를 지녔으며, 그 예로서 신경그물얼개 외에 인터넷과 웹 연결, 항공 노선과 통신이나 전력 그물얼개, 사회적 관계, 흰자질 상호작용, 신진대사 등이 알려졌습니다.

복잡그물얼개는 일반적으로 각 마디의 연결선 수, 곧 연결되어 있는 다른 마디의 수가 서로 달라서 모든 마디가 동등하지 않습니다. 연결되어 있는 마디가 매우 많은 마디를 중추라고 부르며, 이는 마디 중에 당연히 중요한 위치를 차지한다고 할 수 있습니다. 실제로 인터넷 연결이나 항공로, 흰자질 상호작용이나 물질대사 그물얼개들이 이러한 중추 구조를 지닌다고 알려져 있지요. 이러한 경우에 연결선 수에 따른 마디의 분포가 멱법칙을 따르는 경우가 있습니다. 곧 연결선 수가 적은 마디는 많고 연결선 수가 많은 마디는 적은데 마디 수는 연결선 수에 대해서 대수적으로 감소합니다. 이는 바로 고비성을 뜻하지요.

사회적 관계도 마찬가지입니다. 예컨대 친구들의 그물얼개를 생각할 수 있지요. 각 사람을 마디, 그들 사이의 친구 관계를 연결선으로 나타내면 그물얼개가 얻어지는데 친구가 특히 많은 사람, 이른바 마당발인 사람이 중추가 되겠네요. 비슷한 예로서 친구 대신에 성관계 상대로 그물얼개를 만들어도 마찬가지입니다. 다시 말해서 갑돌이는 누구누구랑 잤고 갑순이는 누구누구랑 잤는지 엮어 보자는 거지요. 그러면 복잡그물얼개를 얻는데, 역시 상대의 수가 많은 사람은 적습니다. 상대가 가장 많은 경우에 몇 사람이나 될까요? 놀랍게도 1000명이나 됩니다. (이는 스웨덴의 경우지요.) 우습고 장난 같은 얘기지만 실제로 〈네이처〉, 〈사이언스〉 따위에 나온 논문들이지요.

요샌 과학자가 혼자 연구하는 경우는 드물고 보통 여러 사람이 협동으로 연구를 합니다. 나는 이 사람과 저 사람하고 협동해서 연구했고, 저 사람은 또 다른 사람과 협동했고, 이런 식으로 협동한 사람들끼리 연결할 수 있어요. 그림 25-7은 복잡그물얼개 분야에서 각 연

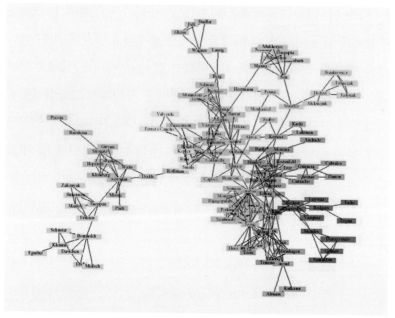

그림 25-7: 복잡계 연구의 그물얼개(Newman & Girvan).

구자를 마디로 하고 협동 연구자끼리 연결선을 그어서 만든 그물얼개를 보여 줍니다. 오른쪽 아래에 우리나라의 연구자들도 몇 사람 볼 수 있습니다. (내 이름도 들어 있네요.)

경제계도 역시 복잡계라 할 수 있으며, 이러한 관점에서 경제계를 다룬 책들이 있습니다. 물리, 수학, 화학, 생물, 사회과학 그리고 예술 등 여러 분야의 전문가가 모여서 복잡계 연구를 수행하는 샌터페 연구소가 널리 알려져 있는데 여기에서 펴낸 《펼쳐지는 복잡계로서의 경제》라는 책이 있지요. 경제학자인 크루그먼이 복잡계 관점에서 쓴 《스스로 짜이는 경제》는 앞에서 언급했습니다.

정보교류동역학

복잡계에 대한 일반 이론으로서 정보교류동역학을 제안하였는데, 이는 대상과 그 계의 주변 환경 사이에 오가는 정보에 초점을 맞춥니다. 일반적으로 대상 계는 자신이 가진 정보의 양을 늘리려 한다고 상정하고, 이에 따른 동역학의 시간펼침을 분석하면, 이러한 정보교류 과정에서 복잡성이 떠오름을 알 수 있지요. 흥미롭게도 이는 복잡성을 지닌 상태가 끌개로서 작용한다고 간주하는 스스로 짜인 고비성에서 정보, 특히 환경과의 정보교류가 핵심적 역할을 한다는 사실을 제시합니다.

그런데 이러한 내 의견은 별로 알려지지 않아서 동의하는 사람들이 드물지요. 일반적으로 새로운 연구 결과를 얻으면, 전문 학술지에 발표합니다. 전문가 집단, 곧 물리학자 사회에서만 보는 학술지로서 널리 알려진 국제 학술지들이 여러 가지가 있어요. 그런 데에 투고하면 해당 분야의 물리학자인 심사위원들에게 심사를 의뢰합니다. (나도 가끔 심사하지요.) 대체로 심사위원들은 일단 비판적으로 보려는 경향이 있습니다. 살펴보고, 잘못되거나 미흡한 점을 지적해서 심사평을 쓰면 편집자가 그걸 종합해서 실을지 말지 결정합니다. 이러한 과정은 과학자 사회, 이른바 동료 물리학자 집단이 진행하므로 그런대로 합리적이라 할 수 있으나 현실적으로 가치판단이 완벽할 수는 없고 때로는 타당하지 않은 결정이 내려질 수도 있습니다. 예컨대 편견이나 과학자 사회에서의 권력, 개인적 친분 등이 전혀 없다고 보기는 어렵지요. 역설적으로 최고의 권위를 자랑한다는 학술지가 오히려 이런 경향이 많다는 느낌이 듭니다. (20강에서 언급한 《어린 왕자》에도 터키 과학자가 고유 의상을 입고 발표할 때는 아무도 믿지 않다가 서양 복장을 하고 같은 내용을 발표하자 높게 평가했다는 풍자가 나오지요.)

전문적인 내용이지만 관심 있는 학생을 생각해서 정보교류동역학을 간단히 소개하려 합니다. 정보교류동역학은 기본적으로 통계역학을 따르지만 대상계와 주변 환경과의 상호작용을 정보를 주고받는 관점으로 바라봅니다. 일반적으로 통계역학에서 대상계를 다룰 때 그 계의 동역학적 특성을 나타내는 특성함수로서 해밀토니안을 사용하고, 그로부터 계의 동역학 (미시)상태들을 얻어서 거시변수의 값으로 규정되는 열역학 (거시)상태들과 관계를 맺습니다. 주어진 계의 거시상태에 대응하는 미시상태, 곧 접근가능상태가 W개 존재하고 각 미시상태의 확률이 모두 같은 경우에 5부에서 논의한대로 계의 엔트로피는 $S = \log W$로 정의됩니다.

더 알아보기 ① 정보교류동역학의 수학적 표현 ☞ 646쪽

정보량은 주변 환경으로부터 주고받는 정보에 따라 정해지며, 이러한 정보교류, 곧 계와 환경 사이의 상호작용이 계의 동역학 상태의 전환에 관여합니다. 특히 위의 식에서 계의 상태는 정보량이 증가하는 방향으로 전환하게 되는데, 이는 복잡계를 정보를 늘리는 과정에 있는 지향적 개체로서 볼 수 있음을 뜻합니다. 위의 으뜸방정식을 분석하면 적절한 복잡계는 정보를 축적하는 과정에 따라 세부적 특징에 관계없이 고비성을 보인다는 결과를 얻을 수 있어요. 따라서 복잡계가 가지는 특성 중 하나인 고비성이 정보의 관점에서 설명될 수

있습니다.

정보교류동역학은 복잡계에 관한 보편적 이론 체계를 구축하려는 시도이고 특히 정보의 핵심적 구실을 강조한다는 점에서 의미가 있다고 하겠습니다. 특히 생명현상과 관련하여 널리 알려진 '생명이란 네겐트로피를 먹고 사는 존재'라는 지적에서 네겐트로피는 바로 정보를 의미합니다. 따라서 이는 복잡계의 전형이라 할 수 있는 생명을 기술하는 데에 정보가 핵심적 역할을 한다는 사실을 지적한 것입니다.

더 알아보기

① 정보교류동역학의 수학적 표현

정보교류동역학에서는 주어진 계의 기술에서 정보 또는 엔트로피를 가장 핵심적인 실체로 보며, 주변 환경과 비교하여 정보의 양이 어느 정도인지에 따라서 계의 동역학 상태를 기술합니다. 곧 계가 어떠한 특정한 (동역학) 상태에 있을 확률이 그 계의 정보량에 의존하며, 이를 수학적 기술로 표현하면 다음과 같지요. 계의 상태를 x로 표기하면, 이러한 상태에 있을 확률 $P(x)$은

$$P(x) \propto e^{S_0} = e^{S_t - S} \equiv Ce^{-S} = Ce^I$$

가 됩니다. 여기서 S_0는 대상계 주변 환경의 엔트로피 값이고 S_t는 대상계와 주변 환경 전체의 엔트로피를 나타냅니다. 전체의 엔트로피가 일정하다고 가정하면 $C \equiv e^{S_t}$는 상수이므로 확률은 순전히 대상계의 정보량에만 의존하게 되네요.

이 대상계의 확률함수 $P(x;t)$의 시간에 따른 변화를 기술하는 으뜸방정식은 아래와 같이 쓸 수 있습니다.

$$\frac{dP(x;t)}{dt} = \sum_{x'}[\omega(x' \to x)P(x';t) - \omega(x \to x')P(x;t)]$$

여기서 $\omega(x \to x')$는 미시상태 x에서 x'으로 전이될 확률을 의미하지요. 이 계가 평형상태에 있기 위해서는 일반적으로 전이확률은 다음과 같은 세 부균형을 만족해야 합니다.

$$\frac{\omega(x \rightarrow x')}{\omega(x' \rightarrow x)} = e^{I(x')-I(x)}$$

위의 식은 계의 상태가 정보량에 따라 변화함을 보여 줍니다.

26강
생명현상의 이해

지난 시간에는 복잡계를 소개했지요. 이제 마지막으로 궁극적 복잡계라 할 수 있는 생체계에 대해 생각해 보겠습니다. 자세하게 논의할 수는 없고, 물리학의 관점에서 생명현상의 해석을 소개만 하겠습니다. 몇 해 전에 '생체계의 물리'라는 강의를 개설했는데 물리학 전공 과정 학생을 대상으로 한 학기 동안 강의했거든요. 여기서는 한 번 강의로 마쳐야 하니 아주 간단하게 지나갈 수밖에 없지요. 서론만 얘기할 테니, 부담 없이 흥미롭게 들으면 됩니다. 먼저 물리학과 생물학의 관련에 대해 간단히 얘기하고, 분자 수준에서 세포, 그리고 개체에서 전체 생태계까지 나아가는 여러 단계에서 다루는 문제들을 소개한 후에 생명의 본질에 관한 문제를 살펴보기로 하지요.

물리학과 생물학

일반적으로 물리학과 생물학은 서로 다르고 아무런 관련이 없는 것으로 생각합니다. 물리학과 생물학은 떨어져 있으며, 그 사이에 화학이 있는 듯합니다. 그러나 역사적으로 물리학과 생물학이 직접 관련을 맺고 서로 기여한 사례가 제법 있습니다. 예를 들면 17세기, 뉴턴과 같은 시대에 훅이 현미경을 만들어서 코르크를 관찰하고 세포를 발견했는데 현미경이란 물리학의 이론을 이용한 광학기구지요. (사실 세포를 처음 발견한 사람이 훅이라고 말하기는 어렵지요. 개구리 알도 하나의 세포인데 옛날부터 누구나 봤을 테니까요.) 맨눈으로 볼 수 없는 세포를 현미경을 통해서 처음 관찰하고 영어로 cell 이라는 용어를 쓴 사람이 훅입니다. 그는 물리학뿐 아니라 화학, 천문학, 기상학, 심지어 건축이나 심리학에도 업적이 있어서 중세의 다빈치에 비견되기도 합니다. 용수철 같은 탄성체의 변형과 복원력 사이의 관계를 말해 주는 훅의 법칙 — 19강에서 언급한 — 으로 널리 알려져 있고, 빛을 파동으로 해석하고 중력이 거리의 제곱에 반비례해서 줄어든다는 거꿀제곱 법칙을 제창하였습니다. (이러한 연구와 관련해서 뉴턴과 대립하였는데 훅이 타계

그림 26-1: 훅의 현미경과 레이웬훅 (1632~1723).

한 후에 그의 업적은 뉴턴에 의해 폄하되고 훼손되었다고 하지요. 사실 뉴턴은 인격적으로 그리 훌륭하지 못했다고 알려졌습니다.) 같은 시대에 네덜란드의 레이웬훅은 우수한 현미경을 만들어서 원생생물을 비롯한 홑세포 생물을 관찰하였고, 이에 따라 미생물학의 아버지라 불립니다.

18세기에 갈바니는 전기로 자극한 개구리 다리의 움직임을 관찰해서 동물이 전기신호로 움직인다는 사실을 알아냈습니다. 갈바니는 의사이자 물리학자라 할 수 있는 사람으로 생체전기 연구의 효시라 할 수 있지요. 19세기에 역시 물리학자이자 생리학자로서 헬름홀츠는 전자기이론과 열역학 업적으로 널리 알려져 있는데 시각에서도 중요한 기여를 했습니다. 그의 제자인 마이어는 염통과 호흡에 관련된 생리학 연구를 수행했지요. 20세기에는 알다시피 크릭과 왓슨이 프랭클린이 얻어 낸 디엔에이의 엑스선 에돌이 영상을 이용해서 알게 된 이중나선 구조를 발표했습니다. 이 연구는 물리학의 관점에서 이뤄졌는데, 특히 핵심 구실을 한 크릭은 원래 물리학자였지요.

그림 26-2:
왼쪽부터 왓슨(1928~)과
크릭(1916~2004).

(크릭과 함께 왓슨도 노벨상을 받았는데 엑스선 에돌이 실험을 실제로 수행한 프랭클린의 업적을 도용했다는 주장이 제기되어서 논란이 일어났습니다. 프랭클린은 일찍 타계했고 노벨상도 받지 못했지요.)

21세기에는 물리학과 생물학이 훨씬 가까워지리라 예상합니다. 종래에는 생물학은 현상론으로서 생명현상이 어떻다는 기술만 했고, 물리학에서는 생명과 관계없이 간단한 현상만을 다뤘지요. 생체계는 워낙 알기 어려운 복잡계로서 물리학으로 다룰 수 없다고 생각했습니다. 곧 이론과학의 관점, 다시 말해서 보편지식 체계로 이해하는 것이 불가능하다고 여겼는데, 20세기 후반에 들어오면서 생명현상도 보편지식 체계로 이해할 수 있지 않을까 하는 희망을 품게 되었습니다. 복잡계를 다루기 위한 이론과 실험 도구들이 생겨났기 때문이지요.

한편 생물학도 20세기에는 분자의 수준에서 생명현상을 탐구하는 분자생물학이 주류를 이뤘습니다. 여기서는 물리학과 마찬가지로 기본적으로 현상의 실체로서 물질을 상정하므로 물리과학과 같은 성격을 지니고 있습니다. 이른바 환원주의 관점을 지닌다고 할 수 있지만, 물론 분자 수준에서는 생명이란 현상은 없다는 사실에 주목할 필요가 있습니다. 생체분자는 단지 커다란 거대 분자일 뿐, 보통의 분자, 예컨대 질소나 산소 분자 따위와 본질적 차이는 없지요. 또한 생물 실험에서도 이제는 정량적 측정이 가능해졌습니다. 생명현상을 연구할 때도 물리적 실험 방법을 써서 정량적 자료 값을 얻으며, 이에 따라 모형을 구축해서 이론적 이해를 시도할 수 있게 되었습니다.

앞에서 우주에 대해 논의할 때 은하의 별을 통해서 사람이 탄생했다고 지적했습니다. 사람을 이루는 원소는 기본적으로 별의 격렬한 삶의 과정을 통해 생겨났다고 했지요. 인간을 포함해 생명이 존재한다는 사실 자체가 우주적인 과정입니다. 그러므로 이렇게 생명현상을 보이는 생체계도 결국은 은하와 마찬가지로 물리법칙이 지배하리라 생각할 수 있습니다. 다시 말하면 생명현상에 대해서도 보편지식체계는 성립할 수 있으며, 다만 복잡하다는 차이가 있을 뿐이라는 거지요. 이러한 관점에서, 생체계는 일반적으로 많은 구성원으로 이뤄진 복잡계로서 생명이라는 특이한 현상을 보이며, 생명이란 생체계를 이루는 구성원 사이의 협동으로 떠오른 집단성질이라고 할 수 있습니다. 다시 강조하는데 생체계를 이루는 물질이 보통 사물을 이루는 물질과 본질적으로 다른 것은 아닙니다. 생체계를 이루는 개개의 요소가 특별해서가 아니라 그들의 짜임새가 특별하기 때문에 생명현상이 생겨난다고 할 수 있습니다.

생물리학이라는 용어를 들어 봤나요? 생물학을 물리학이란 도구를 통해서 이해하려는 비교적 전통적 분야를 말합니다. 반면에 최근 생명현상을 물리학의 한 주제로 연구하려는 분야를 생물물리학이라고 부릅니다. 그 두 가지의 차이는 다음 문장으로 표현할 수 있을 듯싶습니다. "물리학이 생물학에 무엇을 할 수 있는지 묻지 말고 생물학이 물리학에 무엇을 할 수 있는지 물어보시오." 어디서 많이 들었던 이야기 같지요? 미국 대통령이던 케네디의 말을 따서 울람이라는 수학자가 프라우엔펠더라는 물리학자에게 한 말인데, 앞의 경우는 생물리학, 뒤의 경우는 생물물리학에 해당한다고 생각됩니다. 사실은 뒤의 경우를 생(물)물리학이라 부르고 앞의 경우는 물리생물학이라 부르는 편이 더 적절하지 않을까 생각합니다.

자연과학은 물리과학과 생물과학 — 또는 생명과학 — 으로 나뉘고, 대표적인 물리과학으로서 물리학의 정체성은 보편지식 체계, 곧 이론을 탐구한다는 점에 있다고 강조했습니다. 그래서 물리학은 전형적인 이론과학이지요. 이와 관련해서 원자의 행성계 모형을 제안한 러더퍼드는 이런 말을 남겼습니다. "자연과학은 물리학이거나 우표수집이다." 이론과학 외에 다른 과학은 자료를 모으는 활동이라는 것인데, 다른 분야를 얕잡아 보려는 것은 아니고, 보편지식 체계를 구축하는 이론과학이 아니면 현상을 기술하는 현상과학이라는 뜻입니다. 생물물리학 말고도 화학물리학, 지구물리학, 의학물리학 따위에서 보듯이 무슨 물리(학)이라고 이름을 붙이는데 이는 이론과학의 관점에서 보편지식 체계로 엮어 보려는 노력이라고 할 수 있습니다.

물리학에서는 기본입자를 구성하는 쿼크에서 전체 우주까지 모든 것이 대상이지요. 그중에 생명현상을 이해하려면 일반적으로 분자 수준부터 고려합니다. 쿼크 따위는 생명을 비롯한 우리 일상의 세계와 직접적으로는 관계가 없어요. 생명에 중요한 분자로는 흰자질과 디엔에이 따위를 들 수 있습니다. 그러한 분자들이 모여서 미토콘드리아, 리보솜 같은 세포소기관을 이루고 이들이 모여서 세포를 이룹니다. 세포가 모여서 조직을, 조직이 모여서 염통이나 두뇌 같은 기관을 이루며 기관이 모여서 기관계를 이루지요. 순환계라든지 골격

계, 근육계, 신경계, 소화계 따위들이 모여서 개체를 이루고 개체가 모여서 집단을, 이와 환경이 합해 군집, 그리고 이들이 모두 합해져서 생태계가 됩니다. 그것이 모두 모이면 지구라는 생물권이 되지요. 그래서 생명의 범위는 작게는 분자에서 크게는 지구까지로 매우 넓지만 그래도 물리학에서 다루는 전체 대상의 범위에 비하면 극히 일부분입니다.

생물물리학의 연구 주제

생물물리학에서 복잡계 관점으로 다루는 주제들을 몇 가지만 소개하지요. 분자에서 세포, 그리고 개체에서 전체 생태계까지 나아가는 생명의 각 단계마다 보기를 간단히 들어 보겠습니다.

생명현상과 관련된 가장 중요한 생체분자로서 흰자질의 구조와 동역학은 활발하게 연구되고 있는 주제입니다. 아미노산이 길게 연결되어 이루어진 흰자질은 적절하게 접혀서 고유구조를 지니게 됩니다. 제대로 접히지 못해서 형태가 달라지면 — 이를 변성이라고 부르는데 — 제 기능을 하지 못하고 때로는 해를 끼치기도 해요. (극단적보기로 앞서 언급한 파킨슨병이나 알츠하이머병, 다음에 설명하는 광우병을 들 수 있겠네요.) 흰자질이 어떻게 고유구조를 찾아가는지를 '흰자질 접기'라 부르는데, 이는 최적의 상태를 찾는 최적화 문제로서 앞 강의에서 소개한 '외판원 문제'와 동등합니다. 복잡계의 전형이라 할 수 있지요. 따라서 불림시늉내기나 신경그물얼개 같은 방법을 써서 고유구조를 찾고, 주로 분자동역학 방법을 이용해서 동역학

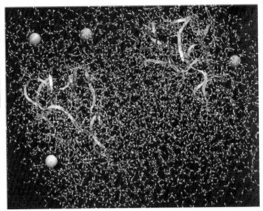

그림 26-3:
PDC-109 흰자질의 구조와 동역학.

거동을 조사합니다. 그림 26-3은 PDC-109라는 흰자질의 구조와 거동을 분자동역학 방법으로 시늉한 결과입니다. (109개의 아미노산으로 이루어진 이 흰자질은 황소 정자의 길잡이가 되어 수정이 이루어지도록 도와주며 두 구역이 연결되어 있지요.) 구부러진 작은 막대로 표시된 대략 9800개의 물분자에 공으로 나타낸 20개쯤의 나트륨 Na^+과 염소Cl^- 이온이 있는 용액에서 흰자질과 이온, 물분자들의 배치를 보여 줍니다.

또 다른 중요한 생체분자인 디엔에이에서는 정보의 저장과 상전이가 흥미로운 주제로서 널리 연구되어 왔습니다. 정보의 척도로서 염기의 서열이 지닌 복잡성을 쪽거리 구조에 대응해서 분석하기도 했지요. 또한 이중나선 구조가 풀리는 디엔에이 녹음 전이는 엔트로피의 기여에 따른 불연속 상전이의 가능성으로 관심을 끌었습니다.

세포 수준에서는 세포를 둘러싸서 환경과 구분하는 세포막의 성질과 물질의 통과를 조절하는 이온채널의 작동, 세포소기관들의 기전이 많이 연구되고 있습니다. 또한 세포가 스스로를 먹어치우는, 정확히 말해서 자신의 구성 요소인 세포소기관 등을 분해하는 자가포식도 흥미를 끄는 주제이지요. 세포에서 디엔에이의 지령을 받아서, 곧 디엔에이에 저장된 정보에 따라서 흰자질을 합성하는데 때로는 잘못될 수 있습니다. 그런 것은 다시 아미노산으로 분해하는데, 이때 자가포식이 중요한 구실을 합니다. 자가포식은 외부조건에 따라서 여러 단계를 거쳐 잘못된 흰자질과 세포소기관을 분해해서 재활용하며 세포자살과 더불어 항상성을 유지하는 데 중요하다고 여겨집니다. 제대로 작동하지 않는 경우에 암이나 앞서 지적한 대로 알츠하이머병의 발생과도 관련이 있으리라 추정하기도 하지요. 구체적으로 흰자질이나 세포소기관이 자가포식소체를 이루고 용해소체와 결합하여 자가용해소체를 이룬 다음에 가수분해를 통해서 아미노산으로 분해되는데, 이 과정에서 아데노신삼인산ATP을 만들어 내고 에이티피ATP는 다시 아미노산으로부터 흰자질을 합성하는 데 쓰

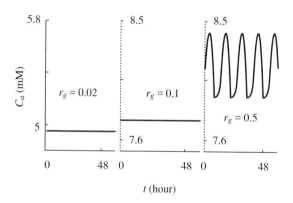

그림 26-4: 자가포식소체 형성률 r_g에 따른 아미노산 농도 C_a의 거동.

이게 됩니다. 이러한 일련의 과정에서 관계된 양들, 곧 흰자질과 아미노산, 에이티피, 그리고 자가포식소체, 자가용해소체 등의 농도는 서로 관련되어 있지요. 그 농도 변화를 나타내는 여러 개의 연립방정식을 얻어 내어 분석하면 생리적 조건 변화에 따른 자가포식의 응답과 조절 기전을 이해하는 데 도움을 줍니다. 특히 자가포식소체가 형성되는 비율이 늘어나면 아미노산이나 에이티피가 생겨나고 나아가 주기적으로 거동하게 되는데 이러한 거동의 변화는 바로 상전이 현상으로 해석할 수 있지요. 그림 26-4는 자가포식소체 형성률 r_g가 늘어나면서 아미노산이 생겨나고 주기적으로 변화하게 되는 과정을 보여줍니다.

세포가 모여서 조직을 이루고 다시 기관, 그리고 기관계를 이룹니다. 이 수준에서 많이 연구된 주제로는 앞 강의에서 지적한 대로 염통의 박동과 피돌기(혈액순환), 이자에서 인슐린을 분비하는 베타세포들의 거동과 이에 따른 혈당 조절, 두뇌의 신경그물얼개 모형에서 정보의 저장과 회수 따위를 들 수 있겠네요. 그중에 혈당 조절에 대해서 조금 자세히 살펴봅시다. 우리 몸의 이자는 혈당을 조절하는 호르몬인 인슐린을 분비합니다. 밥을 먹으면 소화가 되어 혈당이 높아지는데 너무 높으면 삼투압 현상 때문에 우리 몸의 장기들이 다 망가지거든요. 그래서 밥을 먹으면 이자에서 인슐린을 분비하고, 이는 간이나 힘살이 핏속의 포도당을 얼른 흡수해서 동물녹말로 저장하도록 함으로써 혈당을 낮춥니다. 밥을 안 먹어서 혈당이 떨어지면 간과 힘살에 저장했던 당분을 꺼내서 쓰지요. (이에 더해서 필요하면 저장되어 있는 지방을 써서 에이티피를 합성합니

다. 밥을 먹으면 탄수화물의 상당량은 지방으로 바뀌어 주로 지방
세포에 저장되거든요.) 그렇게 우리 몸은 혈당을 알맞게 조절합니
다. 그 기능이 제대로 작동하지 않으면 당뇨병에 걸리게 되지요. 그
런데 우리가 밥을 먹으면 어떻게 알고 인슐린을 분비할까요? 이자
에 있는 베타세포가 혈당의 농도를 감지하고 인슐린을 분비합니다.
혈당이 높아지면 대사가 활발해져서 에이티피가 많아지고 이에 의
존하는 칼륨통로가 닫혀서 막전위가 바뀌고 이에 따라 칼슘통로가
열려서 칼슘이온이 많아져요. 그러면 베타세포에 저장되어 있는 인
슐린이 분비되지요. 그런데 이자에는 인슐린을 분비하는 베타세포
뿐 아니라 글루카곤과 소마토스타틴이라는 호르몬을 분비하는 알
파세포와 델타세포도 있고, 그들 사이에는 견제와 촉진의 되먹임에
따른 쩔쩔맴이 존재합니다. 예컨대 알파세포는 글루카곤을 분비해
서 베타세포의 인슐린 분비를 촉진하는 반면에 베타세포가 분비한
인슐린은 알파세포의 글루카곤 분비를 억제해요. 한편 델타세포의

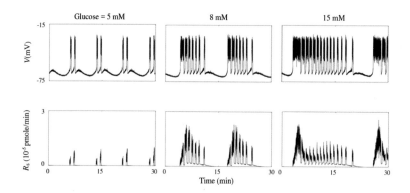

그림 26-5: 세포 외부 포도당 농도에 따른 베타세포의 막전위 V와 인슐린 분비율 R_s의 시간에 따른 변화.

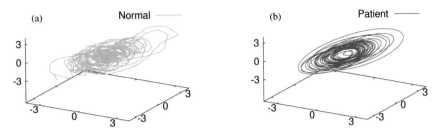

그림 26-6: 위상공간에서 막대기 움직임의 끌개 ⓐ 정상인 ⓑ 환자.

소마토스타틴은 알파세포와 베타세포의 분비를 모두 억제하지요. 이렇듯 서로 촉진하기도 하고 억제하기도 하면서 떠오르게 된 복잡성은 호르몬의 균형을 이루고 혈당이 안정적으로 조절되도록 도움을 줍니다. 특히 인슐린 분비는 빠르고 느린 주기적 거동이 섞여 있는데 세포 수준의 인슐린 분비 기전과 기관 사이 상호작용을 포함하는 결합 모형으로 이러한 거동과 온몸 혈당 조절을 이해할 수 있어요. 그림 26-5는 세포 외부 포도당 농도의 세 가지 값에 따른 베타세포의 막전위 V와 인슐린 분비율 R_s의 시간에 따른 변화를 보여줍니다. 우리가 밥을 먹으면 포도당 농도가 늘어나지요. 이에 따라 베타세포 막전위가 터지기 거동을 보이면서 인슐린 분비도 빨리 늘어나게 되고 포도당을 간과 힘살에 흡수시켜서 혈당을 효과적으로 조절합니다. (이는 복잡계 모형으로부터 계산해서 얻은 결과인데 실제 실험의 결과와 대체로 일치합니다.)

개체 수준의 연구 주제로는 사람의 동작이나 잠자기를 들 수 있습니다. 우리가 막대기를 들고서 칠판의 글씨를 가리키려 할 때 꼼짝 않고 글씨를 가리킬 수 없어요. 아무리 애써도 어쩔 수 없이 막대기의 끝은 흔들리게 됩니다. 그 움직임을 분석하면 흥미로운 복잡성을 볼 수 있지요. 반면에 뇌졸중을 앓고 후유증으로 약간의 마비를 지닌 사람은 복잡성이 현저히 떨어집니다. 그림 26-6은 정상인Normal 과 환자Patient의 막대기 움직임이 어떻게 다른지 보여 줍니다. (위상공 간에서 끌개로 재구성한 것인데 자세한 내용은 매우 전문적이라 다루지 않겠습니다.) 복잡성의 차이가 뚜렷이 드러나네요. 잠자기에 대한 연구로는 햇빛 또는 인공조명과 몸의 생체주기 사이의 상호영향에 따라 잠을 자는 리듬이 어떻게 나타나는지 적절한 모형의 동역학을 분석하기도 했어요. 이러한 연구는 불면증이나 조울증 따위 정신질환을 앓는 사람의 진단과 치료에도 도움이 되리라 기대할 수 있겠지요.

나아가 생태계의 진화가 보여 주는 복잡성도 다뤄지고 있습니다. 앞 강의에서 소개한 대로 생태계와 환경 사이의 정보교류에 초점을 맞춘 정보교류동역학을 이용해서 진화를 기술할 수 있지요. 여러 화석 자료는 흥미로운 복잡성을 보여 주는데 이와 대체로 일치하는 결과를 얻을 수 있습니다.

이렇듯 일반적으로 복잡계 모형을 이용한 접근은 보편지식을 추구하는 이론과학으로서 물리학의 특성이라 할 수 있습니다. 이는 더 본원적인 현상의 이해와 더불어 진단이나 치료에도 도움을 줄 수 있으리라 기대하게 됩니다.

생명이란 무엇인가

그러면 생명이란 무엇인지 한번 정리해 볼까요? 첫째로 살아 있는 것은 짜임새가 있습니다. 다시 말해서 조직되어 있지요. 일반적으로 모든 생물은 적절한 구조로 잘 짜여 있습니다. 예컨대 곤충이 알에 서부터 애벌레가 되고 번데기를 거쳐서 어른벌레가 되는 일련의 발생 과정을 보면 매우 잘 조직되어 있고 시간에 따라 특징적 변화를 보입니다.

둘째로 살아 있는 것은 (신진)대사 작용이 있습니다. 대사란 외부에서 물질과 에너지를 받아들이고 그것을 이용한 여러 가지 생화학 반응을 통해서 에너지를 이용하는 과정을 말합니다. (물질대사 또는 에너지대사라고도 하지요.) 그래서 살아 있을 수 있고 자라기도 해요. 중요한 점은 바깥세상에서 자유에너지가 들어오고, 이를 통해서 엔트로피가 낮은 상태를 유지한다는 사실입니다. 바꿔 말하면 정보를 늘리는 것으로 이것이 핵심이라 할 수 있습니다.

열역학 둘째 법칙에 따라서 엔트로피가 최대가 된다면 생명이 존재할 수 없습니다. 엔트로피가 최대가 되려면 모든 물질이 고르게 섞여서 모든 지점이 똑같아야 합니다. 그러니까 우리 몸을 구성하는 탄소나 산소, 질소 등이 대기에 있는 탄소나 산소, 질소와 똑같이 고르게 섞여 있어야 하니까 우리도 존재할 수 없고 개개 물질도 따로 존재할 수 없습니다. 모든 것이 균일하게 섞여 있어야 하고, 그런 상태라면 생명은커녕 아무것도 있을 수 없지요. 그런데 생명체의 분화는 분명히 더 정돈되어 가는 과정입니다. 그러니까 엔트로피가 늘어나지 않고 도리어 줄어들어서 점점 질서를 찾아갑니다. 따라서 생명현상은 열역학 둘째 법칙에 위배되므로 하느님 같이 뭔가 초자연적인 존재가 창조한 것이라고 믿기 쉽지요. 그러나 이는 잘못된 생각입니다. 열역학 둘째 법칙은 어디까지나 닫힌 계, 외떨어진 계에만 해당합니다. 다시 말해서 외떨어진 계로서는 생명이 존재할 수 없습니다. 실제로 생명체는 반드시 열려 있는 계지요. 외부 세계와 물질이나 에너지 등이 계속 왔다 갔다 하기 때문에 자신의 엔트로피가 늘어나지 않을 수 있습니다. 국소적으로 생명체 자신은 엔트로피를 줄일 수 있으나 주위 환경까지 다 합친 전체의 엔트로피는 일반적으로 늘어나지요. 이렇게 생각하면 결국 우주 전체의 엔트로피는 어떻게 되는가로 귀착됩니다. 엄밀한 의미에서 외떨어진 계는 전체 우주밖에 없어요. 그런데 우주가 현재 열죽음, 다시 말해 열평형상태에 있지 않은 이유는 우주가 불어나고 있기 때문이라 지적했습니다. 그러니 생명현상은 불어나는 우주에서만 가능하다고 할 수 있지요.

셋째로 생명의 중요한 특징은 번식입니다. 살아 있는 것은 살아 있는 것을 계속 만들어 내지요. 그리고 이러한 번식은 유전이라는 현

그림 26-7:
유전의 증거
(a) 아들 (b) 아버지.

상을 보입니다. 자신의 특성을 다음 세대에 물려주는 것으로서, 말하자면 자신과 닮은 녀석을 만들어 내지요. 그림 26-7(a)에 보인 아이는 나와 닮았어요? 내가 어렸을 때는 이 아이와 똑같이 생겼었다고 합니다. 어떻게 믿을 수 있냐고요? 그런 학생을 위해서 사진을 하나 더 준비했어요. 그림 26-7(b)는 내가 어렸을 때 모습입니다. 두 사진을 비교하면 유전의 증거라고 생각할 수 있겠지요. 그런데 (a)의 개체는 (b)의 개체와 유전정보가 얼마나 똑같을까요? 반은 엄마한테서 물려받으니까 50퍼센트라고요? 글쎄요, 침팬지 같은 영장류와도 아마 95퍼센트쯤 같고, 웬만한 동물과도 줄잡아 80퍼센트 이상은 같을 겁니다. 두 개체는 유전정보가 99.9퍼센트 이상 같습니다. (그러니 형질도 비슷한 점이 많겠네요.) 물론 일란성쌍둥이가 아니면 100퍼센트 같진 않아요.

넷째로 생명체는 환경의 변화에 응답합니다. 예를 들어 겨울에는 토끼 털빛깔이 희게 되지요. 흰 눈이 내리면 그 환경에 맞게 응답해서 갈색이 흰색으로 바뀝니다. 이른바 보호색이지요. 그런데 삵이 나타나면 토끼는 도망을 갑니다. 도망가지 않으면 잡혀 죽게 되지요. 그러니까 환경의 변화에 알맞게 응답해야 합니다. 그러지 않으면 살 수가 없지요. 생명을 유지하기 위해서는 환경에 대한 적절한 응답이 필요합니다. 이것은 사람도 마찬가지입니다. 예컨대 비가 오면 우산을 써야 합니다. 환경에 응답하지 않으면 어떻게 될까요? 우산을 쓰지 않으면 체온이 내려가서 결국엔 죽을 수 있어요. 생명체는 환경에서 여러 가지 자극을 받을 수 있습니다. 빛이나 소리, 냄새 자극이나 옆에 앉은 학생이 손가락으로 찌를 수도 있지요. 이러한 자극을 받으면 시각, 청각, 후각, 촉각 따위 감각기관을 통해서 일단 감지하고서 적절히 응답해야 합니다. 옆 사람이 자꾸 귀찮게 찌르면 한 방 쥐어박든지 해야겠지요? 그러지 않으면 끝이 없을 테고 이는 스트레스 따위의 바람직하지 않은 영향을 끼칠 겁니다.

응답이란 환경에 적응하기 위한 것인데 이는 이른바 되먹임으로 조절하게 됩니다. 예를 들어 비를 맞아서 체온이 너무 떨어지면 안되니까 이를 막아서 원래 상태를 유지하려 하는 겁니다. 옆 학생이 자꾸 찌르면 옆구리에 압력을 받으니까 이를 없애서 원래 상태를 유지하려 하지요. 되먹임 조절이란 결국은 생명체를 일정한 상태로 유지하기 위함인데 이를 항상성이라고 부릅니다. 우리가 생명을 유지하려면, 다시 말해서 죽지 않고 계속 존재하려면 여러 가지 상황을 일정하게 유지해야 하는데 이러한 생명의 특성을 항상성이라고 부르지요. 그래서 응급환자가 살았는지 죽었는지 확인하는 방법으로 자극을 줄 때 적절한 응답이 있는지 살펴봅니다.

마지막으로 생명체는 변합니다. 진화라고 부르지요. 세균을 비롯한 미생물, 공룡, 어룡 그리고 여러 종류의 풀과 나무, 벌레와 조개도 생겨나고, 물고기, 개구리, 개와 원숭이, 고릴라도 생겨나고 결국 사람도 생겨납니다. 우주에 진화만큼 놀라운 현상은 없을 듯합니다. 더욱 놀라운 점은 생명의 단일성에서 엄청난 다양성이 생겨났다는 사실입니다. 생명의 단일성이란 세균부터 인간이나 닭이나 느티나무 등 모든 생명체를 통틀어서 본질적으로 놀라운 공통성을 갖고 있음을 나타냅니다. 예를 들어서 느티나무하고 여러분은 유전자가 얼마쯤 같을까요? 정확한 값은 모르겠지만 적어도 반은 넘을 겁니다. 더욱이 모든 생명체의 유전정보는 똑같이 하나의 기전으로 이뤄져 있습니다. 곧 디엔에이의 네 가지 염기 서열이 유전정보를 이루는데 이는 모든 생명체에 공통이지요. 그뿐 아니라 흰자질이 생명체를 이루는 핵심 요소인데 이것도 모든 생명체가 똑같습니다. 다시 말해서 흰자질은 아미노산들로 이뤄져 있는데 아미노산은 스무 가지로서 모든 생명체가 마찬가지지요. 이러한 면에서 놀라운 단일성이 있다고 할 수 있습니다. 그런데 이런 단일성에서 엄청난 다양성이 얻어집니다. 우리는 지구라는 생물권만큼 생명의 다양성을 보이는 곳을 지구 말고는 알지 못합니다. 우주 어딘가에 또 있을까요? 글쎄요, 아무도 모릅니다. 외계 생명의 가능성은 관점에 따라서 제법 크다고 생각할 수 있어요. 하지만 지구만큼의 수준으로 생명의 다양성을 품을 가능성은 아무래도 매우 작을 듯합니다. 그러니까 우주에서 지구는 특별하고 말로는 다 표현할 수 없을 만큼 놀라운 떠돌이별, 행성이라고 여겨지네요.

생명의 핵심 요소

이제 생명이란 무엇인지 알았습니까? 그렇다고요? 생명에 대해 지금 다섯 가지를 말했는데 그것으로 생명이 무엇인지 이해했다고 할 수 있습니까? 다섯 가지는 생명의 속성이지요. 생명의 속성이 무엇인지 지적했지 생명의 본질이 무엇인지는 논의하지 않았습니다.

만일 시험문제에 "해란 무엇인가?"라고 나오면 답을 뭐라고 쓰겠습니까? 해를 모르는 사람은 없겠지요. 그런데 태어나면서부터 앞을 보지 못하는 사람은 어떨까요? 그에게 해를 어떻게 설명해 주겠어요? 해라는 것은 지구를 비춰 주는데 크기가 얼마쯤 되고 지구에서 얼마쯤 떨어져 있고, 밝기가 얼마쯤 되고, 빛깔이 어떻고, 지구에서 보면 어떻게 움직이는지 따위를 제시하는 것도 한 가지 방법이지요. 그러나 그것은 대체로 해의 속성이지 본질이라고 말하긴 어렵습니다. 다른 방법으로 해는 붙박이별로서 주계열별의 하나이고, 핵융합 반응으로 수소가 결합해 헬륨이 되면서 질량이 줄어들고 그만큼 에너지가 되어서 빛을 내비치고, 해의 온도가 얼마쯤 되고 그것 때문에 핵융합 반응이 어느 정도 일어나며, 앞으로 몇 년이 지나면 빨강장다리별이 된다는 식으로 설명할 수도 있겠지요. 이러한 두 가지 방법의 기술 중에 앞의 것이 생명이란 무엇인지에 대해서 기술한 것과 같은 방법입니다. 해의 속성을 제시하듯이 생명의 속성을 제시한 것이고, 본질에 대해 논의했다고 보기는 어렵습니다.

이런 차이가 바로 이론과학과 현상과학을 구분 짓는다고 할 수도 있습니다. 현상과학으로서 성격이 강한 천문학이나 생물학에서는 해나 생명의 속성에 대한 기술이 주된 관심이라면 이론과학으로서 물리학에서는 보편적 체계의 관점에서 해석하려 하므로 속성에 대한 기술이 끝이 아니라 그로부터 시작한다고 할 수 있습니다. 따라서 물리학의 관점에서 보면 생명이란 무엇인지 논의하지 않은 것이지요.

다섯 가지의 생명의 속성은 모두 정보와 깊이 관련되어 있습니다. 먼저 적절한 구조로 잘 짜여 있다는 말은 많은 양의 정보를 이용하는 과정을 통해 생명이 구조를 가지게 되었음을 뜻합니다. 말하자면 짜임새 있는 집을 짓기 위해서 정보를 충분히 담은 설계도가 있어야 하는 법과 마찬가지지요. 대사 작용은 생명체가 외부로부터 자유에너지, 곧 에너지와 정보를 받아들여 이용하는 과정인데, 여기서 에너지보다 정보가 중요합니다. ('에너지보존법칙'에 따라 에너지는 소모되지 않고 일정하게 유지됩니다.) 결국 대사란 정보의 흐름을 통해서 자신의 정보를 늘리는 과정이라 할 수 있어요. 한편 응답은 생명체와 환경 사이의 정보교류를 통해 이루어지며, 번식은 세대 사이에서 정보의 전달입니다. 이른바 유전정보를 물려주는 과정이지요. 마지막으로 진화는 긴 시간 눈금에서 환경과 정보교류에 의해 일어납니다.

따라서 생명현상의 본질은 정보라고 할 수 있겠습니다. 이는 양자역학을 만들어서 아인슈타인에 비견할 만한 업적을 이뤄 낸 슈뢰딩거가 자신의 강의를 펴낸 저서, 《생명이란 무엇인가》를 통해 널리 알려졌지요. 그는 이 책에서 생명의 핵심 개념으로 네겐트로피와 코드, 두 가지를 들었습니다. 알다시피 네겐트로피는 음의 엔트로피로서 정보에 해당합니다. (에너지도 고려해서 자유에너지라고 말할 수도 있지요.) 그리고 코드는 정보의 저장을 뜻하는 것인데 바로 디엔에이에 해당한다고 할 수 있습니다. 슈뢰딩거는 1944년에 이 책을 펴냈는데 디엔에이의 존재와 구조가 알

그림 26-8: 슈뢰딩거(1887~1961).

려진 때는 이보다 뒤인 1950년대부터 1960년대 초반까지입니다. 그러니까 슈뢰딩거는 10년 이상 앞서서 디엔에이처럼 정보를 저장하는 코드가 필요하다고 예측한 거지요. 사실은 왓슨과 크릭이 바로 이 책에서 영감을 받아 디엔에이 이중나선 구조를 알아내게 되었다고 합니다. 역시 슈뢰딩거는 놀라운 통찰력을 가졌네요. 네겐트로피와 코드는 모두 본질적으로는 정보이니 결국 생명의 가장 핵심 요소가 정보임을 지적한 셈이지요. 그런데 이는 사실 슈뢰딩거가 처음으로 지적한 것이 아니라 19세기에 이미 볼츠만이 지적했고, 슈뢰딩거도 이를 알고 있었다고 합니다. 결국은 볼츠만이 정말 놀라운 분이란 얘기지요. 앞에서 언급했지만 과학사에서 볼 때 볼츠만이 아인슈타인보다 더 뛰어난 업적을 남겼다는 견해도 있습니다.

생명의 단위

이제 다음과 같은 것들이 살았는지 죽었는지 판단해 봅시다. 홑세포, 곧 세포 하나가 따로 있다면 생명을 지니고 있나요? 우리 몸의 세포가 하나 떨어져 홀로 있어도 살아 있나요? 그런데 원생생물이라는 것이 있지요. 아메바나 짚신벌레 같은 것 들어 봤어요? 이들은 세포 하나로 구성된 홑세포생물인데 당연히 살아 있다고 봐야겠지요. 생명의 다섯 가지 속성을 모두 만족합니다. 짜여 있고 물질대사도 하고 번식하고 외부 자극에 응답도 하며, 변화도 합니다. 그러니까 홑세포도 살아 있는 것 같네요, 동의해요? 그런데 우리 몸의 세포 하나가 떨어져 나가 홀로 있어도 정말 살아 있어요?

　　그러면 바이러스는 어떨까요? 바이러스도 짜여 있지요. 대체로 디엔에이에 담긴 유전정보와 이를 둘러싼 흰자질 외투로 이뤄져 있습니다. (디엔에이 대신에 리보핵산, 영문 약자로 아르엔에이$_{RNA}$를 지닌 바이러스도 있습니다. 보통 디엔에이에서 아르엔에이로 흐르는 정보의 이동을 거스른다 해서 레트로바이러스라 부르는데 후천성면역결핍증$_{AIDS}$을 일으키는 인간면역결핍바이러스$_{HIV}$가 널리 알려져 있지요.) 그리고 번식도 합니다. 물론 외부 자극에 응답도 하지요. 변화도 하니까 살아 있는 것 같은데 그러나 물질대사는 하지 않습니다. 이러한 점에서 보면 살아 있다고 말하기 난처하네요. (신진대사를 물질로부터 확장해서 에너지대사로 보면 바이러스도 대사 작용이 있는 셈입니다.) 그래서 환경이 좋지 않으면 유전정보를 둘러싼 흰자질의 결정이 되는데 유전정보나 흰자질이 살아 있다고 말할 수는 없지요. (심지어 흰자질 외투도 없이 더 간단하게 리보핵산으로만 이뤄진 바이로이드라는 것도 있습니다.) 그냥 분자일 뿐입니다. 수소, 탄소, 질소, 산소 따위가 결합되어 있는 분자이니 도저히 살아 있다고 여길 수는 없어요. 그러나 그것이 생체에 들어오면 자기 유전정보를 이용해서 번식하고 일반적으로 생명이 보이는 여러 성질을 대부분 나타냅니다. 그러니 바이러스가 생명이냐 아니냐 잘라 말하기는 좀 어렵네요.

　　혹시 여러분 프리온이라고 들어 봤어요? 소가 미치는 미친소병(광우병)은 들어 봤지요? 병의 공식 이름은 소해면상뇌증$_{BSE}$이라고 합니다. 뇌가 해면, 곧 스펀지처럼 구멍이 숭숭 뚫리기 때문에 붙은 이름이지요. 개가 미친개병(광견병)에 걸리면 날뛰면서 막 물게 되는데

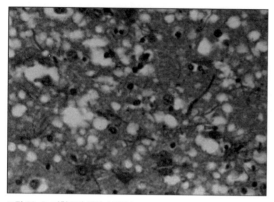

그림 26-9: 미친소병 걸린 소의 뇌.

사람도 이에 물리면 바이러스를 통해 옮습니다. 소도 미치면 (그렇다고 사람을 물지는 않지만) 성질이 사나워지는데 결국 걷지 못하고 서 있지도 못하는 앉은뱅이가 되지요. 그런데 그 소의 뇌나 척수, 그리고 확률은 작지만 피와 고기를 먹으면 사람에게 옮을 수도 있다고 알려져 있습니다. 공식 이름이 변종 크로이츠펠트-야코프병vCJD인 인간광우병에 왜 걸리는지 이유를 잘 몰랐는데 알고 보면 놀랍습니다. 병에 걸린 소의 프리온이라는 물질이 우리 몸에 들어와서 두뇌로 가면 번식합니다. 프리온의 정체는 다름 아닌 흰자질입니다. 그런데 놀랍게도 마치 생명체처럼 번식하지요. 프리온이 일단 두뇌에 들어와서 증식하면 두뇌의 신경세포를 마구 파괴해 버립니다. 신경세포가 파괴되면 두뇌가 망가지니 정상적으로 생각할 수 없음은 물론이고 몸의 조절도 하지 못하므로 결국 죽을 수밖에 없습니다. 프리온이 과연 생명일까요? 프리온은 단지 흰자질입니다. 유전자고 뭐고 없지요. 다른 흰자질과 마찬가지로 적절하게 접혀서 고유 구조를 가졌을 때는 정상적 구실을 합니다. (바이러스 감염이 퍼지는 것을 막기 위한 세포 파괴나 두뇌의 기억 작용에 관계한다고 추정되는데 정확한 기능은 아직 잘 모르지요.) 나사선처럼 꼬불꼬불한 부분이 많지요. 그런데 변성되면 면 모양의 부분을 많이 가지게 되는데 이렇게 변성된 프리온은 모여 붙어서 섬유처럼 되고 뇌세포를 치명적으로 파괴한다고 생각합니다. 일단 그런 것이 생기면 주위 프리온을 같은 형태로 변성시키지요. 말하자면 '번식'하는 셈입니다. 그러나 물질대사는 물론 유전정보도 없으니 아무래도 생명이라 볼 수는 없겠지요.

바이러스나 프리온의 예는 무엇을 의미할까요? 어떤 대상이 살아 있는 것인지 판단할 때 그 자체만으로 판단하는 것은 적절하지 않다는 점을 알려 줍니다. 살아 있음, 곧 생명이란 환경과 결부해서 판단해야 함을 암시하고 있지요. 이것은 사실 바이러스나 홑세포뿐 아니라 우리도 마찬가지입니다. 여러분은 살아 있나요? 하나의 개체로 보면 누구나 다 살아 있다고 믿겠지만 사실 살아 있다는 것은 현재 환경에 국한되어 말하는 겁니다. 만약 고스란히 환경이 바뀌어 바다 깊이 들어가든지 달이나 화성으로 가든지 남극 지방으로 간다면 여러분은 살아 있을 수 없겠지요. 우리가 살아 있다는 것은 어디까지나 환경과 함께 말할 때 의미가 있습니다. 특히 홑세포나 바이러스 같은 경우에는 그 중요성이 명백하지요. 그래서 보생명이라는 표현을 쓰며, 한편 개체 하나하나는 낱생명이라고 합니다. 개별적인 낱생명은 독립적 생명으로서 기능을 가질 수 없고 보생명과 같이 합쳐서 이른바 온생명을 이루지요. 이 수준에서 봐야 참다운 생명현상의 본성을 말할 수 있습니다. 생명의 본질은 정보라고 지적했지요. 근원적으로 보면 낱생명은 단순히 유전자의 자기보존을 위한 그릇의 수준을 넘어서 보생명과의 상호작용을 통하여 온생명의 정보를 늘리는 존재라고 생각됩니다. 그런데 이런 개념을 받아들이는 사람은 그리 많지 않은 듯합니다. 아무래도 환원론에 바탕을 둔 자연과학자 중에는 거의 없는지도 모르겠네요. 이를 제안하신 분은 양자역학의 서울 해석에서 언급한 장회익 선생님입니다. 생명의 본질을 비롯해서 과학의 철학적 조명에 대해서도 깊이 고찰하셨고, 이는 생명에 관한 핵심적 통찰력을 담고 있다고 생각합니다.

살아 있는 생명체가 흐트러지지 않고, 엔트로피도 늘어나지 않고 어떻게 적절한 질서를 유지할 수 있는지는 커다란 의문입니다. 그것에 대해 물리학에서는 에너지와 정보의 흐름을 답으로 제시하지요. 엔트로피가 늘어나지 않고 낮은 상태를 계속 유지할 수 있는 이유가 환경으로부터 에너지와 정보, 곧 자유에너지 — 17강에서 다룬 — 를 받기 때문입니다. 사실 생명이란 눈물겨운 존재라 할 수 있어요. 내버려 두면 존재할 수 없습니다. 엔트로피가 늘어나고 결국 죽게 되지요. 참으로 피나는 노력, 힘겨운 투쟁을 통해 생명을 유지할 수 있습니다. 주위의 많은 생명체들과 마찬가지로 우리도 환경에서 계속 에너지와 정보를 받아 그것을 끊임없이 이용하기 때문에 살아 있을 수 있습니다. 그런데 구체적으로 지구라는 생물권에서 그 근원은 바로 해입니다. 식물은 광합성을 통해서 해로부터 받는 자유에너지를 직접 이용하는 데 반해서 동물은 이러한 식물 또는 다른 동물을 먹어서 그로부터 자유에너지를 얻게 되지요. 결국 지구에서 모든 생명체들의 근원은 궁극적으로 해로부터 받는 자유에너지에 있다고 할 수 있으며, 그 하나하나는 놀랍고 소중한 존재들입니다. 인간이 '만물의 영장'이라고 주장하면서 생물권에 군림하고 환경을 마구 파괴하는가 하면 생명체를 마음대로 죽이기도 하는데 이는 매우 위험하고 잘못된 행동입니다. 온생명 개념에 따르면 인간이란 개체도 보생명, 곧 인간을 제외한 나머지 생명체들을 포함하여 적절한 환경 없이는 절대로 존재할 수 없지요. 이러한 사실을 제대로 이해하고 우리 삶의 자세를 성찰할 필요가 있습니다.

27강
복잡계와 통합과학

  앞 강의에서는 생명현상에 대해 논의했습니다. 복잡계의 관점에서 다루는 생물물리학이 등장하면서 원래는 생물학의 대상이었던 생명현상의 보편지식 체계를 생각하게 되었지요. 이에 따라 몇 가지 구체적 주제를 소개하였고 특히 생명의 본질에 대해 살펴볼 수 있었습니다. 이러한 생명현상과 마찬가지로 사회현상도 전통적으로 물리학의 대상이 아니었지요. 하지만 25강에서 언급했듯이 복잡계의 관점에서 보면 사회현상도 물리학의 대상이 될 수 있습니다. 사회 구성원들 사이의 상호작용에 의해서 떠오르는 집단현상이 바로 사회현상이니까요. 오늘날 물리학자들은 이처럼 복잡계의 패러다임으로 사회현상을 분석합니다. 기존의 사회과학과는 다른 접근법을 통해 사회현상의 한 측면을 들여다봄으로써, 사회현상을 여러 각도에서 살펴보고 통합적으로 이해하는 데에 도움을 주리라 기대하지요. 이 강의에서는 먼저 복잡계 관점으로 보는 사회현상에 대해 간단히 소개하고 물질, 생명, 사회에 대한 통합적 이해를 모색하고자 합니다.

물리학과 사회과학

사회현상을 과학적으로 이해하고자 하는 학문을 사회과학이라 부르지요. 역사적으로 볼 때 사회현상을 과학적으로 이해한다는 가능성을 처음으로 언급한 사람은 17세기에 활동했던 홉스라고 알려져 있습니다. 하지만 그는 정치철학자로 알려져 있듯이 분야가 사회과학이라기보다는 철학에 가까웠지요. 현대적 의미에서 사회과학을 연 사람은 19세기 학자인 콩트라고 합니다. 따라서 콩트를 사회학의 창시자라고 부르며, 오늘날 사회과학의 시조라고 볼 수 있지요.

사회현상을 이해하려는 시도는 당시 고전역학으로 대표되는 물리학의 성공이 영향을 끼쳤습니다. 물리학이 자연현상을 매우 성공적으로 설명하자 사회현상도 보편지식 체계로 이해할 수 있지 않을까 생각하게 된 거지요. 실제로 콩트는 자신의 학문을 '사회물리학'이라고 불렀습니다.

19세기 말에서 20세기로 넘어오면서 파레토는 사회에서 재산과 소득의 분배를 연구했습니다. 그 결과 20퍼센트의 인구가 80퍼센트의 부를 차지하고 있다는 파레토의 법칙, 일명 80:20 규칙을 발표했지요. 좀 더 일반적으로 말하면 재산이 x 이상인 인구의 비율 $P(x)$가 x의 거듭제곱에 반비례해서 멱법칙으로 주어지므로 일반적으로 x가 클수록 그 분포 비율은 작아진다는 것입니다. 식으로 나타내면 24강에서 지적했듯이 $P(x) \sim x^{-\alpha}$ 로 쓸 수 있는데 파레토 지표 $\alpha \approx 1.16$인 경우가 80:20 규칙에 해당합니다. 신자유주의 시대에는 부의 불균형이 훨씬 심해져서 파레토 지표가 작아요. 극단적으로 $\alpha \approx 1.05$라면 10퍼센트의 인구가 90퍼센트의 부를 차지하는 90:10 규칙이 됩니다. 우리나라는 자료를 얻기 어려워서 모르겠으나 경제협력개발기구OECD에 속한 나라 중에서 불균형이 가장 심한 편이라는데 $\alpha \approx 1.05$쯤 되는지 모르겠네요.

이러한 먹법칙 분포는 자연과 사회에서 폭넓게 나타납니다. 도시의 크기, 곧 거주하는 인구에 따른 도시의 분포를 보면, 일반적으로 인구가 아주 많은 도시는 몇 개 안 되고, 인구가 적은 도시의 수는 많아요. 또한 인류 역사에서 일어난 전쟁을 살펴보면 엄청나게 많은 사람들이 죽은 전쟁은 그리 많이 일어나지 않았습니다. 반면 적은 수의 사람이 죽은 전쟁은 꽤 자주 여러 번 일어났지요. 전쟁에서 죽은 사람의 수를 전쟁의 규모로 간주하면 전쟁의 규모도 먹법칙 분포를 보여요. 지진의 규모, 과학 논문의 인용 횟수 따위의 분포도 마찬가지입니다.

이러한 먹법칙분포가 떠오르는 간단한 기전으로 24강에서 율 과정, 이른바 '부익부 빈익빈'을 언급하였지요. 예컨대 각 사람의 재산이 현재 그가 가진 재산에 비례해서 불어난다면 부의 분포는 먹법칙을 따르게 됩니다. 하지만 이러한 율 과정은 일반적으로 먹법칙 지수가 2 이상의 값을 가지게 되므로 곧바로 파레토의 법칙을 설명하기에는 마땅하지 않아요. 이를 확장한 으뜸방정식을 이용한 분석이 적절한 접근법입니다.

그 후에 언어학자였던 지프는 글에서 특정한 낱말이 얼마나 자주 쓰이는지 조사해 봤어요. 낱말을 자주 쓰이는 순서대로 나열해보니까 각 낱말이 쓰이는 빈도는 그 순위에 대략 반비례한다는 결과를 얻었습니다. 식으로 나타내면 순위가 n인, 곧 n번째로 자주 쓰이는 낱말이 쓰이는 빈도는 역시 멱법칙 $P_n \sim n^{-\alpha}$ 로 주어지며 지수 α도 역시 1에 가까우니($\alpha \approx 1$) 빈도는 순위에 대략 반비례하네요. 이러한 지프의 법칙은 개인의 소득 순위나 도시의 인구 순위 따위에도 성립함을 알게 되었지요.

지프는 이른바 '최소노력의 원리'를 이용해서 이러한 멱법칙 분포를 설명하려 했습니다. 최소한의 노력을 가지고 효율적으로 소통하려는 경향이 바로 지프의 법칙을 가져온다는 착상이지요. 이는 '최소작용의 원리'를 떠오르게 합니다. 3부에서 언급했듯이 최소작용의 원리는 해밀턴의 원리라고도 하는데 뉴턴역학을 형태만 다르게 표현한 라그랑주-해밀턴역학의 출발점이지요. 자연현상을 설명하는 이 원리를 따다가 사회현상을 설명하는 원리로 확장해서 사용한 것입니다. 물리학의 성과에 힘입어 사회현상을 이론적으로 살펴보려는 이러한 시도는 현상의 이해에 도움을 주었지요.

하지만 이러한 시도는 사회현상을 제대로 이해하고 해석하는 데 한계가 있습니다. 환원론과 결정론을 바탕으로 하는 뉴턴역학, 고전물리학의 관점으로 사회현상을 해석하다 보면 오해의 소지가 있고 잘못 적용하여 그릇된 결과를 얻게 될 수 있어요. 나아가 지나친 자신감과 낙관론으로 이어지기 쉽고 위험할 수 있지요. 사실 20세기 후반부터는 물리학에서도 환원론과 결정론에 대한 반성이 있는 상황입니다. 따라서 사회현상을 제대로 이해하려면 복잡계의 관점에서 접근해야 한다고 생각됩니다. 실제로 파레토나 지프의 멱법칙이 복잡계의 특성 중 하나라는 점은 흥미롭지요. 이에 따라 21세기에 들어서서는 복잡계의 관점에서 사회현상을 연구하기 시작하였습니다.

사회현상의 이론적 이해

20세기까지도 사회현상을 물리학의 대상으로 생각하지 않았어요. 당연히 사회과학의 대상이었지요. 그럼 사회현상이 물리학의 대상이란 말은 무슨 뜻일까요. 여기서 물리학이란 이론과학을 뜻합니다. 그러니 사회과학이 필요 없다는 말은 물론 아니고, 보편지식의 관점에서 사회현상을 해석하겠다는 말이지요.

이러한 방향으로 본격적인 시도는 복잡계에 대한 이해에서 비롯되었습니다. 사회현상도 결국 복잡계의 관점, 복잡계의 패러다임으로 볼 수 있지 않겠느냐는 생각이지요. 다시 말해서 사회의 구성원들끼리 상호작용함으로써 전체의 집단성질이 떠오르는 현상으로 해석할 수 있으리라는 생각입니다. 물론 이러한 복잡계의 관점으로 분석함으로써 모든 사회현상을 다 이해할 수 있으리라 생각하지는 않아요. 하지만 사회현상의 어느 측면을 보는 데는 도움이 될 것입니다.

복잡계 관점에서 사회현상을 바라보고 분석한 연구는 많습니다. 그동안 나도 도시의 지형, 지하철이나 버스 교통그물얼개에서 승객의 흐름, 트위터에서 정보공유와 지저귐, 주식시장에서 배당의 예측, 금융, 다단계 판매 따위 다양한 현상을 연구해 보았지요. 여기서는 보기로서 주식 배당의 예측과 교통그물얼개에서 승객의 흐름을 간단히 설명하고 이러한 계에서 떠오르는 복잡성을 보편지식의 관점에서 해석하는 시도를 소개할까 합니다.

먼저 경제현상의 보기로서 투자에 대한 정보를 수집하고 조언하는 재무분석가들 사이에서 나타나는 복잡계 현상을 간단히 설명하지요. 주식을 사면 연말에 배당을 받게 됩니다. 분석가들은 회사를 평가해서 배당금이 얼마나 될지 예측을 내놓곤 해요. 분석가들의 예측이 완벽할 수는 없으니 예측한 배당금과 연말에 실제 결정되는 배당금 사이에는 차이가 있겠네요. 그런데 그 오차를 살펴보면 복잡성의 떠오름을 보여 주는 비스듬분포를 얻게 됩니다. 예측에는 정보가 중요하므로 분석가 다수가 정확한 예측을 위해 서로 영향을 주고받는 한편 일부 분석가는 이와 무관하게 대담한 예측을 내리기도 해요. 특히 낙관적인 예측은 로그틀맞춤분포를 보이며 꼬리는 멱법칙을 나타내는데 미국의 경우에 재무분석가 예측 오차의 분포를 보여 주는 그림 27-1을 보면 로그틀맞춤분포를 잘 따르네요.

한편 지하철과 버스를 비롯한 대중교통의 그물얼개에서 승객의 흐름은 매우 흥미로운 주제이지요. 역이나 정류장마다 내리고 타는 승객 수

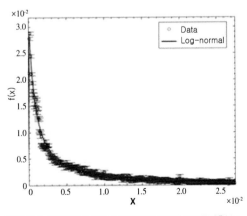

그림 27-1: 재무분석가 예측 오차의 분포 자료와 로그틀맞춤분포.

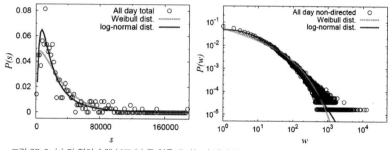

그림 27-2: (a) 각 역의 승객 분포 (b) 두 역을 오가는 승객의 분포.

나 두 역 사이를 오가는 승객 수를 분석하면 흥미로운 분포가 얻어집니다. 승객이 아무런 경향이 없이 마구잡이로 내리고 타면, 이른바 중심극한정리에 따라서 틀맞춤분포가 얻어져야 해요. 그러나 방대한 수도권 교통카드 자료 — 이른바 큰자료 — 를 분석해 보면 일반적으로 꼬리가 긴 먹법칙분포 또는 로그틀맞춤분포나 베이불분포 따위 비스듬분포가 생겨납니다. 하루에 수도권 전철로 두 역을 오가는 승객 수와 각 역에서 내리고 타는 승객 수의 분포를 각각 그림 27-2 (a)와 (b)에 보였습니다. 보통의 선형눈금으로 그린 (a)와 달리 (b)는 로그눈금이므로 직선이 먹법칙에 해당하지요.

주식 배당의 예측과 승객의 흐름의 두 가지 경우에 모두 복잡성을 전형적으로 보여 주는 비스듬분포가 얻어지네요. 서로 다른 계에서 공통으로 이러한 복잡성이 떠오르는 현상은 자라남을 기술하는 으뜸 방정식 접근법으로 이해할 수 있습니다. 24강에서 지적한 대로 승객이 어떻게 생겨나고 자라나는지, 또는 나뉘는지에 따라 로그틀맞춤분포 또는 베이불분포와 함께 넓은 범위의 먹법칙 지수를 지닌 먹법칙분포가 얻어지지요. 이러한 결과는 실제 자료의 분포와 잘 맞습니다.

또한 대중교통으로 두 지점 사이를 오가는 승객 수는 그 사이의 거리에 멱법칙으로 의존하는데 상전이 현상 연구에 널리 사용하는 눈금잡기 분석 및 되틀맞춤 방법을 사용하여 멱법칙 지수를 정확히 구할 수 있습니다. (이는 전문적인 내용이라 자세히 설명하지는 않겠습니다.) 마찬가지로 도시의 지형에 관해서도 서울의 모든 건축물에 관한 큰자료를 분석해서 토지이용 분포를 조사하면 쪽거리 구조를 비롯해서 흥미로운 복잡성이 떠오름을 볼 수 있어요. 이는 건축물의 용도에 따른 상호작용에 쩔쩔맴이 존재하기 때문이라 간주할 수 있고 역시 상전이의 연구 방법으로 다루어 이해할 수 있습니다.

결국 다양한 사회현상을 하나의 틀, 곧 복잡계 물리라는 보편지식 체계를 이용해서 해석할 수 있다는 말이지요. 이러한 결과는 물질현상뿐 아니라 사회현상도 포함하여 복잡계의 보편성을 입증하는 결과로서 매우 중요합니다. 일반적으로 사회현상은 매우 복잡해서 과학적 해석이 가능하리라 생각하기 어렵습니다. 하지만 이러한 예로 미루어 보면 사회현상을 복잡계 관점에서 해석하려는 시도가 어느 정도는 가능하다고 여겨지네요. 그러나 이는 특정한 사건에 대한 것이 아니라 평균적 성질에 국한된 것입니다. 예컨대 선거의 결과라든지 특정한 회사 주식의 배당금을 예측할 수 있다는 뜻은 아니지요. (그럴 수 있다면 돈을 많이 벌어서 부자가 되겠네요.) 복잡계의 핵심 방법인 통계역학은 거시적 관점에서 계 전체의 집단성질을 다룹니다. 개개 구성원의 거동을 다루지는 않지요. 사회현상에 대한 우리의 관심도 특정한 개별적 사실을 구체적으로 예측하려는 것이 아니라 보편지식의 관점에서 사회의 집단성질을 보편적으로 해석할 수 있는가에 있습니다.

복잡계와 통합적 사고

이제까지 물리학과 생물학 그리고 사회과학의 여러 분야에서 복잡계의 예를 몇 가지 들었습니다. 이렇듯 여러 분야에서 매우 다양하게 나타나는데 그 가운데에서 어떤 보편성을 찾아내고, 이에 따라 다양한 현상을 하나의 틀로 해석하려 합니다. 이른바 보편지식 체계를 구축하려고 노력하는 거지요. 이것이 바로 물리학의 독자성이라 할 수 있습니다. 일반적으로 물리학은 보편지식 체계를 추구하므로 복잡한 현상은 다룰 수 없다는 것이 기존의 생각이었습니다. 비교적 간단한 현상들만 보편지식 체계로 해석할 수 있고, 반면에 복잡한 현상, 예를 들어 생명과 인간이나 사회현상은 보편지식 체계를 구축할 수 없다고 생각했지요. 이에 따라 20세기의 물리학은 기본원리를 구성하고 주로 환원론과 결정론적 관점에서 비교적 간단한 자연현상을 이해하는 데 주력했습니다.

20세기 후반에는 물리학의 방법이 정립되면서 부분적으로 '간단한' 복잡계 현상은 해석할 수 있게 되었습니다. 이에 힘을 얻어서 일반적 복잡계에 대해서 보편지식 체계를 구축하려는 시도가 시작되었다고 할 수 있지요. 따라서 21세기의 물리학은 자연의 해석에 중점을 두게 되면서 핵심 연구 주제로서 복잡계가 자리매김하리라 예상합니다. 자연에서 다양하고 근원적인 복잡한 현상을 다루게 될 터인데 정보와 함께 통계역학, 비선형동역학, 계산물리 등의 방법에 의한 통계물리학이 주된 역할을 하리라 생각합니다. 전통적 물리학의 범주뿐 아니라 화학, 생물학, 지구과학, 사회과학 분야 등에서 나타나는 현상이 포함되며 이에 따라 물리학의 지평이 넓어지리라 기대합니다. 특히 복잡계 및 복잡성의 관점에서 생명현상의 보편지식 체계를 구축하려는 노력이 어느 정도 성과를 얻는다면 복잡계 현상의 궁극으로서 생명이라는 신비로운 현상을 근원적으로 이해하는 데 중요한 기여를 하게 되겠지요.

더욱이 복잡성이 지닌 예측불가능성과 떠오름은 20세기를 주도했던 결정론과 환원론에 대한 비판과 더불어 전통적 자연관을 재검토할 필요성을 제시합니다. 원래 자연과학은 열려 있는 사고와 반증가능성을 인정하는 진정한 합리주의를 바탕으로 합니다. 그런데 오늘날 널리 퍼져 있는 과학(만능)주의는 부분적 합리주의에 기반을 두고 있다는 점에서 위험을 내포하며, 이러한 과학주의에 대해서 스스로 성찰하는 비판 의식이 매우 중요합니다. 특히 기술로 대변되는 도구적 지식에 반해 인간에게 진정한 과학의 가치는 무엇인지에 대해 진지하게 고민할 필요가 있습니다. 이와 관련해서 과학주의보다 기술주의가 더 적절한 표현인 듯합니다. 이러한 인식의 관점에서 복잡성의 이해는 결정론에 근거한 기계론과 환원론에서 출발하여 조각난 사고에 바탕을 둔 기술주의와 그에 따른 현대 문명의 여러 병폐가 어디에 기인하는지 시사합니다.

이러한 전망에서 근래에는 대상에 따라 나뉜 학문의 구분이 주어진 현상에 대한 근원적 이해와 합리적 해석을 어렵게 한다는 자각이 생겨났습니다. 특히 물질, 생명, 사회를 개별적으로 다루는 물리과학, 생명과학, 사회과학 사이에서 겹쳐진 관계에 대한 고찰이 필요함을 느끼게 되었고, 이러한 문제의식을 바탕으로 다양한 영역에서 이른바 학문적 융합이 시도되어 왔습니다. 이러한 부분들은 홀로 외떨어져 존재하는 것이 아니고 서로 밀접하게 얽혀 있으므로 각 부분을 개별적으로 고려하면 현대사회의 다양하고 심각한 문제들을 근원적으로 이해해서 제대로 해결하기가 불가능합니다.

따라서 전문화된 개별 학문의 경계를 허무는 시도로서 물질, 생명, 사회 현상을 하나의 틀로 아울러 해석하는 통합과학의 가능성을 고려해 볼 필요가 있습니다. 이는 보편지식 체계를 구축하려는 시도로서 이론과학의 성격을 띠게 되고, 환원론을 넘어서 총체론적 시각에서 바로 복잡계의 관점이 적절하리라 예상합니다. 이러한 연구는 물리학의 지평을 크게 넓히고, 생명을 포함한 자연, 그리고 사회와 나아가 인간에 대한 새로운 이해와 해석을 얻는 데 기여할 것입니다. 특히 전통적 자연관의 재검토와 더불어 새로운 사고의 규범, 곧 패러다임의 모색의 필요성을 제기하겠지요. 여기서 인간은 자연의 한 부분이면서 동시에 자연을 파악하고 해석합니다. 다시 말해서 인간은 생명 현상 탐구의 대상이면서 동시에 활동의 주체이지요. 이는 복잡계 현상의 진정한 궁극으로서, 서로 얽혀 있는 생명과 삶의 의미에 대한 성찰이 필요함을 시사합니다. 그림 27-3은 이를 멋지게 형상화한 작품으로 널리 알려진 에셔의 〈판화 미술관〉입니다. 미술관에서 소년은 판화를 보고 있는데 동시에 판화의 일부이기도 하지요.

이러한 인식을 가지고 인공지능에 대해 생각해 볼까요. 우리 사회에서 커다란 충격을 가져온 알파고 이래 인공지능은 인류의 앞날에

대해서 극과 극으로 엇갈
리는 전망을 가져왔습니
다. 장밋빛 낙원의 희망과
잿빛의 암울한 우려를 함
께 제시하면서 엄청난 관
심을 불러일으켰지요. 이
에 대해 제대로 이해하고
대처하기 위해서는 먼저
지능의 본질부터 정확히
알아야 할 것입니다. 지능
이란 무엇인가요? 정의하

그림 27–3: 에셔, 〈판화 미술관〉.

기 어려우나 지능이란 일단 복잡계 현상입니다. 이러한 지능을 지닌
두뇌를 환원론에 입각한 기계처럼 간주하는 것은 위험성을 지니고
있습니다. 이는 인공지능을 지닌 기계에 대해서도 마찬가지로 성립합
니다. 따라서 기계가 사람처럼 되는 것을 두려워할 필요는 없다고 생
각합니다. 거꾸로 우려되는 점은 복잡계의 총체론적 관점에서 인식
해야 하는 사람을 환원론적 관점에서 기계처럼 인식하는 것이지요.
이는 깊은 사유를 불가능하게 하고 존재의 소외를 가져올 위험이 크
고, 결국 인류의 삶의 질을 저하시키고 인간성의 파멸을 초래하게 될
것이기 때문입니다.

　우리는 인류 역사에서 유례가 없는 시대에 살고 있습니다. 인류
는 과학의 발전과 기술의 산업화로 한 차원 높은 세계로 올라갈 수
도 있고, 아니면 파멸의 길로 갈 수도 있습니다. 이러한 상황에서 현

대인은 막중한 시대적 사명을 지니고 있으며, 여기서 과학에 대한 인식은 매우 중요합니다. 특히 과학의 올바른 활용을 위해서 과학은 사회 전체의 공유물이 되어야 하며, 사회의 모든 구성원이 과학에 대한 깊은 관심과 이해를 가져야 하겠습니다. 이는 단순히 과학 지식이 아니라 편협한 실증주의를 넘어서는 진정한 합리주의로서의 과학적 사고를 뜻합니다. 나아가 과학과 삶에 새로운 의미를 부여하고 인간과 세계에 대해 스스로 성찰하는 지혜의 수준, 이른바 온의식에 도달하기 위해서는 과학과 사회, 그리고 인문학의 만남은 매우 중요합니다. 이는 환원의 관점에서 또 다른 경계를 만드는 것이 아니라 경계 넘기에서부터 경계 허물기로 나아가는 방향이어야 합니다. 이러한 인식에서 볼 때 복잡계 관점은 통합과학, 나아가 통합학문의 보편적 접근 방법으로 알맞으리라 기대합니다.

읽을거리

- 장회익·장기홍·하두봉, 《자연과학개론》(한국방송통신대학, 1985)은 출판된 지 오래되었으나 물질에 대해 논의한 앞부분은 탁월하며 이 강의의 모체가 되었습니다.

- 마치R H March, 《시인을 위한 물리학 *Physics for Poets*》(McGraw-Hill, 2002) [신승애 옮김, 한승, 1999]은 물리학에 관심이 있는 일반 학생에게 권합니다.

- 조성호, 《조성호 교수의 재미있는 물리 돋보기》(아카데미아, 2006)는 일상과 관련해서 물리학을 편안하게 설명하고 있습니다.

- 린들리D Lindley, 《볼츠만의 원자 *Boltzmann's Atom*》(Free Press, 2001) [이덕환 옮김, 승산, 2003]는 통계역학의 창시자인 볼츠만의 생애와 업적을 담고 있으며, 특히 현대물리학의 핵심 개념이라 할 원자의 존재와 관련된 통찰력과 과학이론의 전개 과정을 보여 줍니다. 같은 저자의 《불확정성 *Uncertainty*》(Doubleday, 2007) [박배식 옮김, 시스테마, 2009]은 양자역학에서 핵심적인 불확정성 개념의 전개를 주로 역사적 관점에서 서술합니다.

- 피셔E P Fischer, 《슈뢰딩거의 고양이 *Schrödingers Katze auf dem Mandelbrotbaum*》(Pantheon, 2006) [박규호 옮김, 들녘, 2009]는 자연과학의 핵심적 문제들을 간단하고 친절하게 설명하고 있습니다.

- 파인먼R P Feynman, 《물리법칙의 특성 *The Character of Physical Law*》(MIT, 1965) [나성호 옮김, 미래사, 1992]은 널리 알려진 저자의 핵심적 저작입니다.

■ 폰 베이어H C von Baeyer, 《과학의 새로운 언어, 정보 *Information: The New Language of Science*》(Harvard Univ, 2005) [전대호 옮김, 승산, 2007]는 자연과학의 해석에서뿐 아니라 새로운 실체로서 떠오르는 정보를 쉽게 설명하고 있습니다.

■ 베드럴V Vedral, 《물리법칙의 발견 *Decoding Reality*》(Oxford Univ, 2010) [손원민 옮김, 모티브북, 2011]은 정보, 특히 양자정보의 관점에서 자연현상에 대한 사색을 소개합니다.

■ 장회익 외, 《양자·정보·생명》(한울, 2015)은 양자역학, 그리고 정보와 나아가 생명에 이르기까지 인식론과 존재론적 관점에서 흥미로운 논의를 펼치고 있고 특히 양자역학의 서울 해석을 상세히 제시합니다.

■ 보옴D Bohm, 《전체와 접힌 질서 *Wholeness and Implicate Order*》(Routledge, 2002) [이정민 옮김, 시스테마, 2010]는 양자역학의 대안으로서 보옴역학Bohmian mechanics을 제시한 저자의 대표적 저서입니다. 우주의 총체론적 질서를 모색하고 독특한 세계관으로서 과학에 대한 놀라운 관점을 보여 주고 있습니다.

■ 장회익, 《과학과 메타과학》(현암사, 2012)은 과학의 본질에 대한 한 차원 높은 이해를 논의합니다. 좀 어렵지만 과학의 구조나 철학적 의미를 공부하려는 학생에게 권합니다.

■ 과학철학교육위원회, 《과학기술의 철학적 이해》(한양대학교, 2004)는 여러 사람이 한 장씩 써서 엮었는데, 이런 주제의 책이 우리나라에서는 처음 나왔다는 점에서 의미가 있습니다.

■ 쿤T S Kuhn, 《과학혁명의 구조 *The Structure of Scientific Revolutions*》(Univ of Chicago, 1962) [조형 옮김, 이화여대, 1980; 김명자 옮김, 까치, 1999]는 과학이 어떻게 발전하고 과학 지식의 의미가 무엇인지 논의한 고전입니다.

- 프리드만M Friedman, 《이성의 역학 *Dynamics of Reason*》(CSLI, 2001) [박우석·이정민 옮김, 서광사, 2012]은 과학혁명 과정에서 과학의 합리성과 보편성의 유지를 논의하고 있습니다.

- 모노J Monod, 《우연과 필연 *Chance and Necessity*》(Vintage, 1971) [김용준 옮김, 삼성출판, 1977; 조현수 옮김, 궁리, 2010]은 생명의 우연성을 강조합니다.

- 브로놉스키J Bronowski, 《과학과 인간가치 *Science and Human Values*》(Harper, 1965) [우정원 옮김, 이화여대, 1994]는 가치의 문제를 조명한 유명한 저서입니다.

- 프리고진I Prigogine · 스텐저스I Stengers, 《혼돈 속의 질서 *Order out of Chaos*》(Bantam, 1984) [유기풍 옮김, 민음사, 1990]는 독특한 관점을 지니고 있습니다.

- 글릭J Gleick, 《카오스 *Chaos: Making a New Science*》(Penguin, 1987; 2008) [박배식·성하운 옮김, 동문사, 1994; 박래선 옮김, 동아시아, 2013]는 혼돈 현상에 대한 대중적 소개로 잘 알려진 책입니다.

- 세이건C Sagan, 《코스모스 *Cosmos*》(Random House, 1980) [홍승수 옮김, 사이언스북스, 2004]는 우주의 모습을 일반인에게 보여 주는 고전으로 가장 널리 알려져 있습니다.

- 호킹S W Hawking, 《시간의 역사 *A Brief History of Time*》(Bantam, 1988) [현정준 옮김, 삼성출판사, 1990]는 루게릭병으로 널리 알려진 호킹의 저서로서 우주의 시작과 진화를 다루고 있습니다.

- 실크J Silk, 《대폭발 *The Big Bang*》(Freeman, 1989) [홍승수 옮김, 민음사, 1991]; 박창범, 《인간과 우주》(가람기획, 1995)는 우주의 시작과 진화, 태양계의 생성과 생명의 탄생, 그리고 우주의 미래까지 기술하고 있습니다.

■ 홉스태터D R Hofstadter, 《괴델, 에셔, 바흐 *Gödel, Escher, Bach: An Eternal Golden Braid*》(Basic Books, 1979) [박여성 옮김, 까치, 1999]는 야릇한 고리와 관련된 논의를 담고 있습니다.

■ 슈뢰딩거E Schrödinger, 《생명이란 무엇인가 *What is Life?*》(Cambridge Univ, 1944) [서인석·황상익 옮김, 한울, 1992]는 물리학자의 관점에서 생명의 이해를 기술한 중요한 고전입니다.

■ 장회익, 《물질, 생명, 인간》(돌베개, 2009); 《생명을 어떻게 이해할까?》(한울, 2014)는 생명현상, 그리고 인간에 대해 통찰력 있는 논의를 제시합니다.

■ 왓슨J D Watson, 《이중나선 *The Double Helix: A Personal Account of the Discovery of the Structure of DNA*》(Atheneum, 1968) [하두봉 옮김, 전파과학사, 2000; 최돈찬 옮김, 궁리, 2006]은 디엔에이의 구조를 알아낸 업적으로 노벨상을 받은 저자의 자서전적 저서인데 많은 논란을 불러일으켜서 널리 알려졌습니다. 특히 프랭클린R Franklin의 핵심적 기여에 관련된 왜곡과 윤리적 문제가 지적되었고, 공동 수상자인 크릭F Crick과 윌킨스M Wilkins도 이의를 제기하였다고 합니다. 크릭F Crick, 《열광의 탐구 *What Mad Pursuit: A Personal View of Scientific Discovery*》(Basic Books, 1990) [권태익·조태주 옮김, 김영사, 2011]; 매독스B Maddox, 《로잘린드 프랭클린과 디엔에이 *Rosalind Franklin: The Dark Lady of DNA*》(HarperCollins, 2003) [나도선·진우기 옮김, 양문, 2004]와 비교해서 읽으면 흥미로울 듯합니다.

■ 도킨스R Dawkins, 《이기적 유전자 *The Selfish Gene*》(Oxford Univ, 1989) [홍영남 옮김, 을유문화사, 1993]는 논쟁을 불러일으킨 저서로, 생명의 핵심 요소는 유전자이고 맹목적 자기 번식을 위한 이기적 존재라고 주장합니다.

■ 로즈S Rose ·르원틴R C Lewontin ·카민L J Kamin, 《우리 유전자 안에 없다 *Not in Our Genes*》(Penguin, 1984) [이상원 옮김, 한울, 1993]는 앞의 《이기적 유전자》에 대한 반론을 담고 있습니다.

■ 르원틴R C Lewontin, 《3중 나선 *The Triple Helix*》(Harvard Univ, 2001) [김병수 옮김, 잉걸, 2001]은 생명에서 유전과 함께 환경의 영향을 강조하는데 짧아서 쉽고 재미있게 볼 수 있습니다.

■ 굴드S J Gould, 《풀하우스 *Full House*》(Harmony, 1997) [이명희 옮김, 사이언스북스, 2002]는 진화의 개념이 얼마나 잘못 인식되고 있는지, 진보란 무엇인지 설명하고 있습니다. 같은 사람의 저서인 《인간에 대한 오해 *The Mismeasure of Man*》(Norton, 1996) [김동광 옮김, 사회평론, 2003]는 제법 두꺼운 책이므로 읽는 데 부담이 되겠지만 흔히 생명과 진화에서 우월성이란 얼마나 잘못된 개념인지 논의하고 있습니다. 주로 생물학을 다루지만 자연과학이 얼마나 오도될 수 있는지, 가치중립적인 것처럼 보이지만 내면에 어떠한 가치를 숨기고 있는지 비판합니다. 사회생물학의 창안자이며 저서 《지식의 대통합 통섭 *Consilience: The Unity of Knowledge*》(Vintage, 1998) [최재천·장대익 옮김, 사이언스북스, 2005]으로 널리 알려진 윌슨E O Wilson과는 대조적 입장에 있다고 할 수 있지요. 윌슨의 관점을 극단적으로 비유하면 "지능지수가 높으면 우수하다"는 것이고 굴드의 관점은 그렇지 않다고 할 수 있습니다. 대체로 윌슨과 도킨스가 한 축, 굴드와 르원틴이 반대편 축인 셈입니다.

■ 르두J LeDoux, 《시냅스와 자아 *Synaptic Self*》(Penguin, 2002) [강봉균 옮김, 소소, 2005]는 두뇌에서 신경세포 사이의 연결 고리인 시냅스가 자아의 정체성 형성에 어떻게 기여하는지 논의하고 있으며 두뇌와 신경과학에 관심이 있는 독자에게 권합니다. 지먼A Zeman, 《뇌의 초상 *A Portrait of the Brain*》(Yale Univ, 2009) [김미선 옮김, 지호, 2011]은 두뇌

의 구성과 기능에 대해 쉽게 기술하고 있습니다.

■ 가자니가M S Gazzaniga, 《뇌로부터의 자유 *Who's in Charge?*》(Ecco, 2011) [박인균 옮김, 추수밭, 2012]는 신경과학의 바탕에서 인간성과 책임의 문제를 논의합니다.

■ 바스킨Y Baskin, 《아름다운 생명의 그물 *The Work of Nature*》(Scope, 1997) [이한음 옮김, 돌베개, 2003]은 생태계에 대한 통찰력 있는 주장을 담았습니다.

■ 베버A Weber, 《모든 것은 느낀다 *Alles Fühlt*》(Berlin, 2007) [박종대 옮김, 프로네시스, 2008]는 자연과학, 특히 생명의 관점에서 인간과 자연 사이의 교감을 살펴보고 총체론적 인식에서 그 중요성을 강조합니다.

■ 호M W Ho, 《나쁜 과학 *Genetic Engineering*》(Macmillan, 1998) [이혜경 옮김, 당대, 2005]은 유전공학의 진실과 위험성을 신랄하게 비판합니다.

■ 무니C Mooney, 《과학전쟁 *The Republican War on Science*》(Perseus, 2005) [심재관 옮김, 한얼, 2006]은 정치권력 등 비인식적 가치를 통해 왜곡된 과학에 대해 폭로하고 있습니다.

■ 벡위드J Beckwith, 《과학과 사회운동 사이에서 *Making Genes, Making Waves: A Social Activist in Science*》(Harvard Univ, 2002) [이영희·김동광·김명진 옮김, 그린비, 2009]는 유전자 조작의 위험성으로부터 과학의 사회적 책임과 윤리적 문제를 제기하고 있습니다. 현실에서 이른바 두 문화의 간극을 줄이려는 시도라 할 수 있겠습니다.

■ 클라인맨D L Kleinman 엮음, 《과학 기술 민주주의 *Science, Technology, and Democracy*》(SUNY, 2000) [김명진·김병윤·오은정 옮김, 갈무리, 2012]는 과학, 기술과 민주주의의 관계에 대해 논의합니다. 전문인과 일반인, 정책 결정과 시민 참여 등에 대해 여덟 저자의 논문으로 이루어져 있습니다.

- 김익중, 《한국탈핵》(한티재, 2013); 김익중 외, 《탈핵 학교》(반비, 2014)는 핵에너지와 핵발전의 많은 문제점을 상세히 설명하고, 어떻게 왜곡되어 선전되고 있는지 지적합니다. 우리 사회의 앞날에 대해 매우 중요한 논점을 제기하고 있는 책입니다.

- 쉴레인L Shlain, 《미술과 물리의 만남 *Art and Physics: Parallel Visions in Space, Time and Light*》(Morrow, 1991) [김진엽 옮김, 국제, 1995]; 스트로스베르E Strosberg, 《예술과 과학 *Art and Science*》(UNESCO, 1999) [김승윤 옮김, 을유문화사, 2002]은 미술과 과학의 관계를 다룹니다.

- 카스텔B Castel·시스몬도S Sismondo, 《과학은 예술이다 *The Art of Science*》(Broadview, 2003) [이철우 옮김, 아카넷, 2006]는 과학 활동과 예술 활동의 비슷한 점을 설명하고 있습니다.

- 김주현, 《집담회_예술과 과학의 만남》(스튜디오바프, 2005)은 복잡계를 형상화하여 표현한 작가가 예술과 과학의 소통을 시도하고 그 대화를 정리하였습니다.

- 밀러A I Miller, 《아인슈타인, 피카소 *Einstein, Picasso*》(Perseus, 2001) [정영목 옮김, 작가정신, 2002]는 아인슈타인과 피카소의 시대정신에 공통점이 있음을 지적합니다.

- 먹가P McGarr, 《모차르트: 혁명의 서곡 *Mozart: Overture to Revolution*》(Redwords, 2001) [정병선 옮김, 책갈피, 2002]은 음악에서 창의력의 본질을 지적합니다. 과학혁명의 의미와 비교하면 흥미롭지요.

- 세이건C Sagan, 《악령이 출몰하는 세상 *The Demon-Haunted World*》(Random House, 1996) [이상헌 옮김, 김영사, 2001]; 셔머M Shermer, 《왜 사람들은 이상한 것을 믿는가 *Why People Believe Weird Things: Pseudoscience, Superstition, and Other Confusions of Our Time*》(Freeman, 1997) [류운 옮김, 바다, 2007]는 과학의 탈을 쓴 사이비 과학

이 우리의 사고를 오도하는 현실에 대해 논의하고 있습니다. 현대사회에서는 과학이 주도하는 것 같지만 실제로 우리의 사고와 삶은 매우 비과학적입니다.

■ 다이슨F Dyson, 《프리먼 다이슨, 20세기를 말하다 *Disturbing the Universe*》(Harper & Row, 1979) [김희봉 옮김, 사이언스북스, 2009]는 이론물리학자인 저자의 자서전으로서 과학 활동뿐 아니라 전쟁과 문명에 관한 사회 참여와 우주 공간에 이르기까지 폭넓은 지적 탐색을 보여 줍니다. 같은 저자의 《과학은 반역이다 *The Scientist as Rebel*》(New York Review, 2006) [김학영 옮김, 반니, 2015]는 자유로운 정신으로서 과학과 과학자의 본성, 그리고 현실에서 나타나는 모습을 비판적으로 논의하고 있습니다.

■ 야마모토 요시타카山本義隆, Y Yamamoto, 《나의 1960년대 私の 1960年代 *Watashi No 1960 Nendai*》(金曜日Kinyobi, 2015) [임경화 옮김, 돌베개, 2017]는 도쿄대학에서 입자물리를 전공하던 저자가 역사와 사회의 현실에서 과학과 기술이 걸어온 실상을 보면서 환경오염과 군수산업에서 적나라하게 나타나는 가치의 전도를 막고 주체성을 회복하기 위해 연구자로서 자기부정의 필요성을 인식하게 되는 과정을 그리고 있습니다. 세계를 뒤흔든 1968년 학생운동과 닿아 있는 맥락에서 중요한 사료일 뿐 아니라 후쿠시마 핵발전소 사고로 촉발된 과학기술의 낙관주의와 성장 추구 존재 방식에 대한 반성으로 이어지고, 특히 한국의 현실에 대해서 많은 시사점을 줍니다.

■ 장회익, 《삶과 온생명》(현암사, 2014); 《온생명과 환경, 공동체적 삶》(생각의나무, 2008)은 자연과학을 통해 세계와 우주를 어떻게 이해하고 그것이 우리의 삶에 어떤 의미를 주는지를 논한 통찰력 있는 책입니다.

■ 이중원·홍성욱·임종태 엮음, 《인문학으로 과학 읽기》(실천문학사, 2004); 이상욱 외, 《과학으로 생각한다》(동아시아, 2007)는 자연과학의

인문학적 성격을 다루고 있습니다.

■ 김영식,《과학, 인문학, 그리고 대학》(생각의 나무, 2007)은 우리 사회에서 과학과 인문학, 그리고 대학의 성격과 구실에 대한 폭넓은 성찰을 보여 줍니다.

■ 김세균 엮음,《학문간 경계를 넘어》(서울대학교출판문화원, 2011);《다윈과 함께》(사이언스북스, 2015)는 인문학, 자연과학, 사회과학의 소통과 통합적 학문을 모색하는 시도를 제시합니다.

■ 라투르B Latour,《과학인문학 편지 *Cogitamus*》(Découverte, 2010) [이세진 옮김, 사월의책, 2012]는 과학과 인문학의 경계를 허물려 시도하는 이른바 혼성hybrid 사상가로 알려진 저자의 대중 교양서로서 인간과 자연, 정치를 구분하는 근대적 틀을 비판하고 있습니다.

■ 이관수 외,《뉴턴과 아인슈타인》(창비, 2004)은 물리학사에서 가장 뛰어난 업적을 남긴 뉴턴과 아인슈타인의 인간적 면모를 보여 줍니다.

■ 박성래,《한국사에도 과학이 있는가》(교보문고, 1998); 문중양,《우리역사 과학기행》(동아시아, 2006)은 우리 전통 과학을 역사적 맥락에서 어떻게 이해하여야 하는지 논의하고 있습니다. 근대 자연과학 관점과 비교하면서 보기를 권합니다.

■ 주석원,《8체질의학의 원리》(통나무, 2007)는 한의학, 특히 체질의학의 구성 원리를 음양오행에 바탕을 두어 수리적으로 해석하고 있습니다. 서구의 근대 의학과는 본질적으로 다르며 정교한 논리 체계에 바탕을 두고 있음을 보여 줍니다.

■ 레이코프G Lakeoff,《프레임 전쟁 *Thinking Points: Communicating Our American Values and Vision*》(Farrar, Straus and Giroux, 2006) [나익주 옮김, 창비, 2007];《코끼리는 생각하지 마 *The All New Don't Think of an Elephant!*》(Chelsea Green, 2014) [유나영 옮김, 미래엔, 2015]

는 주로 미국의 정치적 입장에서 진보와 보수의 논변에 대해 분석하는데 인지언어학적 관점이 돋보입니다. 특히 기계론, 환원론적 시각과 복잡성, 총체론적 시각에 대응하여 흥미로운 시사점을 제공합니다.

■ 김재명, 《석유, 욕망의 샘》(프로네시스, 2007); 하인버그R Heinberg, 《파티는 끝났다 *The Party is Over*》(New Society, 2005) [신현승 옮김, 시공사, 2006]는 석유로 대표되는 에너지 자원의 고갈에 관련된 문제를 다룹니다.

■ 라페F M Lappé, 콜린스J Collins, 로셋P Rosset, 에스파르사L Esparza, 《굶주리는 세계 *World Hunger: Twelve Myths*》(Grove/Atlantic, 1998) [허남혁 옮김, 창비, 2003]; 지글러J Ziegler, 《굶주리는 세계, 어떻게 구할 것인가? *Destruction Massive, Géopolitique de la Faim*》(Seuil, 2011) [양영란 옮김, 갈라파고스, 2012]는 빈곤과 굶주림의 근본적 원인이 무엇인지 가르쳐 주고 있습니다. 탐욕에 봉사하는 과학과 기술의 활용에 관련해 성찰의 기회를 얻을 수 있습니다.

■ 하라다 마사즈미原田正純, M Harada, 《미나마타병 水俣病 *Minamata Byo*》(岩波書店Iwanami Shoten, 1972) [김양호 옮김, 한울, 2006]; 켈러허C A Kelleher, 《얼굴 없는 공포, 광우병 그리고 숨겨진 치매 *Brain Trust: The Hidden Connection between Mad Cow and Misdiagnosed Alzheimer's Disease*》(Pocket Books, 2004) [김상윤·안성수 옮김, 고려원, 2007]; 레이몽W Reymond, 《독소 *Toxic*》(Flammarion, 2007) [이희정 옮김, 랜덤하우스, 2008]는 자연의 일부인 인간이 스스로 자연을 파괴하면서 만들어 낸 질병을 추적하였고 이를 통해 과학의 메시지를 보여 줍니다.

■ 리프킨J Rifkin, 《육식의 종말 *Beyond Beef*》(Plume, 1993) [신현승 옮김, 시공사, 2002]은 널리 알려진 《엔트로피 *Entropy: A New World View*》(Viking, 1980) [최현 옮김, 범우사, 1989; 이창희 옮김, 세종연구원, 2015]를 쓴 저자의

저서로서 생태계를 포함해 육식에 관련된 문제를 논의하고 있습니다.

■ 노르베리호지H Norberg-Hodge, 《오래된 미래 *Ancient Futures: Learning from Ladakh*》(Rider, 1992) [김종철·김태언 옮김, 녹색평론사, 1996]는 세계화와 경제성장을 통한 진보의 본질적 문제점을 신랄하게 지적하고, 이와 관련하여 과학과 기술의 의미에 대한 반성을 촉구합니다.

■ 그레이J Gray, 《동물들의 침묵 *The Silence of Animals: On Progress and Other Modern Myths*》(Wylie, 2013) [김승진 옮김, 이후, 2014]은 허구적 신화로서 진보라는 개념의 파괴적 성격을 지적합니다. 과학과 신화에서 참과 거짓의 의미를 되새기고 '과학을 통한 구원'이라는 새로운 신화, 나아가 '주술'로 전락한 과학을 비판하지요. 서구 사상의 한 가지 원류라 할 기독교적 구원 관념에 대비해서 동양 사상과도 상통하는 느낌을 줍니다.

■ 박흥수, 《철도의 눈물》(후마니타스, 2013); 《달리는 기차에서 본 세계》(후마니타스, 2015)는 철도의 고유한 특성과 의미, 역사, 그리고 특히 사유화와 관련된 문제를 파헤치고 있습니다. 과학과 기술의 성과가 공공성을 떠나서 자본의 이익에 봉사하게 되는 과정을 잘 보여 주고 있습니다.

■ 바가반R S Baghavan, 《자연과학으로 보는 마르크스주의 변증법 *An Introduction to the Philosophy of Marxism*》(Socialist Platform, 1987) [천경록 옮김, 책갈피, 2010]은 맑스주의가 자연과학적 사고에서 출발했음을 보여주며, 인문학, 사회과학과 자연과학의 연결을 시사하고 있습니다.

■ 달라이라마Dalai Lama, 《한 원자 속의 우주 *The Universe in a Single Atom*》(Vicinanza, 2005) [삼묵·이해심 옮김, 하늘북, 2007]는 과학과 정신세계의 대화와 연대를 추구합니다. 우주를 이해하고 인간 가치를 풍요롭게 구현하는 데 과학과 불교가 서로 도움을 줄 수 있음을 지적하고 있습니다.

■ 우희종, 《생명과학과 선》(청년사, 2006)은 유전공학으로 상징되는

생명과학의 윤리적, 철학적 문제에 대한 불교적 성찰을 담고 있습니다.

■ 유상균, 《시민의 물리학》(플루토, 2018)은 시대에 따른 물리학의 전개를 '과학혁명'이라는 실마리로 서술하고 있습니다. 서양의 자연철학에서 시작해서 근현대 물리학을 다루고 있으며, 동양 사상까지 넘나들면서 우리 삶과 사회에 대해 성찰의 기회를 제공합니다.

■ 최무영, 《최무영 교수의 물리학 이야기》(북멘토, 2019)는 본 《물리학 강의》와 짝을 이루는 책으로서 물리학의 의미와 성격을 편안하게 소개합니다. 물리학의 핵심 주제들을 수학적 표현을 쓰지 않고 이야기로 펼쳐 놓았지요.

■ 장회익, 《장회익의 자연철학 강의》(추수밭, 2019)는 앎의 바탕 구조와 물리학의 정수를 소개하고, 나아가 주체와 객체, 그리고 앎의 본질에 이르기까지 과학과 철학의 본원적 핵심을 파노라마로 펼쳐 보여 줍니다. 동서고금문리(東西古今文理), 곧 동아시아와 서구, 오래된 것과 새로운 것, 그리고 인문학과 자연과학이라는 방대한 내용을 포괄하면서 통합적 사고의 중요한 틀을 제시하고 있지요. 온전한 앎을 추구하는 진지한 독자에게 권합니다.

■ 최무영, 《과학, 세상을 보는 눈: 통합학문의 모색》(서울대학교출판문화원, 2020)은 통합적 사고를 하는 전문인(全門人), 나아가 보편인이 새로운 지식인의 모습이 되어야 한다는 생각에서 복잡성 패러다임으로 물질, 생명, 사회를 아우르는 통합과학을 검토하며, 나아가 과학과 인문학을 포괄하는 통합학문의 가능성을 논의합니다.

■ 장회익, 《양자역학을 어떻게 이해할까?》(한울, 2022)는 인식론에 기반을 둔 양자역학의 서울 해석을 확장해서 존재론적 해석을 논의합니다. 고전역학이 지닌 존재론적 가정을 검토하고 양자역학을 포함하는 새로운 존재론을 제안하는 시도는 흥미롭고 중요한 시사점을 제공합니다.

찾아보기

최무영 교수의 물리학 강의
전면 개정판

지은이 | 최무영

펴낸이 | 김태훈
표지 디자인 | 최윤선
본문 디자인 | 고은이, 장한빛
펴낸곳 | 도서출판 책갈피
등록 | 1992년 2월 14일(제2014-000019호)
주소 | 서울 성동구 무학봉15길 12 2층
전화 | 02) 2265-6354
팩스 | 02) 2265-6395
이메일 | bookmarx@naver.com
홈페이지 | http://chaekgalpi.com
페이스북 | http://facebook.com/chaekgalpi

첫 번째 찍은 날 2019년 1월 29일
네 번째 찍은 날 2023년 10월 13일

© 최무영 2019

값 29,000원
ISBN 978-89-7966-158-3

잘못된 책은 바꿔 드립니다.

계약을 맺지 못한 일부 삽화는 저작권자를 확인하는 대로 계약을 체결하겠습니다.